U0201064

FPTC 先进液压气动技术丛书

液压气动系统可靠性与维修性工程

陈东宁　姚成玉　赵静一　郭 锐　编著

Hydraulic & Pneumatic System Reliability and Maintainability Engineering

HPSR

化学工业出版社

·北京·

图书在版编目（CIP）数据

液压气动系统可靠性与维修性工程/陈东宁等编著. —北京：化学工业出版社，2014.7
（先进液压气动技术丛书）
ISBN 978-7-122-20437-0

Ⅰ.①液…　Ⅱ.①陈…　Ⅲ.①液压系统-可靠性工程
②气压系统-可靠性工程　Ⅳ.①TH137②TH138

中国版本图书馆 CIP 数据核字（2014）第 077355 号

责任编辑：黄　滢　　　　　　　　　文字编辑：张绪瑞
责任校对：吴　静　　　　　　　　　装帧设计：王晓宇

出版发行：化学工业出版社（北京市东城区青年湖南街 13 号　邮政编码 100011）
印　　刷：北京永鑫印刷有限责任公司
装　　订：三河市宇新装订厂
787mm×1092mm　1/16　印张 26½　字数 712 千字　　2014 年 9 月北京第 1 版第 1 次印刷

购书咨询：010-64518888（传真：010-64519686）　　售后服务：010-64518899
网　　址：http://www.cip.com.cn
凡购买本书，如有缺损质量问题，本社销售中心负责调换。

定　　价：98.00 元　　　　　　　　　　　　　　　　版权所有　违者必究

前 言 FOREWORD

液压气动技术已经成为国防和民用工业等诸多领域的关键技术，液压气动系统的可靠性与维修性也成为保障成套设备品质的核心因素。液压气动系统不但要性能优越，而且还要寿命长、故障少、易维修，可见，可靠性维修性是液压气动系统质量的重要内涵，而且，改善可靠性维修性意味着大幅度降低使用维修费用并有效地提高系统的效能。

液压气动系统可靠性维修性既有可靠性与维修性问题的共性，也有液压气动系统的特殊性。首先，在成套设备中，与其他各系统相比，液压气动系统的故障率较高；其次，液压气动系统构成相对复杂，并存在动力传递封闭、故障机理多样等问题；再者，比例伺服阀、高性能泵和马达等液压气动元件的技术仍有很大的发展空间，这既需要液压气动技术的原始创新，又需要液压气动可靠性维修性技术的不断研究与发展。液压气动系统可靠性维修性的研究探索、工程应用、普及推广，有助于促进液压气动产品的可靠性维修性水平、提高我国液压气动行业的核心竞争力。

本书兼顾可靠性维修性理论的系统性、液压气动系统工程应用的针对性以及理论研究的延伸性，加入了作者近年来的科研项目与基金研究成果（国家自然科学基金＜50905154、51175448＞、河北省自然科学基金＜E2012203015、E2012203071＞、教育部博士点基金＜20091333120005＞、河北省教育厅资助科研项目＜ZH2012062＞、秦皇岛市科技支撑计划项目＜2012021A078＞、河北省择优资助博士后科研项目）。

全书共分9章。第1章简要介绍了可靠性维修性工程的地位、作用、发展以及基本概念、术语和定义；第2章介绍了可靠性维修性的概率论、数理统计基础和Monte Carlo方法及应用；第3章介绍了液压气动系统可靠性维修性建模、分配及预计；第4章介绍了液压气动系统可靠性维修性设计；第5章介绍了液压气动系统可靠性维修性分析；第6章介绍了液压气动产品可靠性维修性试验与评定方法；第7章介绍了液压气动系统可靠性维修性管理；第8章介绍了液压气动系统可靠性维修性工程实例；第9章介绍了液压气动系统可靠性维修性新近研究专题，包括模糊可靠性维修性、T-S故障树及重要度分析、贝叶斯网络分析、可靠性维修性微粒群优化等。

　　本书由燕山大学陈东宁副教授（第 2、6、9 章）、姚成玉教授（第 1、5 章）、赵静一教授（第 3、8 章）、郭锐博士（第 4、7 章）编著完成。全书由陈东宁统稿。燕山大学研究生张瑞星、李男、吕军、李硕、茜彦辉、赵哲谕、王可勋、柳婷婷、张程、张浩然、李彩虹等为本书的绘图、排版、文献检索以及内容编写等工作给予了帮助，付出了辛勤的劳动。

　　书中疏漏或不妥之处，敬请读者批评指正。

编著者

目 录
CONTENTS

第1章

概　述

　　产品的可靠性（Reliability）是指产品在规定的使用条件下，在规定的时间内，完成规定功能的能力。换而言之，可靠性就是产品性能的稳定性，这种稳定性保证产品的正常工作。产品的维修性（Maintainability）是指产品在规定的条件下和规定的时间内，按规定的程序和方法进行维修（Maintenance）时，保持或恢复执行规定状态的能力。维修性是产品质量的一种特性，即由产品设计赋予的使其维修简便、迅速和经济的固有特性。由于产品的可靠性与维修性（Reliability and Maintainability，简称 R&M）密切相关，都是产品的重要设计特性，因此产品可靠性维修性工作应从产品论证时开始，提出可靠性维修性的要求，并在开发中开展可靠性维修性设计、分析、试验、评定等活动，把可靠性维修性要求落实到产品的设计中。

　　本章首先简要介绍可靠性维修性的地位和作用及发展概况，然后介绍液压气动系统可靠性维修性工程，最后介绍可靠性维修性的概念、术语和定义。

1.1　可靠性维修性的地位和作用

　　一个产品❶或系统❷，不管其原理如何先进、功能如何全面、精度如何高级，若故障频繁、可靠程度很差，不能在规定时间内可靠地工作，那么它的使用价值就低、经济效果就差。从设计规划、制造安装、使用维护到修理报废，可靠性和维修性始终是系统和设备的灵魂。其中设计制造决定固有可靠性，而使用维护保持使用可靠性。可靠性是评价系统和设备好坏的主要指标之一，它是研究系统和设备的质量指标随时间变化的一门科学。维修性贯穿于设备的整个寿命周期，涉及规划、设计、试制、生产、销售、安装、使用、改造直至报废的全过程。随着科学技术的发展，设备的功能由单一转向多能，结构日趋复杂；采用新材料、新工艺、新技术后使不可靠的因素增多，可靠性水平降低；新设备又要考虑更恶劣的使用条件，增加了保证其使用可靠性的难度；而且设备一旦发生故障所带来的危害往往很严重，维修费用很高。因此，对可靠性和维修性进行深入研究显得十分重要和迫切。

1.1.1　可靠性维修性的地位

　　现代质量观念认为，质量包含了产品的性能特性、专门特性、经济性、时间性、适应性等方面，是产品满足使用要求的特性总和，如图 1-1 所示。

---

❶　产品（Item）是指作为单独研究或单独试验对象的任何元器件、零件、甚至一台完整的设备或系统。
❷　系统是指是由一些相互作用和相互依赖的基本单元，按一定结构组成的能完成既定功能的有机整体。

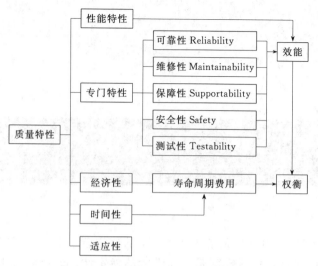

图 1-1 性能特性、专门特性及其权衡

产品的性能特性，可以用性能指标来描述，例如发动机的输出功率；产品的专门特性，描述了产品保持规定性能指标的能力，包括产品的可靠性、维修性、保障性（Supportability）、安全性（Safety）、测试性（Testability）等，如发动机能连续工作若干小时并保证在此期间输出功率不低于规定的值；经济性即产品的寿命周期费用，指在产品的整个寿命周期内，维持产品运行所花费的总费用；时间性是产品的按期交付，它也影响了产品的寿命周期费用（费用的时间性）；适应性反映了产品满足用户需求、符合市场需要的能力。

随着科学技术的发展和生产规模的扩大，对产品质量的要求也日益提高，产品的专门特性显得更加重要。例如：

① 工程系统日益庞大和复杂，带来了可靠性和安全性的下降，投资增大，研发周期加长，风险增加。

② 工程系统的应用环境不断地扩展和更加严酷，对可靠性、维修性、安全性等综合特性提出了挑战。

③ 系统要求的持续无故障任务时间加长，迫使系统必须具有良好的可靠性、维修性等专门特性。

④ 系统的专门特性与使用者的生命安全直接相关，如核能系统、载人航空航天器、高速列车等系统的可靠与安全是生命安全的基本保证，受到了强烈的关注。

⑤ 市场竞争的影响，产品是否可靠、是否好修、使用维护保养费用多少、寿命多长都对用户的选择产生重要影响。

20 世纪 50～70 年代，在产品装备研制过程中，可靠性是设计者们追求的主要目标，维修性则一直于次要地位或被认为是可靠性的分支。70 年代后期，随着产品装备复杂程度的进一步提高，且绝大多数产品装备都面临重复使用，这时，维修性的地位发生了变化。人们已认识到，片面追求高可靠性指标会导致巨额的费用投入，维修性的引入则可降低可靠性指标而改变这种状况，无论是以可靠性为中心的维修（Reliability Centered Maintenance，简称 RCM）、全员生产维修、设备综合工程学，均把提高装备的可靠性、降低由故障引起的维修成本，确保安全可靠并获得最佳效益作为目的。可靠性维修性不仅是工程设计过程的重要组成部分，也是费效分析、使用能力研究的必要基础。不论是从载人航天、探月工程、新型航母以及多种型号导弹的研制，到民用产品的生产，加强对可靠性维修性技术的研究越来越受到人们的重视。

1.1.2 可靠性维修性的作用

1.1.2.1 可靠性的重要意义

可靠性是衡量产品质量的一项重要指标。随着现代科学技术日新月异，产品的结构日益复杂，性能参数越来越高，工作条件更加严酷，因而，产品的可靠性问题越来越突出。若设备设计、制造、安装、调试、使用、维护和维修不当，任何细小的差错都有可能引起系统故障甚至是人员伤亡，造成极大的损失。由此可见，提高产品可靠性具有重要的现实意义。

① 提高产品的可靠性，可以防止故障和事故的发生，尤其是避免灾难性的事故发生，从而保证人民生命财产安全。例如，1986 年美国"挑战者号"航天飞船由于燃料系统密封圈失效，起飞 72s 后爆炸；1992 年我国发射"澳星"时由于配电器上多了一块 0.15mm 的铝物质，导致澳星发射失败；2009 年重庆一运载货车因液压杆故障使得车身失衡导致侧翻事故。

② 提高产品的可靠性，能使产品总费用降低。要提高产品的可靠性，首先要增加费用，以选用较好的零部件，研制包括部分冗余功能部件的容错结构以及进行可靠性设计、分析和试验。然而，产品可靠性的提高使得维修费及停机检查损失费大大减小，使总费用降低，例如，美国共和公司在研发 F-105 战斗轰炸机的过程中，花费了 2500 万美元，使该机的任务可靠度从 0.7263 提高到 0.8986，这样每年可节省维修费 5400 万美元。产品的可靠性与费用关系如图 1-2 所示，为了使产品的总成本最小，需要选择合理的可靠性指标。

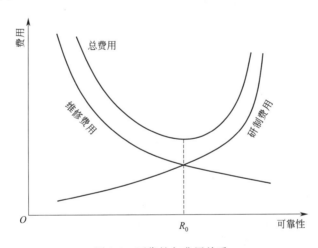

图 1-2 可靠性与费用关系

③ 提高产品的可靠性，可以减少停机时间，提高产品可用率。一台设备可以顶几台设备的工作效率，这样，在投资、成本相近的情况下，可以发挥几倍的效益。美国 GE 公司经过分析认为，对于发电、冶金、矿山、运输等连续作业的设备，即使可靠性提高 1%，成本提高 10%也是合算的。

④ 提高产品的可靠性，可以改善企业信誉，增强竞争力，减少产品责任赔偿案件的发生，从而提高经济效益。

1.1.2.2 维修性的重要意义

对于一个装备系统，维修性的基本特性之一是在装备的研制和生产过程必须要考虑其重要特性。由于科技工业和军事技术的飞速发展，装备结构也日益复杂，在工作过程不可避免会出现故障，能否迅速而有效地修复，则取决于我们的维修性水平。所以，维修性是装备可用性的保障，维修性水平的高低直接影响装备的可用程度。对装备液压气动系统的合理操作使用、维护和修理，可使装备处于良好的技、战术状态。同时最佳维修周期的检修保养、故障的诊断判别、零配件的修复再用也能提高装备性能。

对于各种需要维修的产品，特别是军事装备、航空设备、化工设备、核能设备等，维修性在其研制和使用过程中受到广泛重视。20多年来，维修工程理论与应用研究在我国取得了长足的发展，而且国防科技工业部门中维修性工作开展的也较好，维修性的定性定量要求已经全面纳入了装备的技术、战术指标或研制任务书中。

一个装备的维修性如何，能否在规定的条件下，在规定时间内完成维修，影响着装备的完好性或可用性，同时也影响其任务成功性。因此，维修性是系统效能的重要构成因素。维修性的好坏关系着维修所需的时间、工时以及其他资源消耗，影响乃至决定着维修费用，因而，维修性又是影响装备寿命周期费用（Life Cycle Cost，简称LCC）的重要因素。所以，提高系统效能、减少寿命周期费用是改善装备维修性的主要目标。国外的经验表明，在研制中投入1美元改进维修性，可望取得减少LCC达50～100美元的效益。可见，研究维修性对改善产品维修性是很有意义的。应当把维修性和可靠性同装备的性能、费用、研制周期等要求放在同等重要位置。我国由于科技、工业水平的限制，在一些产品（如电子元器件、精密机械加工件等）可靠性难以达到更高水平的情况下，通过改善维修性来提高战备的完好性就显得尤为重要，也较易奏效。

1.1.3 可靠性与维修性的关系及RMS

1.1.3.1 可靠性与维修性的关系

开展可靠性活动的目的就在于使产品在使用中无故障或少故障，其中心任务是围绕产品故障而进行的。从设备完好性及寿命周期费用的观点出发，仅提高可靠性不是最有效的方法，必须综合考虑可靠性和维修性才能获得最佳的效果。维修性与可靠性有着密切的关系，比如工程实践中，在进行故障模式影响分析（Failure Mode and Effect Analysis，简称FMEA）时就要引入维修性数据，而可靠性专业提供的各种故障率根据又是计算维修性参数所必需的。就可靠性来说，人们所关心的是使设计出来的系统能正常工作，且工作时间越长越好，所以可靠性是从延长正常工作时间来提高产品的可用性；就维修性来说，关心的重点则是使设计出来的系统在发生故障时能使之尽快地加以修复，维修性是从缩短维修停机时间来提高可用性。

可靠性与维修性的重要区别在于对人的因素的依赖程度不同。系统的固有可靠性主要取决于系统各构成成分的物理特性；而系统的固有维修性不可能脱离开人的因素的影响。相同的系统，由于采用了不同的维修概念和不同的后勤保障方式，还由于从事维修工作的人员在技术水平上的差异，会表现出不同的维修特性。

可靠性维修性工程致力于研究、描述、度量以及分析系统的故障和维修，目的是通过增加设计寿命，消除或减少出现故障的可能性和安全风险，减少停机时间，进而增加可用时间。可靠性工程的重点是防止、发现和纠正设计缺陷、薄弱零件或元器件及工艺缺陷；维修性工程的重点则是减少维护和修理时间，减少预防性和修复性维修活动的工作项目以及所需的专用工具和测试设备。可靠性工程与维修性工程有着最为紧密的关系，主要表现在：

① 两者具有共同的目标，即提高装备的完好性、可用性、保证任务成功和减少维修人力与保障费用。因而，它们可能互补。在产品研制中要进行二者的综合权衡。

② 维修性活动常常要以可靠性活动为基础或结合进行。例如，维修性的分配、预计、分析等要以可靠性分配、预计、分析等为基础，借用其输出数据。维修性与可靠性的管理活

动，FMEA、试验等可以而且应当尽量结合进行。

③ 维修性技术与可靠性技术有共同的数学基础和相似的方法，包括分析手段、抽检、统计方法等。

1.1.3.2 RMS

RMS 的一个含义是可靠性维修性保障性（Reliability & Maintainability & Supportability），另一个含义是可靠性维修性安全性（Reliability & Maintainability & Safety）。

保障性是指装备的设计特性和计划的保障资源能够满足平时战备和战时使用要求的能力。有如下内涵：

① 装备保障设计特性，指的是与保障有关的装备设计特性，设计特性可分为两类：一类是与装备故障有关的维修保障特性，主要受可靠性、维修性、测试性等影响；另一类是与装备使用（功能）有关的使用保障特性，用于度量持续维持装备正常使用功能的保障特性，主要有保障的及时性、装备的可运输性等。维修保障特性和使用保障特性都是设计赋予的，应在装备设计时考虑。

② 保障资源，包括保障装备所需的人力人员、备品备件、工具盒设备、训练器材、技术资料、保障设施、装备嵌入式计算机系统所需的专用保障资源（如软、硬件系统）以及包装、装卸、储存和运输装备所需的资源等。但是，只有保障资源还不能直接形成保障力，只有将分散的各种资源有机地组合起来，相互配合形成具有一定功能的保障系统，才能发挥每种资源的作用。

③ 平时战备和战时使用要求，前者经常用战备完好性来衡量，后者常用持续性（亦称任务持续性）来衡量。这两方面的能力要求，首先要通过与装备保障有关的特性设计得以具备，同时要通过保障系统有计划地提高保障资源、开展保障活动得以实现。

可见，保障性是装备及其保障资源组合在一起的装备系统（即装备加上保障系统）的属性，是满足装备系统平时战备完好和战时使用要求的能力体现，应从装备自身设计特性和保障系统运行特性两个方面进行设计、分析、试验、评价。保障性研究包括保障性分析（以可靠性为中心的维修分析、修理级别分析、使用与维修工作分析）、规划保障资源、保障性试验与评价、保障性管理等。保障性一般用于武器装备、航空航天等国防领域，对于大型、复杂或关键民用系统，也会有保障性要求。

安全性是指产品不导致人员伤亡，不危害健康及环境，不造成设备损坏和财产损失的能力。安全性是通过设计赋予的一种产品特性，是武器装备和一些民用设备设计必须满足的首要特性。安全是指不发生可能造成人员伤亡、职业病、设备损坏、财产损失或环境损坏的状态。事故是指造成人员伤亡、职业病、设备损坏、财产损失或环境损坏的一个或一系列意外事件。危险是指可能导致事故的状态，危险主要来自于使用的材料、设计和制造缺陷、使用和维修人员的人为差错以及有害的环境，有危险可能性、危险严重性两个指标。风险是指用潜在的危险（事故）严重性和发生的可能性表示的事故影响和可能性，在安全性学科中所研究的风险是指危险事件或事故的风险，称危险风险或事故风险，简称风险。安全性研究包括安全性分析与设计、危险及其控制、安全性验证与评价。

测试性是指产品能及时准确地确定其状态（可工作、不可工作或性能下降程度）并隔离其内部故障的一种设计特性。测试性是产品的一种设计特性，是设计时赋予产品的一种固有属性，有别于测试这一概念。测试性是产品为故障诊断提供方便的特性，如机内测试、性能监测或状态监测、与外部测试设备兼容，便于用自动测试设备进行测试或人工测试等。测试性设计是为了提高产品自诊断和外部诊断能力，能方便有效地确定产品状态和隔离故障。测试性研究包括测试性设计与分析、测试性验证与评价等。

可信性（Dependability）是指产品在任务开始时可用性给定的情况下，在规定的任务剖面中的任一随机时刻，能够使用且完成规定功能的能力。可信性是一个非定量的集合性术语，其内容即 RMST，即可靠性、维修性、保障性、测试性。

1.2 可靠性维修性工程的发展

纵观可靠性维修性工程的发展历程，可以看出正是客观现实条件的变化（设备的日趋复杂、使用运行环境的日益严酷、财力与人力资源受到严格限制、可靠性维修性技术的不断发展等）导致人们在观念上产生了变化，从单纯地追求某些技术性能目标，转向主要以寿命周期费用体现出来的综合目标，转向要求在系统的效能和费用间求得合理的平衡。

1.2.1 可靠性工程的发展

可靠性工程是对产品（零、部件，元、器件，总成、设备或系统）的失效及其发生的概率进行统计、分析，对产品进行可靠性设计、可靠性预计（Prediction）或称可靠性预测、可靠性分配（Allocation）、可靠性试验（Test）、可靠性评估（Evaluation 或 Assessment）、可靠性检验、可靠性控制、可靠性维修及失效分析的一门包含了许多工程技术的边缘性工程学科。

作为一个单独的工程学科，可靠性工程的诞生可追溯到 20 世纪 30～40 年代。早期人们对"可靠性"的理解仅仅是定性的，而没有数值度量。随着科学技术的高速发展，电气设备、自动控制设备、工程装备等越来越复杂，所包含的元件越来越多，人们随之发现，要保证这些装备的正常使用也越来越困难。这就促使人们去研究如何保持设备功能而不致失效。第二次世界大战后期，德国火箭专家 R. Lusser 首先提出用概率乘积法则，将一个系统的可靠度看成其子系统可靠度的乘积，从而计算出 V-Ⅱ 火箭引信装置的可靠度为 0.75，首次定量地表达了产品的可靠度，这被称为 Lusser 定律。从 50 年代初期开始，在可靠性测定中更多地引用了统计方法和概率概念之后，可靠性才作为一门新学科被系统地加以研究。

20 世纪 50～60 年代是美国航空航天事业迅速发展的时期。这一发展阶段的主要特点是：改善可靠性管理，建立可靠性研究中心；制定了可靠性试验标准，发展了新的可靠性试验方法（如加速寿命试验法和快速筛选试验法），发展了新的可靠性预计技术，颁布了可靠性预计手册及标准；开辟了可靠性物理研究的新领域，发展了新的故障模式分析技术；建立了更有效的可靠性数据采集系统，形成了美国全国性的数据交换网；在电子设备可靠性研究的基础上，又扩充到机械部件的可靠性研究，提出了机械概率设计的新方法；注重人为可靠性及安全性的研究；重视维修性的研究；创建可靠性教育课程。

20 世纪 60 年代末，软件可靠性问题获得重视。此时，前苏联、法国、日本、英国和德国等国家也相继开展了可靠性工程的研究。1965 年，国际电工委员会（IEC）设立了可靠性技术委员会 TC-56，在东京召开了第一次会议，协调各国间可靠性的术语和定义、可靠性的测定方法、数据表示方法和标准规范的书写方法等。从此，可靠性理论研究和工程应用进入了一个全新的时期。

20 世纪 70 年代初我国的可靠性工程开始发展起来，首先是电子工业部门开展了电子产品的可靠性研究，如电子元件的加速寿命试验及试验数据处理等。由于国家重点工程的需要（元器件的可靠性问题），以及消费者对电视机等设备质量问题的强烈要求，对各行各业开展可靠性的研究起了巨大的推动作用。

20 世纪 70 年代以后是可靠性工程深入发展的阶段。随着多种电子设备和系统广泛地应用于各技术领域、工业部门及日常生活中，电子设备的可靠性直接影响着生产效率，系统、设备以及人的生命安全，带来了更多的可靠性问题。人们也开始了对非电子设备（如机械设备、大型结构等）进行可靠性研究，以解决其可靠性设计及试验技术等问题。对于现代化技术装备，由于采用大量的先进技术，增加了系统的复杂性，为了保证设备的完好性、任务的成功性以及减少维修人员和费用，可靠性工程范围将进一步扩展，需要更多的可靠性技术作保证，需要更加严密的可靠性管理系统及可靠性评估技术。另外，机器人系统、大型结构与动力系统以及商用卫星等复杂系统的出现，都要求对可靠性的研究上一个层次，越来越体现出可靠性问题研究的重要性及其价值。

20世纪80年代，可靠性研究继续朝广度和深度发展，中心内容是实现可靠性保证。80年代初，我国掀起了电子行业可靠性工程和管理的第一个高潮。1987年组建了全国统一的电子产品可靠性信息交换网。同时还组织制定了一系列有关可靠性的国家标准、国家军用标准和专业标准，使可靠性管理工作纳入标准化轨道。

20世纪90年代，原机械电子工业部提出了"以科技为先导，以质量为主线"，沿着"管起来、控制好、上水平"的发展模式开展可靠性工作，兴起了我国第二次可靠性工作的高潮，取得了较大的成绩，颁布了国家军用标准 GJB/Z 299A—1991《电子设备可靠性预计手册》，液压气动技术可靠性的研究工作得到了重视和发展。21世纪以后，元器件技术升级周期大大缩短，可靠性工作逐渐转变为制造商的自觉行为。不仅如此，还把对产品可靠性的研究工作提高到节约资源和能源的高度来认识。

可靠性工程的诞生、发展是社会的需要，与科学技术的发展是分不开的。对此，各国纷纷投入大量的人力、物力、财力开展研究，并将其应用推广到更广泛的领域里。

1.2.2　维修性工程的发展

维修性工程是系统工程的一个分支专业，它包含了为达到系统的维修性要求所完成实施的一系列设计、研制和生产工作。维修性工程将系统分析和设计技术和对寿命周期费用的考虑相结合，使系统设计中有关维修性的各方面考虑更为成熟，其功能在于形成设计特性、维修方针和维修资源等因素的合理组合，以便以最少的寿命周期费用达到使用要求中的规定维修性水平。

20世纪50年代中期，随着军用电子设备复杂性的提高，装备的维修工作量大、费用高，例如，美军在朝鲜战争中，军用电子设备每年的维修费用为其成本的两倍，维修性问题引起了美国军方的重视。50年代后期，美军罗姆航空发展中心及航空医学研究所等部门开展了维修性设计研究，提出了设置电子设备维修检查窗口、测试点、显示及控制器等措施，从设计上改造电子设备的维修性，并出版了有关的报告和手册，为以后的维修性标准打下了基础。

20世纪60年代中期，各种晶体管及固态电路相继取代了电子管，使电子设备的维修性有了显著改善。然而，由于电子设备复杂性的迅速增长，维修性仍是研究的重要课题。其研究重点转入维修性定量度量方法，提出了以维修时间作为维修性的定量度量参数。通过对维修过程的分析，把维修时间进一步分为不能工作时间、修理时间和行政延误时间等单元，并指出对大部分设备而言，维修时间服从对数正态分布，提出了维修时间分布的平均值和90%（或95%）的百分位置作为维修性的度量参数，为定量预计装备的维修性，控制维修设计过程，验证维修性设计结果奠定了基础。在这些研究的基础上，美国海军、空军都分别制定了装备维修性管理、验证和预计规范，来保证所研制的装备具有要求的维修性。1966年美国国防部先后颁发了美国军用标准 MIL-STD-470-1966《维修性大纲要求》、MIL-STD-471-1966《维修性验证-演示和评估》和 MIL-HDBK-472-1966《维修性预计》等维修性标准，这些标准的颁发和实施标志着维修性已成为一门独立的学科，与可靠性并驾齐驱。20世纪70~80年代，维修性设计与分析逐步实现 CAD 化，可靠性维修性设计与分析 CAD 综合分析软件广泛应用于 F-16、M1 坦克等第三代装备的研制与改型中。

20 世纪 90 年代至 21 世纪初，计算机和仿真建模技术的快速发展，为维修性工程与仿真技术相结合提供了可能。维修性设计与验证采用了现代计算机仿真和虚拟现实技术，实现了无纸化设计，显著地减少了设计错误，缩短了设计周期，提高了设计质量，并广泛应用于 CNV-21 核动力航空母舰、未来作战系统（FCS）和 F-35 战斗机等新一代装备研制中。例如，美国著名航空发动机维修性试验与评价，评价发动机修理的时间与作业要求而不需要制造物理模型，使人素工程能够直接与数字化 CAD 发动机模型产生交互作用。计算机仿真和虚拟现实技术正逐步成为维修性工程研究的新型工具。现代维修技术的发展方向有：考虑资源环境后果的以产品全寿命周期为中心的绿色再制造技术，针对现代化加工生产设备和加工技术的智能化维修，高质量、高效率的网络化的协同维修，结合维修资源、视情维修和维修信息的基于信息驱动的维修。

1.3　液压气动系统可靠性维修性工程

可靠性维修性技术与液压气动技术相结合，产生了液压气动可靠性维修性这一研究方向。液压气动系统可靠性维修性工程的目的是完成规定功能并随时使规定的运行指标处于运行状态，保证液压气动产品在使用环境下达到预定的利用率，经常保持和迅速恢复到可用状态，以及对液压气动产品进行及时充分、经济地维修。

1.3.1　液压气动系统可靠性维修性研究内容

1.3.1.1　液压气动可靠性

20 世纪 80 年代，苏联学者瑟里岑编著出版了《液压和气动传动装置的可靠性》，而后，苏联学者巴史塔等人对飞行器液压气动系统可靠性的特性、评估、鉴定等问题进行了研究。20 世纪 80 年代，液压气动可靠性在我国得到迅速发展，尤其在航空航天、核电以及船舶等部门得到广泛的应用。90 年代，在逐步加大对可靠性数据收集的力度的基础上，有关部门发布了国家军用标准 GJB 1686—1993《装备质量与可靠性信息管理要求》等相关可靠性标准。机电产品的可靠性也被重视起来，在机械研究院内成立了可靠性中心。民用机械、液压气动产品的可靠性研究工作也获得了前所未有的发展。在液压可靠性书籍出版方面，1991 年哈尔滨工业大学许耀铭出版了《液压可靠性工程基础》，2011 年燕山大学赵静一、姚成玉出版了《液压系统可靠性工程》。在理论研究与实践探索上，许多研究和生产单位的科研工作者还是做了大量的研究工作，为今后液压气动可靠性研究工作奠定了良好基础。

目前我国制造业的核心竞争力不断提高，但国内高性能液压气动元件在可靠性指标等方面与 Rexroth、Linder、Parker、Moog 等公司的产品存在不小的差距，高端技术仍被国外少数液压气动技术公司掌控，这既需要液压气动技术的兼容并蓄、原始创新以及同步重视基础元件研发与系统集成，又需要液压可靠性技术的不断研究与发展。德国、日本制造业产品曾一度被打上了"Made in Germany/Japan"的标签，以标示其质量差、"山寨"特点，但还是成功地从"山寨"走到了创造，包括液压气动产品在内的机电产品拥有不错的质量口碑，其可靠性研究工作功不可没。

《国家中长期科学和技术发展规划纲要（2006—2020 年）》将基础件和通用部件列为优先主题，将重大产品、复杂系统和重大设施的可靠性、安全性和寿命预计技术列入重要研究方向，可见液压气动可靠性问题的紧迫性，不但需要液压气动行业的研究与生产单位从高性能液压气动元件和可靠性技术两个方面在理论、技术和方法上有所突破，更重要的是，需要一个政产学研共同努力，充分重视国产液压气动元件与系统的可靠性研究工作，形成更适合民族工业发展的良好氛围，我国的液压气动工业才能也必将能够屹立于世界液压行业之巅、实现液压气动行业的中国梦。

液压气动系统可靠性技术包括质量工艺控制等可靠性管理问题，也包括可靠性设计、可靠性分析、可靠性试验等问题。

(1) 可靠性设计

可靠性设计的目的就是产品在寿命周期内符合所规定的可靠性要求的前提下，综合考虑产品或系统的性能、费用和时间等因素，通过采用相应的可靠性设计技术，使可靠性与其他因素达到一种平衡。可靠性设计的任务就是预计和预防产品有可能发生的故障，最终实现产品可靠性设计的目的。也就是发现产品潜在的隐患和薄弱环节，通过相应的可靠性设计，有效地消除隐患和薄弱环节，进而使产品达到所规定的可靠性要求。可靠性设计方法主要有可靠性预计、可靠性优化设计、降额设计、余度设计、节能设计等。

① 可靠性预计　可靠性预计主要是指在设计的不同阶段，按所掌握的产品组成部分的可靠性数据，对产品的可靠性作出估计。可靠性预计可以进行设计方案比较，发现设计中的薄弱环节，从而找到提高可靠性的途径。液压气动可靠性预计使用的方法主要有数学模型法、边值法（又称上下限法）、试验法、Monte Carlo 模拟法等。

传统的可靠性预计以独立的元件故障率为基础，采用指数模型估计元件的可靠性。这种方法导致"修后如新"的误导，忽略了预修的作用，对于液压气动系统的可靠性预计产生极大的误差。因而开发新的可靠性预计模型成为目前主要的研究方向之一。

② 可靠性优化设计　许多液压学者对液压气动系统的优化设计进行了研究，例如，液压集成块优化设计、液压气动系统过滤器优化配置。可靠性优化是以可靠性指标为目标函数，满足既定资源约束（如费用、重量和体积）的一种优化设计方法，它是伴随可靠性在工程实践中的应用而产生的，是可靠性分析与最优化理论相结合的产物。

③ 降额设计　当液压元件作为一种机械产品来考虑时，降额使用主要是降低元件的使用工作压力，也就是采用元件的工作压力比额定压力低。这种做法的实质是降低元件的应力水平，使其对强度来说有更大的安全裕度。液压系统采用降额（降压）设计的方法，可以延长元件的使用寿命，在一定程度上提高系统的可靠性，例如，10MN 水压机、橡胶压块机、轮轴压装机液压系统设计。降额设计虽可提高复杂系统的可靠性，但出于费用、重量、空间及类似问题的考虑，降额也是有限的，要视系统的复杂程度和重要性而定。

④ 余度设计　通过增加一定数量的相同单元组成系统或采用多套相同的系统来提高系统可靠性的方法，即余度的方法，又称为冗余的方法。余度设计是采用增加多余资源以换取可靠性的一种方法，采用它会使系统或设备的复杂程度、重量、体积、研制周期和成本都相应地增加。余度技术在一些关键液压气动系统中获得了应用，例如，战斗机弹仓液压、气动双余度系统，船舶液压舵机双余度换向阀等。

⑤ 节能设计　采用新元件、新技术、新方案实现液压气动系统的节能，可降低系统的功率消耗和故障率。例如，北京航空航天大学针对智能液压泵变压力变流量的特点，提出一种多模性能可靠性分析方法。以系统工作效率为目标函数，性能可靠性指标为约束条件，对智能泵作优化设计。最后用优化所得参数求系统在各阶段的性能可靠度，相比传统恒压泵系统，智能泵系统的平均效率可提高 15.8%。

(2) 可靠性分析

可靠性分析以故障为核心对系统进行分析和评价，对找出故障产生的主要影响因素，提高系统可靠性具有重要意义。

① 故障树分析　故障树分析（Fault Tree Analysis，简称 FTA）技术在核工业、航空航天、机械电子、兵器、船舶化工等领域已得到广泛应用，为提高产品的安全性和可靠性发

挥了重要作用。故障树分析是液压气动系统最常用可靠性分析方法之一，故障树分析法主要的研究有：传统故障树分析法（基于布尔代数和概率论）、模糊故障树分析法（基于布尔代数和模糊集合论）、T-S故障树分析法（基于T-S模型、概率论和模糊集合论）。传统故障树分析法主要面临元件故障概率数据较少、甚至无法精确获得，基于二态假设（正常和失效）、不能适应实际系统存在的多种状态（即多态），以及难以精确描述系统故障机理等三个问题。针对第一个问题，产生了模糊故障树分析法，但仍采用传统故障树，而将模糊集合理论引入，用模糊数来描述故障概率。对于模糊故障树分析法难以解决的后两个问题，产生了T-S故障树分析法。

②故障模式影响及致命度分析 20世纪50年代初，美国Grumman公司第一次将故障模式影响分析（Failure Mode and Effect Analysis，简称FMEA）用于对螺旋桨飞机操作系统向液压机构的改进过程的设计分析。后来，故障模式影响及致命度分析（Failure Mode Effect and Criticality Analysis，简称FMECA）方法开始广泛地应用于航空、航天、船舶、兵器等军用系统的研制中，并逐渐渗透到机械、汽车等民用工业领域，取得了显著的效果。

③贝叶斯网络 基于图论和概率理论的贝叶斯网络在事件逻辑关系和多态性描述、计算分析能力及简便性等方面，与故障树分析法、Petri网、马尔科夫链等可靠性分析方法相比，有一定的特点和优势，具有更强的处理不确定性的能力及特有的双向推理机制。贝叶斯网络的构造是其在可靠性分析中应用的瓶颈，基于故障树转化是构造贝叶斯网络的主要方法。从传统故障树到贝叶斯网络映射，进行结构转变、信念传播、概率更新、推理运算，降低了计算的复杂性，在可靠性分析中得到了应用。近几年，贝叶斯网络开始应用于液压气动系统可靠性分析、故障分析决策，并为液压气动系统可靠性分析提供了新的手段方法。在工程实际中，液压气动系统是一个机、电、气、液耦合的非线性系统，故障形式和故障机理复杂多样，此外，历史数据的缺乏以及系统环境的变化，导致部件故障发生的概率难以用精确的数值表达，因此部件故障发生概率为精确值的假设往往难以成立。运用模糊理论的可靠性分析方法是处理上述问题的一种有效方法，继而产生了模糊贝叶斯网络可靠性分析方法。

（3）可靠性试验

液压气动元件的可靠性是整个液压气动系统可靠性的基础，对液压气动元件进行可靠性试验可以发现设计、材料及工艺缺陷，以提高和证实其可靠性水平。然而，传统的基于大量样本的统计试验造成巨大的能源损耗和资金投入，所以国内许多生产厂家对液压气动元件仅仅进行出厂试验，有些单位在新产品的型式试验后，也很少进行可靠性试验。所以必须探索新的可靠性试验方法，利用可靠性数学工具并且计算机数值仿真技术，通过投入少量样本和较短时间获取高置信的液压气动元件可靠性指标，从而制定合乎中国国情的液压气动可靠性相关标准。

液压元件的可靠性试验是一种可靠性指标下的性能试验，现阶段液压元件可靠性试验方法研究工作主要包括以下几个方面。

①可靠性试验 国内一些单位进行液压元件可靠性试验研究时，通常采用随车试验和试验台试验两种试验方式。例如，三一重工和徐工集团对自己配套的相关泵和多路阀进行随车试验。而多数高校和研究单位采用试验台的试验方式，例如，哈尔滨工业大学对液压泵进行了磨损可靠性试验，给出了液压泵中摩擦副之间的极限 $[pV]$ 值；北京航空航天大学针对航空液压泵进行了可靠性试验，提出了一种基于动态润滑磨损的航空液压泵性能可靠性建模方法；燕山大学对液压软管总成进行脉冲、耐压爆破以及液压管路防爆阀即过流量自动截止阀的可靠性试验，还对自行式液压载重车的液压气动系统及相关机械结构进行了可靠性

研究。

② 可靠性评定　小样本理论的发展，使得试验次数得以减少，试验成本降低，周期缩短，经济效益和社会效益显著。目前，针对小样本可靠性试验数据的处理方法主要包括经典统计学小样本评估方法和数值仿真方法。国防科技大学建立了双喷嘴挡板电液伺服阀磨损的失效物理模型并基于此模型评估了伺服阀寿命；燕山大学对某型号船舶用泵控机组的耐久性（Durability）试验数据进行处理和折算，在极小子样条件下分别折算出了液压泵在额定工况（21MPa）和实际使用工况下的寿命。比例伺服阀、高性能液压泵和马达以及水基液压元件与极端条件下的液压元件是未来研究的重点，可靠性试验是不可或缺的环节，这需要试验与评定方法的创新，建立可靠性数据库，对薄弱环节进行重点攻关，提高液压元件的可靠性。

（4）可靠性管理

可靠性管理就是从系统的观点出发，对产品全寿命周期中的各项可靠性工程技术活动进行规划、组织、协调、控制与监督，以实现既定的可靠性目标，并保持寿命周期费用最省。一个复杂的系统工程，从产品的构成来看，包括原材料、元器件、零部件、设备、系统各个环节；从产品的全寿命周期来看，包括设计、试验、运输、安装、使用维修等各阶段；从工作内容来看，包括理论、标准、技术、管理以及教育等各方面，都要通过可靠性管理来发挥出系统的整体效益。

可靠性管理的核心内容是制订并贯彻执行一项可靠性计划（Reliability Program），或称可靠性大纲。为此，需要建立一个对系统可靠性全面负责的可靠性管理机制。为了完成可靠性管理所规定的任务，企业应建立质量保证体系的子体系——可靠性保证体系。这个体系有6个方面的要求：

① 明确规定、工艺、检查、研究、质量保证、供应和储运等部门在可靠性管理方面的职责及相互关系。

② 在技术管理部门或质量保证部门设立可靠性管理专职机构，设立专职可靠性工作人员。

③ 制定一套完整的可靠性工作的法规、标准、规范和文件。

④ 采取行政的、技术的保证措施，确保各项可靠性活动正常开展。

⑤ 具有与任务相适应的可靠性设计、分析能力及必要的试验设备。

⑥ 有开展可靠性工作所需的人力、物力、经费保证。

1.3.1.2　液压气动维修性

（1）维修性设计

维修性设计是产品或系统设计工作中的一个重要组成部分，它要求在产品或系统的初始阶段将维修性作为设计的一个目标，使产品或系统具有下列设计特征：①用最少的人员，在最少的时间内完成各项维修工作；②对测试设备和工具的种类及数量要求最少，对维修设施要求最低；③零部件的消耗最少；④对维修人员培训的工作量最少。

液压气动系统的维修性首先是通过系统的设计过程来实现的。根据系统的工作要求，建立维修概念；确定系统的维修性定性和定量要求；建立维修性模型，对系统的定量指标进行维修性分配和预计；建立维修性设计准则，以便将定量和定性的维修性要求和规定的约束条件转换成详细的硬件和软件设计；维修性工程人员参加系统设计过程并从事维修性方面的协调工作；最后对设计的系统进行维修性设计评审，发现系统的不良维修区；并作必要的设计更改。通过上述的维修性设计过程，来确保所设计的系统满足合同规定的维修性要求。维修性设计的一般原则如下：

① 明确要求、了解约束　维修性要求和约束条件是设计的依据，只有把定量指标、定性要求转化为维修性技术途径，并落实到各层次产品设计中，维修性目标才能实现。明确要

求和约束条件是确定维修性设计重点的基础，是分析和找出设计缺陷的依据，是指标和方案权衡的重要依据。

② 系统综合、同步设计　近年来，在工程实践中，我国强调将产品性能、可靠性、维修性、安全性、保障性等质量特性进行系统综合和同步设计，从产品论证开始，进行质量、进度、费用之间的综合权衡，以便取得其最佳的效能和寿命周期费用。

③ 早期投入、预防为主　强调维修性早期投入，就是要在研究设计备选方案时不但考虑达到规定的性能指标，而且考虑实现维修性要求。维修性设计要从早期抓起，从系统级抓起，否则，维修性要求就会落空。为了预防和减少设计的缺陷和反复，要充分利用已有的正反面教训，避免缺陷在产品中重现。当为提高产品其他性能采用某些新技术新结构时，要对这些新技术新结构可能影响到维修性的风险做出估计，并采取相应措施。

④ 纠正缺陷、实施增长　维修的任务是预防故障、排除故障。而故障带有很大随机性，其暴露往往要有一个过程。从方案阶段、工程研制、定型试验直到生产、部署使用，故障和维修作业的样本由少到多，积累的故障及维修数据逐渐增多。因此，尽管做了很大努力，也不可能使新产品不存在维修性设计缺陷。这就需要通过研制过程，乃至部署使用过程，通过试验、试修及实际维修的实践，不断发现设计缺陷，经过分析，采取措施纠正设计缺陷，使产品的维修性水平得到提高，达到用户的要求。

（2）维修性分析

对液压气动系统进行维修性分析的目的是为设计提供指导，并评定在达到维修性要求方面的设计进展情况。具体地说，进行维修性分析是为了：

① 确定能达到所要求的维修性的费用。

② 对设计中的维修性要求进行量化。

③ 对设计满足定性与定量的维修性要求的情况进行评定。

④ 积累用于维修计划和后勤保障分析的维修性数据。

进行维修性分析应以故障模式影响分析结果为基础。进行维修性分析时，对系统的每张图纸都应加以评定，以判明那些可能发生故障的部分和发生故障的原因，并据此提出为消除故障所应采取的措施，判断可能要采取的预防性维修活动，找出完成修复工作最适宜的方法。在进行分析的过程中，要同时对有关可达性的问题（可达距离、可见性等）进行评价。

（3）维修性预计

液压气动系统的维修性预计是对所研究的系统结构特征的维修性参量进行预计与评估，评价所设计的系统是否满足规定的维修性指标要求，以及采用的维修方法是否能够满足液压气动系统的工作需求，从而找出液压气动系统改进设计的方向。

维修性预计必须以液压气动系统维修时间的统计数据为基础。通过对液压气动系统进行维修性预计，可知在现有的维修水平及设备管理水平下，对系统设备进行维护维修时，液压气动系统的工作能力是否能够达到预期目标。液压气动系统的故障率与维修时间受维修人员的作业时间、熟练程度、作业环境等因素的影响，变动较大。维修性评估是对可维修液压气动系统的维修时间数据，按数理统计理论和液压气动系统维修评估方法，求得维修性评价指标的估计值。

一般液压气动系统维修性预计主要指标为平均维修时间，得到系统总的平均维修时间即可对系统的维修性进行预计和评估。

（4）维修性分配和预计

在系统维修性大纲中，维修性分配和预计是维修性工作项目的重要组成部分。当系统总体的维修性指标确定以后，就要由上至下把指标分配给分系统、部件甚至到元件，作为它们各自的维修性指标而提供给设计人员，使他们明确在设计产品或系统时须满足的维修性要求。

维修性分配是一个反复的过程，而维修性预计在系统寿命周期的各个阶段要反复进行。维修性分配和预计所用的方法不同，但是它们都以两个基本参数作基础。一个是时间参数，是指为使发生故障的系统恢复到可工作状态而进行的修复性维修所需要的时间；另一个是频率参数，是指在系统级进行的修复性维修和预防性维修的频率。

(5) 维修性试验与评定

维修性试验与评定的目的是判定液压气动产品对维修性要求的符合程度，针对在试验与评定中发现的设计缺陷进行改进设计，使维修性不断增长。进行验证的方法不是单一的，是多种方式的结合（分析、检查、试验、演示验证等），该工作贯穿于液压气动产品的整个寿命周期，并且可涉及液压气动产品的各个层次。目前，维修性试验与评定多应用在定性分析评估的基础上，采用统计试验的方法，用较少的样本量，用较短的时间和较少的费用及时作出液压气动产品维修性是否符合要求的判定。通过试验与评定，为承制方改进设计使维修性进一步增长和订购方接受该产品提供决策依据。

1.3.2 液压气动系统可靠性维修性工程体系

1.3.2.1 液压气动系统可靠性工程体系

将与可靠性有关的工作项目进行一定的归并后按所在全寿命周期的不同阶段排列起来，则液压气动系统寿命周期内的可靠性工作如图 1-3 所示。这些围绕可靠性展开的可靠性工作可分为两类：一类为可靠性技术工作，一类为可靠性管理工作。为保证液压气动系统具有用户所需要的，已在合同中规定的可靠性要求而开展的一系列防止、控制和检验可靠性缺陷产生的技术活动属于可靠性技术工作。如建立可靠性模型、可靠性分配、可靠性预计、FME-CA 或 FTA、可靠性增长试验等。要保证这一系列可靠性技术工作实现预期目的，必须制定周密的计划，对这些工作实现有效的监督和控制。液压气动系统可靠性工作流程主要分为以下 4 个阶段。

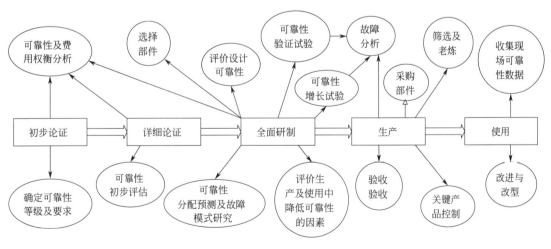

图 1-3 液压气动系统寿命周期内的可靠性工作

① 论证阶段 针对液压气动系统存在的问题和现场对液压气动系统的可靠性指标要求，进行可靠性与费用权衡分析，初步确定设计方案。

② 全面研制阶段 对液压气动系统进行全面详细设计并结合可靠性预计来估计可靠性

指标是否满足要求，并基于可靠性预计结果进行改进设计，提高设计可靠性，之后进行故障分析与评价，确定主要故障的发生概率和各底事件的重要度。

③ 生产阶段 通过一般性可靠性增长来排除早期故障，结合现场数据对液压气动系统进行可靠性评定。

④ 使用阶段 注重现场液压气动设备可靠性数据的收集，为以后的改进或改型储备数据。

1.3.2.2 液压气动系统维修性工程体系

液压气动系统维修性工程的功能在于形成设计特性、维修方针和维修资源等因素的合理组合，以便以最少的寿命周期费用达到使用要求中规定的维修性水平。液压气动系统维修性工程的任务如下：

① 在论证阶段，确定液压气动元件的维修性定性定量要求。

② 在方案阶段，通过维修性设计分析，确定液压气动元件相应层次的维修性设计方案。

③ 在工程研制阶段，通过设计分析与试验验证，确定液压气动元件层次维修性设计细节，形成最终的维修性方案。

④ 在生产阶段，通过试验验证与评价、收集维修性相关数据，进一步分析、改进维修活动。

⑤ 在使用阶段，通过维修性数据收集、分析与评价，实现维修性的持续改进。

在系统的寿命周期内实施维修性工程，要与系统工程的其他分支专业密切协同，以液压气动系统的维修性分析为例，在寿命周期内落实维修性要求的大致过程如图1-4所示。

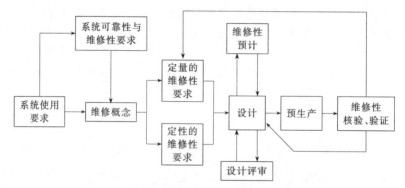

图1-4 液压气动系统寿命周期内维修性的落实过程

系统所具有的能满足使用要求的能力，部分地决定于它们维修性的好坏，对系统提出的使用要求确定了系统的可靠性和维修性的要求。而对这两方面的要求，经常要通过权衡研究，按照以最少的寿命周期费用达到最大的可用度的原则确定下来。

提出系统的维修概念，是为了满足提出的使用要求并提高系统的维修性。维修概念涉及到维修级别的确定、保障设施和设备所处地理位置的确定以及进行测试的周期和可容纳的维修工作量等。

当系统总的维修性要求和维修概念确定以后，即可拟定组成该系统的各个设备一级的定性和定量的维修性要求，并以设计规范的形式加以表述。定性与定量的维修性要求一经确定，就要据此选择为实现既定的维修性要求所需完成的工作项目。这些工作项目应在针对特定系统所拟定的维修性大纲中加以规定。

在设计过程中，从事维修性专业工作人员要协助设计人员达到所规定的维修性要求。通过进行维修性预计，评定满足定量的维修性要求的程度；通过设计评审，发现任何可能不满足定性和定量的维修性要求的地方，指出改进设计的方向；在接近使用环境的条件下，以实用的或近于实用的硬件和软件进行维修性验证试验，判断维修性设计的成效。如果在要求与结果间存在着差异，就要更改设计或修订维修性要求在系统正式投入运行时，还要继续收集实地使用中获得的维修性信息，用以评定使用中的维修性状态。

1.4　可靠性维修性的概念、术语和定义

本节主要介绍可靠性、维修性、有效性的基本概念和相关术语，这些概念和术语为表述和量化系统的可靠性维修性奠定了基础。为了评价产品的可靠性维修性，制定一些评定产品可靠性维修性的数值指标是非常必要的，本节给出的不可修系统与可修系统常用的可靠性度量指标分别有：可靠度、不可靠度、故障密度函数、故障率、产品寿命、平均寿命、有效寿命与更换寿命及筛选寿命、寿命方差和寿命均方差等，维修度、修复率、平均故障间隔时间、可用度、有效度和重要度等。

有了统一的可靠性维修性度量指标及评价产品可靠性维修性的数值指标，就可在设计产品时用数学方法来计算、预计和分配其可靠性维修性；在产品生产出来后用试验方法等来考核和评定其可靠性维修性。

1.4.1　可靠性的概念及分类

1.4.1.1　可靠性的概念

产品的可靠性就是产品在规定的条件下和规定的时间内，完成规定功能的能力。从上述定义可以得出产品可靠性的概念包含以下 5 个要素：

① 产品　可靠性工程研究的对象。它可以是零部件、元器件、总成、设备、分系统或系统等；可以是产品的总体或样本；也可以是硬件或软件。不同的产品对可靠性的要求是不一样的。例如航天、航空、舰船、核电站等一旦发生故障会造成极大的生命财产损失的系统和设备，它们就要求其产品具有很高的可靠性。而对于灯泡、电扇等一般生活日用产品的可靠性要求显然就没有宇航设备要求的那么高。

② 规定的条件　产品在完成规定功能过程中所处的环境条件、使用条件和维护条件等规定条件。环境条件包括温度、压力、振动等条件，其中最重要的因素是温度；使用条件包括使用时的应力条件、对操作人员的技术水平要求等；维护条件包括维护方法、贮存时的贮存条件等。在产品可靠性分析中必须要明确所规定的条件，因为即使同一产品在不同的规定条件下产品的可靠性是不同的，例如同一辆汽车分别在高速公路和崎岖山路上行驶，其可靠性的表现就不太一样，因此谈论产品的可靠性必须指明规定的条件。

③ 规定的时间　产品完成规定功能所需要的时间。完成规定功能所需要的时间随着产品对象和目标功能的不同而异。例如液压气动系统一般要求几个月到几年内可靠，火箭的飞行则要求几分钟到几十分钟内可靠。另外，总体来说产品随着任务时间的延长，产品发生故障的概率将增加，产品的可靠性将下降，所以在分析系统可靠性时必须指出是在多长规定时间内的可靠性。离开了规定的时间谈可靠性是没有意义的。一般情况下，产品可靠性的规定时间采用年、月、日等时间单位表示，但有时使用其他与时间相关的变量表示，例如使用次数、运行距离、工作转数等。

④ 规定的功能　产品的用途，也就是规定的、产品必须具备的功能及其技术指标。只有在对产品规定的功能有了明确的定义后，才能对产品是否发生故障有一个确切的判断。另外对同一产品如果规定不同的功能或技术指标，其可靠性指标会有一定的区别。例如同一液

压气动系统在民用标准和军用标准下，其可靠性的表现有可能是不同的。

⑤ 能力　产品完成其规定功能的可能性。产品在规定的条件和规定的时间内，产品可能完成任务，也可能完不成任务，这是一个随机事件，而随机事件可以用概率来描述，因此，通常用概率来衡量产品的可靠性。

对于液压气动系统来说，可靠性的概念可表述为：在规定的作业条件下和规定的时间内，液压气动系统能够完成规定功能的概率。

1.4.1.2　可靠性的分类

根据使用过程的不同，系统可划分为不可修系统和可修系统两大类。当系统或其组成单元在发生故障后无法修复或无修复价值，系统处于报废状态，这样的系统被称为不可修系统，这类系统的可靠性称为狭义可靠性。当系统或其组成单元在发生故障或损坏后经过维修能够使系统恢复到正常的工作状态，这样的系统被称为可修系统。这里的维修含义广泛，可以是修理，也可以是更换等，这类系统的可靠性称为广义可靠性。广义可靠性除了考虑狭义可靠性之外还要考虑产品发生故障后的维修情况。

从设计角度出发，可将可靠性分为任务可靠性和基本可靠性。任务可靠性是指产品在规定的任务剖面内，完成规定功能的能力。任务剖面是产品在完成规定任务这段时间内所经历的事件和环境的时序描述，一个产品完成不同任务时有多种任务剖面。任务可靠性反映了产品的执行任务成功的概率，它只统计危及任务成功的致命故障。基本可靠性是指产品在规定条件下，无故障的持续时间或概率，它包含了寿命剖面内的全部故障，反映了产品对维修人力和后勤保障的要求。寿命剖面是产品从制造到寿命终结或退出使用这段时间内所经历的全部事件和环境的时序描述，寿命剖面包含一个或多个任务剖面。

在可靠性工程实际中要综合考虑任务可靠性和基本可靠性。即不仅要考虑系统的可靠性还要考虑提高可靠性的费用等代价，例如，我们通常会采用余度技术来提高产品的可靠性，这样就可以提高产品的任务可靠性，但与此同时产品就会更复杂，产品故障的可能性增大，而且产品的保养费用、维修费用也会增长，这样基本可靠性就会降低。

在综合考虑基本可靠性和任务可靠性时一般有以下基本原则：

① 当任务可靠性相同时，基本可靠性高较好。

② 当一个设计的基本可靠性比另一个高很多时，即使任务可靠性稍低也是可取的。

③ 当一个设计的任务可靠性预计结果不能满足要求时，往往降低基本可靠性以提高任务可靠性。

从应用角度出发，可将产品的可靠性分为工作可靠性、固有可靠性和使用可靠性。工作可靠性是指产品在运作时的可靠性，它包含了产品的制造和使用两方面因素，且分别用"固有可靠性"和"使用可靠性"来反映，是一种综合性的可靠性；固有可靠性是指通过设计、制造等过程形成的产品可靠性，是产品生产出来后所具有的可靠性水平，是产品的内在属性，它仅考虑产品在设计和制造过程中能够控制的故障事件；使用可靠性是指产品在规定条件下和规定环境中的可靠性水平，它综合考虑了产品设计、制造、安装、使用、维修以及操作人员的技术熟练程度等因素对产品可靠性产生的影响。

1.4.2　维修性的概念与含义

1.4.2.1　维修性的概念

维修性是指产品在规定的条件下和规定的时间内，按规定的程序和方法进行维修时，保持或恢复到规定状态的能力。维修性是一个重要的产品属性，蕴含了几个值得关注的要点：

① 规定的条件　维修时所具备的条件会影响维修工作的质量、完成维修工作所需的时

间及维修费用。这里的"条件"，主要是指进行维修的不同处所（即维修级别）、不同素质的维修人员和不同水平的维修设施与设备等所构成的实施维修的条件，也涉及与之相关联的环境条件。

② 规定的时间　指对直接完成维修工作需用时间所规定的限度，是衡量产品维修性好坏的主要度量尺度。

③ 规定的程序和方法　针对同一故障以不同的程序和方法进行维修时，完成维修工作所需时间会有所不同。按规定的程序和方法进行维修，反映了一种力图使维修时间尽可能地缩短的要求，即要采用经过优化的维修操作过程。同时也只有基于同一操作过程进行维修，才能对产品不同设计方案的维修性优劣做权衡比较。

④ 规定的状态　该项内容明确了产品通过维修所应保持（未出现故障）的或应恢复到的（出现故障后）功能状态。根据不同的使用条件，所规定的状态既可以是完好如新的全功能状态，也可能是某种降低了要求的部分功能状态。

只有遵循这一完整的定义，才能用一致的工程语言和标准去设计产品，衡量和比较不同的设计方案所达到的维修性水平，最终保证其具有所期望的维修性属性。产品维修性水平的概率度量也称为维修度。在工程实践中，对维修性的任何定量度量一般都应从概率统计的意义上理解。

1.4.2.2　维修性工作与维修性工程

维修性是产品自身的设计特性，为了达到预期的维修性要求，就需要在产品的设计过程中自始至终地推进和落实完整而充分的维修性工作。在设计"冻结"之后再去改进产品的固有维修性，往往是代价高而且效率低。

(1) 维修性工作

维修性工作的目的是：使设计和制造出的产品能够方便而经济地保持或恢复到规定的状态（由具有规定技能水平的人员，在规定的维修级别，利用规定的工作程序和资源实施维修）。为达到这个总目的，需要落实下述各项内容的工作：

① 根据用户需求，确定维修性要求，即确立可度量或可核查的维修性水平要求。

② 将维修设计与产品的其他设计工作相整合，使之成为整个产品研制工作不可缺少的一部分。

③ 利用可行的和适用的设计方法按期望达到的维修性水平进行设计。

④ 通过分析、仿真和试验等各种手段，发现与维修性相关的问题；改进、验证与确认维修性设计。

⑤ 在实际的使用过程中，监测、分析和评估产品实际达到的维修性水平。必要时予以进一步地改进。

要根据所研制产品的类型选择具体的维修性工作内容和采用的技术方法。除必要的与工程管理相关的工作外，核心的工作内容是维修性的设计与分析（维修性建模、分配、预计和分析、维修性设计准则制定等）、维修性试验与评价和维修性的验证与确认。

(2) 维修性工程与维修工程

为达到预期的维修性水平，所进行的一系列维修性设计、分析、试验等技术活动，再结合相关的一系列管理活动，就构成了维修性工程的主体内容。维修性工程是面向确保所设计的产品特性能达到所需的使用能力的，与可靠性工程间存在着紧密的互补关系。

一定要注意在概念上将维修性与维修明确地区分开。与维修性是产品本身固有的属性不同，维修是指："为使产品保持或恢复到规定状态所进行的全部活动"，是指对产品进行维护或修理的过程。相对应地，为了确保在产品的设计和使用过程中充分地为产品规划好经济而有效的维修活动，对各种技术、工程技能和人力等进行的筹划与运用，就构成了维修工程的主体内容。维修工程是面向产品与其使用环境的合理整合的，以保证使产品达到预期的利用率。

维修性工程与维修工程的面向虽然有所不同，但二者又是一件事物的两个方面，即从不同的角度考虑如何使产品保持在和恢复到规定状态所需的资源和费用需求降到最低。二者之间存在着互为依靠和相互交融的关系，而这也正是在概念上容易将二者混淆起来的主要原因。

1.4.2.3 维修性要求

维修性要求反映了使用方对产品应达到的维修性水平的期望目标。维修性要求通常包括定性要求和定量要求两个方面，二者相辅相成，全面描述了进行维修性设计所要求达到的具体目标。确定出合乎实际的定性和定量的维修性要求，对于保证系统具有合理的维修性特性是至关重要的。维修性要求提得过高，必将需要采用更为先进的故障检测方法和手段，致使系统的研制费用提高，设备的重量增加，而且还可能因设计上的过于复杂化，出现可靠性下降的趋势。反过来，维修要求过低，又会增加系统的不能工作时间，使维修保障费用增多，还可能影响预定任务的完成。为此，必须在方案论证阶段与可靠性要求相协调地反复进行权衡分析。

(1) 维修性要求的确定

产品使用方，或者说用户的需求是确定维修性要求的基本依据，但用户提出的要求有时是相当笼统的意向，或是从使用角度提出的描述，常常不可能直接地据以进行设计。因此，首先要将用户提出的要求转化为适用于开展设计的维修性要求，即转化为能由产品的设计人员予以度量或核查的，能直接地据以完成设计的一系列定性和定量的维修性要求。表1-1对用户所提的使用中的维修性要求和用于进行设计的维修性要求作了简要的对比。

表1-1　设计和使用中的维修性要求对比

比较项目	设计维修性要求	使用维修性要求
目的作用	用以确定、度量和评价产品承制方的维修性要求工作成效。由使用要求导出，达到相应要求即渴望满足使用中的维修性要求	用以描述在预期的环境中使用时的维修性水平。不适宜用作研制要求
表述形式	以固有值表述	以使用值表述
涉及范围	仅涉及设计与制造过程的影响	涉及设计、质量、运行环境、维修方案和修理工作成效等的综合影响

(2) 定性要求

任何不能被归类为定量要求的维修性要求都属于定性要求，它涵盖了广泛的希望达到的设计状态。这些设计状态对于确保产品的可维修而言一般都是必不可少的。

维修性定性要求与维修性定量要求间存在着紧密的互补关系。定性要求反映了那些无法或难于定量描述的维修性要求，它基于保证产品便于维修这一基本点，从不同方面的考虑出发，提出了设计产品时应予实现的特点，或者说产品应具有的便于完成维修工作的设计要素。

用户提出的笼统的定性维修性要求，往往对设计人员缺少直接的指导和控制作用（如尽量减少保障设备和工具的数目）。为响应用户的需求，需要提出与之相对应的、能够进行度量或核查的设计细则。如针对用户提出的"尽量减少保障设备和工具的数目"这一要求，根据所设计的产品的特点和当前的技术条件以及考虑到费用和进度等因素，可以将它转化为"不少于80%的维修活动都应能利用现有的设施和标配工具箱完成相关作业"。这样的设计规则对于设计人员是很有帮助的。在工程实践中，一般都是将这类设计规则反映在设计准则或设计导则中。

(3) 定量要求

定量的维修性要求是与设计人员可控的设计特性相关联的，是通过对用户需求与约束条件的分析，选择适当的维修性参数，并确定对应的指标而提出来的。作为度量产品维修性水平的尺度，所选定的参数必须能够反映产品的完好性、任务成功性、保障费用和维修人力等方面的目标或约束条件，应能体现对保养、预防性维修、修复性维修和在特定环境中抢修等内容的相关考虑。维修性定量要求应按不同的产品层次（系统、分系统、设备、组件等）和不同的维修级别分别地予以规定。

在初步明确了据以进行产品维修性设计的定量要求所应体现的主要内容后，就要进一步地选择有代表性的和足以表述用户需求的维修性参数，并确定其相应的指标。

选择维修性参数和确定相应的指标时，应注意采用合适的方法对相关参数作必要的权衡和筛选，以期用尽可能少的参数充分地体现用户的需求。此外，还应十分注意所选定的各维修性参数及指标间的协调与均衡，还要保证它们与可靠性等参数及其指标间的协调与均衡。

1.4.3 不可修系统可靠性的主要度量指标

当讨论可靠性时如果仅仅是定性的评价，不采用具体的数值加以定量处理，这在实际的设计和生产中还远远不能达到人们的要求，因此需要用到度量指标对可靠性进行定量的计算及分析，才能精确地规定、设计、预计、分配、试验、评价和改善产品的可靠性，从而能够明确地反映一个产品的耐久性、无故障性、维修性、有效性和使用经济性等。这些可靠性度量指标又称为可靠性特征量，产品可靠性的度量指标有很多，各指标之间又有着密切的联系。一般来讲，设备的零部件可以分为可修复和不可修复两种。对于不可修复系统，其性能只决定于产品的可靠度，对于可修复系统的可用度则由可靠性和维修性共同决定。

产品的可靠性受多种因素影响，作为衡量可靠性的度量指标应具有以下几个特征：

① 可靠性度量指标具有多指标性　一般来说，一个产品的可靠性在不同的场合和不同的情况下可以由不同的度量指标来表示，但每个度量指标所描述的可靠性侧重点不一样，所以针对具体情形，产品的可靠性可以用不同的度量指标从不同的角度来表现产品的可靠性。

② 可靠性度量指标具有整体综合性　产品的可靠性度量指标多种多样，但它们是一个整体，不能盲目地追求某一项指标，而是应该从整体上综合各个指标，看产品能否完成规定的功能。

③ 可靠性度量指标具有随机性　产品的寿命是随机的，因此衡量产品在规定时间内的可靠性也具有随机性，"产品的寿命为多长时间"就是一个随机事件，因此，在讨论可靠性度量指标时，一般用概率统计的方法进行分析、计算。

④ 可靠性度量指标具有时间性　产品的可靠性与时间有着密切的关系，随着时间的推移，可靠性会发生变化，所以在衡量可靠性指标时必须指明是产品在某一时刻的可靠性。但有时可以换成与时间相关的其他变量，例如汽车轮胎可靠性是行驶距离的函数，开关可靠性是开关次数的函数等。

⑤ 可靠性度量指标具有统计性　可靠性的度量指标是根据产品的整体参数计算获得的，要树立概率统计的观点。可靠性的度量指标是针对产品的整体而言，把它应用于某一个单元的产品上是不恰当的。

本节介绍的度量指标主要针对狭义可靠性，即在不可修系统中的度量指标。其中在工程实际中常用的可靠性指标有可靠度、不可靠度、故障密度函数、故障率、平均寿命等。可修系统的度量指标将在第 1.4.4 节中介绍。

1.4.3.1 可靠度 R(t)

可靠度是指产品在规定的条件下和规定的时间内，完成规定功能的概率。它是时间的函数，一般记作 $R(t)$，称为可靠度函数。根据可靠度的定义，得出其数学表达式为

$$R(t) = P(T > t) \tag{1-1}$$

式中 T——产品的寿命，为随机变量；

       t——规定的时间。

式(1-1) 表示了产品的可靠度为产品的寿命大于某一规定的时间 t 的概率，也就是产品在规定时间 t 内没有发生故障，完成规定功能的概率。例如，某批液压气动元件的可靠度为99%，则表示该批产品在规定条件下，规定的时间内，可能有99%的产品完成规定的功能，而另外1%的产品可能因发生故障而不能完成规定任务。

设系统中有 N 个元件，从开始工作到时刻 t 产品发生故障的个数为 $n(t)$，当 N 足够大时，在时刻 t 系统的可靠度可近似地表示为

$$R(t) = \frac{N - n(t)}{N} \tag{1-2}$$

由上式可以得知 $R(t)$ 具有以下性质：

① $R(t)$ 为时间的递减函数。

② $0 \leqslant R(t) \leqslant 1$。

③ $R(0) = 1$，$R(\infty) = 0$。

式(1-2) 在计算可靠度时是在工作初始时间为零的前提下进行分析的，在实际工程中，有时需要确定条件可靠度，即在确定某一时刻 $t + t_0$ 可靠度时，这个产品已经工作了一段时间 t_0。根据条件概率公式可得条件可靠度为

$$R(t + t_0 \mid t_0) = P\{T > t + t_0 \mid T > t_0\} = \frac{P\{T > t + t_0, T > t_0\}}{P\{T > t_0\}} = \frac{R(t + t_0)}{R(t_0)} \tag{1-3}$$

式(1-3) 的含义是产品在工作了时间 t_0 后再继续工作时间 t 的可靠度等于产品在时刻 $t + t_0$ 与时刻 t_0 的可靠度之比。

1.4.3.2　不可靠度 $F(t)$

不可靠度是指产品在规定条件下和规定的时间内，不能完成规定功能的概率。它也是时间的函数，一般记作 $F(t)$，称为不可靠度函数。根据不可靠度的定义，得出其数学表达式为

$$F(t) = P(T \leqslant t) \tag{1-4}$$

式(1-4) 表示在规定的条件下，产品的寿命 T 不超过规定时间 t 的概率，或者说产品在时刻 t 之前发生故障而没有完成规定功能的概率。产品不可靠时也就是产品出现故障的时候，所以不可靠度函数又称为寿命分布函数或累计故障分布函数。

在实际工程中，可靠性工程的出发点是故障，所以确定一种产品的不可靠度函数是一项非常重要的工作，因为之后的统计推断等很多工作都是在这个基础之上进行的。

设系统中有 N 个元件，从开始工作到时刻 t 产品发生故障的个数为 $n(t)$，当 N 足够大时，在时刻 t 系统的不可靠度可近似地表示为

$$F(t) = \frac{n(t)}{N} \tag{1-5}$$

由式(1-2) 和式(1-5) 可以推出 $R(t) + F(t) = 1$。

可靠度 $R(t)$ 与不可靠度 $F(t)$ 随时间变化的曲线如图1-5所示。从图中可看出，当一批产品在刚开始使用或试验时，即 $t = 0$ 时，认为产品均是完好的，因此 $R(0) = 1$，$F(0) = 0$。随着工作时间的增加，产品发生故障的可能性会越来越大，也就是随着时间增长，可靠度 $R(t)$ 将逐渐下降而不可靠度 $F(t)$ 是逐渐增大的，但它们都是介于0与1之间的实数。即 $0 \leqslant R(t) \leqslant 1$，$0 \leqslant F(t) \leqslant 1$。当时间足够长时，

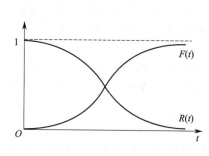

图1-5　$R(t)$ 与 $F(t)$ 随时间变化曲线

即 $t=\infty$ 时，所有的产品总会全部故障，因此有 $R(\infty)=0$，$F(\infty)=1$。

1.4.3.3　故障密度函数 f(t)

不可靠度 $F(t)$ 表示的是产品故障的累积效应，它不能确切地反映产品在某一时刻发生故障的概率。为了表示产品故障的概率随时间变化的情况，引入了故障密度函数 $f(t)$ 这一度量指标，其含义是产品从时刻 $t=0$ 开始工作，则在时刻 t 后的单位时间 Δt 内产品发生故障的概率。根据故障密度函数的定义，得出其数学表达式为

$$f(t)=\frac{1}{\Delta t}P(t<T\leqslant t+\Delta t) \tag{1-6}$$

设系统中有 N 个元件，从开始工作到时刻 t 产品发生故障的个数为 $n(t)$，到时刻 $t+\Delta t$ 时产品发生故障的个数为 $n(t+\Delta t)$，当 N 足够大时，在时刻 t 系统的故障概率密度函数可近似表示为

$$f(t)=\frac{n(t+\Delta t)-n(t)}{N\Delta t} \tag{1-7}$$

即故障密度函数 $f(t)$ 是在单位时间 Δt 内产品故障个数与产品初始总数之比，再除以单位时间 Δt，它是对产品在单位时间内发生故障的个数相对于产品总数的度量。

如果对 n 个产品做可靠性试验，取一定的单位时间间隔 Δt，由式(1-7) 可以画出故障密度 f_i 与时间 t 关系的直方图，如图 1-6 所示，图中每一个直方的面积为故障密度与时间的乘积，即故障频率，它近似代表了随机变量寿命 T 落在该段时间内的概率。当 $\Delta t \to 0$ 时，故障密度的直方图趋近于一条光滑的曲线，这就是故障概率密度函数的分布曲线，见图中虚线所示。

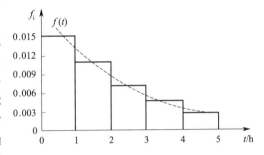

图 1-6　故障密度直方图与故障密度函数曲线

假设 $F(t)=n(t)/N$ 是可微分的，当单位时间趋于 0 时 $(\Delta t \to 0)$。可得故障密度函数 $f(t)$ 为

$$f(t)=\lim_{\Delta t\to 0}\left[\frac{1}{N}\times\frac{n(t+\Delta t)-n(t)}{\Delta t}\right]=\frac{1}{N}\times\frac{\mathrm{d}}{\mathrm{d}t}n(t)=\frac{\mathrm{d}}{\mathrm{d}t}\left(\frac{n(t)}{N}\right)=\frac{\mathrm{d}}{\mathrm{d}t}F(t) \tag{1-8}$$

对上式进行积分可得

$$F(t)=\int_0^t f(t)\mathrm{d}t \tag{1-9}$$

不可靠度 $F(t)$ 又称为累积故障分布函数，它表示在时刻 t，产品累积故障数占产品总数的比例，是时间的函数，也就是产品在时刻 t 时的累积故障概率。$F(t)$ 为非减函数。

又因为 $\int_0^\infty f(t)\mathrm{d}t=1$，则

$$R(t)=1-F(t)=\int_t^\infty f(t)\mathrm{d}t \tag{1-10}$$

从上述结果可以看出，如果已知产品的故障密度函数 $f(t)$，则可以由式(1-9) 与式(1-10) 计算出在时刻 t 时的可靠度和不可靠度。因此可靠度 $R(t)$、不可靠度 $F(t)$ 和故障密度函数 $f(t)$ 有着密切的关系，其关系如图 1-7 所示。

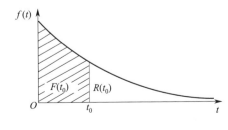

图 1-7　$R(t)$、$F(t)$ 和 $f(t)$ 的关系

1.4.3.4　故障率 λ(t)

(1) 故障率的定义

故障率又称失效率，是指一个产品工作到时刻 t 尚未故障，在时刻 t 之后的下一个单位时间 Δt 内发生故障的概率，它是时间的函数，一般记作 $\lambda(t)$。故障

率是衡量产品可靠性的一个重要指标，故障率越低，产品的可靠性越高。根据故障率定义，得出其数学表达式为

$$\lambda(t)=\lim_{\Delta t\to 0}\frac{1}{\Delta t}P(t\leqslant T\leqslant t+\Delta t\,|\,T>t) \tag{1-11}$$

由式(1-11)可以看出故障率是一个条件概率密度，此外它反映了在时刻 t 产品故障的概率，也称瞬时故障率，有时也称为故障强度。故障率的单位常用"1/h"表示，对于低故障率的产品，常用 $10^{-9}/\text{h}$ 为单位，称为菲特（Fit）。本书 3.3.1.2 节表 3-14 给出了部分液压元件的基本故障率。

在某一规定时间内故障率的平均值称为平均故障率。例如在 $[t_1,t_2]$ 时间区间内的平均故障率为

$$\bar{\lambda}(t)=\frac{1}{t_2-t_1}\int_{t_1}^{t_2}\lambda(t)\mathrm{d}t \tag{1-12}$$

设系统中有 N 个元件，从开始工作到时刻 t 时产品发生故障个数为 $n(t)$，到时刻 $t+\Delta t$ 产品发生故障的个数为 $n(t+\Delta t)$，当 N 足够大时，则时刻 t 的故障率可表示

$$\lambda(t)=\frac{n(t+\Delta t)-n(t)}{[N-n(t)]\Delta t} \tag{1-13}$$

即故障率 $\lambda(t)$ 是在时刻 t 后的单位时间 Δt 内故障的样本数与单位时间 Δt 之前完好的产品个数之比，再除以单位时间 Δt，它是对故障的瞬时速度的度量。

除此之外，当单位时间趋于 0 时，故障率函数 $\lambda(t)$ 还有如下关系

$$\begin{aligned}\lambda(t)&=\lim_{\Delta t\to 0}\left[\frac{1}{N-n(t)}\times\frac{n(t+\Delta t)-n(t)}{\Delta t}\right]\\&=\frac{1}{N-n(t)}\times\frac{\mathrm{d}}{\mathrm{d}t}n(t)=\frac{Nf(t)}{N-n(t)}=\frac{f(t)}{1-n(t)/N}=\frac{f(t)}{R(t)}\end{aligned} \tag{1-14}$$

或

$$\begin{aligned}\lambda(t)&=\lim_{\Delta t\to 0}\frac{P(t<T<t+\Delta t\,|\,T>t)}{\Delta t}=\lim_{\Delta t\to 0}\frac{1}{\Delta t}\times\frac{P(t<T<t+\Delta t\bigcap T>t)}{P(T>t)}\\&=\lim_{\Delta t\to 0}\frac{1}{\Delta t}\times\frac{P(t<T<t+\Delta t)}{R(t)}=\frac{f(t)}{R(t)}\end{aligned} \tag{1-15}$$

上面两个式子中一个是从一组元件的寿命过程考虑的，一个是从一个元件的寿命过程考虑的，但它们推导的故障率公式是相同的，也就是说无论是从一组元件的寿命过程考虑还是从单个元件过程来考虑，可靠性的度量指标之间的关系是一致的。

例 1-1 某系统有 50 个元件，在工作了 3h 后有 2 个故障，工作 5h 后有 3 个故障，试计算这批零件在第 3 小时的可靠度、不可靠度、故障率。

解： 取 $\Delta t=2\text{h}$，则

$$R(t=3)=\frac{N-n(t)}{N}=\frac{50-2}{50}=0.96$$

$$F(t=3)=\frac{n(t)}{N}=\frac{2}{50}=0.04$$

$$f(t=3)=\frac{n(t)}{N\Delta t}=\frac{2}{50\times 2}=0.02/\text{h}$$

$$\lambda(t=3)=\frac{n(t+\Delta t)-n(t)}{[N-n(t)]\Delta t}=\frac{3-2}{(50-2)\times 2}=0.010/\text{h}$$

(2) 典型故障率曲线（浴盆曲线）

如果掌握足够多产品故障的数据，就可以画出故障率 $\lambda(t)$ 随时间 t 变化的曲线，称为故障率曲线或失效率曲线。图 1-8 给出了典型故障率曲线，图形有点像浴盆，所以又称浴盆

曲线。从图中可以看出产品的故障率随时间的变化可以分为三个阶段：早期故障期、偶然故障期和耗损故障期。

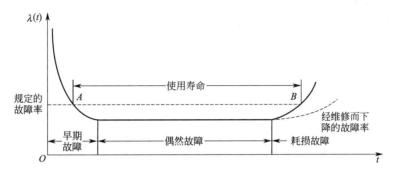

图 1-8　典型故障率曲线

① 早期故障期　在产品的试制阶段或开始投入使用后的早期阶段，其特点是故障率较高，且随着时间故障率迅速下降，呈递减型。在早期阶段，产品会较快地出现故障的原因主要是由于设计、制造以及材料缺陷等所引起的产品缺陷，例如，设计中选用的原材料有缺陷，结构不合理，制造工艺措施不当，生产设备落后，操作人员失误及质量控制不严格等。因此一开始故障率较高，但随着有缺陷的产品被挑选出来后，故障率就会急剧下降。

改进早期的故障可以通过对产品修正设计、改进生产、加强质量控制等措施方法进行，但最简单有力的措施是对产品进行筛选，挑出有隐患的、性能差的产品。同时为确保排除早期故障或潜在故障，在产品工作前还要进行磨合工作，确保不合格的产品被剔除。

② 偶然故障期　偶然故障期又称为随机故障期。在早期故障的产品被淘汰之后，产品的故障率就会长时间地保持在一个稳定的状态，即接近常数。这段时期产品的故障率低而稳定，与工作时间无关，或者随着时间仅仅有略微变化，这个阶段是产品最好的工作时期，这一时期的故障应着重研究，因为它发生在产品的正常使用期。

产品在这一阶段的故障是随机的，主要是由各种偶然因素引起的，例如故障原因可能是长时间工作的元件老化，也可能是错误的人为操作，因此，故障是偶然的不可预测的，既不能够通过延长磨合期来消除，也不能通过定期更换元件来预防。降低偶然期故障率的主要方法是改善产品的设计、选用更好的材料等。

对于一般的产品而言，在规定的条件下，产品具有可接受的故障率的时间区间长度称为有效寿命或使用寿命，见图 1-8 标注，有时也指偶然故障期的长度。

③ 耗损故障期　在产品投入使用一段时间后，产品出现故障的概率随着时间的推移而迅速上升，刚好与早期故障期相反，这段时期被称为耗损故障期。这个时期的故障是由于产品内部物理或化学因素的变化，引起产品的老化、耗损、疲劳等使产品寿命衰竭而造成的，在这个时期会出现大批量的产品故障或报废。

防止耗损故障的最好办法是进行定时维修、更换等预防性检修，当我们知道耗损期开始的时刻后，就可以在这一时刻之前更换接近耗损期的元件，不让它工作到耗损期，故障率就不会急剧增加。但是最积极的方法是努力发展高可靠性长寿命的元器件，采用最新的技术以延长产品的使用寿命期。

以上介绍的产品故障率曲线是一般情况，并不是所有的产品都具有这三个阶段。有些产品只具有其中的一个或两个阶段。例如某些劣质产品的偶然故障期很短，甚至早期故障期过后紧接着就是耗损故障期。

掌握产品的故障规律对提高产品可靠性有着非常重要的作用。因为只有全面了解了产品的故障规律，才能找到适合于这个产品的方法，从而有效地提高产品的可靠性。例如对于没有早期故障期的产品就不能采用筛选的方法，而对于没有耗损期的产品，就可以通过筛选的方法提高产品的可靠性。

（3）4个基本可靠性度量指标的关系

下面首先分析故障率函数 $\lambda(t)$ 与可靠度函数 $R(t)$ 的关系

$$\lambda(t) = \frac{f(t)}{R(t)} = \frac{-\dfrac{\mathrm{d}}{\mathrm{d}t}R(t)}{R(t)} = -\frac{\mathrm{d}}{\mathrm{d}t}\ln R(t) \tag{1-16}$$

$$\ln R(t) = -\int_0^t \lambda(u)\,\mathrm{d}u \tag{1-17}$$

$$R(t) = \exp\left[-\int_0^t \lambda(u)\,\mathrm{d}u\right] \tag{1-18}$$

$$f(t) = \lambda(t)\exp\left[-\int_0^t \lambda(u)\,\mathrm{d}u\right] \tag{1-19}$$

由上述可以看出故障率与故障密度函数的区别是：故障率相对的是时刻 t 完好产品的个数，它反映了产品每个时刻完好而在随后的一个单位时间内发生故障的概率，因此，它更直观地反映了产品每个时刻的故障情况；而故障密度函数是相对于整体而言的，它反映了产品在每个时刻之后的一个单位时间内发生故障的概率，它主要反映的是产品在所有可能的工作范围内的故障情况。

可靠度、不可靠度、故障密度函数和故障率是可靠性评价中最基本的 4 个度量指标，它们之间存在着密切的联系，如表 1-2 所示。由此可以看出只要知道其中一个度量指标则其他所有的指标都可以求得。

表 1-2　可靠性度量指标中 4 个基本函数间的关系

基本函数	$R(t)$	$F(t)$	$f(t)$	$\lambda(t)$
$R(t)$	—	$1-F(t)$	$\int_t^\infty f(t)\,\mathrm{d}t$	$\exp\left[-\int_0^t \lambda(t)\,\mathrm{d}t\right]$
$F(t)$	$1-R(t)$	—	$\int_0^t f(t)\,\mathrm{d}t$	$1-\exp\left[-\int_0^t \lambda(t)\,\mathrm{d}t\right]$
$f(t)$	$-\dfrac{\mathrm{d}R(t)}{\mathrm{d}t}$	$\dfrac{\mathrm{d}F(t)}{\mathrm{d}t}$	—	$\lambda(t)\exp\left[-\int_0^t \lambda(t)\,\mathrm{d}t\right]$
$\lambda(t)$	$-\dfrac{\mathrm{d}\ln R(t)}{\mathrm{d}t}$	$-\dfrac{\mathrm{d}[1-F(t)]}{\mathrm{d}t}$	$\dfrac{f(t)}{\int_t^\infty f(t)\,\mathrm{d}t}$	—

此外，由 $\lambda(t) = -\dfrac{\mathrm{d}\ln R(t)}{\mathrm{d}t}$，可得

$$\lambda(t) = -\frac{R'(t)}{R(t)} = \frac{F'(t)}{1-F(t)} \tag{1-20}$$

针对具体的系统，在求出 $R(t)$ 或 $F(t)$ 的表达式后可将上式进一步展开，这在已知 $R(t)$ 或 $F(t)$ 后求 λ 时会经常用到。

以上 4 个指标都是从可靠性问题中的产品故障角度来直接描述产品的可靠性，除此之外可靠性指标中还有从产品的寿命角度间接地描述产品的可靠性。下面介绍可靠性寿命度量指标。

1.4.3.5　产品寿命 T

寿命是指产品能够正常工作的时间长度。针对不同的系统，寿命有更具体的含义，对不可修系统而言是指故障前的工作时间长度，对可修系统是指相邻两次故障之间的工作时间长度。产品出现故障的时刻是随机的，因此寿命是一个随机变量，一般用时间 T 表示。

产品的寿命是与许多因素有关的。例如，产品所用的材料，产品在设计和制造过程中的各种情形，以及产品在储存和使用时的环境条件等，寿命也与产品需要完成的功能有关。显而易见，即使是同类产品在同样的环境条件下使用，规定相同的功能，它们的寿命也会不同，所以产品的寿命长短只有经过一定的试验或者使用之后才能知道。

可靠性与寿命有关，但它们不是等同的概念，在这里我们要分清两个概念：高可靠性和长寿命。根据可靠性定义，可靠性并不是一味地要求长寿命，而是强调在规定的使用时间内能否完成规定的功能，因此高可靠性是指低故障率，也就是产品在规定的使用时间内少出故障或不出故障。而长寿命是指故障率低于规定值以下状态的持续时间很长。因此不能把高可靠性和长寿命混为一谈。

1.4.3.6 平均寿命

如前所述，寿命是指产品故障前的时间长度，是一个随机变量。从不同角度出发，寿命的度量指标可分为平均寿命、可靠寿命、中位寿命、特征寿命等。

平均寿命（Mean Life）是寿命指标中最常用的指标，也是可靠性工程中的重要指标之一。平均寿命是指某些同类产品寿命的平均值。对于不可修产品，它是指产品发生故障前工作时间的平均值，即平均无故障工作时间（Mean Time To Failure，简称 MTTF）；而对于可修产品，则是指两次相邻故障之间的工作时间的平均值，即平均故障间隔时间（Mean Time Between Failure，简称 MTBF）。本节主要介绍不可修系统的平均寿命，即平均无故障工作时间 MTTF。

简而言之，平均寿命是指产品故障前工作时间（或故障间隔时间）的平均值。设产品寿命（或无故障工作时间）T 的故障概率密度函数为 $f(t)$，则均值

$$\theta = E(T) = \int_0^\infty t f(t) \mathrm{d}t \tag{1-21}$$

称为产品的平均寿命。

设一批产品的总数为 N，第 $i(i=1, 2, \cdots, N)$ 个产品的寿命为 t_i，则这批产品的平均寿命为

$$\mathrm{MTTF} = \frac{1}{N} \sum_{i=1}^{N} t_i \tag{1-22}$$

从式(1-21)可以看出，为了确定产品的平均寿命，必须知道每个产品的寿命。

设已知产品的故障密度函数 $f(t)$，则平均寿命为故障前工作时间的期望值，得到下式

$$\mathrm{MTTF} = \int_0^\infty t f(t) \mathrm{d}t \tag{1-23}$$

引用 $f(t) = -\dfrac{\mathrm{d}R(t)}{\mathrm{d}t}$ 和条件 $R(0)=1$，$R(\infty)=0$，式(1-23)可化为

$$\mathrm{MTTF} = \int_0^\infty R(t) \mathrm{d}t \tag{1-24}$$

产品的可靠度是关于时间的单调递减函数，随着时间的增加，产品的可靠度越来越低。因此当产品可靠度函数 $R(t)$ 已知时，就可以求得任意时间内的可靠度的数值，反之，当给定产品某一个可靠度具体值时，也可以求出对应的工作时间。

可靠寿命就是指当可靠度为给定时，产品对应的工作时间，记作 T_R。

当可靠度为 50% 时的可靠寿命被称为中位寿命（寿命中位数），记作 $T_{0.5}$。

当可靠度为 e^{-1} 时的可靠寿命称为特征寿命，记作 $T_{\mathrm{e}^{-1}}$。

例 1-2 某液压元件的可靠度为 $R(t) = \exp(-\lambda t)$，$\lambda = 0.25 \times 10^{-4}/\mathrm{h}$，求液压元件的平均寿命、中位寿命、特征寿命和可靠度为 0.99 的可靠寿命。

解: 由于 $R(t) = \exp(-\lambda t)$，两边取对数，即 $\ln R(t) = -\lambda t$，所以

$$t = \frac{-\ln R(t)}{\lambda}$$

平均寿命为 $\text{MTTF} = \int_0^\infty R(t)\mathrm{d}t = \int_0^\infty \exp(-\lambda t)\mathrm{d}t = \frac{1}{\lambda} = \frac{1}{0.25 \times 10^{-4}} = 40000\text{h}$

中位寿命为 $T_{0.5} = \frac{-\ln(0.5)}{0.25 \times 10^{-4}} = 27725.9\text{h}$

特征寿命为 $T_{\mathrm{e}^{-1}} = \frac{-\ln(\mathrm{e}^{-1})}{0.25 \times 10^{-4}} = 40000\text{h}$

可靠寿命为 $T_{0.99} = \frac{-\ln(0.99)}{0.25 \times 10^{-4}} = 402\text{h}$

由上例题可以看出，当产品的可靠度与时间满足指数函数关系时，平均寿命等于故障率的倒数。

通过前面的叙述可以得知，可靠性的度量指标可以从不同的角度来描述产品的可靠性：可靠度从可靠性的正面，即产品完成任务的角度描述可靠性；不可靠度、故障密度函数和故障率从可靠性的反面，即故障的角度描述可靠性；平均寿命、可靠寿命、中位寿命与特征寿命从可靠性的侧面，即寿命的角度描述可靠性。这样就构成可靠性度量指标的多指标性和综合性。

1.4.3.7 有效寿命、更换寿命和筛选寿命

(1) 有效寿命

有效寿命 (Useful Life) 又称为使用寿命。在可靠性研究中把产品的故障率随时间的变化分为三个阶段：早期故障期、偶然故障期和耗损故障期。图 1-8 给出了这三个阶段的典型故障曲线，也叫作典型寿命曲线。由该图可知，在早期故障期故障率呈工作时间的递减函数。此后，故障率大体稳定，设备则进入偶然故障期。在此期间设备的故障率最低且稳定，是设备最佳使用时期，这个期间的长短称为有效寿命。其后，设备进入耗损故障期，故障率上升。

(2) 更换寿命和筛选寿命

若预先给定某故障率值 λ，那么根据式 (1-14) 给出的方程 $\lambda = f(t)/R(t) = -R'(t)/R(t)$ 求出相应的时间 t 的值，则称此 t 值为更换寿命 (Replacement Life)，记做 t_λ。所谓 "更换" 是指元器件使用到 t_λ 时，必须给予更换，否则故障率将会比已知给定的故障率 λ 更高。因此，更换寿命是针对那些故障率函数 $\lambda(t)$ 为递增的函数而言的。如果故障率函数 $\lambda(t)$ 是随使用时间的增加而递减的，那么这样的元器件则应在 t_λ 以前进行更换或筛选，而在 t_λ 以后可不必更换。此时 t_λ 称为筛选寿命 (Screening of Life)。

1.4.3.8 寿命方差和寿命均方差

平均寿命是指某些同类产品寿命的平均值，能够说明一批产品寿命的平均寿命水平，而寿命方差和寿命均方差则能够反映产品寿命的离散程度。

当产品的寿命数据 $t_i(i=1,2,\cdots,N)$ 为离散型变量时，平均寿命 θ 可按式 (1-21) 计算，由于产品寿命的偏差 $t_i - \theta$ 有正有负，所以采用平方差 $(t_i - \theta)^2$ 来反映，一批数量为 N 的产品的寿命方差为

$$D(t) = [\sigma(t)]^2 = \frac{1}{N}\sum_{i=1}^{N}(t_i - \theta)^2 \qquad (1-25)$$

寿命均方差（标准差）为

$$\sigma(t) = \sqrt{\frac{1}{N} \sum_{i=1}^{N} (t_i - \theta)^2} \tag{1-26}$$

式中　N——该母体取值的总次数，$N \to \infty$ 或是个相当大的数；

　　　θ——测试产品的平均寿命，h；

　　　t_i——第 i 个测试产品的实际寿命，h。

当母体取值的次数 N 不大或对于小子样来说，其寿命方差和均方差则分别为

$$s^2 = \frac{1}{N-1} \sum_{i=1}^{N} (t_i - \theta)^2 \tag{1-27}$$

$$s = \sqrt{\frac{1}{N-1} \sum_{i=1}^{N} (t_i - \theta)^2} \tag{1-28}$$

连续型变量的总体寿命方差可由失效密度函数 $f(t)$ 直接求得

$$D(t) = [\sigma(t)]^2 = \int_0^\infty (t - \theta)^2 f(t) \mathrm{d}t \tag{1-29}$$

式中　$\sigma(t)$——寿命均方差或标准差。

将上式的平方展开并将式(1-21)代入，得

$$[\sigma(t)]^2 = \int_0^\infty t^2 f(t) \mathrm{d}t - \theta^2 \tag{1-30}$$

1.4.4　可修系统可靠性的主要度量指标

不可修系统在可靠性分析过程中作了不可修复的假设，因此分析简单，但是在实际工程中大多数系统特别是液压气动系统属于可修系统。可修系统是指系统的组成单元发生故障之后，可以经过维修使系统保持或恢复到规定状态的系统。可修系统不仅存在由正常状态向故障状态的转换，还存在由故障状态向正常状态的转换（维修过程），因此可修系统的可靠性分析要比不可修系统的可靠性分析复杂的多。

1.4.4.1　可修系统的基本概念

可修系统是由系统单元与一个或多个修理工组成。可修系统发生故障后，一般要寻找故障部位，修理工对其进行维修或更换，一直到最后验证已确实恢复到正常工作状态，这一系列工作过程称为维修过程，换而言之，可修系统的维修是指为使产品保持或恢复到规定状态所进行的全部活动。下面介绍几个有关可修系统的基本概念。

① 事后维修　指系统或设备发生故障后才进行的维修，又分为：紧急维修、日常临时维修、监控维修等，后者是指在故障分析的基础上采取相应的故障监控措施，以便及时发现故障进行修复。

② 预防性维修　通过对产品的检查、检测等防止故障发生而使系统维持在规定的运行或可用状态的活动叫做预防性维修，在产品寿命周期内按照预定的安排所进行的定期预防性维修叫做计划性维修。如清洁、润滑、定期检查等。

③ 修复性维修　产品发生故障后，使其恢复到规定的运行或可用状态所进行的全部活动叫做修复性维修，它包含最小维修和完全维修两种类型。最小维修只是使系统恢复到工作状态即可，它不改变系统的故障率；完全维修实质是更换，它使系统恢复刚开始工作的状态。

④ 可靠性维修　以可靠性为中心，以控制系统或设备的使用可靠性为目的的维修，统称为可靠性维修。它是以可靠性为基础，通过对影响可靠性的因素进行分析和试验，科学地制定维修内容，优选维修制度或方式，以保证系统或设备的使用可靠性的维修。

1.4.4.2　可修系统的主要度量指标

假设系统只有正常工作和故障两种状态，则可修系统在工作过程中总是在两种状态之间转换，它的整个工作周期可描述为"正常状态→故障状态（故障过程）→正常状态（修复过程）→…"，其全过程如图1-9所示。

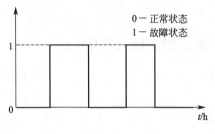

图1-9　可修系统状态周期

从图1-9中可以看出可修系统整个寿命周期包括"正常状态→故障状态"和"故障状态→正常状态"两部分。在1.4.3节介绍的都是不可修系统的主要度量指标，对于可修系统，不可修系统的主要度量指标仍然能够在"正常状态→故障状态"部分继续使用，但除此之外在"故障状态→正常状态"过程中可修系统还有自己专用的可靠性指标，例如维修度、修复率、平均故障间隔时间和可用度等，下面将介绍这些指标。

(1) 维修度 $M(t)$

类似于可靠度 $R(t)$，维修性的度量指标就是维修度。维修度定义为可维修产品在规定的条件下和规定的时间内，按照规定的程序和方法进行维修时，保持或恢复到规定状态的概率，它是时间的函数，记作 $M(t)$，称为维修度函数。根据维修度的定义，有下式

$$M(t)=P(T{\leqslant}t) \tag{1-31}$$

式中　T——实际的修复时间，为一随机变量；

　　　t——规定的维修时间。

显然，从发生故障的时刻（$t=0$）起，在其他条件相同的情况下，维修活动所经历的时间越长，能完成维修任务的概率也越大。所以维修度是时间的非减函数，具有分布函数的特点。由图1-10可以看出，$t=0$ 时，$M(t)=0$；$t\rightarrow\infty$，则 $M(t)\rightarrow1$。

产品的维修度函数与产品的不可靠度函数在数学表示方法上是相似的，因此 $M(t)$ 与 $F(t)$ 在计算方法上是相对应的。与此同时，与故障密度函数 $f(t)$ 类似，维修度函数也有维修密度函数 $m(t)$。

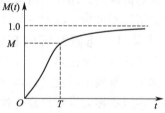

图1-10　$M(t)$ 随时间变化曲线

当 $M(t)$ 可微时，维修密度函数是维修度函数对时间 t 的微分，记作 $m(t)$，即

$$m(t)=\frac{\mathrm{d}M(t)}{\mathrm{d}t}=\lim_{\Delta t\rightarrow0}\frac{M(t+\Delta t)-M(t)}{\Delta t} \tag{1-32}$$

由式(1-8) 可得

$$m(t)=\lim_{\substack{\Delta t\rightarrow0\\N\rightarrow\infty}}\frac{N(t+\Delta t)-N(t)}{N\Delta t} \tag{1-33}$$

可见，维修密度函数是单位时间内产品被修复的概率。当 N 为有限值且 Δt 为一定时间间隔时，可用估计量 $\hat{m}(t)$ 近似表示 $m(t)$，即

$$\hat{m}(t)=\frac{N(t+\Delta t)-N(t)}{N\Delta t} \tag{1-34}$$

所以 $m(t)$ 是单位时间内完成产品修复的概率。

(2) 修复率 $\mu(t)$

修复率是指产品在时刻 t 尚未修复的情况下，时刻 t 后的单位时间内完成修复的条件概

率，它是时间的函数，记作 $\mu(t)$，它与故障率函数 $\lambda(t)$ 相对应，它的统计定义是

$$\mu(t) = \lim_{\substack{\Delta t \to 0 \\ N \to \infty}} \frac{N(t+\Delta t) - N(t)}{[N - N(t)]\Delta t} \tag{1-35}$$

$\mu(t)$ 反映瞬时状态，是维修性函数中的重要函数。当 N 为有限值，而 Δt 为一定时间间隔时，用估计量 $\hat{\mu}(t)$ 来近似表示 $\mu(t)$，即

$$\hat{\mu}(t) = \frac{N(t+\Delta t) - N(t)}{[N - N(t)]\Delta t} \tag{1-36}$$

下面讨论 $\mu(t)$ 与 $M(t)$ 和 $m(t)$ 之间的关系。

把式(1-35) 等号右面的分子分母同除以 N，并由式(1-8) 和式(1-33) 的关系，可得

$$\mu(t) = \lim_{\substack{\Delta t \to 0 \\ N \to \infty}} \frac{[N(t+\Delta t) - N(t)]/N\Delta t}{[N - N(t)]/N} = \frac{m(t)}{1 - M(t)} \tag{1-37}$$

因 $m(t) = \dfrac{\mathrm{d}M(t)}{\mathrm{d}t}$，则

$$\mu(t) = \frac{\mathrm{d}M(t)}{\mathrm{d}t} \times \frac{1}{1 - M(t)} \tag{1-38}$$

上式经整理后并对等式两边积分，得

$$\int_0^t \mu(t)\mathrm{d}t = \int_0^\infty \frac{1}{1 - M(t)}\mathrm{d}M(t) = -\ln[1 - M(t)]\,|_0^t = \ln[1 - M(0)] - \ln[1 - M(t)]$$

$$\tag{1-39}$$

$M(0) = 0$，即产品发生故障的瞬间是不可修复的，所以有

$$M(t) = 1 - \exp\left[-\int_0^t \mu(t)\mathrm{d}t\right] \tag{1-40}$$

$$m(t) = \mu(t)\exp\left[-\int_0^t \mu(t)\mathrm{d}t\right] \tag{1-41}$$

当维修度服从指数分布时（即维修度为常数），则

$$M(t) = 1 - \exp(-\mu t) \tag{1-42}$$

(3) 平均修复时间 $\overline{M}_{\mathrm{ct}}$

平均修复时间（Mean Time To Repair，简称 MTTR）是产品维修性的一种基本参数，其度量方法为：在规定的条件下和规定的时间内，产品在任意规定的维修级别上，修复性维修总时间与在该级别上被修复产品的故障总数之比。

简单地说就是排除故障所需实际时间的平均值，即产品修复一次平均需要的时间。排除故障的实际时间包括准备、检测诊断、换件、调校、检验及原件修复等时间，而不包括由于管理或后勤供应原因的延误时间。由于修复时间是随机变量，$\overline{M}_{\mathrm{ct}}$ 是修复时间的均值或数学期望，即

$$\overline{M}_{\mathrm{ct}} = \int_0^\infty t m(t)\mathrm{d}t \tag{1-43}$$

实际工作中使用其观测值，即修复时间 t 的总和与修复次数 n 之比

$$\overline{M}_{\mathrm{ct}} = \sum_{i=1}^n \frac{t_i}{n} \tag{1-44}$$

当产品有 n 个可修复单元时，平均修复时间用下式计算

$$\overline{M}_{\mathrm{ct}} = \frac{\displaystyle\sum_{i=1}^n (\lambda_i \overline{M}_{\mathrm{cti}})}{\displaystyle\sum_{i=1}^n \lambda_i} \tag{1-45}$$

式中 n——组成某系统的可修复单元数；

λ_i——系统中第 i 个可修复单元的故障率；

$\overline{M}_{\mathrm{cti}}$——第 i 个可修复单元的平均修复时间。

平均修复时间只统计了实际用于进行修复活动的时间，不考虑为保证修复活动正常进行所需的在供应环节和行政管理环节上所耗的时间。显然，平均修复时间与不同修理场合的具体条件有很大关系。

对于维修时间服从指数分布的情况

$$\overline{M}_{\mathrm{ct}} = \frac{1}{\mu} \tag{1-46}$$

式中 μ——修复率，是平均修复时间的倒数。

对于维修时间为对数正态分布的情况

$$\overline{M}_{\mathrm{ct}} = \exp\left(\theta + \frac{\sigma^2}{2}\right) \tag{1-47}$$

式中 θ——维修时间 t 的对数均值 $\theta = \frac{1}{n}\sum_{i=1}^{n}\ln t$；

σ——维修时间 t 的对数标准差。

(4) 平均故障间隔时间 MTBF

平均故障间隔时间（Mean Time Between Failure，简称 MTBF）是指可修产品在相邻两次故障间工作时间的平均值，它属于平均寿命范畴之内的概念，与不可修系统的平均无故障工作时间概念相类似。

设一批产品的总数为 N，第 $i(i=1,2,\cdots,N)$ 个产品有 n_i 个故障间隔，第 j 次间隔时间为 t_{ij}，则这批产品的平均无故障间隔时间为

$$\mathrm{MTBF} = \frac{1}{\sum_{i=1}^{N}n_i}\sum_{i=1}^{N}\sum_{j=i}^{n_i}t_{ij} \tag{1-48}$$

如果只计算一个产品的平均无故障间隔时间，则

$$\mathrm{MTBF} = \frac{\sum_{i=1}^{n}t_i}{n} \tag{1-49}$$

式中 n——故障间隔次数；

t_i——第 i 次故障间隔时间。

可修系统在故障前的工作时间的平均值，称为首次故障前的平均时间（Mean Time To First Failure，简称 MTTFF），设一批产品的总数为 N，第 $i(i=1,2,\cdots,N)$ 个产品首次故障前的时间为 t_i，则首次故障前的平均时间为

$$\mathrm{MTTFF} = \frac{\sum_{i=1}^{N}t_i}{N} \tag{1-50}$$

(5) 可用度 $A(t)$

对于不可修系统，可靠性的出发点只是故障，即为了保证系统的可靠性只需尽可能地延长系统不出故障的时间；而对于可修系统可靠性的出发点包含故障和维修两个要素，这就是可用性。

可用性的度量指标就是可用度。可用度是指"在规定条件下，可维修产品在任意时刻 t 仍处于可工作或可使用状态的概率"，又称为有效度，它是时间的函数，记作 $A(t)$。可用度

是可靠度和维修度的综合表现，因而是广义的可靠度。通过可用度分析可以在产品的可靠度和维修度参数之间做出合理的权衡，在进行可用度分析时，可将可用度分为瞬时可用度和稳态可用度，关于瞬时可用度和稳态可用度的度量将在 1.4.5.1 节中作具体介绍。

与不可修系统的度量指标相同，可修系统的度量指标也具有整体性、综合性。对不同的实际问题，人们感兴趣的可靠性指标不完全相同，这些指标可以从不同侧面全面反映系统的可靠性。

评价可修系统，需将可靠性指标与维修性指标综合起来考虑。表 1-3 给出了这两种指标的比较。

表 1-3　可修系统可靠性与维修性指标对比

项　　目	可　靠　性	维　修　性
累积概率分布	可靠度 $R(t) = \int_t^\infty f(t)\mathrm{d}t$ 不可靠度 $F(t) = 1 - R(t)$	维修度 $M(t) = \int_0^t m(t)\mathrm{d}t$ 未维修度 $1 - M(t)$
概率密度函数	$f(t) = \dfrac{\mathrm{d}F(t)}{\mathrm{d}t}$	$m(t) = \dfrac{\mathrm{d}M(t)}{\mathrm{d}t}$
条件概率	故障率 $\lambda(t) = \dfrac{f(t)}{R(t)}$	修复率 $\mu(t) = \dfrac{m(t)}{1 - M(t)}$
平均时间	平均工作时间 $\mathrm{MTTF(MTBF)} = \int_0^\infty t f(t)\mathrm{d}t = \int_0^\infty R(t)\mathrm{d}t$	平均修理时间 $\mathrm{MTTR} = \int_0^\infty t m(t)\mathrm{d}t = \int_0^\infty M(t)\mathrm{d}t$

1.4.4.3　维修性参数及选择

维修性参数是度量维修性的尺度。因此它们能够进行统计和计算。必须能反映维修性的本质特性并与维修性工作的目标紧密联系。维修性参数用于进行系统维修性度量的各种指标应是用可度量的量值构成的，必须能提供出与效能相关的数据，并且可以通过实地试验或由使用现场取得。只有这样，才能利用这些指标更为准确地评定各系统的维修性特性。在国家军用标准 GJB 451—1990《可靠性维修性术语》、GJB 368A—2009《装备维修性工作通用要求》中规定了维修性参数外，也可以根据产品的特点和使用需求，另行确定满足前述要求的维修性参数。在各类系统中，较为普遍采用的维修性指标主要是以维修延续时间作为度量尺度的平均修复时间、中位修复时间和最大修复时间，此外还有以维修工时、维修周期和维修费用等作为度量尺度的。常用的维修性参数有以下几种。

(1) 维修时间参数

维修时间参数是最重要的维修性参数，它一般都直接影响元器件的可用性，又与维修保障费用有关。

① 恢复功能用的任务时间 M_{mct}　恢复功能用的任务时间 (Mission Time To Restore Function，简称 MTTRF) 是与任务有关的一种维修性参数。其度量方法为：在规定的任务剖面中，产品致命性故障 (Critical Failure) 的总维修时间与致命性故障总次数之比。简单地说就是排除致命性故障所需实际时间的平均值。致命性故障是指那些使产品不能完成规定任务的或可能导致人或物重大损失的故障或故障组合。

注意：$\overline{M}_{ct}$ 与 M_{mct} 都是维修时间的平均值，但两者反映的内容不同，$\overline{M}_{ct}$ 是在寿命剖面内排除所有故障时间的平均值，是基本维修性的参数，主要反映战备完好性和对维修人力费用的要求。而 M_{mct} 仅是在任务剖面内排除致命性故障时间的平均值，是任务维修性的参数，主要反映装备对成功性的要求。对它的统计计算方法，式(1-43)～式(1-47)都是适用的。

② 最大修复时间 $M_{max\,ct}$　最大修复时间 $M_{max\,ct}$ 是按某个规定的百分位或维修度完成全部修复工作所需的时间。通常给定的维修度 $M(t) = P$ 是 95% 或 90%。最大修复时间通常是

平均修复时间的 2~3 倍，具体比值取决于维修时间的分布和方差及规定的百分位。

若维修时间为指数分布时

$$M_{\max ct} = -\overline{M}_{ct} \ln(1-P) \qquad (1-51)$$

当 $M(t) = P = 95\%$ 时

$$M_{\max ct} = 3\overline{M}_{ct} \qquad (1-52)$$

维修时间为正态分布时

$$M_{\max ct} = \overline{M}_{ct} + Z_P d \qquad (1-53)$$

式中 d——维修时间的标准离差；

Z_P——维修度 $M(t)$ 为 P 时的正态分布分位点。

当 $M(t) = P = 0.95$ 时，$Z_P = 1.65$；当 $M(t) = P = 0.9$ 时，$Z_P = 1.28$。

维修时间为对数正态分布时

$$M_{\max ct} = \exp(\theta + Z_P \sigma) \qquad (1-54)$$

式中 θ——维修时间 t 的对数均值 $\theta = \dfrac{1}{n}\sum_{i=1}^{n}\ln t$；

σ——维修时间 t 的对数标准差。

根据不同的工程分析需要，还可以提出众多的、形形色色的维修性指标。例如在军用飞机中常用的"每飞行小时的平均维修工时（MMH/FH）"、"再次出动准备时间"、"战备完好率"等；在民用飞机中常用的有"过站再次离站时间"、"往返飞行再次离站时间"、"平均非计划拆换间隔时间（MTBUR）"、"年平均维修费用"等。在国家军用标准 GJB 368.1~6—1987《装备维修性通用规范》中列出了 10 种不同度量尺度的维修性指标。

③ 修复时间中值 $\widetilde{M}_{ct}$ 修复时间中值 $\widetilde{M}_{ct}$ 是指维修度 $M(t) = 50\%$ 时的修复时间，又称为中位修复时间。不同分布情况下，中值与均值的关系不同。

维修时间为指数分布时

$$\widetilde{M}_{ct} = 0.693\overline{M}_{ct} \qquad (1-55)$$

维修时间为正态分布时

$$\widetilde{M}_{ct} = \overline{M}_{ct} \qquad (1-56)$$

维修时间为对数正态分布时

$$\widetilde{M}_{ct} = \exp(\theta) = \frac{\overline{M}_{ct}}{\exp(\sigma^2/2)} \qquad (1-57)$$

选用中值 $\widetilde{M}_{ct}$ 的优点是试验样本量少，在对数正态分布假设条件下样本可减少至 20 个，而选用均值则要求 30 个样本以上。

在使用以上 3 个修复时间参数时应注意：修复时间是排除故障的实际时间，不计保障供应的延误时间；不同的维修级别，修复时间不同，给定指标时，应说明维修级别。

④ 预防性维修时间 M_{pt} 预防性维修时间（Preventive Maintenance Time）同样有均值 $\overline{M}_{pt}$、中值 $\widetilde{M}_{pt}$ 和最大值 $M_{\max pt}$。其含义和计算方法与维修时间相似，但应以预防性维修频率代替故障率，预防性维修时间代替修复性维修时间。

平均预防维修时间 $\overline{M}_{pt}$ 是每项或某个维修级别一次预防性维修所需时间的平均值。其计算公式可仿照公式(1-45)写出。

$$\overline{M}_{pt} = \frac{\sum_{j=1}^{m} f_{pj}\overline{M}_{ptj}}{\sum_{j=1}^{m} f_{pj}} \qquad (1-58)$$

式中 f_{pj}——第 j 项预防性维修的频率，指日维护、周维护、年预防性维修等的频率；

$\overline{M}_{ptj}$——第 j 项预防性维修的平均时间。

根据使用需求也可以直接用日维护时间、周维护时间、年预防性维修时间作为维修性参数。

⑤ 平均维修时间 $\overline{M}$　平均维修时间（Mean Maintenance Time）是将修复性维修和预防性维修合起来考虑的一种与维修方针有关的维修性参数。其度量方法为：在规定的条件下和规定的期间内产品预防性维修和修复性维修总时间与该产品计划维修和非计划维修时间总数之比

$$\overline{M} = \frac{\lambda \overline{M}_{ct} + f_p \overline{M}_{pt}}{\lambda + f_p} \tag{1-59}$$

式中 λ——产品的故障率；

f_p——产品的预防性维修频率。

⑥ 单位工作小时平均修复时间 M_{TUT}　单位工作小时平均修复时间（Mean CM Time required to support a Unit hour of operating Time，简称 MTUT，注：CM 为 Corrective Maintenance），又称维修停机时间率（Mean Downtime Ratio，简称 MDT），是保证产品单位工作时间所需的修复时间的平均值。其度量方法为：在规定条件下和规定的期间内修复性维修时间之和与产品总工作时间之比。

$$M_{TUT} = \sum_{i=1}^{n} \lambda_i \overline{M}_{cti} \tag{1-60}$$

式中 λ_i——第 i 项目的故障率；

$\overline{M}_{cti}$——第 i 项目的平均修复时间。

M_{TUT} 反映了装备每工作小时的维修负担。表面看来是反映对维修人力和保障费用的需求，实质是反映可用性要求的参数。国家军用标准 GJB 368.1~6—1987《装备维修性通用规范》仍把它算作维修性参数，但它还与产品可靠性有关，实际是反映产品可靠性和维修性的综合参数。

⑦ 重构时间 M_{rt}　重构时间（Reconfiguration Time）是当系统故障或损伤后，重新构成能完成其功能的系统所需的时间。对于有余度的系统，是指系统发生故障时，使系统转入新的工作结构（用余度部件替换已损坏部件）所需的时间。

(2) 维修工时参数 M_I

最常用的维修工时参数是产品每个工作小时的平均维修工时，又称维修性指数或维修工时率（Maintenance Ratio/Index），是与维修人力有关的一种维修性参数，其度量方法为：在规定的条件下和规定的期间内，产品直接维修工时总数与该产品寿命单位总数之比，即

$$M_I = \frac{M_{MH}}{O_h} \tag{1-61}$$

式中 M_{MH}——产品在规定试用期间内的维修工时数；

O_h——产品在规定试用期间内的工作小时数或寿命单位数。

维修工时参数也有用保养工时率的，即每次保养所需工时。维修工时参数指标有时还用工时比、维修维持指数、大修当量工时等表示，如

$$\text{工时比} = \frac{\text{全部工时}}{\text{全部实际修理工时}} \tag{1-62}$$

$$\text{维修维持指数} = \frac{\text{全部工时} \times 10^3}{\text{全部工作时间}} \tag{1-63}$$

$$\text{大修当量工时} = \frac{\text{全部工时}}{\text{大修次数}} \tag{1-64}$$

（3）维修费用参数

维修费用参数常用年平均维修费用或每个工作小时的平均维修费用或备件费用作为参数。

（4）测试性参数

一个系统或设备不可能永远正常工作，使用者和维修者要掌握其"健康"状况、有无故障或何处发生了故障，这就需要对其进行监控、检查和测试。我们希望系统本身能为此提供方便。这种系统本身所具有的便于监控其状况易于检查和测试的特性，就是系统的测试性。

目前，经常选用的测试性参数有故障检测率、故障隔离率和虚警率（或者叫故障检测百分比、隔离百分比和虚警百分比）。

① 故障检测率 γ_{FD}　故障检测率（Fault Detection Rate）是被测试项目在规定期间内发生的所有故障，在规定条件下用规定的方法能正确检测出的百分数，即

$$\gamma_{FD} = \frac{N_D}{N_T} \times 100\% \tag{1-65}$$

式中　N_T——在规定工作时间 T 内发生的全部故障数；

N_D——在规定条件下用规定方法正确检测出的故障数。

这里的"被测试项目"可以是系统、设备，也可以是外场（基层级）可更换单元（Line Replaceable Unit，简称 LRU）、车间（中继级）可更换单元（Shop Replaceable Unit，简称 SRU）等。"规定期间"是指用于统计发生故障总数和检测出故障数的时间，此时间应足够长。"规定条件"是指被测项目的状态（任务前、任务中或任务后）、维修级别、人员水平等。"规定方法"是指用机内测试（Built-In Test，简称 BIT）、专用或通用外部测试设备、自动测试设备（Automatic Test Equipment，简称 ATE）、人工检查或几种方法的综合来完成故障检测。在规定故障检测率指标时，以上这些规定内容应表述清楚。

对于系统和设备来说故障率 λ 为常数，所以应用于测试性、BIT 分析和预计的数学模型

$$\gamma_{FD} = \frac{\lambda_D}{\lambda} = \frac{\sum_{i=1}^{k} \lambda_{Di}}{\sum_{i=1}^{n} \lambda_i} \times 100\% \tag{1-66}$$

式中　λ_i——被测试项目中第 i 个故障模式的故障率；

λ_{Di}——其中可检测的故障率；

k——可检测的故障模式数；

n——被测项目故障模式总数。

从此式中也可看出，设计时应优先考虑故障率高的部件或故障模式的检测问题。

② 故障隔离率 γ_{FI}　故障隔离率（Fault Isolation Rate）是被测试项目在规定期间内已被检出的所有故障，在规定的条件下用规定的方法能够正确隔离到规定个数 L 可更换单元以内的百分数

$$\gamma_{FI} = \frac{N_L}{N_D} \times 100\% \tag{1-67}$$

N_D 同前式，N_L 是在规定条件下用规定方法正确隔离到小于等于 L 个可更换单元的故障数。规定的条件、方法、工作时间同故障检测率定义。"可更换单元"根据维修方案而定，一般在基层级维修是 LRU，在中继级维修是 SRU，在基层级或制造厂测试时是指可更换的元、部件。当 $L=1$ 时是非模糊（确定性）隔离，$L \neq 1$ 时为模糊性隔离，L 表示隔离的分辨能力。

与故障检测率类似，分析和预计时使用的数学模型为

$$\gamma_{FI} = \frac{\lambda_L}{\lambda_D} = \frac{\sum\limits_{i=1}^{m} \lambda_{Li}}{\sum\limits_{i=1}^{k} \lambda_{Di}} \times 100\% \tag{1-68}$$

式中 λ_{Li}——可隔离到小于或等于 L 个可更换单元的第 i 个故障模式的故障率；

m——对应的故障模式数。

③ 虚警率 γ_{FA} BIT 或其他监测电路指示被测项目有故障，而实际该项目无故障则为虚警（False Alarm，简称 FA）。虚警率是规定期间内发生的虚警数与故障指示总次数的比值，用百分数表示，即

$$\gamma_{FA} = \frac{N_{FA}}{N_F + N_{FA}} \times 100\% \tag{1-69}$$

式中 N_{FA}——虚警次数；

N_F——真实故障指示次数。

与检测率类似，分析预计时可用数学模型

$$\gamma_{FA} = \frac{\sum\limits_{i=1}^{\gamma} \delta_i}{\sum\limits_{i=1}^{k} \lambda_{Di} + \sum\limits_{i=1}^{\gamma} \delta_i} \times 100\% \tag{1-70}$$

式中 δ_i——第 i 个导致虚警事件的频率；

γ——该类事件数。

另外，虚警指标还可以用平均虚警数 λ_{FA} 来表示，λ_{FA} 是指在规定工作时间 T 内，每单位时间的平均虚警数，即

$$\lambda_{FA} = \frac{N_{FA}}{T} \tag{1-71}$$

λ_{FA} 与 γ_{FA} 关系如下

$$\lambda_{FA} = \frac{\gamma_{FD}}{T_{BF}} \left(\frac{\gamma_{FA}}{1 - \gamma_{FA}} \right) \tag{1-72}$$

式中 T_{BF}——平均故障间隔时间 MTBF。

④ 故障检测时间 故障检测时间（Fault Detection Time）是从故障发生到检出故障并给出指示所经过的时间。

⑤ 故障隔离时间 故障隔离时间（Fault Isolation Time）是从检出故障到完成隔离程序指出需要更换的故障单元所经历的时间。

⑥ 不能复现率 不能复现率（Can Not Dupticate，简称 CND）是指 BIT 和其他监测装置指示被测项目有故障，在现场维修检测时不能重现的比例。

⑦ 重测合格率 重测合格率（Retest OK，简称 RTOK）是指在现场识别出有故障的项目，在中继级或基层级维修测试中合格的比例。

虚警与 CND、RTOK 的区别是：虚警主要是针对不存在故障的情况，用于工作中测试；而 CND 和 RTOK 所涉及的还包括有故障未检出的情况，主要用于各级维修测试中。

⑧ 其他参数 除上述系统测试性主要参数外，机内测试设备、外部专用测试设备、自动测试设备还有可靠性、维修性、体积、重量和功耗等要求。

测试性和 BIT 的定量要求，可以规定上述参数的要求值，即测试性指标。其中最主要的定量要求是故障检测率和隔离率（越高越好）及虚警率（越低越好）。其他参数的量值可以不规定，包含在其他技术规范条款中或允许设计者自己掌握，只要满足系统使用要求

即可。

测试性指标的确定与多种因素有关，目前一般水平是系统、设备工作中和外场用 BIT 测试：$\gamma_{FD}=90\%\sim98\%$；$\gamma_{FI}=90\%\sim99\%$（隔离到单个 LRU）；$\gamma_{FA}=1\%\sim5\%$。LRU 在中继级维修用 BIT＋ATE 测试：$\gamma_{FI}=70\%\sim90\%$（隔离到 1 个 LRU）；$80\%\sim95\%$（隔离到 2 个 LRU）；$90\%\sim100\%$（隔离到 3 个 LRU）。

(5) 维修性参数的选择

在维修性工作中，装备使用部门或订购方最重要的责任是要科学地、明确地提出维修性定量要求。为此，必须恰当地选择维修性参数，以明确的语言表达参数的意义。

① 维修性使用参数与和合同参数　为准确表达维修性参数中规定条件的含义，明确是在什么条件下提出的要求，国家军用标准 GJB 1909.1—1994《装备可靠性维修性参数选择和指标确定要求总则》将可靠性、维修性参数分为两类，即使用参数和合同参数。

a. 对使用参数要求的量值，称为使用指标，用使用值表示。使用值是在实际使用条件下所表现出的维修性参数值。使用参数中往往包含了许多承制方无法控制的在使用中出现的随机因素，如行政管理和供应等方面的延误。装备的实际维修时间，常受这些随机因素的影响，因而，使用参数和使用指标不一定直接进入合同。只有承制方能够控制的参数和指标才能进入合同。

b. 在合同或研制任务书中表述订购方（使用部门）对装备维修性要求的，并且是承制方在研制与生产过程中能够控制和验证的维修性参数，其要求的量值为合同指标，用固有值表示。固有值是在明确规定的工程条件下，由设计和制造所决定的装备的维修性参数值。维修性的使用参数、使用指标与合同参数、合同指标是在不同场合下使用的。使用部门或订购方在装备论证时用使用参数、使用指标提出要求，应经过和承制方协商，合同指标才能写入合同或研制任务书中。经过协商，明确定义及条件，某些使用参数及指标也可以作为合同参数和指标。

② 维修性参数选择的依据

a. 装备的使用需求（使用环境、一次性或重复性、断续性或连续性等）是选择维修性参数时要考虑的首要因素。

b. 装备的结构特点（简单的或复杂的、可修复或不可修复、硬件或软件）是选定参数的主要因素。

c. 维修性参数的选择要和预期的维修方案（维修级别的划分、维修资源的约束等）结合起来考虑。

d. 选择维修性参数必须同时考虑指标的考核和验证方法（试验验证、分析验证、现场使用验证等）。

e. 维修参数的选择要和预期的维修方案结合起来考虑。

1.4.4.4　维修性指标的确定

选择维修性参数后，就要确定指标。确定指标是一个比确定参数更困难更重要的问题。过高的指标（如要求维修时间过短）则需要采用高级技术、高级设备、精确的故障检测、隔离方法并负担随之而来的高额费用。另一方面过低的指标将使设备的停机时间过长，降低装备的完好性和任务成功性，不能满足使用要求，同时也达不到降低保障费用的目的。因此在确定指标之前，使用部门（含保障部门）和承制方要进行反复评议。通过协商使指标变为现实可行的，既能满足使用需求，降低寿命周期费用，设计时又能够实现。因而指标通常给定一个范围，即使用指标应有目标值和门限值，合同指标应有规定值和最低可接受值。

(1) 维修性指标的目标值、门限值和规定值、最低可接受值

① 目标值　装备需要达到的使用指标，这是使用部门认为在使用条件下满足作战需求

期望达到的要求值。是新研装备维修性要求要达到的目标，故称目标值。它是确定合同指标规定值的依据。

② 门限值　装备必须达到的使用指标，这是使用部门认为在使用条件下，满足作战需求的最低要求值。比这个值再低，装备将难以完成任务，这个值是一个门限，故称为门限值。它是确定合同指标最低可接受值的依据。

③ 规定值　合同或研制任务书中规定的，装备需要达到的合同指标，它是承制方进行维修性设计的依据，也就是合同或研制任务书规定的维修性设计应该达到的要求值。它是由使用指标的目标值按工程环境条件转换而来的。这要依据装备的类型、使用、保障条件，按订购方与承制方协商的转换方法确定。

④ 最低可接受值　合同或研制任务书中规定的，装备必须达到的合同指标，它是承制方研制装备必须达到的最低要求，是订购方进行考核或验证的依据。最低可接受值由使用指标的门限值转换而来。

确定维修性指标通常要依据下列因素。

a. 使用需求是确定指标的主要依据　维修性指标特别是维修持续时间指标，首先要从使用需求来论证和确定。维修性不只是维修部门的需要，首先是作战使用的需要。例如各种枪、炮及其火力控制系统的维修停机时间主要影响作战，削弱部队火力。因而应从不影响作战或影响最小的原则来论证和确定允许的维修停机时间。

b. 国内外现役同类装备的维修性水平是确定指标的主要参考值　详细了解现役同类装备维修性已经达到的实际水平，是对新研装备确定维修性指标的起点。新研装备一般来说维修性指标应优于同类现役装备的水平。在维修性工程实践经验不足，有关数据较少时，借鉴国外同类装备的数据资料作参考也是十分重要的。

c. 预期采用的技术可能使产品达到的维修性水平是确定指标的又一重要依据　采用现役装备成熟的维修性设计能保证达到的现役装备的水平。针对现役同类装备的维修性缺陷进行改进就可能达到比现役装备更高的水平。

d. 现行的维修保障体制，维修职责分工，各级维修时间的限制，是确定指标的重要因素　装备维修保障体制是从实战需要建立的。一般情况下装备的维修性应符合现行装备管理的要求，适应现行管理体制，以免增加部队管理的额外负担。

e. 维修性指标的确定应与可靠性、寿命周期费用、研制进度等多种因素进行综合权衡　尤其是可靠性与维修性关系十分密切，在确定维修性指标时往往通过满足作战需求的可用度同可靠性进行权衡。

（2）维修性指标确定的要求

在论证阶段，订购方一般应提出维修性指标的目标值和门限值，在制订合同或研制书时应将其转换为规定值和最低可接受值。订购方也可以只提出一个值即门限值和最低可接受值，作为考核或验证的依据。这种情况下承制方应另立比最低可接受值要求更严的设计目标值作为设计的依据。

在确定维修性指标的同时还应明确与该指标有关因素和约束条件。这些因素是提出指标时不可缺少的说明，否则指标将是不明确的，且难以实现的。与指标有关的因素和约束条件主要有：

① 装备的寿命剖面　这是确定装备基本维修性的环境条件。不明确寿命剖面，基本维修性指标的含义就不清楚，难以定论。

② 装备的任务剖面　这是确定装备任务维修性的环境条件。不明确任务剖面及其中的致命性故障判别准则，任务维修性的含义就不清楚，无法统计排除那些故障的时间是恢复功能用的任务时间。

③ 预定的维修方案　维修方案中包括维修级别、维修任务的划分以及维修资源等。装备的维修性指标，是在规定的维修级别和一定维修保障的条件下提出的。同一个维修性参数（如平均修复时间）在不同的维修级别和维修保障的条件下其指标要求是不同的。没有明确维修方案，指标也是没有实际意义的。

④ 维修性指标的考核或验证方法　考核或验证是保证实现维修要求必不可少的手段。仅提出维修性指标，而没有规定考核或验证方法，这个指标也是空的。因此必须在合同附件中说明这些指标的考核或验证方法。应明确采用国家军用标准 GJB 2072—1994《维修性试验与评定》中的那一种方法及该方法要求的有关参数，如订购方风险 β 和承制方风险 α，或置信水平、接受或拒绝的判据等。考核或验证还可以采用订购方和承制方商定的其他方法，但都应明确与方法有关的参数。

⑤ 分阶段达到维修性规定的指标　例如，规定设计定型时一个指标，又规定生产定型时一个好一些的指标，在使用中评价时，规定一个更好的指标。这种方法，国外用得较多，我国尚未开始试用。需要着重强调的是，维修性主要取决于结构配置、连接、标准化等设计决定的因素。因此，一旦涉及确定后，在生产、使用阶段维修性的增长余地是有限的。这是分阶段确定指标时必须注意的。

确定指标时，还要特别注意指标的协调性。当对装备或对装备及主要分系统、装置同时提出两项以上维修性指标时，要注意这些指标间的关系，要相互协调，不要发生矛盾。包括指标所处的环境条件和指标的数值都不能矛盾。维修性指标还应与可靠性、安全性、保障性等指标相协调。如果有矛盾应进行综合权衡，选定适当的指标。

1.4.5　有效性的基本概念

1.4.5.1　有效性的主要度量指标

有效性也称可用性，是表示可维修产品在规定的条件下（包括产品的工作条件和维修条件）使用时具有维持规定功能的能力，它是综合反映可靠性和维修性的一个重要概念，反映了可维修产品的使用效率。其反映的有效性指标（如有效度、可用率）是可靠性第一指标。

有效度由可靠性和维修性两部分组成，是指可维修产品在规定的条件下使用时，在某时刻具有维持其功能的概率。对于可维修的产品，当发生故障时，在允许的时间内修复后能够正常工作，其有效度与单一可靠度相比，增加了正常工作的概率；对于不可维修的产品，有效度仅决定于且等于可靠度。

有效度是时间的函数，又称为有效函数，记为 $A(t)$，它分为以下 6 种形式。

(1) 瞬时有效度 $A(t)$

瞬时有效度（Instantaneous Availability）是指在某一特定瞬时，可能维修的产品保持正常工作使用状态或功能的概率，又称为瞬时利用率，记为 $A(t)$。

对于一个只有正常和故障两种可能状态的可修产品，可以用一个二值函数来描述它

$$X(t) = \begin{cases} 1, & \text{若时刻 } t \text{ 产品正常} \\ 0, & \text{若时刻 } t \text{ 产品故障} \end{cases} \quad t \geqslant 0 \tag{1-73}$$

产品在时刻 t 的瞬时有效度定义为

$$A(t) = P\{X(t) = 1\} \tag{1-74}$$

即在时刻 t 产品处于正常状态的概率，瞬时有效度只涉及在时刻 t 时产品是否正常，而对于时刻 t 之前产品是否发生过故障并不关心，因此，瞬时有效度常用于理论分析，而不便于在工程实践中应用。

(2) 平均有效度 $\overline{A}(t)$

平均有效度（Mean Availability）是指维修产品在时间区间 $[0, t]$ 内的平均有效度，

是瞬时有效度 $A(t)$ 在区间 $[0,t]$ 内的平均值，记为 $\overline{A}(t)$

$$\overline{A}(t) = \frac{1}{t}\int_0^t A(t)\,\mathrm{d}t \tag{1-75}$$

产品在执行任务期间 $[t_1, t_2]$ 内的平均有效度，又称为任务有效度，即

$$\overline{A}(t_1, t_2) = \frac{1}{t_2 - t_1}\int_{t_1}^{t_2} A(t)\,\mathrm{d}t \tag{1-76}$$

它表示产品在任务期间 $[t_1, t_2]$ 内可以使用的时间在时间区间 $[t_1, t_2]$ 中所占的比例。

(3) 稳态有效度 $A(\infty)$

稳态有效度（Steady Availability）是指当时间趋于无穷大时，瞬时有效度的极限值。其又可称为时间有效度（Time Availability）或可工作时间比（Up Time Ratio），记为 $A(\infty)$ 或 A，它是趋于无穷时瞬时有效度 $A(t)$ 的极限值，即

$$A(\infty) = A = \lim_{t \to \infty} A(t) \tag{1-77}$$

由于人们最关心的是产品长时间使用的有效度，因此稳态有效度是经常使用的，它也可以用下式表示

$$A = \frac{U}{U+D} \tag{1-78}$$

式中　U——可能维修的产品平均能正常工作的时间，h；

　　　 D——产品平均不能工作的时间，h。

或表达为

$$A = \frac{\mathrm{MTBF}}{\mathrm{MTBF}+\mathrm{MTTR}} \tag{1-79}$$

所以，增大有效度 A 的途径是增大 MTBF 并减小 MTTR。

当可靠度 $R(t)$ 和维修度 $M(t)$ 均为指数分布，即 $R(t) = \exp(-\lambda t)$，$M(t) = 1 - \exp(-\lambda t)$，且 $\mathrm{MTBF} = \frac{1}{\lambda}$，$\mathrm{MTTR} = \frac{1}{\mu}$ 时，有

$$A = \frac{\mathrm{MTBF}}{\mathrm{MTBF}+\mathrm{MTTR}} = \frac{\mu}{\mu+\lambda} \tag{1-80}$$

式中　λ——失效率；

　　　 μ——修复率。

下面可进一步将稳态有效度再分成：

(4) 固有有效度 A

若是事后维修，即故障发生后的维修，固有有效度（Steady Availability）可表示为

$$A = \frac{\mathrm{MTBF}}{\mathrm{MTBF}+\mathrm{MADT}} \tag{1-81}$$

式中　MADT——平均实际不能工作时间（Mean Active Down Time）；

　　　 MTBF——平均无故障工作时间。

若是预防性维修，即在产品或系统故障发生之前进行的维修（如检查、更换、修理、调整等），固有有效度可表示为

$$A = \frac{\mathrm{MTBF}}{\mathrm{MTTM}+\mathrm{MADT}} \text{或} A = \frac{\mathrm{MTBF}}{\mathrm{MTBO}+\mathrm{MADT}} \tag{1-82}$$

式中　MTTM——平均维修时间（Mean Time To Maintenance）；

　　　 MTBO——两次维修间的平均时间（Mean Time Between Overhauls）。

(5) 工作有效度 A_O

工作有效度（Operational Availability）可用下式表示

$$A_\mathrm{O} = \frac{\text{工作时间}}{\text{工作时间} + \text{总不能工作时间}} \qquad (1\text{-}83)$$

式中，总不能工作时间含义很广，除了故障停机时间外，还包括工作部门的计划维修和保养等使用管理时间。

(6) 使用有效度 A_U

使用有效度（Use Availability）是关于系统效能的一个重要的度量参数，它反映了系统的硬件、软件、后勤保障及环境条件等的综合结果，描述了系统开始执行任务时的状态，可用下式表示

$$A_\mathrm{U} = \frac{\text{工作时间} + \text{停机时间}}{\text{工作时间} + \text{停机时间} + \text{总不能工作时间}} \qquad (1\text{-}84)$$

对于以上 6 种有效度，应根据系统、机器、设备等产品的不同情况具体选择。

若给定某产品的使用时间为 t，维修容许的时间为 $\tau (\tau \ll t)$，若该产品的可靠度为 $R(t)$，维修度为 $M(\tau)$，则其有效度 $A(t, \tau)$ 可表示为

$$A(t, \tau) = R(t) + [1 - R(t)] M(\tau) \qquad (1\text{-}85)$$

所以，为了得到较高的有效度，应做到高可靠度和高维修度。当可靠性偏低时，有人会用提高维修度的办法来得到所需的有效度。但这样会经常发生故障，而使维修费增加。

1.4.5.2　系统有效性 E

有效性（Effectiveness）是综合了有效度 A、可靠度 R、完成功能概率 P（或能力 C 或设计适用性 D）等的一个综合尺度，是系统开始使用时的有效度，使用期间的可靠度和功能的乘积。有效性 E 可表达为

$$E = ARP \qquad (1\text{-}86)$$

如果考虑费用，则可用费用有效性来表示。若采用 $\dfrac{\text{费用}}{E}$、$\dfrac{\text{费用}}{\text{MTBF}}$ 费用作为费用有效性的尺度，则希望达到最小，若采用 $E/(\text{费用})$ 作为费用有效性的尺度，则希望达到最大。

系统中的某设备发生故障而引起的系统故障次数占整个系统故障次数的比率，称为该设备在该系统中的重要度，可用下式表示

$$\text{重要度} = \frac{\text{某设备故障而引起的系统的故障次数}}{\text{整个系统所有设备发生故障的总次数}} \qquad (1\text{-}87)$$

该指标从故障的性质侧面来衡量可靠性，可作为产品或系统设计的指标。

为使可靠度与成本相平衡，经济指标也很重要。在可靠性的指标中有：$\dfrac{\text{全年维修费}}{\text{购置费}}$、$\dfrac{\text{MTBF}}{\text{成本}}$、$\dfrac{\text{维修费} + \text{使用费}}{\text{工作时间}}$、$\dfrac{\text{劳动工资费用}}{\text{物资费用}}$ 等几种经济性指标。

可根据具体情况选用上述几个尺度中最合适的，以获得有关可靠性的费用、使用设备或系统的费用、因不可靠而导致损失的费用等信息，以便在进行可靠性设计时，能全面权衡成本、可靠性、维修性、生产性等各种因素，作为设计的尺度。

1.4.5.3　与人为差错有关的可靠性指标及选用

无论制造和生产的自动化程度多么高，也不能把人从系统中完全排除，反而会越来越表明进行高级判断的人的重要作用。但人总会有差错，应提高操作和检查的自动化水平。但由此会导致设备变得更加复杂，导致可靠性下降。与人为差错有关的可靠性指标有：

① 平均人为差错间隔（Mean Time Between Human Errors，简称 MTBHE），其与平

均故障间隔或平均无故障工作时间 MTBF 相对应。

② 首次人为差错前平均时间（Mean Time To First Human Error，简称 MTTFHE），其与首次无故障前平均时间（Mean Time To First Failure，简称 MTTFF）相对应。

③ 人为初始故障前平均时间（Mean Time To Human Initiated Failure，简称 MT-THIF），由于一次或数次人为失误的累积效果而导致系统性能下降时，常采用 MTTHIF 作为可靠性尺度。

综上可知，描述产品的可靠性可以从产品的耐久性（可靠度、可靠寿命、平均寿命等指标）、无故障性（故障率、平均无故障工作时间等指标）、维修性（维修度、修复率、平均维修时间等指标）、经济性（费用比等指标）、可用性（固有有效度、工作有效度等指标）等角度出发，采用各种形式的指标形成一个指标体系。具体指标的选用，应根据产品的特点而定，对于复杂系统和简单零件考虑的方法和目标都不同，可维修和不可维修的指标也不同，即使是可以维修的产品，还要看在具体使用时维修是否方便。例如海底电缆中继器即使可修，也不便修，可用寿命可能要求几十年，对于有些易于更换的机械设备耗损件，可能半年、一年即可更换，还有一些过滤器滤芯、熔断器、灭火器、救急用工具等可能一次使用便告终。表 1-4 给出了各种指标选用的大致分类。

表 1-4　与人为差错有关的可靠性维修性指标的选用

工作性质	维修特点	产品对象	指　标
连续或间歇、重复性工作	可维修	复杂的系统、设备、民用产品	可靠度、MTBF、MTTF、故障率、可用寿命、维修度、MDT、MTTR、可用度、MTBO、MTBM、重要度、成本费用、成本可用性、全寿命周期成本
	不能维修或不予维修	设备中的耗损零件、材料	可靠度、故障率、故障时间的分布（标准偏差、威布尔参数等）、MTTF、特征值的稳定性（均值、标准偏差随时间变化的特性）
一次性使用	可维修或不可维修	过滤器滤芯、熔断器等	可靠度、成功率、命中率等，或者不可靠度、误动作率等，MTBO、MTBM、成本（维修费、赔偿费等）

第2章
可靠性维修性的数学基础

　　可靠性维修性工程的数学基础是指用于解决产品可靠性维修性问题的数学模型及相应方法。由于概率论与数理统计是可靠性维修性工程中的重要数学工具，因此，本章主要介绍了可靠性维修性所涉及的概率论和数理统计基础知识。对于一些复杂系统，用传统解析方法很难解决其可靠性维修性数据分析的计算问题，所以，本章简要介绍了 Monte Carlo 方法及液压系统可靠性仿真应用实例。

2.1　概率论基本概念

　　概率论是研究和揭示随机现象统计规律性的一门数学学科。随机现象是指在个别试验中其结果呈现出不确定性，而在大量重复试验中其结果又具有统计规律性的现象。例如，在一定的时间间隔内，某设备可能正常工作，也可能发生故障，但经过大量统计可以发现，在给定的时间间隔内，该设备正常工作的概率却呈现出某种规律性。随机现象的这种统计规律性可以通过研究随机试验来加以揭示和描述，所谓随机试验应具有以下三个特点：

　　① 可以在相同的条件下重复地进行。

　　② 每次试验的可能结果不止一个，并且能事先明确试验的所有可能结果。

　　③ 进行一次试验之前不能确定哪一个结果会出现。

2.1.1　随机事件

2.1.1.1　样本空间和随机事件

　　对于可靠性维修性工程的随机试验，试验的所有可能结果组成的集合称为样本空间，用 Ω 表示；样本空间的一个元素（即试验的一个可能结果）称为样本点；样本空间的子集称为随机事件，简称事件。

　　显然，事件是由若干个样本点组成的，在每次试验中，当且仅当事件中的一个样本点出现时，称这一事件发生。实际上，在进行随机试验时，常常关心满足某种特定条件的随机现象，所以，通常所说的事件是指样本空间中满足某种条件的子集。

　　特别地，称由一个样本点组成的单点集为基本事件。显然，事件都是由基本事件组成的，相对地，事件也常称为复合事件。

　　样本空间 Ω 包含所有的样本点，它在每次试验中总是发生，因此，称为必然事件，用 Ω 表示，它是自身的子集。空集 $\varnothing$ 不包含任何样本点，它在每次试验中都不发生，因此，称为不可能事件，用 $\varnothing$ 表示，它是样本空间 Ω 的子集。

2.1.1.2 随机事件的关系和运算

在可靠性维修性工程中往往要同时研究随机试验的多个事件，这些事件之间都有一定的联系。既然事件是一个集合，那么可以按照集合之间的关系和运算来处理事件之间的关系和运算。

设随机试验 E 的样本空间为 Ω，事件 A、B、$A_k(k=1,2,\cdots,n)$ 是 Ω 的子集，那么：

① 事件 $A\cup B=\{x|x\in A \text{ 或 } x\in B\}$ 称为事件 A 和 B 的和事件。当且仅当事件 A、B 中至少有一个发生时，事件 $A\cup B$ 发生。类似地，称 $\bigcup\limits_{k=1}^{n}A_k$ 为 n 个事件 $A_1,A_2,\cdots,A_n$ 的和事件；称 $\bigcup\limits_{k=1}^{\infty}A_k$ 为可列个事件 $A_1,A_2,\cdots$ 的和事件。

② 事件 $A\cap B=\{x|x\in A \text{ 且 } x\in B\}$ 称为事件 A 和 B 的积事件，$A\cap B$ 也记作 AB。当且仅当事件 A 与 B 同时发生时，事件 $A\cap B$ 发生。类似地，称 $\bigcap\limits_{k=1}^{n}A_k$ 为 n 个事件 $A_1,A_2,\cdots,A_n$ 的积事件；称 $\bigcap\limits_{k=1}^{\infty}A_k$ 为可列个事件 $A_1,A_2,\cdots$ 的积事件。

③ 事件 $A-B=\{x|x\in A \text{ 且 } x\notin B\}$ 称为事件 A 和 B 的差事件。当且仅当事件 A 发生、B 不发生时，事件 $A-B$ 发生。

④ 若 $A\subset B$，则称事件 B 包含事件 A。这指的是事件 A 发生必导致事件 B 发生。若 $A\subset B$ 且 $B\subset A$，即 $A=B$，则称事件 A 与事件 B 相等。

⑤ 若 $A\cap B=\varnothing$，则称事件 A 与 B 是互不相容的，或是互斥的。这指的是事件 A 与事件 B 不能同时发生。基本事件是两两互不相容的。

⑥ 若 $A\cup B=\Omega$ 且 $A\cap B=\varnothing$，则称事件 A 与事件 B 互为逆事件，又称事件 A 与事件 B 互为对立事件。这指的是对每次试验而言，事件 A、B 中必有一个发生，且仅有一个发生。A 的对立事件记为 $\overline{A}$，$\overline{A}=\Omega-A$。

图 2-1 可形象直观地表示以上事件之间的关系和运算。

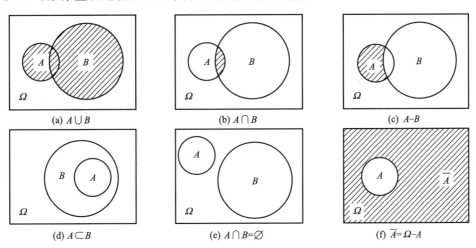

(a) $A\cup B$ (b) $A\cap B$ (c) $A-B$

(d) $A\subset B$ (e) $A\cap B=\varnothing$ (f) $\overline{A}=\Omega-A$

图 2-1　事件之间的关系和运算示意图

在进行多个事件运算时，常常要用到下述定律。设 A、B、C 为事件，则有：

① 交换律：$A\cup B=B\cup A$；$A\cap B=B\cap A$。

② 结合律：$A\cup(B\cup C)=(A\cup B)\cup C$；$A\cap(B\cap C)=(A\cap B)\cap C$。

③ 分配律：$A\cup(B\cap C)=(A\cup B)\cap(A\cup C)$；$A\cap(B\cup C)=(A\cap B)\cup(A\cap C)$。

④ 德·摩根律：$\overline{A\cup B}=\overline{A}\cap\overline{B}$；$\overline{A\cap B}=\overline{A}\cup\overline{B}$。

2.1.2 随机事件的频率和概率

对于一个事件（除必然事件和不可能事件外）来说，它在一次试验中可能发生，也可能不发生。我们常常希望知道某些事件在一次试验中发生的可能性究竟有多大。希望找到一个合适的数来表示事件在一次试验中发生的可能性大小。为此，首先引入频率，它描述了事件发生的频繁程度，进而引出表征事件在一次试验中发生的可能性大小的数——概率。

2.1.2.1 频率

在相同的条件下，进行 n 次试验，在这 n 次试验中，事件 A 发生的次数 n_A 称为事件 A 发生的频数。比值 $\frac{n_A}{n}$ 为事件 A 发生的频率，并记为 $f_n(A)$

由定义，易见频率具有以下基本性质：

① $0 \leqslant f_n(A) \leqslant 1$。

② $f_n(\Omega) = 1$。

③ 若 A_1，A_2，$\cdots$，A_k 是两两不相容事件，则 $f_n(A_1 \bigcup A_2 \bigcup \cdots \bigcup A_k) = F_n(A_1) + F_n(A_2) + \cdots + f_n(A_k)$。

一个事件的频率越大，事件发生就越频繁，也就意味着事件发生的可能性越大；反之亦然。大量试验证实，当重复试验次数 n 逐渐增大时，频率 $f_n(A)$ 逐渐稳定于某个常数。如果进行大量的重复试验，那么用频率 $f_n(A)$ 来表征事件 A 发生的可能性大小是合适的。

在相同的条件下，进行若干组等重复次数或不等重复次数的随机试验，然后计算各组试验中某一事件发生的频率，可以发现，各组试验的频率虽然相近，但并不相等，这是由于试验结果的随机性造成的，即频率是随机的。然而，对于一个特定的试验，某一特定事件发生的可能性应该是固定的。那么，如何才能描述这种固定的可能性大小呢？从频率的稳定性出发，下面引入概率的概念来表征事件发生的可能性大小。

2.1.2.2 概率

设 E 是随机试验，Ω 是它的样本空间。对于 E 的每一事件 A 赋予一个实数，记为 $P(A)$，即

$$P(A) = \lim_{n \to \infty} f_n(A) \tag{2-1}$$

常数 $P(A)$ 称为事件 A 的概率。显然概率能够表征事件发生的可能性大小。与频率相比，概率是一个固定值，它与试验重复次数的多少无关，也就不会出现相同条件下几组试验中某一事件概率不相等的情况。

概率具有以下性质：

性质1：$P(\Omega) = 1$；$P(\phi) = 0$。

性质2：对于任一事件 A，$0 \leqslant P(A) \leqslant 1$。

性质3：设 A、B 是两个事件，若 $A \subset B$，则有

$$P(B - A) = P(B) - P(A) \tag{2-2}$$

$$P(B) \geqslant P(A) \tag{2-3}$$

性质4：对于任一事件 A，其逆事件的概率为

$$P(\overline{A}) = 1 - P(A) \tag{2-4}$$

性质5：对于任意两事件 A、B，有

$$P(A \bigcup B) = P(A) + P(B) - P(AB) \tag{2-5}$$

若 A、B 为互不相容事件，则有

$$P(A \bigcup B) = P(A) + P(B) \tag{2-6}$$

推论：对于任意 n 个事件 A_1，A_2，$\cdots$，A_n，有

$$P(\bigcup_{i=1}^{n} A_i) = \sum_{i=1}^{n} P(A_i) - \sum_{1 \leqslant i < j \leqslant n} P(A_i A_j) + \sum_{1 \leqslant i < j < k \leqslant n} P(A_i A_j A_k) + \cdots + (-1)^{n-1} P(A_1 A_2 \cdots A_n)$$

(2-7)

若 A_1，A_2，$\cdots$，A_n 为两两互不相容的事件，则有

$$P(\bigcup_{i=1}^{n} A_i) = \sum_{i=1}^{n} P(A_i)$$

(2-8)

2.1.3 随机变量及其概率分布

随机现象的基本结果可以用实数来表示，这个实数就称为随机变量。例如，测试一个设备能否正常工作，并用 X 表示设备的工作状态，定义工作正常时 $X=1$，发生故障时 $X=0$，这里 X 是一个随机变量；又如，记录一辆汽车的行驶里程，并用 Y 表示里程数，这里的 Y 也是一个随机变量。

需要注意的是，随机变量的取值随试验结果而定，在试验之前不能预知它的取值，即随机变量的取值是随机的。通常，用大写字母 X、Y、Z 等表示随机变量，而用小写字母如 x、y、z 等表示随机变量的取值。

由于随机变量的取值随试验结果而定，而各个试验结果的出现又具有一定的概率，所以，随机变量的取值也有一定的概率。概率分布就描述了随机变量各个取值的概率在全样本空间上的分布情况。

随机变量大致可分为离散型和连续型两大类。下面介绍几种常见的离散型和连续型随机变量以及它们的概率分布。

2.1.3.1 离散型随机变量及其概率分布

有些随机变量，它所有不相同的可能取值是有限个或可列无限多个，那么称这种随机变量为离散型随机变量。例如设备的工作状态 X 只可能取 1（工作正常）或 0（发生故障），它是一个离散型随机变量。

下面介绍两种常见常用的离散型随机变量：二项分布和泊松分布。

（1）二项分布

将试验 E 重复进行 n 次，若各次的试验结果互不影响，即每次试验结果出现的概率都不依赖于其他各次试验的结果，称这 n 次试验是相互独立的。设试验 E 只有两个可能结果 A 和 $\overline{A}$，$P(A)=p$，$P(\overline{A})=1-p(0<p<1)$。将 E 独立地重复地进行 n 次，则称这一串重复的独立试验为 n 重伯努利试验，简称伯努利试验。这里，"重复"是指在试验中 $P(A)=p$ 保持不变；"独立"是指各次试验结果互不影响。伯努利试验是一种很重要的数学模型。它有很广泛的应用，是研究最多的模型之一。例如，从同一批液压元件中随机抽取 10 个，分别对各个元件进行独立地检查并判断是否合格，那么，对于每一次检查，只有"合格"与"不合格"两种可能结果；而 10 个元件是从同一批产品中随机抽取的，并独立进行检查，即 10 次检查满足"重复"和"独立"条件，所以，这 10 次检查就是一个 10 重伯努利试验。

用 X 表示 n 重伯努利试验中事件 A 发生的次数，那么，X 是一个离散型随机变量，它服从参数为 n、p 的二项分布，记为 $X \sim B(n,p)$。

设随机变量 $X \sim B(n,p)$，则 X 的分布律为

$$P\{X=k\} = C_n^k p^k (1-p)^{n-k}, k=0,1,2,\cdots,n$$

(2-9)

特别地，当 $n=1$ 时，式(2-9)化为

$$P\{X=k\} = p^k (1-p)^{1-k}, k=0,1$$

(2-10)

此时，二项分布退化为（0—1）分布（也称作两点分布）。

设随机变量 $X \sim B(n,p)$，则

① X 的累积分布函数为

$$F(x) = P\{X \leqslant x\} = \sum_{k=0}^{[x]} P\{X = k\} = \sum_{k=0}^{[x]} C_n^k p^k (1-p)^{n-k} \tag{2-11}$$

② X 的均值 $E(X)$（即平均寿命 FTTM）和方差 $D(X)$ 分别为

$$FTTM = E(X) = np \tag{2-12}$$

$$D(X) = np(1-p) \tag{2-13}$$

在可靠性分析中，式(2-11)可以看作是 n 个产品中有（$n-k$）个产品故障的概率，其中 p 为产品良好的概率，$q(q=1-p)$ 为产品故障的概率。例如，假设一个系统有 n 个相同的元件，当它至少有 h 个元件完好时系统就完好，那么系统完好概率为

$$P\{系统完好\} = P\{X \geqslant h\} = \sum_{k=h}^{n} C_n^k p^k q^{n-k} \tag{2-14}$$

称上述 $h < n$ 的系统为冗余系统。

例 2-1 假设有一个液压系统中含有四个液压元件，在规定的时间内每个元件故障的概率为 0.01，如果不多于一个元件故障，系统就能正常工作，求系统正常工作的概率。

解： 事件系统正常用 A 表示，元件故障的个数为 X，则系统完好的概率为

$$P(A) = P\{X \leqslant 1\} = \sum_{k=0}^{1} C_n^k p^k q^{n-k} = C_4^0 \times 0.01^0 \times 0.99^4 + C_4^1 \times 0.01^1 \times 0.99^3$$
$$= 0.9606 + 0.388 = 0.9994$$

(2) 泊松分布

泊松（Poisson）分布通常用来描述产品在某个时间区间内受到外界"冲击"的次数。

随机变量如果服从泊松分布，那它所代表的事件必须首先符合以下三个假设条件。

① 事件 A 在任意时间间隔内发生的次数，与另外的不相重叠的时间间隔内事件 A 发生的次数是独立无关的。

② 有两个或多个事件同时发生的概率很小，可以忽略不计。

③ 事件 A 在单位时间内发生的平均次数是一个常数，记为 λ，并不随时间的变化而变化。

上述假设条件虽然是用时间表述的，但是，泊松分布不仅仅限于时间，也可以对空间、距离等。例如，10000m 的绝缘电线的绝缘击穿次数是服从泊松分布的。

设随机变量 X 所有可能取值为 0、1、2、…，而取各个值的概率为

$$P\{X = k\} = \frac{\lambda^k \exp(-\lambda)}{k!}, k = 0,1,2,\cdots \tag{2-15}$$

式中，$\lambda > 0$ 是一个常数，那么称 X 服从参数为 λ 的泊松分布，记为 $X \sim \pi(\lambda)$。

设随机变量 $X \sim \pi(\lambda)$，则 X 的均值和方差分别为

$$FTTM = E(X) = \lambda \tag{2-16}$$

$$D(X) = \lambda \tag{2-17}$$

泊松分布可以近似认为是当 $n \to \infty$ 时二项分布的拓展。当 n 很大、p 很小时，泊松分布和二项分布是近似相等的，即 $C_n^k p^k q^{n-k} = \frac{\lambda^k \exp(-\lambda)}{k!} (k=0,1,2,\cdots,n)$，其中 $\lambda = np$，一般的，当 $n \geqslant 20$，$p \leqslant 0.5$ 时近似程度较好。

设某一给定时间 t 的故障数为 k，λ 为产品的故障率，则在 $(0,t)$ 时间间隔内发生 k 个

故障产品的概率为

$$P(X=k)=\frac{(\lambda t)^k}{k!}\exp(-\lambda t) \tag{2-18}$$

在 t 时刻可靠度函数或零故障概率为

$$R(t)=\frac{(\lambda t)^0}{0!}\exp(-\lambda t)=\exp(-\lambda t) \tag{2-19}$$

对于冗余系统而言，可靠度可用 t 时刻少于 k 次故障的概率描述

$$R(t)=\sum_{i=0}^{k}\frac{(\lambda t)^i}{i!}\exp(-\lambda t) \tag{2-20}$$

以往可靠性的数学运算比较复杂，往往需要简化和查表，现在利用计算机技术，可以很方便地完成相关计算。

2.1.3.2 连续型随机变量及其概率分布

某些随机变量，它具有无限多个不同的可能取值，并且这些取值是连续的，那么称这种随机变量为连续型随机变量。例如，汽车行驶里程 X 的取值范围理论上是 $\{X\geqslant0\}$，它是一个连续型随机变量。

如果随机变量 X 的分布函数 $F(x)$，存在非负函数 $f(x)$，使得对任意实数 x，有

$$F(x)=\int_{-\infty}^{x}f(x)\mathrm{d}x \tag{2-21}$$

则称 X 为连续型随机变量，其中函数 $f(x)$ 称为 X 的概率密度函数，简称概率密度。

概率密度 $f(x)$ 具有以下性质：

① $f(x)\geqslant0$。

② $\int_{-\infty}^{+\infty}f(x)\mathrm{d}x=1$。

③ 对任意实数 x_1 和 $x_2(x_1<x_2)$，有

$$P\{x_1<X\leqslant x_2\}=\int_{x_1}^{x_2}f(x)\mathrm{d}x=F(x_2)-F(x_1) \tag{2-22}$$

④ 若 $f(x)$ 在点 x 处连续，则有 $F'(x)=f(x)$。

下面介绍几种在可靠性维修性工程中常用的连续性随机变量及其概率分布：指数分布、正态分布、对数正态分布、威布尔分布以及伽马分布。

(1) 指数分布

指数分布是可靠性工程中最常见、最重要的一种分布形式。这种分布在描述偶然发生的事件，偶然故障时经常使用。对于一些较复杂的系统，也常常假设其寿命分布函数为指数分布。例如，常用来描述电子元器件以及复杂大系统故障间隔时间的失效分布。

① 指数分布的概率密度和分布函数　设连续性随机变量 T 的概率密度为

$$f(t)=\begin{cases}\dfrac{1}{\theta}\exp\left(-\dfrac{t}{\theta}\right),t\geqslant0\\0,\qquad\qquad t<0\end{cases} \tag{2-23}$$

式中，$\theta>0$ 为常数，称 T 服从参数为 θ 的指数分布。随机变量的分布函数为

$$F(t)=\begin{cases}1-\exp\left(-\dfrac{t}{\theta}\right),\ t\geqslant0\\0,\qquad\qquad\quad t<0\end{cases} \tag{2-24}$$

② 指数分布的性质　设随机变量 T 服从参数为 θ 的指数分布，具有式(2-23) 所示的概率密度，则

a. T 的均值为

$$\text{MTTF} = E(T) = \theta \tag{2-25}$$

可见分布参数 θ 是指数分布的均值，通常称 θ 为指数分布的平均故障间隔时间（MTBF）。

　　b. T 的方差为

$$D(T) = \theta^2 \tag{2-26}$$

　　c. 可靠度函数 $R(t)$ 为

$$R(t) = 1 - F(t) = \begin{cases} \exp\left(-\dfrac{t}{\theta}\right), & t \geq 0 \\ 0, & t < 0 \end{cases} \tag{2-27}$$

　　d. 故障率函数 $\lambda(t)$ 为

$$\lambda(t) = \frac{f(t)}{R(t)} = \frac{\dfrac{1}{\theta}\exp\left(-\dfrac{t}{\theta}\right)}{\exp\left(-\dfrac{t}{\theta}\right)} = \frac{1}{\theta} = \lambda, \ t \geq 0 \tag{2-28}$$

　　从上述可以看出，当故障率为常数时，它是一个指数分布，它的可靠度大小只取决于工作时间。其平均寿命等于故障率的倒数。指数分布经常用来描述浴盆曲线的偶然故障期。

　　图 2-2 给出了当 $\lambda = 0.01$ 时指数分布的密度函数曲线、可靠度函数曲线以及故障率函数曲线。

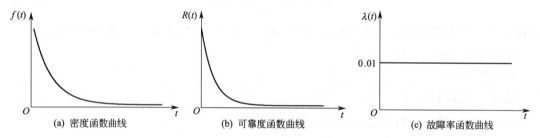

图 2-2　指数分布的故障概率密度函数、可靠度函数与故障率函数曲线

　　e. 对于任意的 t_1、$t_2 > 0$，有

$$\begin{aligned}
P\{X > t_1 + t_2 > t_1\} &= \frac{P\{(X > (t_1 + t_2)) \bigcap (X > t_1)\}}{P\{X > t_1\}} \\
&= \frac{P\{X > (t_1 + t_2)\}}{P\{X > t_1\}} = \frac{1 - F(t_1 + t_2)}{1 - F(t_1)} \\
&= \frac{\exp\left(-\dfrac{t_1 + t_2}{\theta}\right)}{\exp\left(-\dfrac{t_1}{\theta}\right)} = \exp\left(-\dfrac{t_2}{\theta}\right) = P\{X > t_2\}
\end{aligned}$$

即

$$P\{X > (t_1 + t_2) \mid X > t_1\} = P\{X > t_2\} \tag{2-29}$$

称为无记忆性。如果 T 是某一元件的寿命，那么式(2-29)表明：在元件已使用 t_1 的条件下，该元件能够继续使用 t_2 的条件概率，与开始使用算起使用 t_2 的概率相等。

　　例 2-2　假设某液压系统中的元件的寿命服从指数分布，平均寿命为 5000h，求该元件运行到 5000h 的可靠度。

　　解：根据指数分布的性质，$\lambda = 5000^{-1}/\text{h}$，则 $R(t) = \exp(-\lambda t) = \exp\left(\dfrac{-t}{5000}\right)$

据题意有　　　　　　　　$R(t = 5000) = \exp\left(\dfrac{-5000}{5000}\right) = 0.368$

即该元件运行到平均寿命 5000 小时的可靠度是 0.368。由上例题可见，如果产品的寿命服从指数分布，此时产品平均寿命所对应的可靠度并不高，只有 0.368。

(2) 正态分布

正态分布，又称高斯（Gauss）分布，是一种应用相当广泛的概率分布。自然界中很多现象都服从正态分布，它可以很好地描述比较集中的故障现象，比如，在液压系统中由于腐蚀、磨损、疲劳、老化而引起故障的产品寿命分布，也可用于产品的性能分析和质量检测。

① 正态分布的概率密度和分布函数　设连续性随机变量 T 的概率密度为

$$f(t) = \frac{1}{\sqrt{2\pi}\sigma}\exp\left[-\frac{1}{2}\left(\frac{t-\mu}{\sigma}\right)^2\right], \quad -\infty < t < \infty \tag{2-30}$$

式中，μ、$\sigma(\sigma>0)$ 为常数，则称 T 服从参数为 μ、σ 的正态分布，记为 $T \sim N(\mu,\sigma^2)$，而 μ 和 σ 分别称为均值和标准差。随机变量 T 的分布函数为

$$F(t) = \int_{-\infty}^{t} f(u)\,\mathrm{d}u = \frac{1}{\sqrt{2\pi}\sigma}\int_{-\infty}^{t}\exp\left[-\frac{1}{2}\left(\frac{u-\mu}{\sigma}\right)^2\right]\mathrm{d}u \tag{2-31}$$

当 $t=\mu$ 时，$F(t)=0.5$。

正态分布的概率密度具有以下性质。

a. $f(t)$ 关于 $t=\mu$ 对称，这表明对于任意 $h>0$ 有

$$P\{\mu-h < T \leqslant \mu\} = P\{\mu < T \leqslant \mu+h\} \tag{2-32}$$

b. 当 $t=\mu$ 时，$f(t)$ 取最大值，即

$$f(\mu) = \frac{1}{\sqrt{2\pi}\sigma} \tag{2-33}$$

t 离 μ 越远，$f(t)$ 的值越小。这表明对于同样长度的区间，当区间离 μ 越远，T 落在这个期间上的概率越小。

c. 在 $t=\mu\pm\sigma$ 处，$f(t)$ 有拐点。曲线以 t 轴为渐近线。

d. 若固定 σ，改变 μ 的值，则曲线沿着 t 轴平移，但形状不发生改变，由此可知，正态分布的概率密度曲线 $y=f(t)$ 的位置由参数 μ 所确定，所以称 μ 为位置参数；若固定 μ，改变 σ 的值，则曲线的位置不发生改变，但随着 σ 的减小曲线变得越来越尖，所以 σ 代表了被测量数据的离散程度，它们一旦确定下来，则整个分布的位置和曲线的形状就确定下来。

特别地，当 $\mu=0$，$\sigma=1$ 时称 X 服从标准正态分布，其概率密度和分布函数分别用 $\phi(x)$ 和 $\Phi(x)$ 表示，即为

$$\phi(t) = \frac{1}{\sqrt{2\pi}}\exp\left(-\frac{t^2}{2}\right) \tag{2-34}$$

$$\Phi(t) = \frac{1}{\sqrt{2\pi}}\int_{-\infty}^{t}\exp\left(-\frac{u^2}{2}\right)\mathrm{d}u \tag{2-35}$$

易知

$$\Phi(-t) = 1-\Phi(t) \tag{2-36}$$

标准正态分布的密度函数值与分布函数值都可以通过正态分布表查得。

令 $u_p = \Phi^{-1}(P)$，那么，u_p 为标准正态分布的 P 分位数，且有

$$u_p = -u_{1-p} \tag{2-37}$$

表 2-1 列出了部分常用 u_p 值。

表 2-1　标准正态分布的 P 分位数

P	0.9	0.95	0.975	0.99	0.995	0.999
u_p	1.282	1.645	1.960	2.327	2.576	3.090

② 正态分布的性质　设随机变量 $T \sim N(\mu, \sigma^2)$，则

a. T 的均值为

$$\text{MTTF} = E(T) = \mu \tag{2-38}$$

b. T 的方差为

$$D(T) = \sigma^2 \tag{2-39}$$

c. T 的标准化变量 Z 服从标准正态分布，有

$$Z = \frac{T - \mu}{\sigma} \sim N(0,1) \tag{2-40}$$

那么有

$$f(t) = \frac{1}{\sigma} \phi \left(\frac{t - \mu}{\sigma} \right) \tag{2-41}$$

$$F(t) = \Phi \left(\frac{t - \mu}{\sigma} \right) \tag{2-42}$$

d. 可靠度函数 $R(t)$ 为

$$R(t) = 1 - F(t) = 1 - \Phi \left(\frac{t - \mu}{\sigma} \right) \tag{2-43}$$

e. 故障率函数 $\lambda(t)$ 为

$$\lambda(t) = \frac{f(t)}{R(t)} = \frac{\frac{1}{\sigma} \left(\frac{t - \mu}{\sigma} \right)}{1 - \Phi \left(\frac{t - \mu}{\sigma} \right)} \tag{2-44}$$

当 $\sigma = 0.5$，$\mu = 1$ 时它们的密度函数曲线、可靠度函数曲线及故障率函数曲线如图 2-3 所示。

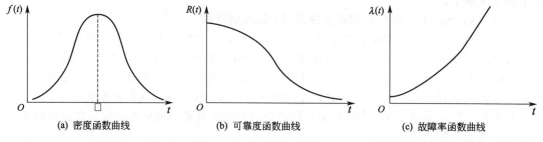

(a) 密度函数曲线　　　　(b) 可靠度函数曲线　　　　(c) 故障率函数曲线

图 2-3　正态分布的故障概率密度函数、可靠度函数与故障率函数曲线

在很多工程实际中许多问题都用正态分布能表示，例如各种误差、材料特性等都可以近似看作正态分布。但随机变量不能取负值，例如产品寿命，材料强度，此时采用正态分布的故障分布是不合适的，可以采用截尾正态分布。

例 2-3　在机械加工中，加工出来尺寸变动一般呈正态分布。假设某型号轴的直径均值为 $\mu = 1.490\text{cm}$，标准差 $\sigma = 0.005\text{cm}$，按照要求，尺寸在 1.500cm 以下为合格，在 1.500cm 以上为不合格。求不合格的概率为多少。

解：已知 $\mu = 1.490$，$\sigma = 0.005$，则产品不合格即为 $F(t < 1.500)$ 的概率。

将该分布标准化，则有

$$Z = \frac{b - \mu}{\sigma} = \frac{1.500 - 1.490}{0.005} = 2.00$$

通过查标准正态积分表，当 $Z = 2.00$ 时，$\Phi(Z) = 0.97725$，即合格产品的概率为 0.97725。

因而，不合格产品的概率为

$$1-0.97725=0.02275$$

(3) 对数正态分布

对数正态分布近年来在可靠性维修性工程领域受到重视，某些机械零件的疲劳寿命、疲劳强度可用对数正态分布来分析，尤其对于维修时间的分布，一般都选用对数正态分布。例如，当产品寿命的对数服从正态分布时，产品的寿命就服从对数正态分布，记作 $\ln T \sim N(\mu, \sigma^2)$，可以看出这里的 μ 和 σ 不是寿命 T 的均值和标准差，而是 $\ln T$ 的均值和标准差，其物理意义为产品故障的增值按比例效应发展。

① 对数正态分布的概率密度和分布函数　设 T 是一个连续性随机变量，并且

$$Y = \ln T \sim N(\mu, \sigma^2), t > 0 \tag{2-45}$$

则称 T 服从参数为 μ、σ 的对数正态分布，记为 $T \sim LN(\mu, \sigma^2)$，其中 μ 和 σ 分别称为对数均值和对数标准差。随机变量的概率密度为

$$f(t) = \frac{1}{\sqrt{2\pi}\sigma t}\exp\left[-\frac{1}{2}\left(\frac{\ln t - \mu}{\sigma}\right)^2\right] = \frac{1}{\sigma t}\phi\left(\frac{\ln t - \mu}{\sigma}\right) \tag{2-46}$$

分布函数为

$$F(t) = \int_0^t \frac{1}{\sqrt{2\pi}\sigma t}\exp\left[-\frac{1}{2}\left(\frac{\ln t - \mu}{\sigma}\right)^2\right]dt = \Phi\left(\frac{\ln t - \mu}{\sigma}\right) \tag{2-47}$$

从上式可以看出，$\ln t$ 服从正态分布。

② 对数正态分布的性质　设随机变量 $T \sim LN(\mu, \sigma^2)$，则

a. T 的均值为

$$MTTF = E(T) = \exp\left(\mu + \frac{1}{2}\sigma^2\right) \tag{2-48}$$

由此可见，对数均值 μ 并不是对数正态分布的均值。

b. T 的方差为

$$D(T) = [E(T)]^2[\exp(\sigma^2) - 1] \tag{2-49}$$

c. 可靠度函数 $R(t)$ 为

$$R(t) = 1 - F(t) = 1 - \Phi\left(\frac{\ln t - \mu}{\sigma}\right) \tag{2-50}$$

d. 故障率函数 $\lambda(t)$ 为

$$\lambda(t) = \frac{f(t)}{R(t)} = \frac{\frac{1}{\sigma t}\phi\left(\frac{\ln t - \mu}{\sigma}\right)}{1 - \Phi\left(\frac{\ln t - \mu}{\sigma}\right)} \tag{2-51}$$

当 $\sigma = 0.3$ 时，对数正态分布的密度函数曲线、可靠度函数曲线及故障率函数曲线如图 2-4 所示。

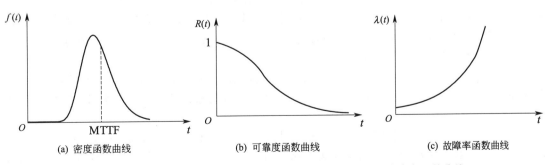

(a) 密度函数曲线　　　(b) 可靠度函数曲线　　　(c) 故障率函数曲线

图 2-4　对数正态分布的故障概率密度函数、可靠度函数与故障率函数曲线

由上图可以看出，对数正态分布与正态分布最大的不同是：对数正态分布的密度函数是不对称的单峰形状，而正态分布的密度函数是对称的。

对数正态分布用于液压系统中某些零件的可靠性工程中是合理的。因为对数正态分布是一种偏态分布，且随机变量取值大于零，与零件的强度、寿命的实际取值吻合。因此对数正态分布在表示机械零件的疲劳腐蚀故障、耐磨寿命等分布的研究中得到了广泛的应用。

(4) 威布尔分布

威布尔（Weibull）分布是根据薄弱环节思想发展出来的，在工程中应用十分广泛，尤其适用于机电类产品的磨损累计故障的分布形式。

① 威布尔分布的概率密度和分布函数　设连续性随机变量 T 的概率密度为

$$f(t) = \frac{m}{\eta}\left(\frac{t-\gamma}{\eta}\right)^{m-1}\exp\left[-\left(\frac{t-\gamma}{\eta}\right)^m\right], t \geqslant \gamma, m, \eta > 0 \tag{2-52}$$

式中，m、η 和 γ 分别为形状参数、尺度参数和位置参数（又称起始参数），则称 T 服从参数为 m、η、γ 的威布尔分布，记为 $T \sim W(m, \eta, \gamma)$。

随机变量 T 的分布函数为

$$F(t) = 1 - \exp\left[-\left(\frac{t-\gamma}{\eta}\right)^m\right] \tag{2-53}$$

② 威布尔分布的性质　设随机变量 $T \sim W(m, \eta, \gamma)$，则

a. T 的均值为

$$\text{MTTF} = E(T) = \int_{-\infty}^{+\infty} t f(t)\,\mathrm{d}t = \gamma + \eta \Gamma\left(1 + \frac{1}{m}\right) \tag{2-54}$$

式中　$\Gamma(\cdot)$——Γ 函数。

b. T 的方差为

$$D(T) = \eta^2\left[\Gamma\left(1 + \frac{2}{m}\right) - \Gamma^2\left(1 + \frac{1}{m}\right)\right] \tag{2-55}$$

c. T 的可靠度函数为

$$R(t) = 1 - F(t) = \exp\left[-\left(\frac{t-\gamma}{\eta}\right)^m\right] \tag{2-56}$$

d. T 故障率函数为

$$\lambda(t) = \frac{f(t)}{R(t)} = \frac{f(t)}{1 - F(t)} = \frac{m}{\eta}\left(\frac{t-\gamma}{\eta}\right)^{m-1} \tag{2-57}$$

形状参数 m、尺度参数 η、位置参数 γ 决定了威布尔分布的分布情况。

a. 形状参数 m。形状参数 m 是威布尔分布的本质参数，它决定了威布尔分布曲线的形状。选用不同的形状参数 m，威布尔分布可用于描述早期失效、偶然失效和耗损失效三种类型的失效形式。当 $m=1$ 时，威布尔分布变为指数分布，所以指数分布是威布尔分布的特殊情况；当 $0 < m < 1$ 时，密度函数曲线、故障率函数随时间的增加而下降，常来描述产品早期故障阶段的寿命分布；当 $m > 1$ 时，密度函数曲线呈单峰形，故障率函数是递增的，且 m 越大，曲线峰值越大。当 $m > 3$ 时，后威布尔分布趋向于正态分布。可见，威布尔分布对各种失效类型数据的拟合能力很强。

b. 尺度参数 η。当形状参数 m 和尺度参数 η 固定时，威布尔分布曲线的形状基本相同，当 η 变化时，分布曲线将沿横轴压缩或伸长，相当于横坐标的尺度不同，所以把它称为尺度参数。

c. 位置参数 γ。位置参数 γ 决定了分布曲线的位置，也就是曲线起点的位置。当 $\gamma = 0$ 时，表示产品有可能从初始时刻就出现故障；当 $\gamma > 0$ 时，表示产品经过一段时间才可能出现故障；当 $\gamma < 0$ 时，表示产品开始工作时就已经出现故障了。在可靠性工程中，γ 具有极

限值的含义，即产品在 $t=\gamma$ 以前产品不会故障，在之后才可能故障，因此 γ 也被称为最小保证寿命。

在可靠性维修性工程中，更常用的是两参数威布尔分布，即位置参数 $\gamma=0$ 的威布尔分布，记为 $T\sim W(m,\eta)$（通常所说的威布尔分一般是指两参数威布尔分布，如不作特别说明，下文中提及的威布尔分布均指两参数威布尔分布）。此时，随机变量 T 的概率密度为

$$f(t)=\frac{m}{\eta}\left(\frac{t}{\eta}\right)^{m-1}\exp\left[-\left(\frac{t}{\eta}\right)^{m}\right], m,\eta>0 \qquad (2\text{-}58)$$

两参数威布尔分布的分布函数、可靠度函数和故障率函数分别为

$$F(t)=1-\exp\left[-\left(\frac{t}{\eta}\right)^{m}\right] \qquad (2\text{-}59)$$

$$R(t)=1-F(t)=\exp\left[-\left(\frac{t}{\eta}\right)^{m}\right] \qquad (2\text{-}60)$$

$$\lambda(t)=\frac{f(t)}{R(t)}=\frac{f(t)}{1-F(t)}=\frac{m}{\eta}\left(\frac{t}{\eta}\right)^{m-1} \qquad (2\text{-}61)$$

两参数威布尔分布的平均值和方差为

$$\text{FTTM}=E(T)=\eta\Gamma\left(1+\frac{1}{m}\right) \qquad (2\text{-}62)$$

$$D(T)=\eta^{2}\left[\Gamma\left(1+\frac{2}{m}\right)-\Gamma^{2}\left(1+\frac{1}{m^{2}}\right)\right] \qquad (2\text{-}63)$$

图 2-5 为 $\gamma=0$，$\eta=1$ 时不同 m 值的威布尔分布曲线。

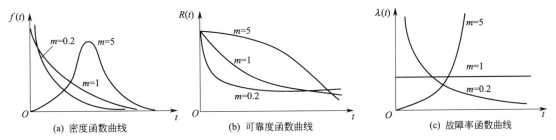

图 2-5　威布尔分布的故障概率密度函数、可靠度函数与故障率函数曲线

例 2-4　已知某液压元件的疲劳寿命服从威布尔分布，由历次试验可知，$m=2$，$\eta=200\text{h}$；$\gamma=0$，试求该液压元件的平均寿命，可靠度为 95% 时的可靠度寿命。

解：因为 $\gamma=0$，所以该分布为两参数威布尔分布，由式(2-62)计算平均寿命，查 Γ 函数表，可知

$$\text{FTTM}=E(T)=\eta\Gamma\left(1+\frac{1}{m}\right)=200\Gamma\left(1+\frac{1}{2}\right)=177.2\text{h}$$

再由式(2-60)，可得

$$t=\eta\left(\ln\frac{1}{R}\right)^{\frac{1}{m}}=200\left(\ln\frac{1}{0.95}\right)^{\frac{1}{2}}\approx 45.3\text{h}$$

所以，该液压元件的平均寿命为 177.2h，可靠度为 95% 时的可靠度寿命为 45.3h。

(5) 伽马分布

伽马（Gamma）分布要比指数分布、正态分布更具有普遍性，它可以用来表示早期故障、偶然故障和损耗故障等不同形式的故障分布。

① 伽马分布的概率密度和分布函数　设 T 是一个非负的随机变量，且有概率密度函数

$$f(t)=\frac{\lambda^{k}}{\Gamma(k)}t^{k-1}\exp(-\lambda t), k>0,\lambda>0 \qquad (2\text{-}64)$$

则称 T 服从参数为 (k,λ) 的 Γ 分布，记为 $T\sim\Gamma(k,\lambda)$。其中，k 为形状参数，λ 为尺度参数，Γ 函数 $\Gamma(k)=\int_0^{+\infty} t^{k-1}\exp(-t)\mathrm{d}t$。

伽马分布的分布函数

$$F(t)=\frac{\lambda^k}{\Gamma(k)}\int_0^t t^{k-1}\exp(-\lambda t)\mathrm{d}t,k>0,\lambda>0 \tag{2-65}$$

② 伽马分布的性质　设 $X\sim\Gamma(k,\lambda)$，则有

a. T 的平均值为

$$E(T)=\frac{k}{\lambda} \tag{2-66}$$

b. T 的方差为

$$D(T)=\frac{k}{\lambda^2} \tag{2-67}$$

c. T 可靠度函数为

$$R(t)=\exp(-\lambda t)\sum_{i=0}^{k-1}\frac{(\lambda t)^i}{i!} \tag{2-68}$$

d. 故障率函数为

$$\lambda(t)=\frac{f(t)}{R(t)}=\frac{\lambda^k t^{k-1}}{(k-1)!\sum_{i=0}^{k-1}\frac{(\lambda t)^i}{i!}} \tag{2-69}$$

伽马分布有一个重要特性：当 $k<1$ 时，故障率随时间递减；当 $k=1$ 时，故障率随时间不变，伽马分布变为指数分布；当 $k>1$ 时，故障率随时间递增。伽马分布是一种很重要的寿命分布，它不仅与指数分布密切相关，而且与泊松分布也有密切关系。例如，如果产品的失效是由于某种冲击引起的，且这种随机冲击的发生服从泊松分布，那么该产品受到 k 次冲击而失效的概率就可以用参数为 k 的 Γ 分布来描述。第 k 次冲击的等候时间就是该产品的寿命长度，$\frac{1}{\lambda}$ 就是发生冲击的速率。

伽马分布的密度函数曲线、可靠度函数曲线及故障率函数曲线如图 2-6 所示。

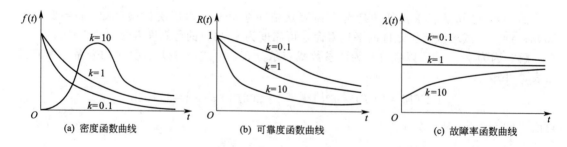

图 2-6　伽马分布的故障概率密度函数、可靠度函数与故障率函数曲线

例 2-5　某复印机主要故障的时间（单位：h）服从参数为 $k=3$、$\lambda=0.002$ 的伽玛分布。试求：

① 该复印机期望的寿命或平均故障间隔时间（MTBF）；

② 该复印机连续运行 500h 时的可靠度；

③ 该复印机已经运行 500h 时的故障率。

解：① 由式(2-66)知，该复印机寿命均值（或 MTBF）为

$$\text{MTBF} = \frac{k}{\lambda} = \frac{3}{0.002} = 1500(\text{h})$$

② 由式(2-68)知,该复印机连续运行500h时的可靠度为

$$R(t) = \exp(-\lambda t) \sum_{i=0}^{k-1} \frac{(\lambda t)^i}{i!} = \exp(-0.002 \times 500) \sum_{i=0}^{3-1} \frac{(0.002 \times 500)^i}{i!} = 0.919698$$

③ 由式(2-64)和式(2-69)知,该复印机已经运行500h时的故障率为

$$\lambda(500) = \frac{f(500)}{R(500)} = \frac{\dfrac{0.002^3}{\Gamma(3)}500^{3-1}\exp(-0.002t)}{R(500)} = \frac{0.000368}{0.919698} = 0.0004001$$

2.1.3.3 可靠性维修性常用分布

(1) 可靠性常用分布

对于一批产品来讲,其中每一个产品故障前的工作时间有长有短、参差不齐,具有随机性;对于一个特定的产品,什么时候故障完全是随机的,但它们都遵循着一定的规律,分布函数就是反映这种规律的。可靠性的各个特征量都与分布函数有密切的关系,因此研究可靠性问题时,常常需要找出它的分布函数。由于指数分布具有一种单参数分布类型并且具有广泛的适用性,因而在工程实际中得到了广泛的使用。表 2-2 给出了几种分布类型及其适用范围。

表 2-2　常用的几种分布类型及其适用范围

分布类型	适 用 范 围
指数分布	具有恒定故障率的部件、无余度的复杂系统、在耗损故障前进行定时维修的产品、由随机高应力导致故障的部件、使用寿命内出现的故障为弱耗损型故障的部件
威布尔分布	滚珠轴承、继电器、开关、断路器、某些电容器、电子管、磁控管、电位计、陀螺、电动机、航空发动机、蓄电池、机械液压恒速传动装置、液压泵、空气涡轮启动机、齿轮、活门、材料疲劳等
对数正态分布	电动绕组绝缘、半导体器件、硅晶体管、直升机旋翼叶片、飞机结构、金属疲劳等
正态分布	飞机轮胎磨损、变压器、灯泡及某些机械产品

(2) 维修性常用分布

在维修性中最常用的分布有正态、对数正态和指数分布。一般预防性维修常为正态分布,修复性维修常为对数正态分布,利用自动检修设备进行的维修常为指数分布。在维修性分析中,对数正态分布得到了最广泛的应用。当然,其他分布也可以使用,这主要决定于数据的分析和"拟合优度"检验的采用情况。

① 正态分布适用于比较简单的维修工作项目和修理活动,如简单的拆卸和更换工作。这种维修工作一般具有固定的完成工作时间,这种性质的维修工作时间一般是正态分布。

② 指数分布适用于完成维修的时间与以前的维修经验无关的情况。例如,进行故障隔离,当有几种供选用的方法可利用时,则每一种方法都可以轮换使用,直到找到一种可以有效地隔离故障的方法为止。

③ 对数正态分布在维修性分析中应用最广泛,适用于由修理频率和持续修理时间都互不等的若干项工作组成的维修工作项目,因为它能较好地代表修理时间的统计规律性。

2.2　数理统计基本概念

数理统计以概率论为理论基础,根据试验或观察得到的数据,对研究对象的客观规律性做出种种合理的估计和判断。数理统计主要研究以有效的方式收集、整理和分析受到随机性影响的数据,并对所观察的问题做出推测和判断,为要采取的决策提供依据或建议。本节只

介绍各种分布下的参数估计的方法。

2.2.1 总体和样本

在统计学中，总体和样本是两个重要的概念。通常将研究对象的某项数量指标的值的全体称为总体（或母体），而把组成总体中的每个元素称为个体（样本或样本点）。每个个体是一个实数。例如，要研究某产品的故障发生时间，则所有这种型号产品的故障发生时间就是一个总体，而其中每一件产品的故障发生时间就是一个个体。总体用随机变量 X 表征，如果 X 的分布函数为 $F(x)$，也称总体 $F(x)$。

显然，从进行统计的目的来说，重要的是获取总体的性质或者总体的分布。一般对总体进行抽样观测，通过研究个体的性质来研究总体的性质。一个抽样观测，就是做一个随机试验并记录其试验结果。如果进行 n 次抽样观测，就得到总体 X 的一组观测值 $(x_1, x_2, \cdots, x_n)$，其中 x_i 是第 i 次抽样观测的结果。如果总体中每个个体被抽到的机会均等，并且在抽取一个个体后总体的性质和组成不变，那么，抽得的个体就能很好地反应总体的性质。符合这种原则的抽样方法称为简单随机抽样。

设随机变量 X 的分布函数为 $F(x)$，若 $X_1, X_2, \cdots, X_n$ 为来自总体 $F(x)$ 的相互独立的随机变量，则称 $X_1, X_2, \cdots, X_n$ 为来自总体 X 的样本量为 n 的简单随机样本，简称样本（或子样），它们的观测值 $x_1, x_2, \cdots, x_n$ 称为来自总体 X 的 n 个独立的观测值。

若 $X_1, X_2, \cdots, X_n$ 是来自总体 X 的简单随机样本，且 X 的分布函数为 $F(x)$，则 $X_1, X_2, \cdots, X_n$ 的联合分布函数为

$$F^*(x_1, x_2, \cdots, x_n) = \prod_{i=1}^{n} F(x_i) \tag{2-70}$$

若 X 具有概率密度函数 $f(x)$，则 $X_1, X_2, \cdots, X_n$ 的联合概率密度函数为

$$f^*(x_1, x_2, \cdots, x_n) = \prod_{i=1}^{n} f(x_i) \tag{2-71}$$

2.2.2 分布参数估计

定义 设 $X_1, X_2, \cdots, X_n$ 是来自总体 X 的一个样本，$y(X_1, X_2, \cdots, X_n)$ 是 $X_1, X_2, \cdots, X_n$ 的函数，若 y 是连续函数且 y 中不含任何未知参数，则称 $y(X_1, X_2, \cdots, X_n)$ 是一个统计量。

设 $x_1, x_2, \cdots, x_n$ 是相应于样本 $X_1, X_2, \cdots, X_n$ 的样本值，则称 $y(x_1, x_2, \cdots, x_n)$ 是 $y(X_1, X_2, \cdots, X_n)$ 的观察值。

下面列出了几种常见常用的统计量。设 $X_1, X_2, \cdots, X_n$ 是来自总体 X 的一个样本，$x_1, x_2, \cdots, x_n$ 是这一样本的观察值。则有：

样本平均值

$$\overline{X} = \frac{1}{n} \sum_{i=1}^{n} X_i \tag{2-72}$$

样本方差

$$S^2 = \frac{1}{n-1} \sum_{i=1}^{n} (X_i - \overline{X})^2 = \frac{1}{n-1} \left[\sum_{i=1}^{n} X_i^2 - n\overline{X}^2 \right] \tag{2-73}$$

样本标准差

$$S = \sqrt{S^2} = \sqrt{\frac{1}{n-1} \sum_{i=1}^{n} (X_i - \overline{X})^2} \tag{2-74}$$

样本 k 阶（原点）矩

$$A_k = \frac{1}{n}\sum_{i=1}^{n} X_i^k, k = 1,2,3,\cdots \tag{2-75}$$

样本 k 阶中心矩

$$B_k = \frac{1}{n}\sum_{i=1}^{n}(X_i - \overline{X})^k, k = 1,2,3,\cdots \tag{2-76}$$

它们的观察值分别为

$$\overline{x} = \frac{1}{n}\sum_{i=1}^{n} x_i \tag{2-77}$$

$$s^2 = \frac{1}{n-1}\sum_{i=1}^{n}(x_i - \overline{x})^2 = \frac{1}{n-1}\Big[\sum_{i=1}^{n} x_i^2 - n\overline{x}^2\Big] \tag{2-78}$$

$$s = \sqrt{s^2} = \sqrt{\frac{1}{n-1}\sum_{i=1}^{n}(x_i - \overline{x})^2} \tag{2-79}$$

$$a_k = \frac{1}{n}\sum_{i=1}^{n} x_i^k, k = 1,2,3,\cdots \tag{2-80}$$

$$b_k = \frac{1}{n}\sum_{i=1}^{n}(x_i - \overline{x})^k, k = 1,2,3,\cdots, \tag{2-81}$$

这些观察值仍分别称为样本均值、样本方差、样本标准差、样本 k 阶矩，样本 k 阶中心矩。

参数估计包括点估计和区间估计。设总体 X 的分布函数形式已知，但是它的一个或多个参数未知。借助于总体 X 的一个样本来估计总体未知参数的值的问题称为参数的点估计问题，所构造的统计量称为点估计。对于一个未知量，人们在测量或计算时，常常不以得到的近似值为满足，还需要估计误差，即要求确切地知道近似值的精确程度。为了描述点估计的精确程度（估计误差），还需要估计某个区间，并且明确给出这个区间包含未知数真值的可信程度，这类问题就是区间估计问题，这个区间称为置信区间，而置信区间包含未知参数真值的可信程度（即位置参数真值落入置信区间的概率）称为置信水平。

点估计问题的一般提法如下：设总体 X 的分布函数 $F(x;\theta)$ 的形式为已知，θ 为待估参数。X_1，X_2，$\cdots$，X_n 是 X 的一个样本，x_1，x_2，$\cdots$，x_n 是相应的一个样本值。点估计问题就是要构造一个适当的统计量 $\hat{\theta}(X_1, X_2, \cdots, X_n)$，用它的观察值 $\hat{\theta} = (x_1, x_2, \cdots, x_n)$ 来估计未知参数 θ。称 $\hat{\theta}(X_1, X_2, \cdots, X_n)$ 为 θ 的估计值，称 $\hat{\theta} = (x_1, x_2, \cdots, x_n)$ 为的 θ 估计值。在不致混淆的情况下统称估计量和估计值为估计，并简记为 $\hat{\theta}$。由于估计量是样本的函数，因此对于不同的样本值，θ 的估计值往往是不同的。

区间估计的具体做法如下。

① 寻求一个样本 X_1，X_2，$\cdots$，X_n 的函数
$$Z = Z(X_1, X_2, \cdots, X_n)$$
它包含待估参数 θ，而不含其他未知参数。并且 Z 的分布已知且不依赖于任何未知参数（当然不依赖于待估参数 θ）。

② 对于给定的置信度 $1-\alpha$，定出两个常数 a，b，使 $P\{a < Z(X_1, X_2, \cdots, X_n; \theta) < b\} = 1-\alpha$。

③ 若能从 $a < Z(X_1, X_2, \cdots, X_n; \theta) < b$ 得到等价的不等式 $\underline{\theta} < \theta < \overline{\theta}$，其中 $\underline{\theta} = \underline{\theta}(X_1, X_2, \cdots,$

X_n)，$\overline{\theta}=\overline{\theta}(X_1,X_2,\cdots,X_n)$ 都是统计量，那么（$\underline{\theta}$，$\overline{\theta}$）就是 θ 的一个置信度为 $1-\alpha$ 的置信区间。

提示：函数 $Z(X_1,X_2,\cdots,X_n;\theta)$ 的构造，通常可以从 θ 的点估计着手考虑。

点估计的常用方法有矩估计方法和极大似然估计方法，区间估计的常用方法有枢轴量法。以下对可靠性维修性工程中常用的四种连续型随机变量分布的分布参数估计问题进行简单的介绍。

2.2.2.1 指数分布的分布参数估计

设总体 T 服从均值为 $\theta(\theta<0)$ 的指数分布，具有式(2-23)所列的概率密度，其中 θ 为待估参数。

(1) 无替换定数截尾试验

从总体 T 中随机抽取 n 个试样进行寿命试验，试验预定在第 $r(r\leqslant n)$ 个试样失效时停止，并且每次出现失效试样时，不用备用试样进行替换，因而随着失效试样的增加，参加试验的样本量在减少，这样一类试验就是无替换定数截尾试验。下面给出无替换定数截尾试验情况下的指数分布参数估计方法。

设在总体 T 下，进行样本量为 n 的无替换定数截尾试验，结尾失效数为 $r(r\leqslant n)$，$T_{(1)}\leqslant T_{(2)}\leqslant\cdots\leqslant T_{(r)}$ 为观测得到的前 r 个顺序统计量（即失效时间）。当 $r=n$ 时，即为完全试验，得到的是完全样本。

均值 θ 的极大似然估计 $\hat{\theta}$（点估计）为

$$\hat{\theta}=\frac{T}{r} \tag{2-82}$$

其中

$$T=\sum_{i=1}^{r}T_{(i)}+(n-r)T_{(r)} \tag{2-83}$$

称为总试验时间。

均值 θ 置信度为 c 的置信区间为

$$\frac{2r}{\chi^2_{\frac{1+c}{2}}(2r)}\hat{\theta}\leqslant\theta\leqslant\frac{2r}{\chi^2_{\frac{1-c}{2}}(2r)}\hat{\theta} \tag{2-84}$$

式中，$\chi^2_c(2r)$ 为 $\chi^2(2r)$ 的 c 分位数，可查 χ^2 分布表得到。

(2) 无替换定时截尾试验

从总体 T 中随机抽取 n 个试样进行寿命试验，试验预定在 t_0 时刻停止，并且每次出现失效试样时，不用备用试样进行替换，因而随着失效试样的增加，参加试验的样本量在减少，这样一类试验就是无替换定时截尾试验。下面给出无替换定时截尾试验情况下的指数分布参数估计方法。

设在总体 T 下，进行样本量为 n 的无替换定时截尾试验，截止时刻为 t_0，失效数为 $r(r\leqslant n)$，$T_{(1)}\leqslant T_{(2)}\leqslant\cdots\leqslant T_{(r)}\leqslant t_0$ 为观测得到的前 r 个顺序统计量（即失效时间）。

均值 θ 的极大似然估计 $\hat{\theta}$ 仍由式(2-82)给出，其中总试验时间为

$$T=\sum_{i=1}^{r}T_{(i)}+(n-r)t_0 \tag{2-85}$$

均值 θ 置信度为 c 的置信区间为

$$\frac{2r}{\chi^2_{\frac{1+c}{2}}(2r)}\hat{\theta}\leqslant\theta\leqslant\frac{2r}{\chi^2_{\frac{1-c}{2}}(2r+2)}\hat{\theta} \tag{2-86}$$

2.2.2.2 正态分布的分布参数估计

设总体 T 服从均值为 μ、标准差为 $\sigma(\sigma>0)$ 的正态分布，即

$$T \sim N(\mu,\sigma^2) \tag{2-87}$$

式中，μ、σ 为待估参数。

设 T_1，T_2，$\cdots$，T_n 为来自总体 T 的一个简单随机样本，均值 μ 和方差 σ^2 的点估计 $\overline{T}$ 和 S^2 分别为

$$\overline{T} = \frac{1}{n}\sum_{i=1}^{n}T_i \tag{2-88}$$

$$S^2 = \frac{1}{n-1}\sum_{i=1}^{n}(T_i - \overline{T})^2 = \frac{1}{n-1}\Big[\sum_{i=1}^{n}T_i^2 - n\overline{T}^2\Big] \tag{2-89}$$

均值 μ 和方差 σ^2 置信度为 c 的置信区间分别为

$$\overline{T} - \frac{S}{\sqrt{n}}t_{\frac{1+c}{2}}(n-1) \leqslant \mu \leqslant \overline{T} + \frac{S}{\sqrt{n}}t_{\frac{1+c}{2}}(n-1) \tag{2-90}$$

$$\frac{(n-1)S^2}{\chi^2_{\frac{1+c}{2}}(n-1)} \leqslant \sigma^2 \leqslant \frac{(n-1)S^2}{\chi^2_{\frac{1-c}{2}}(n-1)} \tag{2-91}$$

式中，$t_c(n-1)$ 为 $t(n-1)$ 的 c 分位数，可查 t 分布表得到。

2.2.2.3 对数正态分布的分布参数估计

设总体 T 服从对数均值为 μ，对数标准差为 $\sigma(\sigma>0)$ 的对数正态分布，即

$$T \sim LN(\mu,\sigma^2) \tag{2-92}$$

式中，μ，σ 为待估参数。

令 $X = \ln T$，则 $X \sim N(\mu,\sigma^2)$，所以，只需采用对数变换将对数正态分布的试验数据变换为正态分布，就可得到对数均值 μ 和对数标准差 σ 的估计。

2.2.2.4 威布尔分布的分布参数估计

设总体 T 服从形状参数为 $m(m>0)$、尺度参数为 $\eta(\eta>0)$ 的威布尔分布，即

$$T \sim W(m,\eta) \tag{2-93}$$

式中，m，η 为待估参数。

设在 T 总体下，进行样本量为 n 的定时截尾试验，截止时刻为 t_0，失效数为 r，$T_{(1)} \leqslant T_{(2)} \leqslant \cdots \leqslant T_{(r)} \leqslant t_0 (r \leqslant n)$ 为观测得到的前 r 个顺序统计量。那么，形状参数 m 和尺度参数 η 的极大似然估计 $\hat{m}$ 和 $\hat{\eta}$ 可以采用数值方法求解式(2-94)给出的超越方程组得到。

$$\begin{cases} \dfrac{\sum\limits_{i=1}^{r}T_{(i)}^m \ln T_{(i)} + (n-r)t_0^m \ln t_0}{\sum\limits_{i-1}^{r}T_{(i)}^m + (n-r)t_0^m} - \dfrac{1}{m} - \dfrac{1}{r}\sum\limits_{i=1}^{r}\ln T_{(i)} = 0 \\ \\ \eta^m = \dfrac{1}{r}\Big[\sum\limits_{i=1}^{r}T_{(i)}^m + (n-r)t_0^m\Big] \end{cases} \tag{2-94}$$

2.3 Monte Carlo 方法及应用

Monte Carlo（蒙特·卡罗）方法又称为概率模拟方法，是一种通过随机变量的统计试验、随机模拟来求解工程技术问题近似解的数值方法，它以是否适合于计算机上使用为重要标志。欧洲摩纳哥的 Monte Carlo 是世界闻名的赌城，Monte Carlo 方法借用这一城市的名

称，是为了表明该方法的基本特点。Monte Carlo 方法也称统计试验方法或计算机模拟方法，这些名称同样表明了该方法的基本特点。它的基本思想是通过某种"试验"的方法，求出某一事件出现的频率，或者某一随机变量的平均值，并用此作为所求事件出现的概率或随机变量的均值。

在液压气动系统可靠性维修性工程中，由于部分系统的组成结构复杂、组成设备的寿命分布各异、实际设备寿命数据的类型多为截尾数据等，难以给出系统可靠性指标的解析表达式，往往需要求助于数字仿真方法。这时，可以充分利用 Monte Carlo 方法的计算优点，来解决系统可靠性维修性数据分析的计算问题。由于可靠性维修性系统为随机系统，其基本的数字仿真方法为 Monte Carlo 方法。因此，在上述复杂系统可靠性分析中，经常采用 Monte Carlo 方法。采用 Monte Carlo 方法主要是利用 Monte Carlo 方法模拟系统的寿命过程，在此基础上分析系统的可靠性特征。

2.3.1　基本概念

Monte Carlo 方法通用性强，采用直接模拟没有原理误差，结果精度可以预计和控制，特别适用于一些复杂而且解析法难以解决或是根本无法解决的问题。

下面用两个实例来说明 Monte Carlo 方法的基本思想。

(1) Buffer 问题

1777 年法国科学家 Buffer（布丰）提出的一种计算圆周率的方法——随机投针法，即著名的 Buffer 投针问题。他将长为 $2l$ 的一根针任意投到地面上，用针与一组间距为 $2a(l<a)$ 的平行线相交的频率代替概率 P，利用关系式

$$P=\frac{2l}{\pi a} \tag{2-95}$$

求出 π 的值为

$$\pi=\frac{2l}{aP}\approx\frac{2l}{a}\left(\frac{N}{n}\right) \tag{2-96}$$

式中，N 为投针次数，n 为针与平行线相交次数。这就是古典概率论中的 Buffer 问题。在这个实例中，利用频率得到概率，获得了所求量。

(2) 求元件的平均寿命

考虑某型元件的平均寿命 T，令 t 表示元件寿命，$f(t)$ 表示元件寿命分布密度函数，则

$$T=\int_0^\infty tf(t)\mathrm{d}t \tag{2-97}$$

即 T 是随机变量 t 的数学期望。

另一方面，对 N 个元件进行了实际寿命试验，每一个元件的实际寿命分别为 t_1，t_2，…，t_N，则元件的平均寿命为

$$\hat{T}_N=\frac{1}{N}\sum_{i=1}^N t_i \tag{2-98}$$

很明显，$\hat{T}_N$ 是 T 的一个近似估计，Monte Carlo 方法计算积分 T 正是用 $\hat{T}_N$ 作为 T 的近似估计。

由以上两个实例可以看出，Monte Carlo 方法的基本思想是，首先构造一个概率空间，然后在该概率空间中确定一个依赖于随机变量 x（任意维）的统计量 $g(x)$，其数学期望

$$E[g(x)]=\int g(x)\mathrm{d}F(x) \tag{2-99}$$

正好等于所要求的值 G，其中 $F(x)$ 为 x 的分布函数；然后产生随机变量的简单子样 x_1，x_2，$\cdots$，x_N，用其相应的统计量 $g(x_1)$，$g(x_2)$，$\cdots$，$g(x_N)$ 的算术平均值

$$\hat{G}_N = \frac{1}{N}\sum_{i=1}^{N}g(x_i) \qquad (2\text{-}100)$$

作为 G 的近似估计。

综上，可以看出 Monte Carlo 方法解题的最关键一步是确定一个统计量，其数学期望正好等于所要求的值。这个统计量称为无偏统计量。

由于其他原因，如确定数学期望 G 的统计量 $G(x)$ 有困难，或为其他目的，Monte Carlo 方法有时也用 G 的渐进无偏估计代替一般过程中的无偏估计 $\hat{G}_N$，并用此渐近无偏估计作为 G 的近似估计。

Monte Carlo 方法的最低要求是，能确定这样一个与计算步数 N 有关的统计估计量 $\hat{G}_N$，当 $N\rightarrow\infty$ 时，$\hat{G}_N$ 便依据概率收敛于所要求的值 G。

Monte Carlo 方法的基本步骤如下：

① 根据问题的物理性质建立仿真模型，如 $(y_1,y_2,\cdots,y_m)=f(x_1,x_2,\cdots,x_n)$，其中随机变量 y_1，y_2，$\cdots$，y_m 对应于问题的解，是未知的；随机变量 x_1，x_2，$\cdots$，x_n 对应于系统的输入量，其概率分布是已知的；函数 $f(\cdot)$ 则根据问题的物理特征建立。

② 根据仿真模型中各随机变量的分布，在计算机上产生随机数，进行大量仿真试验，取得所求问题的大量仿真试验值。

③ 根据仿真试验结果求它的统计特征量（必要时也可求分布），从而获得问题的解和解的精度估计。

如果问题的解可以由其对应的仿真模型中随机变量的某些特征（如概率、数学期望、方差等）直接给出，并且该仿真模型比较简单，那么，可以直接对该仿真模型进行大量仿真试验，利用仿真试验结果求出问题的解和解的精度估计。

2.3.2 随机抽样方法

随机变量抽样是指由已知分布的总体中产生简单随机样本。对于均匀分布 $U(0,1)$ 的随机抽样，可以采用线性同余法进行。目前，大多数计算机类软件中都带有随机数生成器，可以生成满足均匀性、独立性的 $U(0,1)$ 分布随机数。借助 $U(0,1)$ 分布随机数，可以实现其他分布随机变量的抽样。

2.3.2.1 离散型随机变量的抽样方法

表 2-3 列出了常用的离散型分布随机变量的随机抽样公式，其中 r 表示 $U(0,1)$ 分布随机数。

表 2-3 常用离散型分布随机变量的随机抽样公式

分　布	分　布　律	随　机　数
二项分布 $B(n,p)$	$P\{X=k\}=C_n^k p^k(1-p)^{n-k}, k=0,1,2,\cdots,n$	生成一组随机数 $r_1,r_2,\cdots,r_n, x=\mathrm{Num}(r_i<p;i=1,2,\cdots,n)$
泊松分布 $\pi(\lambda)$	$P\{X=k\}=\dfrac{\lambda^k \mathrm{e}^{-\lambda}}{k!}, k=0,1,2,\cdots,\lambda>0$	生成一组随机数 $r_0,r_1,r_2,\cdots, x=\left\{k\,\bigg|\,\displaystyle\prod_{i=0}^{k}r_i\geqslant\mathrm{e}^{-\lambda}>\prod_{i=0}^{k+1}r_i\,\bigg|\,\right\}$

2.3.2.2 连续型随机变量的抽样方法

表 2-4 列出了常用的几种连续型分布随机变量的随机抽样公式，其中 r 和 z 分别表示 $U(0,1)$ 分布和标准正态分布随机数。

表 2-4　常用连续型分布随机变量的随机抽样公式

分　布	概率密度	随 机 数
指数分布	$f(t)=\dfrac{1}{\theta}\exp\left(-\dfrac{t}{\theta}\right),t\geqslant 0$	$t=-\theta\ln r$
标准正态分布 $N(0,1)$	$f(z)=\dfrac{1}{\sqrt{2\pi}}\exp\left(-\dfrac{z^2}{2}\right),-\infty<z<\infty$	$z=\sqrt{-2\ln r_1}\cos 2\pi r_2$ 或 $z=\sqrt{-2\ln r_1}\sin 2\pi r_2$ 或采用近似公式计算
正态分布 $N(\mu,\sigma)$	$f(x)=\dfrac{1}{\sqrt{2\pi}\sigma}\exp\left[-\dfrac{1}{2}\left(\dfrac{x-\mu}{\sigma}\right)^2\right],-\infty<x<\infty$	$x=\mu+z\sigma$
对数正态分布 $LN(\mu,\sigma^2)$	$f(x)=\dfrac{1}{\sqrt{2\pi}\sigma x}\exp\left[-\dfrac{1}{2}\left(\dfrac{\ln x-\mu}{\sigma}\right)^2\right],x\geqslant 0$	$x=\exp(\mu+z\sigma)$
威布尔分布 $W(m,\eta,\gamma_0)$	$f(t)=\dfrac{m}{\eta}\left(\dfrac{t-\gamma_0}{\eta}\right)^{m-1}\exp\left[-\left(\dfrac{t-\gamma_0}{\eta}\right)^m\right],$ $t\geqslant\gamma_0,m,\eta>0$	$t=\eta(-\ln r)^{\frac{1}{m}}+\gamma_0$

2.3.3　系统仿真建模

　　系统仿真通过研究仿真模型特性来研究真实系统特性，所以，仿真建模是仿真的一项重要内容。根据系统结构和方针目标，分析系统及其各组成部分的状态变量和参数之间的数学逻辑关系，在此基础上建立所研究系统的数学逻辑模型。仿真建模的一般原则如下。

　　① 阐明仿真的对象，确定被仿真系统的界线。对于确定性问题，同一输入条件下的系统仿真结果是确定的，仿真主要是正确的描述和模仿系统的确定性活动过程；对于随机性问题，同一输入条件下的系统仿真结果是随机的，方针不仅要描述和模仿系统的确定性活动过程，还要描述和模仿系统活动的随机特性。例如，在导弹弹道仿真中，如果只是仿真理论弹道，那么这是一个确定仿真问题，建立正确的导弹弹道模型是其主要内容；如果需要仿真实际弹道，则需要考虑初始发射随机误差、发动机转速的随机波动、随机风的干扰等，那么这是一个随机性仿真问题，不仅需要建立正确的导弹弹道模型，还需要建立正确的初始发射误差、发动机转速、随机风等随机因素的概率模型。对随机性仿真问题，通常先建立确定性仿真模型，经校核能够满足使用要求时，再加入随机影响建立随机性仿真模型。

　　② 仿真建模应根据想要达到的目标进行，因此，仿真模型不必与真实系统完全对应，而应抓住实际系统的本质。

　　③ 仿真建模应从简单的模型开始，然后逐步丰富和修改为更为复杂的模型，但仿真模型并不是越复杂越好，只要所建立的仿真模型能够实现问题的精度要求即可，即仿真模型可以根据问题解的精度要求进行适当简化。

　　④ 仿真模型的可信性直接关系到仿真试验结果的可信性，如果仿真试验结果不可信，那么根据它得到的分析结果也是不可信的，所以，必须对所建立的仿真模型进行校核。由于仿真建模通常是一个由简到繁的过程，所以，在整个建模过程中也伴随着多次模型校核。

　　⑤ 仿真模型不仅可以用数学表达式表示，也可以用逻辑图表示（如一定系统结构和系统条件下系统各变量之间的逻辑关系）。在半实物仿真中，还可用实物直接代替部分无法或很难仿真的部分，通过实物模型和数学模型之间各输入/输出的相互联系建立整个系统的仿真模型，例如，人在回路中的仿真模型。

　　⑥ 仿真模型中随机变量的概率分布通常是对现有数据分析和整理的基础上确定的。它可以是简单、直观的，也可以是抽象、复杂的，这取决于所研究系统的性质。

2.3.4　液压系统动态可靠性 Monte Carlo 仿真实例

　　系统仿真模型建立后，即可运行仿真系统进行仿真试验。

对于确定性仿真，给定某一输入条件，运行一次即可对试验结果进行分析。对于随机性仿真，给定某一输入条件，由于输出结果的随机性，需要多次运行后对所有输出结果进行分析。

实际上，进行随机性仿真时，控制的只是各个输入变量的统计特征，每次仿真试验的实际输入条件是随机的，每次仿真试验可以看作该次条件下的确定性仿真。根据输入随机变量的统计特征生成仿真试验输入条件的过程，实际上就是从仿真模型随机变量的已知分布中进行随机抽样的过程，可以采用 Monte Carlo 方法进行。

一个系统往往具有很多不同的输入条件，研究一个系统的特性时，不仅需要对某一特定输入条件下的系统特性进行分析，还需要从整体上把握系统的全面特性。这就需要对进行仿真试验的输入条件进行设计。而在进行随机性仿真时，为了获得足够的分析精度，还需要对各个试验条件下的仿真次数进行设计。

通过仿真试验可以分析不同输入条件对系统特性的影响，揭示系统的内在特性、运行规律、分系统之间的关系。

根据分析结果，可以预计某一输入条件下的系统特性。这在系统设计过程中有着重要应用价值。通常，可以根据仿真分析结果进行设计方案的优选，确定最优设计方案。

东南大学苏春等采用 Monte Carlo 仿真研究元件寿命服从不同分布、元件维修后故障率服从不同条件时液压系统动态可靠性指标的变化，并给出优化的系统预防性维修策略，详见下面介绍。

2.3.4.1　液压系统的描述

某液压系统由阀 V 和 P_1、P_2、P_3、P_4、P_5 等 5 个泵组成，如图 2-7 所示。

系统功能如下：当液压油可以从左端通过阀、泵从右端流出时，表示系统功能正常；若没有液压油从右端流出则表示系统故障。就每个元件而言，液压油可以通过为正常，反之为故障。为便于分析，不考虑液压系统管道的可靠度。由图2-7可知，在下述条件下液压系统将处于故障状态：①P_4 和 P_5 同时故障；②P_1、P_2 和 P_3 同时故障；③P_1、P_2 和 P_5 同时故障；④P_2、P_3 和 P_4 同时故障；⑤阀 V 故障。因此，上述 5 种组合构成了系统的最小割集。

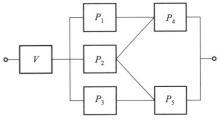

图 2-7　某液压系统的结构简图

各液压元件的可靠性特征参数如表 2-5 所示。其中，当假设元件服从指数分布时，故障分布参数代表元件的平均故障间隔时间 MTBF；当假设元件故障服从威布尔分布时，分布参数代表威布尔分布的尺度参数 η；维修分布假设为正态分布，均值为 100h，标准差为 20h。

表 2-5　液压元件的可靠性特征参数

液压元件	V	P_1、P_3	P_2	P_4、P_5
故障分布/h	2000	1000	500	1200
维修分布/h	100	100	100	100

此外，为便于分析系统的可靠性特征，做以下假定：①系统中的元件（泵、阀）及液压系统都只有正常或故障 2 种状态；②各元件之间的状态相互独立，即不考虑各元件之间的相关性；③元件故障后立即维修，并假定有足够的维修设备及人员；④当系统故障时，未故障的元件将停止工作，且在停止工作期间不会发生故障。

2.3.4.2　Monte Carlo 仿真流程

（1）基于 Monte Carlo 的可靠性仿真原理

20 世纪 40 年代，人们在核武器的研制过程中提出并采用 Monte Carlo 方法。Monte

Carlo 仿真可以分为静态仿真和动态仿真。静态仿真通过随机数和元件的寿命分布函数来抽样获得元件的寿命，再代入系统的结构函数得到系统的性能指标。静态仿真适用于静态系统，如故障树的定量求解等。

动态仿真通过随机数和元件寿命、维修的分布抽样产生一系列事件，用以表示系统使用过程中的故障、维修等事件。动态仿真有两种仿真时间推进机制：固定步长法和可变步长法。其中，固定步长法仿真时以固定的时间间隔运行，每个间隔内都对元件和系统的状态进行判断和处理；可变步长法仿真时系统的时间运行到下一个事件发生的时刻，在此刻对系统状态进行判断和处理。此外，动态可靠性仿真时，元件的基本故障数据及其分布类型对系统可靠性评估有重要影响，本例采用可变步长法完成上述液压系统的动态可靠性仿真，讨论不同分布对系统可靠性影响，再根据可靠性仿真结果确定系统的预防维修策略。

（2）液压系统 Monte Carlo 动态可靠性仿真流程

液压系统 Monte Carlo 可靠性仿真流程如图 2-8 所示。

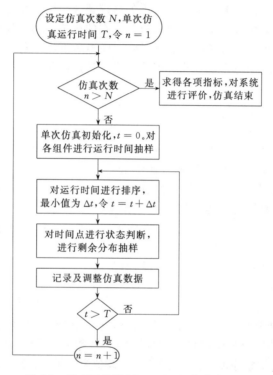

图 2-8　动态可靠性 Monte Carlo 仿真流程图

仿真抽样时，假设初始条件下系统所有元件均能正常工作。首先抽样各元件的工作时间，并对工作时间排序，最小值即为下次事件的发生时间点；再将仿真时间推进到此时间点，判断系统状态、记录数据；抽样元件的维修时间，对各运行时间排序，最小时间即为下一个事件的时间点；当达到仿真运行时间 T 时，一次仿真过程终止。因此，通过仿真可以模拟液压系统的运行过程。

按照上述流程进行 N 次仿真，可以得到系统动态可靠性指标的估计值。其中，平均故障间隔时间 T_{MTBF} 和可用度 A 的计算式为

$$T_{\text{MTBF}} = \frac{1}{\sum\limits_{j=1}^{N} K_j} \sum_{j=1}^{N} \Big[T - \sum_{i=1}^{K_j} (f_{ij} - r_{ij}) \Big] \tag{2-101}$$

$$A(t) = 1 - \frac{\sum\limits_{j=1}^{N}\sum\limits_{i=1}^{m}(f_{ij} - r_{ij})}{Nt} \tag{2-102}$$

式中，K_j 为第 j 次仿真中的故障次数；f_{ij} 和 r_{ij} 分别表示第 j 次仿真中，第 i 次故障的开始发生时刻和对该次故障维修的结束时刻；$A(t)$ 为 t 时刻系统的瞬时可用度；m 为第 j 次仿真系统运行到时刻 t 时的故障次数；系统的平均故障次数可以通过对 K_j 求均值获得。将仿真运行时间 T（本例 $T = 10^5$ h）分为若干个时间间隔（本例为 10^3 h），可以统计每个时间间隔内系统的平均故障时间，以平均故障时间除以时间间隔则可得出系统在每个固定时间间隔内的故障率。

2.3.4.3 不同条件下液压系统动态可靠性仿真结果

确定元件寿命和维修分布是系统动态可靠性 Monte Carlo 仿真的基础。可靠性数据可以通过多种途径获得：研制试验和现场信息、类似产品的可靠性信息、成熟产品的可靠性信息等。在获得数据后，可以通过概率图法、极大似然法等确定其分布类型。

在机械系统可靠性评估时，往往假设元件寿命服从指数分布。通常，这种假设是可以接受的。但是，不少元件的寿命分布，其故障率曲线并不是典型的浴盆曲线，而是在其生命周期内，其故障率呈现出其他变化规律，如故障率递增等。本例按照元件服从指数分布和多种威布尔分布，针对两种修复假设，分别进行 Monte Carlo 仿真，并对仿真结果进行比较。

(1) 修复如新

本次对指数分布和威布尔分布的仿真结果做比较，修复假设为修复如新。为验证仿真程序的正确性，将仿真结果和 BlockSim 软件运行结果进行比较，如表 2-6 所示。

表 2-6 修复如新条件下的仿真结果（$n = 5000$）

可靠性指标	指数分布		威布尔分布($m=2$)	
	仿真程序	BlockSim	仿真程序	BlockSim
T_{MTBF}	1374.91	1409.32	1175.21	1201.53
故障次数	68.52	67.01	79.58	77.95
A	0.9424	0.9443	0.9356	0.9366

从表 2-6 可知：①仿真结果和 BlockSim 软件结果非常接近，表明本液压系统动态可靠性仿真程序的正确性；②对于指数分布和威布尔分布，在修复如新的假设条件下，两者的动态可靠性指标（如 MTBF、故障次数和可用度）相差不大。仿真表明，对于工程实际应用，在修复如新的假设下，如确定以可靠性为中心的维修（RCM）时间时，认为元件寿命服从指数分布是可取的。

(2) 修复如旧

本次仿真的维修假设为修复如旧，即元件维修成功后其故障率等于维修以前发生故障时刻的故障率。对于修复如旧假设，威布尔分布的形状参数 m 分别取 1.0、1.5、2.0、2.5，仿真结果如表 2-7 所示。其中，$m = 1.0$ 即为指数分布，在指数分布条件下，由于其故障率恒定，修复如新假设和修复如旧假设所得结果相同。4 种不同形状参数时，系统可用度和瞬时故障率曲线分别如图 2-9 和图 2-10 所示。

表 2-7 修复如旧条件下的仿真结果（$n = 5000$）

m	T_{MTBF}	故障次数	A	m	T_{MTBF}	故障次数	A
1.0	1374.91	68.52	0.9424	2.0	37.81	1067.5	0.4040
1.5	261.81	313.41	0.8141	2.5	11.26	1494.05	0.1677

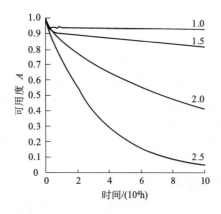

图 2-9　不同形状参数的可靠度曲线

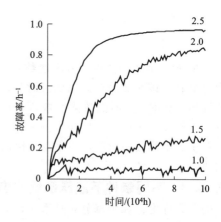

图 2-10　不同形状参数的故障率曲线

由表 2-7 可知，在修复如旧的假设条件下，随着 m 的增加，系统动态可靠性指标变化很大：MTBF 及可用度急剧降低，系统故障次数急剧增加。由图 2-9 和图 2-10 可知：$m=1.0$，即元件故障分布为指数分布时，系统的可用度和瞬时故障率保持不变；随着 m 的增大，故障率和可用度变化显著，m 较小（如 $m=1.5$）时基本呈线性变化，当 m 较大时（$m=2.5$）故障率先是快速增加，然后缓慢增加。可用度变化也可同样进行分析。

对比表 2-6 和表 2-7 中 $m=2.0$ 时的两组数据，可以发现，修复如新和修复如旧两种假设对动态可靠性指标有着显著的影响。实际上，液压及复杂机电液系统维修后故障率的变化取决于多种条件。因此，系统维修既不可能是修复如新，也不可能是完全的修复如旧。修复后的故障率应介于初始故障率和故障发生前的故障率之间。

2.3.4.4　液压系统的预防维修周期分析

预防维修是保证系统实现高可靠性必要的安全措施。目前，预防维修策略已由过去的定期维修发展到以可靠性为中心的维修（RCM）。

利用系统动态可靠性仿真数据，可以优化系统的预防维修周期。以服从威布尔分布、$m=2.0$、修复如旧的情况为例，假定要使该液压系统的可用度保持在 0.95 以上。对动态可靠性数据进行拟合，得拟合曲线如图 2-11 所示。由拟合曲线可知，要保证 0.95 以上的可用度，该液压系统的预防维修周期为 1600h。

Monte Carlo 仿真不存在状态空间爆炸问题，是求解复杂系统动态可靠性的有效方法。通过 Monte Carlo 仿真可以计算系统各种可靠性指标，并为系统可靠性评估及维修策略的制定提供依据。

元件故障和维修的分布类型和参数是动态可靠性仿真的基础。仿真结果表明，不同修复假设对系统的动态可靠性指标有着显著影响。在系统动态可靠性分析时，应合理确定元件故障的分布类型及其参数，给出合理的修复假设。

2.3.4.5　注意事项

采用 Monte Carlo 方法解决工程实际问题时，有以下几个问题需要注意：

① 仿真模型必须根据问题物理性质建立，应能真实反映模拟对象的真实情况。

② 建模过程中应根据精度需求进行适当的简化，过分简单和过分复杂的模型都是不可取的。

③ 随机模型中各随机变量的分布应根据工程经验或在现有数据统计分析的基础上确定。

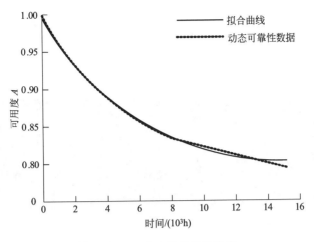

图 2-11 $m=2.0$ 时的拟合曲线

④ 采用 Monte Carlo 方法解决工程实际问题，问题解的精度可以通过增大仿真试验次数加以提高。当问题解精度较高时，仿真试验次数的增加对问题解精度的影响较小，但所需要的计算量会迅速增加。实际操作过程中，应根据问题解的精度要求确定合理的仿真试验次数。

第3章

液压气动系统可靠性维修性建模、分配及预计

　　系统是由一些相互作用和相互依赖的基本单元，按一定结构组成的能完成既定功能的有机整体，系统也可以称为产品。系统与单元的概念具有相对性，当把一套设备整体作为研究对象时，它是一个单元；当单独研究这套设备时，它可以被分解成若干基本的零件，则它是一个系统。系统和单元的界定主要是由研究的对象决定，例如一个机械系统可以看成是一个系统，其中的液压系统可以看成是它的一个单元，但是，当单独研究液压系统时，则把它看成是一个系统，它也是由若干零部件构成的有机整体。本章介绍了可靠性及维修性的模型、分配和预计的过程和方法，并以液压气动系统实例加以说明。

3.1　可靠性维修性模型

　　可靠性模型用来表示系统及其组成单元之间的可靠性逻辑关系和数量关系，另外还是系统故障特征的数学模型，它属于可靠性理论的基础部分，是进行可靠性分析、分配和管理的前提。可靠性模型在故障数据分析和建模方面被广泛地使用，除此之外在系统设计、试验、运行和维修的分析和优化方面也得到了普遍应用。

3.1.1　可靠性模型

　　可靠性模型包括可靠性框图和可靠性数学模型两项内容，系统的可靠性模型必须与系统的原理图及功能框图相协调。

3.1.1.1　可靠性框图

　　可靠性分析的第一步是建立系统的可靠性框图（Reliability Block Diagram，简称RBD），它是从可靠性角度出发描述系统与基本单元之间以及系统内各单元之间的逻辑任务关系图。可靠性框图由方框和连线构成，方框表示系统中的一个功能单元，方框之间用线段连接起来表示两个单元间的可靠性逻辑关系。

　　在工程实际中，常用系统的原理图和功能图来描述系统及其单元之间的功能关系，应当注意到系统的可靠性框图与系统的原理图和功能图是不同的概念。原理图表示的是系统各单元之间的物理关系，功能图表示的是产品各个单元之间的功能关系。系统可靠性框图并不代表系统中各个单元的物理关系即实际连接关系，而是可靠性之间的逻辑关系。如图 3-1 所示的振荡电路功能图，它们的物理结构是并联关系；但从可靠性逻辑关系来讲它们是串联关系，如图 3-2 所示，因为电感 L 和电容 C 中只要任意一个故障系统也就故障了。只要任意一

个故障系统也就故障了。

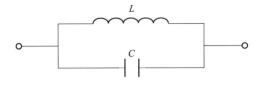

图 3-1　振荡电路功能图

图 3-2　振荡电路可靠性框图

又比如某系统由一个泵和两个止回阀串联组成，两个止回阀的作用是泵工作时允许介质向一个方向流动，阻止反方向流动，功能图如图 3-3 所示，其可靠性框图如图 3-4 所示。

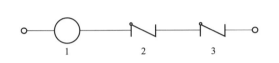

图 3-3　某系统功能图
1—泵；2,3—单向阀

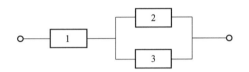

图 3-4　某系统可靠性框图
1—泵；2,3—单向阀

由上述可以看出功能图中的串并联与可靠性框图中的串并联之间没有必然的联系，而是从系统单元可靠性的逻辑关系分析，得到可靠性框图。

系统可靠性框图还随着规定功能的不同而异。例如三个并联连接的液压阀，当系统要求三个阀全好和至少两个完好时的可靠性框图是不同的，它们的可靠性框图如图 3-5 和图 3-6 所示。

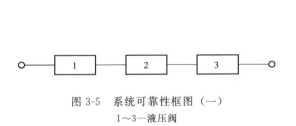

图 3-5　系统可靠性框图（一）
1～3—液压阀

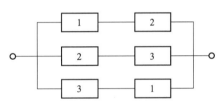

图 3-6　系统可靠性框图（二）
1～3—液压阀

3.1.1.2　可靠性数学模型

可靠性数学模型是从数学上建立可靠性框图与时间、故障和可靠性度量指标之间的数量关系，这种模型的解即为所预计的系统可靠性。因此，可靠性数学模型应能根据可靠性试验和其他有关的试验信息、产品配置、任务参数和使用限制等的变化进行及时修改；可靠性数学模型的输入和输出应与产品分析模型的输入和输出关系一致。

根据用途可靠性模型分为基本可靠性模型和任务可靠性模型。基本可靠性模型是一个全串联模型。它用以估计产品及其组成单元引起的维修及后勤保障要求。因此所有产品的构成单元都应包括在模型内，包括用于产品贮备工作模式的单元，因为构成产品的任何单元发生故障后均需要维修及后勤保障。基本可靠性模型的详细程度应根据可以获得可用信息的产品层次（零部件、元器件、总成、设备、分系统或系统）而定，而且其故障率或平均寿命等参数可用来估算维修及后勤保障对产品设计的影响。

任务可靠性模型是一种用来描述产品在执行任务过程中完成其规定功能的能力的模型，包括一个可靠性框图及其有关的可靠性数学模型。任务可靠性模型应能描述产品在完成任务过程中其各组成单元的预定作用，贮备工作模式的单元在模型中反映为并联或贮备结构，因此复杂产品的任务可靠性模型往往是一个由串联、并联及贮备构成的复杂结构。

产品的可靠性设计就是根据不同的任务要求，对基本可靠性模型及任务可靠性模型进行权衡，在满足规定要求的前提下，设计出最优的产品可靠性方案。

3.1.1.3 可靠性模型的用途

可靠性模型在可靠性工程和可靠性管理中扮演发挥着重要的作用，可靠性工程中涉及到产品或系统的设计与制造的有关问题。可靠性管理则涉及到产品或系统的维修运行等方面的最优决策问题。

可靠性模型建立后，就可以根据它预计和评估产品的可靠性。根据可靠性模型、工作循环和任务时间等消息，拟定数学表达式或计算机程序，利用这些表达式或程序，以及相应故障率的数据，就可以进行基本可靠性和任务可靠性的分配、预计和评估。

在产品的设计初期建立可靠性模型可以有助于设计评审，并为产品的可靠性分配、预计和拟定纠正措施的优先顺序提供依据。当产品设计、环境要求、应力数据、故障率数据或寿命剖面发生变化的时候应及时修改可靠性模型。在产品发生故障时，可以根据产品的可靠性模型进行维修活动分析及优化，只有当所获超过所失时，维修才是值得的。

3.1.2 维修性模型

3.1.2.1 维修性模型概述

维修性模型是指为预计或估算产品的维修性所建立的框图和数学模型。在复杂设备的维修性分析中，都要求建立维修性模型，用模型来表达系统与各单元维修性的关系，维修性参数与各种设计及保障要素参数之间的关系。建立维修性模型应考虑以下因素。

① 准确性。模型应准确地反映分析目的和系统特点。

② 可行性。模型必须是可实现的，所需要的数据是可以收集的。

③ 灵活性。模型能够根据产品结构及保障的实际情况不同，通过局部变化后使用。

④ 稳定性。通常情况下，运用模型计算出的结果只有在相互比较时才有意义，所以模型一旦建立，就应保持相对的稳定性，除非结构、保障等变化，不得随意更改。

维修性模型按其分析的性质分为：定性分析模型（如框图、流程图），定量分析模型（各种数学模型），定量与定性分析结合的模型（如某些综合评价模型）。下面就对几种维修性数学模型做简要介绍。

3.1.2.2 维修时间计算模型

不同的维修事件花费的时间不同，同一维修事件由于维修人员技能差异、工具设备不同、环境条件不同，时间也会变化。所以维修事件的维修时间也不是一个确定值，而是一个随机变量。当维修时间确定后，根据产品设计和维修方案等，能够确定出相应的维修活动或基本维修作业顺序。归结起来看，维修活动或基本维修作业顺序有三种形式：串行、并行及网络模型。

(1) 串行维修作业模型

串联系统是可靠性理论中的一个典型系统，对此系统学者们已进行了广泛深入的研究。下面主要讨论串行作业模型。

串行作业模型，如果所有的维修活动和基本维修作业能按一定的顺序依此进行，前一作业完成后一个开始，不重复也不间断。如图 3-7 所示。

图 3-7 串行作业模型

完成维修事件的时间等于各项维修活动或维修作业时间的累加。

$$T = T_1 + T_2 + T_3 + \cdots + T_m = \sum_{i=1}^{m} T_i \tag{3-1}$$

$$M(t) = M_1(t) * M_2(t) * M_3(t) * \cdots * M_m(t) \tag{3-2}$$

式中的"*"表示卷积。则平均修复时间为

$$\overline{M}_{ct} = \sum_{i=1}^{n} \lambda_i \overline{M}_{cti} \Big/ \sum_{i=1}^{n} \lambda_i \tag{3-3}$$

式中　T——完成维修时间的维修时间；

$\quad T_i$——此次维修时间的第 i 项串行作业时间；

$\quad M(t)$——此次维修事件或维修作业在时间 t 内完成的概率；

$\quad M_i(t)$——第 i 项串行作业维修作业在时间 t 内完成的概率；

$\quad m$——表示维修活动（或基本维修作业）的数目。

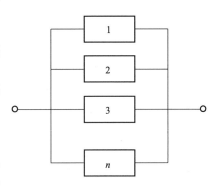

图 3-8　并行作业模型

（2）并行维修作业模型

若各项维修活动或维修作业同时进行，则为并行作业。在较为复杂的系统中，为了缩短维修时间，常由多人同时进行维修。图 3-8 为并行模型图。因而，维修时间 T 为所有维修活动的最大时间。

$$T = \max\{T_1, T_2, \cdots, T_m\} \tag{3-4}$$

此次维修事件或维修作业在时间 t 内完成的概率 $M(t)$；

$$M(t) = P\{T \leqslant t\} = P\{\max T_1, T_2, \cdots, T_m \leqslant t\}$$

$$= P\{T_1 \leqslant t, T_2 \leqslant t, \cdots T_m \leqslant t\} = \prod_{i=1}^{m} M_i(t) \tag{3-5}$$

而系统中可能出现两个或两个以上的单元发生故障即多重故障，在执行修理任务期间，有一些不影响系统正常工作故障，可以把它作为虚单元来处理，同时可靠度设为 1。

（3）网络维修作业模型

若组成维修作业中既不是串行也不是并行关系，无法用简单的数学模型来描述，可借助网络规划或随机网络理论来处理。图 3-9 为网络作业模型。

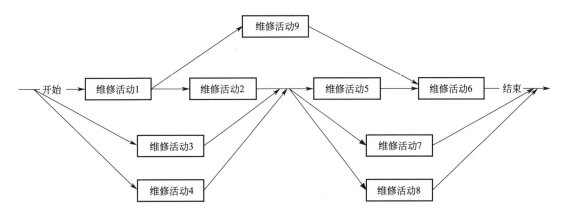

图 3-9　网络作业模型

若假设维修活动的时间分别为：t_1，t_2，t_3，…，t_9，则完成维修事件的维修时间为

$$T=\max\{t_1+t_9+t_6,t_3+t_6,\cdots,t_4+t_8\} \tag{3-6}$$

引入事件的最早期望完成时间、事件的最迟必须完成时间和关键路径等概念，利用随机网络研究结果来确定维修事件的维修时间事件按期完成时间等维修参数。

(4) 平均修复时间计算模型

若系统由 n 个可修项目组成，每个可修项目的平均故障率和相应的平均修复时间为已知。则系统的平均维修时间为

$$\overline{M}_{ct}=\frac{\sum\limits_{i=1}^{n}\lambda_i\overline{M}_{cti}}{\sum\limits_{i=1}^{n}\lambda_i} \tag{3-7}$$

式中　$\overline{M}_{cti}$——第 i 个项目故障的平均修复时间；

　　　λ_i——第 i 个项目的平均故障率。

例 3-1　某元件由 3 个可修部件组成，其部件平均故障间隔时间 T_{bfi} 及平均修复时间 $\overline{M}_{cti}$ 如下分别为：部件 1，$T_{bf1}=500h$，$\overline{M}_{ct1}=2h$；部件 2，$T_{bf2}=500h$，$\overline{M}_{ct2}=1h$；部件 3，$T_{bf3}=1000h$，$\overline{M}_{ct3}=1h$。求装备的平均修复时间。

解：各部件的平均故障率为

$$\lambda_1=\frac{1}{T_{bf1}}=0.002/h,\lambda_2=\frac{1}{T_{bf2}}=0.002/h,\lambda_3=\frac{1}{T_{bf3}}=0.001/h$$

装备的平均修复时间为

$$\overline{M}_{ct}=\frac{\sum\limits_{i=1}^{n}\lambda_i\overline{M}_{cti}}{\sum\limits_{i=1}^{n}\lambda_i}=1.4h$$

3.2　可靠性维修性分配

3.2.1　可靠性分配

液压系统可靠性分配是指在液压系统的设计阶段，按照规定的液压系统可靠性指标将其合理地分给系统中的每个单元，确定组成系统的每个单元的可靠性定量要求，同时保证系统总体的可靠性，即根据液压系统的总可靠性指标自上而下，由整体到局部，逐步分解的步骤制定每个单元的可靠性指标，它是一个演绎分解的过程。可靠性预计是根据系统中的每个单元的可靠性指标来计算系统可靠性的过程，它们二者互为逆过程。

3.2.1.1　可靠性分配原则

可靠性分配包括基本可靠性分配和任务可靠性分配。它们两者有时是相互矛盾的，即提高产品的任务可靠性可能会降低产品的基本可靠性，反之亦然。所以在进行可靠性分配时，要权衡两者之间的关系。

可靠性分配问题本质是一个工程决策问题，是人力、物力统一调度运用的问题，应当根据系统工程的"技术上合理，经济上合算，见效快"原则来进行。在进行可靠性分配时要做到综合相对平衡，局部精良是没有意义的。例如改善薄弱环节能有效地提高产品的可靠性，但往往改善薄弱环节技术难度大，成本高，耗时长，因此要在这些矛盾之间寻找一个平衡的

方案。在面对大型复杂系统时，可以把可靠性指标分成独立的几个部分或几个阶段，每个部分或阶段分别进行可靠性分配。

在进行可靠性分配时要遵循以下几个原则：

① 对于较复杂的产品，应分配较低的可靠性指标。对于越复杂的产品，要提高它的可靠性指标难度越大，而且费用往往很高。

② 对于技术上不成熟的产品，应分配较低的可靠性指标。对于这类不成熟的产品，要想提高它们的可靠性必然延长产品研制时间和费用。

③ 对于工作环境恶劣的产品，应分配较高的可靠性指标。因为恶劣的环境会增加产品的故障率，较高的可靠性能降低产品故障的概率。

④ 对于不易维修的产品，应分配较高的可靠性指标。不易维修的产品一旦出现故障对系统的影响很大，因此分配较高的可靠性指标，反之易维修的产品分配较低的可靠性指标。

⑤ 对于改进潜力大的产品，应分配较高的可靠性指标。因为这样的产品提高其可靠性比较容易，从而能较容易地提高系统可靠性。

⑥ 对于重要度高的产品，应分配较高的可靠性指标。因为重要度较高的产品一旦发生故障势必会对系统产品更严重的影响，带来更大的损失。

以上的原则不是绝对的，有时会遇到矛盾的因素，例如有的单元它的技术不成熟但它很复杂同时它又很重要，应如何分配它的可靠性指标，要根据实际情况具体分析。

3.2.1.2　可靠性分配流程

在液压系统设计初期，一个重要的工作就是根据整机的可靠性指标来确定各组成单元的可靠性指标，这个过程就是可靠性分配。可靠性分配的基本流程如图 3-10 所示。

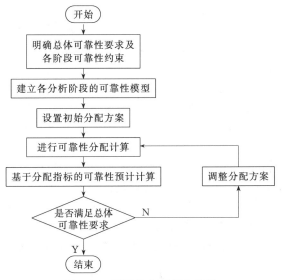

图 3-10　可靠性分配基本流程

其流程是：①首先明确系统的总体可靠性要求（如系统可靠度）及各阶段的可靠性约束（如费用、重量）；②建立各阶段的可靠性模型；③设置初始分配方案，需根据实际情况，给定各分系统的可靠性指标初始分配值；④调用可靠性分配算法，进行可靠性分配，得到各分阶段的可靠度；⑤得到各分阶段可靠度的基础上，调用可靠性预计方法，得到预计的系统可靠度；⑥判断预计的可靠度是否大于系统要求的可靠度，若是，则说明分配各阶段的可靠度已满足要求，可靠性分配结束；否则，调整各阶段初始分配的可靠度，转到④，直到满足判断条件为止。

3.2.1.3 可靠性分配方法

产品在进行可靠性分配时，首先要明确目标函数和约束条件。根据目标函数和约束条件的不同，可靠性分配有两种方式，一种是以系统的可靠度为约束条件，而以系统的费用、重量和体积等其他参数为目标函数；另一种是以系统的费用、重量和体积等其他参数为约束条件，而以系统的可靠度为目标函数。所以一般在进行可靠性分配的时候使用数学规划的方法，尤其是动态规划的方法。下面介绍几种常用的可靠性分配方法。

(1) 等配方法

本方法的适应范围虽仅适应于设计初期，但理论简单。故假设各单元的条件相同。

① 串联系统　设系统由 n 个单元串联而成，每个单元的可靠度为 $R_i(t)$，则系统的可靠度 $R_s(t)$ 为

$$R_s(t) = \prod_{i=1}^{n} R_i(t) \tag{3-8}$$

② 并联系统　当系统可靠性要求很高时，例如 $R_{sd}(t) > 0.999$，而选用的元件的可靠度达不到要求，这时往往选用由若干个相同元件并联而成的系统，从而达到系统要求的可靠度。

若给定系统的可靠度为 $R_{sd}(t)$，则元件的分配的可靠度 $R_{id}(t)$ 为

$$R_{id}(t) = 1 - [1 - R_{sd}(t)]^{1/n} \tag{3-9}$$

③ 串并联系统　在利用等分配法对串并联系统进行可靠度分配时，可先将串并联系统化简为"等效串联系统"和"等效单元"，按照等分配法的原则给同级等效单元分配以相同的可靠度；然后在每个等效单元内部就可以分别按照串联系统可靠度的分配原则和并联系统可靠度的分配原则。

例 3-2　某液压系统由三个液压元件串联组成，若要求该液压系统在规定时间内的可靠度 $R_s(t) = 0.995$，使用等分配法确定每个子元件的可靠度。

解：由式(3-8) 可得

$$R_{1d} = R_{2d} = R_{3d} = R_{sd}^{1/3} = \sqrt[3]{0.995} = 0.9983$$

从上述例子可以看出，这种方法虽然简单，但并不合理，因为在实际系统中，一般很少存在每个单元可靠度一致的情况。它仅仅适用于一个全新系统在方案论证时的初步分析。

(2) AGREE 分配法

AGREE 分配法又称代数分配法，是由美国国防部电子设备可靠性咨询小组在 1957 年提出的。该方法是根据每个单元的重要度、相对复杂程度以及工作时间进行可靠性指标的分配，是一种被广泛使用的可靠性分配方法，它明显比等分配法更为合理。

AGREE 分配法中涉及的重要度是指第 i 个单元发生故障会导致系统故障的概率，用 W_i 表示。复杂度是指某个单元含有的元件数目与系统总元件数目之比，用 K_i 表示。

$$K_i = \frac{n_i}{N} \tag{3-10}$$

式中　n_i——第 i 个单元的元件数目；

N——系统元件数目的总和，$N = \sum_{i=1}^{n} n_i$。

AGREE 分配法的原则是对于重要度较高的单元应分配较高的可靠性指标，对于复杂度较高的单元应分配较低的可靠性指标。

在上述定义的重要度、复杂度和分配原则的基础上，AGREE 分配方法是：分配给第 i 个单元的可靠度应该正比于该单元的重要度，且反比于该单元的复杂度。即

$$\frac{R_{id}(t)}{R_{sd}(t)} = \frac{\lambda_s}{\lambda_i} = \frac{W_i}{K_i} \tag{3-11}$$

式中　$R_{id}(t)$——分配给第 i 个单元的可靠度；

　　　$R_{sd}(t)$——规定系统的可靠度。

式中若系统和单元的可靠度分布服从于指数分布，即 $R_{sd}(t) = \exp(-\lambda_s t)$，$R_{id}(t) = \exp(-\lambda_i t)$，则有

$$\lambda_s = \frac{-\ln R_{sd}(t)}{t}$$

代入式(3-11) 得

$$\lambda_i = \frac{-n_i \ln R_{sd}(t)}{N W_i t} \tag{3-12}$$

或

$$R_{id} = \exp\left(\frac{n_i \ln R_{sd}(t)}{N W_i}\right) \tag{3-13}$$

例 3-3　某液压系统要求工作 10 年的可靠度为 0.965，这套系统其中的 3 个单元有关参数见表 3-1，用 AGREE 分配法分配系统各个单元的可靠度。

表 3-1　单元参数表

序　　号	单元元件个数	工作时间/年	重　要　度
1	26	8	1.0
2	35	10	0.9
3	109	12	1.0

解： 根据 AGREE 分配法各单元的可靠度为

$$R_1(t=8) = \exp\left(\frac{n_i \ln R_{sd}(t)}{N W_i}\right) = \exp\left(\frac{26 \times \ln 0.965}{170 \times 1.0}\right) = 0.9947$$

$$R_1(t=10) = \exp\left(\frac{n_i \ln R_{sd}(t)}{N W_i}\right) = \exp\left(\frac{35 \times \ln 0.965}{170 \times 0.09}\right) = 0.9919$$

$$R_1(t=12) = \exp\left(\frac{n_i \ln R_{sd}(t)}{N W_i}\right) = \exp\left(\frac{109 \times \ln 0.965}{170 \times 1.0}\right) = 0.9774$$

(3) 相对故障率法与相对故障概率法

相对故障率法与相对故障概率法是另一种常用的可靠度分配法。相对故障率法是使系统中各单元的容许故障率正比于该单元的预计故障率值，并根据这一原则来分配系统中各单元的可靠度；相对故障概率法是根据使系统中各单元的容许故障概率正比于该单元的预计故障概率的原则来分配系统中各单元的可靠度。

① 串联系统　串联系统的任一单元寿命都服从指数分布，则系统的寿命也服从指数分布。假定各单元的工作时间与系统的工作相同并取为 t，λ_i 为第 i 个单元的预计故障率，λ_s 为由单元预计故障率算得的系统故障率；$F_i(t)$ 为各单元的预计故障概率（即不可靠度），$F_s(t)$ 为系统的预计故障概率。在串联系统中，系统的故障率为所有单元故障率的总和。因此，在分配串联系统各单元的可靠度时，往往不是直接对可靠度进行分配，而是把系统允许的故障率或不可靠度（故障概率）合理地分配给各单元。

各单元的相对故障率为

$$\omega_i = \frac{\lambda_i}{\sum_{i=1}^{n} \lambda_i} \tag{3-14}$$

各单元的相对故障概率亦可表达为

$$\omega'_i = \frac{F_i(t)}{\sum\limits_{i=1}^{n} F_i(t)} \tag{3-15}$$

若系统的可靠度设计指标为 $R_{sd}(t)$，系统故障率的设计指标（即容许故障率）为

$$\lambda_{sd} = \frac{-\ln R_{sd}(t)}{t} \tag{3-16}$$

系统故障概率设计指标（即容许故障概率）为

$$F_{sd}(t) = 1 - R_{sd}(t) \tag{3-17}$$

则系统各单元的容许故障率和容许故障概率（即分配给它们的指标）分别为

$$\lambda_{id} = \omega_i \lambda_{sd} = \frac{\lambda_i}{\sum\limits_{i=1}^{n} \lambda_i} \lambda_{sd} \tag{3-18}$$

$$F_{id}(t) = \omega'_i F_{sd}(t) = \frac{F_i(t)}{\sum\limits_{i=1}^{n} F_i(t)} F_{sd}(t) \tag{3-19}$$

从而求得各单元分配的可靠度 $R_{id}(t)$ 为

按相对故障率法

$$R_{id} = (\exp - \lambda_{id} t) \tag{3-20}$$

按相对故障概率法

$$R_{id}(t) = 1 - F_{id}(t) \tag{3-21}$$

② 冗余系统可靠度分配　对于具有冗余部分的串并联系统，通常是将每组并联单元适当组合成单个单元，并将此单个单元看成是串联系统中并联部分的一个等效单元，这样就可用上述串联系统可靠度分配方法，将系统的容许故障率或故障概率分配给各个串联单元和等效单元。然后再确定并联部分中每个单元的容许故障率或故障概率。

在并联系统中，若系统的预计不可靠为 $F_s(t)$，各个单元的预计不可靠度为 $F_i(t)$，则有

$$F_s(t) = F_1(t) F_2(t) \cdots F_n(t) \tag{3-22}$$

如果作为代替 n 个并联单元的等效单元在串并联系统中分到的容许的不可靠度为 $F_B(t)$，根据式(3-22)有

$$F_B(t) = F_{1B}(t) F_{2B}(t) \cdots F_{nB}(t) = \prod_{i=1}^{n} F_{iB}(t) \tag{3-23}$$

其中，$F_{iB}(t)$ 为第 i 个并联单元的容许故障概率。

若已知各并联单元的预计故障概率 $F_{iB}(t)$，则可以取 $(n-1)$ 个相对关系式

$$\frac{F_{2B}}{F_2} = \frac{F_{1B}}{F_1}, \frac{F_{3B}}{F_3} = \frac{F_{1B}}{F_1}, \cdots, \frac{F_{nB}}{F_n} = \frac{F_{1B}}{F_1} \tag{3-24}$$

求解式(3-22)与式(3-23)，就可求得各并联单元应该分配到的容许故障概率。

(4) 拉格朗日乘数法

前面介绍的可靠性分配法都是没有约束条件的，也就是说在可靠性指标分配过程中只单纯地考虑单元的可靠性指标，没有考虑其他约束条件。这在实际工程中往往是做不到的。因为在设计一个系统的可靠性指标时，是要考虑许多约束条件的，例如在考虑费用、时间，重量、体积等约束条件下使系统的可靠度最大，或者把可靠度维持在某一数值以上作为限制条件，而使系统的其他参数做到最优化。

有约束条件的系统可靠性分配方法有许多种，下面简要介绍拉格朗日乘数法。

拉格朗日乘数法实质上是拉格朗日待定系数法在可靠性分配中的应用，也就是求多元函

数的条件极值。所以拉格朗日乘数法是一种将约束最优化问题转换为无约束最优化问题的优化方法，它引入一个拉格朗日乘数将原来的约束条件和目标函数合成一个新的不含约束条件的目标函数，称之为拉格朗日函数。

设目标函数为 $f(x_1, x_2, \cdots, x_n)$，约束条件为 $\phi_j(x_1, x_2, \cdots, x_n) = 0 (j = 1, 2, \cdots, m; m < n)$，则可构造一个新的拉格朗日函数

$$L(x, \lambda) = f(x_1, x_2, \cdots, x_n) + \sum_{j=1}^{m} \lambda_j \phi_j(x_1, x_2, \cdots, x_n) \tag{3-25}$$

于是求多元函数 $f(x_1, x_2, \cdots, x_n)$ 的条件极值就转化为求函数 $L(x, \lambda)$ 的无条件极值。此时，拉格朗日函数存在极值的必要条件为

$$\begin{cases} \dfrac{\partial L}{\partial x_i} = \dfrac{\partial f}{\partial x_i} + \sum_{j=1}^{m} \dfrac{\partial \phi_j}{\partial x_i} = 0 & i = 1, 2, \cdots, n \\ \dfrac{\partial L}{\partial \lambda_k} = \phi(x_1, x_2, \cdots, x_n) = 0 & k = 1, 2, \cdots, m \end{cases} \tag{3-26}$$

解上式即可求得原问题的约束最优解 x_1，x_2，$\cdots$，x_n。

下面讨论以系统制造费用最少为目标函数，系统可靠度最大为约束条件的拉格朗日乘数法的可靠性分配方法。

设某一系统由 n 个单元组成，第 i 个单元的可靠度为 R_i，它的制造费用为 x_i，已知系统规定的可靠度为 R_{sd}，用拉格朗日乘数法分配各个单元的可靠度。

由已知可知系统的目标函数和约束条件分别为：目标函数为 $f = \min \sum_{i=1}^{n} x_i$，约束条件为 $\varphi = \prod_{i=1}^{n} R_i$。根据经验单元可靠度与制造费用有如下关系

$$R_i(t) = 1 - \exp[-\alpha_i(x_i - \beta_i)] \quad i = 1, 2, \cdots, n \tag{3-27}$$

其中，α_i，β_i 均为常数。

构造拉格朗日函数

$$L(x, \lambda) = \sum_{i=1}^{n} x_i + \lambda \Big[R_{sd}(t) - \prod_{i=1}^{n} R_i(t) \Big] \tag{3-28}$$

由式（3-27）得

$$x_i = \beta_i - \frac{\ln[1 - R_i(t)]}{\partial_i} \quad i = 1, 2, \cdots, n \tag{3-29}$$

将式（3-29）代入式（3-28）得

$$L(R, \lambda) = \sum_{i=1}^{n} \Big[\beta_i - \frac{\ln(1 - R_i)}{\partial_i} \Big] + \lambda \Big(R_{sd} - \prod_{i=1}^{n} R_i \Big) \tag{3-30}$$

从式（3-30）可得 $\dfrac{\partial L}{\partial R_i} = \dfrac{1}{\partial_i(1 - R_i)} + \lambda \dfrac{\prod\limits_{i=1}^{n} R_i(t)}{R_i(t)}$，$\dfrac{\partial L}{\partial \lambda} = R_{sd}(t) - \prod\limits_{i=1}^{n} R_i(t)$ 代入式（3-26）可得

$$\begin{cases} \dfrac{1}{\partial_i(1 - R_i)} + \lambda \dfrac{\prod\limits_{i=1}^{n} R_i(t)}{R_i(t)} = 0 & i = 1, 2, \cdots, n \\ R_{sd}(t) = \prod\limits_{i=1}^{n} R_i(t) \end{cases} \tag{3-31}$$

求解上述方程组即可求得在系统制造费用最小情况下的各个单元的可靠度分配情况。

例 3-4 某液压系统由两个单元组成，系统要求的可靠度为 $R_{sd}(t)=0.75$，每个单元可靠度与制造费用之间的关系分别为 $R_1(t)=1-\exp[-0.96(x_1-4)]$，$R_2(t)=1-\exp[-0.19(x_2-3)]$，求两个单元的可靠度为多少时系统的制造费最少。

解： 由已知可构造拉格朗日函数为

$$L(R,\lambda)=\left[\beta_1-\frac{\ln[1-R_1(t)]}{\alpha_1}\right]+\left[\beta_2-\frac{\ln[1-R_2]}{\alpha_2}\right]+\lambda[R_{sd}(t)-R_1(t)R_2(t)]$$

由式（3-31）可得

$$\begin{cases} \dfrac{1}{0.96[1-R_1(t)]}+\lambda R_2(t)=0 \\[3mm] \dfrac{1}{0.19[1-R_2(t)]}+\lambda R_1(t)=0 \\[2mm] R_1(t)R_2(t)=0.855 \end{cases}$$

解得：$R_1(t)=0.9$、$R_2(t)=0.95$。

(5) 动态规划法

动态规划是数学规划中的一个分支，属于运筹学范畴。它主要研究和解决多阶段决策过程中的最优化问题。多阶段决策是这样一类决策过程，由于其特殊性可将过程按时间、空间等标志分为若干个状态相互联系又相互区别的阶段。在每一个阶段都需要做出决策，从而使整个过程达到最优；而每个阶段的决策的选取都不是任意的，它取决于当前决定的状态，又对以后的发展有一定影响；当各个阶段的决策决定后，就组成了一个决策序列，因而也就决定了整个过程的一条活动路线。这样一个前后关联具有链状结构的多阶段过程被称为多阶段决策过程，如图 3-11 所示。可以把复杂系统的可靠性分配问题转化为多阶段决策过程，从而可以用动态规划法对系统单元的可靠性指标进行分配。

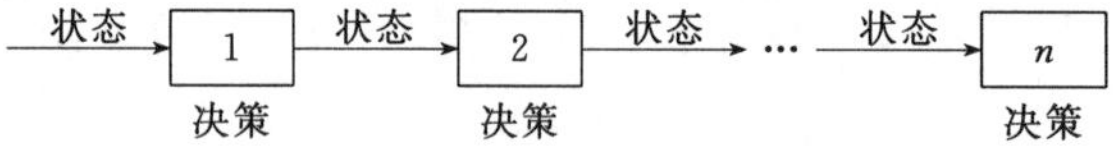

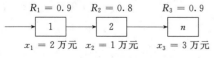

图 3-11　多阶段决策过程

动态规划的一个重要特性是"无后效性"，即系统从某个阶段后的发展，完全是与本阶段所处的状态及其往后的决策无关。也就是说系统未来的发展只受现阶段的状态影响，与之前的状态无关，即当前状态就是过程往后发展的初始条件。这样在做出下一步的决策时就不用考虑过去的状态。

例 3-5 某液压系统由 3 个单元串联组成，每个单元的造价和工作 3 年的可靠度如表 3-2 所示。系统的规定可靠度为 $R_{sd}=0.99$，通过增加每个单元的冗余系统来提高系统的可靠性，每个单元的冗余度最多为 4，问如何增加冗余系统使系统在满足要求的前提下造价最少。

表 3-2　单元参数表

单元 i	1	2	3
单台造价 x_i/万元	2	1	3
单台可靠度 R_i	0.9	0.8	0.9

解： 根据题意画出原系统的可靠性框图，如图 3-12 所示。

原来系统的可靠度为

$$R_s(t)=\prod_{i=1}^{3}R_i(t)=0.9\times0.8\times0.9=0.648$$

$R_1=0.9$　$R_2=0.8$　$R_3=0.9$

图 3-12　原系统可靠性框图

$x_1=2$ 万元　$x_2=1$ 万元　$x_3=3$ 万元

而系统要求的可靠度为 $R_{sd}(t)=0.99$，$R_s(t)<$

$R_{\text{sd}}(t)$，远远不能满足系统的要求，为此可以采用增加冗余设备来提高该系统可靠性。

下面采用动态规划方法来对系统的可靠性进行分配，由于采用的是增加冗余系统来提高系统的可靠性，因此要对系统的冗余度做出决策以确定每个单元的冗余度。由于系统由 3 个单元组成，可以把每个单元都看成一个阶段，所以这是一个三阶段决策过程，即每个单元的冗余度的确定都为一个独立的过程。具体步骤如下。

① 首先确定各个单元可能增加的最少冗余度。由于系统要求的可靠度为 0.99，则每个单元的可靠度都必须大于 0.99，因而要求各级有适当的冗余度，设每个单元的冗余度为 $n_i(i=1,2,3)$，则由

$$1-(1-0.9)^{n_i} \geqslant 0.99 \quad i=1,2,3$$

求出每个单元至少需要的冗余度。每个单元至少采取冗余度及其可靠度见表 3-3。

表 3-3　每个单元冗余最小值及其可靠度

单元 i	冗余度最小值	冗余后的可靠度	单元 i	冗余度最小值	冗余后的可靠度
1	2	0.99	3	2	0.99
2	3	0.992	—	—	—

求出此时系统的可靠度为

$$R_{\text{s}}'(t)=0.99 \times 0.992 \times 0.99=0.972259$$

仍然比要求的 0.99 低，所以还需要增加每个单元的冗余度。

② 确定各个单元可能增加的冗余度，由于有系统规定可靠度为 0.99 以及每个单元的冗余度最多是 4 的约束条件，所以第 1 个单元可能增加的冗余度为 2，3，4 两种情况；第 2 个单元可能增加的冗余度为 3，4 两种情况；第 3 个单元可能增加的冗余度为 2，3，4 三种情况。

③ 考虑单元 1 与单元 2 的组合情况。因为第 1 个单元可采用的冗余度为 2，3，4；第 2 个单元采用的冗余度为 3，4；则这两个单元增加冗余系统的组合共有 6 种情况，对每种情况的造价和可靠度进行计算，其计算结果见表 3-4。

其中，当单元 1 冗余度为 2，单元 2 冗余度为 3 时，可靠度为 $[1-(1-0.9)^2] \times [1-(1-0.8)^3]=0.98208$，成本为 $2 \times 2+3 \times 1=7$ 万元。

表 3-4　单元 1、2 冗余组合的计算结果

单元 2	造价/万元(可靠度)		
	单元 1		
冗余度	2	3	4
3	7(0.98208)	9(0.991008)	11(0.991901)
4	8(0.988416)	10(0.997402)	12(0.9983)

表 3-4 中的两个单元的冗余度组合，标注在以可靠度为横坐标、以造价为坐标的坐标系内，如图 3-13 所示。

由图 3-13 可以得出以下结论：

a. 随着系统造价的增长，系统的可靠度有增长的趋势。

b. 可靠度低于 0.99 的组合 (2,3)，(2,4) 不满足要求，舍弃。

c. (4,3) 的造价比 (3,4) 高，但可靠性低，应舍弃。

d. (3,4)，(4,4) 两种组合均满足要求，难分优劣，保留。

根据上述的结论做出以下决策：在舍弃不合理的组合后，保留剩余的 2 个组合，其不同冗余度的组合相对应的可靠度与造价，见表 3-5。

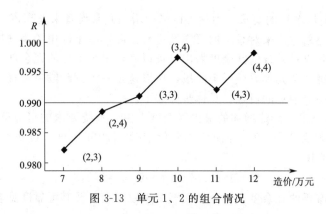

图 3-13　单元 1、2 的组合情况

表 3-5　保留的两种组合相应的可靠度与造价

序　号	冗余度		可靠度	造价/万元
	单元 1	单元 2		
1	3	4	0.997402	10
2	4	4	0.9983	12

④ 将上一阶段做出的决策与单元 3 组合，求出每种组合的成本与可靠度，得到表 3-6。

表 3-6　单元 1、2、3 的组合的造价与可靠度

冗余度		单元 1、2	
		3，4	4，4
单元 3	2	16 0.987428	18 0.988317
	3	19 0.996405	21 0.997302
	4	22 0.997302	24 0.9982

将表 3-6 的数据转化为坐标图则如图 3-14 所示。

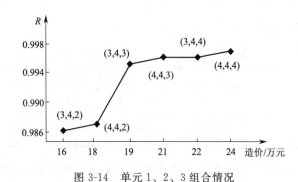

图 3-14　单元 1、2、3 组合情况

由图 3-14 可以看出，在满足可靠度最少为 0.99 的条件下，系统造价最少的方案就是最优的方案，也就是（3,4,3）方案，即单元 1 增加 2 个冗余设备，单元 2 增加 3 个冗余设备，单元 3 增加 2 个冗余设备。按这种方案造价为 19 万元，$R_s(t)=0.996405$，满足要求。

通过上面的例子，可以总结出动态规划法的一些优点：

a. 减少计算量。在每个阶段做出决策前都舍去了不合理的解，减少了不必要的计算。

b. 得到最优解的步骤是有限的。

c. 对目标函数或约束条件没有限制，可以是线性或非线性表达式。

d. 最后求得的解都是严格的最优整数解。

动态规划法往往利用时间或空间把系统可靠性分配分成几个阶段，而后进行多阶段决策。此方法能有效地解决有约束条件的系统可靠性分配，但在约束条件增多的情况下，略显繁琐，因此一般适合于约束条件少于 3 个的情况。

下面探讨一下有多个约束条件的动态规划法。

例 3-6 某液压系统由 3 个单元串联组成，每个单元的可靠度、成本、单元重见表 3-7。

表 3-7　单元可靠度、成本、单元重

单元 i	单元可靠度	单元造价/万元	单元重/kg	单元 i	单元可靠度	单元造价/万元	单元重/kg
1	0.9	2	20	3	0.9	3	15
2	0.8	2	25				

假设系统的单元重规定不能超过 100kg，造价不能超过 12.5 万元，可靠度至少为 0.8。

① 先求出各个单元允许的冗余度范围。每个单元的可靠度都大于要求的 0.8，所以每个单元允许的最小冗余度为 1，再根据单元重小于 100kg 和造价低于 12.5 万元这两个约束条件求出每个单元最大允许的冗余度。

设第 1 单元的冗余度为 n_1，则

$$\begin{cases} 20 \times n_1 + 25 + 15 \leqslant 100 \\ 2 \times n_1 + 2 + 3 \leqslant 12 \end{cases}$$

解得 $n_1 \leqslant 3$，因此单元 1 允许的冗余度为 1，2，3 三种情况。同理单元 2 的冗余度有 1，2 两种情况，单元 3 的冗余度有 1，2，3 三种情况。

② 计算单元 1 与单元 2 的 6 种冗余组合的可靠度、造价和单元重，结果见表 3-8。

表 3-8　单元 1、2 组合情况

冗 余 度		单元 1		
		1	2	3
单元 2	1	0.72 4 45	0.792 6 65	0.7992 8 85
	2	0.864 6 70	0.9504 8 90	0.959 10 110

由表 3-8 可以看出组合 (1,1)、(2,1)、(3,1)、(3,2) 应舍弃。保留 (1,2)、(2,2)。

③ 将保留的 2 个组合与单元 3 组合，计算它们的可靠度、造价和单元重，结果见表 3-9。

表 3-9　单元 1、2、3 组合情况

冗 余 度		单元 3		
		1	2	3
单元 1、2	1，2	0.7776 9 85	0.8554 12 100	0.863 15 115
	2，2	0.855 11 105	0.941 14 120	0.9494 17 135

由表 3-9 可见组合（1,2,2）是最优方案，即单元 1 不增加冗余设备，单元 2 增加 1 个冗余设备，单元 3 增加 1 个冗余设备。

除此之外，可靠性分配还有评分分配法、最少工作量法、直接寻查法等可靠性分配方法，有兴趣的读者可以参考有关读物，这里不再叙述。

进行可靠性分配时的注意事项如下。

① 可靠性分配应在研制阶段早期即开始进行，这样可以：使设计人员尽早明确其设计要求，研究实现这个要求的可能性；为外购件及外协件提出可靠性指标提供初步依据；根据所分配的可靠性要求估算所需人力和资源等管理信息。

② 可靠性分配应反复多次进行。在方案论证和初步设计工作中，分配是较粗略的，仅粗略分配后，应与经验数据进行比较、权衡；也可和不依赖于初步分配的可靠性预计结果相比较，确定分配的合理性，并根据需要重新分配。随着设计工作的不断深入，可靠性模型逐步细化，可靠性预计工作亦须随之反复进行。

③ 为了尽可能减少可靠性分配的重复次数，在规定可靠性指标的基础上，可考虑留出一定的余量。这种做法为在设计过程中增加新功能元件留下了考虑的余地，因而可以避免为适应附加的设计而必须反复分配。

④ 可靠性分配的主要目的是使各级设计人员明确其可靠性设计目标，因此。必须按成熟期规定值（或目标值）进行分配。

3.2.2 维修性分配

3.2.2.1 维修性分配概述

系统维修性分配是把产品的维修性指标分配或配置到产品的各个功能层次的各个部分，以确定它们应达到的维修性定量要求，以此作为设计各部分结构的依据。维修性分配是系统维修性设计的重要环节，合理的维修性分配方案可以使系统经济而有效地达到规定的维修性目标。

(1) 维修性分配的目的

在装备研制或改进过程中，有了系统总的维修性指标，还要把它分配到各功能层次的各部分，以便明确各部分的维修性指标。其具体目的如下。

① 为系统或设备的各部分（各个低层次产品）研制者提供维修性设计指标，以保证系统或装备最终符合规定的维修性要求。

② 通过维修性分配，明确各转承制方或供应方的产品维修性指标，以便于系统承制方对其实施管理。

(2) 维修性分配的指标

维修性分配的指标应当是关系全局的系统维修性的主要指标，它们通常是在合同或任务书中规定的。最常见的是以下几种。

① 平均修复时间 $\overline{M}_{ct}$ (MTTR)。

② 平均预防性维修时间 $\overline{M}_{pt}$ (MPTR)。

③ 维修工时率 M_t。

原则上说，维修性分配通常只进行到对所分配的维修性要求有直接影响的层次和等级。对于具体产品要根据系统级的要求、维修方案等因素而定，而且随着设计的深入，分配的层次也是逐步展开的。如果装备维修性指标只规定了基层级的维修时间（工时）而对中继级、基地级没有要求，那么，指标只需分配到基层级的可更换单元。如果指标是中继级维修时间（工时），则应分配到中继级可更换单元。显然，它比基层级时分得更细、更深。

（3）维修性分配的条件

为了进行维修性分配，首先要有明确的维修性要求（指标），否则分配则无从谈起。其次，要对产品进行功能分析。确定系统功能层次划分和维修方案。如果对系统的组成部分及其相关关系不了解，或者有关的维修安排都没有，维修性分配也就无法进行。再则，维修性分配要以可靠性分配或预计为前提条件。这是因为维修性分配中，要考虑各部分的维修频率，而维修频率则与故障率有关，只有通过可靠性分配或预计，有了故障率等数据，维修性分配才能进行。当后面两个条件不具备或不完全具备时，就应在维修性分配过程中完善这两个条件，即确定产品的功能层次、维修方案和维修频率。在此基础上，可以建立所需的维修性模型，以便进行维修性分配。

（4）维修性分配的过程

产品维修性分配应尽早开始，这是因为它是各层次产品维修性设计的依据，只有尽早分配，才能充分地权衡、更改和向下层分配。

分配实际上是逐步深入的。早在产品论证中就需要进行分配，当然这时的分配是属于系统级的、高层的。比如，一个产品在这时只是将整个系统的指标，分配到各个分系统和重要的设备。在初步设计阶段，由于产品设计与可靠性等信息有限，维修性指标的分配也仅限于较高产品层次。如果某些整体更换的设备、机组、单机、部件。随着设计的深入，获得更多的设计与可靠性信息，维修性分配可以深入，直到各个可更换单元。无论如何，各单元的维修性要求要在详细设计之前加以确定，以便在设计中考虑其结构与连接等影响维修性的设计特征。

在产品研制过程中，维修性分配的结果还要随着研制的深入发展，在必要时做适当的修正；在生产阶段遇有设计更改，或者产品的改型、改进中都需要修正或进行维修性分配（局部分配）。

（5）维修性分配应考虑的因素

在进行维修性分配及建立模型过程中，需考虑和分析的因素如下。

① 维修级别。维修性指标是按哪一个维修级别规定的，就应按该级别的条件及完成的维修工作分配指标。

② 维修类别。指标要区别清楚是修复性维修还是预防性维修。或者二者的组合，相应的时间或工时与维修频率不得混淆。

③ 产品功能层次。维修性分配要将指标自上而下一直分配到需要进行更换或修理的低层次产品，要按产品功能关系根据维修需要划分产品。

④ 维修活动。每一次维修都要按合理顺序完成一项或多项维修活动，而一次维修的时间则由相应的若干时间元素组成。通常可分为以下七项维修活动。

a. 准备。检查或查看；准备工具、设备、备件及油液；预热；判定系统状况。

b. 诊断。检测并隔离故障，即确定故障情况、原因及位置与导致故障的产品。

c. 更换。拆卸；用可使用产品替换失效的产品；安装。

d. 调整、校准。

e. 保养。擦拭、清洗、润滑、加注油液等。

f. 检验。

g. 原件修复。对更换下来的可修产品进行修复。

3.2.2.2　维修性分配流程

维修性分配可归纳为以下 5 个主要步骤。

（1）维修职能分析

维修职能分析是根据产品的维修方案规定的维修级别划分，确定各级别的维修职能以及在各级别上维修的工作流程，并用框图的形式描述这种工作流程。图 3-15、图 3-16 是框图的实例。

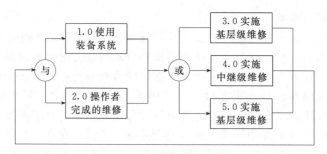

图 3-15　维修职能流程图的典型图例(顶层流程)

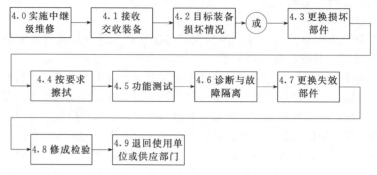

图 3-16　中继级维修的一般职能流程图

（2）系统功能层次分析

在一般系统功能分析和维修职能分析的基础上，对系统各功能层次各组成部分，逐个确定其维修措施和要素，并用一个包含维修的系统功能层次图来表示。

（3）维修频率确定

给各产品分配维修性指标，要以其维修频率为基础。故应确定各层次各产品的维修频率，包括修复性维修和预防性维修的频率。显然，各产品修复性维修的频率等于其故障率，由可靠性分配或预计得到。

预防性维修的内容与频率，可根据故障模式与影响分析，采用"以可靠性为中心的维修分析"等方法确定。在研制早期，可参照类似产品的数据，确定各产品的维修频率。

（4）维修性指标分配

将给定的系统维修性指标自高向低逐层分配到各产品。

（5）分配方案可行性分析

分析各个产品实现分配指标的可行性，要综合考虑技术、费用、保障资源等因素，以确定分配方案是否合理、可行。如果某些产品的指标不尽可行，可以采取以下措施。

① 修正分配方案，即在保证满足系统维修性指标的前提下，局部调整产品指标。

② 调整维修任务，即对维修功能层次框图中安排的维修措施或设计特征作局部调整，使系统及各产品的维修性指标都可实现。但这种局部调整，不能违背维修方案总的约束，并应符合提高效能减少费用的总目标。

如果这些措施仍难奏效，则应考虑更大范围的权衡与协调。

3.2.2.3　维修性分配方法

在工程上常采用的方法有等值分配法、比例分配法、综合法等。

（1）等值分配法

本方法适用于下一层次各组成部分的复杂程度、故障率及维修难易程度均相似的系统；也可在缺少可靠性维修性信息时，用作初步分配。

将维修性定量指标均匀分到下一层次，其模型（以平均修复时间$\overline{M}_{ct}$为例，下同）为

$$\overline{M}_{ct1}=\overline{M}_{ct2}=\cdots=\overline{M}_{ctn}=\overline{M}_{ct} \tag{3-32}$$

（2）按故障率分配法

本方法适用于已分配了可靠性指标或已有可靠性预计值的系统；该方法是按故障率高的维修时间应当短的原则进行分配。

取各单元的平均修复时间$\overline{M}_{cti}$与其故障率成反比，即

$$\overline{M}_{cti}=\frac{\overline{M}_{ct}\sum\limits_{i=1}^{n}\lambda_i}{n\lambda_i} \tag{3-33}$$

当各单元故障率λ_i已知时，可求得各单元的指标$\overline{M}_{cti}$。显然，单元的故障率越高，分配的修复时间越短；反之，则越长。这样，可以比较有效地达到规定可用性和战备完好目标。

（3）按可用度分配法

产品维修性设计的主要目标之一是确保产品的可用性或战备完好性。因此，按照规定的可用度要求来确定和分配维修性指标，是广泛适用的一种方法。

$$A=\frac{T_{BF}}{T_{BF}+\overline{M}_{ct}}=\frac{1}{1+M_{ct}/T_{BF}} \tag{3-34}$$

由上式得

$$\overline{M}_{ct}=T_{BF}\left(\frac{1}{A}-1\right) \tag{3-35}$$

在故障分布服从指数分布的情况下，上面两式可写成

$$A=\frac{1}{1+\lambda\,\overline{M}_{ct}}, \quad \overline{M}_{ct}=\frac{1-A}{\lambda A} \tag{3-36}$$

① 等可用度分配　取各组成单元的可用度相等。

$$A_1=A_2=\cdots=A_n \tag{3-37}$$

$$\lambda_1\,\overline{M}_{ct1}=\lambda_2\,\overline{M}_{ct2}=\cdots=\lambda_n\,\overline{M}_{ctn} \tag{3-38}$$

$$\overline{M}_{ct}=\frac{n\lambda_i\,\overline{M}_{cti}}{\sum\lambda_i}$$

$$\overline{M}_{cti}=\frac{\overline{M}_{ct}\sum\lambda_i}{n\lambda_i} \tag{3-39}$$

公式表明，分配给单元的平均修复时间与其故障率成反比。

② 非可用度分析　取复杂性因子k_i，定义为预计第i个单元的元件数与系统（上层次）的原件总数的比值，即

$$A_i=A_s^{k_i} \tag{3-40}$$

得

$$\overline{M}_{cti}=\frac{1-A_i}{\lambda_i A_i}=\frac{1}{\lambda_i}\left(\frac{1}{A_i}-1\right) \tag{3-41}$$

或
$$\overline{M}_{cti}=\frac{i-A_i}{\lambda_i A_i}=\frac{1}{\lambda_i}\left(\frac{1}{A_i}-1\right) \tag{3-42}$$

式中 A_i——单元度 i 的可用度分配值；

$\quad\quad A_s$——系统的可用度指标；

$\quad\quad k_i$——第 i 个单元的复杂性因子。

当各单元的复杂性取决于元件的数量时，其定义为：第 i 个单元的元件数与系统的元件总数的比值。当各单元的复杂性不仅取决于元件的数量，还取决于单元本身固有复杂性时，可以适当调整 k_i 值，单元越复杂，k_i 应越大。本方法适用于分配了可靠性指标或已有可靠性预计值，需要保证系统可用度并考虑单元复杂性差异的串联系统。

例 3-7 某液压系统由 3 个单元串联组成，要求其系统可用度为 0.96，预计各单元的元件数和故障率由表 3-10 所示，试确定各单元的平均修复时间指标。

表 3-10 预计各单元的元件数和故障率

单元号	1	2	3	总计
元件数	100	250	350	700
故障率	0.005	0.01	0.02	0.035

解： 由式(3-39) 可得

$$A_1=0.96^{100/700}=0.9942$$

同理可得

$$A_2=0.9855, \quad A_3=0.9798$$

代入式(3-41) 直接求出各单元平均修复时间，得

$$\overline{M}_{ct1}=\frac{1}{0.005}\left(\frac{1}{0.9942}-1\right)=1.167\mathrm{h}$$

同理可得

$$\overline{M}_{ct2}=1.471\mathrm{h}, \quad \overline{M}_{ct3}=1.031\mathrm{h}$$

系统的平均修复时间为

$$\overline{M}_{ct}=\frac{1}{0.035}\left(\frac{1}{0.96}-1\right)=1.190\mathrm{h}$$

(4) 相似产品分配法

装备设计总是有继承性的，借用已有的相似产品维修性状况提供的信息，作为新研制或改进产品维修性分配的依据。显然，这种方法普遍适用于产品的改进、改型中的分配；由于新产品往往也总有某种继承性，因此，只要找到适宜的相似产品数据，这种方法也是适用的。

已知相似产品维修性数据，计算新（改进）产品的维修性指标。即

$$\overline{M}_{cti}=\frac{\overline{M}'_{cti}}{\overline{M}'_{ct}}\overline{M}_{ct} \tag{3-43}$$

式中，$\overline{M}'_{ct}$ 和 $\overline{M}'_{cti}$ 为相似装备（系统）和它的第 i 个单元的平均修复时间。

(5) 加权因子分配法

在分配维修性指标时，应当综合考虑到各部分的故障率和设计特性，将分配时考虑的因素转化为加权因子。按加权因子分配，是一种简便、实用的分配方法。这种思路是对组成单元配以加权因子的方法进行，若考虑第 i 个单元的加权因子时，若其设计有利于维修，则给一个较小的值，否则，给一个较大的值。在加入了因子后，可用下式进行维修性分配，即

$$\overline{M}_{cti} = \frac{k_i \sum_{j=1}^{n} \lambda_j}{\lambda_i \sum_{j=1}^{n} k_j} \overline{M}_{ct} \qquad (3\text{-}44)$$

式中　k_i——第 i 个单元的维修性加权因子。

若有 m 个因素，则取各因素加权因子之和，即

$$k_i = \sum_{j=1}^{m} k_{ij} \qquad (3\text{-}45)$$

加权因子的确定可以根据实际情况来进行，但要求在同一系统中应该用同一个标准。GJB/Z57—1994《维修性分配与预计手册》中给出的一种加权因子确定方法如表 3-11 所示。分配时，可以根据各单元的实际设计方案，对照该表中的四种因子，分别按相应的类型确定因子，再相加后得到该单元的加权因子进行分配。在方案阶段后期及工程研制阶段都是适用的。

表 3-11　考虑四种因子的参考值

模块设计程度加权因子 k_{i1}			故障检测方式加权因子 k_{i2}		
程度	因子 k_{i1}	说明	方式	因子 k_{i2}	说明
全模块设计	0	设备中所有电路以完整功能单元构成模块	自动	0	用计算机控制的自动检测
大部分模块设计	1	设备中，大部分电路以完整功能单元构成模块	半自动	2	人工控制的数字电路
小部分模块设计	2	设备中，小部分电路以完整功能单元构成模块	人工	4	用轻便仪表手动测量电路测试点
无模块设计	4	分立散装			
可接近性加权因子 k_{i3}			可更换性因子 k_{i4}		
接近性	因子 k_{i3}	说明	更换性	因子 k_{i4}	说明
容易	0	有通道。组合抽拉翻转。容易接近故障部位	容易	0	轻便，可快速拆装，快速锁紧，插拔更换
一般	1	有门，单层盖板，罩子等易打开	一般	1	用备用工具拆装，较方便
困难	2	需拆开多于一层的遮盖物	困难	2	较笨重，装拆不方便，一人干很困难
十分困难	4	需大拆，大动	十分困难	4	需大动，很重，需专用机械协助搬动

例 3-8　某液控雷达系统，经过加权分配，要求搜索雷达的 $MTTR=0.5\mathrm{h}$。搜索雷达由发射机、接收机、伺服系统、显示分机、电源分机和天气反馈系统所组成，通过可靠性指标分配，已知各分机故障率 λ_i（$\lambda_i=1/MTBF_i$），求各分机平均故障修复时间 $MTTR$ 值。

解：第一步：按表 3-11，求出各机加权因子 k_i（$k_i=k_{i1}+k_{i2}+k_{i3}+k_{i4}$）。

第二步：求出各分机的 $\lambda_i k_i$，进而求出 $k\left(k=\dfrac{1}{\lambda}\sum_{i=1}^{m}\lambda_i k_i\right)$。

第三步：根据分配公式，便可求出各分机的 $MTTR_i$ 值（$MTTR_i=k_i/k*MTTR_s$）。

第四步：根据下面公式验证分配后的指标是否能满足整机要求

$$MTTR_s = \sum_{i=1}^{m} \lambda_i MTTR_i / R = \sum_{i=1}^{m} \lambda_i MTTR_i / \lambda$$

以发射机为例

$$\lambda_{发} = 1/MTBF_{发} = 1/407 = 2.46 \times 10^{-3} (1/h)$$

$$\lambda_{发}\, k_{发} = 2.46 \times 10^{-2} (1/h) (k_{发} = 10)$$

$$k = \sum_{i=1}^{6} \lambda_i k_i / \lambda = 193.56 \times 10^{-3} / 25.51 \times 10^{-3} = 7.59$$

$$MTTR_发 = \frac{10}{7.59} \times 0.5 = 0.66(h)$$

计算分配结果见表 3-12。

表 3-12 搜索雷达各分机分配结果

分机	$\lambda_i/(10^{-3}/h)$	k_i	$\lambda_i k_i/(10^{-3}/h)$	$MTTR_i/h$	$\lambda_i MTTR_i/10^{-3}$
发射	2.46	10	24.6	0.66	1.62
接收	11	8	88	0.53	5.83
伺服	1.64	10	164	0.66	1.08
显示	7.87	6	47.22	0.40	3.15
电源	2.19	6	13.14	0.40	0.88
反馈	0.35	12	4.2	0.79	0.28
总计	25.51	—	193.56	—	12.84

3.2.2.4 维修性分配注意事项

为保证系统维修性指标合理、科学地分配到各部分，需要注意以下几个方面。

(1) 分配的组织实施

整个系统的维修性通常由总设计师单位负责进行分配，他们应保证与转承制方共同实现合同规定的系统维修性要求。每一设备或较低层次产品的承制方（转承制方）负责将其承担的指标或要求分配给更低的层次，直至各个可更换件。

(2) 分配方法的选用

如前所述，可以采用不同的方法进行维修性分配。按可用度分配是最经常和普遍采用的。按可用度分配可以满足规定的可用度或维修时间指标，只需要可靠性的分配值或预计值，不需要更多的数据或资料。因此，在研制早期最宜采用。而加权系数分配法，考虑各部分维修性实现的可行性，它要求知道整体及各部分的结构方案。故在方案阶段后期及工程研制阶段使用。相似产品分配法不仅适用于产品改进改型，只要找到相似产品或作为研制过程的改进都是非常简便有效的，它可以提供合理、可行的分配结果。

(3) 分配性与维修性估计相结合

为使维修性分配的结果合理、可行，应当在分配过程中对各分配指标的产品维修性做出估计，以便采取必要的措施。在分配同时进行维修性估计，当然可以应用或局部应用维修性预计的方法，但由于设计方案未定，难以完成正规的预计，主要用一些简单粗略的方法。可以利用类似产品的数据，包括在其他装备采用的同类或相近产品的数据；可以从类似产品得到的经验，如各产品维修时间或其各维修活动时间的比例；再就是根据设计人员、维修人员凭经验估计维修时间或工时。

(4) 分配结果的评审与权衡

维修性分配的结果是研制中维修性工作评审的重要内容，特别是在系统要求评审、系统设计评审中，更应评审维修性分配结果。

对维修性分配的结果要进行权衡。当某个或某些产品的维修性指标估计值与分配值相差甚远时，要考虑是否合适，是否需要调整，或者作为关键性的部分进行研究，还要考虑研制周期与费用，以及对保障资源的要求等。

对于电子产品以及其他复杂产品，故障检测与隔离时间往往要占整个故障排除时很大一部分，而且获取其手段所耗用的费用及资源也占很大一部分。要把测试性的分配同维修性指标分配结合在一起，并进行权衡。分配给某产品维修时间时，首先要考虑其检测隔离故障的时间、可能采取的手段及检测率、隔离率等指标。

3.3 可靠性维修性预计

3.3.1 可靠性预计

可靠性预计也称可靠性预测。在新系统设计的方案论证阶段，要对系统的可靠性进行预计，以便粗略地估计系统可能达到的可靠性指标，发现薄弱环节，提出改进意见和修改设计方案，使系统在给定的性能、经费和进度要求下，找到使系统可靠性指标达到最佳的设计方案。

可靠性预计是根据组成系统的元器件、组件、部件、设备、分系统的可靠性数据及可靠性模型，逐级进行预计，直到预计出系统的可靠性。这是一个由局部到整体，由小到大的综合过程。

可靠性预计与可靠性分配都是可靠性设计分析的重要环节，两者相辅相成，相互支持。可靠性分配结果是可靠性预计的目标，可靠性预计的相对结果是可靠性分配与指标调整的基础。在系统设计的各个阶段均要相互交替反复多次，其工作流程如图 3-17 所示。

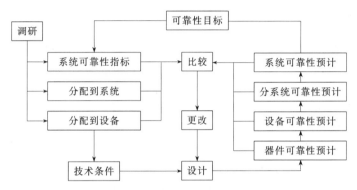

图 3-17　可靠性预计与分配关系

3.3.1.1 可靠性预计概述

（1）可靠性预计的目的

可靠性预计可用于估计系统、分系统或设备的任务可靠性和基本可靠性，并确定所提出的设计是否达到可靠性要求。

将预计的结果与要求的可靠性指标相比较，审查设计任务书中提出的可靠性指标是否能够达到：

① 在方案论证阶段，通过可靠性预计，根据预计结果的相对性进行方案比较，选择最优方案。

② 在设计阶段，通过预计，从可靠性观点出发，发现设计中的薄弱环节，加以改进。

③ 为可靠性增长试验，验证试验及费用核算等方面的研究提供依据。

④ 通过预计给可靠性分配奠定基础。

（2）可靠性预计的作用

对于液压设备，及时地预计其可靠性往往比事后精确地获得其可靠性水平的作用来得大。在设计阶段采取提高可靠性的措施比日后补救更容易、更经济、更有效。经验证明，设计缺陷在投入现场使用后往往是不可弥补的。因而，可靠性设计和性能设计要同步进行。

可靠性预计是液压装备可靠性从定性考虑转入定量分析的关键，是"设计未来"的先导，是决策设计、改进设计，确保产品满足可靠性指标要求的不可缺少的技术手段。具体作用如下：

① 在设备、系统的设计阶段，定量地预计其可靠性水平，以判断设计方案能否满足可靠性指标的要求。

② 对几种相似的设计方案进行比较，以便选择在可靠性、性能、重量、费用等方面最佳的综合设计方案。

③ 为实施可靠性分配提供依据。

④ 为优选元器件及合理使用元器件提供指南。

⑤ 通过应力分析法预计，鉴别设计上潜在的问题，及时地采取措施来改进设计。

⑥ 为产品的可靠性增长计划提供信息。

⑦ 通过可靠性预计与失效模式及其效应分析，鉴别可靠性薄弱环节，以便制定设备、系统的预防性维护、修理方案。

(3) 可靠性预计的分类

可靠性预计按系统设计工作阶段可分为早期预计和后期预计，早期预计着重于研制方案的现实性和可能性，后期预计着重于对系统的可靠性进行评价或提供改进设计的依据。

按预计的时间不同，预计可分为方案论证阶段的预计和设计阶段的预计。前者的任务是估计设计方案能满足可靠性指标的可能性，主要估计 MTBF 和 MTTR，对于否定不合理的方案，并从几种竞争的备选方案中录用最优的方案有重要的作用，对节省研究时间和经费也有重要的作用，因此，越来越被重视。后者的任务是估计具体设计的可靠性，在设计阶段要进行多次预计，在设计的初期、中期和最后三个阶段要分别进行可靠性预计。初期的预计是根据初期的设计草案进行的，边预计边修改，因此，它只能大概地预示系统最后可能达到的可靠性水平。中期的预计能验证实现初期预计的程度，并预示最后能达到的可靠性水平，由于设计资料的增加（如环境数据和内部负载等资料），因此，它比初期的预计精度提高了。最后的预计是根据设计的最后阶段的系统进行的，它是根据全部设计过程的资料预计的，因此，它能较好地预示系统可能达到的可靠性。

可靠性预计按系统工作性质可分为：基本可靠性预计（MFHBF 或 MTBF），用来预计系统、分系统、元部件对维修和后勤保障的要求，需要建立基本可靠性模型，一般用串联模型预计；任务可靠性预计（MCSP 或 MTBCF），用来预计系统、分系统、元部件成功地完成任务的能力，需要建立任务可靠性模型，必要时应分别按产品的每一种任务剖面建立相应的任务可靠性模型，一般利用串-并联模型预计。二者应结合应用。若基本可靠性不足，可采用简化设计，使用高质量的元器件或调整性能容差等方法来弥补，若任务可靠性不足，可以用余度方法来解决。

(4) 系统可靠性预计的基本过程

为了达到预计的及时性，在设计的不同阶段及系统的不同级别上所采取的预计方法是不同的，应该由粗到细，随着研制工作的深化而不断细化。同时，系统可靠性预计和分配是相辅相成的，它们在系统设计的各阶段均要反复迭代多次，其工作流程见图 3-18。

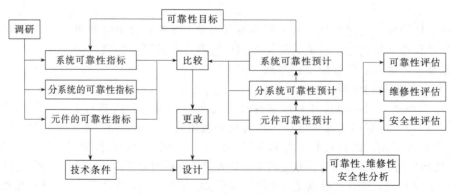

图 3-18 可靠性预计和分配流程图

系统可靠性预计一般遵循如下流程：①明确系统定义,包括系统功能、系统任务、系统组成及其接口。②明确系统的故障判据。③明确系统的工作条件。④绘制系统的可靠性框图,力求达到最低一级功能层。⑤建立系统可靠性数学模型。⑥预计各单元的可靠性。⑦根据可靠性数学模型预计系统的基本可靠性或任务可靠性。⑧预计结果为可靠性分配提供依据。当实际情况有变化时,进行可靠性再预计。

在系统设计的不同阶段,对可靠性预计方法的精度要求是不同的。在方案论证阶段,系统的许多细节尚未确定,此时,采用高精度的预计方法既不可能,也没有必要。以回归分析为基础的性能参数法和以类比分析为基础的相似产品法是方案论证阶段可以采用的主要预计方法;在初步设计阶段,系统的主体框架已经确定,研究系统各部分之间的相互关系和研究主要失效模式的作用和影响成为改进系统设计的重要手段。与初步设计阶段的主体工作相协调,此时采用的系统可靠性预计方法主要有全局分枝-约界法、上下限法、故障率预计法、故障树分析法等;在详细设计阶段,系统的整体框架和局部细节已经确定,提高系统可靠性预计方法的预计精度成为此阶段的主要问题。为适应这一任务要求,此阶段可采用的主要可靠性预计方法有:全局分枝-约界法、故障树分析法、上下限法和 Monte Carlo 法等。

3.3.1.2 可靠性预计方法

可靠性预计是贯穿于一个工程项目的设计与开发过程的连续性工作,从最初的方案设计到生产及其以后的各环节中。为了达到预计的及时性,在设计的不同阶段及系统的不同级别上,所采取的预计方法是不同的。比如根据设计的进展情况和所掌握的信息量的情况,可靠性预计约可分为相似设备、相似电路法、相似功能法、有源器件分群法、元件计数法、应力分析法、减额分析法等多种方法,它们的简单情况见表 3-13。

表 3-13　几种可靠性预计方法的比较

名称	简单说明	适用阶段	与此预计技术有关的其他工作	分析费用时间指数比
相似设备法	把研制的设备与其可靠性已知的相似设备进行比较	方案制定 可靠性分配	方案制定 可靠性分配	1
相似设备(缺陷)法	与上述方法相同,但却使用有关的缺陷数据及纠正措施	方案制定 方案评审 初样设计、研制 初样生产	可靠性分配 设计评审 设计分析 折中分析	—
相似电路法	把研制的电路与其可靠性已知的相似电路进行比较	方案制定	方案制定 可靠性分配	2
有源器件分群法	根据设备中的有源器件数目及其组成的电路单元来预计可靠性	方案制定 初样设计、研制	方案制定 可靠性分配	2
相似功能(总功能)法	根据工作功能与复杂度进行粗略预计	方案制定 初样设计、研制	方案制定 可靠性分配	2~4
相似功能(主要功能)法	根据主要工作特性(如噪声指数、功率等)来预计可靠性			
元件种类和元件型号法	考虑各类元件的平均效率	方案制定 方案评审 初样设计、研制 初样生产	设计比较 设计评审 折中分析	3
应力分析法	考虑元件的种类、工作特性与环境应力等因素	初样设计、研制 初样生产	设计比较 设计分析 设计评审 折中分析	15~30
减额分析(参数变量)法	用计算机进行预计,改变一个或两个输入参数就可确定其对输出参数的影响			20
减额分析(差值分析)法	用计算机预计,不管输出变量如何,改变全部输入参数,直到每个参数变到最劣值时为止			40
减额分析(相关)法	用计算机预计,改变元件参数,测量变量,使变量与参数同所产生的输出变量有关			60
减额分析(Monte Carlo)法	用计算机模拟,作经验数据统计分析,从代表性分布中随机选择输入参数			100

当然无论采用什么方法进行可靠性预计，都要以掌握元器件的基本故障率为先决条件。如没有这些数据，或数据不全，预计是很难开展的。下面主要介绍5种可靠性预计的方法。

（1）相似产品预计法

相似产品法是利用有关相似产品中得到的特定经验进行预计的方法。在几种可靠性预计方法中，最基本的是根据从功能相似产品使用中得来的经验，以 MTBF，故障率或相似的参考来对产品可靠性进行简单估计。就相似产品预计法而言，估计可靠性更为快捷的方法是将正在研制的产品和某种相似产品作比较，而后者的可靠性已经用某种方法确定，并且经过了现场评价。对按系列开发的产品，这种方法不间断应用是有意义的。预期的新设计不仅和旧设计相似，而且其差异易于确定和评价。此外，在旧设计中遇到的困难是新设计的改进目标。相似产品之间的比较主要包括以下方面：a. 产品的结构和性能比较。b. 设计的相似性。c. 制造的相似性。d. 使用剖面的相似性。e. 程序和计划的相似性。f. 证实已达到的可靠性。

相似产品预计法的主要步骤如下：

a. 根据主要功能、特征性能和工作要求、有关研制的时间标度等，定义已计划的系统设计并开发可靠性模型。

b. 确定和新产品最相似的现有产品或设备种类。包括识别相似设备的设计及其与此相关的研制/生产的历史，可靠性业绩及使用环境。

c. 获取并分析现有设备使用期间获得的历史数据，并识别明显的差别，调整有关考虑这种差别的因素，以便尽可能近似地确定在规定的使用环境下新产品的可靠性。

d. 评估新产品可能具有的可靠性水平。

任何产品的可靠性都会受到很多因素的制约，当把已计划的设计和现有的设计进行比较时，应尽可能地多考虑这些因素，因此，在相似产品预计法中的主要步骤都有其相关的要求。

① 系统的定义及建模　在系统定义期间应注意相似设计比较可能有帮助的其他因素，对于已计划的系统应考虑和定义一些因素，包括：a. 系统或多系统的目的和功能。b. 主要性能、安全和物理特性。c. 最坏状况下的可靠性需求。d. 使用的工作和环境条件。e. 复杂性及所涉及的现状。f. 设计和研制时间标度及费用限制。g. 用于可靠性研究测试的设备和资源。h. 已计划的设计是否是现有设计的正常发展还是新的方案。i. 是否需要新的生产技术。

上述所列并不包括所有因素，在进行初步设计时要尽可能地考虑多方面因素的影响，所研究的可靠性模型应能表明已计划的系统设计中的可靠性关系。

② 相似设备的数据　现有设备的数据必须尽可能全面。必须确定设备各个部分在使用中所达到的可靠性以及使用的与可靠性指标有关联的工作、环境条件。这是很重要的，因为相同的设备在不同的环境和工作条件下，可以出现大不相同的可靠性。不论何时可能使现有设备的可靠性达到其现有水平，所需研制时间标度及工作的确定也是很重要的。一般而言，数据应包括有可能在如下方面的要求：a. 初始可靠性需求。b. 硬件生产前可靠性设计评估活动的范围。c. 可靠性增长试验的范围及在研制阶段达到的增长率。d. 计划在设计修改时的定额、生产定额以及为试验配备的定额。e. 在研制及早期有用寿命期间遇到的问题部位。f. 分析主要故障模式以免重复发生。

上述数据可以用来评价与可靠性预计有关联的可靠性计划的规模。

③ 数据的比较　现有设备和新产品的设计数据必须进行比较，找出有重大意义的差别，通过对每项差别进行工程分析，进而评定已调整的可靠性指标。而为了能更好地完成这类评定和分析，应考虑建立一些基本原则。例如，技术状态可分为以下四类：a. 当前的、已确定的良好技术。b. 已知的先进技术。c. 很少经验的先进技术。d. 高风险的先进技术。

所谓的可靠性指标调整是通过给出每一类的权重系数实现的。当然，对于涉及的各种不同数据，不一定要有明确的定义分类，而重要的是在分析中要明确指明选取的可靠性权重系数的深层原因。

值得注意的是，在设计、研制及生产资源方面要因差别而适当地留有余量。显然，若用现有设备来做源于不同资源的比较，这是很困难的。这一点会导致严重的预计错误。

④ 评估及分析　通过数据比较而获得的一些结果用于可靠性建模中，以评估新产品的设计可预计达到的可靠性指标的范围。在此过程中必须说明与每一个指标相关的条件（如必须已知可靠性计划），并且也要达到依赖于在数据比较期间所做的调整预计的指标范围。应确定新产品设计中的高风险区域，同时还应对风险性质、降低风险的可行性做出说明。

相似产品法的本质是依赖于产品之间的等效程度，而不是简单的一般术语描述。对于得到的关于新产品可靠性水平的结论也只是假设相似的设备有相似的可靠性，并假设可靠性获得的值将按顺序地从一代设备到下一代设备不断提高。此方法可以根据从功能相似的产品取得的经验很早地估计新产品的故障率。然而，估计值的精确度决定于历史数据的质量及现有设备的相似程度。如果新产品采用的是全新的技术，旧设备的使用数据将与它无关，而应考虑其他的方法。

（2）元器件计数预计法

元器件计数预计法是根据组成新产品中各种元器件的数量，每个元器件的基本故障率，元器件的质量等级以及产品应用环境类别来估算产品可靠性的一种方法。此方法的基本前提是：元器件故障率不随时间变化，而且各元器件的故障率是相互独立的。元器件故障率的计算是基本故障率乘以相应的环境因子（K_E）。

元器件计数法适用于设备或系统中将使用的各种等级或类型的元器件（实际或估计的）数目已知，但没有足够的数据说明在最终设计中各个元器件所承受的应力的情况时，常用这种方法。且这种方法适用于方案论证及初步设计阶段。在这个阶段，每种通用元器件（例如电阻器、电容器）的数量已经基本确定，在后面的研制和生产阶段，整个设计的复杂程度预期不会有明显的变化。但是，从产品元器件清单可以得到的阶段开始可以使用通用元器件计数法，而在得到元器件详细清单之前，使用根据以前的经验估计得元器件个数，也可以使用该方法。所以显然，这种评估仅提供粗略的可靠性评估值。

元器件及计数预计法的主要步骤如下：

a. 定义要设计新产品的系统可靠性模型。

b. 确定产品中各种型号和各种类型的元器件数目。

c. 根据元器件数目，乘以相应型号或相应类型元器件的基本故障率，最后把各乘积累加起来，即可得到部件、系统的故障率。

在实际中，也可以根据得到的故障率进一步计算系统的可靠度作为参考数据。若产品可靠性模型中所包含的单元都为串联的，或者是可以近似等效成串联的，则可以按照上述步骤进行计算，即可以把元件故障率直接相加求得产品的最终的故障率。如果产品可靠性模型中有非串联单元（例如，冗余代替的工作模式），则仅考虑模型的串联单元作为近似，或把各个单元的元件故障率相加并计算模型的非串联单元的等效故障率。

元器件计算法中产品故障率的一般表达式是

$$\lambda_s = \sum_{i=1}^{n} N_i (\lambda_{Gi} \pi_{Qi}) \tag{3-46}$$

式中　λ_s——产品总的故障率；

　　λ_{Gi}——第 i 种元器件的故障率；

　　π_{Qi}——第 i 种元器件的质量系数；

　　N_i——第 i 种元器件的数量；

　　n——不同元器件种类数目。

从该方法的数学表达式可以看出，元器件计数法所需要的信息有：

① 产品所用元器件的种类及每种元器件的数量 产品所用元器件的种类可以查阅相关的手册得到所需数据。例如对于电子元器件的种类可以按照国家对国产的电子元器件军用标准 GJB/Z 299C—2006《电子设备可靠性预计手册》手册上 15 大类元器件中的小类来划分。预计时要按元器件种类进行分组，并记录每种元器件的数量（N）。

② 各种类元器件的质量等级 所谓质量等级是指元器件使用前，在制造、检验及筛选过程中其质量的控制等级，不同质量等级的元器件的故障率差异程度用质量系数 π_Q 来表示。当具有质量等级信息，或者这种信息可以合理地假设时，就可以将质量因子用于每一类元器件。微电子器件、立半导体器件、有可靠性要求的电阻和电容是有多种质量等级的元器件。对于其他元件（例如非电零件）来说，如果它们是按相应的规范生产的，则其 $\pi_Q=1$。

③ 各种类元器件产品故障率 产品的基本故障率也可以从相关的手册或生产厂家的数据得到。通常在实践的工程中列在工作表中元器件清单应包括在数据表中所给出的一般故障率数据的所有元器件。

元器件计数法的主要优点：

a. 允许预计结合设计过程，从最早阶段开始。

b. 应用起来相对快捷、简单，系统中所有元器件为串联可靠性结构时尤其如此。

c. 在存在冗余场合，简单地把元器件故障率求和是有效的（忽略冗余），因为这可以提供产品的故障率。

元器件计数法的主要缺点：

a. 假设元器件的寿命是指数分布的，即故障率恒定，因此不考虑在早期和耗损故障期的高故障率。

b. 元器件计数法中假设应用的各种故障率数据代表一般状态，但实际这些数据太过广泛，精确度不高。

c. 机械零件的故障率数据是有限的，因此这种方法不能将这些零件的故障率的影响都计算进去。

(3) 元器件应力分析法

前面介绍的方法是基于每种元器件的平均故障率，而实际工程中，元器件的故障率因为应力的不同而差别很大，有时大小相差几个数量级。元器件的强度与元器件工作应力水平之间的相互作用决定着在给定条件下的元器件故障率。元器件处于不同的应力水平就会有不同的故障率。

元器件应力分析法是在元器件所承受的应力已经确定的情况下，根据元器件故障率特性计算元器件在该应力条件下的工作故障率来预计设备可靠性的。它适用于工程设计阶段应用。元器件应力分析方法是对元器件计数法的一种改进，两种方法有相同的基本步骤，而它们的区别在于应力法要求评估每一种元器件在预期应用时的平均工作应力水平，且它们在所需信息深度方面也有差异，应力分析法需要很多的详细信息，如应用故障率、环境因子、降额、任务故障率等。

由于元器件的故障率与其承受的应力水平及工作环境有很大关系，等到详细设计阶段，在得到如下信息后，就可以用应力分析法结合元器件计数法预计设备的可靠性。

① 元器件的种类及数量。

② 元器件质量水平。

③ 元器件的工作应力。

④ 产品的工作环境。

元器件应力分析法的主要步骤：①定义新产品的系统及开发可靠性模型。②列出组成系统的产品的各个元器件。③确定每一种元器件的平均工作应力水平及选定相关计算用的参数。④计算每一种元器件的故障率。⑤根据元器件的故障率利用元器件计数法得出系统的故障率和可靠度。

计算故障率的公式

$$\lambda_p = \lambda_b (\pi_E \pi_Q \pi_R \pi_A \pi_{S_2} \pi_C) N / 10^6 \, h \tag{3-47}$$

式中　λ_b——部件的工作基本故障率；

　　　π_E——元器件所期望的使用环境因子；

　　　π_Q——基于测试和验收的质量因子；

　　　π_R——电流额定值因子；

　　　π_A——应用因子；

　　　π_{S_2}——电压应力因子；

　　　π_C——配置因子。

上述各种因子可以根据相关手册确定。

在每一种元器件故障率已知的情况下，利用元器件计数法，求得系统的故障率 λ_s。

$$\lambda_s = \sum_{i=1}^{n} N_i \lambda_{pi} \tag{3-48}$$

式中　λ_{pi}——第 i 种元器件的故障率；

　　　N_i——第 i 种元器件的数量。

系统的平均时间 $MTBF_s = \dfrac{1}{\lambda_s}$。

元器件应力分析法可以详细地预计分析设备和系统的可靠性。但是，在确定相关因素系数（如应力比、温度及应用和环境数据）时需要系统设计的细节，因此这种方法适合用于系统设计的后期。而由于现代系统越来越复杂，这种方法在应用中就显得效率很低。

表 3-14 给出部分液压元件的基本故障率。

表 3-14　部分液压元件的基本故障率

液压元件	基本故障率/(10^{-6}/h)			液压元件	基本故障率/(10^{-6}/h)		
	上限	平均	下限		上限	平均	下限
液压泵	27.4	13.5	2.9	四通阀	7.41	4.6	1.87
液压缸	0.12	0.008	0.005	高压软管	5.22	3.94	0.157
溢流阀	14.1	5.7	3.27	管接头	2.01	0.03	0.012
顺序阀	8.1	4.6	2.1	固定阻尼孔	2.11	0.15	0.1
减压阀	5.54	2.14	0.7	可变阻尼孔	3.71	0.55	0.045
流量控制阀	19.8	8.5	1.64	油箱	2.52	1.5	0.48
单向阀	8.1	5.0	2.2	蓄能器	19.3	7.2	0.40
伺服阀	56.1	30.0	16.8	滤油器	0.8	0.3	0.045

（4）故障率预计法

该方法用于机械、电子、机电类产品，但要求组成产品的所有单元均有故障率数据，它用在产品详细设计阶段。它是将元器件、零件的故障率代入所预计的系统的可靠性数学模型中进行计算而得到系统可靠性预计值。

目前，在设计阶段都要用这种方法进行较精确的预计，当然，这里所讲的精确是满足工程需要的精度，是相对的。由于系统工作条件变化多端，导致故障率变化的环境应力等都是随机变量，要获得较精确的预计，就要反复进行多次预计。

要正确地进行预计，需要具备下列三条件：已知所预计的系统的设计图或草图；能够建立可靠性数学模型；已知设备所用的各种元器件零件的可靠性数据。应用这个方法的一般步骤如下：

① 明确预计的内容、范围和指标。

② 正确地建立系统的可靠性数学模型。

③ 列举出全部元器件零件清单，并注明规格、数量、特殊的工作条件和使用环境、故障率等。

④ 考虑和分析机械零件的应力和强度，确定适当的安全系数。

⑤ 计算系统的故障率 $\lambda_s(t)$。

⑥ 计算系统的可靠度 $R(t) = \exp[-\lambda_s(t)t]$。

⑦ 计算系统的平均寿命 $T_{BF} = 1/\lambda_s$。

⑧ 判断系统的可靠性指标是否达到了要求。若能满足要求，则不必用昂贵的元器件，不必采取特殊措施，就可以降低成本，节省时间；若未达到要求，则应改用更可靠的元器件等，或采用其他方法来提高系统的可靠性，如降额设计、降温设计、冗余设计等。

(5) 相似产品类比论证法

根据仿制或改型的类似国内外产品已知的故障率，分析两者在组成结构、使用环境、原材料、元器件水平、制造工艺水平等方面的差异，通过专家评分给出各修正系数，综合权衡后得出一个故障率修正因子 D，即

$$D = K_1 K_2 K_3 K_4 \tag{3-49}$$

式中　K_1——修正系数，表示我国原材料与先进国家原材料的差距；

K_2——修正系数，表示我国基础工业（包括热处理、表面处理、铸造质量控制等方面）与先进国家的差距；

K_3——修正系数，表示生产厂现有工艺水平与先进国家工艺水平的差距；

K_4——修正系数，表示生产厂在产品设计、生产等方面的经验与先进国家的差距。

3.3.1.3 压装机液压系统可靠性预计实例

液压系统可靠度预计使用的方法主要有数学模型法、元件计数法、边值法（又称上下限法）、相似设备法、故障率预计法、性能参数法、模糊可靠性方法、Monte Carlo 模拟法等。一般情况下，液压系统可靠度预计流程如图 3-19 所示。

图 3-19　液压系统可靠度预计流程

从图 3-19 可以看出，液压系统可靠性预计要综合考虑工艺占空因数、环境因子、降额因子和修正系数，才能真实地预计出系统的可靠性。

可靠性框图是从可靠性角度研究系统与部件之间的逻辑图。液压系统的可靠性模型主要有串联模型、并联模型、串-并联模型、并-串联模型、$k/n(G)$ 模型、贮备模型等。

(1) 压装机液压系统可靠性模型及计算

为简化起见，分析中作以下假设：系统是两状态可靠性模型；各单元是相互独立的。同时，认为系统寿命服从指数分布。复杂系统在有效寿命阶段其故障分布是服从指数分布的。在某一合理的时间内经过进行老炼而消除早期故障或固有故障的液压设备，可近似地认为服从指数分布，或者说按指数分布进行可靠度预计是满足工程要求的。实践证明，在事实上的使用期限内，将机械零部件的寿命近似按指数分布处理仍不失其工程特色。指数分布假设是一种比较保守的假设。因此，除非有充分的分析依据或工程鉴定证明应选非指数分布，一般假设产品的寿命为指数分布。

① 可靠性框图　根据压装机系统工作原理，液压系统是串联结构。对于 n 个单元串联组成的系统，若各单元的寿命均服从指数分布，则单元 i 的可靠度 $R_i(t_i) = \exp(-\lambda_i t_i)$，因此，液压系统可靠度 $R_s(t_s)$ 为

$$R_s(t_s) = \prod_{i=1}^{n} R_i(t_i) = \prod_{i=1}^{n} \exp(-\lambda_i t_i) = \exp\left(-\sum_{i=1}^{n} \lambda_i t_i\right) = \exp(-\lambda_s t_s) \quad (3\text{-}50)$$

式中　λ_i——单元 i 的故障率；

$\quad\quad t_i$——单元 i 的工作时间；

$\quad\quad \lambda_s$——液压系统的故障率；

$\quad\quad t_s$——液压系统的工作时间。

压装机可靠性框图如图 3-20 所示。图 3-20 中各元件下方标出的是基本故障率（10^{-6}/h）。

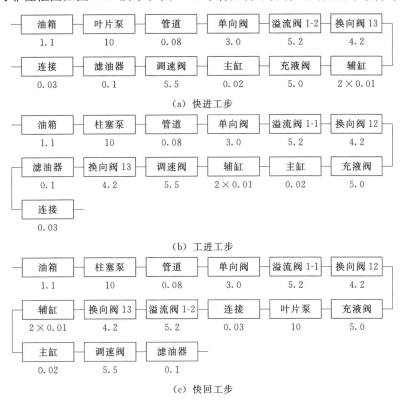

(a) 快进工步

(b) 工进工步

(c) 快回工步

图 3-20　压装机液压系统可靠性框图

② 环境因子 π_E 的确定　虽然现有相关文献给出了可借鉴的基本故障率 λ_0 值，但是就具体系统而言，要根据实际系统元件的组成及其所处环境应力的不同有所调整。另外，不同生产厂商制造的液压元件其 λ_0 值大大不同。同样是力士乐技术，国内生产、外埠组装、德国原产的同一型号的液压元件，其 λ_0 值有很大不同。在压块机液压系统的调试过程中，采用的北液生产的二位四通电磁阀平均无故障时间远远低于德国力士乐产品，电磁铁的寿命相差许多。图 3-16 给出的是元件的基本故障率 λ_0（10^{-6}/h），是在标准的试验条件下得出的。在不同的工作环境下，需要对其作相应的修正。压块机液压系统属地面室内设备，取 $\pi_E = 5$。

③ 降额因子 π_D 的选取　考虑液压元部件在低于额定工作条件（如压力、流量等）下的工作情况，其故障率也低于额定工作条件下的故障率，取降额因子为 0.8。

④ 修正系数 π_C 的选取　根据液压系统故障统计资料可知，元件合理设计、材料选择和制造技术是可靠性的决定因素 π_{C1}，一般占 80%，而元件使用及环境因素 π_{C2} 占 20%。液压系统 75% 故障是由油液污染引起元件或系统工作故障，这一比例记为 π_{C21}；采用精过滤器后，一般可保证滤油后油液清洁度提高一个等级，故障率降低为原来的 50%。因此可以认为，采用精过滤器后，系统的故障率为未采用精过滤器的 92.5%，即

$$\pi_C = [\pi_{C21} \times 50\% + (1 - \pi_{C21})] \times \pi_{C1} + \pi_{C2} = 0.925 \tag{3-51}$$

因此该值可作为系统故障率计算时的修正系数 π_C。

⑤ 占空因数 r_{sj} 的计算 以每个压装运转周期为25s计算，有3s待料与加料过程，实际压块周期为22s。各工况（或称任务剖面）所用时间为：水平缸后退 $t_{0s1} = 1.2 + 1.1 = 2.3s$，占10.45%，即 $r_{s1} = 10.45\%$；垂直缸快进 $t_{0s2} = 2.4 + 2.0 = 4.4s$，占20%，此为 r_{s2}；垂直缸工进 $t_{0s3} = 8.5s$，$r_{s3} = 38.64\%$；垂直缸下降 $t_{0s4} = 1.8 + 3.0 = 4.8s$，$r_{s4} = 21.82\%$；水平缸快进 $t_{0s5} = 2.0s$，$r_{s5} = 9.09\%$。在实际生产中，考虑到使用现场物料供应的不平衡性、间断性等因素，以每30s一个工作周期，每天运转24h，一年按300d计算，则一年实际工作时间为 $22/25 \times 25/30 \times 24 \times 300 = 5280h$，取5000h。

⑥ 液压系统的故障率及平均无故障时间 MTBF 的计算 根据现场统计，一年内压装机的实际工作时间 $t_s = 600h$。在一个工作周期中，快进占整个过程的20%，即 $r_{s1} = 20\%$；工进占50%，即 $r_{s2} = 50\%$；快回占30%，即 $r_{s3} = 30\%$。其中

$$\sum_{i=1}^{n} \lambda_i t_i = \pi_E \pi_D \pi_C \sum_{j=1}^{3} \lambda_{0sj} r_{sj} t_s = \pi_E \pi_D \pi_C (\lambda_{0s1} r_{s1} + \lambda_{0s2} r_{s2} + \lambda_{0s3} r_{s3}) t_s \tag{3-52}$$

式中 λ_i——单元 i 的故障率；

t_i——单元 i 的工作时间；

π_E——环境因子，$\pi_E = 5$；

π_D——降额因子，$\pi_D = 0.8$；

π_C——与过滤精度有关的修正系数，$\pi_C = 0.925$；

λ_{0sj}——j 工况下回路总的基本故障率，$j = 1, 2, 3$；

r_{sj}——j 工况的占空因数；

t_s——液压系统的工作时间。

可得出液压系统可靠度 $R_s(t_s)$ 为

$$R_s(t_s) = \exp\left(-\sum_{i=1}^{n} \lambda_i t_i\right) = \exp\left(-\pi_E \pi_D \pi_C \sum_{j=1}^{3} \lambda_{0sj} r_{sj} t_s\right) \tag{3-53}$$

对系统可靠性进行计算，结果列于表 3-15。系统的平均无故障时间 MTBF 为

$$\text{MTBF} = \int_0^{\infty} R_s(t) \, dt = 6400h \tag{3-54}$$

表 3-15 液压系统可靠度计算表

项目		符号与公式	取值或结果
系数	环境因子	π_E	5
	降额因子	π_D	0.8
	修正系数	π_C	0.925
动作	快进	$\lambda_{0s1}/(10^{-6}\text{h})$	34.25
		r_{s1}	0.2
	工进	$\lambda_{0s2}(10^{-6}/\text{h})$	38.45
		r_{s2}	0.5
	快回	$\lambda_{0s3}/(10^{-6}/\text{h})$	53.65
		r_{s3}	0.3
	平均值	$\bar{\lambda}_{0sj}/(10^{-6}/\text{h})$	42.17
工作时间		t_s/h	600
		$\sum_{i=1}^{n} \lambda_i t_i = \pi_E \pi_D \pi_C \sum_{j=1}^{3} \lambda_{0sj} r_{sj} t_s$	0.09362
系统可靠度		$R_s(t_s)_{t_s=600h} = \exp\left(-\sum_{i=1}^{n} \lambda_i t_i\right) = \exp\left(-\pi_E \pi_D \pi_C \sum_{j=1}^{3} \lambda_{0sj} r_{sj} t_s\right)$	0.9106

（2）压装机液压系统的可靠度曲线

每个工步及整个液压系统的可靠性曲线如图 3-21 所示，虚线为绝对工作时间，实线为相对工作时间。可以看出，快进工步可靠度最高，而工进和快回工步的可靠度都有明显的下降，其中快回工步的可靠度下降得最多，这是因为工进工步的实际工作时间最长，快进工步启用的液压元件最多。

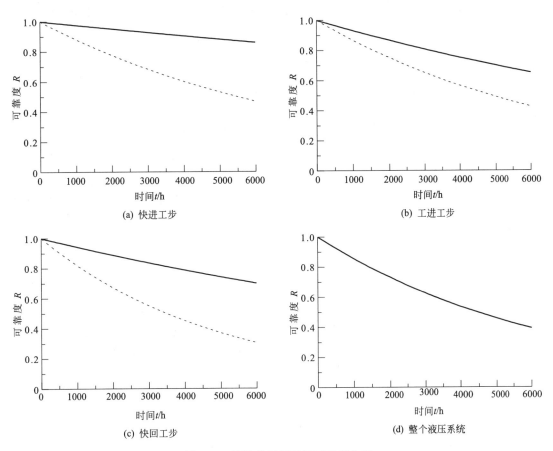

图 3-21　压装机液压系统可靠度曲线

（3）可靠度预计结果分析

① 预计结果分析　压装机属间歇工作式设备。从图 3-21 可知，压装机液压系统的平均无故障时间 MTBF 的预计值为 6400h，远远高于压装机一年内工作时间 600h。因此，压装机液压系统的可靠性指标也是满足要求的。另外，提高液压系统的可靠性时，要综合考虑工步故障率和相对工作时间。从设计角度出发，为提高液压系统的可靠性，一是尽可能减少串联单元数目；二是提高单元可靠性，从单元故障率和工作时间综合考虑来降低 $\lambda_{0i}t_i$，即降低其故障率 λ_{0i}，缩短其工作时间 t_i（或占空因数 r_i）。一般情况下，通过改进工艺，提高工作合理性来降低单元工作时间 t_i（或 r_i），在此基础上，t_i（或 r_i）已没有减少的余地。此时，该单元就要优选高可靠性元件。

② 对比分析　传统的可靠度预计方法将液压系统划分为若干个分系统。下面以压装机液压系统为例进行对比。液压传动装置一般分为能源装置、执行装置、控制调节装置和辅助装置四个部分，因此可将压装机液压系统划分为能源分系统（包含辅助装置）、执行分系统和控制分系统，可靠性框图如图 3-22 所示。压装机液压系统的可靠度曲线如图 3-23 所示。

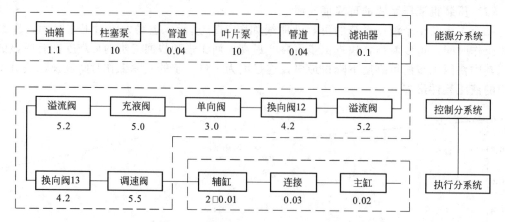

图 3-22　压装机液压系统可靠性框图

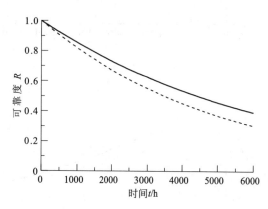

图 3-23　压装机液压系统可靠度曲线

其中，虚线表示按分系统而未考虑占空因数的可靠度曲线，而实线表示考虑占空因数这一因素后系统的可靠度平均值曲线。按分系统计算得液压系统平均无故障时间 MTBF 为

$$\mathrm{MTBF} = \int_0^\infty R(t)\,\mathrm{d}t$$

$$= \int_0^\infty \exp\left(-\sum_{i=1}^n \lambda_i t_i\right)\mathrm{d}t = 5000\mathrm{h}$$

可见，考虑占空因数因素时预计的结果要高一些，也更符合实际系统的工况。

进行可靠性预计的注意事项：

① 应尽早进行可靠性预计。以便当任何级别上的可靠性预计值达到可靠性分配知识时，能及早地在技术上和管理上予以注意，采取必要的措施。

② 在产品研制的各阶段，可靠性预计应反复迭代进行。在方案论证和初步设计阶段，由于缺乏较准确的信息，所做的可靠性预计只能提供大致的估计值，尽管如此，仍能为设计者和管理人员提供达到可靠性要求的有效反馈信息；而且，这些估计值仍适用于分配的比较和确定分配的合理性。随着设计工作的进展，产品定义进一步确定，可靠性模型的细化和可靠性预计工作亦应反复进行。

③ 可靠性预计的结果的相对意义比绝对意义更重要。一般地，预计应与实际值的误差在一两倍以内可认为是正常的。通过可靠性预计可以找到系统易出故障的薄弱环节，加以改进；在对不同设计方案进行优选时，可靠性预计结果是方案的优选、调整的重要依据。

④ 可靠性预计值应大于成熟期的规定值。

3.3.2　维修性预计

维修性预计也称维修性预测，它是根据历史经验和类似的维修性数据，对新的产品设计构想或已设计的结构方案，预计其在预定条件下进行维修时的维修性参数，以便了解设计满足维修性要求的程度。维修性预计参数应与规定的指标参数相一致。

维修性预计是研制与改进产品过程中必不可少且费用效益较好的维修性工作。预计可在试验、产品制造、乃至详细设计完成之前，对产品可能达到的维修性水平做出估计。这种估计赢得了研制时间，以便早日避免设计的盲目性。同时，预计是分析性工作，投入较少，可避免频繁的试验摸底，其效益很大。

3.3.2.1　维修性预计的目的与时机

在装备研制或改进过程中，进行了维修性设计，但是否能达到规定的要求，是否需要进行进一步的改进，这就要开展维修性预计。所以，预计的目的是，预先估计产品的维修性参数值，了解其是否满足规定的维修性指标以便对维修性工作实施监控。其具体作用如下：

① 预计装备设计或设计方案可能达到的维修性水平，了解其是否能达到规定的指标，以便做出研制决策（选择设计方案或转入新的研制阶段或试验）。

② 及时发现维修性设计及保障方面的缺陷，作为更改装备设计或保障安排的依据。

③ 当研制过程更改设计或保障要素时，估计其对维修性的影响，以便采取适当对策。此外，维修性预计的结果常常是用作维修性设计评审的一种依据。

研制过程的维修性预计要尽早开始、逐步深入、适时修正。在方案论证及确认阶段，就要对满足使用要素的系统方案进行维修性预计。评估这些方案，满足维修性要求的程度，作为选择方案的重要依据。在这个阶段可供利用的数据有限，不确定因素较多，主要是利用相似产品的数据，预计比较粗略。但它的作用却不可忽视。如果此时不进行维修性预计，选择了难以满足维修性指标的系统方案，工程研制阶段就会出现种种困难，乃至不能满足要求，而不得不大返工。

在工程研制阶段，需要针对已做出的设计进行维修性预计，确定系统的固有维修件参数值，并做出是否符合要求的估计。此时，由于此方案阶段有更多的系统信息，预计会更精确。随着设计的深入，有了装备详细的功能方框图和装配方案，原来初步设计中的那些假设或工程人员的判断，已由图纸上的具体设计所替代，就可以进行更为详细而准确的预计。

在研制过程中，设计更改时，要做出预计，以评估其是否会对维修性产生不利影响，以及影响的程度。如果没有现成的维修性预计结果，在维修性试验前应进行预计。一般来说，预计不合格不宜转入试验。

3.3.2.2　维修性预计的依据与条件

(1) 维修性预计的主要依据

① 可转移原理　已有系统累计的数据可用于正在进行研制或分析的相似系统的维修性预计。当系统之间能够达到所需的相似程度时，这种方法是合理的。在新研制装备的方案或早期设计阶段，只能粗略地推断相似程度。随着研制的深入和细化，新研制的结构和维修作业与已有系统之间建立了明确的相互关系，预计的精度就会提高。

② 维修性预计的条件　维修性预计的参数应同规定的维修性指标相一致。最经常预计的是平均修复时间，根据需要也可预计最大修复时间、工时率或预防性维修时间。

维修性预计的参数通常是系统或设备级的，以便与合同规定和使用需求相比较。而要预计出系统或设备的维修性参数，必须先求得其组成单元的维修时间或工时，以及维修频率。在此基础上，运用累加或加权和等模型，求得系统或设备的维修时间或工时均值、最大值。所以，根据产品设计特征估计各单元的维修时间及频率是预计工作的基础。

(2) 维修性预计的条件

不同时机、不同维修性预计方法需要的条件不尽相同。但预计一般应具有以下条件。

① 现有相似产品的数据，包含产品的结构和维修性参数值。这些数据用作预计的参照基准。

② 维修方案、维修资源（包括人员、物质资源）等约束条件。只有明确维修保障条件，才能确定具体产品的维修时间、工时等参数值。

③ 系统各产品的故障率数据。可以是预计值或实际值。

④ 维修工作的流程、时间元素及顺序等。

3.3.2.3 维修性预计流程

研制过程各阶段的维修性预计，适宜用不同的维修性预计方法，其工作程序略有区别，但一般要遵循以下流程。

① 收集资料　预计是以产品设计或设计方案为依据的。因此，做维修性预计首先要收集并熟悉所预计产品设计或设计方案的资料。包括各种原理图、方框图、可更换或可拆装单元清单，乃至线路图、草图直至产品图等。维修性预计又要以维修方案、保障方案为基础。因此，还要收集有关维修（含诊断）与保障方案及其尽可能细化的资料。此外，所预计产品的可靠性数据也是不可缺少的。这些数据可能是可靠性预计值或试验值。所要收集的第二类资料，是类似产品的维修性数据。

② 维修职能与功能分析　与维修性分配相似，在预计前要在分析上述资料的基础上，进行系统维修职能与功能层次分析，建立框图模型。

③ 确定设计特征与维修性参数值的关系　维修性预计要由产品设计或设计方案估计其维修性参数。这就必须了解维修性参数值与设计特征的关系。这种关系可以用表格、公式、计算机软件数据库等形式。在 GJB/Z 57—1994《维修性分配与预计手册》中提供了一些表格和公式，可供选用。当数据不足时，需要从现有类似装备中找出设计特征与维修性参数值的关系，为预计做好准备，这实际上是建立有关的回归模型。

④ 预计维修性参数值，选用适当的预计方法预计维修性参数值。

3.3.2.4 维修性预计方法

维修性预计的方法有多种，本节介绍的是适用范围较广的一些方法。

(1) 推断法

推断法是广泛应用的现代预计技术。其中最常用的就是回归预计，即对已有数据进行回归分析，建立模型进行预计。把它用在维修性预计中，就是利用现有类似产品改变设计特征（结构类型、设计参量等）进行充分试验或模拟，或者利用现场统计数据，找出设备特征与维修性参量的关系，用回归分析建立模型，作为推断新产品或改进产品维修性参数值的依据。显然，这种推断方法是一种粗略的早期预计技术。因为不需要多少具体的产品信息，所以，在研制早期（例如，战技指标论证或方案探索中）仍有一定应用价值。

(2) 单元对比法

任何装备的研制都会有某种程度的继承性，在组成系统或设备的单元中，总会有些是使用过的产品和结构。因此，可以从研制的装备中找到一个可知其维修时间的单元，以此作基准，通过与基准单元对比，估计各单元的维修时间，进而确定系统或设备的维修时间。单元对比法适用于各类产品方案阶段的早期预计。它既可预计修复性维修参数，又可预计预防性维修参数。

① 预计时需要的资料

a. 在规定维修级别可单独拆卸的可更换单元的清单。

b. 各个可更换单元的相对复杂程度。

c. 各个可更换单元各项维修作业时间的相对量值。

d. 各个预防性维修单元的维修频率相对量值。

② 预计模型

a. 平均修复时间 $\overline{M}_{ct}$，即

$$\overline{M}_{ct} = \overline{M}_{ct0} \frac{\sum\limits_{i=1}^{n} h_{ci} k_i}{\sum\limits_{i=1}^{n} k_i} \tag{3-55}$$

式中　$\overline{M}_{ct}$——基准可更换单元的平均修复时间；

　　　h_{ci}——第 i 个可更换单元相对修复时间系数；

　　　k_i——第 i 个可更换单元相对故障率系数，即

$$k_i = \frac{\lambda_i}{\lambda_0} \tag{3-56}$$

λ_i 与 λ_0 分别是第 i 个单元和基准单元的故障率。在预计过程中 k_i 并不需要由 λ_i 与 λ_0 计算，可由比较第 i 个单元和基准单元设计特性加以估计。

b. 平均预防性维修时间 $\overline{M}_{pt}$，即

$$\overline{M}_{pt} = \overline{M}_{pt0} \frac{\sum\limits_{i=1}^{m} h_{pi} l_i}{\sum\limits_{i=1}^{m} l_i} \tag{3-57}$$

式中　$\overline{M}_{pt0}$——基准可更换单元的平均修复时间；

　　　h_{pi}——第 i 个预防性维修单元相对维修时间系数；

　　　l_i——第 i 个预防性维修单元相对于基准单元的预防性维修频率系数，即

$$l_i = \frac{f_i}{f_0} \tag{3-58}$$

同样，l_i 依据单元设计特性的比较进行估计。

c. 平均维修时间 $\overline{M}$，即

$$\overline{M} = \frac{\overline{M}_{ct0} \sum h_{ci} k_i + f_0 \overline{M}_{pt0} \sum l_i h_{pi} / \lambda_0}{\sum k_i + f_0 \sum l_i / \lambda_0} \tag{3-59}$$

d. 相对维修时间系数 h_i。第 i 单元相对修复时间或预防性维修时间系数 h_{ci} 或 h_{pi} 可用同样方法确定。为了便于比较，本方法把维修时间分为四项活动：故障定位，拆卸组装，更换、安装可更换单元，调准检验。每项活动分别比较，故 h_i 也分为四项，即

$$h_i = h_{i1} + h_{i2} + h_{i3} + h_{i4} \tag{3-60}$$

h_{ij} 由第 i 单元第 j 项维修活动时间（t_{ij}）相对于基准单元时间（t_{0j}）之比确定，即

$$h_{ij} = h_{0j} t_{ij} / t_{0j} \tag{3-61}$$

h_{0j} 是基准单元第 j 项维修活动时间所占其整个维修时间的比值。显然，可知

$$h_0 = h_{01} + h_{02} + h_{03} + h_{04} = 1 \tag{3-62}$$

③ 预计程序

a. 明确在规定维修级别上装备的各个单元。若修复性维修与预防性维修的单元不同，应分别列出。

b. 选择基准单元。选择基准单元应是维修性参数已知或能够估测的，它与其他单元在故障率、维修性方面有明显可比性。修复性与预防性维修的基准单元，可以是同一单元，也可以分别选取。

c. 估计各单元各项系数 h_i、l_i、k_i。

d. 计算系统或设备的 $\overline{M}_{ct}$、$\overline{M}_{pt}$ $\overline{M}$。

(3) 时间累计法

这种方法是一种比较细致的预计方法。它根据历史经验或现成的数据、表格，对照装备的设计或设计方案和维修保障条件，逐个确定每个维修项目、每项维修工作或维修活动乃至每项基本维修作业所需的时间或工时，然后综合累加或求均值，最后预计出装备的维修性参量。下面介绍一种典型的时间累计法，具体流程如下。

① 资料收集 任何一种新液压气动系统的设计都有某种程度上的继承性，亦即它总会继承一种或多种已有系统的部分或全部，也就是说，总可以找到与新型液压气动系统有相似之处的现有系统。既然不同系统之间总会有某些相似之处，那么，就可以由已有液压系统的设计特征及维修情况获得一些对于新型系统有用的维修性信息，从而开展维修性预计等工作，对新研制系统进行子系统、设备及可更换单元的维修性预计。

② 建立维修性模型 系统功能层次表是表示从系统到零件的各个层次所需的维修特点和维修活动的系统框图。系统功能层次的分解是按系统结构自上而下进行的，一直分解到可更换单元为止。分解时应结合维修方案，对各个可更换单元注明维修要素（如故障隔离、调整、检验等），这些维修活动将作为维修流程图的参考输入。通过建立系统功能层次表，可获得可更换单元清单（包括 LRU 清单和 SRU 清单），有助于进行维修性预计。

图 3-24 维修流程图示例

图 3-24 表示针对 LRU1 的故障模式 1 的维修流程。维修流程图将各可更换单元的维修活动以流程图形式表示。若不考虑可更换单元的故障模式，则每个可更换单元对应一个维修流程图；若考虑了可更换单元的故障模式，由于不同的故障模式可能对应不同的维修活动，因此，应针对每种故障模式分别构建维修流程图。

描述维修活动时，参考功能层次表及图 3-25 所示的维修活动次序。

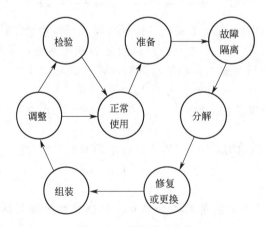

图 3-25 维修活动次序

然后，对于上述每一项维修活动，按图 3-26 根据实际情况进一步分解为基本维修作业，即对维修活动进行步骤分解。

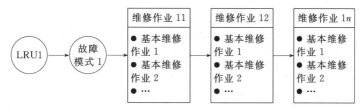

图 3-26　维修流程图（维修活动分解为基本维修作业）

③ 进行维修性预计　LRU 的平均修复时间计算公式如下

$$T_n = \frac{\sum\limits_{k=1}^{K} \lambda_{nk} T_{nk}}{\sum\limits_{k=1}^{K} \lambda_{nk}} \tag{3-63}$$

式中　T_n——第 n 个 LRU 的平均修复时间；

　　　λ_{nk}——第 n 个 LRU 的第 k 种故障模式的模式故障率；

　　　T_{nk}——对第 n 个 LRU 的第 k 种故障模式进行的所有维修活动耗时，每项维修活动耗时等于对应的各项基本维修作业耗时之和；

　　　K——第 n 个 LRU 的故障模式总数。

系统的平均修复时间 $MTTR_n$ 计算公式如下

$$MTTR_n = \frac{\sum\limits_{n=1}^{N} \lambda_n T_n}{\sum\limits_{n=1}^{N} \lambda_n} \tag{3-64}$$

式中　$MTTR_n$——系统的平均修复时间；

　　　λ_n——第 n 个 LRU 的故障率，通过可靠性预计得出或由供应商提供；

　　　T_n——第 n 个 LRU 的平均修复时间；

　　　N——LRU 的总数量。

(4) 抽样评分法

本方法采用随机抽样的基本原理进行地面电子系统和设备维修性的预计。即可从系统中随机抽取有代表性的维修作业样本来代替对全部单元的维修分析，这些维修作业样本所需的时间可通过对能反映实际工作中较典型的系统维修性的分析来确定。因此，通过对单元维修性进行分析，就能估计出完成该维修作业所需的时间，最终预计出系统的维修性参数。本预计法用于预计地面电子系统和设备的平均的和最大修复性维修时间。如果将拟合的系数按其他系统进行修改，还可以用其他设备的预计。具体程序可参见 GJB/Z 57—1994《维修性分配与预计手册》。

3.3.2.5　维修性预计注意事项

维修性预计在我国是新开展的工作，缺乏实践经验和有关数据。即使在发达国家对于产品结构的多样化，以及维修时间、工时同维修人员有密切关系，维修性预计的准确性也是不高的，预计值与实测值相差有时可达到 1/3，甚至 1/2。

为减少预计的偏差，保证正确预计，需考虑以下几个要素。

(1) 预计方法的选用

对于具体产品，应根据产品类型、要预计的参数、研制阶段（或改进）选择合适的方法，以便使预计有较好的准确性。GJB/Z 57—1994《维修性分配与预计手册》中提供了 6 种方法。本章仅介绍一些常用的维修性预计方法。

(2) 预计结果的修正

维修性预计同整个维修性工作一样，强调早期投入，同时又强调及时修正。这是因为：

① 设计不断深化和修正，其维修性状况会逐渐清晰和变化。

② 可靠性、综合保障工作的深入进展，可靠性数据和保障计划及资源的变化，对维修性会产生影响。所以，要随着研制进程，对维修性预计结果及时修正，以充分反映实际技术状态和保障条件下的维修性。掌握好预计的时机。需要特别注意的是，当有设计更改和新的可靠性数据时，应进行维修性预计，修正原来的预计结果。

(3) 预计模型的选用

各种预计方法都提供了进行预计用的模型。但这些模型并不都是普遍适用的。因此，除选择预计方法时应考虑其模型是否适合所需预计的产品及研制阶段外，在选择方法之后，要对预计模型做进一步考察，着重从以下几个方面分析其适用性，必要时做局部修正。

① 维修级别。

② 维修种类。

③ 维修流程及维修活动的组成。

④ 更换方案。

(4) 基础数据的选取与准备

产品故障及修复活动时间等数据，是产品维修性预计的基础。在前述一些预计方法中提供了一些基础数据。但是，一是数据少，难以覆盖各种各样产品及其维修，二是并不一定适合某种具体装备上该产品的使用维修情况。因此，预计中的基础数据选取与准备是个关键问题。作为预计依据的这些数据，可从各方面获取，其优选顺序如下。

① 本系统或设备的历史数据，即使用、试验收集到的故障与维修数据。

② 类似系统或设备的历史数据，特别是同一产品在类似系统或设备中使用、试验得到的数据。

③ 有关标准提供的数据，例如，GJB/Z 299C—2006《电子设备可靠性预计手册》和GJB/Z 57—1994《维修性分配与预计手册》提供的数据。

④ 由使用维修人员提供的经验数据。

⑤ 设计人员凭经验判断提出的数据。

3.3.2.6 液压加速寿命试验台的维修性预计实例

下面以燕山大学和宁波某液压公司合作设计的泵马达加速寿命试验台系统为例，说明维修性预计在液压气动系统设计中的应用，并可通过相同的方法，估算其他系统的维修性水平。

(1) 分析假设

① 完成基本维修作业所需的平均时间具有相当的稳定性，即不依赖于产品和保障设计。

② 任何维修活动中的基本维修作业是彼此独立的。

③ 每次修理只考虑一个故障。

④ 任何维修活动所需要的总时间，可按该活动包含的一种或多种基本维修作业时间计算出。

⑤ 维修按确定的检修规程进行。

⑥ 维修由具有合适技能的维修人员进行。

⑦ 只计实际维修时间，不计管理和后勤延误时间。

(2) 建立物理模型

① 功能层次表　液压泵加速寿命试验系统的功能层次表如表3-16所示。

表 3-16　液压泵加速寿命试验系统的功能层次表

LRU 编号	LRU 名称	数量	备注	LRU 编号	LRU 名称	数量	备注
1.1.1	补油螺杆泵	1	需要检验	1.1.7	二位三通电磁溢流阀	1	需要检验
1.1.2	过滤泵	1	需要检验	1.1.8	高压出油胶管	1	—
1.1.3	HLA4VSO 轴向柱塞泵	2	需要检验	1.1.9	法兰接口	1	—
1.1.4	电控系统	1	需要检验	1.1.10	大容量油箱	1	需要检验
1.1.5	HLA4VFM 液压马达	2	需要检验	1.1.11	油冷机	2	需要检验
1.1.6	二位四通电磁溢流阀	1	需要检验	1.1.12	扭矩转速仪	1	需要检验

② 维修流程图　针对每个 LRU 的各种故障模式建立维修流程图。以补油螺杆泵为例,假设它存在两种故障模式,构建所得的维修流程图如图 3-27 所示。

同理,针对其余 LRU 的各种故障模式分别建立维修流程图及维修任务分解表。

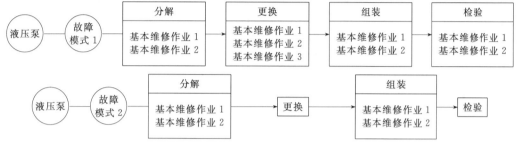

图 3-27　补油螺杆泵维修流程图

(3) 计算 MTTR

① 计算各 LRU 的平均修复时间 MTTR　以补油螺杆泵为例,参考已建立的维修性物理模型,填写如表 3-17 所示表格。

表 3-17　补油螺杆泵平均修复时间预计

故障模式	模式故障率 /$(10^{-6}/h)$	维修级别	维修活动	基本维修作业	维修耗时/h	维修人数
故障模式 1	0.01	在线更换	分解	基本维修作业 1	0.2	1
				基本维修作业 2	0.3	1
			更换	基本维修作业 1	0.3	1
				基本维修作业 2	0.7	1
				基本维修作业 3	0.5	1
			组装	基本维修作业 1	0.2	1
				基本维修作业 2	0.3	1
			检验	基本维修作业 1	0.2	1
				基本维修作业 2	0.3	1
故障模式 2	0.02	在线修复	分解	基本维修作业 1	0.2	1
				基本维修作业 2	0.3	1
			更换	无	—	—
			组装	基本维修作业 1	0.2	1
				基本维修作业 2	0.3	1
			检验	无		

根据公式(3-63)计算补油螺杆泵的平均修复时间 T_1

$$T_1 = \frac{\sum_{k=1}^{K} \lambda_{1k} T_{1k}}{\sum_{k=1}^{K} \lambda_{1k}} = \frac{1.00 \times 10^{-8} \times 3 + 2.00 \times 10^{-8} \times 1}{1.00 \times 10^{-8} + 2.00 \times 10^{-8}} = 1.667\text{h}$$

根据该方法,分别计算其余 LRU 的平均修复时间,如表 3-18 所示。

表 3-18　液压泵加速寿命试验系统平均修复时间计算

LRU 名称	数量	故障率/$(10^{-6}/h)$	$MTTR/h$	$\lambda_n T_n$
补油螺杆泵	1	0.030	1.667	0.0500
过滤泵	1	0.010	1.900	0.0190
HLA4VSO 轴向柱塞泵	2	0.010	1.900	0.0380
电控系统	1	0.018	2.300	0.0414
HLA4VFM 液压马达	2	0.009	2.300	0.0207
二位四通电磁溢流阀	1	0.110	2.500	0.2750
二位三通电磁溢流阀	1	0.100	2.500	0.2500
高压出油胶管	1	0.010	0.600	0.0060
法兰接口	1	0.001	0.600	0.0006
大容量油箱	1	0.013	2.600	0.0338
抽冷机	2	0.013	2.600	0.0676
扭矩转速仪	1	0.010	1.600	0.0160
总系统	—	—	2.292	0.7981

② 计算加速寿命试验系统的平均修复时间　计算加速寿命试验系统的平均修复时间预计结果为

$$MTTR_1 = \frac{\sum\limits_{n=1}^{N} \lambda_n T_n}{\sum\limits_{n=1}^{N} \lambda_n} = \frac{0.8181}{0.357} = 2.292\text{h}$$

根据表 3-18 结果,高压出油胶管和法兰接口的平均修复时间与其故障率的乘积值较高,是对加速寿命试验系统的维修性水平贡献较大的零部件,这决定了加速寿命试验系统的修复性维修水平。

因此,可以通过降低高压出油胶管和法兰接口的故障率或平均修复时间来降低加速寿命试验系统的平均修复时间。具体做法是重新选型或者改进设计,使其更加方便维修,从而减少高压出油胶管和法兰接口的平均修复时间。

第4章
液压气动系统可靠性维修性设计

可靠性设计是系统总体工程设计的重要组成部分，产品设计一旦完成，若按预定设计要求制造出来，其固有可靠性也就确定了。换而言之，可靠性设计决定了产品的固有可靠性，如果在设计、制造、使用中不贯穿可靠性思想，产品就不会满足其任务可靠性要求。维修性设计是指产品设计时，从维修的观点出发，保证当产品一旦出故障时能容易地发现故障，易拆、易检修、易安装，即可维修度要高。维修度是产品的固有性质，它属于产品固有可靠性的指标之一。维修度的高低直接影响产品的维修工时、维修费用，影响产品的利用率。维修性设计中应考虑的主要问题有可达性、零组部件的标准化和互换性等内容。

4.1 可靠性维修性设计准则

可靠性设计和维修性设计是从不同的角度来保证产品的可靠性。前者着重从保证产品的工作性能出发，力求不出故障或少出故障，是解决本质安全问题，在方案设计和结构设计阶段就设法消除危险与有害因素；后者则是从维修的角度考虑，一旦产品发生故障，其本身就能自动及时发现故障，并且显示故障或发出警报信号，并能自动排除故障或中止故障。

4.1.1 可靠性设计准则

一般来说，单靠计算和分析是设计不出好的可靠性的，需要根据设计和使用中的经验，拟定准则，用以指导设计。但是由于不同的系统其工作原理和性能都有很大的差别，可靠性设计也不尽相同。所以，可以主要归纳出以下原则。

① 简化设计要求。现代设备性能的日趋完善，使其结构复杂程度也越来越高。但过分的复杂也会相应的带来成本负担和维修困难。所以，简化系统是提高可靠性的一般规律，最简单的设备往往可靠性就越高。在设计中尽可能简化产品功能，合并产品功能，尽量减少零部件的品种和数量。

② 标准化、成熟技术是保证可靠性的重要手段。设计产品时应优先选用标准化的标准、工具、元器件和零部件，并尽量减少其品种、规格。提高互换性和通用化程度，尽量采用模件化设计。

所谓技术上的成熟主要可以分两部分考虑。一方面，要选用可靠的硬件和硬件方案。元器件、外购件、原材料等应是合乎标准的，或者是有信誉的，可靠的，合乎特殊技术要求的。注意标准化，采用标准的方案、线路、结构和元器件。另一方面，采用保守的设计方案。只要总体技术性能满足指标要求就可以，不采用技术上看来先进而不成熟的方案。

③ 可靠性设计中各个因素的综合考虑。可靠性设计贯穿于功能设计的所有环节，在满

足基本功能的同时，要全面考虑影响可靠性的各种因素。因而在设计系统时，要充分考虑其软件功能和硬件功能的平衡，充分发挥软件的功能与反馈数据处理作用，以达到尽可能简化硬件的目的。

④ 继承性在新技术应用中的重要性。在设计时，应在继承以往成功经验的基础上，积极采用先进的设计原理和可靠性技术。但在采用新技术、新型元器件、新工艺、新材料之前，必须经过试验，并严格论证其对可靠性的影响。

⑤ 概率工程设计的应用，可以提高机械系统或设备的设计正确性和效率。以机电产品的可靠性设计为例。其以应力和强度为随机变量作为出发点，认识到零部件所受的应力和材料的强度均非定值，而是随机变量，具有离散性质，数学上必须用分布函数描述，这是由于载荷、强度、结构尺寸、工况等都具有变动性和统计本质。因而，应用概率统计方法进行分析和求解是进行可靠性设计的基础。

⑥ 重视人为因素带来的严重影响，以确定系统的安全性。在人机工程设计中，与系统其他因素一样，人为因素对所有人机系统的设计和最终可靠性方面会产生强大的因素。因而，应从人的本体和行为心理学条件出发，制定工程的各项原则，以及设计系统的内部结构，协调人-机之间的相互关系，以提高系统可靠性设计。

4.1.2 维修性设计准则

维修性设计准则主要可以从如下 7 个方面进行考虑。

① 简化设计。进行简化设计是在满足性能和使用要求的前提下，尽可能采用最简单的结构和外形，以降低对用户维修人员的技能要求。简化设计的基本原则是尽可能简化产品功能，尽量减少零部件的品种和数量。

② 可达性设计。可达性设计是指当设备发生故障进行维修时容易接近需要维修部位的设计。可达性设计的基本要求包括"看得见"——视觉可达；"够得着"——实体可达。

③ 标准化、互换性与模块化设计标准化设计。尽量采用标准件有利于零部件的储备、供应和调剂，使产品维修更为简便。互换性设计指同种设备或元件在实体上、功能上能够彼此相互替换，可简化维修作业，节约备品规格与采购费用，提高设备维修性。模块化设计有利于实现部件的互换与通用，是提高更换修理速度的有效途径。

④ 防差错及识别标志设计。防差错设计就是要保证结构或元件只允许装对了才能装得上，装错或装反了就装不上，或者发生差错时就能够立即发现并纠正。识别标志设计就是在设备或零部件上做成标示，便于区别辨认，防止混淆，避免因差错而发生事故，同时也可以提高工效。

⑤ 维修安全性设计。维修安全性设计是指能避免维修人员伤亡或设备损坏的一种设计。可能发生危险的部件上，应提供醒目的颜色、标记、警示灯或声响警报等辅助预防手段。

⑥ 故障检测设计。设备故障检测诊断是否准确迅速、简便对维修性有重大影响。因此设计时应充分考虑测试方式、检测设备和测试点配置等一系列问题，以此来提高故障的定位速度。

⑦ 维修中的人因工程设计。维修中人的因素工程（简称人因工程），是研究在维修中人的各种因素，包括生理因素、心理因素和人体几何因素与设备的关系，以提高维修工作效率，减轻维修人员疲劳等方面的问题。

4.2 可靠性维修性设计方法

产品可靠性维修性是产品固有属性，二者共同作用决定了产品的可用性。产品可靠性维修性在设计时即已经赋予，并通过制造、使用、维护来保证。可靠性维修性设计方法研究主要集中在军工、电气电子、发电站等领域。而随着液压技术在国民经济发展中地位日益提高，对液压系统可靠性维修性要求也越来越高，但与国外同类产品相比，甚至与国内航空航天等其他行业产品相比还相差很远。

要提高产品的可靠性仅仅规定、分配和预计可靠性是不够的，若不考虑设计的因素也不会得到可靠的系统。设计的可靠性在一定意义上是系统可靠性的基石，提高系统可靠性设计是目前系统工程设计的关键。液压系统通常作为机器或设备的动力系统，在机器或设备构成中具有重要的地位，其维修性的好坏直接关系到整个机器或设备的持续工作能力。

4.2.1　可靠性设计方法

可靠性设计的方法有很多，其中液压系统最常用的有降额设计和余度设计。

4.2.1.1　液压系统降额设计方法

在液压系统中，把元器件应用于比额定应力值低的做法，称为降额使用。通过降额使用可以使元器件在峰值应力下或长期工作时，获得较大的安全裕度，从而提高了系统的可靠性。在进行系统的可靠性设计时，就考虑对元器件的降额使用问题，称为系统的降额设计。

当液压元器件作为一种机械产品来考虑时，降额使用主要是降低无器件的使用工作压力，也就是采用元器件的工作压力比额定压力低。这种做法的实质是降低元器件的应力水平，使其对强度来说有更大的安全裕度。

一般来说，液压元件的主要故障模式是磨损和疲劳两种，而磨损和疲劳都与元器件所受的应力水平有关。对器件的疲劳断裂来说，美国流体动力协会的研究表明：如把试验压力 p 降低到额定压力的 75%，则其疲劳寿命可由 10^6 压力循环提高到 10^7 压力循环。这些都说明，液压系统采用降额（降压）设计的方法，可以延长元器件的使用寿命，在一定程度上提高系统的可靠性。

随着科学技术的发展，机电一体化成为越来越普遍的发展趋势，液压元件尤其是阀类元件，往往都是机-电-液相结合的产品。而电器元件的降额使用问题，也应该成为液压系统设计者所考虑的方面之一。

降额设计虽可提高复杂系统的可靠性，但出于费用、重量、空间及类似问题的考虑，降额也是有限的。还应当指出，额定值（如工作压力、电压、电流、温度、功耗等）并没有一个泾渭分明的界限：超过它元器件就会马上故障，低于它就能无限期的工作。额定值仅能表示一种应力水平，在这种水平上，元器件的寿命随着应力的降低而增长，但也有某些元器件的负荷必须接近其额定值。例如电子管阴极工作温度太低，不能够消除表面沾污的杂质，反而会缩短电子管的寿命。

减额也要视系统的复杂程度和重要性而定，对元器件数量较少的设备，达到整机所规定的可靠性要求没有多大困难，就没有必要大幅度地减额；对于重要的复杂的系统，则可从最大限度的减额中获得难以得到的可靠性。

4.2.1.2　液压系统余度设计方法

为了提高系统的可靠性，在系统设计中可以采用两种方法：一种是尽可能选用高可靠性的单元组成系统，这是最节省资源的办法，也是常用的办法。但是此方法有局限性，由于受到液压元件技术水平的制约，有时要达到高可靠性要求的单元需要花费大量的资源。并且，对于由同样可靠性程度的单元组成的系统，系统愈复杂，系统的可靠性愈低。使这种复杂的系统达到高可靠性仅靠提高单元的可靠性是很难满足系统要求的，因此必须从系统的构成考虑，可以采用第二种方法，即增加一定数量的相同单元组成系统或采用多套相同的系统，即余度的方法，又称为冗余的方法。

(1) 余度技术的基本概念

所谓的余度技术是指利用多余的资源来完成同一功能，当系统中的某一部分出现故障时，可以由冗余部分代替故障的部分完成相同的功能，以减少系统或设备的故障率提高其可靠性。应该指出，这里所谓冗余，是指完成该设备应完成的基本功能所增加的重复部分，并不是多而无用的意思。该方法是提高系统可靠性的一种设计技术。当元器件的质量水平较低，采用一般设计方法已无法满足要求时，余度设计有其特别重要的意义。当然对于复杂的、有高可靠性和长寿命要求的大、中型系统和无法维修或有不停机维修要求的系统更应采取冗余设计，如卫星、导弹、雷达、电子计算机系统和工业自动化设备等。

余度设计是采用增加多余资源以换取可靠性的一种方法，采用它会使系统或设备的复杂程度、重量、体积、研制周期和成本都相应地增加，因此究竟是否采取余度设计技术，选用哪类冗余，需要与其他提高可靠性的设计技术进行权衡分析后才能决定。只有在采用更好的元器件、简化设计、降额设计等方法后还无法满足系统或设备的可靠性要求时，或因改进元器件所需费用比采用余度技术的费用更高时，余度设计才成为可采用的方法。

① 余度可采用的方式

a. 采用两个或两个以上的部件、分系统或通道，每个都能执行给定的功能。

b. 采用监控装置，它能检测故障、完成指示、自动切除或自动转换。

c. 采用上述两种方式的组合。

以上是美国军用标准 MIL-F-9490D《有人驾驶飞机飞行操纵系统设计、安装与试验通用规范》对余度（Redundancy）的定义，由此定义可知，余度系统是指利用多余的资源来完成同一功能，当系统中的某一部分（或整机）出现故障时，可以由冗余的部分（或整机）顶替故障的部分（或整机）工作，以保证系统在规定的时间内正常地完成规定的功能，余度技术允许两个以上的故障。

② 余度设计的基本任务　余度设计的基本任务是确定出容差能力准则、选定部件的余度类型和等级、确定系统的余度配置方案和余度管理方法。

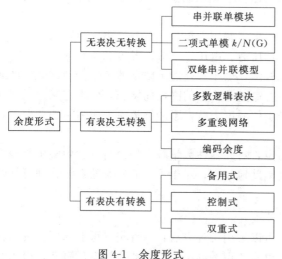

图 4-1　余度形式

在进行余度设计之前，应先定出容差能力准则，而容差能力准则是以满足任务可靠性和安全可靠性定量指标为目标，以最少的余度和复杂性为约束条件来确定的。过高的容差能力将降低基本可靠性，使维修任务和全寿命周期费用增加。

容差能力准则又可定义为余度等级，即允许系统或部件存在多少故障尚能维持系统或部件工作、安全的能力。如允许余度系统或部件有双故障工作的能力，则容差能力准则表示为故障工作/故障工作，简称 FO/FO。以此类推，功能不同、重要性不同的部件容差能力准则不同。

在容差能力准则确定后，余度设计的任务就是确定系统及部件的余度等级和形式、余度配置方案及余度管理方式。

(2) 余度技术的形式与分类

① 余度的形式　从余度结构分，有以下 3 种形式（图 4-1）。

a. 无表决无转换的余度系统　这种余度系统是指当系统中任一部件故障时，不需要外部部件来完成故障的检测、判断和转换功能的系统，如串、并联系统。

b. 有表决无转换的余度系统　这种余度系统是指当系统中的一个部件或通道故障时，需要一个外部元件检测和作出判断（即表决），但不常要完成转换功能的系统。如多数表决逻辑系统、多重线网络系统及编码余度系统等。

c. 有表决有转换的余度结构　这种余度系统是指当系统中的一个部件或通道故障时，需要一个外部元件检测、判断和转换到另一个部件或通道，以代替故障部件或通道的系统。如备份式余度、控制和双重余度等系统。

从余度系统运行方式分，有两种形式。

a）主动并列运行　图 4-2 示出 n 重分系统同时并列工作，由表决器输出经过选择的正确信号（表决器具有信号选择的功能、如中值、均值、次大、次小等），可用硬件或软件实现，这种系统又称为表决系统，其方案又有两种形式。

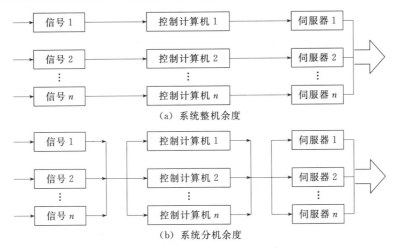

(a) 系统整机余度

(b) 系统分机余度

图 4-2　主动并列运行余度形式

整机余度［图 4-2(a)］：各通道（分系统）中的部件为串联（无余度），n 个单通道（分系统）并列运行（有余度），最后一级设表决/监控面，按余度数、故障-工作等级进行表决输出所需信号。

分机余度［图 4-2(b)］：表决/监控面不仅设在最后一级，前面的传感器及中间的计算机亦设有表决/监控面。n 个部件分段进行并列运行及表决，整个系统为串联运行型式，这种分机余度形式可靠性高于整机余度形式。

b）备用转换运行　图 4-3 示出一个或部分分系统工作，其余分系统处于备用状态。当工作的分系统故障时，通过监控装置检测出故障并转换至备用的完好分系统，使系统继续正常工作。这种形式也可以分为两种形式：同步随动备用形式，如图 4-3(a) 所示；中立备用形式，如图 4-3(b) 所示。

② 余度技术的分类　余度技术可划分为两类：静态余度技术和动态余度技术。

静态余度技术又称故障掩盖技术。它主要有三种技术组成：四重传输、错误校正码和 $2N+1$ 多模余度技术。N 表示任意正整数，$2N+1$ 表示并联余度模块数，最常用的是三模余度表决系统。

静态余度技术的优点：

a. 当故障出现时，系统没有改错的行动，因为故障被系统的结构所掩盖。

b. 不必对故障进行诊断和隔离，因为它们已被掩盖了。

c. 从无冗余系统转变为静态余度系统相对比较简单。

静态余度技术的缺点：

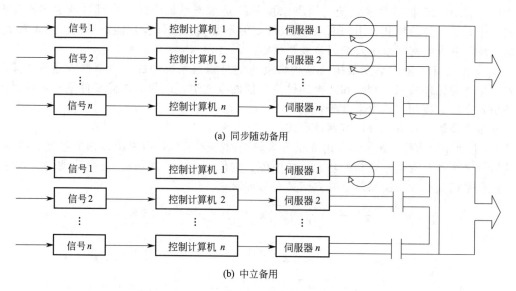

(a) 同步随动备用

(b) 中立备用

图 4-3　备用转换运行余度型式

a. 需对所有余度模块提供能源。

b. 由于静态余度假定模块故障时相互独立的，因此没有故障隔离，这样当余度模块中任一模块出现灾难性故障时，会影响到其余模块。

c. 需供能源模块的增加，会造成系统输入和输出的负载问题。

d. 静态余度系统测试较困难。

e. 在 $2N+1$ 重表决系统中的表决器对故障较敏感。而且它的故障将导致系统的故障。

动态余度技术与静态余度技术采用的硬件可以相同。但动态余度技术需要对故障进行检测、隔离、诊断和改正。故障检测可通过错误检测码、专门的测试程序或非法状态检测来完成。错误检测码类似于静态余度中的错误校正码。

动态余度一种是备用余度系统。当主模块故障时，通过故障检测装置检测出来并发出隔离信号至切换装置，将备用模块接入系统中替换故障模块。其方框图如图 4-4 所示。

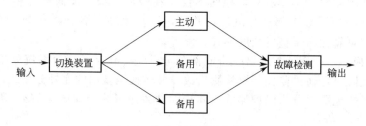

图 4-4　动态余度系统方框图

动态余度系统的优点：

a. 仅需提供一个模块能源。

b. 故障模块被替换下来，可防止灾难性故障性故障破坏整个系统工作。

c. 所有备份均可使用，备份的设计可修改，数量按任务可靠性来要求而不需要改变系统设计。

动态余度的缺点：

a. 切换装置及故障检测装置中的任一故障，均会造成系统故障。

b. 在故障模块被替换前，通过故障模块传输的数据信息可能丢失。

c. 瞬时故障可能造成好的模块失去作用。

余度型式中的无表决无转换系统及有表决无转换系统应属于静态余度系统的范畴，有表决有转换的余度结构应属于动态余度系统。对于动态余度系统，在计算系统可靠度时，需考虑故障监控覆盖率。

(3) 余度系统的设计

余度技术的采用是在提高系统可靠性的其他方法已用尽，或当元部件的改进成本高于使用余度技术时才惟一有用的方法。当采用余度技术来提高系统可靠性时，对所设计的余度系统一般应考虑以下几个问题。

a. 选择怎样的余度型式才能满足系统可靠性的要求。

b. 在一定的约束条件下（如成本、体积、重量、功耗等），如何设置最优的余度数以保证系统可靠性的要求。

c. 在组成余度系统的余度单元数量已确定的情况下，如何配置余度单元才能使系统的可靠性最优。

根据不同余度型式对系统可靠度的影响来选择系统的余度型式。下面，通过几种典型的余度结构来说明余度技术与可靠性指标之间的关系。

① 简单并联余度系统　对于简单并联余度系统，当附加余度单元超过一定数量时，可靠性的提高速度将会明显减慢，如图 4-5 所示。

如果余度单元数量增加，则可靠性及平均无故障工作时间提高的速度减慢。如图 4-6 所示，增加一个余度单元所获得的可靠性最高。它等于系统的平均无故障工作时间增加 50%。因此，不是并联系统的单元越多越好，一般采用 $3\sim5$ 个。

② 三模余度表决系统　三模余度表决系统（Triple Modularly Redundant System，简称 TMR），它是按三中取二表决结果输出的，当最多只有一个故障模块时，它能够可靠地工作，假设单模块的可靠度服从指数分布 $R=e^{-\lambda t}$ 时，则可知其可靠度表达式为

$$R_{\text{TMR}} = R^3 + 3R^2(1-R) = 3R^2 - 2R^3 = 3e^{-2\lambda t} - 2e^{-3\lambda t} \tag{4-1}$$

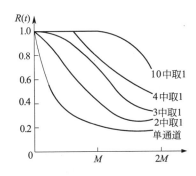

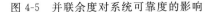

图 4-5　并联余度对系统可靠度的影响

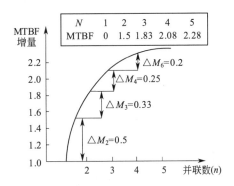

图 4-6　并联系统对 MTBF 的影响

单模块和 TMR 系统的可靠度曲线如图 4-7 所示。由于可靠度曲线下的面积为系统的故障前平均工作 MTTF，代入平均寿命公式可以得到单模块的故障前平均工作时间

$$\text{MTTF} = \int_0^\infty \exp(-\lambda t)\mathrm{d}t = \frac{1}{\lambda} \tag{4-2}$$

TMR 系统的故障前平均工作时间

$$\text{MTTF} = \int_0^\infty (3e^{-2\lambda t} - 2e^{-3\lambda t})\mathrm{d}t = \frac{5}{6\lambda} \tag{4-3}$$

这一结果表明，三模余度表决系统采用了三倍多的资源，所得到的故障前平均工作时间

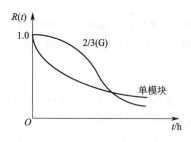

图 4-7　三模余度可靠度曲线

反而比单模小。所以，从故障前平均工作时间来看，用三模余度好像不合算。然而由图 4-7 可以看出，采用了三模余度系统其可靠度已不再是简单的指数分布，它可以大大提高系统在任务时间内的可靠度（$R \approx 1$），而对于产品至于有多少时间处于极低的可靠度（$R \approx 0$）不感兴趣，因此，采用余度技术的目的是提高任务期间的可靠度，至于任务期后的时间的可靠度是无关紧要的。

当考虑表决器本身的可靠度时，TMR 的可靠度表达式为

$$R_{TMR} = (3R^2 - 2R^3)R_v \qquad (4-4)$$

③ 三重（TDS）余度系统　对于高或超高可靠性要求的系统，如飞控系统要求达到 $10^{-7}/h \sim 10^{-9}/h$ 的故障率水平。一般的三模余度（TMR）或三模-单模（TSR）余度系统均难达到上述指标要求，因它们仅能实现单故障-工作的余度等级。因此，为了达到高可靠性要求，需采用较高等级的余度系统，如能实现双故障工作的三重（TDS）余度系统或四重余度系统（双故障工作、三故障安全）。

TDS 系统在三模块同时正常工作时，输出中值；一次故障后剩余两通道输出均值或按主-备式工作方式；二次故障后剩单通道仍可正常工作，此系统需有故障检测、隔离和重构自监控等功能。

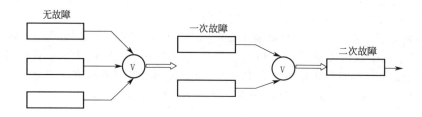

图 4-8　三重余度系统工作过程

由图 4-8 可知，具有双故障-工作能力的三重数字分控系统相当于三重余度系统、如不计检测转换等装置的可靠性时，取其仅在最后一级表决的数学模型，相当于并联系统，即 1/3(G) 逻辑功能。三重余度系统可将系统可靠度提高、故障率降低数个数量级。

4.2.2　维修性设计方法

4.2.2.1　可维修性设计模型

维修性模型是指为分析、评定系统的维修性而建立的各种物理模型和数学模型。物理模型是采用维修职能流程图等形式，标出各项维修活动间的顺序、产品部位和维修级别，判明其相互影响，以便于分配、评估产品的维修性，并采取纠正措施。维修职能是指在某一具体的级别上实施维修的各项活动，一般用维修职能流程图来描述。对某一项维修作业来说，维修职能流程图应包括从产品开始维修起，直到完成最后一项维修，使产品恢复到规定状态为止的全过程。维修职能包括：接受维修任务、目检产品损坏情况、功能测试、诊断与故障隔离、更换失效部件、维修质量检验、送回使用单位、维修质量反馈等。

维修性数学模型就是用数学函数表达规定条件下产品修复概率与时间的关系。由于维修性主要反映在维修时间上，而维修时间又是个随机变量，因而，维修性的定量描述是以维修时间的概率分布为基础的。

常用的维修性函数有维修度、维修时间密度函数和维修性参数。维修度即产品在规定的条件下和规定的时间内，按照规定的程序和方法进行维修时，保持或恢复其规定状态的概率；维修时间密度函数是维修度在一定时间内完成维修的概率，概率密度函数即维修时间密度函数。维修性参数是统计性数值，也是度量维修性的尺度，维修性参数能反映维修性的本质特性并与维修性工作的目标紧密联系。维修时间参数是最重要的维修性参数，它直接影响产品的实用性，又与维修保障费用和停机损失费用有关，所以应用最广。

常用的维修时间参数有：平均修复时间、恢复功能用的任务时间、最长修复时间、修复时间中值等。

通过故障模式影响分析，确定可能的故障模式、故障产生原因及故障可能产生的后果，在此基础上确定维修性设计要求，如故障指示器的确定和设计、测试点的布置、故障诊断方案等。

故障模式影响分析的深度和范围，取决于各维修级别上规定的维修性要求和产品的复杂程度与类别。寿命周期费用是指在液压产品的整个生命周期内，为保障产品的正常运行所花费的费用总和。寿命周期费用是产品方案设计和详细过程中最主要的决策参数，几乎任何一种液压产品的开发或改进设计过程中的小小决策，都会对寿命周期费用产生影响，产品的维修性设计对液压设备寿命周期费用的影响不言而喻。

现代设计的设备不仅要功能好，而且也要使用、维修方便，以提高整台设备的综合效率。设计者在产品设计建模时，就应当考虑到产品拆卸的可能性及维修的结构工艺性，整台设备不能有不可到达的死角，所有部件尽量采用快速解脱装置，以便拆装。

（1）可达性设计

可达性就是在进行设备维修、更换时，能够方便地接近维修部位和进行维修作业，是一种设计布局与装配特性。可达性又分为：安装场所可达性，设备外部可达性，内部可达性三类。产品良好的可达性会增加设计和制造费用，但可以减少维修费用。总费用（寿命周期费用）、设计费用、维修费用与可达性的关系如图 4-9 所示。

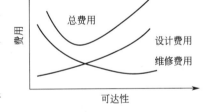

图 4-9 可达性与费用的关系

可达性指标决策的主要变量就是寿命周期费用。常用的寿命周期费用分析方法有参数估算法、类比法、工程估算法等。在进行可达性设计过程中，可以重点从以下几个方面去把握。

a. 直观性。所有的零部件都应在不拆卸其他零部件的情况下也能直接看到或碰到。

b. 缩短更换零部件时间。为了缩短更换零部件的时间，从布局观点考虑，把故障出现频数多的零部件、更换时间长的零部件，放在可达性好的部位。

c. 零部件的尺寸与质量。对于人、重的零部件等，在布局时应考虑尽可能放置在开口部分近旁；并且在更换时不致损坏其他零部件的部位。

d. 诊断的难易。机器内零部件配置应多考虑进行诊断的程序，即维修人员一边直接检查零部件，一边判定故障位置。

一般来说，零部件的配置方法如下。

① 标准配置 配置零部件时，要考虑其重量、热分布、工作性能等方面，也要考虑其强度、耐久性和制造工艺性。

② 零部件的分类配置 把同类的结构单元、零部件（例如继电器）等安装在一起，这种方法对定期的预防维修（定期检查、定期更换等）提供方便。

③ 电路的分类配置　这是电子设备中常用的一种方法，它是把由多个零部件组成的结构单元（用途不同也可以）集中在一处。这样，有利于实现元部件的标准化，并可简化测试程序和缩短测试时间。

④ 逻辑式配置　按照功能方框图的各方框来进行配置，维修人员在理解了工作原理之后，就能很容易地对照框图来寻求故障位置。

⑤ 调整检查的难易　最理想的零部件配置是不用打开机器就能检查或调整机器。即使机器内有调整处，也必须使其不停机就能进行调整。

⑥ 零部件周围的空间　在更换零部件时，有足够的空间，不会妨碍作业。

⑦ 目视　在配置零部件时为了能用目视，应考虑以下几点。

a. 拆下盖板时，要能以正常的视角看到所有的零部件。

b. 取放零部件时，要能从开口部分看到零部件。

c. 配置零部件时，要使零部件上的金属件、螺栓等能清楚地看到而不受其他零部件遮挡，也不受工作人员的手和工具的遮挡。

d. 为了能方便识别，要在机体上和零部件上做出标记。

e. 需要调整的零部件，除要看得见调整外，最好能在机体上或对应的显示器上显示其调整范围。

(2) 模块化设计

在整体式结构中，失效的零部件或元器件是分立而离散分布的，判明故障点比较困难，在维修中往往需大拆大卸，并受工具、测试设备、操作空间等维修条件的限制，不仅修复和更换速度慢，还易影响维修后的质量，并且对维修人员的技术和技能要求比较高。

模块是将一个单元体、组件、部件或零部件，设计成一个可以单独处理的单元，使其方便供应和安装、使用、维修。由于整机中的模块便于拆装、测试，所以模块化对维修有特别重大的意义，它使维修工作产生了革命性的变化，或者说模块化带来了维修工作的革命。

① 简化维修，缩短维修时间　从维修着眼，模块是从整机上整个地拆下来的设计部件，维修是以模块为单位进行的。由于模块易于从整机中拆卸和组装，简化了维修工作，缩短了维修时间。

② 易于测试诊断　模块间有明确的功能分割，能单独调试，且常有故障指示，出现故障后易于判断，并迅速找到有故障模块，缩短了故障诊断、定位时间。

③ 降低对维修人员水平的要求　由于维修方式和维修条件的改善，可大大降低对维修人员的技术水平和技能的要求，并易于保证维修质量。如有备用模块，无需维修人员，设备的操作者就可及时方便地进行快速更换。

④ 减少预防性维修工作量　由于模块易于与产品剥离，许多模块可以拆下来，拿回到维修室进行维修，维修环境良好，维修工具齐全，可减少或避免现场维修；有时由于机器已装上备用模块而正常运转，对损坏的模块可从容不迫地进行维修，有助于保证修复性维修的质量。

⑤ 有助于实施改进性维修　由于模块是"黑箱"型部件，有确定的功能和输入、输出接口，新技术模块只要功能与接口能相兼容，就可方便地用于改造老产品。

⑥ 有助于售后服务（维修）　一般设备生产厂家都有一支数量不小的售后服务队伍，以便让用户满意。模块化产品不仅易于测试、诊断，并且由于模块通用性大、寿命长、生产批量大，大多数备件都是新产品上还在使用的零部件，易于取得，甚至可在市场上购得。

4.2.2.2 维修性设计的一般方法

维修性设计的任务是，一旦设备发生故障，尽可能快地维修好，甚至在未出故障之前就已经采取措施来避免故障，从而提高设备的有效性。

① 故障预防设计　机械产品一般属于串联系统，因此要提高机械产品的可靠性，首先应从零部件的严格选择和控制做起。一般可以从以下几个方面入手：优先选用标准件和通用件；选用经过使用分析验证的可靠零部件；严格按标准选择及对外购件的控制；充分运用故障分析的成果，采用成熟的经验或经分析试验验证后的方案。

② 环境抗性设计　环境抗性设计是在设计时就考虑产品在整个寿命周期内可能遇到的各种环境影响，例如装配、运输时的冲击，振动影响，贮存时的温度、湿度、霉菌等影响，使用时的气候、沙尘振动等影响。因此，必须慎重选择设计方案，采取必要的保护措施，减少或消除有害环境的影响。具体地讲，在条件允许时，应在小范围内为所设计的零部件创造一个良好的工作环境条件，或人为地改变对产品可靠性不利的环境因素。在无法对所有环境条件进行人为控制时，在设计方案、材料选择、表面处理、涂层防护等方面采取措施，以提高机械零部件本身环境抗性的能力。

③ 人机结合设计　人机结合设计的目的是为减少使用中人的差错，发挥人和机器各自的特点以提高机械产品的可靠性。当然，人为差错除了人自身的原因外，操纵台、控制及操纵环境等也与人的误操作有密切关系。因此，人机工程设计是要保证系统向人传达信息的可靠性。例如，指示系统不仅装备显示器，而且显示的方式、显示器的配置等都使人易于无误地接受；控制、操纵系统可靠，不仅仪器及机械有满意的精度，而且适于人的使用习惯，便于识别操作，不易出错，与安全有关的，更应有防误操作设计。

④ 安全降额设计　降额设计是使零部件的使用应力低于其额定应力的一种设计方法。降额设计可以通过降低零件承受应力或提高零件强度的方法来实现。一般来说大多数机械零件在低于额定承载应力条件下工作时，其故障率较低，可靠性较高。为了找到最佳降额值，需做大量的试验研究。当机械零部件的载荷应力以及承受这些应力的具体零部件的强度在某一范围内呈不确定分布时，可以采用提高平均强度、降低平均应力，减少应力变化和减少强度变化等方法来提高可靠性。

4.3　液压气动系统可靠性维修性设计实例

4.3.1　回转窑液压系统可靠性设计实例

链箅机回转窑是钢铁企业采用的球团矿焙烧设备，是一种联合机组，包括链箅机、回转窑、环冷机及其附属设备。其工艺特点是干燥、预热、焙烧和冷却过程分别在 3 台不同的设备上进行。

4.3.1.1　回转窑存在问题及对策

(1) 存在问题

链箅机回转窑工艺生产中必须避免回转窑结圈。回转窑结圈将对球团生产产生危害，主要表现在降低产量，增加劳动强度；增加设备的负荷等。国内外的生产实践证明，回转窑结圈的主要原因是由于生产中操作不当，回转窑转速过慢或运动不均匀有关。具体表现一般是由于上料量大，干燥效果差，生球爆裂、粉化严重，产生大量粉末，透气性差，而火焰只在窑内一定距离燃烧，在高温作用下，未完全氧化的 Fe_3O_4。与活性相对较高的粉末中的 SiO_2 发生反应形成液相，引起回转窑运动负载发生变化，从而造成回转窑结圈。另外给煤量较大或煤灰熔点偏低也是造成结圈的原因。总之，在生产中只要操作得当，精心管理，回转窑结圈完全可以避免。

回转窑焙烧温度一般为 1200～1280℃，球团在窑内主要通过受热烘烤的作用，边翻滚边焙烧，从而达到受热均匀的目的。其转速可以根据原料情况的不同进行调整，以确定停留时间并最终决定球团矿的质量。

某钢铁公司回转窑规格为 $\phi 5.9 \times 40m$，斜度为 4.25%，工作转速 0.96r/min，两档支承。采用预制砖和浇注料相间施工的内衬，使窑衬具有较好的抗热震、抗冲击和耐磨及隔热性能，延长窑衬使用寿命，降低筒皮温度。球团矿在窑内停留时间 28min，回转窑填充率为 7%，利用系数为 7.35t/($m^3 \cdot$ d)。

（2）工艺策略

该公司 200 万吨氧化球团生产线在以前工艺设备上做了大量改进，采用了多项新技术，其中包括回转窑托轮滚动轴承支承、回转窑浮动垫铁、变刚度弹簧板、液压挡轮和窑位自动调节、新型结构冷却、新型进料溜槽和液压驱动技术，这些技术提高了设备的运转可靠度，为稳定生产提供了技术保证。

① 托轮滚动轴承支承　与滑动轴承相比，滚动轴承具有以下优点：

a. 结构简单，维修方便。

b. 摩擦阻力小，降低启动力矩，降低电耗。

c. 降低润滑剂消耗，无泄漏，保护环境。

d. 全密闭，轴承的工作环境好，使用寿命长。

e. 设备故障点少，设备作业率高。

早期设计的轴承组由承受径向力的双列向心球面滚子轴承和承受轴向力的推力向心球面滚子轴承组成，分别承受径向力和轴向力，推力向心球面滚子轴承的预紧负荷由弹簧保证。支承轮只有一个轴承同时承受径向力和轴向力，设备更简单，维护更方便，同时也降低投资。轴承的润滑采用干油集中润滑，润滑脂来自集中润滑系统，保证滚动轴承处于良好的润滑状态，并且延长密封件的使用寿命和保持滚动轴承的良好工作环境。

② 回转窑浮动垫铁　轮带固定在筒体上的方式采用活套式轮带，轮带直接安装在筒体垫铁上，避免轮带与筒体间的磨损，在轮带和垫铁间留适当的间隙，以适应筒体的热膨胀、避免缩径现象的发生。垫铁为可更换式浮动垫铁，双层垫铁，靠近筒体处下层为固定垫铁，外圆表面加工，上层为浮动垫铁，在磨损后到一定程度后可以更换，以保证轮带和筒体间的适当间隙。每组轮带下设置 36 块垫铁，下层垫铁外圆在出厂前先进行加工，以保证垫铁与轮带均匀接触，为提高加工效率，减少加工刀具的损坏，下层垫铁设置便于加工的倒角。轮带的轴向定位采用挡圈结构型式，轮带与挡圈接触面积大并使接触均匀，受力均匀压强低、磨损小，使用寿命长的优点。

③ 变刚度弹簧板　齿圈在筒体上的固定方式为变刚度铰接式切向弹簧板，共 12 块，沿圆周方向均布，与筒体的联结方式为焊接式。弹簧板的一端通过销轴与齿圈铰接，另一端直接焊在筒体上。采用这种联结固定方式可将大齿圈弹性地挂在筒体上，弹簧板可绕齿圈上销轴转动，补偿筒体旋转过程中的位移，增加传动过程中的缓冲能力。采用这种联接方式既可减少筒体弯曲变形对齿轮啮合的影响，又能缓冲大小齿轮的撞击，使传动更加平稳，减少对窑衬的破坏，延长窑衬使用寿命。弹簧板与筒体的联结方式为变刚度型式，在弹簧板与筒体焊接的部分采用了圆弧过渡段，在弹簧板发生弯曲变形时，弹簧板的刚度是变化，变形越大，刚度越大，从而有效的保护弹簧板，减少齿圈的位移，提高啮合质量。

④ 液压挡轮和窑位自动调节　在回转窑正常运转期间，为使轮带和托轮在全宽上均匀磨损，轮带应在托轮上往复缓慢移动，但往复移动的行程需要进行严格的控制，以避免筒体窜动过大，造成设备故障。轴向往复移动的最大距离为开始设计为 $\pm 60mm$，现在的趋势是减少这个行程防止筒体与其他部位干涉。如果筒体窜动超过一定范围，则回转窑自动转入事故运行状态，以便人工及时进行处理，防止设备出现故障。

挡轮装置采用液压挡轮装置，筒体的上行是由液压系统推动液压缸和挡轮完成，当筒上行到一定位置后，液压泵停止，液压系统保持一定的系统压力，筒体依靠重力缓慢下行，到达下行程终点后由电气系统启动液压泵控制筒体上行，从而周而复始的运动保证托轮的均匀磨损，系统完成一个往复动作时间可以根据现场情况进行调整，一般实现8～12小时往复一次。

回转窑筒体上下移动位置的检测是由窑位检测装置完成，通过位移传感器随时将筒体的上下移动位置传送控制室，便于工人观察和处理。

挡轮的控制由液压控制系统实现，在挡轮液压缸或液压系统出现故障的情况下，挡轮依靠安全装置控制筒体下滑和上串在一定范围内，防止设备发生事故。

早期设计的回转窑设有3个液压挡轮，其中2个防止下行，1个防止上行，在目前建设的球团厂仍有采用3个挡轮的。200万吨球团设计中只设置了一个液压挡轮，用于限制窑的下行，上行因为出现的概率小，采用固定挡块来完成。由于筒体的运动速度很慢，国内微流量的液压泵难以寻找，在设计中采用了杠杆原理，将液压缸移到挡轮外，增大缸径，可以选择大流量的液压泵，同时降低了液压系统压力和便于检修和维护。窑位检测装置是用来检测筒体位置，提供给计算机来控制液压挡轮实现窑位自动调节，由高精度位移传感器将挡轮的位移通过杠杆机构转换成连续的电信号，送到主控室，在主控室随时可观察实际的窑位，而不是原来的行程开关只有有限的位置，无法直接显示。检测到信号经计算机处理后，根据不同窑位，控制回转窑的运转。

⑤ 新型结构冷却　由于筒体在热环境下工作，在筒体内部衬有耐火材料保护，但在筒体的两端，处于1000℃以上工作环境，设置耐热合金钢护口板，并通风冷却保护筒体和护口板，以延长护口板的使用寿命。护口板的发展从双层护口发展到单层护口，现在采用的是子母扣搭接形式的护口板，可降低设备重量和防止来自环冷机的1000℃高温烟气进入筒体，造成筒体的损坏，在风道设计上采用了吸收膨胀的设计，避免因热膨胀顶坏风道，从而造成密封装置的损坏。

⑥ 新型进料溜槽　回转窑的给料是从链箅机给入。经过预热的生球经链箅机头部铲料板铲下，经窑尾密封罩大溜槽和小溜槽进入回转窑，生产过程中产生的粉尘和从窑尾倒出的料从窑尾下部排出，进入散料收集系统。小溜槽采用耐热合金钢制造，并通风冷却。在后期设计中对此处结构和冷却方式进行了改进，提高了冷却效果。

4.3.1.2　回转窑驱动系统改造方案确定

回转窑是重型非标准设备，自重可达1000t，还配有密封装置、支承装置、回转传动装置和窑内耐火材料等大型部件，结构复杂，占地面积大，基建投资大，操作技术要求高。回转窑传动系统是回转窑的心脏，它的运转效率直接影响着企业的经济效益，因此，提高和改进回转窑传动装置的稳定性和智能化水平，并进行有效的实时监测和控制具有极大的现实意义。

(1) 机械减速装置

图4-10所示为机械减速装置。在回转窑正常工作时，回转窑主传动电机运转，驱动主减速器，主减速器带动小齿轮，小齿轮带动回转窑大齿圈，回转窑大齿圈固定在窑筒体上。回转窑慢转时，由辅助电机驱动辅助减速器，再通过辅助减速器带动小齿轮。停窑时，为防止回转窑内物料重力不分布不均衡造成的回转窑反转，导致辅助减速器受到逆向负载飞车损坏，要设置逆止器及电磁抱闸。

① 回转窑传动主减速器的选型　软齿面减速器的公称输入功率可按下式计算：

$$N_{减速器} \geqslant K_A S_{Hmin} N_{主电机} \tag{4-5}$$

式中　K_A——使用系数，取$K_A = 1.25$；

$\quad\quad S_{Hmin}$——接触强度最小安全系数，考虑到要求减速器使用寿命较长，失效率小于$1/10000$，故取$S_{Hmin} = 1.5$。

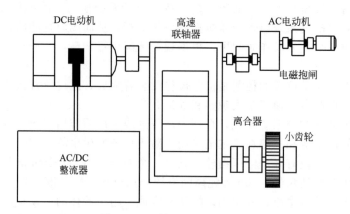

图 4-10 回转窑机械传动装置

硬齿面减速器的公称输入功率可按下式计算：

$$N_{减速器} \geqslant K_A S_{Fmin} N_{主电机} \qquad (4-6)$$

考虑到硬齿面减速器的齿轮采用渗碳淬火处理，其齿轮容易受力断裂，故取 $S_{Fmin} = 1.8$。

② 辅助减速器选型　由于辅助电动机额定功率的选择已经采用 $1.6 \sim 2$ 的储备系数，以及仅在主电源停电时防止回转窑长时间静止导致弯曲变形，或砌筑耐火材料和机械维修时才使用辅助传动，使用时间很短，因此可计算减速器公称输入功率。

$$N_{减速器} \geqslant K_A N_{辅电机} \qquad (4-7)$$

（2）液压传动装置

液压传动装置见图 4-11，在小齿轮轴两端各装有 1 台液压马达，只要液压马达通入高压

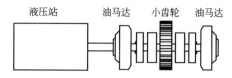

图 4-11　回转窑液压传动装置

油，液压马达就能运转，带动小齿轮。在液压马达壳体上装有扭矩臂，扭矩臂固定在回转窑基础上，用以承受液压马达壳体扭拒反力，从而达到使小齿运转的目的。1 台大型回转窑液压传动系统中，由 4 个液压马达驱动 2 个小齿轮。

我国冶金、建材企业回转窑发展初期，其传动系统大都采用电机-减速机传动，因回转窑属大型设备，工作情况特殊、复杂，在窑体产生变形时，窑身齿轮啮合间隙产生变化，使传动齿轮之间不能正常啮合，加速回转窑齿轮的损坏。

与机械减速装置相比，液压传动装置具有下列优缺点。

① 液压马达惯性小，加上液压油的阻尼作用，可消除回转窑传动装置的振动。

② 液压传动装置占地面积小，可在一定程度上减少基础的土建工程施工量，液压站可放在回转窑基础下面的地表上，一方面地表温度低，另一方面可防止液压站受到回转窑热辐射的影响，但需要增加液压管线的长度，使液压管道阻尼增大，降低了液压传动的工作效率。

③ 液压传动的回转窑具有节省功率、调速方便、操作安全、运转平稳，容易实现远程或自动控制等优点。

最后，选定液压传动方案，其中回转窑液压马达为瑞典赫格隆（HAGGLUNDS）产品。回转窑采用机械式传动，转速 $<1 r/min$，若提高其转速，则窑体产生振动；采用液压传动后，其窑体转速可提至 $1.5 \sim 1.8 r/min$，最高可达 $2.3 r/min$，而无振动发生，提高了生产线的生产能力。对窑体的稳定运行有利，该新型传动中无齿轮减速机。

该液压传动系统使其传动力保持平衡，消除了振动现象。它安装方便、迅速，结构简单、紧凑，可把液压马达直接联于回转窑传动齿轮轴上，无需基础及其他一些复杂的附属设备，占地少，无负作用。该传动系统可除去现有的电机、减速机、联轴器及大型配电柜等设备。

4.3.1.3　可行性的思考方案

采用液压马达传动系统的连接方式如图 4-12 所示。用 4 台型号为 CB400-200 的驱动马达，直接安装到回转窑传齿轮轴上，液压系统液压泵每 4 台组成一组，分两组，共 8 台液压油泵供液压油。

液压传动系统免去了减速机及基础设施等。此系统可进行频繁起动、停车及反转操作。任何状态下保持恒转矩不会出现怠懈现象，有较好的稳定性。

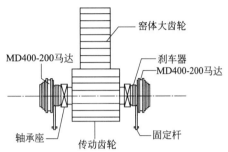

图 4-12　液压马达式传动系统连接示意图

4.3.1.4　回转窑液压系统可靠性设计

液压系统是回转窑驱动系统的一个主要组成部分，它与主机的关系密切，两者的设计通常需要同时进行。其可靠性设计要求，一般是必须从实际出发，重视调查研究，注意吸取国内外先进技术，力求做到设计出的系统重量轻、体积小、效率高、工作可靠、结构简单、操作和维护保养方便、经济性好。

在液压元件与系统的设计计算中，可以采用减额设计和冗余设计相结合的可靠性设计方法。回转窑双传动液压驱动系统，由两套小齿轮装置带动大齿轮转动。每个小齿轮装置为双出轴，每个输出轴端连接 1 台液压马达，共 4 台液压马达，4 台液压泵。要求 4 台液压马达同步运转。

设回转窑为 $\phi 5.9 \times 40\text{m}$，采用双传动液压驱动系统。

（1）回转窑功率设计计算

① 应用经验公式计算

$$W = 0.03n \times 0.75D_r \times 3L \tag{4-8}$$

式中　W——窑驱动功率；

　　　n——窑转速；

　　　D_r——窑筒体有效内径；

　　　L——窑筒体有效长度。设窑筒体耐火砖厚度 $\delta = 200\text{mm}$，则 $D_r = D - 2\delta = 5.9 - 2 \times 0.2 = 5.5\text{m}$，$D$ 为窑筒体内径。

$$W = 0.03 \times (0.45 \sim 1.35) \times 0.75 \times 5.5 \times 3 \times 40 = (120 \sim 277.78)\text{kW}$$

② 应用简易公式计算

$$W = KD \times 2.5Ln \tag{4-9}$$

式中　K——系数，$K = 0.045 \sim 0.048$，取 $K = 0.048$。

$$W = 0.48 \times 6.1 \times 2.5 \times 40 \times (0.45 \sim 1.35) = (79 \sim 238.2)\text{kW}$$

（2）窑驱动转矩的计算

$$M_{额} = 9550W_{额}/n \tag{4-10}$$

式中　$M_{额}$——窑额定转矩；

　　　$W_{额}$——窑额定功率，计算结果的上限，$W_{额} = 277.78\text{kW}$。

$M_{额} = 9550 \times 277.78/1.0 = 2645350\text{N} \cdot \text{m}$，取 n 为正常转速，$n = 1.0\text{r/min}$。作用在每

个小齿轮装置上的转矩：$M_小 = 2645350/2 \times 10.667 = 123996 \text{N} \cdot \text{m}$。

（3）液压驱动系统液压马达的参数设计计算

① 液压马达转矩的计算　每个小齿轮由 2 个液压马达对称布置驱动，则每个液压马达的转矩为小齿轮转矩一半。$M_液 = M_小/2 = 123996/2 = 61998 \text{N} \cdot \text{m}$。

每个液压马达的总转矩：$\qquad M = M_液 + M_m + M_b + M_g$

式中　$M_液$——液压马达的运转转矩；

$\qquad M_m$——液压马达的磨擦阻力矩；

$\qquad M_b$——背压阻力矩；

$\qquad M_g$——惯性阻力矩。

M_m 近似取 $0.1 M_液$，即 $M_m = 0.1 \times 61998 = 6199.8 \text{N} \cdot \text{m}$。

$$M_b = 1.59 \times P_b \times q \times 10^{-7} \qquad (4\text{-}11)$$

式中　P_b——液压马达的背压，取 $P_b = 1 \text{MPa}$；

$\qquad q$——液压马达的排量。

$M_b = 1.59 \times 1 \times 106 \times 10^{-7} q = 0.159q$。

$M_g = 0$，因为窑体转数较慢，故惯性忽略。

$M = 61998 + 6199.8 + 0.159 \times q = 68197.8 + 0.159 \times q$。

② 液压马达工作压力和排量计算　本系统工作压力选用 25MPa，扣除 1MPa 的系统阻力损失，因而液压马达工作压力为 24MPa。

由液压马达总转矩计算公式

$$M_总 = 1.59 \times P \times q \times 10^{-7} \qquad (4\text{-}12)$$

式中　$M_总$——液压马达工作总转矩；

$\qquad P$——液压马达的工作压力。

按照式(4-12) 计算：

$$1.59 \times P \times q \times 10^{-7} = 68197.8 + 0.159 \times q$$

$$0.159 \times 24 \times q = 68197.8 + 0.159 \times q$$

$$q = 68197.8/0.159 \times 23 = 18648 \text{mL/r}$$

$$M_总 = 0.159 \times 24 \times 18648 = 71160.7 \text{N} \cdot \text{m}$$

窑的启动转矩为运转转矩的 2.4 倍。则液压马达的最大输出转矩为 $2.4 \times 71160.7 = 17078.5 \text{N} \cdot \text{m}$。

③ 液压马达需油量的计算　液压马达的需油量与液压马达的转速有关，根据要求液压马达最低转速 $N_{min} = 0.45 \times 10.667 = 4.8 \text{r/min}$。最高转速 $N_{max} = 1.35 \times 10.667 = 14.4 \text{r/min}$。

液压马达的需油量：

$$Q = qN \qquad (4\text{-}13)$$

式中　Q——液压马达需油量；

$\qquad N$——液压马达转速。

液压马达最小需油量：$Q_{min} = 18.648 \times 4.8 = 89.28 \text{L/min}$

液压马达最大需油量：$Q_{max} = 18.648 \times 14.4 = 267.84 \text{L/min}$。

（4）液压泵有关参数的计算

① 液压泵的供油量

$$Q_b = KQ \qquad (4\text{-}14)$$

式中　Q_b——液压泵的供油量；

$\qquad K$——系数，$K = (1.05 \sim 1.1)$。

$Q_{bmin} = 1.05 \times 89.28 = 93.744 \text{L/min}$。

$Q_{bmax} = 1.05 \times 267.84 = 281.23 \mathrm{L/min}$。

② 液压泵功率计算　每台油泵由 1 台电机带动，则

$$N_b = Q_b P_b / 106 \times 60 \times \eta \qquad (4\text{-}15)$$

式中　N_b——液压泵功率；

P_b——泵的工作压力，取 $P_b = 25 \mathrm{MPa}$。

η——泵的总效率，取 $\eta = 0.8$。

$N_{bmin} = 25 \times 10^6 \times 93.744 / 10^6 \times 0.8 \times 60 = 48.43 \mathrm{kW}$。

$N_{bmax} = 25 \times 10^6 \times 281.23 / 10^6 \times 0.8 \times 60 = 146.47 \mathrm{kW}$。

液压泵选 32MPa，工作中降额使用，电机选择同样，单电机功率为 160kW，稍大于计算参数。电机功率选择过小则运行不安全，选择过大则缺乏经济性。

4.3.2　飞机液压系统维修性设计实例

液压技术在飞机上的应用广泛，但由于液压系统的故障一直占有较高的比例，一旦部件出现故障后，如何尽快地排除故障，提高装备的维修水平、完好率及出动率，越来越成为人们更为关心的问题。

海军航空工程学院樊庆和等用模糊综合评判法对飞机液压系统维修作业流程进行优化。

(1) 故障模式影响及致命度分析方法

进行故障模式影响及致命度分析时，其分析表的内容设计是首先考虑的问题，直接影响到分析的全面性和正确性。GJB/Z 1391—2006《故障模式、影响及危害性分析指南》中给出了详细的表格，另外在一些资料中也给出表格的例子。本节在以上表格的基础上，结合某型飞机液压系统维修作业流程优化的具体任务，对表格重新进行了设计。

(2) 故障树分析法

有了前面的故障模式影响及致命度分析为基础，建立故障树时可以直接由顶事件得出底事件，以某型飞机减速板放不下为例，说明模糊综合评判法优化故障排序方面的具体应用。由故障模式影响及致命度分析表，很容易得出造成减速板放不下故障的原因主要有以下 7 个方面：液压泵供油压力过低、减速板收放管路及接头泄漏、减速板液压电磁开关故障、单向限流活门堵塞、减速板收放动作筒卡滞、减速板锁钩卡死、连通活门串油。因此，当减速板放不下故障出现时，只需要检查相应的部件就可以了。显然引起减速板放不下故障的部件有液压泵、管路及接头、减速板液压电磁开关、单向限流活门、减速板收放动作筒、减速板锁钩和连通活门等。

(3) 模糊综合评判法

① 建立评判对象的因素集　以故障等级、检测难易度和发生概率 3 个重要因素作为评价的依据，这便构成了 1 个因素集 $U = \{U_1, U_2, U_3\}$，U_1 表示故障等级、U_2 表示检测难度、U_3 表示发生概率。

② 建立评判集　评判集也叫评语集，或决断集、判断集，就是对评价对象所作的评语的集合。对于故障等级、检测难度和发生概率，分别建立评语集如下：

$V_1 = \{$不严重，不太严重，较严重，严重，很严重$\}$，对应的级别分别为Ⅰ、Ⅱ、Ⅲ、Ⅳ、Ⅴ。

$V_2 = \{$很难，难，较难，较容易，容易$\}$，对应的级别分别为Ⅰ、Ⅱ、Ⅲ、Ⅳ，Ⅴ。

$V_3 = \{$极少发生，很少发生，较经常发生，经常发生，最容易发生$\}$，其级别分别为Ⅰ、Ⅱ、Ⅲ、Ⅳ、Ⅴ。对于发生概率，可以根据外场统计的故障数据，由专家评判，给出相应的分值。

对于Ⅰ、Ⅱ、Ⅲ、Ⅳ、Ⅴ级，取其对应的分值 C_m。分别为 1、3、5、7、9。

$$V = \{V_1, V_2, V_3\}$$

对每个因素 U_i，做出单因素评判，得单因素评判向量 $(r_{i1}, r_{i2}, \cdots, r_{im})$。单因素评判就是逐个因素对评判对象做出评价。对于隶属于 V 中的某一评语的程度，在对多个专家进行调查后，得到该因素集的评语程度：

$$r_{im} = \frac{\text{专家中有 } r \text{ 个人划归该指标为 V 中的某一评语}(r)}{\text{专家个数}(n)} \tag{4-16}$$

$i = 1, 2, 3$；$m = 1, 2, 3, 4, 5$。则可构成一个 3×5 阶单因素评判矩阵 $\boldsymbol{R}$

$$\boldsymbol{R} = \begin{bmatrix} r_{11} & r_{12} & r_{13} & r_{14} & r_{15} \\ r_{21} & r_{22} & r_{23} & r_{24} & r_{25} \\ r_{31} & r_{32} & r_{33} & r_{34} & r_{35} \end{bmatrix} \tag{4-17}$$

$\boldsymbol{R}$ 实质是 U 与 V 之间得模糊关系，即 $\boldsymbol{R}$：$\text{U} \times \text{V} \rightarrow [0, 1]$。可以得到各个底事件的单因素评判矩阵 $\boldsymbol{R}_1$：

$$\boldsymbol{R}_1 = \begin{bmatrix} 0.192 & 0.727 & 0.091 & 0 & 0 \\ 0.818 & 0.182 & 0 & 0 & 0 \\ 0.727 & 0.273 & 0 & 0 & 0 \end{bmatrix} \tag{4-18}$$

同理，可得出其他 6 个底事件矩阵 $\boldsymbol{R}_2 \sim \boldsymbol{R}_7$，在这里不一一列出。

③ 确定各因素的权重　在评价理论中最重要的两个部分，一个是评价对象的因素评价集，另一个是因子相对重要性大小的估测即权重，它是表征因子相对重要性大小的表征量度值。目前常用的权重确定方法主要有专家估测法、频数统计分析法、主成分分析法、模糊逆分析法等，本节采用专家估测法。

对于评判对象的各因子 U_1（故障等级）、U_2（检测难易度）、U_3（发生概率），可由多个专家对其做出权重判定。设有 n 个专家对其作出权重判定。采用专家估测法对评判对象的各因子 U_1、U_2、U_3 的权重做出判定。由此可得权向量 $\boldsymbol{A} = (0.2636, 0.2091, 0.5273)$

④ 做出综合评判　建立评判向量 $\boldsymbol{B}$

$$\boldsymbol{B} = \boldsymbol{A} \cdot \boldsymbol{R} = (a_1, a_2, a_3) \cdot \begin{bmatrix} r_{11} & r_{12} & r_{13} & r_{14} & r_{15} \\ r_{21} & r_{22} & r_{23} & r_{24} & r_{25} \\ r_{31} & r_{32} & r_{33} & r_{34} & r_{35} \end{bmatrix}$$

$$\begin{aligned} b_1 &= a_1 r_{11} + a_2 r_{21} + a_3 r_{31} \\ b_2 &= a_1 r_{12} + a_2 r_{22} + a_3 r_{32} \\ b_3 &= a_1 r_{13} + a_2 r_{23} + a_3 r_{33} \\ b_4 &= a_1 r_{14} + a_2 r_{24} + a_3 r_{34} \\ b_5 &= a_1 r_{15} + a_2 r_{25} + a_3 r_{35} \end{aligned} \tag{4-19}$$

如果评判结果 $\sum_{m=1}^{5} b_m \neq 1$，应将它归一化。得出的各项评判值只是专家对该项可能性的评判，并不是最后所要求的分值，每项的评判值与其对应分值相乘才是其最后得分，按其分值的大小，最后得出评语值，即取 $b_j = \max(b_1 C_{1r}, b_2 C_{2r}, b_3 C_{3r}, b_4 C_{4r}, b_5 C_{5r})$，作为对评判对象做出的最后评语值 V_j。由此可以得到：

$$\boldsymbol{B} = \boldsymbol{A} \cdot \boldsymbol{R}_1 = (0.2636, 0.2091, 0.5273) \cdot \begin{bmatrix} 0.192 & 0.727 & 0.091 & 0 & 0 \\ 0.818 & 0.182 & 0 & 0 & 0 \\ 0.727 & 0.273 & 0 & 0 & 0 \end{bmatrix} \tag{4-20}$$

可得 $b_1 = 0.6050$，$b_2 = 0.3736$，$b_3 = 0.0240$，$b_4 = 0$，$b_5 = 0$，则：$b_1 C_1 = 0.6050$，$b_2 C_2 = 1.1208$，$b_3 C_3 = 0.1200$，$b_4 C_4 = 0$，$b_5 C_5 = 0$，因此：$b_{j1} = 1.1208$，即：对液压泵的评语值为 $V_{j1} = 1.1208$。

以上只是得到液压泵的评语值 V_{j1}，同理可以分别得出对管路及接头、锁钩、单向限流活门、电磁开关、收放动作筒、连通活门的评语值分别为：$V_{j2}=3.8678$；$V_{j3}=1.6091$；$V_{j4}=2.2273$；$V_{j5}=3.2976$；$V_{j6}=1.60673$；$V_{j7}=1.1198$。

将各个部件的评语值进行比较，按照从大到小的顺序进行排列，则这个排列次序就是所要求得到的排故排序。即当减速板放不下时的排故顺序为：管路及接头→电磁开关→单向限流活门→锁钩→收放动作筒→液压泵→连通活门。同样，上述方法也适用于整个减速板收放系统及整架飞机液压系统的排故排序。

通过以上分析可以得出，当飞机的减速板出现放不下的故障时，可以按照所给出的排故排序进行故障排除，减少了盲目性及重复，将极大地提高维修效率。

4.3.3　液压设备维修性设计实例

设备的维修性是设计出来的，只有在设备设计开发过程中开展维修性分析与设计，才能将维修性设计到设备中。维修性设计的主要方法也分为定性和定量两种，其中维修性的定性设计是最主要的，只要设计人员有维修性的意识和工程经验就能将维修实践中遇到的检测、拆卸、更换与安装等维修性问题的解决途径设计到设备中。

液压设备研发中应用著名的参数化机械实体 CAD 软件 PRO/E，进行液压设备的计算机辅助设计，并将维修原则与维修经验融入设计之中。软件的参数化特征建模，设计方法能够极大的提高设计效率，并以立体直观的方式与设计者交互，更改与提高维修性设计十分方便。

结合某公司实施的工程进行实例说明。在液压阀台设备设计中，根据回路的复杂程度，对液压阀台整体布置进行规划，用 3 个液压阀块对设备进行集成，分为平移回路阀块、升降回路阀块和高压过滤器阀块，并以一个阀台底座支架将 3 个集成油路块安装与固定。其中，平移回路的集成块设计模型见图 4-13，除了集成块本体采用 20 号锻钢加工制造以外，其他元件都为外购元件和标准件。

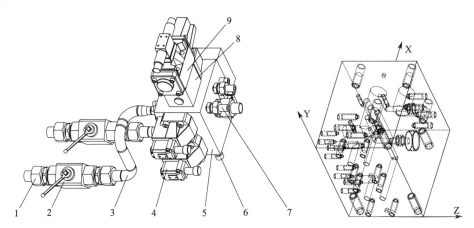

图 4-13　平移液压回路的集成块设计与装配模型
1—管接头；2—高压球阀；3—焊接弯头；4—单向顺序阀；5—液压集成阀块；
6—紧固螺钉；7—端直通管接头；8—压力补偿；9—比例方向阀

根据 CAD 软件装配模块中所具有的通用功能，用布尔运算切除实体的操作命令，可直接建立一个单纯的 6 方体阀块，设置阀块的透明度为 80%，并将液压阀、管接头、法兰和安装螺栓按照国家标准、元件制造商样本等建立模型，然后装配定位到阀块上。

将式(4-21)中的待切除的油口光孔特征也按照相关标准做成实体，并区分不同的压力工况，标示不同颜色。螺纹特征按粗牙与细牙普通螺纹标准按 GB/T 196—1981《普通螺纹基本尺寸》，螺纹余留长度和钻孔余留深度按 JB/ZQ 4247—2006《普通螺纹内、外螺纹余留长度，钻孔余留深度，螺栓突出螺母的末端长度》。如图 4 13 所示，在阀块 6 方体上分步切除实体特征 H_1、H_2 和 H_3，可得到阀块的最终结构特征。

$$\begin{cases} J = J_0 - \sum_{i=1}^{3} H_i \\ H_1 = \sum_{j=1}^{n} (X_j + Y_j) \\ H_2 = \sum_{j=1}^{m} Z_j \\ H_3 = \sum_{j=1}^{k} V_j \end{cases} \tag{4-21}$$

式中 J——最终阀块结构特征；

$\quad$ J_0——阀块 6 方体拉伸特征；

$\quad$ H_1——紧固螺钉螺纹特征 X_j 和底孔特征 Y_j 之和；

$\quad$ H_2——液压阀油口孔特征 Z_j 之和；

$\quad$ H_3——液压阀定位销特征 V_j 之和。

用 PRO/E 软件进行液压设备的初步设计，并提交由工程总承包方代表、用户方代表和设备成套厂专家组成的会审团，运用由美国 Alex F. Osborn 博士于 1941 年提出的头脑风暴法，提出维修性改进设计措施，并以纪要的形式形成设备可靠性维修性控制文件提交设备设计组，完成液压阀台、液压能源和管路连接等设备的维修性细节设计，并产生设备制造施工图。

对应设备的维修性设计原则，对液压设备维修性设计的各种实施细节举例进行说明。

① 简化设计　炉底机械液压设备的简化设计体现在阀台上，例如图 4-13 中，合理布置回路中各阀安装的空间位置，减少工艺孔数量，从而减少螺堵和盲板法兰零件数目，连接液压缸的 A、B 油口与旁边的盲板法兰采用国家机械标准 JB/ZQ 4187—1997《分体式高压法兰》，并采用标准中同一规格的法兰连接，以便于开设同规格的螺栓孔与连接螺栓，维修者用同一把扳手就可以完成装卸作业。

② 可达性设计　施工中将阀台布置在地下液压泵室之中，并将阀台的外部接管向外延伸时弯向地面，贴地表设置固定管夹，阀台定位距四周墙壁都留有 500mm 以上的间隔，为检修人员通行或检修每一个阀台部件都十分容易达到。

液压设备中调节与操作较为频繁的元件，如溢流阀和顺序阀的手柄和锁紧螺母需要在调试和检修时手动调节，设备中冷却水和吸油口蝶阀以及各个高低压球阀在设备运转发生异常或管路出现泄漏时需要维修者及时关闭，在大修期更换液压油并清理液压油箱时，需要打开箱体上人孔检修法兰和放油螺塞。这些元件与结构都应设置在检修者身体可达的位置。

根据工厂的维修情况，一般将总维修时间划分为行政维修时间和技术维修时间，可以用关系式（4-22）表示：

$$T = T_1 + T_2 \tag{4-22}$$

式中 T——总维修时间；

$\quad$ T_1——技术维修时间；

$\quad$ T_2——行政维修时间。

技术维修时间包括诊断、拆装、修理、调试等。它与故障维修难度、维修人员技术熟练程度、工具适应程度等有关。行政维修时间包括办理手续，准备工具时间等，还有等待备件与维修人员的时间。影响行政维修时间的因素很复杂，它与备件的供应、修理部门反应能力和管理水平等都有关系。通过液压设备本身的维修可达性设计可以减少拆装作业的技术维修时间，维修工具与常用备件现场可达性设计的具体方法是在液压泵室内设备旁，设置两个小柜子，一个专门放置维修工具，如内六角扳手、活动扳手和加力杠杆等；根据液压设备致命度分析的结果，在另一个柜子中专门放置常用的各种规格的 O 型密封圈、组合垫圈、管接头和液压法兰等。工具与备件的可达性，能够保障当液压设备发生泄漏或管路附件松动等故障时，缩短行政维修中准备工具和等待备件的行政维修时间。

同时具有液压设备本身可达性设计和维修工具与备件可达性设计的工程中，作现场拆卸试验，对液压阀台上所有的液压法兰、管接头、液压阀、阀的连接螺栓和密封圈进行拆卸并更换备用新元件，采用 4 位修理人员并行作业的方法，仅用时 16 分钟，拆卸与更换的时间远小于进行可达性设计之前。

③ 标准化、互换性与模块化设计　液压设备除了油路集成块、阀台支座、油箱本体和油箱泵站底座之外，全部采用标准的元件。

由于最大限度的采用了标准化，互换性也得到了充分的保障，例如选用相同通径无位置反馈型电液比例换向阀，派克公司的 TDA 系列和力士乐公司的 WRZ 系列同样满足四通口方向阀安装标准 ISO 4401，因此完全可以互换，为维修备件的选择提供了便利。

在钢管热处理生产线上，淬火炉液压站与回火炉液压站选用同一公司相同型号与规格的主液压泵元件，减少了不同规格的元件储备，也为集中采购节约成本提供了条件。这样设计的好处还体现在没有备件的情况下，可将另一台液压站上的备用泵紧急拆换到发生两台以上主泵损坏的液压站上，完全可以互换。

模块化设计体现在将液压阀台部分、液压能源部分和执行部分分解为独立功能的模块，并便于适应各种炉底机械的安装布局，为炉底机械本体的安装以及液压泵室的土建施工设计都提供了方便与灵活性。

④ 防差错及识别标志设计　有些工程的施工中为了图方便，在油路集成块上并不钻出液压阀定位销孔，订阀时也不带定位销。造成液压阀反装的事故在作者参与调试的工程中曾经出现。若平移回路中顺序阀 A、B 油口反向安装，则平移缸失去可调节的背压支撑，回油板式单向阀安装反向，则无法实现回油而卡死平移液压油缸。因此，在实施工程中考虑阀的防反装设计，在油路集成块体上开设定位销孔并安装定位销。

在液压阀台外部接口旁的阀体上都打印有油口标识，阀台共有输出接口 7 个，它们是 A1、B1、A2、B2、K、C、D，另有输入接口 3 个，它们是 P、T 和 L。在设备上醒目的地方设立带有液压回路图的铭牌，回路图上的油口编号和实际接口旁打印的标识一一对应，以防负责车间配管施工安装的人员错装误接。

⑤ 维修安全性设计　油箱本体上醒目处贴设警示标志，提示非维修专人不得靠近与操作液压设备上的元件，否则会出现事故与意外人身伤害。

将压力管路、回油管路和泄漏管路，用不同颜色的油漆涂敷，压力管路上用醒目的红色油漆进行警示，回油管路和泄漏管路压力比较低，该管道用蓝色油漆。

⑥ 故障检测设计　设备能源部分中的液位计上带有温度计，当电触点温度表出现故障时，可人工读取温度计上的刻度，判明设备工作的温度情况。在鞍山钢管热处理线的施工中，由于施工工期紧张，在电控设备没有调试完毕时，就启动液压设备进行系统循环，但温度计指示设备温升超过 60℃，不得已紧急停车，查明原因是车间配管时冷却器进水口与回水口错接，造成冷却器无法工作，温度计为故障检测起到了重要的指示作用。

设备中的压力继电器，测压接头与压力表，液位继电器等都是故障检测的重要元件，在系统维修性设计中不可缺省。

⑦ 维修中的人因工程设计　在安徽天大钢管热处理线的工程中，液压站油箱本体高达 2.2m。空气滤清器通口和回油过滤器都安装于油箱顶面，油箱注油通过滤清器通口完成，设计时未能考虑人因工程，维修者踏上主泵电机方可攀上油箱顶面进行作业，这样做十分费力，尤其在电机工作的时候也很不安全。为了改进这种状态，用 φ28×2.5 的液压钢管在油箱侧面焊接了一个直爬梯。这项维修性设计在以后施工的项目中得到了规范和贯彻，参照 GB 10000—1988《中国成人人体尺寸》和 GB/T 13547—1992《工作空间人体尺寸》，设计直爬梯的宽度、第一阶离地高度和阶梯跨距等尺寸。

参照人体尺寸数据与国家标准，设备维修性设计中还重新设计了油箱检修人孔与法兰端盖。为适应人体进入的方便性，并降低加工难度与费用，改圆盘状法兰为方形法兰，并用圆钢筋设置拆卸把手。

4.3.4　液压设备故障可修性划分

由于每个液压系统的用户厂所具有的维修设备与工具、维修团队和技术力量都不尽相同，因此，应以综合评价自身的维修资源为依据，对液压系统的故障进行可修性分类，具有重要工程意义。这种区分可使得维修者对于系统故障的能修性可以作出迅速判断，从而能够有效降低行政维修时间，并保障以自身资源与能力可以进行修理的故障的技术维修时间，有利于排除故障并恢复生产。

实际生产的液压设备中故障在可修性层面分类具有一定程度的模糊性，利于工程实践操作的方法是对于可以列举的液压系统故障汇总并由维修团队按图 4-14 填写。维修实践中重点关注填写在图 4-14 中 A 区的可修故障；对 C 区中满足一定条件成为可修的故障，应明确其可修条件，并在条件成立时将其转入 A 区，成为可修故障；对 B 区中的不可修故障，一经出现，应及时报送与协调外界技术力量进行解决。

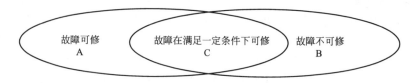

图 4-14　液压系统故障的可修性分类

在可修故障的维修实践中，当维修任务繁重，维修团队人员或其他维修资源紧张时，应以故障的维修价值和维修难易程度进行划分，按维修效益进行排序，以期获得最佳维修效果。结合作者在炉底机械液压系统项目中的实践，下面用模糊评分方法给出一种可修故障的评价与排序方法。

由液压系统的维修团队，对可修故障进行维修价值与维修难易程度的评分，建立如表 4-1 所示的评语与评分标准，表中的量化标准，可根据具体工程进行调整。

表 4-1　可修故障的评语与评分标准

项目	评语	分数区间	评分标准
维修难易程度评分标准	故障很容易修理(HH)	75～100	维修时间不超过 1 小时
	故障较容易修理(HL)	45～85	维修时间 1 小时以上，不超过 6 小时
	故障较难修理(LH)	15～55	维修时间 6 小时以上，不超过 24 小时
	故障很难修理(LL)	0～25	维修时间 24 小时以上
维修价值评分标准	维修价值很高(HH)	75～100	维修可节省重新购置费用 10000 元以上
	维修价值较高(HL)	45～85	维修可节省重新购置费 1000 元以上，不足 10000 元
	维修价值较低(LH)	15～55	维修可节省重新购置费 100 元以上，不足 1000 元
	维修价值很低(LL)	0～25	维修可节省重新购置费不足 100 元

可由团队中的每一位成员，对每种可维修故障进行维修价值与维修难易程度的评分。评分时按照评分标准，既可以仅给出评语，也可按百分值给出分值。对于仅给出评语的情况，可依据图 4-15 所示的模糊评分标尺，取对应隶属度为 1 时的分值来确定。为综合维修价值与难易程度两者所确定的信息，用一个换算系数将二者统一为一个维修效益的评分，计算依据式(4-23)。

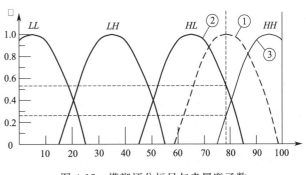

图 4-15　模糊评分标尺与隶属度函数

$$A_s = \frac{A_1 + K_T A_2}{1 + K_T} \tag{4-23}$$

式中　A_1——维修难易程度评分；

A_2——维修价值评分；

A_s——维修效益评分；

K_T——维修难易程度与价值之间的换算系数。

其中，K_T 表示单位维修时间和维修价值之间的对应关系。若每 1 小时的维修时间，所需付出的维修成本相当于 100 元，则 $K_T = 1$，可根据具体情况进行调整。

综合整个团队内，所有维修专家的评分结果，可得出综合的维修效益评分，在计算过程中，需考虑各专家的权重，综合维修效益评分按式(4-24) 计算。

$$A_s^* = \sum_{i=1}^{n} W_i A_s \tag{4-24}$$

式中　A_s^*——综合维修效益评分；

W_i——第 i 位专家的权重。

专家的权重，主要是为了对专家的经验与领域内知识进行区分而设立的，一般可考虑专家在领域内的专业工龄、工作职称和所获学历等项目。按分项赋值的方法确定专家的权重，并进行规一化处理，按式(4-25) 计算：

$$W_i = \frac{\sum\limits_{j=1}^{m} W_j W_j^i}{\sum\limits_{i=1}^{n} \sum\limits_{j=1}^{m} W_j W_j^i} \tag{4-25}$$

式中　W_j——项目权重；

W_j^i——第 i 个专家在第 j 个项目中的级别权重。

由式(4-23)、式(4-24) 和式(4-25)，能确定一组基于模糊方法的可修故障维修效益评分体系，并可算出每种故障的得分，由此确立图 4-15 中线①的中心，依照线①的中心做垂线与线②和线③求交点，得到这一分数的两个隶属函数值 μ_2 和 μ_3，由图中可见 $\mu_2 > \mu_3$，因此，可将得到这一分数的故障归类于线②对应的效益类别（HL—维修效益较高）。依此类推，将可修故障的效益类别分为：HH—维修效益很高；HL—维修效益较高；LH—维修效益较低；LL—维修效益很低，依据得分数据排序所有的可修故障，作为编制维修计划的依据。由于每个用户的维修团队与维修能力存在很大不同，在此不再列举具体的故障维修效益得分与排序表格。

第5章
液压气动系统可靠性维修性分析

    液压气动系统可靠性维修性分析是系统工程分析的一个重要组成部分，是提高液压气动产品可靠性维修性的途径。本章论述了可靠性维修性分析的几种常用方法，可靠性分析包括不可修系统与可修系统的可靠性分析、故障模式影响及致命度分析（Failure Mode Effect and Criticality Analysis，简称 FMECA）和故障树分析（Fault Tree Analysis，简称 FTA），维修性分析包括故障模式影响分析（Failure Mode and Effect Analysis，简称 FMEA）、寿命周期费用（Life Cyele Cost，简称 LCC）、维修障碍分析（Maintenance Trouble Analysis，简称 MTrA）、维修障碍及影响分析（Maintenance Obstacle and Effect Analysis，简称 MOEA）、综合权衡分析。最后，给出了液压气动系统可靠性维修性分析工程实例。

5.1   可靠性维修性分析概述

    可靠性分析技术是产品维修性、保障性、安全性、测试性工程技术的基础，是进行产品效能与周期费用优化权衡的依据。可靠性分析有不可修系统与可修系统的可靠性分析、故障模式影响及致命度分析（FMECA）和故障树分析（FTA）。

    FMECA 作为一种可靠性分析的方法起源于美国。早在 20 世纪 50 年代初，美国格鲁门飞机公司在研制飞机主操作系统时就采用了 FMECA 方法，当时只进行了故障模式影响分析（FMEA），而未进行致命度分析（CA），但取得了良好的效果。到了 60 年代后期和 70 年代初期，FMECA 方法开始广泛地应用于航空、航天、舰船、兵器等军用系统的研制中，并逐渐渗透到机械、汽车、医疗设备等民用工业领域，取得了显著效果。国内在 80 年代初期，随着可靠性技术在工程中的应用，FMECA 的概念和方法也逐渐被接受。目前在航空、航天、舰船、兵器、电子、机械、汽车、家用电器等工业领域，FMECA 方法均获得了一定程度的普及，为保证产品的可靠性发挥了重要作用。

    FTA 是一种图形化的方法，从其诞生开始就显示了巨大的工程实用性和强大的生命力，它可以让人们知道哪些事件的组合可以导致危及系统安全的故障，并计算它们的发生概率，然后通过设计改进和有效的故障监测、维修等措施，设法减小它们的发生概率。FTA 还可以让分析者对系统有更深入的认识，对有关系统结构、功能、故障及维修保障的知识更加系统化，从而使在设计、制造和操作过程中的可靠性改进更富有成效。近几十年来，FTA 技术在我国得到迅速的发展，特别是在核工业、航空、航天、机械、电子、兵器、船舶、化工等领域已得到广泛地应用。

    维修性分析是一项非常重要、非常广泛的维修性工程活动。一般认为，维修性分析是产品研制的系统工程活动中涉及维修的所有分析。比如对产品的维修性参数、指标的分析，维修性要求的分配、预计，试验结果分析等活动都属于维修性分析的范畴。但在国家军用标准 GJB 368B—2009《装备维修性工作通用要求》中，维修性分析作为一个单独的工作项目，是将从承制方的各种研究报告和工程报告中得到的数据和从订购方得到的信息转化为具体的设计的活动。大纲中的维修性分析是一种特殊的维修性分析。维修性分析作为整个系统不可分割的部分，它一般应在进行了初步的维修性分配后开始，在最终的设计确定前完成。

维修性分析是系统工程分析的一个组成部分，它所分析的是与维修性相关的项目，但分析过程中除了维修性参数外，还会涉及到来自可靠性工程、维修工程、人素工程等其他工程专业的参数，如故障率、维修工时、人员费用等。有时，维修性分析的项目，特别是涉及到权衡研究的项目，很难与其他专业工程的分析截然分开。例如，对几个待选的维修性设计方案进行权衡研究，选取最佳方案时，分析时所涉及的至少应包括各设计方案的维修方案、保障方案以及平均维修时间、故障率、寿命周期费用等参数。而这些方案、参数则分别来自可靠性工程和维修工程。维修性分析特别应与保障性分析取得一致，避免发生重复。

5.2 可靠性分析技术及方法

液压气动产品（包括液压气动元件和系统）都是属于复杂系统，提高其工作可靠性，找出其故障产生的主要影响因素。从可靠性角度出发，系统分为不可修系统和可修系统两大类，不可修系统可靠性分析方法是可修系统可靠性分析的基础，本节在可靠性模型的基础之上分别介绍了不可修系统与可修系统的可靠性分析方法，以及 FMECA 和 FTA 法，其中，FMECA 和 FTA 是可靠性分析的两个重要工具，可用来找到薄弱环节，为设计改进提供依据；对制造工艺过程、维修管理和故障分析中所发生的问题进行原因的探究和分析，提高系统的可靠性。

5.2.1 故障的基本概念

一切可靠性活动都是围绕故障展开的，都是为了防止、消除和控制故障的发生。一切可靠性投资都是为了提高产品可靠性，降低可靠性风险。所以，对在产品进行设计、研制、试验和使用过程中出现的故障，一定要抓住不放，充分利用故障信息去分析、评价和改进产品的可靠性。基本可靠性和任务可靠性均涉及到故障概念，在确定基本可靠性量值时，应统计所有会引起维修工作的故障。由于故障定量要求的不同，将造成可靠性定量要求的不同，因此在建立可靠性要求之前必须先确定故障定义。

(1) 故障定义

产品或产品的一部分不能或将不能完成预定功能（所称丧失规定的功能）的事件或状态叫做故障，对某些不可修复的产品亦称失效。从故障的定义来说，性能超差也算故障，所以故障不限于人们通常理解的结构和性能故障的含意。产品在规定的条件下使用，由于产品本身固有的弱点而引起的故障称为本质故障。不按规定的条件使用产品而引起的故障称为误用故障。有些技术人员认为可靠性只管本质故障，至于误用故障是使用方的责任。这种观点是不够全面的，如果设计得当，某些误用的概率可以大为减少。

(2) 故障模式

故障的表现形式称为故障模式。形成故障的物理、化学（也可能还有生物）变化等内在原因称为故障机理。前者相对于"病症"，后者相对于"病理"。对于液压气动元件来说，故障模式一般有泄漏、噪声、振动、机械损坏、压力波动和流量不足等表现形式，即使同一种表现形式，其故障机理也不相同，这也表现了液压气动系统故障的多发性、关联性、隐蔽性和复杂性。系统中元件的失效机理大致有机械磨损、形变、疲劳、断裂、污染、老化等几种形式。这些失效机理在不同的液压元件中表现为不同的故障模式。液压气动系统可能发生的故障模式见表 5-1。

表 5-1　液压气动系统可能发生的故障模式

序号	故障模式	序号	故障模式	序号	故障模式
1	结构失效(破损)	12	超出允许下限	23	滞后运行
2	物理性质的卡结	13	意外运行	24	输入过大
3	颤振	14	间断性工作不稳定	25	输入过小
4	不能保持正常位置	15	漂移工作不稳定	26	输出过大
5	不能开	16	错误指示	27	输出过小
6	不能关	17	流动不畅	28	无输入
7	错误开机	18	错误动作	29	无输出
8	错误关机	19	不能关机	30	电短路
9	内泄	20	不能开机	31	电开路
10	外泄	21	不能切换	32	电泄漏
11	超出允许上限	22	提前运行	33	其他

液压元件常见的故障模式见表 5-2。

表 5-2　液压元件常见的故障模式

元件	故障模式	元件	故障模式
低速大扭矩马达	滚轮或钢球与导轨间的磨损、剥蚀(内曲线式)	齿轮泵和马达	齿轮磨损
	连杆滑块与曲轴间的磨损或烧坏(曲柄连杆式)		齿轮断裂
	配流轴与配流套间的磨损或烧坏(轴配流式)		齿轮形变
	配流盘与转子间的磨损或烧坏(端面配流式)		侧板磨损
	密封漏油		轴承损坏或烧坏
轴向柱塞泵和马达	配流盘-缸体摩擦副磨损或烧坏		密封漏油
	滑靴-斜盘摩擦副磨损或烧坏	液压缸	缸体磨损或裂纹
	柱塞-缸孔摩擦副磨损或咬坏		螺栓断裂
	轴承磨损或剥蚀、断裂		柱塞杆磨损、锈蚀
	柱塞球头的颈部断裂		活塞磨损
	滑靴形变或断裂		密封环损坏
	缸体的薄弱环节裂纹		外漏
	变量机构调节失灵	液压阀	阀芯的卡死
	密封漏油		节流孔或口的堵塞
叶片泵和马达	叶片顶部与定子间的磨损或烧坏		弹簧的形变或断裂
	叶片与叶片槽间的磨损或烧坏		压力阀导阀阀芯的颤振和啸叫
	配流盘与侧板间的磨损或烧坏		锥阀芯与阀座的磨损或剥蚀
	叶片断裂		电磁铁吸力不足或烧坏
	轴承损坏		密封漏油
	密封漏油		—

气动元件常见的故障模式见表 5-3。

表 5-3　气动元件常见的故障模式

元件	故障模式	元件	故障模式
回转滑片式空压机和气马达	叶片顶部与定子间的磨损或烧坏	气动缸	活塞密封件损坏
	叶片与叶片槽间的磨损或烧坏		缸体内表面有裂纹
	叶片断裂		活塞杆磨损
	轴承损坏		活塞与活塞杆连接处螺母松动
	密封漏气		缸盖损坏
活塞式空压机和气马达	活塞-气缸摩擦副磨损或烧坏	气动阀	阀芯的卡死
	活塞杆与活塞连接螺母松动		节流孔或口的堵塞
	活塞环破损或精度不高		弹簧的形变或断裂
	轴承损坏		压力阀导阀阀芯的颤振和啸叫
	空气过滤器堵塞		锥阀芯与阀座的磨损或剥蚀
	密封漏气		电磁铁吸力不足或烧坏
	—		密封漏气

（3）故障分类

产品由于设计制造上的缺陷等原因而发生的故障称为早期故障。产品由于偶然因素发生的故障称为偶然故障。一般来说，偶然故障是通过事前的测试或监控不能预计到的故障，即属于所谓突然故障。有些偶然故障是突然而完全的故障，称为突变故障。有的偶然故障出现后，不经修复而在限定时间内能自行恢复功能，这叫间歇故障。从可靠性工程的观点来说，间歇故障比突变故障更难处理。因为突变故障易于被检测分析加以排除，而间歇故障有时找不到故障部件（在检测时它已恢复了功能），反而遗留了隐患。

产品由于老化、磨损、损耗、疲劳等原因引起的故障称为耗损故障。产品到了它的使用寿命就出现损耗故障。通过事前的测试或监控可以预计到的故障称为渐变故障。损耗故障一般为渐变故障。对于一种具体产品来说，出现损耗故障有一定的定量判据。

独立故障即不是由于另一产品的故障而引起的故障。它们是在解释试验结果或计算可靠性特征量的值时必须计入的故障，亦即所谓关联故障。但对于由于另一个产品故障而引起的故障即所谓从属故障仍要给以适当的注意。从属故障在解释试验结果或计算可靠性特征数值时不计入故障数，它们是非关联故障。

（4）故障程度

产品的可靠性信息亦是产品的故障信息。可能导致人或物的重大损失的故障称为致命故障，可能导致复杂产品完成功能能力降低的产品组成单元的故障称为严重故障，不致引起复杂产品完成规定功能能力降低的产品组成单元的故障称为轻度故障。

具体系统的故障不能反映系统可靠性的真实状态，不同程度的故障对系统性能的影响各不相同，排除它们的难易程度、所费维修成本和检修时间也很不一样。所以，为了更加符合工程实践，在许多情况下，可以参照表5-4列举的特征对故障分级。

表 5-4　液压气动系统的故障分级

故障等级	特　征	故障等级	特　征
极（特）大故障	①系统的全部性能指标超出了规定范围，功能全部丧失，无法继续使用 ②需送修理厂大修或更换主要部件	较小故障	①系统的少数主要性能指标超出了规定范围，功能大部分保持，尚可勉强使用 ②需由专门维修人员在系统工作现场修复
很（重）大故障	①系统的全部主要性能指标超出了规定范围，功能全部丧失，无法继续使用 ②需送修理厂修复或更换主要部件	小故障	①系统的个别主要性能指标或部分次要性能指标超出了规定范围，功能大部分保持，尚可勉强使用 ②需由专门维修人员在系统工作现场修复
大故障	①系统的大部分主要性能指标超出了规定范围，功能全部丧失，无法继续使用 ②需送修理厂修复	很小故障	①系统的部分次要性能指标超出了规定范围，功能正常，可继续使用 ②由操作人员在系统工作现场排除
较大故障	①系统的部分主要性能指标超出了规定范围，功能基本丧失，无法继续使用 ②需送修理厂修复	极（特）小故障	①系统的个别次要性能指标超出了规定范围，功能正常，可继续使用 ②由操作人员在系统工作现场排除

这样分级很好地利用了系统使用与维修过程大量存在的模糊信息，有利于设计专家与施工单位进行系统故障类型评判，但不利于总承包方和用户方的操作者和维修人员在实践中进行故障统计，因此为了收集与分析可靠性数据，还需对每一级故障设立量化标准。

5.2.2　不可修系统的可靠性分析

所谓的不可修系统是指，组成系统的各个元部件故障后，不对故障的元部件进行任何的维修。不进行维修的原因有多种多样，有的是指技术上不能及时修复，例如飞机在飞行过程中；有的是经济上不值得修复，或者一次性使用，例如灯泡、电子元件；有的是没有修复的必要，例如，导弹；有的本身是可修的，但为了分析方便，作为第一步，先近似的当作不可修系统进行研究等。因此不可修系统的可靠性分析是很具有现实意义的。

不可修系统的可靠性分析一般是在已知元件故障数据和系统结构的情况下，对系统的可靠性进行分析，并用一些关键事件或故障事件的概率、系统的可靠性、系统寿命等可靠性指标来描述系统的可靠性。

本节在进行不可修系统可靠性分析中做了两项假设：

① 系统或单元只有两个状态——正常和故障。

② 各个单元所处的状态是互相独立的，即其中任意一个单元的正常工作与否都不会影响其他单元的正常工作与否。

做了不可修假设，系统可靠性分析就简单得多，本节讨论的是典型的不可修系统，包括串联系统、并联系统、串-并系统、并-串系统、表决系统和贮备系统。

5.2.2.1 串联系统

当一个系统中任意一个单元故障都会导致整个系统故障，或者说只有系统中每个单元都正常工作时系统才正常，这样的系统就称为串联系统，其系统可靠性框图如图 5-1 所示。

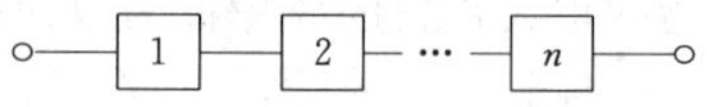

图 5-1　串联系统可靠性框图

串联系统是可靠性工程中最常见、最简单的系统可靠性模型，在实际工程中，许多系统都是串联系统或以串联系统为基础的。

设某液压串联系统由 n 个单元构成，第 i 个单元的寿命为 $t_i(i=1,2,\cdots,n)$，其可靠度为 R_i。假设 t_i 为随机变量且相互独立，且在初始时刻 $t=0$ 时所有单元都是完好的，根据串联系统的定义及其可靠性框图可知，串联系统的寿命 T_s 等于所有单元中寿命最短的那个单元的寿命，即

$$T_s = \min\{t_1, t_2, \cdots, t_n\} \tag{5-1}$$

设 $R_s(t)$ 为串联系统的可靠度，则根据可靠度的定义，可以得出下式

$$R_s(t) = P(T_s > t) = P\{\min(t_1, t_2, \cdots, t_n) > t\} = P\{t_1 > t, t_2 > t, \cdots, t_n > t\}$$

$$= \prod_{i=1}^{n} P(t_i > t) = \prod_{i=1}^{n} R_i(t) \tag{5-2}$$

式(5-2) 用不可靠度表示为

$$F_s(t) = 1 - \prod_{i=1}^{n} R_i(t) \tag{5-3}$$

由式(5-2) 可以看出，串联系统的可靠度 $R_s(t)$ 等于所有单元的可以同时正常工作到时间 t 的概率，利用单元所有状态都是相互独立的假设，串联系统可靠度为所有单元的可靠度的乘积。又因为每个单元的可靠度均小于 1，所以串联系统中单元数目和工作时间 t 的增加都会使串联系统的可靠度降低，而且串联系统的可靠度总是小于所有串联单元的可靠度的最小值，即

$$R_s(t) \leqslant \min\{R_i(t)\} \tag{5-4}$$

设 $\lambda_s(t)$ 为串联系统故障率，$\lambda_i(t)$ 为单元 i 的故障率，则串联系统的故障率为

$$\lambda_s(t) = \sum_{i=1}^{n} \lambda_i(t) \tag{5-5}$$

即串联系统的故障率等于系统中所有单元的故障率的总和。

式(5-5) 证明过程如下：

式(5-2) 两边取对数后得

$$\ln R_s(t) = \ln \prod_{i=1}^{n} R_i(t) = \sum_{i=1}^{n} \ln R_i(t)$$

又因为故障率 $\lambda(t)$ 可表达为

$$\lambda(t) = -\frac{\mathrm{d}}{\mathrm{d}t} \ln R(t)$$

故系统故障率还可以写成

$$\lambda_s(t) = -\frac{\mathrm{d}}{\mathrm{d}t} \ln R_s(t) = -\frac{\mathrm{d}}{\mathrm{d}t} \Big[\sum_{i=1}^{n} \ln R_s(t) \Big] = \sum_{i=1}^{n} \Big[-\frac{\mathrm{d}}{\mathrm{d}t} \ln R_i(t) \Big] = \sum_{i=1}^{n} \lambda_i(t)$$

即系统的故障率等于所有单元故障率的总和。又因为每个单元的故障率均大于 0，所以串联系统的故障率总是大于所有串联单元的故障率中的最大值，即

$$\lambda_s(t) > \max\{\lambda_i(t)\} \tag{5-6}$$

串联系统的平均寿命为

$$\mathrm{MTTF} = \int_0^\infty R_s(t) \mathrm{d}t = \int_0^\infty \prod_{i=1}^{n} R_i(t) \mathrm{d}t \tag{5-7}$$

如果已知单元的故障率为 $\lambda_i(t)$，根据 $R_i(t) = \exp\Big[-\int_0^t \lambda_i(t) \mathrm{d}t \Big]$，则平均寿命为

$$\mathrm{MTTF} = \exp\Big[-\int_0^t \sum_{i=1}^{n} \lambda_i(t) \mathrm{d}t \Big] = \int_0^\infty \exp\Big[-\int_0^t \lambda_s(t) \mathrm{d}t \Big] \mathrm{d}t \tag{5-8}$$

如果已知单元的故障密度函数为 $f_i(t)$，根据 $R_i(t) = \int_t^\infty f_i(t) \mathrm{d}t$，则平均寿命为

$$\mathrm{MTTF} = \int_0^\infty \prod_{i=1}^{n} R_i(t) \mathrm{d}t = \int_0^\infty \prod_{i=1}^{n} \int_t^\infty f_i(t) \mathrm{d}t \tag{5-9}$$

当每个单元的元件寿命服从指数分布时，则系统的可靠度为

$$R_s(t) = \prod_{i=1}^{n} \exp(-\lambda_i t) = \exp\Big(-\sum_{i=1}^{n} \lambda_i t \Big) = \exp(-\lambda_s t)) \tag{5-10}$$

平均寿命为

$$\mathrm{MTTF} = \int_0^\infty R_s(t) \mathrm{d}t = \int_0^\infty \exp(-\lambda_s t) \mathrm{d}t = \frac{1}{\lambda_s} = \frac{1}{\sum_{i=1}^{n} \lambda_i} \tag{5-11}$$

由式(5-10) 可以看出，当串联系统中各个单元的寿命为指数分布时，系统的可靠度仍然服从指数分布。

由上面的分析可以得出，提高串联系统的可靠性有以下途径。

① 提高每个单元可靠性，即减小故障率。

② 减小串联系统的单元数目。

③ 缩短系统工作时间。

例 5-1 已知某串联系统由两个服从指数分布的单元组成，两个单元的故障率分别为 $\lambda_1 = 0.0005\mathrm{h}^{-1}$，$\lambda_2 = 0.0001\mathrm{h}^{-1}$，工作时间 $t = 1000\mathrm{h}$，试求该系统的可靠度、故障率和平均寿命。

解： 因为两单元服从指数分布，所以，

$$\lambda = \sum_{i=1}^{n} \lambda_i(t) = \lambda_1 + \lambda_2 = 0.0005 + 0.0001 = 0.0006\mathrm{h}^{-1}$$

$$R_s(t = 1000) = \prod_{i=1}^{n} \exp(-\lambda_i t) = \exp\Big(\sum_{i=1}^{n} \lambda_i t \Big) = \exp(-0.0006 \times 1000) = 0.94176$$

$$\text{MTTF} = \frac{1}{\sum\limits_{i=1}^{n}\lambda_i} = \frac{1}{\lambda} = \frac{1}{0.0006} = 1666.67\text{h}$$

所以，该系统的 1000h 故障率为 0.0006h^{-1}，可靠度为 0.94176，平均寿命为 1666.67h。

5.2.2.2　并联系统

当一个系统中任意一个单元正常工作时整个系统就正常工作，或者说只有当系统中每个单元都故障时系统才故障，这样的系统就称为并联系统。其可靠性框图如图 5-2 所示。

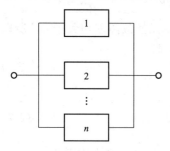

由并联系统定义可知，在并联系统中，刚开始所有单元都处于工作状态，之后单元开始发生故障，直到所有单元全部故障时系统才故障。

设某个液压系统由 n 个单元构成，第 i 个元件的寿命为 $t_i(i=1,2,\cdots,n)$，其可靠度为 R_i。假设 t_i 都为随机变量且相互独立，若初始时刻 $t=0$ 时，所有单元都是完好的，根据并联系统的定义及其可靠性框图可知：并联系统的寿命等于所有单元中寿命最长的那个单元的寿命，即

图 5-2　并联系统可靠性框图

$$T_s = \max\{t_1,t_2,\cdots,t_n\} \tag{5-12}$$

设 $R_s(t)$ 为并联系统的可靠度，则根据可靠度的定义，可以得出下式

$$R_s(t) = P(T_s>t) = P\{\max(t_1,t_2,\cdots,t_n)>t\}$$

$$= 1 - P\{\max(t_1,t_2,\cdots,t_n)\} = 1 - P(t_1\leqslant t,t_2\leqslant t,\cdots,t_n\leqslant t) \tag{5-13}$$

$$= 1 - \prod_{i=1}^{n}[1-P(t_i<t)] = 1 - \prod_{i=1}^{n}[1-R_i(t)]$$

由式(5-13) 得知，并联系统的可靠度大于或等于单元可靠度的最大值，即

$$R_s(t) \geqslant \max\{R_i(t)\} \tag{5-14}$$

如果用 $F_s(t)$ 和 $F_i(t)$ 分别表示系统和第 i 个单元的不可靠度，式(5-13) 就可化为

$$F_s(t) = \prod_{i=1}^{n}F_i(t) \tag{5-15}$$

即并联系统的不可靠度等于各个单元不可靠度之积。由于不可靠度 $F_i(t)$ 是个小于 1 的值，因此 $F_s(t)$ 会随着并联元件的数目增多而减少，相应系统的可靠度就会增加。但是随着单元数目的增加，新增加元件对系统可靠性的提高的贡献会变得越来越小。另外可靠性高的单元并联，系统可靠性提高的较快，可靠性低的元件并联，系统可靠性提高的缓慢。

由式(5-2)、式(5-3) 和式(5-13)、式(5-15) 可以看出可靠性串联等于不可靠性并联、可靠性并联等于不可靠性的串联，它们之间存在着对偶性。

并联系统的平均寿命为

$$\text{MTTF} = \int_0^{\infty}R_s(t)\mathrm{d}t = \int_0^{\infty}\left\{1-\prod_{i=1}^{n}[1-R_i(t)]\right\}\mathrm{d}t \tag{5-16}$$

如果已知单元的故障率为 $\lambda_i(t)$，根据 $R_i(t) = \exp\left[-\int_0^t\lambda_i(t)\mathrm{d}t\right]$，则平均寿命为

$$\text{MTTF} = \int_0^{\infty}\left\{1-\prod_{i=1}^{n}\left[1-\exp\left(-\int_0^t\lambda_i(t)\mathrm{d}t\right)\right]\right\}\mathrm{d}t \tag{5-17}$$

如果已知单元的故障密度函数为 $f_i(t)$，根据 $R_i(t) = \int_t^{\infty}f_i(t)\mathrm{d}t$，则平均寿命为

$$\text{MTTF} = \int_0^{\infty}\left[1-\prod_{i=1}^{n}\int_0^t f_i(t)\mathrm{d}t\right]\mathrm{d}t \tag{5-18}$$

当第 i 个元件的寿命分布满足指数分布时，并联系统的可靠度为

$$R_s = 1 - \prod_{i=1}^{n} [1 - \exp(-\lambda_i t)] \qquad (5\text{-}19)$$

将式(5-19)展开后得

$$R_s(t) = \sum_{i=1}^{n} \exp(-\lambda_i t) - \sum_{1 \leqslant i < j \leqslant n} \exp[-(\lambda_i + \lambda_j)t] + \cdots + (-1)^{n-1} \exp[-(\lambda_1 + \lambda_2 + \cdots \lambda_n)t]$$

$$(5\text{-}20)$$

并联系统的平均寿命为

$$\mathrm{MTTF} = \int_0^\infty R_s(t) = \sum_{i=1}^{n} \frac{1}{\lambda_i} - \sum_{1 \leqslant i < l \leqslant n} \frac{1}{\lambda_i + \lambda_j} + \cdots + (-1)^{n-1} \left(\sum_{i=1}^{n} \lambda_i \right)^{-1} \qquad (5\text{-}21)$$

对于最常用的二单元并联系统，则有

$$R_s(t) = \exp(-\lambda_1 t) + \exp(-\lambda_2 t) - \exp[-(\lambda_1 + \lambda_2)t] \qquad (5\text{-}22)$$

$$\mathrm{MTTF} = \frac{1}{\lambda_1} + \frac{1}{\lambda_2} - \frac{1}{\lambda_1 + \lambda_2} \qquad (5\text{-}23)$$

根据 $R(t)$ 与 $\lambda(t)$ 的关系，可得两单元并联的故障率 $\lambda_s(t)$ 得

$$\lambda_s(t) = -\frac{R_s'(t)}{R_s(t)} = \frac{\lambda_1 \exp(-\lambda_1 t) + \lambda_2 \exp(-\lambda_2 t) - (\lambda_1 + \lambda_2) \exp[-(\lambda_1 + \lambda_2)t]}{\exp(-\lambda_1 t) + \exp(-\lambda_2 t) - \exp[-(\lambda_1 + \lambda_2)t]} \qquad (5\text{-}24)$$

由上述可以看出，尽管 λ_1 和 λ_2 都是常数，但并联系统故障率 $\lambda_s(t)$ 不再是常数。虽然 $\lambda_s(t)$ 不是常数，但并联系统平均寿命则仍然是常数。

例 5-2 某系统是由 3 个元件并联而成，设每个元件的寿命分布服从指数分布，故障率为 $\lambda = 1 \times 10^{-5}/\mathrm{h}$，试比较单一元件与系统工作 1000 小时的可靠性指标。

解： 单一元件可靠性指标为

$$R_1(t = 1000) = \exp(-\lambda t) = \exp(-1 \times 10^{-5} \times 1000) = 0.99$$

$$\mathrm{MTTF} = \frac{1}{\lambda} = \frac{1}{1 \times 10^{-5}} = 10^5 \, \mathrm{h}$$

系统的可靠性指标为

$$R_s(t = 1000) = 1 - \prod_{i=1}^{3} [1 - R_i(t)] = 1 - [1 - \exp(-\lambda t)]^3 = 0.999999$$

$$\mathrm{MTTF} = \int_0^\infty R_s(t) \, \mathrm{d}t = \frac{3}{\lambda} - \frac{3}{2\lambda} + \frac{1}{3\lambda} = 183333 \mathrm{h}$$

由例 5-2 印证了采用并联系统可以提高系统的可靠度。因此我们可以通过增加并联单元来提高原来单元的可靠度，这在设计中称为冗余。从完成系统功能来说，仅有一个单元也能完成，所以采用多单元是为了提高系统可靠性，采取耗用资源代价来换取可靠性一定程度的提高。

冗余工作方式分为工作冗余和贮备冗余。工作冗余是指与产品的基本工作单元与其他非工作单元都处于运行状态；贮备冗余是指基本工作单元处于运行状态，其他单元处于备用状态。并联系统的冗余方式的优点是简单、可靠度高，缺点是必须考虑负荷的分配。串联系统模型和并联系统模型是两种最基本的可靠度模型。

5.2.2.3 串-并联系统与并-串联系统

(1) 串-并联系统

串-并联系统是每个单元并联之后再串联而构成的系统，其可靠性逻辑框图如图 5-3 所示，串-并联系统先由 $m_i(i = 1, 2, \cdots, n)$ 个单元并联构成 n 个子系统，子系统再串联构成了串-并联系统。

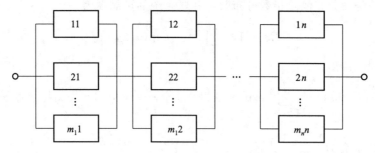

图 5-3 串-并联系统可靠性框图

设每个单元的可靠度为 $R_{ij}(i=1,2,\cdots m_j; \ j=1,2,\cdots,n)$，由式（5-2）和式（5-19）可得串-并联系统可靠性模型的可靠度为

$$R_s(t) = \prod_{i=1}^{n} \left\{ 1 - \prod_{j=1}^{m_j} \left[1 - R_{ij}(t) \right] \right\} \tag{5-25}$$

当每个单元的可靠度都相等 $(R_{ij}(t)=R(t))$ 且 $m_i=m$ 时，则

$$R_s(t) = \{1 - [1-R(t)]^m\}^n \tag{5-26}$$

若 $R(t)=\exp(-\lambda t)$ 时，则有

$$R_s(t) = \{1 - [1-\exp(-\lambda t)]^m\}^n \tag{5-27}$$

串-并联系统可看作是从串联系统变化而来的，它是在串联系统的基础上让某几个单元加上几个工作贮备单元，则得到了一个串-并联系统。由于串-并联系统中具有贮备单元，因此其可靠性比单纯的串联系统高。

（2）并-串联系统

并-串联系统是每个单元串联之后再并联而构成的系统，其可靠性逻辑框图如图 5-4 所示，并-串联系统先由 $n_i(i=1,2,\cdots,m)$ 个单元串联构成 m 个子系统，子系统再并联构成了并-串系统。

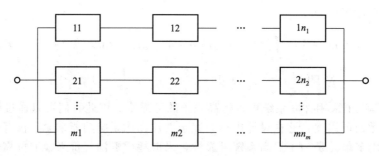

图 5-4 并-串联系统可靠性框图

设每个单元的可靠度为 $R_{ij}(i=1,2,\cdots,m; \ j=1,2,\cdots,n_i)$，由式（5-2）和式（5-19）可得并-串联系统可靠性模型的可靠度为

$$R_s(t) = 1 - \prod_{i=1}^{m} \left[1 - \prod_{j=1}^{n_i} R_{ij}(t) \right] \tag{5-28}$$

当每个单元的可靠度都相等 $(R_{ij}(t)=R(t))$ 且 $n_i=n$ 时，则

$$R_s(t) = 1 - [1-R^n(t)]^m \tag{5-29}$$

若 $R(t)=\exp(-\lambda t)$ 时，则有

$$R_s(t) = 1 - [1-\exp(-\lambda nt)]^m \tag{5-30}$$

并-串联系统可以看作是由并联系统变化而来的,由并联系统的特性可知并-串联系统的可靠性高于每一个子系统的可靠性。

例 5-3 假设在 $m=n=5$ 的串-并联系统与并-串联系统中,每个元件在规定条件下,规定时间内的可靠度均为 $R(t)=0.75$,试比较这两个系统的可靠度。

解: 代入式(5-26)和式(5-29)可以得到如下结果:

串-并联系统的可靠度为

$$R_s(t)=[1-(1-R^5)]^5=0.99513$$

并-串联系统的可靠度为

$$R_s(t)=1-(1-R^5)^5=0.74192$$

由以上结果可以看出,在元件数目相等且元件相同的情况下,串-并系统的可靠性比并-串系统的可靠性高。

5.2.2.4 表决系统

表决系统由 n 个单元和一个表决器组成,当系统中至少有 k 个单元正常工作时则系统就能正常工作,这样的系统称为 n 中取 k ($1 \leqslant k \leqslant n$) 表决系统,通常记作 $k/n(G)$ 系统,其中 G 表示系统完好。如液压系统中有 5 个阀,但只要其中 2 个以上是好的,则系统就可以正常工作,这就是 5 中取 2 系统,记作 $2/5(G)$ 系统。$k/n(G)$ 系统的可靠性框图如图 5-5 所示,k/n 为 n 中取 k 表决器。

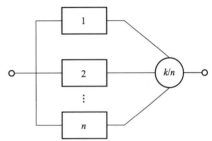

图 5-5 $k/n(G)$ 系统可靠性框图

表决系统是一种冗余方式,在实际工程中得到了广泛的应用,以 $2/3(G)$ 系统为例,如图 5-6 所示,图 5-6(a) 是 $2/3(G)$ 系统的逻辑框图,图 5-6(b) 是图 5-6(a) 的等效框图。

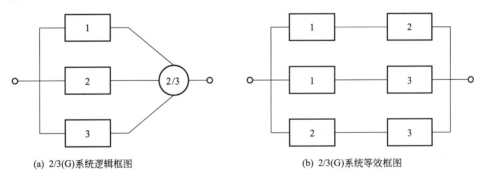

(a) 2/3(G)系统逻辑框图　　　　(b) 2/3(G)系统等效框图

图 5-6 2/3 表决系统逻辑框图及其等效框图

表决系统有以下 3 种特殊情况:

① 当 $k=1$ 时,$1/n(G)$ 为并联系统。

② 当 $k=n$ 时,$n/n(G)$ 为串联系统。

③ 当 $n=2k-1$ 时,$k/2k-1(G)$ 被称为多数表决系统,图 5-6 就是一个多数表决系统。

表决系统可借助二项定理求出它的可靠度。设表决系统由 n 个相同单元组成且相互独立,表决器的可靠度为 1,在规定的时间内每个单元的可靠度都为 $R(t)$,不可靠度都为 $F(t)$,表决系统的可靠度为 $R_s(t)$,则

$$R_s(t)=\sum_{i=k}^{n}C_n^i R^i(t)F^{n-i}(t)=R^n(t)+C_n^{n-1}R^{n-1}(t)F(t)+\cdots+C_n^k R^k(t)F^{n-k}(t) \quad (5\text{-}31)$$

当 $k=1$ 时,$R_s(t)=1-[1-R(t)]^n$;当 $k=n$ 时,$R_s(t)=R(t)^n$。可见串联系统和并联

系统时表决系统的两个极端情况，则表决系统的可靠度比并联系统小，比串联系统大。

若单元寿命分布服从指数分布，即 $R(t)=\exp(-\lambda t)$ 则

$$R_s(t) = \sum_{i=k}^{n} C_n^i \exp(-\lambda it)[1 - \exp(-\lambda t)]^{n-i} \tag{5-32}$$

此时表决系统的寿命为

$$\text{MTTF} = \int_0^\infty R_s(t)\mathrm{d}t = \sum_{i=k}^{n} C_n^i \int_0^\infty \exp(-\lambda it)[1 - \exp(-\lambda t)]^{n-i}\mathrm{d}t = \sum_{i=k}^{n} \frac{1}{\lambda i} \tag{5-33}$$

例 5-4 某 $2/3(G)$ 系统模型，假设系统中的 3 个单元在规定的时间内的故障率均为同一常数 $\lambda=1\times10^{-5}$ h，试计算该系统在工作 1000 小时内的可靠度以及平均寿命。

解： 该系统为 $2/3(G)$ 系统，根据式(5-31)可以得到系统的可靠度为

$$R_s(t) = \sum_{i=2}^{3} C_3^i R^i(t) F^{3-i}(t) = 3R^2 - 2R^3$$

工作 1000 小时的可靠度和平均寿命为

$$R_s(t=1) = 3R^{-2\lambda t} - 2R^{-3\lambda t} = 3\times\exp(-2\times1\times10^{-5}\times1000) - 2\times\exp(-3\times1\times10^{-5}\times1000)$$
$$= 0.9997$$

$$\text{MTTF} = \int_0^\infty R_s(t)\mathrm{d}t = \frac{3}{2\lambda} - \frac{2}{3\lambda} = \frac{5}{6\lambda} = 83333.3\text{h}$$

对上述结果和例 5-2 结果进行比较，发现采用 $2/3(G)$ 表决系统要比采用并联系统的可靠度提高程度要小，而平均寿命反而比单元的平均寿命低 1/6。因为表决系统的作用主要是提高产品在任务时间内的可靠性，而任务时间通常要比平均寿命小得多。例如在产品满足指数分布的情况下，如果用到平均寿命，则可靠性只剩 0.368，此时的可靠性太低了。

5.2.2.5 贮备系统

前面讨论的并联系统利用工作贮备的方式来提高系统的可靠性。但未必能有效地提高系统的工作寿命，原因在于并联系统的寿命等于 n 个并联单元中最好单元的寿命。为此我们引入贮备系统，也称冗余系统或旁联系统。

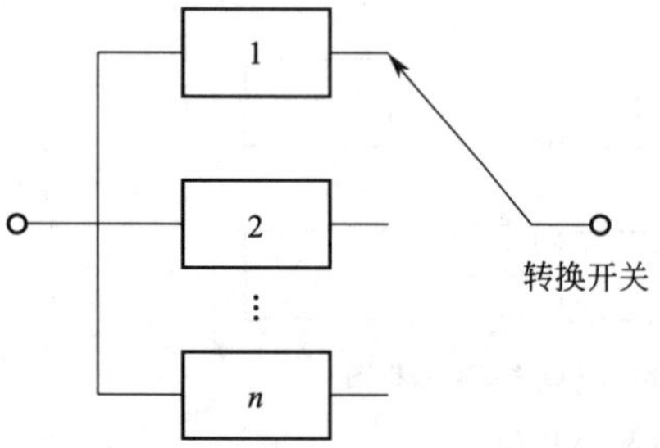

图 5-7 贮备系统可靠性框图

贮备系统是由 n 个单元组成的，但只有一个单元在工作状态，其他单元作为贮备单元处在非工作状态，其可靠性框如图 5-7 所示，单元 1 是现在正常工作的单元，其他的单元为贮备单元，在工作单元故障时，贮备单元能够通过转换开关来替代故障的单元，从而使系统能够继续工作下去。

贮备系统一般有冷贮备和热贮备之分。冷贮备是备用单元在贮备期间不参与运行，不发生故障或故障率很小，或者说冷贮备在投入工作前必须有一段启动时间，不能在工作单元故障时立即更换；热贮备是在贮备期间备用单元有可能故障（贮备单元的故障率一般与工作故障率不同，一般要小得多），但是可以立即更换故障单元取而代之。

在分析贮备系统可靠性时要考虑转换开关的可靠性，一般分完全可靠和不完全可靠两种情况。

(1) 冷贮备系统

① 转换开关完全可靠的冷贮备系统　冷贮备系统由 n 个单元和一个转换开关组成，根据贮备系统的工作模式，只有到所有单元都故障时，系统才故障，假定装换开关完全可靠，每个单元的寿命为 $t_i(i=1,2,\cdots,n)$，则冷贮备系统的平均寿命等于所有单元平均寿命的总和

$$\text{MTTF} = \sum_{i=1}^{n} t_i \tag{5-34}$$

当贮备单元的寿命分布服从指数分布，即 $R_i(t) = \exp(-\lambda_i t)$，$i = 1, 2, \cdots, n$。冷贮备系统的可靠度和平均寿命分别为

$$R_s(t) = \sum_{k=1}^{n} \left(\prod_{\substack{i=1 \\ i \neq k}}^{n} \frac{\lambda_i}{\lambda_i - \lambda_k} \right) \exp(-\lambda_k t) \tag{5-35}$$

$$\text{MTTF} = \sum_{i=1}^{n} \frac{1}{\lambda_i} \tag{5-36}$$

当 $n = 2$ 时，有

$$R_s(t) = \frac{\lambda_1}{\lambda_1 - \lambda_2} \exp(-\lambda_2 t) + \frac{\lambda_2}{\lambda_2 - \lambda_1} \exp(-\lambda_1 t) = \exp(-\lambda_1 t) + \frac{\lambda_1}{\lambda_1 - \lambda_2} \left[\exp(-\lambda_2 t) - \exp(-\lambda_1 t) \right] \tag{5-37}$$

$$\text{MTTF} = \frac{1}{\lambda_1} + \frac{1}{\lambda_2} \tag{5-38}$$

当每个单元的故障率相同时即 $\lambda_i = \lambda (i = 1, 2, \cdots, n)$，系统的可靠度和平均寿命为

$$R_s(t) = \sum_{k=0}^{n-1} \frac{(\lambda t)^k}{k!} \exp(-\lambda t) \tag{5-39}$$

$$\text{MTTF} = \frac{n}{\lambda} \tag{5-40}$$

式(5-39)右端求和号后面是泊松分布，是在时间 t 内发生 k 次故障的概率。n 个单元的冷贮备系统允许在时间 t 内最多发生 $n-1$ 次故障而仍能保持系统正常工作，所以系统可靠性是单元发生零次故障到 $n-1$ 次故障的概率的总和。

例 5-5 试比较均由两个相同的单元组成的串联系统、并联系统、冷贮备系统（转换开关及贮备单元完全可靠）的可靠度。假定单元寿命服从指数分布，故障率为 λ，单元可靠度为 $R(t) = \exp(-\lambda t) = 0.9$。

解： 串联系统的可靠度为

$$R_{ss} = R^2 = 0.9^2 = 0.81$$

冷贮备系统的可靠度为

$$R_{cs}(t) = (1 + \lambda t) \exp(-\lambda t) = (1 - \ln R) R = 0.9948$$

并联系统的可靠度为

$$R_{ps}(t) = 1 - (1 - R)^2 = 2R - R^2 = 0.99$$

经比较，$R_{cs}(t) > R_{ps}(t) > R_{ss}(t)$，这是因为并联系统中单元完全处于工作状态，而贮备系统中仅当工作单元故障时贮备单元才会投入使用，这样就提高了系统的可靠性，延长了系统的寿命。

② 转换开关不完全可靠的冷贮备系统　当转换开关不完全可靠时，必须要考虑转换开关的可靠度，设转换开关的可靠度为 R_{sw}。

在冷贮备系统中，当转换开关不完全可靠时，只有在下述两种情况下系统就会故障。

a. 某一次使用转换开关时转换开关故障，则系统故障。

b. 使用了 $n-1$ 次转化开关均正常，第 n 个单元故障，则系统故障。

为了描述在转换开关不完全可靠的情况下系统的可靠度，引入一个随机变量：

$$\nu = \begin{cases} k & \text{第 } k \text{ 次使用转换开关时开关首次故障}(k = 1, 2, \cdots, n-1) \\ n & \text{使用 } n-1 \text{ 次转换开关均正常} \end{cases}$$

则 ν 服从下列分布

$$P\{\nu=k\}=(1-R_{sw})R_{sw}^{k-1}(k=1,2,\cdots,n-1) \tag{5-41}$$

$$P\{\nu=n\}=R_{sw}^{n-1} \tag{5-42}$$

设系统中每个单元的寿命为 $t_i(i=1,2,\cdots,n)$，它们是 n 个独立的随机变量，则此时系统的平均寿命为 $T_s=t_1+t_2+\cdots+t_\nu$，应用全概率公式可得系统的可靠度为

$$R_s(t)=P\{t_1+t_2+\cdots+t_\nu>t\}=\sum_{k=1}^{n}P\{t_1+t_2+\cdots+t_\nu>t\mid\nu=k\}P\{\nu=k\} \tag{5-43}$$

$$=\sum_{k=1}^{n-1}P\{t_1+t_2+\cdots+t_k>t\}P\{\nu=k\}(1-R_{sw})R_{sw}^{k-1}+P\{(t_1+t_2+\cdots+t_n)>t\}R_{sw}^{n-1}$$

式(5-43) 的意义是把系统出现故障的两种情况的概率之和相加就是系统的可靠度：第一项是第 k 次使用转换开关时转换开关故障的概率；第二项是最后一次使用转换开关时第 n 个单元故障的概率。

当贮备单元的寿命分布服从同一指数分布，即 $R_i(t)=\exp(-\lambda t)$，$(i=1,2,\cdots,n)$。根据式(5-43) 的表示的意义可以把式(5-39) 代入式(5-43)，得

$$R_s(t)=\sum_{k=1}^{n-1}(1-R_{sw})R_{sw}^{k-1}\sum_{i=0}^{k-1}\frac{(\lambda t)^i}{i!}\exp(-\lambda t)+R_{sw}^{n-1}\sum_{i=1}^{n-1}\frac{(\lambda i)^i}{i!}\exp(-\lambda t) \tag{5-44}$$

$$=\sum_{k=1}^{n-2}(1-R_{sw})R_{sw}^{k'}\sum_{i=0}^{k'}\frac{(\lambda t)^i}{i!}\exp(-\lambda t)+R_{sw}^{n-1}\sum_{i=1}^{n-1}\frac{(\lambda i)^i}{i!}\exp(-\lambda t)$$

式中，$k'=k-1$。用加法结合律变换式(5-44) 中的第一项的形式，得

$$R_s(t)=\sum_{i=0}^{i-2}\frac{(\lambda t)^i}{i!}\exp(-\lambda t)(1-R_{sw})\sum_{k=i}^{n-2}R_{sw}^k+R_{sw}^{n-1}\sum_{i=1}^{n-1}\frac{(\lambda i)^i}{i!}\exp(-\lambda t) \tag{5-45}$$

因为 $(1-R_{sw})\sum_{i=0}^{n-2}R_{sw}^k=R_{sw}^i-R_{sw}^{n-1}$，故上式可化为

$$R_s(t)=\sum_{i=0}^{n-1}\frac{(\lambda R_{sw}t)^i}{i!}\exp(-\lambda t) \tag{5-46}$$

系统的平均寿命为 $\text{MTTF}=E(T_s)=E(t_1+t_2+\cdots+t_\nu)$，经过推导得

$$\text{MTTF}=\frac{1}{\lambda(1-R_{sw})}(1-R_{sw}^n) \tag{5-47}$$

当 $n=2$ 时

$$R_s(t)=\exp(-\lambda t)+R_{sw}\lambda t\exp(-\lambda t) \tag{5-48}$$

$$\text{MTTF}=\frac{1+R_{sw}}{\lambda} \tag{5-49}$$

当每个单元的故障率有所不同时，可类似的求出系统可靠度和平均寿命，但表达式过于复杂，下面仅给出系统仅有两个单元构成时的结果：

$$R_s(t)=\exp(-\lambda_1 t)+R_{sw}\frac{\lambda_1}{\lambda_1-\lambda_2}[\exp(-\lambda_2 t)-\exp(-\lambda_1 t)] \tag{5-50}$$

$$\text{MTTF}=\frac{1}{\lambda_1}+R_{sw}\frac{1}{\lambda_2} \tag{5-51}$$

式中　λ_1——工作单元的故障率；

　　　λ_2——贮备单元的故障率。

例 5-6　设两个液压元件的故障率为 $\lambda_1=1\times10^{-5}/\text{h}$，$\lambda_2=1.5\times10^{-5}/\text{h}$，两者构成一个冷贮备系统，开关转换不完全可靠，在规定时间内其可靠度为 0.99，求系统工作 1 年的可靠度。

解：根据题意由式(5-50) 可得

$$R_s(t=1000)=\exp(-1\times10^{-5}\times1000)+0.99\times\frac{1\times10^{-5}}{1\times10^{-5}-1.5\times10^{-5}}$$
$$[\exp(-1.5\times10^{-5}\times1000)-\exp(-1.5\times10^{-5}\times1000)]=0.999$$

而两个元件单独的可靠度分别为 0.99 和 0.985。可见转换开关不完全可靠的情况下还是能提高系统的可靠性，即使在转换开关可靠性很低的情况下，还是能提高工作单元的可靠性的。

（2）热贮备系统

因为热贮备系统可靠分析时需考虑贮备单元的故障率，因此计算起来要比冷贮备系统复杂的多，以下讨论的热贮备系统只是两个单元的结构，设系统中一个单元在工作，它的故障率为 λ_1；另一个单元在贮备，它在贮备期间故障率为 μ，投入工作后故障率为 λ_2，另外这两个单元相互独立。

① 转换开关完全可靠的热贮备系统　当转换开关完全可靠时，则系统的可靠度与平均寿命分别为

$$R_s(t)=\exp(-\lambda_1 t)+\frac{\lambda_1}{\lambda_1+\mu-\lambda_2}\{\exp(-\lambda_2 t)-\exp[-(\lambda_1+\mu)t]\} \tag{5-52}$$

$$\text{MTTF}=\frac{1}{\lambda_1}+\frac{1}{\lambda_2}\left(\frac{\lambda_1}{\lambda_1+\mu}\right) \tag{5-53}$$

当 $\mu=0$ 时，则系统变为冷贮备系统，有

$$R_s(t)=e^{-\lambda_1 t}+\frac{\lambda_1}{\lambda_1-\lambda_2}[\exp(-\lambda_2 t)-\exp(-\lambda_1 t)] \tag{5-54}$$

$$\text{MTTF}=\frac{1}{\lambda_1}+\frac{1}{\lambda_2} \tag{5-55}$$

上述结论与式(5-37) 和式(5-38) 计算结果相同。

当 $\mu=\lambda_2$ 时，则系统变为并联系统，有

$$R_s(t)=\exp(-\lambda_1 t)+\exp(-\lambda_2 t)-\exp[-(\lambda_1+\lambda_2)t] \tag{5-56}$$

$$\text{MTTF}=\frac{1}{\lambda_1}+\frac{1}{\lambda_2}-\frac{1}{\lambda_1+\lambda_2} \tag{5-57}$$

结果与式(5-22) 和式(5-23) 相同。

② 转换开关不完全可靠的热贮备系统　当转换开关不弯曲可靠时，系统的可靠性与平均寿命分别为

$$R_s(t)=\exp(-\lambda_1 t)+R_{sw}\frac{\lambda_1}{\lambda_1+\mu-\lambda_2}\{\exp(-\lambda_2 t)-\exp[-(\lambda_2+\mu)t]\} \tag{5-58}$$

$$\text{MTTF}=\frac{1}{\lambda_1}+R_{sw}\frac{\lambda_1}{(\lambda_1+\mu)\lambda_2} \tag{5-59}$$

当 $R_{sw}=1$，即转换开关完全可靠，则系统变为转换开关完全可靠的热贮备系统，有

$$R_s(t)=\exp(-\lambda_1 t)+\frac{\lambda_1}{\lambda_1+\mu-\lambda_2}\{\exp(-\lambda_2 t)-\exp[-(\lambda_2+\mu)t]\} \tag{5-60}$$

$$\text{MTTF}=\frac{1}{\lambda_1}+\frac{1}{\lambda_2}\left(\frac{\lambda_1}{\lambda_1+\mu}\right) \tag{5-61}$$

上述结果同转换开关完全可靠的贮备系统完全一致。

5.2.3　可修系统的可靠性分析

第 1 章中介绍了可修系统的基本概念和主要度量指标，本节将简要地介绍随机过程以及马尔可夫过程的基本概念，并用马尔可夫过程来分析一些典型系统的可靠性问题。

5.2.3.1　可修系统可靠性分析的理论基础

研究可修系统的主要数学工具是随机理论。当构成系统的各个单元的寿命和发生故障后

修复时间的分布以及其他出现的有关分布都为指数分布时，这样的系统常常可以用马尔可夫过程来描述，因此首先介绍关于随机过程和马尔可夫过程的基本知识。

(1) 随机过程

可修系统是可靠性工程中比较重要的系统，研究可修系统的主要数学工具是随机过程理论。下面引入随机过程的概念。设 E 是随机试验，e 是一次随机试验的结果，$S=\{e\}$ 是它的状态空间，即随机过程所有可能取得一切值，T 是时间变化的范围。若对每一个 $e(e\in S)$，都有一个关于时间 t 的函数 $X(t)(t\in T)$ 与之对应，则对于所有的 $e(e\in S)$ 来说，就得到了一族依赖于时间 t 的函数 $\{X(e,t),t\in T\}$，则称这族时间的函数为随机过程，记作 $\{X(t),t\in T\}$，或简记为 $X(t)$，对随机过程进行一次试验其结果是 t 的函数记作 $x(t)$，$t\in T$，称它为随机过程的一个样本函数或样本曲线。

随机过程可以从两个方向理解：

① 对于每一个固定的 t，$X(t)$ 是一个随机变量，有时在实际工程中把 $X(t_1)$ 称为随机过程 $X(t)$ 在 $t=t_1$ 时的状态，因此，随机过程 $X(t)$ 是依赖于事件 t 的一族随机变量或随机变量的集合。

② 对于每一个指定的实验结果 e，$X(t)$ 则是一个确定的样本函数，它可以理解为一次随机过程的一次物理实现过程。

随机过程的两个理解方向的描述不同，但在本质上是一致的。第一个理解方向多运用在理论分析中，第二个理解方向多运用在实际测量中，两者在理论和实际中互为补充。

随机过程根据变量的状态可以分为连续型随机过程和离散型随机过程；另外根据时间参数可以分为连续型随机过程和离散型随机过程。根据随机过程的时间和状态可以分为 4 种类型：离散状态空间，离散时间参数；离散状态空间，连续时间参数；连续状态空间，离散时间参数；连续状态空间，连续时间参数。

在可靠性工程中，状态空间一般是离散的，此时的随机过程可以看成是由一个个系统状态连接起来的，这时该过程又称为链。

(2) 马尔可夫过程

当随机过程 $X(t)$ 在时刻 t_0 系统由一种状态转移到另一种状态的转移概率，只与系统在时刻 t_0 时所处的状态有关，而与 t_0 之前所处的状态无关，即此随机过程具有马尔可夫性或无记忆性，则此随机过程被称为马尔可夫过程（Markov Process），简称马氏过程。例如当可修系统的组成单元的寿命分布和故障后的修复时间分布都满足指数分布（即系统的故障与修复只与当前的状态有关），则此系统就可以用马尔可夫过程来描述。马尔可夫过程在物理学、管理学、经济学等方面都有重要应用。

一般情况，马尔可夫过程的时间参数和状态空间是离散或连续的，具有离散时间参数和离散状态空间的马尔可夫过程称为马尔可夫链（Markov Chain）。下面讨论状态空间离散时间参数连续的马尔可夫过程。

马尔可夫过程的无记忆性通常用条件概率来表示，设 $\{X(t),t\in T\}$ 是取值在 $S=\{i_1,i_2,\cdots,i_n\}$ 离散状态空间的一个随机过程，对于任意的 n 和 $0\leqslant t_1\leqslant t_2\leqslant\cdots\leqslant t_{n-1}\leqslant t_n$，$t_i\in T$，有

$$P\{X(t_n)=i_n\,|\,X(t_{n-1})=i_{n-1}\}=P\{X(t_n)=i_n\,|\,X(t_1)=i_1,X(t_2)=i_2,\cdots,X(t_r)=i_r,X(t_{n-1})=i_{n-1}\}$$

$$(5\text{-}62)$$

式中，$X(t_k)=i_k(k=1,2,\cdots,n)$ 表示系统在时刻 t_k 处于状态 i_k。

如果对任意的 m，$t>0$，我们称条件概率

$$P_{ij}(t,t+m)=P\{X(t+m)=j\,|\,X(t)=i\}\quad(i,j\in S)\qquad(5\text{-}63)$$

为马尔可夫过程在时刻 t 处于状态 i 的条件下，在时刻 $t+m$ 转移到状态 j 的转移概率。当转移概率 $P_{ij}(t,t+m)$ 只与状态 i、j 及时间间距 m 有关时，即

$$P_{ij}(t, t+m) = P_{ij}(m)$$

并称此转移概率具有平稳性，同时也称此马尔可夫过程是齐次的或时齐的。其物理意义为齐次马尔可夫过程的状态转移概率只与时间跨度 m 有关，而与时间起点 t 无关。而对于微小的 $m = \Delta t$ 值，它的转移概率为

$$\begin{cases} P\{X(t+\Delta t)=j \mid X(t)=i\} = P_{ij}(\Delta t) \approx q_{ij} \Delta i & i \neq j \\ P\{X(t+\Delta t)=i \mid X(t)=i\} = P_{ii}(\Delta t) \approx 1 - q_i \Delta t & i = j \end{cases} \tag{5-64}$$

式中，$P_{ii}(\Delta t)$ 是已知过程在开始时处于状态 i 的条件下，在 Δt 时间内的状态不发生变化的概率。q_{ij} 和 q_i 为转移密度，它们的定义是

$$\begin{cases} q_{ij} = \lim_{\Delta t \to 0} \dfrac{P_{ij}(\Delta t)}{\Delta t} & (i \neq j) \\ q_i = \lim_{\Delta t \to 0} \dfrac{1 - P_{ij}(\Delta t)}{\Delta t} & (i = j) \end{cases} \tag{5-65}$$

在齐次马尔可夫过程中，转移密度为常数。

对于齐次马尔可夫过程转移概率具有以下性质。

① 由概率定义可得 $0 \leqslant P_{ij}(\Delta t) \leqslant 1$。

② 由于马尔可夫过程在时刻 t 从任何一个状态 i 出发，到另一个时刻必然转移到状态空间中某一个，所以

$$\sum_{j \in \mathbf{S}} P_{ij}(t) = \sum_{j \in \mathbf{S}} P\{X(t+\Delta t) = j \mid X(t) = i\} = 1 \quad (i \in \mathbf{S}) \tag{5-66}$$

③ 齐次马尔可夫过程由状态 i 经过多步转移后到达状态 j 的概率与从 i 到 j 经过一步到达的概率相等，即

$$\sum_{k \in \mathbf{S}} P_{ik}(u) P_{kj}(v) = P_{ij}(u+v) \tag{5-67}$$

式(5-67) 称为切普曼-哥莫柯洛夫方程。

由转移概率组成的矩阵 $\mathbf{P}(\Delta t) = P_{ij}(\Delta t)$，$(i, j \in \mathbf{S})$ 称为马尔可夫过程的转移概率矩阵。由转移概率矩阵定义可知在转移概率矩阵中，列是起始状态，行是到达状态，他们都是由小到大排列。则其形式如下

$$\mathbf{P}(\Delta t) = \begin{bmatrix} P_{11}(\Delta t) & P_{12}(\Delta t) & \cdots & P_{1n}(\Delta t) \\ P_{21}(\Delta t) & P_{22}(\Delta t) & \cdots & P_{2n}(\Delta t) \\ \vdots & \vdots & \vdots & \vdots \\ P_{n1}(\Delta t) & P_{n2}(\Delta t) & \cdots & P_{nn}(\Delta t) \end{bmatrix} \tag{5-68}$$

或简记为

$$\mathbf{P} = \begin{bmatrix} P_{11} & P_{12} & \cdots & P_{1n} \\ P_{21} & P_{22} & \cdots & P_{2n} \\ \vdots & \vdots & \vdots & \vdots \\ P_{n1} & P_{n2} & \cdots & P_{nn} \end{bmatrix} \tag{5-69}$$

定义转移概率密度矩阵形式如下：

$$\mathbf{A} = \begin{bmatrix} -q_1 & q_{12} & \cdots & q_{1n} \\ q_{21} & -q_2 & \cdots & q_{2n} \\ \vdots & \vdots & \vdots & \vdots \\ q_{n1} & q_{n2} & \cdots & -q_n \end{bmatrix} \tag{5-70}$$

显然，$\sum_{j \neq i} q_{ij} - q_i = 0 (i = 1, 2, \cdots, n, j = 1, 2, \cdots, n)$，即每一行的元素之和为 0。

转移概率矩阵 $\mathbf{P}(\Delta t)$ 和转移密度矩阵 A 有如下关系

$$A = \lim_{\Delta t \to 0} \frac{P(\Delta t) - I}{\Delta t} = P - I \tag{5-71}$$

式中，I 是与 P 同阶的单位矩阵。

下面给出一个重要的等式

$$\frac{\mathrm{d}P(t)}{\mathrm{d}t} = P(t)A \tag{5-72}$$

式中，$\dfrac{\mathrm{d}P(t)}{\mathrm{d}t} = \left[\dfrac{\mathrm{d}P_1(t)}{\mathrm{d}t}, \dfrac{\mathrm{d}P_2(t)}{\mathrm{d}t}, \cdots, \dfrac{\mathrm{d}P_n(t)}{\mathrm{d}t}\right]$，$P(t) = \left[P_1(t), P_2(t), \cdots, P_n(t)\right]$ 都是行向量。
因为该方程表现出系统状态的变化，因此把这个方程称为系统的状态方程。其证明过程如下：

假设齐次马尔可夫过程 $P\{X(t) = i\} = P_i(t)$，若系统时刻 t 的状态概率已知，则由式(5-67)可得

$$P_i(t + \Delta t) = P_i(t)P_{ii}(\Delta t) + \sum_{j \neq i} P_j(t)P_{ji}(\Delta t) \tag{5-73}$$

把式(5-64) 代入式(5-73) 得

$$P_i(t + \Delta t) = P_i(t)(1 - q_i \Delta t) + \sum_{j \neq i} P_j(t) + q_{ij} \Delta t \tag{5-74}$$

经过变形，得

$$\frac{P_i(t + \Delta t)}{\Delta t} = -q_i P_j(t) + \sum_{j \neq i} q_{ij} P_j(t) \tag{5-75}$$

因为 $\lim\limits_{\Delta t \to 0} \dfrac{P_i(t + \Delta t)}{\Delta t} = \dfrac{\mathrm{d}P_i(t)}{\mathrm{d}t}$，则式(5-75) 取极限可得

$$\frac{\mathrm{d}P_i(t)}{\mathrm{d}t} = -q_i P_j(t) + \sum_{j \neq i} q_{ij} P_j(t) \tag{5-76}$$

把式(5-76) 写成矩阵形式就得到式(5-72)。

当 $t \to \infty$ 时，也就是求马尔可夫过程的平稳状态概率，因为当 $t \to \infty$ 时 $P_i(t)$ 存在且趋向于与初始值无关的一个常数，即 $\dfrac{\mathrm{d}P_i(t)}{\mathrm{d}t} = 0$，式(5-72) 可写为

$$0 = P(t)A \tag{5-77}$$

式(5-72) 一般利用等式

$$P(t) = P(0)\exp(At) \tag{5-78}$$

即可求解。式(5-78) 中，$P(0)$ 为包括起始条件的行向量。$\exp(At)$ 解法可以参见有关书籍。

(3) 状态转移图

马尔可夫状态转移图是系统状态及这些状态之间有可能转移的一种图形化表示。状态转移图为马尔可夫模型提供了一种形象具体化的工具，在分析马尔可夫过程中发挥了极其重要的作用。一个状态转移图可以用来表示系统状态及初始条件和系统状态间的转移及其转移概率。

在状态转移图中，系统所有的工作与故障状态以及这些状态之间存在的转移都被表示出来。状态转移图由弧线和箭头组合，弧线表示两个状态之间存在转移的可能性，箭头表示转移的方向，在弧线上标示出此状态转移的概率。状态转移图不仅可以表示可修系统，还可以表示不可修系统。图 5-8 就是单部件可修系统的状态转移图。

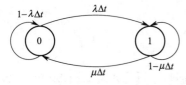

图 5-8　单部件可修系统状态转移图

由图 5-8 可看出构造状态转移图的步骤如下。

① 定义系统的故障标准。

② 列举系统所有可能的状态，并将它们分为正常或故障状态。

③ 确定各种状态之间的转移率并画出状态转移图。

5.2.3.2 典型可修系统模型

以下典型可修系统的模型都是基于马尔可夫过程建立的，在利用马尔可夫过程理论对可修系统进行分析时，对可修系统做了如下一些假设。

① 系统和部件只有正常工作和故障两种状态。

② 每次故障和修理是相互独立的，且与其他事件无关。

③ 状态转移可以在任意时刻进行，但在相当小的时间区间内，不会发生两个或两个以上的状态转移，且状态转移概率保持不变。

④ 系统部件的故障率和修复率均为常数，这样就保证了单元的故障分布和维修时间分布均服从指数分布，从而可以使用马尔可夫过程来描述。

(1) 单部件可修系统

单部件系统是最简单的可修系统，它是只由一个部件和修理工构成的系统。在分析较复杂的系统时，可以把系统看作一个整体，则系统就可抽象地理解为一个单部件系统。利用单部件建立的可用度模型可以指导其他复杂系统的可用度建模。

假设该系统有 2 种状态：状态 0 代表系统处于正常工作状态；状态 1 代表系统处于故障状态。当系统投入使用后，它就会以一定的概率在两种状态之间进行转换，即该系统可以用一个基于连续时间 t 和离散状态空间 $S=\{0,1\}$ 的马尔可夫过程 $X(t)$ 来表示，其状态装移图如图 5-8 所示。在图 5-8 中，λ 为部件的故障率，即系统由正常状态向故障状态转移的概率；$1-\lambda$ 为停留在正常状态的概率；μ 为部件的修复率，即系统由故障状态向正常状态转移的概率；$1-\mu$ 为停留在故障状态的概率。

从图 5-8 中可以看出单部件系统存在 4 个状态转移途径：$P_{00}(\Delta t)$、$P_{01}(\Delta t)$、$P_{10}(\Delta t)$ 和 $P_{11}(\Delta t)$。假设状态和状态之间转移的时间很短，则在时间内发生故障或完成修理的条件概率为 $\lambda\Delta t$ 和 $\mu\Delta t$，因此可得到马尔可夫过程的状态转移概率为

$$\begin{cases} P_{00}(\Delta t)=P\{X(t+\Delta t)=0\,|\,X(t)=0\}=1-\lambda\Delta t+o(\Delta t) \\ P_{01}(\Delta t)=P\{X(t+\Delta t)=0\,|\,X(t)=1\}=\lambda\Delta t+o(\Delta t) \\ P_{10}(\Delta t)=P\{X(t+\Delta t)=1\,|\,X(t)=0\}=\mu\Delta t+o(\Delta t) \\ P_{11}(\Delta t)=P\{X(t+\Delta t)=1\,|\,X(t)=1\}=1-\mu\Delta t+o(\Delta t) \end{cases} \tag{5-79}$$

在忽略 Δt 中发生 2 次以上转移的概率后，由式(5-79) 可以得到转移概率矩阵 $\boldsymbol{P}(\Delta t)$

$$\boldsymbol{P}(\Delta t)=\begin{bmatrix} 1-\lambda\Delta t & \lambda\Delta t \\ \mu\Delta t & 1-\mu\Delta t \end{bmatrix} \tag{5-80}$$

据式(5-71) 可以得到转移密度矩阵为

$$\boldsymbol{A}=\begin{bmatrix} -\lambda & \lambda \\ \mu & -\mu \end{bmatrix} \tag{5-81}$$

根据式(5-72) 得

$$\begin{cases} P_0'(t)=-\lambda P_0(t)+\mu P_1(t) \\ P_1'(t)=-\lambda P_0(t)-\mu P_1(t) \end{cases} \tag{5-82}$$

假设单部件系统在初始时刻处于正常状态，即初始条件为 $P_0(0)=1$，$P_1(0)=0$，对上式进行拉普拉斯变换和拉普拉斯反变换可得到

$$\begin{cases} P_0(t)=\dfrac{\mu}{\lambda+\mu}+\dfrac{\lambda}{\lambda+\mu}\exp[-(\lambda+\mu)t] \\ P_1(t)=\dfrac{\lambda}{\lambda+\mu}-\dfrac{\lambda}{\lambda+\mu}\exp[-(\lambda+\mu)t] \end{cases} \tag{5-83}$$

根据可用度的定义，单部件系统在时刻 t 处于正常状态的概率为

$$A(t) = P_0(t) = \frac{\mu}{\lambda+\mu} + \frac{\lambda}{\lambda+\mu}\exp[-(\lambda+\mu)t] \tag{5-84}$$

上式求得的是瞬时可用度，当 $t \to \infty$ 时，这时得到稳态可用度为

$$A(\infty) = P_0(\infty) = \frac{\mu}{\lambda+\mu} \tag{5-85}$$

若初始时刻系统处于故障状态，即初始条件为 $P_0(0)=0$，$P_1(0)=1$，利用同样的方法解得

$$\begin{cases} P_0(t) = \dfrac{\mu}{\lambda+\mu} - \dfrac{\mu}{\lambda+\mu}\exp[-(\lambda+\mu)t] \\ P_1(t) = \dfrac{\lambda}{\lambda+\mu} + \dfrac{\mu}{\lambda+\mu}\exp[-(\lambda+\mu)t] \end{cases} \tag{5-86}$$

同样当 $t \to \infty$ 时，稳态可用度为

$$A(\infty) = P_0(\infty) = \frac{\mu}{\lambda+\mu} \tag{5-87}$$

由式(5-85) 和式(5-87) 可以看出，单部件系统的稳态可用度与系统的初始状态无关。

在求稳态转移概率时可以直接代入式(5-77)，即

$$[0 \quad 0] = [P_0 \quad P_1]\begin{bmatrix} -\lambda & \lambda \\ \mu & -\mu \end{bmatrix}$$

再加上附加条件 $P_0+P_1=1$，解得 $A(\infty)=P_0=\dfrac{\mu}{\lambda+\mu}$，与上面结果相同。

马尔可夫过程计算同样也适用于不可修系统，只需要令 $\mu=0$ 就可以构成一个不可修系统，其状态转移图如图 5-9 所示。

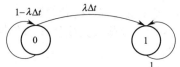

图 5-9　单部件不可修
系统状态转移图

进而可以得到不可修系统的状态方程为

$$[P_0'(t) \quad P_1'(t)] = [P_0(t) \quad P_1(t)]\begin{bmatrix} -\lambda & \lambda \\ 0 & 0 \end{bmatrix} \tag{5-88}$$

求解上式，可以得到系统的可靠度为

$$R(t) = P_0(t) = \exp(-\lambda t) \tag{5-89}$$

也可以把 $\mu=0$ 直接代入式(5-84) 得到上述结果。由此可见，马尔可夫过程不仅可以计算可修系统的可用度还同样适用于计算不可修系统的可靠度。

根据上述单部件可修系统可靠性分析过程，我们可以总结出分析马尔可夫型可修系统的一般步骤如下。

① 对不可修系统进行分析，明确系统各个状态及状态之间的转换关系，并给出状态转移图。

② 计算状态转移图中的所有状态转移概率，列出状态转移矩阵 $\boldsymbol{P}(\Delta t)$ 以及转移密度矩阵 $\boldsymbol{A}$。

③ 建立方程式(5-72) 或式(5-77)，并求解。

④ 根据求解结果的输出系统的可用度，$A(t) = \sum\limits_{i \in u} P_i(t)$，$u$ 是所有系统处于工作状态的集合。

(2) 串联可修系统

假设由 N 个不同的部件构成的串联系统，各个部件的故障率为 $\lambda_i(i=1,2,\cdots,N)$，维修率分别为 $\mu_i(i=1,2,\cdots,N)$。若 N 个部件都正常工作，则该系统处于正常工作状态。当某个部件发生故障，则系统处于故障状态，此时修理工对故障部件进行维修，其余部件停止工

作。当故障的部件修复好后，系统又进入正常工作状态。

则这个系统有 $N+1$ 状态：

状态 0：所有 N 个部件都正常，系统正常工作；

状态 1：只有第 1 个部件故障，系统故障；

……；

状态 N：只有第 N 个部件故障，系统故障。

状态 1，2，…，N 之间不存在直接的转移，所以这时的系统状态转移图如图 5-10 所示。

系统的状态转移概率为

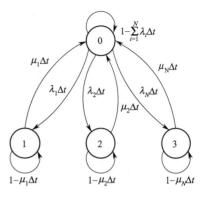

图 5-10　串联系统状态转移图

$$\begin{cases} P_{0i}(\Delta t)=\lambda_i\Delta t+o(\Delta t) \\ P_{i0}(\Delta t)=\mu_i\Delta t+o(\Delta t) & i=1,2,\cdots,n \\ P_{jk}(\Delta t)=o(\Delta t) & j,k\neq 0,j\neq k \end{cases}$$

则系统的状态转移密度矩阵为

$$\boldsymbol{A}=\begin{bmatrix} -\sum_{i\text{-}1}^{N}\lambda_i & \lambda_1 & \lambda_2 & \cdots & \lambda_N \\ \mu_1 & -\mu_1 & 0 & \cdots & 0 \\ \mu_2 & 0 & -\mu_2 & \cdots \\ \vdots & \vdots & \vdots & & \vdots \\ \mu_N & 0 & 0 & \cdots & -\mu_N \end{bmatrix} \qquad (5\text{-}90)$$

代入式（5-72）得

$$\begin{cases} P'_0(t)=-\sum_{i=1}^{N}\lambda_i P_0(t)+\sum_{i=1}^{N}\mu_i P_i(t) \\ P'_j(t)=-\lambda_i P_0(t)-\mu_i P_1(t) \quad (i=1,2,\cdots,N) \end{cases} \qquad (5\text{-}91)$$

给定初始条件为 $[P_0(0) \quad P_1(0) \quad \cdots \quad P_N(0)]=[1 \quad 0 \quad \cdots \quad 0]$，对式（5-91）进行拉普拉斯变换，得

$$\begin{cases} P_0(s)=\dfrac{1}{s+s\sum\limits_{i=1}^{N}\dfrac{\lambda_i}{s+\mu_i}} \\ P_j(s)=\dfrac{\lambda_j}{s+\mu_j}P_0(s) \quad (j=1,2,\cdots,N) \end{cases} \qquad (5\text{-}92)$$

式（5-92）无法进行拉式变换，故系统的瞬态可用度不能直接求出，但可以根据式（5-77）求出其稳态可用度。

把式（5-90）代入式（5-77）得

$$\boldsymbol{0}=\begin{bmatrix} P_0 & P_1 & \cdots & P_N \end{bmatrix}\begin{bmatrix} -\sum_{i=1}^{N}\lambda_i & \lambda_1 & \lambda_2 & \cdots & \lambda_N \\ \mu_1 & -\mu_1 & 0 & \cdots & 0 \\ \mu_2 & 0 & -\mu_2 & \cdots \\ \vdots & \vdots & \vdots & & \vdots \\ \mu_N & 0 & 0 & \cdots & -\mu_N \end{bmatrix}$$

即

$$\begin{cases} -\sum_{i=1}^{N}\lambda_i P_0 + \sum_{i=1}^{N}\mu_i P_i = 0 \\ \lambda_i P_0 - \mu_i P_i = 0 \quad i = 1,2,\cdots,N \end{cases}$$

再加上一个附加条件 $\sum_{i=0}^{N}P_i(\infty)=1$ 解之，可得

$$A = P_0 = \cfrac{1}{1+\sum_{i=1}^{N}\cfrac{\lambda_i}{\mu_i}} \tag{5-93}$$

(3) 并联可修系统

并联可修系统的马尔可夫过程分析比较复杂，下面讨论仅有两个部件并联构成的可修系统。设两个部件的故障率和修复率分别为 λ_1、λ_2 和 μ_1、μ_2，则系统共有 4 个可能的状态。

状态 0：两个部件都正常，系统正常；

状态 1：部件 1 故障，部件 2 正常，系统正常；

状态 2：部件 1 正常，部件 2 故障，系统正常；

状态 3：部件 1 故障，部件 2 故障，系统故障。

系统的状态转移图见图 5-11。

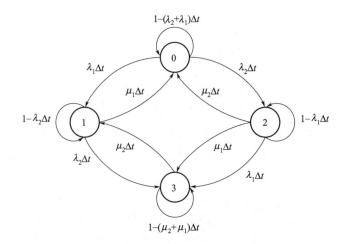

图 5-11　两部件并联系统的状态转移图

根据图 5-11 可以写出两部件并联系统的状态转移密度矩阵 $\boldsymbol{A}$ 为

$$\boldsymbol{A} = \begin{bmatrix} -(\lambda_1+\lambda_2) & \lambda_1 & \lambda_2 & 0 \\ \mu_1 & -(\mu_1+\lambda_2) & 0 & \lambda_2 \\ \mu_2 & 0 & -(\lambda_1+\mu_2) & \lambda_1 \\ 0 & \mu_2 & \mu_1 & -(\mu_1+\mu_2) \end{bmatrix} \tag{5-94}$$

设 $\boldsymbol{P} = \begin{bmatrix} p_1 & p_2 & p_3 & p_4 \end{bmatrix}$，代入式 (5-77) 得

$$\begin{cases} -(\lambda_1+\lambda_2)p_1 + \mu_1 p_2 + \mu_2 p_3 = 0 \\ \lambda_1 p_1 - (\mu_1+\lambda_2)p_2 + \mu_2 p_4 = 0 \\ \lambda_2 p_1 - (\mu_2+\lambda_1)p_3 + \mu_1 p_4 = 0 \\ \lambda_2 p_2 + \lambda_1 p_3 - (\mu_1+\mu_2)p_4 = 0 \end{cases} \tag{5-95}$$

再加上附加条件 $p_1 + p_2 + p_3 + p_4 = 1$，解得

$$\begin{cases} p_1 = \dfrac{\lambda_1\lambda_2}{(\lambda_1+\mu_1)(\lambda_2+\mu_2)} \\[2mm] p_2 = \dfrac{\lambda_2\mu_1}{(\lambda_1+\mu_1)(\lambda_2+\mu_2)} \\[2mm] p_3 = \dfrac{\lambda_1\mu_2}{(\lambda_1+\mu_1)(\lambda_2+\mu_2)} \\[2mm] p_4 = \dfrac{\mu_1\mu_2}{(\lambda_1+\mu_1)(\lambda_2+\mu_2)} \end{cases} \tag{5-96}$$

（4）表决可修系统与贮备可修系统

假设表决可修系统由 N 个相同的部件构成，至少有 k 个部件正常工作时系统才正常工作，每个部件的故障率和修复率分别为 λ 和 μ，且所有的寿命分布与维修时间分布都是相互独立的。则系统有 $N-k+2$ 个可能的系统状态：

状态 0：所有部件都正常，系统正常；

状态 1：一个部件故障，其他部件正常，系统正常；

状态 2：2 个部件故障，其他部件正常，系统正常；

……；

状态 $N-k+1$：$N-k+1$ 个部件故障，系统发生故障。

显然状态 0 到状态 $N-k+1$ 都属于正常工作状态，状态 $N-k+1$ 是故障状态。系统的状态转移图如图 5-12 所示。

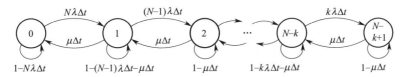

图 5-12　表决可修系统状态转移图

由图 5-12 可以写出系统状态转移密度矩阵为

$$\boldsymbol{A} = \begin{bmatrix} -N\lambda & N\lambda & 0 & \cdots & 0 & 0 \\ \mu & -(N-1)\lambda-\mu & (N-1)\lambda & \cdots & 0 & 0 \\ 0 & \mu & -(N-2)\lambda-\mu & \cdots & 0 & 0 \\ \vdots & \vdots & \vdots & \vdots & \vdots & \vdots \\ 0 & 0 & 0 & \cdots & -k\lambda-\mu & k\lambda \\ 0 & 0 & 0 & \cdots & \mu & -\mu \end{bmatrix} \tag{5-97}$$

代入式(5-77)，解得

$$A(\infty) = \frac{\displaystyle\sum_{j=k}^{N} \frac{1}{j!}\left(\frac{\lambda}{\mu}\right)^{j}}{\displaystyle\sum_{i=k-1}^{N} \frac{1}{i!}\left(\frac{\lambda}{\mu}\right)^{j}} \tag{5-98}$$

（5）贮备可修系统

限于贮备系统的复杂性，这里只介绍由两个相同单元和一个修理工构成的冷贮备系统。设两个单元一个工作一个贮备，单元转换装置完全可靠，单元的故障率和修复率分别为 λ 和 μ，系统有 0、1、2 三种状态，其状态转移图如图 5-13 所示。状态 0 表示两个部件都正常，系统正常；状态 1 表示一个单元正常，一个单元故障，系统正常；状态 2 表示两个

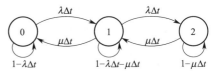

图 5-13　贮备可修系统状态转移图

单元故障，系统故障。

系统的状态转移概率矩阵为

$$\boldsymbol{A}=\begin{bmatrix} -\lambda & \lambda & 0 \\ \mu & -\mu-\lambda & \lambda \\ 0 & \mu & -\mu \end{bmatrix} \tag{5-99}$$

其状态方程 $\dfrac{\mathrm{d}\boldsymbol{P}(t)}{\mathrm{d}t}=\boldsymbol{P}(t)\boldsymbol{A}$ 展开后如下：

$$\begin{cases} P'_0(0)=-\lambda P_0(t)+\mu P_1(t) \\ P'_1(0)=\lambda P_0(t)-(\lambda+\mu)P_1(t)+\mu P_2(t) \\ P'_2(0)=\lambda P_1(t)-\mu P_2(t) \end{cases} \tag{5-100}$$

代入初始条件 $P_0(0)=1$，$P_1(0)=0$，$P_2(0)=0$，并对上式进行拉普拉斯变换，可得

$$\begin{aligned} P_2(s) &= \frac{\lambda^2}{s^3+(2\lambda+2\mu)s^2+(\lambda^2+\lambda\mu+\mu^2)s} \\ &= \frac{\lambda^2}{a_1 a_2}\times\frac{1}{s}+\frac{\lambda^2}{a_1(a_1-a_2)}\times\frac{1}{s-a_1}+\frac{\lambda^2}{a_2(a_2-a_1)}\times\frac{1}{s-a_2} \end{aligned} \tag{5-101}$$

式中，a_1、a_2 为 $a_1,a_2=-(\lambda+\mu)\pm\sqrt{\lambda\mu}$，对 $P_2(s)$ 进行拉氏变换，得

$$P_2(t)=\frac{\lambda^2}{a_1 a_2}+\frac{\lambda^2}{a_1(a_1-a_2)}\exp(a_1 t)+\frac{\lambda^2}{a_2(a_2-a_1)}\exp(a_2 t) \tag{5-102}$$

系统的可用度为

$$A(t)=1-P_2(t)=\frac{\lambda u+\mu^2}{\lambda^2+\lambda\mu+\mu^2}-\frac{\lambda^2[a_2\exp(a_1)-a_1\exp(a_2)]}{a_1 a_2(a_1-a_2)} \tag{5-103}$$

5.2.4 故障模式影响及致命度分析

故障模式影响分析（Failure Mode and Effect Analysis，简称 FMEA）是在产品设计过程中通过对产品各组成单元潜在的各种故障模式及其对产品功能的影响进行分析，提出可以采取的预防改进措施，以提高产品可靠性的一种设计分析方法。

故障模式影响及致命度分析（Failure Mode Effect and Criticality Analysis，简称 FMECA）是在 FMEA 的基础上再增加一层任务，即判断这种故障模式影响的致命程度有多大，使分析量化，可看作是 FMEA 的一种扩展与深化。

故障模式是故障的外部表现形式，故障模式是可以观察到的，是在进行大量内外场调研得到的。通过故障模式分析可以确定灾难性的和致命性故障及其对系统的影响，从而为确定改进措施，消除和减少设计缺陷提供依据。因此，彻底弄清系统各功能级别的全部可能的故障模式是至关重要的，因为整个 FMEA 的工作就是以这些故障模式为基础进行的，放弃分析，这样有时会导致严重后果。

5.2.4.1 FMEA 和 FMECA 实施步骤

在产品设计和研究阶段，均可采用 FMEA 和 FMECA 来确定产品的所有故障模式。FMECA 是一种单因素分析法，即假定只发生一种故障模式，研究这种故障模式对局部和系统的影响。FMEA 和 FMECA 实施的主要步骤如下。

① 弄清与系统有关的全部情况，包括与系统结构有关的资料，与系统运行、控制和维护有关的资料，与系统所处环境有关的资料。这些资料在设计阶段往往不能一下子都掌握，只能作某些假设，用来确定一些很明显的故障模式。随着设计工作的深入，可利用的信息不断增多，应重复进行 FMEA 和 FMECA 工作，根据需要和可能把分析扩展到更为具体的层次。

② 根据产品功能框图画出可靠性框图。

③ 根据所需要的结果和现有资料的多少确定分析级别。

④ 根据要求建立所分析系统故障模式清单，尽量不要遗漏。

⑤ 分析造成故障模式的原因。

⑥ 分析各种故障模式可能导致的对分析对象自身的影响、对上一级的影响及对系统的最终影响。

⑦ 研究故障模式对其故障影响的检测方法。

⑧ 针对各种故障模式、原因和影响提出可能的预防措施和纠正措施。

⑨ 确定各种故障影响的严酷度等级。

⑩ 确定各种故障模式的发生概率。

⑪ 估计致命度。

⑫ 填写 FMEA 和 FMECA 表格。

FMECA 和 FTA 综合实施过程如图 5-14 所示。

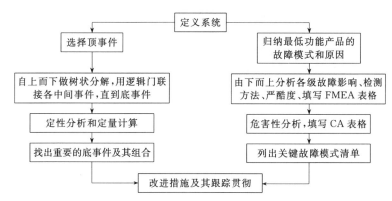

图 5-14　FMECA 和 FTA 综合实施过程的简要示意

5.2.4.2　致命度分析

致命度分析（CA）对每一故障模式按其严酷度分类及对该故障模式的出现概率两者进行综合分析，从而达到尽量消除致命度高的故障模式，尽量从设计、制造、使用维护等各方面减少故障的发生概率，根据产品不同的致命度提出不同质量要求，相应地对产品有关部位增设保护、监测或报警装置。

(1) 严酷度等级

严酷度等级有 4 类：Ⅰ类（灾难的，系统毁坏）、Ⅱ类（致命度的，系统性能严重降低或严重损坏）、Ⅲ类（临界的，系统轻度损坏）、Ⅳ类（轻度的，不足以导致上述 3 类后果）。

(2) 故障模式出现概率

故障模式出现概率分为 5 级：A 级（经常发生的，故障占总故障发生概率的 20% 以上）、B 级（很可能发生的，10%～20%）、C 级（偶然发生的，1%～10%）、D 级（很少发生的，0.1%～1%）、E 级（极少发生的，0.1% 以下）。确定每一故障模式的致命度并与其他故障模式相比较，进而为确定补偿措施的先后顺序提供依据。

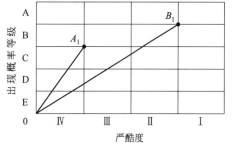

图 5-15　致命度矩阵图

(3) 致命度的估计

① 致命度矩阵估计法　致命度矩阵图如图 5-15 所示，纵坐标表示故障模式出现的概率，横坐标表示故障的严酷度等级，所表示点据原点的距离代表

了这一点的致命度，距原点远的点的致命度大，这样，把所有点均表示在一个矩阵图上，就可以分辨致命度最严重的故障模式。这种方法简单易行，但是故障模式的严酷度难以定量分级，且各种分级的间距均布，不能较好的反映实际情况。另外，这种方法仅仅表示了故障之间致命度的相对大小。

② 解析式估计法　在特定严酷度等级下，产品的那些故障模式中某一故障模式具有的致命度度量值为 C_{ij}。对给定的严酷度等级和任务阶段而言，产品 i 的第 j 个故障模式的致命度 C_{ij} 可由下式计算

$$C_{ij} = \alpha_{ij}\beta_{ij}\lambda_i t \tag{5-104}$$

式中　α_{ij}——单元 i 以故障模式 j 发生故障的频数比，即单元 i 故障模式 j 出现的次数与单元 i 出现的全部故障次数之比；

β_{ij}——故障影响概率，表示单元 i 在第 j 种故障模式发生的条件下，故障影响将造成的致命度等级，通常 β_{ij} 的值可以按其数据表进行定量选择；

λ_i——单元 i 的故障率，可由试验或查资料得到，为修正后的数据；

t——对应于任务阶段的持续时间。

a. 故障影响概率 β_{ij}　β_{ij} 是一条件概率，它表示单元 i 在第 i 种故障模式发生的条件下，元件故障对系统的影响级别。通常 β_{ij} 的值可以按表 5-5 进行定量选择。

表 5-5　故障影响概率

故障影响	β_{ij}	故障影响	β_{ij}
使系统丧失规定功能	1.00	可能使系统丧失规定功能	0~0.1
很可能使系统丧失规定功能	0.1~1.00	对系统无影响	0

b. 故障模式频数比 α_{ij}　α_{ij} 表示产品 i 按第 j 种故障模式出现的次数与产品所有故障树的比值。一般根据实际工程经验统计得来。

c. 产品的故障率 λ_i　λ_i 的预计方法可以用可靠性试验方法，但一般是通过有关资料查得，λ_i 应该是修正后的数据。

d. 工作时间 t　t 表示产品的工作时间，一般以工作小时或工作次数表示。

就某一特定的严酷度等级和任务阶段而言，单元 i 的致命度 C_i 是单元 i 在这一严酷度等级下的各种故障模式致命度 C_{ij} 的总和，即

$$C_i = \sum_{j=1}^{n} C_{ij} = \sum_{j=1}^{n} \alpha_{ij}\beta_{ij}\lambda_i t \tag{5-105}$$

式中，n 为该单元在相应严酷度等级下的故障模式数。

则包含有 m 个单元的产品的致命度 C_s 为

$$C_s = \sum_{i=1}^{m} C_i = \sum_{i=1}^{m}\sum_{j=1}^{n} C_{ij} = \sum_{i=1}^{m}\sum_{j=1}^{m} \alpha_{ij}\beta_{ij}\lambda_i t \tag{5-106}$$

式中，$\sum\limits_{i=1}^{m}$ 表示全部单元之和；$\sum\limits_{j=1}^{m}$ 表示单元 i 全部故障模式之和。

5.2.4.3　表格分析法

FMEA 及 FMECA 主要有两种：一种是表格分析法，它是用表格列出各单元故障模式，再通过故障模式找出由此产生的后果；另一种是矩阵分析法。

GJB/Z 1391—2006《故障模式、影响及危害性分析指南》中给出了表格分析要求。对于液压气动元件来说，故障模式一般有泄漏、噪声、机械损坏、压力波动、流量不足等表现形式。即使同一种表现形式，其机理也不尽相同，这也表现了液压气动系统故障的多发性和复杂性。表 5-6 和表 5-7 分别为常用液压元件和气动元件的故障模式和故障机理。

表 5-6　常用液压元件的故障模式和故障机理

元件	故障模式	故障机理	元件	故障模式	故障机理
柱塞泵	不出油或流量不足	油液不能充分吸入泵中如液面低、吸油管漏气	电液换向阀	不能实现换向功能	滑阀卡死或拉坏
		启动时油温较低,黏度太高			控制压力不够
		中心弹簧故障,缸体与配流盘之间失去密封			复位弹簧故障
	压力低	转速过低		电磁线圈故障	线圈绝缘不良
		缸体孔与柱塞平面磨损或烧盘粘铜			电压低
		泵中有零件损坏	液压缸	泄漏	节流阀故障
		回路其他部分漏油			密封件损坏
		溢流阀故障			端面联接不紧
		配流盘与缸体间有杂物或配流盘与转子接触不良		输出无力	内外泄漏
	泄漏严重	密封件磨损			系统压力低
	噪声大	泵与电机连接不同心		动作迟滞	缸中存在较多空气
		吸入空气			油液黏度高
		泵体内存有空气		只能伸出不能收回	内泄漏使缸成为差动回路
		柱塞与滑靴头连接松动			系统油液不能换向
		回油管高于油箱液面		爬行	缸内或油内有空气
		泵的转速过高			摩擦力过大
		泵的润滑性不好			系统压力太低
溢流阀	压力波动	弹簧弯曲	滤油器	油液被堵塞	滤芯堵塞
		锥阀阀体与阀座接触不良			油液黏度过大
	调节无效	锥阀阻尼孔堵塞		无滤油效果	滤芯故障
		阀体被卡住	充液阀	泄漏	充液阀口被磨损或有脏物
		回油口被堵			阀芯被卡
		弹簧断裂		不能正常开启	背压大
	泄漏	滑阀阀体与阀座配合间隙过大			阀芯被卡
		锥阀阀体与阀座配合间隙过大	减压阀	压力不稳定	主阀弹簧变形或卡住
		压力过高			锥阀与阀座的配合不良
	不能开启	弹簧故障		无减压作用	阀芯卡死
		滑阀阀芯卡死			阻尼孔被堵
电磁换向阀	滑阀不换向	电磁铁损坏或推力不够	节流阀	节流作用故障或调节范围较小	阀芯和阀体配合间隙过大
		对中弹簧故障			节流口堵塞
		阀芯卡死			阀芯被卡
	动作缓慢	泄油路堵塞		执行机构速度不平稳	节流口堵塞通流面积减小
		油液黏度过高			由于震动使调节位置变化
调速阀	不能正常开启	控制压力低	—	—	—
		单向阀阀芯被卡住	—	—	—
	调速失灵	单向阀阀芯磨损或不能闭合	—	—	—

表 5-7　常用气动元件的故障模式和故障机理

元件	故障模式	故障机理
活塞式空压机	排气量不足	空气过滤器堵塞
		进气阀内弹簧过硬,阻力过大
		缸体松动,安全阀不严,气体外漏,活塞环与缸体磨损
	排气量温度过高	一级进气温度过高
		冷却水供应不足,水管破裂
		水垢过多,影响冷却效率
		中间冷却器效率低,二级进气温度低
		气缸壁有油污
		气阀漏气,压出高温气体,漏回气缸,再经压缩使排气温度升高
		活塞环破损或精度不高,使气缸两端相互窜气,缺少润滑油
	压缩机有异响	气缸内有积水
		气阀松动
		缸盖与活塞间落入金属块,发生撞击声
		活塞杆与活塞连接螺母松动
		进、排气阀在气缸阀孔内松动,产生响声
		轴承盖松动
		润滑油过多
	安全阀故障	不能适时开启
		阀不能打开,可能锈蚀
		漏气,阀与阀座贴合面间有污物,密封不严
回转滑片式空压机	排气量过少	各部位漏气
		压力阀压力过高
		压力控制阀工作不正常,不全开
		空气滤清器阻塞
	空转压力超过 0.8MPa	进气控制阀滤网阻塞
		进气控制阀被卡住
		进气控制阀调整压力过高
	安全阀打不开或打开过早	阀芯被卡
		弹簧弹力小
	压力降低过快	各部位密封泄漏
		压缩机部件间隙过大
活塞式气马达	功率转速显著下降	配气阀装反
		缸活塞环装反
		气压低
	耗气量大	缸、活塞环、阀套磨损
		管路系统漏气
	运行中突然不转	润滑不良
		气阀卡死、烧伤
		曲轴、连杆、轴承磨损
		气缸螺栓松动
		配气阀堵塞、脱焊
减压阀	空气从溢流口溢出	进气阀座和溢流阀座有尘埃或损坏
		阀杆顶端和溢流阀座之间研配质量不好
		膜片破裂
	输出压力调不高	调压弹簧断裂
		膜片破裂
		流动方向接反
	爬行且升压缓慢	过滤网堵塞
	出口压力不稳定	阀杆或进气阀芯上密封圈表面损坏
		进气阀芯与阀座之间接触不好
溢流阀	不溢流	阀内部的孔堵塞
		阀的导向部分进入异物
	压力未到调定值有溢流	阀内进入异物
		阀座损伤
		调压弹簧失灵
方向控制阀	不能换向	润滑不良
		尘埃或油污等被卡在滑动部分或阀座上
		弹簧卡住或损坏
	泄漏	阀杆或阀座有损伤
		铸件有缩孔
	产生振动	压力低(先导式)
		电压低(电磁阀)
气缸	泄漏	活塞杆有损坏
		密封圈损坏
		活塞杆安装偏心
	输出力不足动作不平稳	润滑不良
		活塞或活塞杆卡住
		供气流量不足
		润滑不良
气液转换器	速度慢	压力过低
		油的黏度大
	油从阀口喷出	油的黏度过低
		转换器中的油液过多
	速度快	单向阀泄漏
		压力过高
油雾器	视油器不滴油	截止阀的弹簧损坏
		油面超过最高液位线
	滴油数不能减少	油量调整节流阀失效
	漏气	连接处密封件损坏或松动
	—	—

5.2.4.4　矩阵分析法

矩阵分析法是用各种符号代表故障模式与其影响的矩阵图分析法,它便于计算机处理。

只要设计人员按规定功能等级列出各元素的故障模式影响，并将计算机的输出列出矩阵，就可以逐级进行处理。

5.2.5 故障树分析

故障树分析（Fault Tree Analysis，简称 FTA）法是一种将系统故障形成的原因由总体至部分按树枝状逐级细化的分析方法，它便于进行定性分析和定量计算，在设计阶段，可以帮助人们寻找潜在故障；在使用阶段，可以帮助人们进行故障诊断，为改进系统设计提供定量依据。

5.2.5.1 故障树概述

故障树指用来表明产品哪些组成部分的故障或外界事件或它们的组合将导致产品发生一种给定故障的逻辑图。

从故障树的定义可知，故障树是一种特殊的树状逻辑因果关系图，构图的元素是事件和逻辑门，图中的事件用来描述系统和元部件故障的状态，逻辑门把事件联系起来，表示事件之间的逻辑关系。

（1）故障树常用事件及其符号

故障树中的事件用于描述元部件或系统的故障状态，其中常用的事件及其符号见表 5-8。

表 5-8 故障树常用事件及其符号

使用符号	名称	意　义
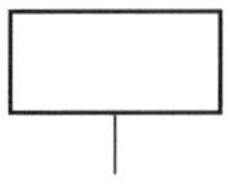 □	顶事件	人们不希望系统发生的事件,它位于故障树的顶端
 ○	基本事件（底事件）	已经探明或尚未探明但必须进一步探明其发生原因的底事件,一般来说它的故障分布是已知的
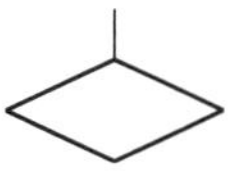 ◇	未展开事件（底事件）	无需进一步探明或者发生概率极小的底事件。他们在定性、定量分析中一般都可以忽略
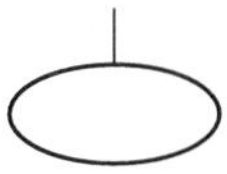 ⬭	条件事件	当给定的条件事件发生时,逻辑门的输入才有作用输出才有结果,否则反之
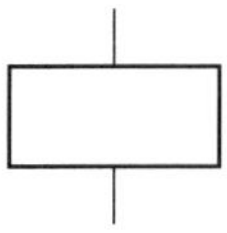 ⬡	中间事件	除了顶事件其他的结果事件,它位于顶事件和底事件之间,为某逻辑门的输出事件,同时又是另一个逻辑门的输入事件
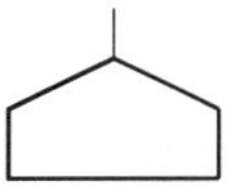 ⌂	房形事件	一是用来表示触发作用,房形中标明的事件是正常事件,但它能触发系统故障;二是用来表示开关作用,当房形中标明的事件发生时,房形所在的其他输入保留,否则删去

（2）故障树逻辑门及其符号

故障树中事件之间的逻辑关系是由逻辑门表示的，逻辑门与事件一起构成了故障树。常见的故障树逻辑门有：与门（AND）、或门（OR）、非门（NOT）、异或（XOR）、禁门（INHABIT）以及表决门（VOTE），其符号见表 5-9。同时也有它们的组合，例如：与非门（NAND）、或非门（NOR）等。

表 5-9 故障树逻辑门及其符号

使用符号	名称	意 义
	与门	当所有输入事件同时发生时,门的输出事件才发生
	或门	当所有输入事件中,至少有一个输入事件发生时,门的输出事件就发生
	非门	输出事件是输入事件的对立事件
k/n	表决门	当 n 个输入事件中有 k 个或 k 个以上的事件发生时,输出事件才发生
禁门条件	禁门	当禁门打开条件发生时,输出事件才发生
不同时发生	异或门	当单个输入事件发生时,输出事件才发生

(3) 构建故障树

系统故障模式构成了各种类型的系统故障。用故障树的术语来说,这些故障类型就是系统分析人员所考虑的"顶事件"。分析人员将选出这些顶事件之一来研究其发生的直接原因。这些直接原因将是所选择事件的直接故障机理,并将造成某些子系统的故障。这些子系统的故障模式将组成故障树的第二级。按照这种"直接原因"的方式一步一步向前推进,一直到部件故障,这些部件就是由故障树分解极限所定义的基本原因。故障树的更低一级将由部件故障的机理或原因组成。这些将包括质量控制效应、环境效应等,并且在许多情况下将会是在系统设计者所考虑的故障树的分解极限以下。

构建一个故障树,简单说是这样一个过程:把系统不希望发生的事件作为故障树的顶事件,用规定的逻辑符号表示,找出导致这一不希望事件可能发生的所有直接因素和原因,它们是处于过渡状态的中间事件,并由此逐步深入分析,直到找出事故的最基本原因,即故障树的基本事件为止。这些基本事件的数据是已知的,或者已经有过统计或试验的结果。它可分为以下几个阶段。

① 收集并分析系统及其故障的有关资料,对系统发生故障有全面准确的认识。

② 选择合理的顶事件和系统的分析边界与定义范围,并且确定成功与失败的准则。

③ 构建故障树,这是核心部分之一,通过对已收集的技术资料,在设计、运行管理人员的帮助下,构建故障树。

④ 对故障树进行简化。

⑤ 定性分析,求出故障树的全部最小割集。

⑥ 定量分析,这一阶段的任务是很多的,它包括顶事件发生概率的计算和底事件的重要度分析等。

5.2.5.2 故障树的定性分析

故障树的定性分析即是寻找导致顶事件发生的原因事件或原因事件的组合，并表征出各种因素（底事件）和顶事件所代表的系统故障间的逻辑关系，即从数学上来说就是求出故障树的所有最小割集。

(1) 单调关联系统故障树

考虑由 n 个不同的独立事件所构成的故障树，引入二值随机变量 x_i 表示第 i 个底事件 e_i 的状态，并定义

$$x_i = \begin{cases} 1 & e_i \text{ 发生} \\ 0 & e_i \text{ 不发生} \end{cases} \quad i=1,2,\cdots,n \tag{5-107}$$

同样地引入二值随机变量 Φ 表示顶事件 T 的状态，并定义

$$T = \begin{cases} 1 & T \text{ 发生} \\ 0 & T \text{ 不发生} \end{cases} \tag{5-108}$$

因为顶事件状态完全由底事件的状态所决定，所以顶事件的状态变量取值也完全由底事件状态变量取值所决定。若定义 Φ 是 $\boldsymbol{X}=(x_1,x_2,\cdots,x_n)$ 的函数，并记作

$$\Phi = \Phi(\boldsymbol{X}) \tag{5-109}$$

则称函数 $\Phi(\boldsymbol{X})$ 为故障树的结构函数。

如果某一个底事件变量如 x_i，不论它取值是 1 还是 0，Φ 的取值不变，则这个底事件实质上与故障树的顶事件无关，此时 x_i 与 Φ 称为非关联性的；反之，则 x_i 与 Φ 称为关联性的。

如果对任一组底事件变量的取值 $(x_1,x_2,\cdots,x_n)$ 而言，其中任一个原来取值为 0 的 x_i，改为取值 1 时，顶事件变量值不会降低，即不会从 1 变成 0，则此故障树叫单调关联故障树，该故障结构函数称为单调的。反之，则为非单调的。所谓非单调的故障树从物理意义上看是：某一个底事件从 0 变为 1 即从无故障状态变成故障状态时，顶事件反而从故障状态变成无故障状态。

单调关联系统的结构函数具有下面 4 种性质。

① 关联性，即 $\Phi(1_i,\boldsymbol{X}) \neq \Phi(0_i,\boldsymbol{X})$。

② $\begin{cases} \Phi(\boldsymbol{0})=0 \\ \Phi(\boldsymbol{1})=1 \end{cases}$，其中，$\boldsymbol{0}=0(0,0,\cdots,0),\boldsymbol{1}=(1,1,\cdots,1)$。

③ 单调非减性，即：若 $\boldsymbol{X} \geqslant \boldsymbol{Y}$，则 $\Phi(\boldsymbol{X}) \geqslant \Phi(\boldsymbol{Y})$。

④ $\bigcap\limits_{i=1}^{n} x_i \leqslant \Phi(\boldsymbol{X}) \leqslant \bigcup\limits_{i=1}^{n} x_i$。

本章只考虑实际中绝大多数情况下使用的单调关联故障树。

(2) 故障树的结构函数

结构函数是表示系统状态的一种布尔函数，不同的故障树有不同的逻辑结构，最基本结构有以下两种（见图 5-16）：

① 与门结构函数

$$\Phi(\boldsymbol{X}) = \bigcap_{i=1}^{n} x_i = \prod_{i=1}^{n} x_i = \min x_i \tag{5-110}$$

② 或门结构函数

$$\Phi(X) = 1 - \prod_{i=1}^{n} x_i = \sum_{i=1}^{n} x_i = \max x_i \tag{5-111}$$

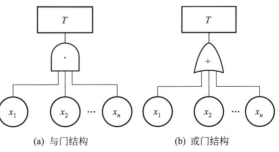

(a) 与门结构　　　　(b) 或门结构

图 5-16　故障树的逻辑结构

对任意一棵故障树，都可以简化为由逻辑与门和或门以及底事件组成的形式。

例 5-7　求出图 5-17 中故障树的结构函数。

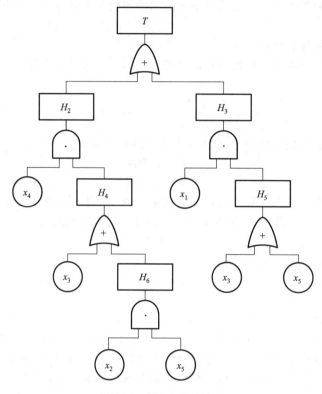

图 5-17　例 5-7 的故障树

$$\Phi(\boldsymbol{X}) = H_2 H_3 = (x_4 + H_4)(x_1 + H_5) = (x_4 + x_3 H_6)(x_1 + x_3 x_5)$$
$$= [x_4 + x_3(x_2 + x_5)](x_1 + x_3 x_5) \tag{5-112}$$

一般情况下，当故障树给出后，就可以根据故障树直接写出结构函数（又称布尔表达式）。但表达式这种表示法对于复杂系统故障树而言，因为其表达式繁杂而冗长，在实际计算中没有什么应用价值。结构函数一般用最小割集或最小路集来表示。另外，可靠性框图可按逻辑关系化作故障树，反之亦然。由此可见，可靠性框图与故障树是可以互相转换的，前者是成功模型，后者是失败模型，均可由结构函数描述，只是其中的 1、0 的定义不同而已。

（3）最小割集和最小路集

割集（路集）是故障树中一些底事件的集合，当这些底事件同时发生（不发生）时，顶事件 T 必然发生（不发生）。若将割集（路集）中所含底事件任意去掉一个就不再成为割集（路集），这样的割集（路集）就是最小割集（最小路集）。

最小割集定性地给出了底事件的重要程度。求解最小割集可以全面掌握顶事件不发生的各种可能性，为事故的调查分析、预计和预防提供可靠性依据。最小割集越多，引起顶事件发生的故障种类越多，相对来说系统越危险。在各个底事件发生概率比较小，其差别相对不大的条件下，有如下结论：阶数越小的最小割集越重要；在低阶最小割集中出现的底事件比高阶最小割集的底事件重要；在最小割集阶数相同的条件下，在不同最小割集中重复出现的次数越多的底事件越重要。

（4）寻找最小割集的方法

常用的方法为"下行法"和"上行法"。下行法是从顶事件开始，从上而下逐步将顶事件展为底事件积之和的形式，经过吸收得到全部最小割集。下行法的要点在于利用了下述性质：当从底事件开始，从上往下展开顶事件时，经过或门，用输入事件置换输出事件就给出了应展为那些项的信息，经过与门，用输入事件置换输出事件就给出了项中应有哪些元素的信息。换句话说，经过或门，给出有哪些割集的信息，经过与门，给出割集有哪些事件的信息。直到全部门事件均被底事件置换为止，所得到的全部乘积项就是含有全部最小割集的布尔显示割集。经过吸收便得到全部最小割集。

所谓布尔显示割集，是全部割集的一部分，这一部分割集是由给定的结构函数经布尔展开得到的（显示出来的）积之和形式的全部项，由逻辑代数的性质知道，只要结构函数是单调关联的，这些积之和形式的全部项一定包括了全部最小割集。

下行法的具体做法是，从顶事件开始，顺次把门的输出事件用输入事件置换。经过或门输入事件竖向写出，经过与门输入事件横向写出，如此不断进行下去，直到全部门事件均置换为底事件为止，所得到的全部竖向排列的项就是布尔显示割集，经等幂化简，再吸收便得到最小割集。

例 5-8 采用下行法寻找图 5-17 中故障树的全部最小割集。

解： 图 5-18 给出了采用下行法计算图 5-17 中故障树的全部最小割集的过程。求得图 5-17 中的故障树有 4 个最小割集：

$$\{x_1, x_4\}, \{x_3, x_5\}, \{x_1, x_2, x_3\}$$

$$\begin{array}{llllllll}
T \longrightarrow & H_2H_3 \longrightarrow & x_4H_3 \longrightarrow & x_4x_1 \longrightarrow & x_4x_1 \longrightarrow & x_4x_1 \longrightarrow & x_4x_1 \longrightarrow & x_1x_4 \\
 & & H_4H_3 & x_4H_5 & x_4H_5 & x_4x_3x_5 & x_4x_3x_5 & x_3x_5 \\
 & & & H_4x_1 & x_3H_6x_1 & x_3H_6x_1 & x_3x_2x_1 & x_1x_2x_3 \\
 & & & H_4H_5 & x_3H_6H_5 & x_3H_6x_3x_5 & x_3x_5x_1 & \\
 & & & & & & x_3x_2x_3x_5 & \\
 & & & & & & x_3x_5x_3x_5 &
\end{array}$$

图 5-18 下行法寻找最小割集的过程

上行法与下行法进行方向相反，从底事件开始，由下向上逐步将顶事件展为底事件的积之和的形式，经吸收得到全部最小割集。这种算法是将最低一排门事件用底事件置换，如此类推将顶事件表示为底事件积之和的形式。

例 5-9 采用上行法寻找图 5-17 中故障树的全部最小割集。

解： 从图 5-17 的最下一排门事件开始置换：

$$H_5 = x_3x_5, H_6 = x_2 + x_5$$

然后置换上一排门事件，并化为积之和的形式，依次可得：

$$\begin{aligned} H_4 &= x_3H_6 \\ &= x_3(x_2 + x_5) \end{aligned} \qquad \begin{aligned} H_3 &= x_1 + H_5 \\ &= x_1 + x_3x_5 \end{aligned} \qquad \begin{aligned} H_2 &= x_4 + H_4 \\ &= x_4 + x_3x_5 + x_2x_3 \end{aligned}$$

最后置换顶事件：

$$\begin{aligned} T &= H_2H_3 \\ &= x_1x_4 + x_3x_5 + x_1x_2x_3 \end{aligned}$$

通过置换后所得到的结果即为全部最小割集，这和下行法结果一致。

(5) 寻找最小路集的方法

当故障树的最小割集很多时分析不变，这时可以用最小路集来分析。直接依故障树求最小路集很困难，一般是借助于故障树的对偶树来求。

故障树的对偶树 T^D 简称对偶树，它表示故障树中的全部事件都不发生时，这些事件之间的逻辑关系。因此，它是系统的成功树。

通常是根据已知的故障树作如下变化来画对偶树的，即将全部或门变为与门，将全部与门变为或门，图 5-17 中故障树的对偶树如图 5-19 所示。

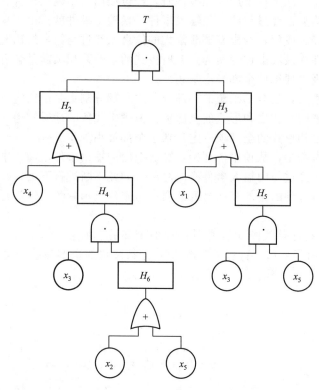

图 5-19　图 5-17 中故障树的对偶树

对偶树具有下列性质：对偶树的全部最小割集是故障树的全部最小路集，而且是一一对应的，其逆也是成立；设对偶树的结构函数为 $\Phi^D(X)$，故障树的结构函数为 $\Phi(X)$，则 $\Phi^D(X)=1-\Phi(1-X)$，其中 $1-X=(1-x_1, 1-x_2, \cdots, 1-x_n)$。

由于对偶树的最小割集就是故障树的最小路集，因此可以借助对偶树的最小割集来求故障树的最小路集。以图 5-17 中的故障树为例说明之。

画出对偶树：如图 5-19 所示。

求对偶树的最小割集。求对偶树的最小割集的方法同求故障树的最小割集的方法一样，可以得到对偶树的最小割集为 $\{x_1, x_3\}$、$\{x_1, x_5\}$、$\{x_3, x_4\}$ 和 $\{x_2, x_4, x_5\}$。

因此，图 5-17 中故障树的最小路集：$\{x_1, x_3\}$、$\{x_1, x_5\}$、$\{x_3, x_4\}$ 和 $\{x_2, x_4, x_5\}$。

(6) 用最小割集和最小路集表示的结构函数

① 用最小割集表示的结构函数　从工程角度来看，单调关联系统每个最小割集代表一种故障模式，因为只有最小割集中相应的底事件发生，顶事件（系统故障）必然发生。

显然，只要求得故障树的所有最小割集 $C=C_1, C_2, \cdots, C_l$，则顶事件 T 可表示为

$$T=\bigcup_{j=1}^{l} C_j = \bigcup_{j=1}^{l} \bigcap_{i\in C_j} x_i \tag{5-113}$$

例 5-10　用最小割集表示图 5-17 中故障树的结构函数。

解：图 5-17 中故障树有 3 个最小割集，其函数为 $C_1=x_1 x_4$，$C_2=x_3 x_5$，$C_3=x_1 x_2 x_3$。由式(5-113) 知，故障树的结构函数为

$$\Phi(X)=x_1 x_4 \bigcup x_3 x_5 \bigcup x_1 x_2 x_3$$

该式表示所谓最小割集与门结构或门结合故障树的结构函数，与图 5-17 中的故障树是完全等价的。

② 用最小路集表示的结构函数　如果故障树的全部最小路集都不发生时，那么顶事件就发生。

设故障树的所有最小路集 $P=P_1$，P_2，$\cdots$，P_m，则顶事件 T 可表示为

$$T=\bigcap_{i=1}^{m} P_i=\bigcap_{i=1}^{m}\bigcup_{j\in P_i} x_j \tag{5-114}$$

例 5-11　用最小路集表示图 5-17 中故障树的结构函数。

解：图 5-17 中故障树有 4 个最小路集，其函数为 $P_1=x_1\bigcup x_3$；$P_2=x_1\bigcup x_5$，$P_3=x_3\bigcup x_4$，$P_4=x_2\bigcup x_4\bigcup x_5$。由式(5-114)知，其结构函数为

$$\varPhi(\boldsymbol{X})=(x_1\bigcup x_3)\bigcap(x_1\bigcup x_5)\bigcap(x_3\bigcup x_4)\bigcap(x_2\bigcup x_4\bigcup x_5)$$

该式表示所谓最小路集或门结构与门结合故障树的结构函数，与图 5-17 中的故障树是完全等价的。

5.2.5.3 故障树的定量分析

故障树的定量分析包括求顶事件的发生概率，各底事件的重要度。

(1) 顶事件的发生概率

计算故障树顶事件发生的概率，即不可修系统不可靠度的定量值。类似于网络分析方法中的最小路集，故障树定性分析得到的最小割集之间也为相容事件，必须进行不交化处理才能求得系统的可靠性定量指标。顶事件的发生概率可以精确计算也可以近似计算。

① 顶事件发生概率的精确计算公式

a. 容斥定理计算公式　一般说来，最小割集之间不是独立的，例如图 5-19 的最小割集 x_1x_3、x_1x_5、x_3x_4、$x_2x_4x_5$ 中前两个就是相容的，这时精确计算顶事件发生的概率就必须用相容事件的概率公式

$$Q_s = Q(C_1\bigcup C_2\bigcup\cdots\bigcup C_n)$$

$$=\sum_{i=1}^{n} Q(C_i)-\sum_{i<j=2}^{n} Q(C_iC_j)+\sum_{i<j<K=3}^{n} Q(C_iC_jC_k)+\cdots+(-1)^{n-1}Q(C_1C_2\cdots C_n)$$

$$\tag{5-115}$$

例 5-12　一个不可修系统的故障树如图 5-17 所示，底事件相对应部件的不可靠度为 $Q_1=Q_2=Q_3=Q_4=Q_5=0.1$，求系统的不可靠度 Q_s。

解：由容斥定理得系统不可靠度为

$$Q_s = Q(C_1\bigcup C_2\bigcup C_3)$$

$$=\sum_{i=1}^{3} Q(C_i)-\sum_{i<j=2}^{3} Q(C_iC_j)+\sum_{i<j<k=3}^{3} Q(C_iC_jC_k)$$

式中，C 为最小割集，由例 5-8 可知：

$$C_1=x_1x_4,C_2=x_3x_5,C_3=x_1x_2x_3$$

所以

$$Q_s=Q(C_1)+Q(C_2)+Q(C_3)-Q(C_1C_2)-Q(C_1C_3)-Q(C_2C_3)+Q(C_1C_2C_3)$$

$$=Q(x_1x_4)+Q(x_3x_5)+Q(x_1x_2x_3)-Q(x_1x_3x_4x_5)-Q(x_1x_2x_3x_4)-$$

$$\quad Q(x_1x_2x_3x_5)+Q(x_1x_2x_3x_4x_5)$$

$$=2\times0.1^2+0.1^3-3\times0.1^4+0.1^5$$

$$=0.02071$$

b. 不交化计算公式　若最小割集数量较大，容斥定理计算量太大，则应将结构函数的

最小割集表达式化为不交的最小割集表达式直接计算不可靠度。

例 5-13 用不交化计算公式计算例 5-12。

解：先将最小割集表达式化为不交表达式：

$$\begin{aligned}
\phi(x) &= x_1x_4 + x_3x_5 + x_1x_2x_3 \\
&= x_1x_4 + (x_1x_4)'x_3x_5 + (x_1x_4)'(x_3x_5)'x_1x_2x_3 \\
&= x_1x_4 + (x_1' + x_1x_4')x_3x_5 + (x_1' + x_1x_4')(x_3' + x_3x_5') \\
&\quad x_1x_2x_3 \\
&= x_1x_4 + x_1'x_3x_5 + x_1x_3x_4'x_5 + x_1x_2x_3x_4'x_5'
\end{aligned}$$

所以，

$$\begin{aligned}
Q_s &= Q_1Q_4 + (1-Q_1)Q_3Q_5 + Q_1Q_3(1-Q_4)Q_5 + Q_1Q_2Q_3(1-Q_4)(1-Q_5) \\
&= 0.1^2 + 0.9 \times 0.1^2 + 0.9 \times 0.1^3 + 0.9^2 \times 0.1^3 \\
&= 0.02071
\end{aligned}$$

② 顶事件发生概率的近似计算公式 如前所述，如果最小割集数为 n，则容斥定理式有 2^{n-1} 项，对于大型复杂故障树，由于底事件很大，所以最小割集和最小路集数也很大，出现了所谓的"组合爆炸"的问题，利用容斥定理计算顶事件发生概率的精确解是非常困难的。而采用不交化方法，当最小割集数较多时，计算量也很大。另外，由于统计数据不可能很准，底事件发生的概率一般有效数字只有一两位，由此计算的顶事件发生概率也只有一两位是可信的。因此，在实际工程问题中，可采取近似计算方法。近似计算方法有很多，如相斥近似法、独立近似法、概率上下限法、蒙特卡洛模拟法等。限于篇幅，这里仅介绍前两种近似法，其他方法可参考相关专著。

a. 容斥定理部分项近似法 一般情况下，人们总是把产品的可靠度设计的比较高，因此，产品的不可靠度是很小的。故障树顶事件发生的概率按式(5-115)计算收敛得非常快，2^{n-1} 项的代数和中起主要作用的是首项或首项及第二项，后面一些数值极小。所以在实际计算时往往取式(5-115)的首项来计算

$$Q_s \approx S_1 = \sum_{i=1}^{n} Q(C_i) \tag{5-116}$$

或取首项与第二项之半的差作近似

$$Q_s \approx S_1 - \frac{S_2}{2} = \sum_{i=1}^{n} Q(C_i) - \frac{1}{2}\sum_{i<j=2}^{n} Q(C_iC_j) \tag{5-117}$$

例 5-14 用式(5-116)和式(5-117)对例 5-12 进行近似计算。

解：首项近似

$$\begin{aligned}
Q_s &\approx S_1 = \sum_{i=1}^{3} Q(C_{j_1}) \\
&= Q(C_1) + Q(C_2) + Q(C_3) \\
&= 0.021
\end{aligned}$$

前两项平均近似

$$\begin{aligned}
Q_s &= S_1 - \frac{S_2}{2} = 0.021 - \frac{1}{2}\sum_{i<j=2}^{3} Q(C_iC_i) \\
&= 0.021 - \frac{1}{2}[Q(C_1C_2) + Q(C_1C_3) + Q(C_2C_3)] \\
&= 0.02095
\end{aligned}$$

容斥定理首项近似法也就是相斥近似法。当最小割集之间已实现不交化后方是相斥的，未不交化前不会相斥，但只要割集的发生概率足够小，如此例等于 0.01 和 0.001，可以视

为相斥。

b. 独立近似法 除了相斥事件和的公式最为简单外，独立事件和的公式也比容斥定理计算量小得多，根据经验，割集发生概率小于 0.1 时，采用独立近似得到的计算结果往往能满足要求。

例 5-15 用独立事件和的概率公式计算例 5-12。

解： 独立事件和的概率公式为

$$
\begin{aligned}
Q_s &= 1 - \prod_{j=1}^{3}(1 - Q(C_j)) \\
&= 1 - (1 - Q(C_1))(1 - Q(C_2))(1 - Q(C_3)) \\
&= 1 - (0.99)^2 \times 0.999 \\
&= 0.02088
\end{aligned}
$$

注意，实际问题中，可靠度往往接近于 1，这时绝不能采用容斥定理近似公式，因为容斥定理近似公式是舍去可靠度的高次项，接近于 1 的数的 n 次幂与 $n-1$ 次幂很接近，舍去高次幂可能会造成极大的误差，乃至出现可靠度大于 1 或小于 0 的荒谬结果，但独立近似可以采用。比较起来，独立近似是较好的近似方法，适用的范围广，误差也较小。

(2) 重要度

重要度分析是故障树定量分析中的重要组成部分。重要度是一个部件或系统的割集发生故障时对顶事件发生概率的贡献，它是时间、部件可靠性参数以及系统结构的函数。它在系统的设计、故障诊断和优化设计等方面都有用。例如，可以估计由部件可靠度参数的变化所导致的系统可用度的变化；可以按部件重要度顺序进行检查、维修和发现故障，并改进重要度较大的部件，从而提高系统的可靠性。部件可以有一种或多种故障模式，而故障树每一个基本事件对应于一种故障模式。部件的重要度应等于它所包含的基本事件重要度之和。当部件只有一种故障模式时，部件重要度即为基本事件重要度。为简化起见，假设部件只含有一种故障模式。

① 部件的结构重要度 设系统由 n 个部件组成，部件与系统间的关系用结构函数 $\Phi(\boldsymbol{X})$ 表示。设系统的任意一个部件 i 从正常变到故障 $0_i \to 1_i$，若用 $(i, \boldsymbol{X})$ 表示系统该部件的情况，因此这里的 $\boldsymbol{X}$ 表示除了 i 部件之外的 $n-1$ 个部件的状态。假设某个 $(i, \boldsymbol{X})$ 有如下关系

$$\Phi(1_i, \boldsymbol{X}) - \Phi(0_i, \boldsymbol{X}) = 1 \tag{5-118}$$

则表示 i 在 $(i, \boldsymbol{X})$ 这种情况下是一个关键部件，式(5-118) 等价于

$$\Phi(1_i, \boldsymbol{X}) = 1, \Phi(0_i, \boldsymbol{X}) = 0 \tag{5-119}$$

表明部件 i 正常时系统正常，部件 i 故障时系统故障，称 $(i, \boldsymbol{X})$ 为 i 的一个关键向量，记作

$$n_\Phi(i) = \sum_{2^{n-1}}[\Phi(1_i, \boldsymbol{X}) - \Phi(0_i, \boldsymbol{X})] \tag{5-120}$$

式(5-120) 表示为部件 i 的关键向量总数。因为 i 从正常变到故障 $0_i \to 1_i$，其余 $n-1$ 个部件共有 2^{n-1} 种可能的情形。因此，部件 i 的结构重要度定义为

$$I_\Phi(i) = \frac{1}{2^{n-1}} n_\Phi(i) \tag{5-121}$$

式(5-121) 表明 i 的关键向量总数在所有 2^{n-1} 种可能的情形中占的比例。因此，对于任意的结构函数 Φ，部件可按其结构重要度排序。

这里隐含了一种假设，即认为所有部件或底事件的故障概率相同。因此部件或底事件的结构重要度从故障树的角度反映了各部件或底事件在故障树中的重要程度，任意部件或底事

件的重要度完全由故障树的结构所决定，与部件或底事件的故障概率大小无关。

定理 1：对于或门结构的故障树，部件的结构重要度均为 2^{1-n}。

证明：对于或门结构的故障树，当且仅当 $\boldsymbol{X}=(0_1,0_2,\cdots,0_n)$ 时，$\Phi(\boldsymbol{X})=0$；其他情况下均有 $\Phi(\boldsymbol{X})=1$。因此有

$$\sum_{2^{n-1}}[\Phi(1_i,\boldsymbol{X})]=2^{n-1}, \sum_{2^{n-1}}[\Phi(0_i,\boldsymbol{X})]=2^{n-1}-1 \tag{5-122}$$

因此

$$n_\Phi(i)=\sum_{2^{n-1}}[\Phi(1_i,\boldsymbol{X})-\Phi(0_i,\boldsymbol{X})]=1, \tag{5-123}$$

进而可得

$$I_\Phi(i)=\frac{1}{2^{n-1}}n_\Phi(i)=\frac{1}{2^{n-1}} \tag{5-124}$$

证毕。

定理 2：对于与门结构的故障树，部件的结构重要度均为 2^{1-n}。

证明：对于与门结构的故障树，当且仅当 $\boldsymbol{X}=(1_1,1_2,\cdots,1_n)$ 时，$\Phi(\boldsymbol{X})=1$；其他情况下均有 $\Phi(\boldsymbol{X})=0$。因此有

$$\sum_{2^{n-1}}[\Phi(1_i,\boldsymbol{X})]=1, \sum_{2^{n-1}}[\Phi(0_i,\boldsymbol{X})]=0 \tag{5-125}$$

因此

$$n_\Phi(i)=\sum_{2^{n-1}}[\Phi(1_i,\boldsymbol{X})-\Phi(0_i,\boldsymbol{X})]=1 \tag{5-126}$$

可得

$$I_\Phi(i)=\frac{1}{2^{n-1}}n_\Phi(i)=\frac{1}{2^{n-1}} \tag{5-127}$$

证毕。

② 部件的概率重要度　部件在系统中的重要性不仅依赖于其结构，而且还依赖于部件本身的可靠度。假设系统由 n 个部件组成，任意一个部件 i 的故障概率用 $F_i(t)$ 来表示，系统与各部件间的结构关系用其可靠性模型 $F_s(t)=g[F_i(t)]$ 表示，则部件 i 的概率重要度为

$$I_i^P(t)=\frac{\partial F_s(t)}{\partial F_i(t)}=F_s[1_i,Q(t)]-F_s[0_i,Q(t)] \tag{5-128}$$

式中，$Q(t)$ 为除部件 i 外各部件的故障概率。

概率重要度可以解释为从数学上，部件 i 的概率重要度就是部件 i 取 1 值时顶事件概率和部件 i 取 0 值时顶事件概率值之差；从物理意义上，部件 i 的概率重要度是指系统处于当且仅当部件 i 故障系统即故障状态的概率，或者说系统处于部件 i 的临界状态的概率。它可以确定哪些部件的改善会对系统的改善带来最大的好处。

概率重要度的大小表示了各底事件对顶事件的影响程度。因为每一底事件都是故障树的最小割集，所以各个底事件都有较大的概率重要度值。但由于它们的可靠度不同，因而概率重要度值也略有区别。

定理 3：对于或门结构的故障树，如果部件的寿命服从指数分布，则第 i 个部件的概率重要度是其故障率 λ_i 的单调递增函数。

证明：对于或门结构的故障树，如果部件的寿命服从指数分布，有

$$F_s(t)=1-\prod_{i=1}^{n}[1-F_i(t)] \tag{5-129}$$

式中，$F_i(t)=1-R_i(t)=1-\exp(-\lambda_i t)$，即 $1-F_i(t)=\exp(-\lambda_i t)$，$i=1,2,\cdots,n$；则对任意 $i,j(i,j=1,2,\cdots,n)$，由部件概率重要度的定义，有

$$I_i^P(t)=\frac{\partial F_s(t)}{\partial F_i(t)}=(1-F_1(t))(1-F_2(t))\cdots(1-F_{i-1}(t))(1-F_{i+1}(t))\cdots(1-F_n(t))$$

$$=\exp\left[-\left(\sum_{l=1}^{i-1}\lambda_l t\right)-\left(\sum_{k=i+1}^{n}\lambda_k t\right)\right]=\exp\left[-\left(\sum_{l=1}^{n}\lambda_l t\right)+\lambda_i t\right]$$

$$=\exp(-\lambda_s t)\exp(\lambda_i t)=R_s(t)\exp(\lambda_i t) \tag{5-130}$$

式中，$\lambda_s=\sum_{i=1}^{n}\lambda_i$，$R_s(t)=\exp(-\lambda_s t)$。

同理

$$I_j^P(t)=R_s(t)\exp(\lambda_j t) \tag{5-131}$$

因此，有

$$\frac{I_i^P(t)}{I_j^P(t)}=\frac{R_s(t)\exp(\lambda_i t)}{R_s(t)\exp(\lambda_j t)}=\exp[(\lambda_i-\lambda_j)t]=\begin{cases}\geqslant1,\lambda_i\geqslant\lambda_j\\<1,\lambda_i<\lambda_j\end{cases} \tag{5-132}$$

因此，当 $\lambda_i\geqslant\lambda_j$ 时，$I_i^P(t)\geqslant I_j^P(t)$；当 $\lambda_i<\lambda_j$ 时，$I_i^P(t)<I_j^P(t)$。所以，$I_i^P(t)$ 是第 i 个部件故障率 λ_i 的单调递增函数。证毕。

定理 4：对于与门结构的故障树，如果部件的寿命服从指数分布，则第 i 个部件的概率重要度是其故障率 λ_i 的单调递增函数。

证明：对于与门结构的故障树，如果部件的寿命服从指数分布，有

$$F_s(t)=\prod_{i=1}^{n}F_i(t) \tag{5-133}$$

式中，$F_i(t)=1-\exp(-\lambda_i t)$，$i=1,2,\cdots,n$，则对任意 $i,j(i,j=1,2,\cdots,n)$，由部件概率重要度的定义，有

$$I_j^P(t)=\frac{\partial F_s(t)}{\partial F_i(t)}=F_1(t)F_2(t)\cdots F_{i-1}(t)F_{i+1}(t)\cdots F_n(t)=\frac{F_s(t)}{F_i(t)} \tag{5-134}$$

同理

$$I_j^P(t)=\frac{\partial F_s(t)}{\partial F_j(t)}=\frac{F_s(t)}{F_j(t)} \tag{5-135}$$

因此，有

$$\frac{I_i^P(t)}{I_j^P(t)}=\frac{F_s(t)/F_i(t)}{F_s(t)/F_j(t)}=\frac{F_j(t)}{F_i(t)}=\frac{1-\exp(-\lambda_j t)}{1-\exp(-\lambda_i t)}=\begin{cases}\geqslant1,\lambda_i\geqslant\lambda_j\\<1,\lambda_i<\lambda_j\end{cases} \tag{5-136}$$

即当 $\lambda_i\geqslant\lambda_j$ 时，$I_i^P(t)\geqslant I_j^P(t)$；当 $\lambda_t<\lambda_j$ 时，$I_i^P(t)<I_j^P(t)$。所以，$I_i^P(t)$ 是第 i 个部件故障率 λ_i 的单调递增函数。证毕。

另外，当各部件故障概率均为 0.5 时，则结构重要度与概率重要度相等。即

$$I_\Phi(i)=I_i^P(t),F_i(t)=0.5,i=1,2,\cdots,n \tag{5-137}$$

因此在求 $I_\Phi(i)$ 时，可先按顶事件的结构函数 $\Phi(\boldsymbol{X})$ 和顶事件的发生概率 $F_s(t)$ 求出 $I_i^P(t)$ 的表达式，然后将 $F_i(t)=0.5$ 代入该表达式，所得结果即是 $I_\Phi(i)$。

③ 部件的关键重要度　关键重要度是一个变化率的比，即第 i 个部件故障概率的变化率引起系统故障概率的变化率。因为它把"改善一个较可靠的部件比改善一个尚不太可靠部件难"这一性质考虑进去，因此关键重要度比概率重要度更合理。概率重要度没有考虑各部件原有概率的不同以及它们变化一个单位的难易程度的不同这两个因素。关键重要度的表达式为

$$I_i^{CR}(t) = \frac{F_i(t)}{F_s(t)} I_i^P(t) \tag{5-138}$$

定理 5：对于或门结构的故障树，如果部件的寿命服从指数分布，则第 i 个部件的关键重要度是其故障率 λ_i 的单调递增函数。

证明：由式(5-130) 可知，$I_i^P(t) = \exp(-\lambda_s t)\exp(\lambda_i t) = R_s(t)\exp(\lambda_i t)$，所以

$$I_i^{CR}(t) = \frac{F_i(t)R_s(t)\exp(\lambda_i t)}{F_s(t)} \tag{5-139}$$

同理

$$I_j^{CR}(t) = \frac{F_j(t)R_s(t)\exp(\lambda_j t)}{F_s(t)} \tag{5-140}$$

因此，有

$$\frac{I_i^{CR}(t)}{I_j^{CR}(t)} = \frac{F_i(t)R_s(t)\exp(\lambda_i t)/F_s(t)}{F_j(t)R_s(t)\exp(\lambda_j t)/F_s(t)} = \frac{F_i(t)\exp(\lambda_i t)}{F_j(t)\exp(\lambda_j t)}$$

$$= \frac{[1-\exp(-\lambda_i t)]\exp(\lambda_i t)}{[1-\exp(-\lambda_j t)]\exp(\lambda_j t)} = \frac{\exp(\lambda_i t)-1}{\exp(\lambda_j t)-1} = \begin{cases} \geq 1, \lambda_i \geq \lambda_j \\ < 1, \lambda_i < \lambda_j \end{cases} \tag{5-141}$$

即当 $\lambda_i \geq \lambda_j$ 时，$I_i^{CR}(t) \geq I_j^{CR}(t)$；当 $\lambda_i < \lambda_j$ 时，$I_i^{CR}(t) < I_j^{CR}(t)$。所以，$I_i^{CR}(t)$ 是第 i 个部件故障率 λ_i 的单调递增函数。证毕。

由此可知，按关键重要度大小排序，可以列出系统部件诊断检查的顺序表，用来指导系统运行和维修。为保证快速排除故障，可首先检查重要度大的部件，这对于一些紧急情况很有价值。

定理 6：对于与门结构的故障树，所有部件的关键重要度均为 1。

证明：由式(5-134) 可知，$I_i^P(t) = F_s(t)/F_i(t)$，所以

$$I_i^{CR}(t) = \frac{F_i(t)}{F_s(t)} I_i^P(t) = \frac{F_i(t)}{F_s(t)}\frac{F_s(t)}{F_i(t)} = 1 \tag{5-142}$$

证毕。

例 5-16　故障树如图 5-20 所示，已知：$\lambda_1 = 0.001/h$，$\lambda_2 = 0.002/h$。$\lambda_3 = 0.003/h$。试求当 $t = 100h$ 时各部件的结构重要度、概率重要度和关键重要度。

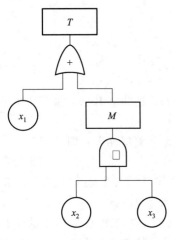

图 5-20　例 5-16 的故障树

所以

解：① 结构重要度

该系统有 3 个部件，所以共有 $2^3 = 8$ 种状态。

x_1	x_2	x_3	T
0	0	0	0
0	0	1	0
0	1	0	0
0	1	1	1
1	0	0	1
1	0	1	1
1	1	0	1
1	1	1	1

由以上分析可以看出

$$n_\Phi(1) = 3, n_\Phi(2) = 1, n_\Phi(3) = 1$$

$$I_\Phi(1) = \frac{3}{4}, I_\Phi(2) = \frac{1}{4}, I_\Phi(3) = \frac{1}{4}$$

由此可以看出，如果不考虑部件的故障率或认为部件的故障率相同，则部件1从结构角度看比部件2、3重要。

② 概率重要度

根据题意，3个部件的故障率分别为

$$F_1(100) = 1 - \exp(-\lambda_1 t) = 1 - \exp(-0.001\text{h}^{-1} \times 100\text{h}) = 0.0952$$
$$F_2(100) = 1 - \exp(-\lambda_2 t) = 1 - \exp(-0.0002\text{h}^{-1} \times 100\text{h}) = 0.1813$$
$$F_3(100) = 1 - \exp(-\lambda_3 t) = 1 - \exp(-0.0003\text{h}^{-1} \times 100\text{h}) = 0.2592$$

该系统的故障率为

$$F_s(t) = 1 - [1 - F_1(t)][1 - F_2(t)F_3(t)]$$

所以

$$I_1^P(t) = \frac{\partial F_s(t)}{\partial F_1(t)} = 1 - F_2(t)F_3(t) = 0.953$$

$$I_2^P(t) = \frac{\partial F_s(t)}{\partial F_2(t)} = F_3(t) - F_1(t)F_3(t) = 0.2345$$

$$I_3^P(t) = \frac{\partial F_s(t)}{\partial F_3(t)} = F_2(t) - F_1(t)F_2(t) = 0.164$$

显然，部件1最重要。

③ 关键重要度

由式(5-138)可知

$$I_1^{\text{CR}}(t) = \frac{F_1(t)}{F_s(t)}I_1^P(t) = \frac{F_1(t)}{1 - [1 - F_1(t)][1 - F_2(t)F_3(t)]}I_1^P(t) = 0.6588$$

$$I_2^{\text{CR}}(t) = \frac{F_2(t)}{F_s(t)}I_2^P(t) = \frac{F_2(t)}{1 - [1 - F_1(t)][1 - F_2(t)F_3(t)]}I_2^P(t) = 0.3087$$

$$I_3^{\text{CR}}(t) = \frac{F_3(t)}{F_s(t)}I_3^P(t) = \frac{F_3(t)}{1 - [1 - F_1(t)][1 - F_2(t)F_3(t)]}I_3^P(t) = 0.3087$$

显然部件1最关键。

由关键重要度的表达式可知，各个部件的关键重要度由于其 $1/F_s(t)$ 相同，因此仅与 $F_i(t)I_i^P(t)$ 有关，$F_i(t)I_i^P(t)$ 越大表明部件 i 发生故障的概率越大。所以，按关键重要度大小排序，可以列出部件诊断检查的顺序表，用来指导系统运行和维修。为保证快速排除故障，可首先检查重要度大的部件，这对一些紧急情况特别是突发情况很有价值。

④ 分系统的概率重要度 $I_{s_k}^P(t)$ 和关键重要度 $I_{s_k}^{\text{CR}}(t)$ 假设系统由 m 个分系统组成，第 k 个分系统的故障概率用 $F_{s_k}(t)$ 来表示，则分系统 k 的概率重要度为

$$I_{s_k}^P(t) = \frac{\partial F_s(t)}{\partial F_{s_k}(t)} \tag{5-143}$$

分系统 k 的关键重要度为

$$I_{s_k}^{\text{CR}}(t) = \frac{F_{s_k}(t)}{F_s(t)}I_{s_k}^P(t) \tag{5-144}$$

定理7：对于或门结构的故障树，如果分系统的寿命服从指数分布，则第 k 个分系统的概率重要度和关键重要度均为其故障率 λ_{s_k} 的单调递增函数。定理7是定理3和定理5在分系统上的推广，证明方法同定理3和定理5。

定理8：对于与门结构的故障树，如果分系统的寿命服从指数分布，则第 k 个分系统的概率重要度均为其故障率 λ_{s_k} 的单调递增函数。定理8是定理4在分系统上的推广，证明方

法同定理 4。

定理 9：对于与门结构的故障树，所有分系统的关键重要度均为 1。定理 9 是定理 6 在分系统上的推广，证明方法同定理 6。

5.3　维修性分析技术及方法

维修性分析是所有产品维修性工作项目中最重要的内容，通过运用定性或定量的手段，对产品的维修性设计特性进行逻辑的、综合的分析，确定产品维修性设计中存在的薄弱环节，找出影响系统和设备维修的关键项目，为产品的维修性设计改进提供依据。维修性分析贯穿于产品设计与研制的全过程，事实上所有的与维修性相关的工作都离不开维修性分析。从对用户维修性要求的分析，到对各种维修性验证结果的分析，都可以被视为是维修性分析的必不可少的组成部分。

5.3.1　维修性分析的目的

① 为制定维修性设计准则提供依据。有了维修性指标和定性要求并且分配到各层次的产品，要把它转化为设计，就必须制定设计准则。产品的设计准则是指导设计的详细的技术文件，也是评审设计的依据。它包括系统及各部分设计的具体要求、技术途径。而维修性分析是确定维修性设计准则的前提条件，只有对产品的维修性定量要求和设计约束进行分析，才能恰当地确定维修性设计准则。

② 支持对各设计备选方案进行评价和权衡。有关维修性设计的权衡研究是维修性分析中经常进行的一项活动。当某一产品的维修性设计存在两种或两种以上设计方案时，就需要对这些方案以平均修复时间和寿命周期费用或有关的维修性参数为主要的决策变量进行权衡研究，其目的是选择费用－效能最佳的设计结构。

③ 借以验证产品设计与维修性要求的符合性。验证产品的维修性水平，当然要靠维修实践。但在研制过程中当产品实体还未形成时，就要估计维修性，以便做出设计决策。这就是维修性分析的另一个主要目的，既要对设计满足定性和定量的维修性情况进行评估。定量的维修性要求一般是通过维修性预计来评估的，这里分析的侧重点是对定性要求的分析。

④ 为确认和量化产品的保障资源要求提供输入数据。产品的维修保障要从其维修性特征出发，制定维修保障计划和确定维修保障资源需要了解产品的维修性特征。这就要进行分析，并将其结果制成清单，它的内容是下一步进行保障性分析确定维修保障计划和维修保障资源的重要输入信息。

5.3.2　维修性分析的主要内容

进行什么分析及分析的深度与范围取决于设计所达到的详细程度和产品的复杂程度，而且有些类型的分析又不仅仅是针对维修性的。常用的维修性分析可能涉及到如下内容。

① 维修性设计评价　进行设计评价的主要目的是确保从设计工作一开始就将维修性设计到产品中去，并保证所有的维修性要求都得到满足。评价过程始自一系列规范与要求的确立，并贯穿设计全过程，一直延续到设计工作的终结，期间对与维修性设计相关联的任何工作。

② 维修性预计　维修性预计是根据历史经验和类似产品的数据等估计、测算新产品在给定工作条件下的维修性参数，主要针对因维修导致产品停机的时间进行分析。

③ 维修性信息的分析　维修性信息的一个主要来源是 FMEA，它确定了产品故障和损伤及其影响，提供如何维修的信息。在此基础上，结合产品的具体结构，可以确定产品维修

的具体活动和作业。这些信息既可以用于评估维修的难度、估计所需时间和所需的各种人财物力资源，对维修性做出评价；有可为保障性分析，确定维修保障计划和资源提供依据。

④ 人的因素分析　维修人员能够很方便地进行维修，是对产品提出的最基本的维修性要求之一，即要求维修作业时维修人员应易于接近维修对象，以完成所需的拆换、调准等操作。进行人的因素分析，就是为了判定完成维修作业时的人-机互动过程中存在的问题，确保维修人员能够实现所需的动作和操作以完成相应的维修作业。与人的因素相关的问题涉及人的工作强度限制和工作空间的需求等各种细节问题。关于人的因素分析还会涉及人的体力分析、可达性分析和可见性分析。

通过体力分析可以确定维修人员是否能够完成需要一定体力的维修活动，即对以不同的体位推、拉、举起、传递物体的能力做出评价，这是据以形成相应设计与评价准则的重要分析工作。

通过可达性分析可以判断出在进行维修时，由于工作空间不够可能产生的物体间或人与物体间的碰撞、干涉问题。

通过可见性分析可以保证维修人员在必要时能充分地观察到相应的工作空间情况。对某些维修活动这是必须要考虑的，尤其是在涉及安全性问题时更要如此。

⑤ 测试性分析　与产品故障的检测、定位和隔离技术有效性密切相关的测试性分析，是与维修性分析不可分割的重要分析工作。产品的测试性对其维修性有直接的影响，提高产品的测试性水平可大大降低其维修停机时间，从而促进了产品维修水平的提高。

⑥ 维修性权衡分析　有关维修性的权衡分析内容很广泛。例如，a. 维修性指标分配中的权衡；b. 维修性与可靠性、保障性等特性的权衡；c. 设计特性与保障资源的权衡。

⑦ 全寿命费用分析　全寿命费用也称寿命周期费用，是系统论证、方案设计乃至整个研制过程中最主要的决策参数，几乎任何一次研制过程中的决策都会对寿命周期费用产生影响，与该参数发生联系。产品的维修性设计即影响设计与制造费用，又影响维修保障费用。所以费用分析是维修性分析中用到的重要技术。

5.3.3　故障模式影响分析

虽然习惯上将故障模式影响分析视为可靠性分析的一个组成部分，但是它的分析结果也是进行维修性设计的关键性输入。维修性工程中所需要的信息，可以仅从故障模式影响分析中获得，不必进行致命度分析。通过故障模式影响分析，可以系统地分析产品可能的故障模式、故障原因及故障影响，在此基础上确立产品需要的维修性设计特征和检测、定位与隔离功能故障的手段。

故障模式影响分析是以可靠性为中心的维修中最重要的一步，通过这步工作，可以确定使功能发生故障的部件名称、故障模式、故障原因及后果，并考虑检测成功的难度和方法。当故障模式与后果确定后，接下来就要针对故障模式和后果选择最有效的检修方法。所谓最有效是指方法不仅可行，而且与其他的检修方法相比，技术经济性最佳、效果最好。

由于主要是一种定性分析方法，不需要什么高深的数学理论，易于掌握，很有实用价值，收到工程部门的普遍重视。它比依赖于基础数据的定量分析方法更接近于工程实际情况，是因为它无需为了量化处理的需要而将实际问题过分简化。国家军用标准 GJB 450A—2004《装备可靠性工作通用要求》在可靠性设计及评价一节中指出，故障模式影响分析是找出设计潜在缺陷的手段，是设计审查中必须重视的资料之一。

故障模式影响分析在维修性分析中的应用步骤如图 5-21 所示。由图 5-21 可知，故障模式影响分析应用于维修过程可以分两个层次来进行：首先是明确维修对象，应用产品故障模式影响分析；其次是补充维修过程信息，开展维修过程故障模式影响分析工作。故障模式影响分析具体的方法和流程在 5.2.4 节中已经阐述，在此不做详细介绍。

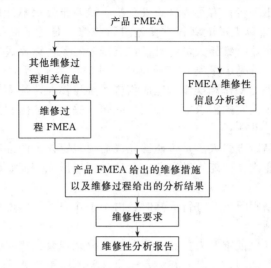

图 5-21　故障模式影响分析在维修性分析中的应用步骤

5.3.4　寿命周期费用分析

寿命周期费用（Life Cyele Cost，简称 LCC），是指产品一生从初始规划、选型、设计、制造、安装、调试、使用、维护、更新改造以及报废处理整个寿命周期中所产生的费用，也可以针对产品寿命周期的某个阶段产生的所有费用进行分析。它是系统设计方案和研制过程中最主要的决策参数之一，也是最敏感的决策参数，几乎任何一次研制过程中的决策，都会对寿命周期费用产生影响，与该参数发生联系。比如对设计方案权衡而言，较高的产品可用度必然会增加采办和供应费用，又可减少停机费用（见图 5-22），此时决策的主要变量就是寿命周期费用。LCC 技术是研究产品在预期的寿命周期内所耗费的费用，包括从规划论证开始到交付使用的寿命前期以及交付使用直至报废的寿命后期。起初 LCC 技术主要应用于军事领域，现在，LCC 技术已经被广泛的应用于社会生活的各个领域。

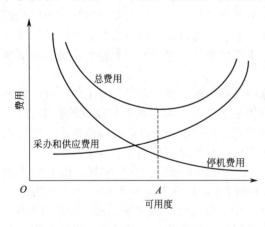

图 5-22　费用与可用度曲线

常用的寿命周期费用估算方法有类比估算法、专家估算法、工程估算法、参数估算法和灰色预计法。近年来，随着新理论的出现和计算机软件发展，也出现了神经网络方法和支持向量机方法等智能估算方法。

(1) 类比估算法

类比估算法也叫相似费用法是一种基于过去相似产品和技术经验进行费用估算的方法。所估算的产品与已有产品类似或是已有产品的改进时，把它和已有产品类比，或在已有产品费用基础上进行追加，得到新产品的费用。

使用类比估算法进行费用估算，主要是利用历史数据，然后根据技术进步的影响和价格因子进行修正。这种方法简单易行，通常用于产品开发的早期阶段，但其估算结果从某种程度上取决于对两种类比产品之间相似性估计的主观程度。因此，准确程度相对较差。

（2）专家估算法

这种方法由专家根据经验判断进行估算，或由几个专家分别估算后加以综合确定。它要求估算者拥有关于产品和费用的综合知识。一般在没有足够的数据资料或参数与费用关系难以确定的情况下，用这种方法进行粗略的估算。

（3）参数估算法

参数估算法是根据多个同类产品的历史费用数据，选取对费用敏感的若干个主要物理与性能特性参数，运用回归分析法等数据处理方法建立费用与参数之间的数学关系式来估算寿命周期费用的方法。

主要根据已有资料建立起各项费用与产品主要参数之间的关系式，进行费用估算。参数估算法的输入为产品的性能参数，因此具有客观性较好、快速、便捷的优点，而且能迅速地估计出产品的性能或其中某些特征量的变化对费用的影响，从而在设计方案的选择及设计方案变更时对费用的影响作出评估。

（4）工程估算法

工程估算法是利用费用分解结构自下而上地逐项计费用，将整个产品在寿命周期内的所有费用单元累加来得出寿命周期费用估计值。每个基本费用单元都用工程的方法计算，如零部件的费用由所需的设计费、材料费、工时费等总和而得。进行工程估算时，其输入由各细节费用相关专家提供，具有结果较准确、有利于对各个竞选方案进行比较的优点。但是，它对数据要求高，而且难以对估算结果进行评价与鉴定、某些费用带有一定主观性。工程法通常适用于设计阶段后期和生产阶段，尤其是用来估算使用、保障费用具有明显优势。

（5）灰色预计法

灰色预计法是将原始数据进行灰色生成，使其随机因素弱化，然后对生成数列建立白化形式的微分方程，求出方程的解数列，最后进行累减生成，得到预计值。灰色预计法理论坚实，适用于样本小、分布规律不典型的情况，但它的序列性要求原始数据一般以时间序列形式出现，或是可以按时间序列处理的问题。

（6）神经网络方法

神经网络方法是抽象、简化和模拟生理学上人脑神经网络结构、功能以及若干基本特性而构成的一种信息处理方法。神经网络中的多层前向网络是一种有效的非线性建模方法，具有自组织、自适应等特性以及强大的非线性拟合能力，又不以一定的分布为前提，在处理背景知识不清、信息中含有噪声时具有独到的优势。并且它是一种隐函数关系，不需推导出数学表达式。但神经网络存在确定网络结构难的问题、过学习问题等，对数据量有一定要求。

（7）支持向量机方法

支持向量机是在统计学习理论基础上提出的一种新型的机器学习方法，是有效处理非线性问题的工具。支持向量机在形式上类似于多层前向网络，但它有更好的泛化能力，对预计对象的先验知识、模型形式、误差分布无特殊要求，对小样本问题的适应性强。

5.3.5　维修障碍分析

维修障碍分析（Maintenance Trouble Analysis，简称 MTrA）就是以维修事件为分析对象，记录和分析维修过程中发生的维修障碍，而维修障碍和造成该障碍的产品零部件维修性设计特性之间存在一定的因果关系。维修障碍分析法正是从这种因果关系出发，分析导致维修障碍发生的原因、维修障碍对系统维修性的影响，并将维修障碍按对维修简便、迅速、经济的妨碍程度进行分类，根据障碍原因采取补救措施，从而为改进产品维修性设计特性提供依据。

5.3.5.1　维修障碍的定义

维修障碍是指产品维修不能够简便、迅速、经济的事件或状态。这里的事件是指在具体的维修操作中发生的不可达、不可视、没有充足的操作空间等阻碍任务顺利完成的事；状态是指在整个维修过程中呈现出的违反维修性要求的表征或现象，如维修过程过于烦琐，维修活动中使用的工具种类和数量过多，工具更换过于频繁等。维修障碍的发生将不利于预定维修任务的完成，严重时会导致维修任务的中止或失败。

5.3.5.2　维修障碍的分类

首先按照障碍产生的原因可分为：产品设计造成的维修障碍、工艺设计造成的维修障碍、使用维修不当造成的维修障碍。

① 设计维修障碍　也可称为结构障碍，是由于产品结构布局设计不合理，紧固件选择不当等原因造成，从而导致产品维修过程中发生的障碍。

② 工艺维修障碍　指由于维修工艺规范（如维修工序的制定，维修资源的配置等）制定不当或没有严格执行设计要求的工艺规范从而导致产品维修过程中发生的障碍。

③ 操作维修障碍　是指由于不在规定的条件下进行维修作业而产生的障碍。这里的规定条件一般分为维修场所不符合规定和人为造成的维修操作不当引起的障碍。

按障碍的表现形式分类，可分为可达性障碍、差错性障碍、安全性障碍和人素障碍等。具体见表 5-10。此外，按妨碍维修简便、迅速和经济的影响程度可分为严重障碍、一般障碍和轻微障碍。

表 5-10　维修障碍分类

障碍分类	障碍表现形式
测试性障碍	进行产品检测诊断的设备陈旧、检测方法落后以及检测点的配置老化等
可达性障碍	不能接近故障零部件或接近困难 肢体和零部件在通过维修通道口时发生干涉或通过困难 因操作空间不足,解脱紧固件时工具或人员与产品结构发生干涉 搬运零部件困难 紧固件的拆卸繁琐
差错性障碍	在维修过程中出现装错、装反或漏装等差错 在产品的适当部位没有明显的识别标志
安全性障碍	在维修过程中,进行各种作业时可能出现对维修人员 造成伤害和对产品造成损害
人素障碍	不能保证维修人员以良好的工作姿态、合适的工具和适度的工作负荷进行维修工作以及工作难度超出维修人员的能力范围

5.3.5.3　维修障碍判据

障碍判据是判断某一维修事件中是否发生维修障碍的界定。该界定尺度的把握对维修障碍分析的效果好坏至关重要。障碍判据一般应依据产品具体的维修性要求来确定。下面以可达性为例，来说明障碍判据的确定。可达性是指产品维修时接近产品不同组成单元的难易程度，就是通常所说的"看得见，够得着"。典型可达性障碍的具体表现形式及障碍判据见表 5-11。

表 5-11　典型可达性障碍判据

可达性障碍表现形式	障碍判据
不能触及维修操作部位(够不着)	维修人员在自然的姿势下,勉强或不能触及操作部位,以及人的肢体、工具、零部件在通过修理通道或通道口时不能通过或通过困难
操作活动空间障碍	需要维修和拆装的机件,其周围没有足够的操作空间,阻碍了机件的测试或拆装
操作可视性障碍(看不见)	操作空间不满足维修人员在维修过程中能够看到自己的操作动作,如在目视情况下进行的视觉定位动作、反复动作、连续动作和逐次动作

5.3.5.4　维修障碍分析过程

维修障碍分析以产品发生的维修事件为研究对象，发现维修事件的维修障碍，对障碍的原因、影响进行分析，并把每一个障碍按它对维修任务的妨碍程度予以分类，进而对障碍原因采取补救措施的过程。维修障碍分析的基本分析过程如图 5-23 所示。

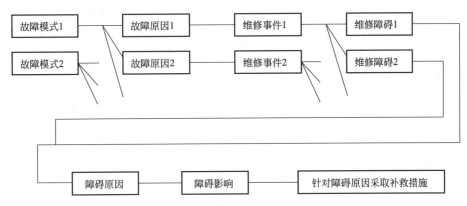

图 5-23　维修障碍分析的基本过程

由图 5-23 所示的维修障碍分析基本思路可描述为：系统某一故障模式对应一个或多个故障原因，每一个故障原因产生一个维修事件，这里的维修事件可能是修复性的，也可能是预防性的，而针对每一个维修事件的维修操作过程中可能有一个或多个维修障碍发生。维修障碍分析就是以维修事件为分析对象，记录和分析维修过程中发生的维修障碍，而维修障碍和造成该障碍的产品零部件维修性设计特性之间存在一定的因果关系。维修障碍分析正是从这种因果关系出发，分析导致维修障碍发生的原因、维修障碍对系统维修性的影响，并将维修障碍按对维修简便、迅速、经济的妨碍程度进行分类，根据障碍原因采取补救措施，从而为改进产品维修性设计特性提供依据。

在产品设计阶段，维修障碍分析的作用在于为维修性设计特征的改进提供依据，其信息输入包括维修性要求、各种研究报告、产品的设计特征，信息输出为维修性再设计的改进措施，分析的手段则采用可视化分析技术，以提高分析的直观性和可信性；在使用阶段，维修障碍分析的作用在于提出在维修保障方面采取的补救措施，以实际使用维修中收集的维修数据作为信息输入，经统计分析，对产品的维修性做出评价，而在收集数据不完整的情况下，也便于找出关键的问题，并提出解决问题的措施。

5.3.5.5　维修障碍分析的程序

（1）维修障碍分析表格

维修障碍分析程序的主要过程就是填写维修障碍分析表格（见表 5-12）。

表 5-12　维修障碍分析表格

分析人员：　　　　　　审核：　　　　　　　　　　　　　　第　页　　　共　页

维修事件	障碍形式	障碍原因	障碍影响	障碍严酷度类别	障碍相关零部件	补救措施
1	形式 1					
	形式 2					
	⋮					
	形式 n					
2						
⋮						
n						

① 维修事件（Maintenance Event） 包括修复性维修工作和预防性维修工作。对于修复性维修工作，如更换、原件修复等；对于预防性维修工作，如保养、定时拆修等。

② 障碍形式(Trouble Mode) 即障碍的表现形式。如不能接近故障零部件或接近困难，维修中发生的漏装、错装，造成维修人员的伤亡，维修人员因体力限度不能举起、推拉及转动零部件进行维修操作等。

③ 障碍原因（Trouble Causation） 障碍产生的原因可能有 3 种情况：a）由于设计不合理从而导致产品维修过程中发生的障碍；b）由于维修工艺规范制定不当导致产品维修过程中发生的障碍；c）由于不按照规定的条件下进行维修作业而产生的障碍。我们更关心的是设计维修障碍产生的原因，这种原因既可能是产品本身的，也可能是外部因素（工具、设备）。

④ 障碍影响（Trouble Effect） 指每一个障碍形式对产品维修事件的完成所导致的各种后果。这些后果包括产品维修过程中对人的安全、维修时间及维修费用等方面的综合影响。

⑤ 障碍严酷度（Trouble Criticality） 障碍严酷度是指障碍的产生对维修后果的影响严重程度。障碍严酷度类别是对障碍形式发生所造成的维修后果所规定的一个度量。严酷度类别的划分是按障碍形式对系统维修性影响而言的，一般分为 4 类，见表 5-13。

表 5-13　障碍严酷度分类

严酷度类别	影响严酷度等级描述	严酷度类别	影响严酷度等级描述
I 类 （灾难的）	维修操作执行过程中，未能完成维修事件，并对维修人员的生命安全构成严重伤亡威胁或导致产品损坏的障碍	III 类 （一般的）	虽能够完成维修事件，却造成一定的经济损失，明显影响维修的简便、迅速、经济的障碍
II 类 （严重的）	虽未造成人员伤亡与产品损坏，却致使维修事件失败，从而造成重大停机经济损失的障碍	IV 类 （轻微的）	能够完成维修事件，不足以造成经济损失，仅轻微影响维修的简便、迅速、经济的障碍

⑥ 障碍相关零部件 该栏是指产生障碍的不合理维修性设计特征所属零部件，其目的是为确定需改进设计的零部件提供依据。

⑦ 补救措施 针对每一个障碍形式的原因及影响，尽可能提出补救措施，这是关系到有效提高维修性再设计可操作性的重要环节。主要有以下补救措施：a. 维修性设计补救措施。在障碍原因分析之后，就可以确定造成维修障碍的不合理维修性设计特性及其所属的零部件，然后改进其维修性设计，从而提高系统维修性；b. 改善维修保障资源措施。通过增加或改进维修中的专用工具、仪器或设备来保证维修事件的顺利完成，从而实现产品的维修性要求；c. 提高产品可靠性措施。通过改进产品可靠性设计，使维修障碍对应的故障模式得以消除或很少发生，从而减少维修障碍的发生。

(2) 维修障碍分析报告

① 维修性关键零部件清单 根据 MTrA 分析表中的障碍相关零部件一栏进行统计分析，得到出现频率高的零部件，然后再从中找出相应的障碍对维修任务影响较大的零部件，将这些零部件作为维修性关键零部件。维修性关键零部件对产品维修性影响较大，应尽早改进设计。

② I、II、III 类障碍形式清单 I、II、III 类障碍形式通常是对产品维修性影响较大的障碍，因此要及时采取补救措施。将障碍严酷度为 I、II、III 类的障碍形式填入 I、II、III 类障碍形式清单。

③ 含有多个 IV 类障碍形式清单 当某一维修事件中发生多个 IV 类维修障碍时，虽然每一个维修障碍对该事件对应的维修时间影响不大，但如果数目太多时，在障碍的累积效应下，将导致维修时间大大增加，超过维修性定量指标要求。这时，应对该类维修事件中发生的 IV 类维修障碍给予适当的考虑，从中筛选出较容易克服的维修障碍，采取相应的改进措施。

5.3.6　综合权衡分析

综合权衡是指为了使产品的某些参数优化，而对各个待选方案进行分析比较，确定其最佳组合的过程。权衡分析贯穿于产品的整个研制过程，从论证阶段的参数选择和指标确定，到设计和保障方案的确定，无不使用综合权衡技术。综合权衡分析中会涉及到性能、可靠性、维修性、费用和风险等多种因素。综合权衡可以是定性的也可以是定量的。涉及维修性的有关综合权衡项目有：可靠性与维修性的权衡，原件修复与换件修理的权衡，设计方案的评定，产品修复与维护层次的确定等。权衡方法也很多，这里只介绍几种常见的综合权衡方法。

5.3.6.1　以可用度为约束的综合权衡

由前所述，固有可用度 A_i 仅与故障分布和维修分布相关，很明显存在可靠性和维修性的权衡。根据 A_i 的定义可以得到

$$MTTR = \frac{1-A_i}{A_i} MTBF \tag{5-145}$$

当给定可用度时，MTTR 与 MTBF 的比值为定值。许多情况下关注的焦点在 A_i 而非 A_i 的组成要素 MTTR 和 MTBF。但是，如果将可靠性指标（如 MTBF）和维修性指标（如 MTTR）作为设计过程的一部分，那么就可以在给定可用度的情况下对上述两个参数进行权衡。

(1) 以可用度为约束的综合权衡分析的基本问题

有两种设计方案，均可使 A_i 满足同一量值。

$$第 \text{I} 方案：\qquad MTBF_1 = 2h \qquad MTTR_1 = 0.1h$$

$$第 \text{II} 方案：\qquad MTBF_2 = 200h \qquad MTTR_2 = 10h$$

由 (5-145) 可得，$A_{i1} = A_{i2} = 0.952$。因为两种方案都使系统可用度达到 0.952，究竟哪个方案可行？这种问题就是以可用度为约束的综合权衡分析的基本问题，即通过分析系统的可用度来权衡系统的可靠性维修性指标，以其使系统优化。针对上述问题，从不同的角度，用不同的约束去考虑会得到不同的结论。

① 从故障后果考虑　如果大量故障具有安全性或任务性影响或对维修人力、保障资源有较高要求，则 MTBF=2h 可能是不允许的，MTTR=10h 也可能是不允许的。因为 MTBF=2h 在给定的任务期间故障发生的概率会太高，超出了安全或任务性故障所允许的范围或消耗过多的人力物力资源，而 MTTR=10h 修复时间过长，影响任务的完成。如果这样，两种方案都不可行，需进一步优化权衡。如果仅考虑安全性影响，不考虑任务性影响，也许第 II 方案可行；反之，第 I 方案也许可行。

② 从设计实现的可能性方面考虑　现有的设计方法，工艺水平能否使 MTBF 高到某一量值，使 MTTR 降低到某一量值是权衡时考虑的另一个约束。比如在本例的系统中现有的设计水平能使系统的 MTBF 达到 250h，MTTR 达到 0.5h，则第 I 方案是不可行的；如果 MTBF 仅能达到 100h，MTTR 为 0.1h，则第 II 方案也是不可行的。

③ 从费用方面考虑　即考虑某一设计方案所带来的费用是否满足要求，这里的费用是指产品的寿命周期费用，即研制费用、生产费用与使用保障费用之和。在选取可靠性维修性参数时应考虑费用最低的方案。

综上所述，权衡不仅仅要考虑各个系统参数，而且还要受战术、技术及经济条件的限制，在某种意义上讲，所有的权衡都是经济性的权衡，都要求进行经济效益分析，要考虑产品的寿命周期费用。

(2) 以可用度为约束的综合权衡的一般步骤

① 画可用度曲线　由式(5-145)可以画出以 MTBF、MTTR 为变量，$(1-A_i)/A_i$ 为斜

率的可用度直线，如图 5-24 所示。其中，阴影部分表示可以权衡的区域。

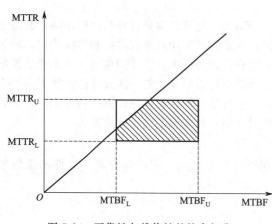

图 5-24 可靠性与维修性的综合权衡

② 在坐标系中确定可以权衡的区域 根据实际的技术可能，规定出 MTBF 的上限值 $MTBF_U$ 和下限值 $MTBF_L$，MTTR 的上限值 $MTTR_U$ 和下限值 $MTTR_L$。因为在一般情况下，系统的可靠性不可能太高，否则，在现有的技术水平内获得所要求的可靠性是不现实的或费用太高，现有的研制费用难以支持。同样，MTTR 太小，必定要求极高的维修性设计技术。例如，配备完善的机内自检设备，将故障隔离到每个独立的可更换模件，或者可能需要具有从一个有故障的设备自动切换到备用的设备上的装置，所有这些都可能超出现有技术水平或费用限制。

$MTBF_L$ 和 $MTTR_U$ 是由战术条件决定的。MTBF 太小，故障率势必过高；MTTR 太大，则修理时间过长同样影响任务的完成。所以必须将两者限制在一定范围，通常：$MTBF_L$ 和 $MTTR_U$ 是由订购方决定的。这样由 $MTBF_U$ 和 $MTBF_L$、$MTTR_U$ 和 $MTTR_L$ 以及可用度直线所围成的区域即为可以权衡的区域，见图 5-24 阴影部分。

③ 拟定若干种备选设计方案 从不同的角度提出若干个有代表性的设计方案。比如，对可靠性设计可以采用降额设计、冗余设计方法提出不同的 MTBF 值；对维修性可以采用模件化设计、自动测试等方案规定若干个 MTTR 值。当然这些可靠性与维修性数值，必须落在允许的权衡区域内。

④ 明确约束条件，进行权衡决策 如果没有任何的约束条件，那么设计师可以在图 5-24 的阴影区域内得到无数个组合，都能满足规定的可用度要求。然而，在实际工程中不可能没有约束，在本节中曾涉及到 3 种约束：故障后果、设计手段及工艺水平、费用约束。若选择故障后果为约束，则在各个方案中以故障发生概率最低为目标来决策；以费用为约束，则以寿命周期费用最低为目标来决策。当然也可以在满足规定的故障概率（费用）为前提，可用度最高来决策，选择相应的参数。

例 5-17 假设要求设计一台固有可用度 $A_i = 0.99$ 的设备，且要求其 MTTR 不超过 4 小时，而 MTBF 不小于 200 小时。

解：① 在 MTBF-MTTR 坐标系中画出 $A_i = 0.99$ 的直线和可以权衡的区域，如图 5-25 阴影区所示。

② 由图 5-25 可以看出，如果没有其他限制，凡是处在权衡区域内的方案都能满足所提要求。假定提出 4 种候选方案，它们的相应数据列于表 5-14。

表 5-14 候选方案数据

候选方案	可靠性设计	维修性设计	A_i	MTBF/h	MTTR/h
I	标准件降额使用	模块化及自动测试	0.990	200	2.0
II	采用高可靠性的元件、部件	局部模块化及半自动测试	0.990	300	3.0
III	采用部分余度设计	手动测试及有限模块化	0.990	350	3.5
IV	采用高可靠性的元件、部件	模块化及自动测试	0.993	300	2.0

③ 由于所提的候选方案都在权衡区域内，都符合基本的要求条件，因此必须施加约束

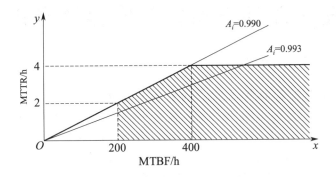

图 5-25　可靠性与维修性综合权衡示例

条件以便从中择优。现以费用最低作为约束条件，4 种方案的费用情况见表 5-15。

表 5-15　候选方案的费用比较

候选方案	A_i	采购费/万元	10 年保障费/万元	寿命周期费用/万元
Ⅰ	0.990	485.9	103.6	589.5
Ⅱ	0.990	484.4	100.6	585.0
Ⅲ	0.990	485.2	101.8	587.0
Ⅳ	0.993	487.2	96.8	584.0

根据表 5-15 的费用分析结果，可以看出，虽然方案 Ⅱ 在 $A_i=0.990$ 的 3 个方案中的费用最低，但由于在考虑了 10 年试用期后，方案 Ⅳ 能以更低的寿命周期费用达到更高的 A_i，所以最终选定方案 Ⅳ 为最好的选择。

5.3.6.2　半定量综合权衡技术

这种技术又叫 NSIA 综合权衡技术，它是由美国国家安全工程协会（NSIA）研究的一种维修性综合权衡技术。主要用于维修性待选设计方案的权衡与评价。NSIA 技术的最大优点是迅速简便，缺点是不够精确。当由于人力和进度的限制不能进行复杂的综合权衡时，可以考虑使用此种技术。

NSIA 综合权衡的基本原理是：产品的某一项维修性设计必然会对系统的其他特性产生影响。通过专家评估，这种影响可以表现为具体的数值。量化时所用的基本评定标准如图 5-26 所示。如果认为所评定的设计对系统的某一特性的影响是完全不可接受的，则影响值为 -100；如果认为利害相当难以区分，则影响值为 0，其他值则落在 $-100 \sim +100$。这样经专家打分后，再按给定的权值求出其均值。此均值表示了对于该项设计的综合评价，均值越大综合评价越高；反之，评价越低。

为了降低因主观评价而引入的偏差，提高权衡的效果，使用 NSIA 技术时应考虑下列措施。

① 评定只应由胜任的专家来做。

② 每一个问题的评定，应该尽可能由两名以上的专家独立地做出，取其代数平均值。若不能各自独立的进行，则应在小组集体讨论的基础上给定其值。

③ 尽量列出系统的一切可能特性，并考虑所评价的设计对它们的影响，以尽量减少评价的误差。

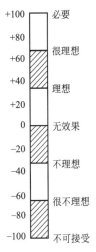

图 5-26　NSIA 综合权衡量化基准

5.4 液压气动系统可靠性维修性分析实例

5.4.1 可靠性分析实例

5.4.1.1 气动增压泵寿命缩短的原因分析及改进

感光胶时，胶液需要过滤，配胶间原料胶罐中的胶液经过气液增压系统进入压滤机过滤，过滤后清洁的胶液进入清洁储罐，以备后续工序使用。根据工艺要求所采用的气液增压系统能实现自动往复运动，带动配胶泵来回往复吸料和排料，实现连续均匀地配胶。该系统在工作过程中，经常发生异常，经过多方面检查发现系统中气液增压泵损坏很快，需要经常更换密封和柱销，维修费用昂贵，给生产带来不利的影响。

为此，海军航空工程学院王秀霞等针对压滤机气动增压泵寿命缩短的问题，分析了气动增压泵发生故障的原因，提出了改进方案。

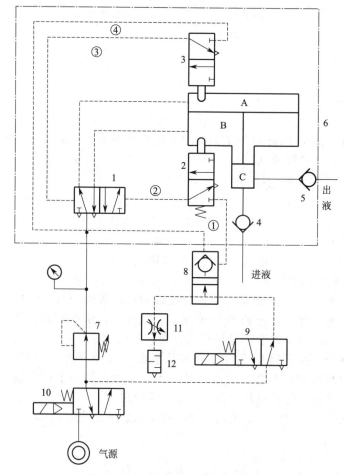

图 5-27　气液增压系统工作原理

1—主控阀；2，3—行程换向阀；4，5—单向阀；6—气动柱塞增压泵；
7—减压阀；8—气控通断阀；9，10—换向阀；11—调速阀；12—消声器

（1）配胶间压滤机增压泵工作原理

图 5-27 所示为气液增压系统，核心部件为气动柱塞增压泵。它的基本增压原理是利用

增压器活塞受力平衡而活塞两侧有效作用面积不等，从而可以获得一定的增压比。该气液增压系统集成增压缸与控制阀于一体，利用气源增压，输出高压液体。增压泵不工作时，气控通断阀 8 将气液增压泵的先导控制气路①切断，换向阀 2 接气控通断阀的气路①无压力，增压泵的柱塞运动到下位时，虽然换向阀 2 换向至上位，接通气路①和②，但是因气路①无压力，所以主控阀 1 仍然处于左位不换向，活塞停在下位。增压泵工作时，气控通断阀 8 接通换向阀 2 的气源，先导控制气路①有压力，换向阀 2 处于上位，主控阀 1 换右位，增压泵 A 腔通大气，B 腔接气源，柱塞向上移动，C 腔吸胶液（柱塞离开下位，换向阀 2 换下位，主控阀 1 保持右位不变）；柱塞到达上位时，换向阀 3 处下位，有压气体经控制气路④和③到达主控阀 1 的左侧，主控阀 1 换左位，增压泵 A 腔通气源，B 腔接大气，柱塞向下移动，增压的胶液由 C 腔经出液阀 5 进入压滤机。当柱塞移动到下位时，主控阀 1 换右位，柱塞上移，增压泵吸液，当柱塞移动到上位时，主控阀 1 换左位，柱塞向下移动，增压泵输出具有一定压力的胶液。

由气动柱塞增压泵的工作原理可知，该泵尤其适合应用于负载阻力较大的场合；由于泵的工作频率与负载有关，在泵的负载阻力比较低时，泵的工作频率较大。

（2）增压泵寿命缩短的原因

该型气动柱塞增压泵的性能曲线如图 5-28 所示。图中左纵坐标为泵出口压力，该压力取决于负载，这是容积式泵正常工作的两个基本规律之一；右纵坐标为压缩空气流量；下横坐标为泵每分钟输送的液体量；上横坐标为泵内柱塞工作循环次数即泵内柱塞每分钟往复的次数；3 条标有压缩空气压力的曲线表示在该压力下，泵流量、泵内柱塞工作循环次数与泵出口压力对应变化的曲线；3 条未标数字的曲线为所用压缩空气流量与泵流量、泵内柱塞工作循环次数对应变化的曲线。

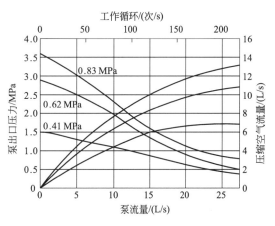

图 5-28　气动柱塞增压泵性能曲线

可以看出，当压缩空气压力为 0.41MPa 时，随着泵出口液体压力的降低，泵内柱塞工作循环次数不断上升，在出口液体压力降为 0.4MPa 时，泵内柱塞工作循环往复次数已经升至 200 次/min 以上。当采用新滤片时压滤机的入口压力约为 0.2MPa，随着污物的增多，压滤机的入口压力升高，当压滤机入口压力达到 0.3MPa 时就更换新的滤片，而压滤机入口压力即为泵的负载，所以工况要求泵出口压力通常低于 0.4MPa。因此根据其性能曲线可以断定实际使用中该泵的泵内柱塞工作循环往复次数已经位于极限设计值附近，故该型泵的故障概率较高。

配胶间压滤机使用的气动柱塞增压泵在工作过程中的具体工况为：泵内柱塞工作循环往复一次排出液体体积为 134.3mL，每分钟额定工作循环次数为 120 次。由此计算：最大额定流量为 966.96L/h，需要该泵输送的胶液体积约为 1500L，该泵完成输送需要的最少时间为 95min。而现实工作中，该泵仅需 65～75min 即可将 1500L 胶液打完。由此可以计算：泵实际的工作循环为每分钟 171 次，已经超过了该泵的额定工作循环 41.7%。从分析气动柱塞增压泵的性能曲线以及它的实际工况发现，由于压滤机负载不大，气动柱塞增压泵工作循环远远超过其额定工作循环，频繁发生柱销疲劳断裂、密封发热老化等故障，致使使用寿命缩短。

(3) 配胶间压滤机增压系统改进方案

① 解决方案 使用工况比较合理的其他型号泵代替该型气动柱塞增压泵，考虑到泵出口压力不超过 0.35MPa，选用气动隔膜泵做试验。

气动隔膜泵为双作用泵，增压比为 1。其工作原理如图 5-29 所示，气源从气控换向阀 2 左位的压力口进入，经过阀 2 后出口分成两路，一路作为气控换向阀 1 的控制气路进入阀 1 左侧控制腔，使阀 1 处于图示工作位置左位；另一路经增压泵左端口③进入增压泵 A 腔，推动活塞及活塞杆向右移动，增压泵 C 腔进液，D 腔排液。当气缸活塞运动过气控口②时，高压气体经阀口②和阀 1 左位到达阀 2 的右侧控制腔，使阀 2 换向，气源从阀 2 右位进入阀 1 右侧控制腔，阀 1 换右位，另外气源还从阀 2 右位经气控口④进入气缸 B 腔，活塞换向，向左移动，D 腔吸液，C 腔排液。当气缸活塞运动向左超过气控口①时，高压气体经气控口①和阀 1 右位到达阀 2 的左侧控制腔，使阀 2 换向，气源从阀 2 左位进入阀 1 左侧控制腔，阀 1 换左位，另外气源还从阀 2 左位经气控口③进入气缸 A 腔，活塞换向，向右移动。如此反复，连续不断输出胶液。

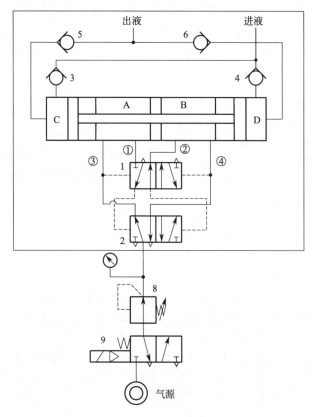

图 5-29 改进后的隔膜泵系统

气动隔膜泵性能曲线如图 5-30 所示，图中纵坐标为泵出口压力，横坐标为泵的流量，实线曲线分别表示压缩空气压力为 0.1~0.7MPa 时泵的流量压力曲线，虚线表示压缩空气用量。当需要控制液体压力 0.25MPa，流量 1500L/h 时，由图可以看出压缩空气压力需设定 0.3MPa。理论上可以满足要求。

胶液打完后在压滤机滤片未取出之前进行试验，压缩空气压力设定 0.35MPa，以水为媒体试验，压滤机入口压力正常，流量较气动柱塞增压泵大。利用配胶间现有气动隔膜泵进行打胶试验成功，可以替换现有气动柱塞泵。

② 用气动隔膜泵替换气动柱塞增压泵具体实施办法

a. 为保持原泵吸入方式，即泵从上方将胶液抽出。泵入口从胶罐上方进入胶罐，隔膜泵放置于地面。

b. 泵压空接原泵压空。

c. 过滤器安装：在胶罐南侧加焊过滤器连接板，将过滤器下移。

用气动隔膜泵替换气动柱塞增压泵，其性能满足配胶间压滤机工况要求，有效地利用元件的性能，减少故障频繁发生对生产造成的影响。这种故障的发生其实是

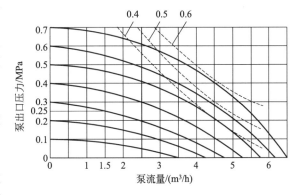

图 5-30　气动隔膜泵性能曲线

由于设备中泵的选型不当引起的。在参照样本选取液压泵时，泵的额定压力应选比系统最大工作压力高 25%～60%，以便留有压力储备。但当工作压力选得过高时，尤其对气动泵而言，泵体、阀体及缸厚都要增厚，材料和制造精度要求高，反而达不到经济效果，而且会降低元件寿命和系统可靠性，所以满足工况需要的就是最好的。

5.4.1.2　电液伺服阀故障模式影响分析

电液伺服阀是电液伺服系统的核心元件，它的失效模式与其设计和使用条件直接相关。重庆大学曾励等以某战机上的液压功率驱动装置中的电液流量伺服阀为例，对其进行故障模式影响分析（FMEA）。

(1) 故障模式影响分析概要

故障模式影响及致命度分析（FMECA）是一种失效因果关系分析。它是按照一定的格式有步骤地分析每一个部件（或每一种功能）可能有的失效模式，每一失效模式对系统的影响及失效后果的严重程度。进行 FMECA 分为两步，即故障模式影响分析（FMEA）和致命度分析（CA）。本节只研究 FMEA。FMEA 可按功能分析，也可按硬件分析，也可把功能 FMEA 和硬件 FMEA 合并进行。FMEA 的大致程序如下。

① 以设计文件为根据，从功能、环境条件、工作时间、失效定义等方面确定设计对象（即系统）的定义；按递降的重要度分别考虑每一种工作状态（或称工作模式）。

② 针对每一种工作状态分别绘制系统功能框图和可靠性框图（系统可靠性模型）。

③ 确定每一部件与接口应有的工作参数或功能。

④ 查明一切部件与接口可能的失效模式发生的原因与后果。

⑤ 按可能的最坏后果评定每一失效模式的严重性级别。

⑥ 确定每一失效模式的检测方法与补救措施或预防措施。

⑦ 提出修改设计或采取其他措施的建议，同时指出设计更改或其他措施对各方面的影响。

⑧ 写出分析报告，并说明预防失效或控制失效的必要措施。

(2) 电液流量伺服阀的功能及组成

电液流量伺服阀主要用作接受飞控电子装置的控制电流信号，输出相应流量的高压油，以驱动液压马达转动，完成伺服控制功能。它主要由动铁永磁式两余度力矩马达、喷嘴-挡板前置放大器和圆柱滑阀功率放大器三部分组成。这三者通过反馈杆协调工作，向液压马达输入一定流量。

(3) 功能框图与可靠性框图

图 5-31 和图 5-32 分别为电液流量伺服阀的功能框图和可靠性框图。其功能框图表示伺服阀各组成部分功能之间的关系和工作流程。可靠性框图表示电液流量伺服阀各组成部分之

间在可靠性方面的逻辑关系。

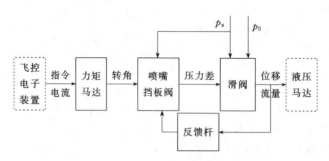

图 5-31 电液流量伺服阀的功能框图

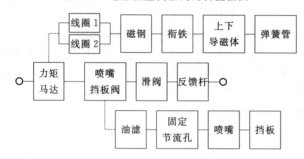

图 5-32 电液流量伺服阀的可靠性框图

(4) 故障模式影响分析

按照 5.2.4 节介绍的故障模式影响分析方法与严酷度等级定义可得电液流量伺服阀的故障模式影响分析如表 5-16 所示。

表 5-16　电液流量伺服阀的故障模式影响分析

产品	功能	故障模式	故障原因	任务阶段与工作方式	故障后果			故障检测方法	补救措施	严酷度级别	备注
					局部后果	对上一级后果	最终后果				
力矩马达	接受电指令信号,使衔铁组件偏转	单线圈烧坏	过载	正常工作	不能正常工作	无影响	无影响	伺服放大器	启用余度线圈	IV	
		双线圈烧坏	过载	正常或余度工作	失去功能	降级工作	任务不能完成	BIT	更换阀	II	
		外引线烧坏	物理或化学损坏	余度工作	失去功能	降级工作	任务不能完成	BIT	更换阀	II	
		弹簧管破裂	超压或疲劳	正常或余度工作	失去功能	降级工作	任务不能完成	测速机	更换阀	II	极少出现
喷嘴-挡板阀	通过挡板变形,改变可变节流孔通流面积在两喷嘴前腔产生压差	喷嘴-挡板阀局部堵塞	油液太脏	正常或余度工作	反应迟钝	响应降低	响应降低			III	
		喷嘴-挡板阀卡死	油滤失效油液太脏	正常或余度工作	输出失去控制	任务不能完成	任务不能完成	测速机	更换阀	II	

产品	功能	故障模式	故障原因	任务阶段与工作方式	故障后果			故障检测方法	补救措施	严酷度级别	备注
					局部后果	对上一级后果	最终后果				
滑阀	阀芯运动,打开节流窗口输出流量	滑阀卡死	油液太脏	正常或余度工作	输出流量失去控制	任务不能完成	任务不能完成	测速机	更换阀	Ⅱ	
反馈杆	当控制电流为零后,靠自身变形的反作用力使阀回中	反馈杆断裂	设计制造缺陷	正常或余度工作	失去功能	降级工作	任务不能完成	测速机	更换阀	Ⅱ	极少出现

由表 5-16 分析得知,不能由设计排除的Ⅱ类故障,主要由油液的污染引起的,大约占伺服阀故障的 90%。因此,使用时一定要注意系统油路的清洁以及油箱的密封。

5.4.1.3 叉车液压系统故障树分析

中南大学李河清等对 CPQ30 型内燃平衡重式叉车进行了故障树分析。

(1) 故障树建立

该型叉车的液压系统原理图如图 5-33 所示,液压系统由工作装置回路和转向回路组成。液压泵 3 在内燃机 4 带动下排出高压油,经分流阀 5 后,一部分以恒定流量分流到液压转向器控制转向液压缸,以满足转向需要;另一部分分流到多路换向阀 9。当推动多路换向阀起升阀片手柄时压力油进入升降油缸 12,通过链条带动货叉及内门架上升。松开手柄则油路闭锁,货叉停止上升。当拉回手柄时货叉及内门架下降。单向节流阀 11 可防止起升缸及货叉下降过快,并起缓冲作用。当操纵倾斜缸阀片手柄时,压力油进入倾斜缸使门架前倾或后倾。

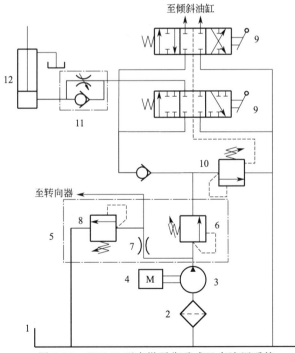

图 5-33 CPQ30 型内燃平衡重式叉车液压系统

1—油箱;2—滤油器;3—液压泵;4—内燃机;5—分流阀;6—液控顺序阀;7—节流阀
8—溢流阀;9—多路换向阀;10—溢流阀;11—单向节流阀;12—升降油缸

选取叉车起升液压缸动作无力为顶事件，得到如图 5-34 所示故障树。

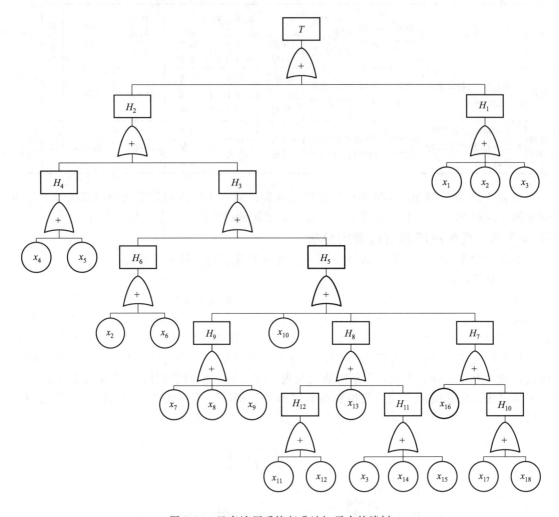

图 5-34　叉车液压系统起升油缸无力故障树

T—起升油缸无力；H_1—液压缸内泄漏；H_2—进入液压缸油压力不足；H_3—换向阀系统故障；

H_4—单向节流阀故障；H_5—进入换向阀油压力不足；H_6—换向阀泄漏；H_7—分流阀故障

H_8—油泵性能失效；H_9—溢流阀故障；H_{10}—液控顺序阀故障；H_{11}—泵内泄漏；H_{12}—泵吸入空气；

x_1—液压缸活塞磨损；x_2—柱塞与缸体配合间隙大；x_3—油温过高黏度下降；x_4—单向阀故障；x_5—节流阀故障；

x_6—换向阀阀芯磨损；x_7—溢流阀阀芯磨损；x_8—溢流阀主阀芯堵塞；x_9—溢流阀调定压力过低；

x_{10}—滤油器堵塞严重；x_{11}—泵进油口密封不良；x_{12}—油液供应不足；x_{13}—发动机失效；x_{14}—齿顶与泵体磨损；

x_{15}—泵端面与侧板磨损；x_{16}—溢流阀调定压力过低；x_{17}—液控阀芯磨损严重；x_{18}—弹簧调定压力过高

（2）故障树定性分析

用上行法进行计算，故障树的最下一层为 $H_{10}=x_{17}\bigcup x_{18}$，$H_{11}=x_3\bigcup x_{14}\bigcup x_{15}$；$H_{10}=$ $x_{11}\bigcup x_{12}$；往上一层为 $H_7=x_{16}\bigcup H_{10}$，$H_8=x_{13}\bigcup H_{12}\bigcup H_{11}$，$H_9=x_7\bigcup x_8\bigcup x_9$；依此类推，可以得到顶层

$$T=H_1\bigcup H_2=\bigcup_{i=1}^{18}x_i \tag{5-146}$$

式(5-146)共有 18 个积项，因此得到 18 个一阶最小割集：$\{x_1\}$，$\{x_2\}$，$\{x_3\}$，$\{x_4\}$，

$\{x_5\}$，$\{x_6\}$，$\{x_7\}$，$\{x_8\}$，$\{x_9\}$，$\{x_{10}\}$，$\{x_{11}\}$，$\{x_{12}\}$，$\{x_{13}\}$，$\{x_{14}\}$，$\{x_{15}\}$，$\{x_{16}\}$，$\{x_{17}\}$，$\{x_{18}\}$。叉车起升液压缸起升无力故障发生模式有 18 种可能，根据一阶最小割集中底事件结构重要度大于多阶最小割集中底事件结构重要度。本例中各底事件均只出现一次，且每一割集均为一阶，所以每一底事件应引起注意。

(3) 故障树定量分析

① 顶事件的发生概率　顶事件的发生概率取决于故障树的结构和各底事件的发生概率。对于逻辑或门来说，假设其底事件的发生概率分别为 $F_1(t)$，$F_2(t)$，$F_3(t)$，…，$F_{18}(t)$，则顶事件的发生概率 $F_s(t)$ 为

$$F_s(t) = 1 - \prod_{i=1}^{18} \left[1 - F_i(t) \right] \tag{5-147}$$

本例故障树中部件故障率按 $t = 1500\mathrm{h}$ 计算，各底事件的故障率见表 5-17。经计算可得顶事件发生概率为 0.10239。

表 5-17　故障树中各底事件的故障率

底事件	x_1	x_2	x_3	x_4	x_5	x_6	x_7	x_8	x_9
$\lambda_i/(10^{-6}/\mathrm{h})$	6.07	5.07	0.13	2.13	5.00	10.2	2.07	2.07	4.07
底事件	x_{10}	x_{11}	x_{12}	x_{13}	x_{14}	x_{15}	x_{16}	x_{17}	x_{18}
$\lambda_i/(10^{-6}/\mathrm{h})$	1.20	3.00	0.13	10.2	5.07	5.07	4.07	2.07	4.07

② 故障树重要度分析。

a. 结构重要度　底事件的结构重要度反映了各部件或底事件在故障树中的重要程度。由于故障树都是或门结构，所以各底事件的结构重要度均为 7.63×10^{-6}。

b. 概率重要度　各底事件的状态（即失效与否）对系统故障的影响程度，可用底事件的概率重要度表示。概率重要度的大小表示了各底事件对顶事件的影响程度，因为每一底事件都是故障树的最小割集，所以各个底事件都有较大的概率重要度值。但由于它们的故障率不同，因而概率重要度也略有区别。由式（5-128）可得各底事件的概率重要度（见表 5-18）。

表 5-18　各底事件的概率重要度

底事件	概率重要度	底事件	概率重要度	底事件	概率重要度
x_1	0.9059	x_7	0.9004	x_{13}	0.9116
x_2	0.9045	x_8	0.9004	x_{14}	0.9045
x_3	0.8978	x_9	0.9031	x_{15}	0.9045
x_4	0.9005	x_{10}	0.8992	x_{16}	0.9031
x_5	0.9044	x_{11}	0.9017	x_{17}	0.9004
x_6	0.9116	x_{12}	0.8978	x_{18}	0.9031

由表 5-18 可知，底事件 x_6、x_{13}、x_1、x_2、x_{14}、x_{15} 等对顶事件的影响较大，为了提高系统的可靠度，应从提高具有较大概率重要度的底事件入手。同时，当系统发生故障时，也可根据底事件概率重要度的大小顺序寻找故障原因。

c. 关键重要度　关键重要度含有底事件的概率重要度和其本身的不可靠度两个方面。经运算各底事件的关键重要度见表 5-19。

表 5-19　各底事件的关键重要度

底事件	关键重要度	底事件	关键重要度	底事件	关键重要度
x_1	0.0806	x_7	0.0273	x_{13}	0.1362
x_2	0.0672	x_8	0.0273	x_{14}	0.0672
x_3	0.0017	x_9	0.0539	x_{15}	0.0672
x_4	0.0281	x_{10}	0.0158	x_{16}	0.0539
x_5	0.0663	x_{11}	0.0396	x_{17}	0.0273
x_6	0.1362	x_{12}	0.0017	x_{18}	0.0539

关键重要度不仅体现了该事件在故障树中的地位，而且还体现了事件本身的不可靠度，所以更客观地体现事件或部件对系统故障的影响。从关键重要度看出，为了改善系统的可靠度，有必要首先降低关键重要度较大的部件的不可靠度。即提高较低质量部件的可靠要比提高较高质量部件的可靠度更有益。同时可以用于系统故障诊断的指南，在实际运用中，如果顶事件发生，也常根据关键重要度大小顺序，用于诊断故障，指导系统运行和维修。

5.4.2　维修性分析实例

结合 FMEA 和维修障碍分析法进行适应性研究，形成了维修障碍及影响分析法，并对 5.4.1.3 节中的 CPQ30 型内燃平衡重式叉车的液压系统进行维修性分析。

5.4.2.1　维修障碍及影响分析技术

（1）定义

维修障碍及影响分析法（Maintenance Obstacle and Effect Analysis，简称 MOEA）是以故障产品的维修过程为分析对象，分析影响维修任务顺利进行的设计因素，从而识别维修性设计薄弱环节和关键项目，为制定改进及控制措施提供依据。MOEA 是参照 FMEA 提出的一种事前预防的分析技术，应在产品的方案设计阶段即着手开展分析工作，并应随着设计的不断深入，不断完善分析工作。

（2）维修障碍及影响分析技术程序与方法

① 根据 FMEA 结果分析，确定需进行维修的产品的故障模式　根据 FMEA 结果，明确通过补偿措施未彻底消除的故障模式，确定维修性分析对象。

② 明确针对故障模式所需开展的维修事件及维修活动　针对故障可能存在多个维修事件，如发生故障后的修复性维修活动或为了预防故障而采取的预防性维修活动等，每一维修事件存在多种维修活动，如典型的修复性维修活动包括故障定位、故障隔离、拆卸、换件、调试等，预防性维修包括保养、定时拆修、定时更换等内容，而每项内容都会涉及到拆卸换件调试等维修活动。因此针对故障模式要明确维修事件，并要将每一维修事件根据实际操作步骤进行有效分解，为维修障碍的分析提供条件。

③ 参考相关资料和类似故障维修情况及工程经验，分析可能发生的维修障碍　同故障模式对 FMEA 的意义相同，维修障碍分析是 MOEA 分析的关键，要针对每一维修活动展开具体分析，确定是否会发生视觉不可达、工具不可达、操作空间不够、不可更换、容易错装、装不上、与别的设备发生"牵连"、影响人员或设备安全等维修障碍，从而影响维修活动的完成。

④ 分析维修障碍产生的原因，并评估其对产品维修产生的影响，确定严酷度等级　详细说明请见 5.3.5 节维修障碍分析。

⑤ 根据分析结果提出有效的补偿措施　MOEA 工作的意义是通过分析找出薄弱环节，提出改进措施的建议，这里的改进措施要求应能更改设计，从源头杜绝障碍的发生或减轻障碍的影响。因此，这里的设计改进应是积极采取有效的设计措施，切实提高产品的维修性；当不能通过设计消除障碍时应采取积极的补救措施，从使用工具防护措施等方面入手，降低维修障碍的影响该内容是工作的成果体现。

⑥ 填写 MOEA 表格

表 5-20　MOEA 表格

分析人员：		审核：			批准：			日期：	第　页　共　页		
代码	产品	故障模式	故障原因	维修事件	维修活动	障碍形式	障碍原因	障碍影响	障碍严酷度类别	补救措施	备注
		模式1	原因1	1	活动1	形式1					
						形式2					
					活动2	形式1					
						形式2					
				2							
				...							
				n							

⑦ 总结形成 MOEA 报告　MOEA 报告是根据分析的结果，对维修性设计中存在比较严重的薄弱环节列出清单，方便设计人员逐条改进维修性设计。在本例中，由于Ⅰ、Ⅱ、Ⅲ类影响因素通常对维修过程影响较大，要及时采取措施改进设计，因此将分析表格中的Ⅰ、Ⅱ、Ⅲ类影响因素及其分析过程列出来作为维修障碍影响分析报告清单。清单表格中各栏的填写说明同表 5-20 基本一致，只是第一栏的代号变为序号，表示为改进产品而采取措施的优先顺序号。

5.4.2.2　分析实例

对 CPQ30 型内燃平衡重式叉车液压系统的各个液压元件的维修过程进行分解，并对分解后的每个基本维修作业进行分析。发现液压泵、节流阀、多路换向阀、单向节流阀的维修过程中有影响因素，而其余元件维修过程中没有影响因素。表 5-21 所示为 CPQ30 型内燃平衡重式叉车液压系统的维修障碍影响分析。

表 5-21　CPQ30 型内燃平衡重式叉车液压系统的维修障碍影响分析

分析人员：		审核：			批准：			日期：	第　页　共　页		
代码	产品	故障模式	故障原因	维修事件	维修活动	障碍形式	障碍原因	障碍影响	严酷度类别	补救措施	备注
03	液压泵	漏油严重	密封件磨损	更换密封件	拆卸泵壳体上的紧固螺丝	可达性影响因素	因液压泵在叉车内部空间受限，操作不方便	可操作性差，轻微影响维修快速进行	Ⅳ	适当调节液压泵的位置，方便操作	
07	节流阀	转向机构速度不平稳	节油口堵塞使通油面积变小	清理节流阀内的杂物	从系统中拆卸节流阀	可达性影响因素	节流阀体积太小，车内部空间受限，操作不方便	可操作性差，轻微影响维修快速进行	Ⅳ	将节流阀安装在可以看得见，够得着的位置	

代码	产品	故障模式	故障原因	维修事件	维修活动	障碍形式	障碍原因	障碍影响	严酷度类别	补救措施	备注
09	多路换向阀	不能实现换向功能	阀芯卡死	清理阀内的杂物	将多路换向阀安装到系统中	将阀体上的油口接错	阀体上的油口太多,不易分辨	虽能完成叉车油缸的举升、倾斜,但是手柄的操作顺序和先前相反	Ⅲ	将阀正确安装到系统中即可	
11	单向节流阀	节流作用故障	节流口堵塞	清理单向节流阀内的杂物	从系统中拆卸单向节流阀	可达性影响因素	车内部空间太小,操作不方便	可操作性差,轻微影响维修快速进行	Ⅳ	将阀安装在可以看得见,够得着的位置	
					将单向节流阀安装到系统中	将单向节流阀装反	阀的进出油口不易分辨	液压缸举升缓慢,下降过快,影响工程进度和造成产品损坏	Ⅱ	将阀正确安装到系统中即可	

分析结果表明:单向节流阀和多路换向阀维修过程中的影响因素,其影响严酷度类别为Ⅱ、Ⅲ类。由于Ⅱ、Ⅲ类影响因素对维修过程影响较大,要及时采取措施改进设计,因而将该影响因素作为维修障碍影响分析报告清单。CPQ30型内燃平衡重式叉车液压系统的维修障碍影响分析报告清单如表 5-22 所示。

表 5-22　CPQ30 型内燃平衡重式叉车液压系统的维修障碍影响分析报告清单

填表:　　　　　　　　　　　　　　　　审核:

序号	产品	故障模式	故障原因	维修事件	维修活动	障碍形式	障碍原因	障碍影响	严酷度类别	补救措施	备注
1	单向节流阀	节流作用故障	节流口堵塞	清理单向节流阀内的杂物	将单向节流阀安装到系统中	将单向节流阀装反	阀的进出油口不易分辨	液压缸举升缓慢,下降过快,影响工程进度和造成产品损坏	Ⅱ	将阀正确安装到系统中即可	
2	多路换向阀	不能实现换向功能	阀芯卡死	清理阀内的杂物	将多路换向阀安装到系统中	将阀体上的油口接错	阀体上的油口太多,不易分辨	虽能完成叉车油缸的举升、倾斜,但是手柄的操作顺序和先前相反	Ⅲ	将阀正确安装到系统中即可	

第6章
可靠性维修性试验与评定

在工程中进行可靠性维修性设计时，除了对设计液压气动产品的可靠性维修性有所要求外，还必须掌握产品可靠性维修性试验、验证、数据处理及评定方法。因为在评定和验证产品的可靠性维修性时，需要通过试验取得可靠性维修性数据，经过分析得出产品可以接受或拒收、合格或不合格的结论，而且通过产品在试验中发生的每一个故障或缺陷的原因和后果进行细致的分析、研究，采取有效的纠正措施来提高产品的可靠性维修性。可靠性维修性试验与评定是可靠性维修性工程技术的一个重要组成部分，是对产品的可靠性维修性进行调查、分析和评定的一种手段，是提高和证实产品（包括系统、设备、元件、零部件及材料）的可靠性维修性水平的重要环节。对液压气动产品进行可靠性维修性试验与评定，可以在研制阶段使液压气动产品达到预定的可靠性维修性指标、在研制定型时进行可靠性维修性鉴定、在生产过程中控制液压气动产品的质量、在产品筛选中提高整批产品的可靠性水平、找出薄弱环节和设计缺陷使可靠性维修性不断增长、为液压气动产品的使用和保障提供信息。总之，可靠性维修性试验与评定可以发现液压气动产品在设计、材料和工艺方面的各种缺陷，为改善液压气动产品的可用性、提高任务成功性、减少维修费用及保障费用提供信息，并确认是否符合可靠性维修性定性和定量要求。

6.1　可靠性试验的分类与故障判据

6.1.1　可靠性试验的分类

按国家军用标准 GJB 450A—2004《装备可靠性通用要求》的规定，将可靠性试验分为两大类：可靠性工程试验和可靠性统计试验。工程试验的目的在于暴露液压气动产品的可靠性设计的缺陷并采取纠正措施加以排除。在试验过程中，例如阀类元件出现阀芯卡滞现象，需要对元件阀芯卡滞原因进行分析，采取有效的措施加以排除，提高液压气动产品的可靠性。统计试验的目的在于确定液压气动产品的可靠性，而不是暴露液压气动产品的可靠性缺陷。可靠性试验类别如图 6-1 所示。

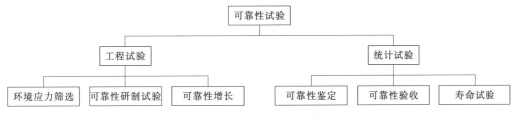

图 6-1　可靠性试验类别

由于液压气动可靠性试验内容广泛，根据试验的对象、地点、目的、所施加应力的性质及试验方法的不同可有多种分类方法。

① 按试验环境分类如图 6-2 所示。

图 6-2　试验环境分类

使用现场试验是液压气动产品在实际使用条件下进行的试验。从原理上讲，使用现场试验能最真实地反映液压气动产品的实际可靠性水平。但是，由于使用现场试验需要收集现场的产品寿命数据，这显然会遇到很多困难，需要的时间较长，工作状况难以一致，要有详细的产品使用记录，而且必须有相应的管理人员进行组织，只有这样做才能获得比较准确的试验数据。所以目前可靠性试验绝大部分是以实验室模拟试验的方式进行的。

实验室模拟试验是在实验室中模拟液压气动产品实际使用和环境条件的一种试验。它将现场重要的试验条件在实验室中进行，并加以人工控制。可以进行影响寿命的单项或某几项应力组合试验，还可设法缩短试验时间以加速取得试验结果。

② 按试验目的分类如图 6-3 所示。

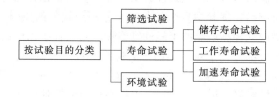

图 6-3　试验目的分类

③ 按试验结束方式分类如图 6-4 所示。

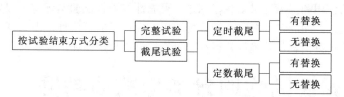

图 6-4　试验结束方式分类

④ 按产品过程分类如图 6-5 所示。

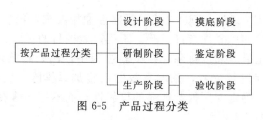

图 6-5　产品过程分类

6.1.2　可靠性试验应注意的问题

进行液压气动产品可靠性试验是费时、费力的一项工作。为了取得预期效果，在进行可靠性试验前应详细制定试验大纲。其中应包括试验目的、故障定义、故障判断、施加的应力水平、抽样数量、测量序数、测试方法、测试时间、测量次数、数据处理方法等内容。其中应特别注意以下三方面的问题。

(1) 需要的信息

为了得到需要的特征值，首先应明确所要求的信息哪些是定性的，哪些是定量的，用怎样的形式和何种尺度表示，以及试验的最终要求和目的。如试验是要了解故障发生的情况以便验证故障机理；求出故障数以及平均故障间隔工作时间；得出产品的寿命分布等。此外，还应确定采用的测量方法、时间与次数等。既要避免混入无价值的信息，又要防止遗漏重要的信息。所选的测量参数要尽量少，而且要求要明确，保证测量准确无误。

试验前应仔细分析以前的数据、资料和信息等，必要时还应做一些预备性试验，以保证正式试验能取得良好的效果。

此外，还应明确产品的故障定义、故障模式、故障判据等，对于异常数据和故障的处理方法，数据采集和处理以及现场情况的及时反馈的方法等。

（2）环境应力的确定

确定施加于液压气动产品的应力种类和应力水平在液压气动产品可靠性试验中占有重要地位。为了保证液压气动产品在使用状态下的可靠性，在可靠性试验前应查明哪一种使用状态和什么样的应力才会导致产品发生故障，并掌握测量应力的方法和分析这种应力影响的技术。应当指出，实际产品的故障往往是在各种应力交互作用下产生的，因此要充分利用主要的综合环境应力来进行可靠性评定。同时，还要确定产品发生故障的机理与诱发这一机理的应力之间的关系，这样就可以正确地选择应力的类型和水平。

实验室试验得到的可靠性并不能代表产品在现场使用的可靠度，所以，还应找出环境因子，以便使二者协调起来，从而使两者正确的相关。这样可以使可靠性试验达到更好的效果。

（3）试验系统的管理

在进行可靠性试验之前，必须充分考虑试验的规模、试验设备及测量仪器的可靠性与维修性、试验设备能力与自动化程度、主要试验人员的素质和技术水平等。这些因素影响到试验本身的可靠性，所以必须十分注意试验系统的设计和制定好试验大纲，制定合适的维修方法并建立健全的管理制度以保证试验的顺利进行。

6.1.3 可靠性试验的要素

6.1.3.1 可靠性试验条件

可靠性试验的条件既要考虑到受试液压气动产品的固有特性，还要考虑到影响受试液压气动产品故障出现的其他因素。在选定液压气动产品可靠性试验的条件时，应考虑下述内容：

①要求或进行可靠性试验的基本理由。②预期产品使用条件的变化。③使用条件中的不同应力因素引起产品故障的可能性。④不同试验条件下需要的试验费用。⑤可供可靠性试验用的试验设备。⑥可供试验用的时间。⑦预计不同试验条件下的液压气动产品可靠性特征值。

概括来讲，试验条件包括工作条件、维修条件等。工作条件包括温度、湿度、大气压力、动力、振动、机械负载等。而试验时间又是受试样品能否保证持续完成规定功能期限的一种度量。广义的时间包括工作次数、工作周期和距离，对于不同类型的样品，要求的试验时间也不相同。

如果从安全性角度出发，产品的可靠性不能低于某一水平，则试验条件应考虑给定使用条件下的最严酷情况。若必须研究液压气动产品在多种工作条件、环境条件下的可靠性时，则应设计一个能代表这些不同情况的试验剖面，即代表典型的现场使用的各种试验条件的组合顺序。在试验剖面的一个周期内，要明确诸如工作条件、环境条件、预防维修条件等在哪一段时间内存在，它们之间的相互关系如何。

在一个试验剖面内，环境应力或工作应力有时需要转换，环境条件转换的时间不能过短，以免产生不期望的新的应力，转换后的环境条件应持续一段必要的时间使环境条件达到稳定。

6.1.3.2　产品故障判据

液压气动产品或产品的一部分不能或将不能完成预定功能的事件或状态称为故障。在实际中，导致故障的潜在原因是决定和执行合理与有效试验的基础。通常很难预计所有的原因，但是又必须考虑所涉及的不确定性。一般来说，未能实现设计要求而使液压气动产品存在故障的原因有很多，例如：

①液压气动产品设计自身的固有能力可能存在不足。②液压气动元件或部件承受某种形式的过应力。③变异会导致故障。④由耗损引起的故障。⑤其他基于时间的机制导致的故障。⑥由潜藏条件而导致的故障。⑦由错误而引起的故障。

对于液压气动产品的每一个需要监测的参数应规定它的容差限，如果参数落入参数值的容差限内，则该参数性能是可靠的；如果参数值落在容差限外，则该参数性能是不可靠的。当需要监测的参数永久地或间断地落在容差限外，就认为出现了一个故障。因此，把被监测参数的容限值称为产品的故障判据。

故障判别也有其相应原则：

①样品在规定的工作条件下运行时，任何机械、电子元器件、零部件的破裂、破坏，以及使样品丧失规定功能或参数超出所要求的性能指标范围的现象，都作为故障计算。

②由于试验设备、测试仪器或工作条件的人为改变而引起的故障，则不应计入故障。

6.1.3.3　试验剖面

试验剖面是直接供试验用的环境参数与时间的关系图，是按照一定的规则对环境剖面进行处理后得到的。试验剖面还考虑了任务剖面以外的环境条件。任务剖面是对液压气动产品在规定任务时间内所要经历的全部重要事件和状态的一种描述。一个液压气动产品可能执行多种任务，因此任务剖面可以是多个。对设计用于执行一种任务的液压气动产品，试验剖面与任务剖面和环境剖面之间呈一一对应关系，对设计用于执行任务的液压气动产品，则按一定的规则将多个试验剖面合并为一个综合试验剖面。

液压气动产品可靠性试验剖面是液压气动产品在贮存、运输、使用中将遇到的各种主要环境或工作参数和时间的关系图，它是对具有多个任务剖面产品的多个任务剖面、环境剖面、工作应力剖面的合成。

一般情况下，综合应力试验条件包括电应力、振动应力、温度应力、湿度应力、机械负载应力及产品工作循环，即：

① 电应力。电子元器件工作状态的电应力，50％的时间输入设计的标称电压，25％的时间输入设计的上限电压，25％的时间输入设计的下限电压。电压的容差为标称电压的±10％。此外，还应明确产品通断电循环、规定的工作模式及工作周期。

② 振动应力。要使液压气动元件所产生的振动类似于现场液压气动使用的振动应力。振动应力的施加，要注意受试产品、安装架、振动台之间的振动传递作用。

③ 温度应力。应模拟产品在现场使用中的温度环境应力。包括：起始温度（冷浸，热浸）、接通电源的预热时间、工作温度的范围、变化率及变化频率、每一任务剖面中的温度循环次数。

④ 湿度应力。有要求控制及不控制两种。在现场模拟类似环境的要求时，要对湿度进行控制。

⑤ 机械负载应力。对于液压气动执行元件运行中可能出现的机械负载应力（如冲击）。

⑥ 产品工作循环。模拟液压气动产品现场使用情况。

为了使合成的试验剖面尽可能模拟现场使用的实际应力，应尽可能使用实测应力作为综合应力试验条件的基础。实测应力是根据液压气动产品在现场使用中执行典型任务剖面时，在液压气动产品的安装位置处测得的数据，经分析处理后得到的应力。如果得不到实测应力，则可以用相似用途的液压气动产品在相似任务剖面处于相似位置测得的数据经处理后得到"估计应力"。

6.2　产品环境应力筛选试验

环境应力筛选是一种应力筛选，是评定液压气动产品可靠性的重要试验方法之一。

6.2.1　基本概念

环境应力筛选是通过向液压气动产品施加合理的环境应力和电应力，将其内部的潜在缺陷加速变成故障，并通过检验发现和排除的过程，是一种工艺手段。其目的是为了考核产品在各种环境（振动、冲击、离心、温度、热冲击、潮热、盐雾、低气压等）条件下的适应能力，在液压气动产品出厂前，会向液压气动产品施加合理的环境应力和电应力，将其内部的潜在缺陷（不良零件、元器件、工艺缺陷等）加速发展变成早期故障，通过检验发现并加以排除，从而提高液压气动产品的使用可靠性。在正常情况下，故障率可以降低半个到一个数量级，个别的甚至可以降低两个数量级。

环境应力筛选试验的效果取决于施加的环境应力、电应力水平和检测仪表的能力，施加应力的大小决定了能否将潜在缺陷变为故障；检测能力的大小决定了能否将已被应力加速变成故障的潜在缺陷找出来并加以排除。因此，环境应力筛选可看作质量控制检查和测试过程的延伸，是一个问题的提出、识别、分析和纠正的闭环系统。

国内外的实践均表明，采用环境应力筛选技术，对提高产品可靠性，降低使用维修费用均取得很大的经济效益，如表6-1所示。

表 6-1　环境应力筛选效益

产 品	效 益	产 品	效 益
ANIUYK20V 计算机	MTBF 从 1150h 提高到 9534h	美国卫星	轨道故障减少 50%
AG3 变换器	MTBF 从 1500h 提高到 44362h	A-A17 惯导系统	内场故障减少 43%
我国某飞机大气数据计算机	故障率降低 40～70%	Hewlett 计算机	现场维修次数减少 50%
电子燃料喷射系统	外场故障从 23.5% 降到 8%	—	—

6.2.2　环境应力筛选的作用及应用

环境应力筛选是生产期间排除良好设计产品在制造过程中引入缺陷的工艺手段。可靠性是设计到产品中的，即通过设计使液压气动产品的可靠性达到了设计目标值，但这并不意味着投产后生产出来的液压气动产品的可靠性就能达到这一目标值。因为在生产过程中，由于诸多因素，会向液压气动产品引入各种缺陷，包括：使用了有缺陷的元器件、零部件、外购件、备件；制造过程操作不当；制造工艺不完善；制造过程检验工序不完善等。这些缺陷分为明显缺陷和潜在缺陷两类：明显缺陷通过常规的检验手段，如目检、常温功能测试和其他质量保证工序即可排除；潜在缺陷用常规检验手段无法检查出来，但是潜在缺陷如果在工厂中不剔除，最终将在使用期间的应力作用下以早期故障的形式暴露出来。因此，筛选试验是对全部产品进行的。

环境应力筛选可用于液压气动产品的研制、生产和各使用阶段，如图6-6所示。

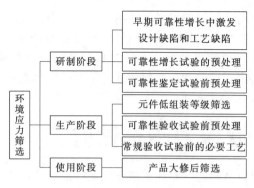

图 6-6　环境应力筛选的应用

在早期的研制阶段，可用于寻找产品设计、工艺、元器件的缺陷，为改进液压气动产品设计、选用合适的货源（如液压气动元件）提供依据。进而通过改进，实现可靠性增长。在研制阶段的可靠性增长和鉴定试验之前，必须进行环境应力筛选，以剔除工艺缺陷或劣质元器件，从而使受试液压气动产品可靠性能够反映其真实的固有水平。

在生产阶段，除应使用经过筛选的元器件和外购件外，还应逐级或至少在最佳装配等级进行筛选，及早剔除早期故障，避免将缺陷带入更高装配等级，以降低生产成本。在可靠性验收试验和常规验收试验前，同样要先进行筛选，以提高试验结果的准确性。

在使用阶段，经过大修厂修理的产品，出厂前一般亦应进行 100% 的筛选。

6.2.3　环境应力筛选的基本特征

环境应力筛选是一种工艺，而不是一种试验。筛选的目的是迫使存在于液压气动产品中的会变成早期故障的缺陷提前变为故障，以便在产品投入现场使用前就加以纠正。

环境应力筛选时通过施加加速环境应力，在最短时间内分析出最多的可筛选缺陷。其目的是找出液压气动产品的薄弱部分，但不能损坏好的部分或引入新的缺陷，因此在环境应力筛选试验中不能超出设计极限。一般产品在生产出来后其故障机理就已经固定，因此可靠性筛选不能改变其故障机理。所以可靠性筛选不能提高单个元件的可靠性，只能将早期故障产品剔除而提高该批产品总的可靠性水平。

可靠性筛选对性能良好的液压气动产品是一种非破坏性试验，即试验环境对好产品的损伤尽可能小。反映在整批产品特性上，就是不影响其故障机理、故障模式和正常工作。在此前提下，可考虑进行加大应力筛选，以提高筛选效率和缩短筛选时间。

不同的液压气动产品，应当有其特有的筛选。严格说来，不存在一个通用的、对所有液压气动产品都具有最佳效果的筛选方法，这是因为不同的液压气动产品对环境作用的响应是不同的。筛选是一个动态的闭环过程，在适当的组装等级上采用能将已知的或预计的制造过程缺陷析出的应力筛选作为基线方案加以实施，而后通过连续监视环境应力筛选的结果加以控制，以保证筛选始终有较高的效费比。

一般来说，筛选试验可以使用各种环境应力，如热冲击、温度循环、机械冲击、随机振动、离心加速等。但在一般情况下主要使用温度循环和随机振动两种应力。无论是液压气动元件、零部件还是工艺的缺陷，温度循环是最有效的应力筛选，其中温度变化率被认为是最重要的参数，即变化率越高越有效。在高低温环境下，由于热胀冷缩产生的应力作用，一些不同材料做成的零部件，因结合不良或材料不均匀性所造成的缺陷，使零部件迅速破坏或故障。对于韧性较好的材料，可以采用多循环筛选法进行试验。

机械应力（如振动、冲击、离心等）筛选，易于筛选结构、焊接、封装等存在潜在裂纹、缺陷的元器件。随机振动是在整修试验期内对每个频率同时激励，利用充分的时间对有缺陷的零部件激起共振而暴露其缺陷。

要制定或保持一个动态的环境应力筛选大纲，必须加强对筛选的管理。环境应力筛选的有效性是指其迫使缺陷变成可检测出的故障，以便对缺陷实施改进措施的技术效果及费用效益。一个良好的环境应力筛选具备以下特性：

① 能够很快析出潜在缺陷，包括能析出适当数量的固有（设计）缺陷。

② 不会引起不适当的设计故障、诱发附加的故障，消耗受筛选产品的寿命。

③ 不应对制造过程控制增加限制。

若希望得到一个良好的环境应力筛选大纲需要专门进行有关的工作，如对每一个筛选进行设计，利用经验信息对液压气动产品中可能的缺陷数和某一筛选目标相适应的缺陷析出数进行估计，研究受试筛选件的响应特性，制定周密的功能测试大纲等，以便有效地进行应力筛选，从而达到改善受筛选产品可靠性和质量的目的而不对受筛选产品性能和寿命产生有害影响。

6.2.4 环境应力筛选与有关工作的关系

与环境应力筛选有关的工作分别有可靠性增长、可靠性统计试验和生产验收，它们与环境应力筛选有如下关系。

① 环境应力筛选与可靠性增长　环境应力筛选一般只用于揭示并排除早期故障，使产品的可靠性接近设计的固有可靠性水平。可靠性增长则是通过消除产品中由设计缺陷造成的故障源或降低由设计缺陷造成的故障出现概率，提高产品的固有可靠性。

② 环境应力筛选与可靠性统计试验　环境应力筛选是可靠性统计（鉴定和验收）试验的预处理工艺。任何提交用于可靠性统计试验的样本产品，事先必须经过环境应力筛选。只有通过环境应力筛选、消除了早期故障的样本，统计试验的结果才代表真实的可靠性水平。可靠性验证试验与环境应力筛选试验的比较如表 6-2 所示。

表 6-2　可靠性验证试验与环境应力筛选试验比较

比较内容		可靠性验证试验	环境应力筛选试验
应用目的		验证产品的可靠性	将潜在缺陷加速发展成为故障并加以排除
样本量		抽样	100%
接收/拒收准则		有	无
故障数要求		允许规定数量的故障	希望找出故障
环境应力	应力水平	动态模拟真实环境	加速应力环境，以能激发出故障不损坏产品为原则
	典型环境	振动、温度、湿度及电应力或现场工作应力	温度循环、随机振动和电应力
	应力施加次序	综合模拟使用环境或现场使用实际情况	根据筛选效果组合，如振动—温度—振动等

③ 环境应力筛选与生产验收　准备交付验收的这批生产产品应 100% 地进行环境应力筛选试验。

6.2.5 环境应力筛选效果的比较

6.2.5.1 定频正弦振动、扫频正弦振动和随机振动效果的比较

定频正弦振动时，产品仅在一个或几个限定的频率上按规定的加速度振动某一规定的时间。

扫频正弦振动时，产品振动的频率在给定频段内慢速变化。

随机振动时，所有谐振频率在整个振动时间内同时受激励。

对于定频正弦振动，如果产品缺陷位置不在振动量值大的应力点上，将不易使缺陷激发，不能发展成为故障。而扫描正弦振动由于其本身的特性，因而能在每个谐振频率上持续一段时间，使激发缺陷的能力有所加强，但隐藏较深的缺陷仍不易暴露。进行随机振动时，所有谐振频率在整个时间内同时受激励，激发能力大大加强。可见在振动筛选中，随机振动是最有效的。

6.2.5.2 温度循环与随机振动效果的比较

一般来说，振动应力对于激发如松弛、碎屑和固定不紧之类的工艺缺陷更为有效，而温度循环对发现参数漂移、污染之类的元器件缺陷更为有效，还有一些缺陷对振动和温度循环都很敏感。通常，发现的缺陷中有 20% 左右是对振动响应的结果，有 80% 左右是对温度响应的结果。总之，各种筛选应力对产品的效果是不同的。图 6-7 所示为各种振动对激发故障的效果。

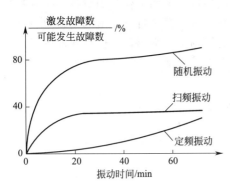

图 6-7 各种振动对激发故障的效果

6.2.5.3 不同应力筛选效果的比较

一般情况下，温度循环是最有效的筛选应力，其次是随机振动。当然，不同的产品，激发其缺陷的应力种类不完全相同。

通常，在选择筛选用的环境应力时，一般优先选用温度循环和随机振动，如果经济条件或设备条件不许可，可采用强度较差的应力，如正弦扫频振动、温度冲击等。如果某些特定产品用某些应力特别有效时，则可采用这些环境应力进行筛选。环境应力筛选所用的应力一般是加速应力，但不能超出设计的极限应力，一般不使设备性能下降或寿命降低。

6.2.6 环境应力的筛选的几种典型筛选应力

根据实际经验，不是所有应力在激发产品内部缺陷方面都特别有效。因此，通常仅用几种典型应力进行筛选。常用的应力及其强度和费用如表 6-3 所示。

表 6-3 常用的应力及其强度和费用

应力	类型		应力强度	费用	应力	类型	应力强度	费用
温度	恒定高温		低	低	振动	扫频正弦	较低	适中
	温度循环	慢速温变	较高	较高		随机振动	高	高
		快速温变	高	高	组综合	温度循环与随机振动	高	很高
	温度冲击		较高	适中	—	—	—	—

从表 6-3 可看出，应力强度最高的是随机振动、快速温变的温度循环及其两者的组合或综合，但它们的费用也较高。

下面简单介绍恒定高温、温度循环与随机振动三种筛选应力。

6.2.6.1 恒定高温

① 基本参数 表征恒定高温筛选应力的基本参数是上限温度和恒温时间。另外，一个要考虑的参数是环境温度，因为真正影响恒定高温筛选效果的变量是上限温度与室内环境温度之差。

② 特性分析 恒定高温筛选也叫高温老化，是一种静态工艺，这种方法是使液压气动产品在规定高温下连续不断地工作，以迫使早期故障出现。其筛选故障是通过提供额外的热

作用，迫使缺陷发展。

进行这种筛选，如果受筛产品不是发热产品，则额外的热作用仅取决于筛选温度；如果受筛产品是发热产品，则筛选高温下产品内部温度分布将不均匀，特定位置或部件上的温度将取决于特定部位的发热能力、表面积、表面辐射系数、其附近空气速度等。因此，应当测量受筛产品重要元部件的温度，以保证其达到筛选温度，或防止受到过度热应力。重要元器件是指那些必须加上适当应力的劣质元部件和不能受到过度热应力的热敏感元部件。

恒定高温筛选是分析电子元器件缺陷的有效方法，广泛用于元器件的筛选，但不推荐用于组件级（印制线路板、单元或系统）的筛选。据统计，在美国，使用温度循环对组件进行筛选的总数要比使用恒定高温对组件进行筛选的公司多 5 倍。恒定低温筛选极少使用。

恒定高温的筛选度 SS 计算公式为

$$SS = 1 - \exp[-0.0017(S+0.6)^{0.6}t] \tag{6-1}$$

式中　S——温度范围；

　　　t——恒定高温持续时间。

恒定高温的故障率 λ_t 计算方法为

$$\lambda_t = \frac{-\ln(1-SS)}{t} \tag{6-2}$$

6.2.6.2　温度循环

(1) 基本参数

温度循环是环境应力筛选试验中最有效的筛选应力之一，其主要选择的试验参数是温度范围、温度变化速率、高低温保持时间和循环次数。这些参数的选择是否合理，组合是否适当，直接关系到筛选效果，因此针对不同产品的具体情况，如何选择每种参数，如何进行组合是一项十分关键的工作。

(2) 特性分析

① 温度范围　不同产品根据使用要求的不同，其复杂程度差异很大，有些液压气动设备可能只有几个或几十个元器件及零部件，而有些设备需数百个甚至数千个器件或部件组成。因此，应针对设备的特点选择合理的高低温试验范围。需要注意的是，对组成液压气动产品的每种组件，应列出最高、最低的相关标准、条件规定的温度。高温应选择最低的一种器件或部件的温度作为上限温度，而低温则应选取最高的一种器件的温度作为下限温度。只有这样才不至于因温度范围选择不当而造成不必要的器件或部件的损伤。

② 温度变化速率　在高低温循环试验中，升、降温速率的快慢直接影响到热应力的强度。如果升、降温速率变化过慢，热应力作用得慢，对一些潜在缺陷不足以发展成故障，所以达不到剔除潜在缺陷之目的；但是升、降温速率过快，如以 15℃/min 或 20℃/min 的速率变化，那么热应力强度是增大了，但这势必会由于热应力作用过大而损伤质量好的器件。这里所说的升、降温速率是指对受试产品的元器件及零部件而言，不是对产品的壳体。

③ 循环次数　循环次数对筛选效果也非常重要。图 6-8 提供了消除缺陷所需要的循环

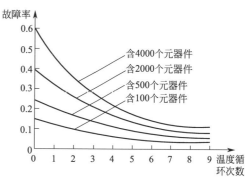

图 6-8　消除缺陷所需要的循环次数与设备复杂性的关系

次数与设备复杂性的关系。从图中可以看出，筛选效率随循环数的增加而迅速提高。产品越复杂，所需的循环次数越多。

④ 高、低温稳定时间　经验表明，高、低温稳定时间对筛选效果影响不大，只要能保证产品温度达到热稳定即可。

⑤ 温度循环的筛选度 SS 计算公式为

$$SS=1-\exp\{-0.0017(S+0.6)^{0.6}[\ln(e+v)]^3N\} \tag{6-3}$$

式中　　v——温度速率；

N——温度循环次数。

温度循环的故障率 λ_N 计算方法为

$$\lambda_N=\frac{-\ln(1-SS)}{N} \tag{6-4}$$

6.2.6.3　随机振动

(1) 基本参数

在很宽的频率范围上对产品施加振动，产品在不同的频率上同时受到应力，使产品的许多共振点同时受到激励。

随机振动应力的参数有：频率范围、加速度功率谱密度（PSD）、振动时间、振动轴向数。

(2) 特性分析

根据随机振动筛选具有针对性这一特点，对每种产品都施加同样谱型、同样量值、同样时间的振动明显不合适。虽然筛选的目的是剔除产品中可能发展为早期故障的潜在缺陷，但其前提是不能过多消耗产品的有效寿命。不同产品有不同的寿命要求，筛选用振动应考虑产品的寿命和使用环境而设置。

因随机振动考虑到产品受疲劳积累效应，振动时间过长会使产品出现不应发生的故障。因此，在振动筛选过程中，应根据产品的结构特点所形成的各个方向的振动量级，严格掌握振动时间，以剔除器件加工过程引入的工艺缺陷。

有些产品的器件在一些情况下，不足以激发潜在缺陷成为故障，可适当地提高振动量级和加长振动时间，以达到剔除产品存在的缺陷故障的目的。

随机振动的筛选度 SS 计算公式

$$SS=1-\exp(-0.0046g_{rms}^{1.71}t) \tag{6-5}$$

式中　　g_{rms}——加速度均方根值；

t——振动时间。

随机振动的故障率 λ_t 计算方法为

$$\lambda_t=\frac{-\ln(1-SS)}{t} \tag{6-6}$$

6.3　可靠性加速寿命试验

实际工程中，可靠性的常规寿命试验，是指在额定工况下的寿命试验。例如，对液压元件来讲，是指在额定压力、额定流量、额定转速、额定油温下的寿命试验。此外，还应符合产品的使用条件（如所用介质、油液污染度等）。液压气动元件的常规寿命试验是可靠性试验研究的基础，也比较简单易行，它只要选择一组元件在额定工况下进行寿命试验，以观察其故障模式、故障分布规律，便可得出其相应的可靠性特征量。但液压元件（尤其是动力元件和执行元件）一般功率较大，造价也较高，按常规寿命试验往往要进行数千到数万个小时，要消耗大量的人力、物力和财力。这就提出了加速寿命试验的问题，所谓加速，就是要把试验参数在额定工况的基础上强化，以加速其故障过程，但必须保持"额定"与"强化"

工况的规律性关系。

6.3.1　可靠性寿命加速寿命试验的目的和用途

加速寿命试验是在不改变故障机理的条件下，用加大应力的方法进行的寿命试验。它的目的是通过提高产品应力水平，使产品在模拟试验环境条件下，加快故障，以推断产品在正常应力水平下的可靠性特征、故障模式以及故障机理。

加速寿命试验还可以用于剔除有缺陷的产品和材料的筛选，用于确定产品的安全余量等。故加速寿命试验可用于产品的验收、鉴定、出厂分类挑选、维修验证及产品可靠性数据确定等方面。

加速寿命试验的用途有：①了解产品的故障模式和故障机理。②对比产品的质量水平，对比同一产品工艺改革前后和原料配方改变前后的性能和寿命变化。③找到加速因子与寿命换算关系，供可靠性设计使用。

由此可见，加速寿命试验除了达到常规寿命试验可以达到的目的以外，由于它加大了应力水平，得到出了"额定"与"强化"工况间的等效对应关系——加速因子，这就为系统的可靠性设计，特别是为"尖峰"负荷的可靠性预计和降额设计提供了依据。

6.3.2　可靠性寿命加速寿命试验的类型

这里所说的加大应力水平的强化加速试验中"应力"一词是广义的，即一切导致故障的因素统称为"应力"。因此，负载、转速、冲击等固然属于机械应力范畴；电压、电流、电功率等可看作是"电应力"；温度因素则可视为"热应力"。对机械产品来说，强化试验主要是加大"机械应力"水平；对某些仪器仪表来说，强化试验往往采取加大"热应力"水平；而对电气、电子元器件来说，强化试验则主要采用加大"电应力"水平。也有的强化试验是把加大"机械应力"、"热应力"和"电应力"混合采用的，这要视具体试验对象而定。

按照施加应力的方式不同，加速寿命试验大致可以分为恒定应力、步进应力与序进应力加速寿命试验三种类型。

6.3.2.1　恒定应力加速寿命试验

恒定应力加速寿命试验是在高于正常应力水平的几个应力水平下，分别地投试样品进行寿命试验。即将一定数量的样品分为几组，各组分别固定在高于正常应力水平下（如图 6-9 中的 s_1、s_2、s_3、s_4）进行寿命试验，试验到各组样品均有一定数量的故障为止。图 6-9 所示为具有 4 个应力水平的恒定应力加速寿命试验，图中 "○" 表示有一样品在该时刻失效。

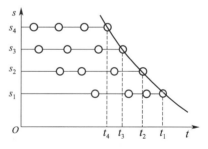

图 6-9　恒定应力加速寿命试验

s_1 表示第 1 组样品的应力水平，t_1 表示第 1 组样品有一定数量故障的时间，其余类推。四个点（s_1，t_1）、（s_2，t_2）、（s_3，t_3）、（s_4，t_4）可连成一条曲线，说明应力 s 和故障时间 t 之间有一定关系，所以从这条曲线可以外推出正常应力 s_0 所对应的故障时间 t_0。

设计恒定应力加速寿命试验的步骤可以简单概括为：①恒定加速应力 s 的选择。②确定加速应力水平。③试验样本的选取和数量的确定。④元件故障判据的确定。⑤测试周期的确定。⑥试验停止时间。⑦恒定应力加速寿命试验的图估计法。

恒定应力加速寿命试验是最基本的加速寿命试验。与其他两种试验相比，它所得到的信息最多，但花费的时间及投入的试样也多一些。根据实践经验和物理分析，可以认为应力 s 与故障数量 N 之间有一定的关系，这种关系通常可以用经验公式或理论公式来表示。在加速寿命试验中，这种关系曲线称为加速寿命曲线，而描述关系的公式称为加速寿命方程，应力 s 称为加速变量。

6.3.2.2　步进应力加速寿命试验

步进应力加速寿命试验是先选定一组加速应力水平：s_1，s_2，…，s_k，并要求 $s_0 < s_1 < \cdots < s_k$。试验开始时，将所有的受试样品置于应力水平 s_1 下进行寿命试验，直到规定的试验时间 t_1（规定的失效数）为止；然后把应力水平提高到 s_2，将未失效的样品在应力水平 s_2 下继续进行寿命试验，如此继续下去，直到规定的试验时间（一定数量的样品发生失效）为止。图 6-10 所示为具有四个应力水平的步进应力加速寿命试验。

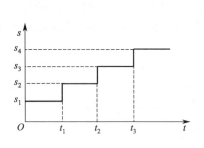

图 6-10　步进应力加速寿命试验

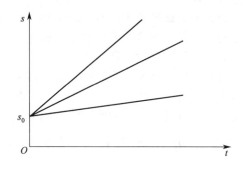

图 6-11　三种速变的序进应力方式

步进应力加速寿命试验在实质上是恒定应力加速寿命试验的逆方法。因此，从原理上说，不管用哪种加速寿命试验方法的试验结果去描图，它们的寿命数据点都应落在同一直线上。但因步进应力方法是以一定时间 t_s 阶跃式增加应力，因而存在过渡效应，将会产生一定的试验误差，应对其加以修正。

6.3.2.3　序进应力加速寿命试验

序进应力加速寿命试验是对受试样品随时间连续增大应力，一直到全部样品都出现故障的试验。即对受试样品施加的应力，是以等速直线随时间增加而上升。一直到全部样品都出现故障为止。图 6-11 所示为三种速变的序进应力方式。

对于液压气动元件，其故障形式除一些易损件（如密封圈）的破坏以外，主要是疲劳故障和磨损故障。因而其可靠性加速试验方法也主要分为疲劳强化试验和磨损强化试验。

液压气动元件属机械产品，因而其强化试验中加大"应力"的方法主要是加大负载压力；对于一些回转式元件（如泵与马达），也可采用加大转速的方法；在有些情况下也采用提高油温以加大"热应力"的方法；对于一些机电一体化的液压元件（如电液伺服阀、电液比例阀、电液数字阀等），如需对其电气、电子元器件进行可靠性试验，那么就要采用加大"电应力"的强化试验方法。

6.3.3　液压元件的磨损强化寿命试验

液压元件的磨损故障是液压元件的主要故障模式之一。磨损又有黏着磨损、疲劳磨损、磨料（污染物）磨损等区分，其磨损机理不同，磨损的规律也不同。磨损除由于涉及的不合理而出现早期故障外，一般是个渐近的累积损伤过程，往往要经过很长的时间过程才表现为故障。因此，如用常规的试验方法来做液压元件的磨损寿命试验，耗时很长且须花费很大的人力、物力。这就需要寻求一种强化试验方法，以加速试验进程，并找出强化与正常工况下的规律性关系，才能使这种强化试验建立在科学的基础之上。下面介绍哈尔滨工业大学许耀铭、孙毅刚等给出的液压元件磨损强化寿命试验方法。

6.3.3.1 典型磨损副部件的黏着磨损强化规律

(1) 典型摩擦副部件的黏着磨损强化规律

根据摩擦学理论，黏着磨损的体积磨损量 ΔV 有下列关系

$$\Delta V = \frac{KWvt}{\sigma_s} \tag{6-7}$$

式中　K——与摩擦副材料、润滑条件有关的系数；

　　　W——摩擦副所受的法向载荷；

　　　v——摩擦副的相对滑动速度；

　　　t——滑动摩擦的时间；

　　　σ_s——摩擦副中较软材料的屈服极限。

由式 (6-7) 可知，在摩擦副材质和润滑条件已定的情况下，要强化磨损进程，一是靠加大法向载荷 W，二是靠加快滑动面的相对速度 v。但在液压元件中，摩擦副所受法向载荷必须变为摩擦副间的接触应力（或称接触比压），才便于应用，因为接触应力在一般情况下是和液压元件的工作压力成正比的。这样，就可以把载荷的强化换成工作压力的强化。

为了弄清楚接触比压强化和速度强化所导致磨损加快的规律性关系，在液压泵中常用的摩擦副配对材料 20CrMnTi-QAl9-4 和 38CrMoAlA-QAl9-4，做成 120 对试件，在专用的摩擦磨损试验机上，在不同接触比压 p 和不同滑动速度 v 下，做磨损量对比试验，得出磨损量与速度的关系和磨损量与接触比压的关系。经过对比，并考虑到磨损量同时间成正比，参见式 (6-7) 的性质，那么在磨损量相等的条件下，强化工况与额定工况存在下列关系

$$\left(\frac{T}{T_a}\right) = \left(\frac{P_a}{P}\right)^2 \times \left(\frac{v_a}{v}\right) \tag{6-8}$$

式中　T——额定工况下的工作时间；

　　　T_a——强化工况下的工作时间；

　　　P_a——强化工况下的接触比压；

　　　P——额定工况下的接触比压；

　　　v_a——强化工况下的滑动速度；

　　　v——额定工况下的滑动速度。

由式 (6-8) 可见，如果使接触比压和滑动速度适当强化，那么强化试验所需时间就能大为缩短，而可以达到同等磨损量的效果。但这适用于典型部件受有均匀法向载荷的情况，与实际液压元件中的摩擦副部件及其受载荷，尚存在一定区别。

(2) 轴向柱塞泵滑靴副的黏着磨损强化规律

为了考虑实际液压元件中的摩擦副在结构上和受力条件上与上述典型情况的区别，把典型部件上的接触比压强化真正变为液压元件中的工作压力强化，也为了验证式 (6-8) 的规律在多大程度上符合液压元件的实际，对 XB-40 型轴向柱塞泵整机进行了强化试验，并以滑靴处的磨损量作为检测依据。试验结果得出，在相等的磨损量下，强化工况与额定工况间存在下列规律性关系

$$\left(\frac{T}{T_a}\right) = \left(\frac{P_a}{P}\right)^{2.4} \times \left(\frac{n_a}{n}\right) \tag{6-9}$$

式中　P_a——强化工况下的工作压力；

　　　P——额定工况下的工作压力；

　　　n_a——强化工况下的转速；

　　　n——额定工况下的转速。

对比式 (6-8) 和式 (6-9) 可知，泵的转速 n 与滑靴处的滑动速度 v 是呈线性关系的，因

而其结果是一致的；泵的工作压力决定了滑靴处的接触比压，它们之间也呈线性关系；那么，式(6-9)中的2.4次方不同于式(6-8)中的2次方，说明在整机超压强化的条件下，其磨损速率要比试件模拟试验的情况快一些。这可以理解为整机中的滑靴，除了有公转的动磨损以外，还存在着自转滑动磨损；此外，滑靴上受有侧向力使滑靴底面所受的接触比压不均匀，受力大的一侧会造成偏磨。因此可以说，整机试验所得的强化规律，对其不符合整机情况的因素，作了有益的修正。

(3) 关于强化因子的极限值

以上得出强化试验的规律性关系，但压力强化和速度强化这两个因子是否可任意加大呢？显然是不可以的，因为强化必须在不改变原故障机理的条件下进行，如果加大压力和速度强化因子不够适当，就可能使摩擦副由正常的黏着磨损变成"粘铜"或"咬死"，不仅故障机理变了，而且使摩擦副破坏而导致整个液压元件的故障。

为了找出这两个强化因子的极限值，对典型部件作了在不同接触比压和滑动速度下的破坏性试验，即直到出现"粘铜"为止，以得出极限的接触比压 p 和滑动速度 v 值。所得结果应作为选择压力强化和速度强化因子极限值的依据。

(4) 疲劳磨损的强化规律

在液压元件中也有不少疲劳磨损的情况，如泵和马达中使用的滚动轴承，内曲线马达中的滚轮与导轨，压力阀导阀中的阀芯与阀座等，这些都是由于受有交变载荷而使运动副表面产生疲劳剥落，它是区别于黏着磨损的。

根据轴承生产和研究部门对轴承寿命的试验研究得出的规律，并移植到强化试验的规律性关系上来，可有

$$\frac{T}{T_a} = \left(\frac{P_a}{P}\right)^{3\sim3.3} \times \left(\frac{n_a}{n}\right) \tag{6-10}$$

可见其压力（负载）强化有更明显的作用。

6.3.3.2　磨损强化试验的方法与步骤

① 明确试验对象及其磨损机理性质　例如泵、马达或阀件，磨损机理是属于粘着磨损或是疲劳磨损。

② 选择强化因子　必须在不改变故障机理的条件下，选择较大的压力强化因子和速度强化因子。一般来说，元件的设计压力往往同时考虑其在额定工作压力和尖峰工作压力都能满足强度的要求，而后者一般都是前者的1.25倍（例如，一些高液压元件，其额定工作压力为32MPa，尖峰工作压力为40MPa），再加上一些安全系数的考虑，所以强化试验压力一般可取到额定压力的1.25~1.5倍，那么压力强化因子

$$K_p = \left(\frac{P_a}{P}\right)^a = (1.25\sim1.5)^a \tag{6-11}$$

其中，指数 a 对粘着磨损可选为2~2.4，对疲劳磨损可选为3~3.3。

对于速度强化因子，要看原设计额定转速的高低和强化的潜力，对于原设计额定转速偏高的液压泵（液压马达）就不宜再强化，对于原设计额定转速偏低的则可适当强化（例如有的泵原设计额定转速为1000r/min，那么到1500r/min下做试验还是可能的）。这样，速度强化因子

$$K_n = \left(\frac{n_a}{n}\right) = 1\sim1.5 \tag{6-12}$$

具体选用何值，要视具体情况而定。

③ 进行强化试验　注意试验要符合该产品规定的使用条件，如液压油牌号、油温控制、污染度控制等。另外，还应明确故障判据。

④ 进行寿命换算　在强化试验条件按故障判据得到的元件寿命，要换算到额定工况下的寿命，可按下式进行

$$T = K_{\mathrm{p}} K_{\mathrm{n}} T_{\mathrm{a}} = \left(\frac{P_{\mathrm{a}}}{P}\right)^a \times \left(\frac{n_{\mathrm{a}}}{n}\right) T_{\mathrm{a}} \qquad (6\text{-}13)$$

如设 $a = 2.4$，$K_{\mathrm{p}} = \left(\dfrac{P_{\mathrm{a}}}{P}\right)^a = 1.5^{2.4} = 2.65$，$K_{\mathrm{n}} = \left(\dfrac{n_{\mathrm{a}}}{n}\right) = 1.5$，则 $T = 2.65 \times 1.5 T_{\mathrm{a}} = 3.975 T_{\mathrm{a}}$，即强化试验可缩短试验时间约 4 倍。

6.4　可靠性增长试验与评定

对液压气动系统进行一般性可靠性增长，逐步改正产品设计和制造中的缺陷，不断提高产品的可靠性。针对液压气动系统的复杂性和设备的小子样现状，结合现场数据利用经典方法和 Bayes 法以及试验数据对其进行可靠性评定。

6.4.1　可靠性增长试验

由于系统复杂性的增加和新技术的应用，系统的设计需要一个不断深入的过程，在研制和生产初期在某些方面不免有一些缺陷和不足之处，从而导致在试验和初始使用时故障较多。这需要在试验中不断发现问题，新系统本身的调整出现故障属于正常状态，有计划地采取纠正措施，根除故障产生的根源，提高系统的可靠性，逐步达到系统要求或设计的水平，这就是可靠性增长的目的和基本任务。

可靠性增长可以利用各种经验贯穿在整个设计过程，如设计阶段，在详细了解系统信息的基础之上，利用可靠性分析技术发现薄弱环节，从而加以改进；在生产阶段依靠实践经验分析研究生产过程影响系统可靠性的主要因素，对工艺技术等生产过程不断改进，加强质量控制；在试生产阶段根据使用经验发现问题并加以解决；在设计基本完成阶段利用试验充分暴露问题，找出故障源，进而采取改进。

可靠性增长试验是实现可靠性增长的一种基本方法，它是指在研制阶段，产品性能达到规定要求之后进行的暴露缺陷、分析、改进，以提高系统的可靠性所做的试验。可靠性增长试验一般要满足三个要素：①试验装置应能反映正式产品的技术状态。②可以发现故障并能及时反馈。③可以根据发现的问题及时采取措施加以改进；但是，可靠性增长试验只能暴露问题不能提高系统的固有可靠性，只有采取针对故障现象的改进措施，才能达到可靠性增长的目的。

6.4.1.1　TAAF 试验

试验、分析与纠正试验（Test，Analysis，And Fix test，简称 TAAF 试验）是工程研制中普遍采用的有效方法。在可靠性增长试验中，TAAF 试验以纠正故障为目标，是一种反复试验、分析和纠正故障的过程，并逐步提高产品可靠性。一般性可靠性增长实际就是这样的 TAAF 试验，其实施过程如图 6-12 所示，该方法的特点是不制订增长目标，而采取几次集中纠正故障的方式。可靠性增长可分为两种情况：在研制过程中的增长主要是通过改进设计来达到的；在生产过程中主要是通过对产品的筛选或老炼过程排除产品中的不良元部件和工艺缺陷而得到增长。当然，使用中又会进一步发现设计和制造工艺的不足之处，同时还会不断地收到使用中的故障反馈信息，通过改进产品使可靠性进一步提高。实现可靠性增长的关键在于发现故障，分析原因，并采取纠正措施。预期会在现场使用中出现的产品故障为关联故障，与此相反，非关联故障指非受试设备所引起的，且在现场使用中预期不会出现的故障，它包括从属故障、误用故障或已经证实仅属某项将不采用的设计所引起的故障。

图 6-12 TAAF 实施流程图

6.4.1.2 可靠性增长模型

增长模型描述了产品在可靠性增长试验过程中可靠性增长的规律，它是制定可靠性计划增长曲线的依据。增长模型可以是生产方可靠性增长试验的经验总结，也可以是合理的某个理论模型。它能依据可靠性增长试验过程中提供的故障次数或故障时间序列，在跟踪过程中能评定产品当前可靠性水平，在试验结束后能评定产品最终达到的可靠性水平，而不必在产品每一次改进设计、可靠性水平发生改变后，单独安排可靠性鉴定试验来验证其变动后的实际水平。

(1) 杜安模型

目前已有近十种可靠性增长模型，但较为成熟且应用广泛的模型之一是杜安（Duane）模型，它适用于许多电子和机电产品的可靠性增长。

杜安模型表明产品的平均故障间隔时间 MTBF 的变化与试验时间具有如下的规律

$$M_R = M_I \left(\frac{T}{T_I} \right)^m \tag{6-14}$$

式中 M_R——产品应达到的 MTBF；

M_I——产品试制后初步具有的 MTBF；

T——产品由 M_I 增长到 M_R 所需时间；

T_I——增长试验前预处理时间；

m——增长率，其值小于 1。

对式（6-14）两边取对数，可得 $\ln M_R = \ln M_I + m(\ln T - \ln T_I)$，采用双对数坐标纸作图，以 MTBF 为纵坐标，累积试验时间 T 为横坐标，则此式为一直线，如图 6-13 所示。

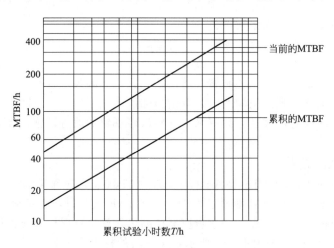

图 6-13 杜安模型

图 6-13 中当前的 MTBF（用 M_0 表示）与累积的 MTBF（用 M_Σ 表示）具有如下关系

$$M_0 = \frac{M_\Sigma}{1-m} \tag{6-15}$$

这表明，在可靠性增长试验中任一时刻产品的瞬时 MTBF(M_0) 是累积 MTBF（M_Σ）的 $1/(1-m)$ 倍。由于累积 MTBF 在可靠性增长试验时是很容易计算出来的，利用式 $M_0 = M_\Sigma/(1-m)$，就可求得产品在增长过程中的瞬时 MTBF，这使得杜安模型应用非常方便。

在进行可靠性增长试验之前，必须制定一个计划的增长曲线，作为监控试验数据的依据。

按 Duane 模型制订计划增长曲线，首先必须选择 M_I、T_I、m 等参数。而后，即可根据规定的可靠性要求 M_R，确定增长试验时间 T。

① 产品初始 MTBF（M_I）可根据类似产品研制经验或已做过的一些试验（如功能、环境试验）的信息确定。一般为产品 MTBF 预计值（M_p）的 $10\%\sim30\%$。

② 增长试验前预处理时间 T_I 是根据受试产品已有的累积试验时间确定。一般情况下，当 $M_p \leqslant 200h$ 时，T_I 取 100h；当 $M_p > 200h$ 时，T_I 取 M_p 的 50%。

③ 增长率 m 是根据是否采取有力的改进措施以及消除故障的速度和效果确定，其范围为 $0.3\sim0.7$。当 $m=0.1$ 时，说明增长过程中基本没有采取改进措施；当 $m=0.6\sim0.7$ 时，说明增长过程中采用了强有力的故障分析和改进措施，得到预期的最大增长效果。

(2) AMSAA 模型

AMSAA 模型是把可修系统在可靠性增长过程中的故障数的累积过程建立在随机过程理论上，认为累积故障过程是一个非齐次泊松过程。即在试验时间段 $(0,t)$ 内，受试产品发生的故障数 $r(t)$ 是个随机变量。随着 t 的增加，随机变量 $r(t)$ 会发生变化，这变化反应在 $r(t)$ 的统计特性上，主要是它的数学期望和方差。这样就形成了一个随机过程，又称计数过程，用 $\{r(t),t \geqslant 0\}$ 表示。

在给定时刻 t，发生 n 个累积故障数服从非齐次泊松过程

$$P\{r(t)=n\}=\frac{[r_\Sigma(t)]^n}{n!}\exp[-r_\Sigma(t)] \tag{6-16}$$

其中，$r_\Sigma(t)=E[r(t)]=\int_0^t \lambda(t)\mathrm{d}t$，为累积故障的数学期望。

AMSAA 模型认为在可靠性增长过程中，累积故障数服从一个非齐次泊松过程，其故障强度函数为

$$\lambda(t)=abt^{b-1} \tag{6-17}$$

式中　　a——尺度参数，$a>0$；

　　　　b——形状参数，$b>0$。

杜安模型与 AMSAA 模型具有密切的关系。由此可见，虽然杜安模型是非随机变量的累积故障数，而由于 AMSAA 模型依据的是随机过程，其故障数是随机过程的数学期望，它们两者的函数表达式却是完全相同的。因此，通常说 AMSAA 模型是杜安模型的概率解释。

AMSAA 模型与杜安模型在理论上有相同的不足之处：当 $t \rightarrow 0$ 或 $t \rightarrow \infty$ 时，AMSSA 模型的故障率分别趋于零和无穷大，与工程实际不符。

由于 AMSAA 模型的函数表达式与杜安模型的函数表达式相同，因而其模型参数估计可以类似于杜安模型的求解。

6.4.1.3 压装机可靠性增长分析

在对压装机液压系统进行可靠性增长过程中，出现了 4 起故障，对出现的 4 起故障进行了原因分析并给出解决方案，结果如下。

(1) 系统卸荷振动大

当系统工进或保压完成后，柱塞泵供油将充液阀打开，使主缸快速返回。在回程开始的瞬间，系统产生很大的液压冲击。

① 原因分析。由于柱塞泵压力很高，这样充液阀的预卸荷阀几乎和充液阀卸荷口同时开启，预卸荷时间非常短，主缸高压油瞬间与油箱接通，产生液压冲击。

② 解决方案。增大预卸荷阀开启与卸荷口开启之间的时间差：一是增大预卸荷阀的开启压力；二是减小系统的压力和流量。由于充液阀的预卸荷阀很小，改造余地不大，所以选

择第二种方案。在充液阀的控制油路中安装了一个通径φ1.0mm的阻尼器，来调节充液阀芯开启时间。实践证明，这种方法是可行的。

（2）工进工艺无法实现

系统的快进和快回都可以得到很好的实现，只有工进这一过程无法实现。

通过对系统的现场分析，可以初步认定问题是由充液阀引起的。为此，对充液阀水平安装条件下重新进行设计，解决了这一故障现象。

（3）系统噪声大

液压系统供油能力下降，噪声不正常。

① 原因分析。初步判断为柱塞泵出现问题，现场利用NI公司的数据采集卡采集泵出口压力信号，并送其至计算机进行分析，发现是属单柱塞脱靴造成的，经现场解体检查，证实了这一故障现象。

② 解决方案。该柱塞泵为新购元件，属产品质量问题，与生产厂家更换，重新安装调试后即解决了这一故障。

（4）柱塞泵压力失控

在压装机液压系统增长过程中，发现柱塞泵压力表指示压力超调很大，压力失控。

① 原因分析。说明柱塞泵溢流阀基本不起作用，检查发现溢流阀内阻尼孔堵塞，使得泵出口压力失控。

② 解决方案。故障的根源在于油液的污染，因此对系统进行冲洗过滤，并更换大流量滤芯，解决了上述故障。

经过TAAF试验，系统关联故障数变为0，说明可靠性增长是成功的，经订购方与承制方双方追认，可以认定可靠性鉴定试验合格并通过。

6.4.2 可靠性评定方法

可靠性鉴定和可靠性验收试验都属于统计验证，即这两种方法都是按照数理统计方法设计制定的，应用这种方法验证系统是否达到了规定的可靠性要求。可靠性鉴定试验是为了验证产品在设计、工艺方面能否在规定的条件下满足规定的性能及可靠性要求，由订购方用有代表性的产品在规定的条件下所做的试验，并以此作为批准定型的依据。一般用于设计定型、物产定型以及重要设计、工艺变更后的鉴定，为生产决策提供管理信息。可靠性验收试验是用已交付或可交付的产品在规定的条件下做试验，验证产品经过生产期间的工艺、工装、工作流程后的可靠性。按产品的寿命特点，试验方案可以分为连续型和成败型，当产品的寿命服从指数分布时，连续型试验可以分为全数试验、定时截尾、定数截尾、序贯截尾试验等。对于以可靠度或成功率为指标的重复使用或一次使用的产品，可以选用成败型试验方案。这部分可参见国家标准GB/T 5080.6—1996《设备可靠性试验 恒定失效率假设的有效性检验》的规定。

针对实际情况，调试完成后的验收试验可作为连续型定时截尾可靠性验证试验。这样一方面节省了大量的人力和物力，且客观真实，具有模拟试验无法代替的优势；但是另一方面，这种方式得到的系统故障模式具有较大的偶然性，不具有可重复性和针对性，试验数据较少，也就是说，对数据进行统计估计时子样小，误差较大，为此将整个生产过程当作可靠性验证试验的定时截尾试验，要求的系统可靠度的点估计值和可靠度置信区间即实际可靠度的估计值。

经过可靠性增长之后，系统基本上达到设计的标准，能够反映系统正常工作的状态，可以把这时系统的验收试验作为可靠性验证试验，系统的工作状态可以作为对从验收到投入正式生产阶段过程中可靠性验证试验数据。

可靠性评定是利用试验得到的有限样本数据，评定每个可靠性指标可能达到的下限值

（或上限值），由于采用有限样本信息，给出的评定结论是一定置信度条件下的评定结论。给定置信度 γ 条件下，对于可靠度，满足公式

$$P(R \geqslant R_L) \geqslant \gamma \tag{6-18}$$

的下限值 R_L，称为给定置信度 γ 的可靠度置信下限。

对于成败型单元，一定量试验中的失败数服从二项分布。可靠度的点估计为

$$\hat{R} = 1 - \frac{r}{n} \tag{6-19}$$

式中　r——系统故障次数；

　　　n——系统工作次数。

给定置信度 γ，产品的可靠性下限 R_L 由下面方程解得

$$\sum_{k=0}^{r} C_n^k R_L^{n-k} (1 - R_L)^k = 1 - \gamma, r > 0 \tag{6-20}$$

其中，$r = 0$ 时，$R_L = (1-\gamma)^{\frac{1}{n}}$；$r = n-1$ 时，$R_L = 1 - \gamma^{\frac{1}{n}}$；$r = n$，$R_L = 0$；对于其他 r 值，需由式(6-20)迭代求出。非随机化最优精确置信下限 R_L 不是严格准确的，它只保证 $P(R \geqslant R_L) \geqslant \gamma$，因此，$R_L$ 是保守的。但这样计算 R_L 是十分复杂的，为了便于实践中的应用，国家制定了二项分布可靠性单侧下限表。

假设指数型单元的可靠性数据经过综合后得到等效任务数和故障数为：(n, r)。给定置信度 γ，产品的可靠性下限 R_L 由下面方程解得

$$R_L = \exp\left[-\frac{\chi_\gamma^2(2r+1)}{2n} \right] \tag{6-21}$$

6.4.2.1　经典方法

经典估计法即非参数统计法。用非参数统计法估计系统（单元）可靠性的优点是它不需要知道系统寿命分布类型，从而有广泛的适用性，在工程上可以用于评定几乎所有类型寿命分布的系统。由于经典估计法不考虑系统寿命类型，从而也就丢失了部分的可靠性信息，带来了计算精度不高的缺点，所以这种方法常用于对系统或单元可靠性只要求进行粗略估计的场合，尤其适用于现场可靠性评定。

（1）以整个系统为样本

在小子样情况下应用非参数法（不知系统寿命分布类型）对液压气动系统可靠性进行评定。

① 点估计。已知系统样本量为 n，工作到 t 时刻后故障数为 r，正常未故障数为 $x = n - r$，试验结果出现故障的概率为

$$P(k=r) = C_n^r R^{n-r} (1-R)^r, r = 0, 1, 2, \cdots, n \tag{6-22}$$

用极大似然法可求出系统可靠度的点估计值为

$$\hat{R} = \frac{n-r}{n} \tag{6-23}$$

这里所要求的可靠性是液压气动系统的任务可靠性，即在每次任务期间由于系统故障引起的零部件损坏与任务失败的概率。这是一个条件概率，在工程上可以这样考虑，在系统工作寿命期内，每执行一次加工任务就相当于系统进行了一次试验，这样总任务数就可以认为是样本数，大大地增加了样本量。

假设所统计的液压机没有发生因液压系统故障而影响任务失败，故 $r = 0$。在这期间进行了 58 次加工任务，故可近似地认为液压系统做了 58 次试验，即 $n = 58$，有

$$R = \frac{n}{n} = 1 \tag{6-24}$$

② 一定置信度下系统可靠度下限 R_L 的估计。在小子样的情况下，所求出的点估计值精度不高，故在工程上往往希望得到一定置信度下系统可靠度置信下限 R_L 的估值。在给出置信度 γ，可靠度置信下限 R_L 可由式(6-20)求得。例如在给定置信度 $\gamma=0.9$ 后，算得

$$R_L=0.9611 \tag{6-25}$$

式(6-25)的评定值偏于保守，一般采用 ($r=0$)

$$R_L=[2(1-\gamma)]^{\frac{1}{n}}=0.9726 \tag{6-26}$$

(2) 以子系统的可靠性信息对系统可靠性进行综合评定

由系统可靠性框图可求出系统可靠性模型为

$$R=h(R_1,R_2,\cdots,R_m) \tag{6-27}$$

其中，$R_i(i=1,2,\cdots,m)$ 为第 i 个单元的可靠度，m 为单元总数，$m=23$。该液压（气动）系统为串联结构，当 $r=0$ 时，由下式可求得系统可靠度置信下限为

$$R_L=(1-\gamma)^{\frac{1}{m}}=0.9047 \tag{6-28}$$

6.4.2.2 Bayes 法

新研制的系统一般都是在原有系统基础上改进发展来的。以原有系统的可靠性信息为先验信息，利用 Bayes 公式可分别求得系统可靠度的点估计与区间估计。根据原准老系统的使用情况，定出其可靠度最坏情况下的界限值 c，以 $(c,1)$ 上的截尾均匀分布为先验分布，其先验分布的密度函数为

$$g(R)=\begin{cases} \dfrac{1}{1-c} & 0\leqslant c\leqslant R\leqslant 1 \\ 0 & \text{其他} \end{cases} \tag{6-29}$$

代入 Bayes 公式，则系统可靠度 R 的 Bayes 点估计为

$$R=\frac{x+1}{n+2}\times\frac{1-\beta(c:x+2,n-x+1)}{1-\beta(c:x+2,n-x+1)} \tag{6-30}$$

其中，$x=n-r$，$\beta(\cdot)$ 为 β 分布。

已知其液压（气动）系统的故障数 $r=0$，取 $c=0.5$，则有

$$R=\frac{n+1}{n+2}\times\frac{1-c^{n+2}}{1-c^{n+1}}=0.9833 \tag{6-31}$$

取置信度 $\gamma=0.9$，则其置信度下限 R_L 可由下式求得

$$R_L=(1-\gamma+\gamma c^{n+1})^{\frac{1}{n+1}}=0.9617 \tag{6-32}$$

Bayes 方法评定结果与经典方法评定结果十分接近，任意取一个结果，均可以作为该系统可靠性评定的结果。

6.4.3 液压软管总成可靠性试验及评定

液压软管总成（又称液压软管组件）主要由液压软管、接头、外套组成，用来传送液压动力的产品，广泛应用于液压设备中。在实际使用中，由于受到工作环境温度、油液压力、载荷弯曲与扭转等多场应力的综合影响，会出现泄漏、松脱、爆裂等故障，这不但会降低工作效率、污染环境，还会引发危及人机安全的事故，造成重大经济损失。因此，液压软管总成在使用一段时间后需要及时更换，以免影响生产效率或给设备带来安全隐患。但是，在实际应用中，具体使用多长时间进行更换是个问题，如果更换过早，则带来浪费；若更换过晚，可能就会带来危害。因此，对其进行可靠性评定，研究其可靠性评定方法具有重要的意义。因而在液压软管总成的设计制造过程中，需要试验台测试液压软管总成各项性能（如抗脉冲疲劳、耐压能力、爆破极限水平、耐高低温、抗弯曲等），以便验证其性能是否符合设计要求，如何通过试验数据利用可靠性评定方法对其平均寿命、可靠寿命等可靠性指标进行

评定，分析其在不同工况下的寿命、可靠度的分布情况是一个关键问题。为此，利用脉冲试验和耐压爆破试验收集液压软管总成的可靠性试验数据，并对其可靠性进行评定。

6.4.3.1　脉冲可靠性试验及评定

(1) 液压软管总成脉冲试验台

脉冲试验是一种破坏性试验，是在液压软管总成内部施加脉冲压力，考察液压软管长时间承受此脉冲压力的能力。根据国家标准 GB/T 7939—2008《液压软管总成试验方法》和国家军用标准 GJB 2837—1997《聚四氟乙烯软管组件规范》等要求，对上述液压软管总成进行高温、弯曲等状态下的脉冲试验。

脉冲试验台要满足上述脉冲试验标准中的高温、高压、波形、精度等要求，具体技术指标如下：

① 工作压力：液压交变压力 0～28MPa，任意设定，压力波动公差±0.3MPa。

② 峰值压力：0～150%工作压力可调，峰值最高压力为 42MPa。

③ 液压交变频率：0～75 次/min，频率控制误差：±1 次/min。

④ 试验介质：10# 或 12# 航空液压油、水；高温 180℃及以上时，4106 航空润滑油或X6D-300 高温导热油。

⑤ 试验箱环境温度：10～200℃，控制精度：±2℃；试验件温度波动度：±1℃；介质温度范围：10～200℃。

⑥ 波形调节：梯形波、水锤波、方波、正弦波、三角波、锯齿波。

⑦ 试验次数：100 万次内可设定。

⑧ 每次试验数量：2～25 件。

液压软管总成脉冲试验台系统原理图如图 6-14 所示，其液压站如图 6-15 所示。

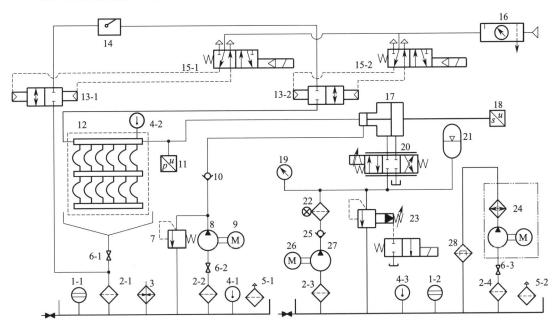

图 6-14　脉冲试验台系统原理图

1—液面计；2—过滤器；3—加热器；4—温度传感器；5—空气过滤器；6—球阀；7—溢流阀；
8—补液泵；9—补液电机；10、25—单向阀；11—压力传感器；12—试验工装；13—气动球阀；14—排空箱；
15—电磁换向阀；16—气动三联件；17—增压缸；18—位移传感器；19—压力表；20—伺服阀；21—蓄能器；
22—高压过滤器；23—电磁溢流阀；24—冷油机；26—主电机；27—主泵；28—磁性回油过滤器

图 6-15　脉冲试验台液压站

该脉冲系统主要包括主动力系统、冷却系统、伺服脉冲增压系统、介质补液系统、气控排空（卸荷）系统、传感测控系统。

主动力系统由主电机 26、主泵 27、电磁溢流阀 23、高压过滤器 22 等组成，目的是保持伺服阀前油源压力可调、可远程自动控制卸荷及油源清洁度；冷却系统采用的是冷油机 24，冷却功率大且控制方便，冷却后的液压油经过磁性回油过滤器 28 进入油箱，进一步保证了油液的清洁度。

伺服脉冲增压系统包括伺服阀 20、伺服放大器、增压缸 17，由交变的电压信号控制伺服阀动作，进而控制增压缸动作，由于增压缸增压腔跟被试验软管及管路组成了一个封闭区间，所以增压缸的动作会使封闭区间里的液压油压缩与膨胀，从而产生交变的压力，即试验压力。该压力信号由压力传感器 11 检测、传输，形成闭环控制，保证伺服阀的输出实时跟随输入。

介质补液系统的作用是在试验前将试验对象及管路中的空气排净且充满介质利于产生交变压力，其核心元件是耐高温、耐腐蚀、带安全保护的低压齿轮泵；加热器 3 用来提高介质温度，满足试验过程对温度的要求；气控排空（卸荷）系统是由气源及气动三联件 16、电磁换向阀 15、气动球阀 13 组成，通过上位机自动控制电磁换向阀 15-2、15-1 换向控制气体的方向，来控制气动球阀 13-2、13-1 的开闭，从而控制补液排空时间、实现试验停止时的脉冲压力卸荷功能；传感测试系统主要由温度传感器 4、压力传感器 11 等组成，温度传感器用来实时采集环境温度、介质温度、系统油液温度，便于自动控制。

开启主泵 27、补液泵 8、气动球阀 13 对试验对象及管路进行排空，排空时间通过上位机、PLC 控制电磁换向阀 15 的通断来实现。排空完毕后，调节电磁溢流阀 23 系统所需达到的压力，该压力是为了保证伺服阀前的恒压力，具体压力值约为 1.5 倍的增压缸驱动腔的最大压力，因此对于不同的试验压力需要调节电磁溢流阀的压力，本系统最大试验压力可达42MPa。通过上位机输出试验要求的波形信号（梯形波信号、水锤波信号等）控制伺服阀动作，进行脉冲试验，试验完成后，分别开启电磁溢流阀 23 和电磁换向阀 15-2（开启气动球阀 13-2），实现动力系统管路和试验管路的压力卸荷，最后关闭主电机 26 及补液电机 9。具体的脉冲试验动作如表 6-4 所示。

表 6-4　脉冲试验动作表

序号	动作名称	主电机 26	电磁溢流阀 23	补液电机 9	电磁换向阀 15-2	备注
1	预备	−	+	−	−	5s 后进入下一步
2	电机启动	+	+	−	−	5s 后进入下一步
3	预备排空	+	+	−	+	5s 后进入下一步
4	排空	+	−	+	+	时间可设定
5	停留	+	−	+	−	在程序面板上设置
6	脉冲试验	+	−	+	−	按照设定波形动作
7	按下停止	+	+	+	−	5s 后进入下一步
8	卸荷	−	+	−	+	5s 后进入下一步
9	停机	−	−	−	−	结束

增压缸是高压脉冲试验台上一件至关重要的元件，它是通过低压无杆腔面积与增压腔面积差实现增压，增压比为面积比，通常称增压腔为前腔，低压腔为驱动腔也称后腔。驱动腔是通过电液伺服阀控制的。前腔有两个接口，其中1个为补液口，通过单向阀连接介质补液泵，用来给前腔补充介质；另一个为出口，通过试验工装连接试验对象。前腔跟驱动腔是两个独立的腔室，因此前腔输送的介质可以是油、水及其他试验介质，而且可以是高温的也可以是低温的。因此，设计时要注意前腔的材质、密封等参数。

根据增压缸活塞杆行程、脉冲峰值压力以及液压缸加工方便等因素，设计了增压缸装配示意图如图6-16所示。图中，2、11组成增压缸的两个腔室，后腔的活塞面积为后腔无杆腔面积，活塞面积与活塞杆面积差为后腔的有杆腔面积，活塞杆的面积即为前腔的面积。前后腔通过耐高压、耐高温、抗腐蚀的密封圈隔开。活塞杆里插入磁致伸缩位移传感器，随时检测增压缸活塞杆的位移变化。这种增压缸结构简单而且实用性强。

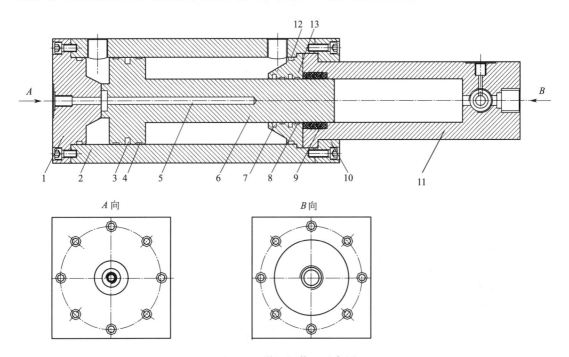

图 6-16　增压缸装配示意图

1—后端盖；2—后缸筒；3—孔用格莱圈；4—支撑环；5—磁致伸缩位移传感器；6—活塞杆；

7—轴用斯特封；8—支撑环；9—V组；10—前端盖；11—前缸筒；12—O形圈；13—前密封活动端盖

(2) 液压软管总成脉冲试验

根据国家军用标准GJB 2837—1997《聚四氟乙烯软管组件规范》规定，聚四氟乙烯软管总成在实际使用中所受的液压冲击近似为水锤波，因此利用水锤波试验能更接近实际使用情况。

选择一批通径为10mm、长度为805mm、最大工作压力为28MPa的聚四氟乙烯软管总成进行水锤波脉冲试验，试验要求如表6-5所示。

表 6-5　聚四氟乙烯软管总成脉冲试验要求

试验压力(最高工作压力的百分比)	试验数量/根	试验介质	试验温度/℃	试验频率/Hz
150%	25	4106航空润滑油	先10万次180℃高温,其余常温	1

将25根聚四氟乙烯软管总成连接在试验工装上，调节工装间距使其安装弯曲半径为156mm，安装形式如图6-17所示。

图 6-17　试件连接

在虚拟仪器人机交换界面上，设置试验波形为水锤波及水锤压力为 28MPa、水锤峰值压力为 42MPa、频率为 1Hz、试验温度为 180℃、报警信号等参数。虚拟仪器人机交换界面如图 6-18 所示。

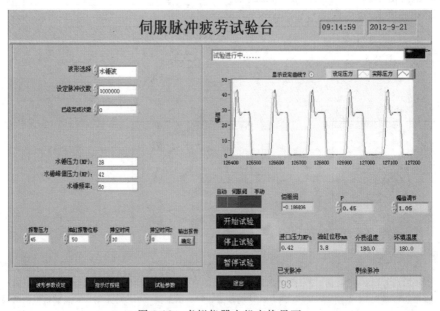

图 6-18　虚拟仪器人机交换界面

试验完成后，将获取的 25 根聚四氟乙烯软管总成的试验数据（失效脉冲次数）进行升序排序并记为 $X_i (i=1,2,\cdots,25)$，如表 6-6 所示。

表 6-6　聚四氟乙烯软管总成脉冲试验数据

时序号	1	2	3	4	5	6	7	8	9
失效脉冲次数	10172	25216	32368	68794	77249	86526	92328	93657	104771
时序号	10	11	12	13	14	15	16	17	18
失效脉冲次数	122399	154190	227163	264761	296993	315984	346843	371362	428726
时序号	19	20	21	22	23	24	25	—	—
失效脉冲次数	565613	662918	699946	753721	855964	896698	983687	—	—

(3) 液压软管总成脉冲可靠性评定

聚四氟乙烯软管总成是飞机液压系统上使用的主要元件之一，因此它必须有很高的可靠性，在置信度 $1-\alpha=0.90$ 下，要求其平均寿命下限 $\geqslant 25$ 万次，在给定 20000 次脉冲时，其可靠度下限 $\geqslant 0.90$。该试验数据的样本容量为 $n=25$，截尾数 $r=25$，显著水平 $\alpha=0.10$。

① 失效分布拟合优度检验

a. 指数分布的拟合优度检验　取原假设 H_0：试验数据来自指数分布。对定数截尾，该检验统计量为

$$\chi^2 = 2\sum_{k=1}^{r-1} \ln\frac{T^*}{T_k} \tag{6-33}$$

其中，$T^* = \sum_{i=1}^{r} X_i + (n-r)X_r$ 是试验终止时的总时间，$T_k = \sum_{i=1}^{k} X_i + (n-k)X_k$ 是到第 k 次失效的总试验时间。当 H_0 成立时，χ^2 服从 $\chi^2_{2(1-r)}$，即 χ^2 服从自由度为 $2(r-1)$ 的 χ^2 分布。对给定的显著水平 α，若统计量的观测值 χ^2 有 $\chi^2_{2d,1-\alpha/2}<\chi^2<\chi^2_{2d,\alpha/2}$ 就接受 H_0，反之拒绝 H_0。因统计量的观测值为 $\chi^2=47.583$，$\chi^2_{48,0.05}=33.098$ 及 $\chi^2_{48,0.95}=65.171$，由此可得 $\chi^2_{48,0.05}<\chi^2<\chi^2_{48,0.95}$，故对显著水平 $\alpha=0.10$，不能拒绝 H_0，即试验数据服从指数分布。

b. 双参数指数分布的拟合优度检验　取原假设 H_0：试验数据来自双参数指数分布，其检验统计量为

$$\chi^2_* = 2\sum_{j=2}^{r-1} \ln\left(\frac{s_r}{s_j}\right) \tag{6-34}$$

$$s_j = \sum_{i=2}^{r-1} y_i, j=2,3,\cdots,r \tag{6-35}$$

$$y_i = (n-i+1)(X_i-X_{i-1}), i=2,3,\cdots,r \tag{6-36}$$

当 H_0 成立时，统计量 χ^2_* 服从 $\chi^2_{2(r-2)}$ 分布，即 $\chi^2_* \sim \chi^2_{2(r-2)}$。对给定的显著水平 α，若统计量的观测值 χ^2_* 满足因统计量的观测值为或 $\chi^2_{2(r-2),\alpha/2}<\chi^2_*<\chi^2_{2(r-2),1-\alpha/2}$ 接受 H_0，反之拒绝 H_0。因统计量的观测值为 $\chi^2_*=44.232$，$\chi^2_{46,0.05}=31.439$ 及 $\chi^2_{46,0.95}=62.830$，由此可得 $\chi^2_{46,0.05}\leqslant\chi^2_*<\chi^2_{46,0.95}$，故对显著水平 $\alpha=0.10$，不能拒绝 H_0，即试验数据服从双参数指数分布。

c. 威布尔分布及极值分布的拟合优度检验

a）M 检验用于威布尔分布　取原假设 H_0：试验数据来自双参数威布尔分布，其检验统计量为

$$M = \frac{\sum\limits_{i=r_1+1}^{r-1} (l_i/r_2)}{\sum\limits_{i=1}^{r_1} (l_i/r_1)} \tag{6-37}$$

其中，$r_1=\mathrm{Int}(r/2)$，即 r_1 是 $r/2$ 的最大整数部分，$r_2=r-r_1-1$，$l_i=\dfrac{\ln X_{i+1}-\ln X_i}{E(Z_{i+1})-E(Z_i)}$，$i=1,2,\cdots,r-1$，$E(Z_i)$ 是标准极值分布 Z 的样本量为 n 的第 i 个次序统计量，可由《可靠性试验用表（增订版）》查到，当 $n\geqslant 10$ 时，用 Blom 式大概计算。

$$E(Z_1)=\ln\left[-\ln\left(\frac{4n-1}{4n+1}\right)\right]+0.116 \tag{6-38}$$

$$E(Z_i)=\ln\left[-\ln\left(\frac{4(n-i)+3}{4n+1}\right)\right], i=2,3,\cdots,r \tag{6-39}$$

当 H_0 成立时，可以证明统计量 $M\sim F_{2r_1,2r_2}$，故若统计量的观测值 M 满足

$$M\geqslant F_{2r_1,2r_2;1-\alpha} \tag{6-40}$$

拒绝 H_0，反之，接受 H_0，其中，$F_{2r_1,2r_2;1-\alpha}$ 是自由度为（$2r_1$，$2r_2$）的 F 分布 $1-\alpha$ 的分位数。

b）M 检验用于极值分布　取原假设 H_0：试验数据服从极值分布，M 检验的统计量与式(6-37) 相同，为便于区别，其统计量记为 M_1，但 $l_i=(X_{i+1}-X_i)/[E(Z_{i+1})-E(Z_i)]$。

c）M 检验用于极大值分布　取原假设 H_0：试验数据来自极大值分布，M 检验的统计量与式(6-37) 相同，为便于区别，其统计量记为 M_2，但 $l_i=(X_{n-i+1}-X_{n-i})/[E(Z_{i+1})-E(Z_i)]$。

由式(6-37) 计算得，各统计量的观测值分别为 $M=0.8305$，$M_1=3.4456$，$M_2=0.6258$，因 $F_{24,24;0.9}=1.7019$，由此可得 $M<F_{24,24;0.9}$，$M_1>F_{24,24;0.9}$ 及 $M_2<F_{24,24;0.9}$。故对显著水平 $\alpha=0.10$，拒绝极值分布，但不能拒绝威布尔分布和极大值分布。

d. 正态及对数正态分布的拟合优度检验　取原假设 H_0：试验数据来自正态分布，W 检验的统计量 W 为

$$W=\frac{\left[\sum_{i=1}^{d}a_i(X_{n+1-i}-X_i)\right]^2}{\sum_{i=1}^{n}(X_i-\overline{X})^2} \tag{6-41}$$

其中，$d=\mathrm{Int}(n/2)$，即 d 是 $n/2$ 的最大整数部分；$\overline{X}$ 是样本均值，$\overline{X}=\frac{1}{n}\sum_{i=1}^{n}X_i$；$a_i$ 为 W 检验统计量 W 的系数。当用于对数正态分布的检验时，只需将 $\ln X_i$ 代替式(6-41) 中的 X_i，用 LW 代替检验统计量 W 即可。

当 $W(LW)\leqslant W_\alpha$ 时，拒绝 H_0，反之，不能拒绝 H_0。其中，W_α 是 W 检验统计量 W 的 α 分位数。

由式(6-41) 计算得各统计量的观测值分别为 $W=0.8716$，$LW=0.9404$，因 $W_{0.1}=0.931$，由此可得 $W<W_{0.1}$，$LW>W_{0.1}$。故对显著水平 $\alpha=0.10$，拒绝正态分布，但不能拒绝对数正态分布。

由上可得，在显著水平 $\alpha=0.10$ 下，该试验数据不服从极值分布和正态分布，但是可能服从指数分布、双参数指数分布、威布尔分布、极大值分布及对数正态分布。

② 分布鉴别

a. 指数分布与双参数指数分布的鉴别　取原假设 H_0：$\mu=0\leftrightarrow$ 备择假设 H_1：$\mu>0$，这里 μ 是双参数指数分布的位置参数，故 H_0 代表指数分布，H_1 代表双参数指数分布，μ 置信水平为 $1-\alpha$ 的置信下限为

$$\mu_{\mathrm{L}}=X_1-\frac{\tau-nX_1}{n}\left(\alpha^{-\frac{1}{r-1}}-1\right) \tag{6-42}$$

其中，$\tau=\sum_{i=1}^{r}X_i+(n-r)X_r$ 为总试验时间。若 $\mu_{\mathrm{L}}\leqslant0$，接受 H_0，拒绝 H_1；反之，拒绝 H_0，接受 H_1。因 $\mu_{\mathrm{L}}=-23193.01\leqslant0$，故取指数分布更合适。

b. 指数分布与威布尔分布的鉴别　取原假设 H_0：$m=1\leftrightarrow$ 备择假设 H_1：$m>1$ 或 $m<1$，通过 $m^*>1$ 还是 $m^*<1$ 决定 H_1 选取 $m>1$ 还是 $m<1$，其中 m^* 是威布尔分布的形状参数 m 的无偏估计

$$m^* = \frac{1-l_{r,n}}{(1+l_{r,n})\tilde{\sigma}} \tag{6-43}$$

其中，$\tilde{\sigma}$ 是 $\sigma = m^{-1}$ 的最佳线性不变估计（BLIE），且 $\tilde{\sigma} = \sum\limits_{i=1}^{r} C_I(n,r,i)\ln X_i$，系数 $C_I(n, r, i)$ 和 $l_{r,n}$ 可由《可靠性试验用表（增订版）》查得。

假如 $m^* > 1$，取原假设 H_0：$m=1 \leftrightarrow$ 备择假设 H_1：$m>1$，此时计算 m 的置信度为 $1-\alpha$ 的置信下限 m_L 为

$$m_L = \frac{\omega_\alpha}{\tilde{\sigma}} \tag{6-44}$$

其中，ω_α 是 $\omega = \tilde{\sigma}/\sigma$ 的 α 分位数。当 $m_L \leqslant 1$ 时，接受 H_0，拒绝 H_1；反之，拒绝 H_0，接受 H_1。

假如 $m^* < 1$，取原假设 H_0：$m=1 \leftrightarrow$ 备择假设 H_1：$m<1$，此时计算 m 的置信度为 $1-\alpha$ 的置信上限 m_U 为

$$m_U = \frac{\omega_{1-\alpha}}{\tilde{\sigma}} \tag{6-45}$$

其中，$\omega_{1-\alpha}$ 是 $\omega = \tilde{\sigma}/\sigma$ 的 $1-\alpha$ 分位数。当 $m_U \geqslant 1$ 时，接受 H_0，拒绝 H_1；反之，拒绝 H_0，接受 H_1。

$\tilde{\sigma} = 0.9492$，由式（6-43）计算得 $m^* = 0.9999 < 1$，故取原假设 H_0：$m=1 \leftrightarrow$ 备择假设 H_1：$m<1$。然后由式（6-45）计算得，$m_U = 1.2432 > 1$，所以相对于威布尔分布，选取指数分布更为合适。

c. 对数正态分布与威布尔分布的鉴别 取原假设 H_0：试验数据来自对数正态分布 $\leftrightarrow$ 备择假设 H_1：试验数据来自威布尔分布。其极大似然比统计量为

$$E = \sqrt{2\pi e}\hat{\sigma}\hat{m}\left\{\prod_{i=1}^{n}\left(\frac{X_i}{\hat{\eta}}\right)^{\hat{m}}\exp\left[-\left(\frac{X_i}{\hat{\eta}}\right)^{\hat{m}}\right]\right\}^{\frac{1}{n}} \tag{6-46}$$

其中，$\hat{\sigma}^2 = \frac{1}{n}\sum\limits_{i=1}^{n}(\ln X_i - \hat{\mu})^2$，$\hat{\mu} = \frac{1}{n}\sum\limits_{i=1}^{n}\ln X_i$，$\hat{m}$ 和 $\hat{\eta}$ 是威布尔分布参数 m 和 η 的极大似然估计，由式（6-47）确定。

$$\begin{cases} \hat{m}^{-1}\dfrac{\sum\limits_{i=1}^{n}X_i^{\hat{m}}\ln X_i}{\sum\limits_{i=1}^{n}X_i^{\hat{m}}} - \dfrac{1}{n}\sum\limits_{i=1}^{n}X_i \\[4mm] \hat{\eta} = \left(\sum\limits_{i=1}^{n}\dfrac{X_i^{\hat{m}}}{n}\right)^{\frac{1}{m}} \end{cases} \tag{6-47}$$

其中，$\hat{m}$ 需迭代求解。初值 $\hat{m}_0 = \dfrac{2.99}{\ln[X_{1+0.9637n}/X_{1+0.1637n}]}$。

当 $E \leqslant E_\alpha$ 时，接受 H_0，拒绝 H_1；反之，拒绝 H_0，接受 H_1。其中 E_α 是显著水平为 α 时，E 的临界值，$E_\alpha = E_{0.1} = 1.029$。由式（6-46）得，$E = 0.9702 < E_{0.1} = 1.029$，所以拒绝威布尔分布，接受对数正态分布。

通过以上分析知，试验数据服从指数分布、对数正态分布和极大值分布。

Mann 等提出根据试验数据选择失效分布应与失效的物理过程分析相互补充。由于软管是受多次脉冲而导致疲劳断裂，而疲劳断裂用对数正态分布描述比较合理。所以在上述三种分布中，选取对数正态分布最为合适。

③ 可靠性指标评定　分别对聚四氟乙烯软管总成的平均寿命、可靠寿命和可靠度这三个可靠性指标进行对数正态分布下的点估计和区间估计，计算这三个指标的点估计值和置信度为 $1-\alpha=0.9$ 下的置信下限。

为便于分析，将上述试验数据取对数后计算其样本平均值和样本标准差

$$\hat{\mu}=\frac{1}{n}\sum_{i=1}^{n}\ln X_i \tag{6-48}$$

$$S=\left[\frac{1}{n-1}\sum_{i=1}^{n}(\ln X_i-\hat{\mu})^2\right]^{\frac{1}{2}} \tag{6-49}$$

经计算得 $\hat{\mu}=12.202$，$S=1.2179$。

a. 平均寿命的点估计与置信下限

$$\hat{\theta}=\exp\left(\frac{\hat{\mu}+S^2}{2}\right) \tag{6-50}$$

$$\hat{\theta}_L=\exp\left(\hat{\mu}-0.4\frac{S}{\sqrt{n}}t_{n-1,1-\alpha}+\frac{(n-1)S^2}{2\chi^2_{n-1,1-\alpha}}\right) \tag{6-51}$$

由式(6-50)得平均寿命的点估计 $\hat{\theta}=418220$ 次，因 $t_{24,0.9}=1.31784$，$\chi^2_{24,0.9}=33.196$，并由式(6-51)得平均寿命 θ 的置信下限 $\hat{\theta}_2$ 为 299510 次。

b. 可靠寿命的点估计与置信下限

$$\hat{X}_R=\exp(\hat{\mu}-Su_R) \tag{6-52}$$

$$X_{R,L}=\exp(\hat{\mu}-KS) \tag{6-53}$$

由式(6-52)得可靠寿命 X_R 的点估计 $\hat{X}_R$ 为 26866 次。

当 $n=25$，$R=0.95$，$1-\alpha=0.9$ 时，正态分布的单边容许限系数 $K=2.132$，并由式(6-53)得可靠寿命 X_R 在置信度为 $1-\alpha=0.9$ 下的置信下限 $X_{R,L}$ 为 25060 次。

c. 可靠度的点估计与置信下限

$$\overline{K}=\frac{\hat{\mu}-\ln X}{S} \tag{6-54}$$

对给定的任务次数 $X=20000$ 次，由式(6-54)得 $\overline{K}=1.8873$，查《可靠性试验用表(增订版)》并插值求得可靠度点估计 $\hat{R}(X)$ 为 0.970621。

由 $n=25$，$1-\alpha=0.9$，$\overline{K}=1.8873$，反查 K 表找到包含 $\overline{K}$ 的最短区间 $[K_1,K_2]$ 以及与之对应的 R_1、R_2，然后查正态分布分位数表得到与 R_1、R_2 相应的 u_{R_1}、u_{R_2}，然后进行插值求 $R_L(X)$，具体如表 6-7 所示。

表 6-7　液压软管总成可靠性下限中转插值

K	$K_1=1.702$	$\overline{K}=1.8873$	$K_2=2.510$
R	$R_1=0.900$	$R_L(X)=?$	$R_2=0.975$
u_R	$u_{R_1}=1.281552$	$u_{R_L}(X)=?$	$u_{R_2}=1.959964$

$$u_{R_L(X)}=u_{R_1}+\frac{(u_{R_2}-u_{R_1})(\overline{K}-K_1)}{(K_2-K_1)} \tag{6-55}$$

由式(6-55)可求得 $u_{R_L(X)}=1.365$，然后查统计分析数值表 $\Phi(\cdot)$，插值得出可靠度置信下限 $R_L(X)=0.911789$。

经过对聚四氟乙烯软管总成的试验数据进行拟合优度检验和分布鉴别，确定软管的试验数据服从对数正态分布，然后对其进行了可靠性评定，得出以下结论：在试验压力为其工作

压力 28MPa 时，在置信度 $1-\alpha=0.9$ 时，这批软管总成的平均寿命下限为 299510 次，大于要求的 25 万次；给定任务次数 $X=20000$ 次，其可靠度下限为 0.911789，大于要求的 0.90。由此可见，该批聚四氟乙烯软管总成满足其可靠性设计要求。

6.4.3.2　耐压爆破性可靠性试验及评定

（1）液压软管总成耐压爆破试验台

根据国家标准 GB/T 7939—2008《液压软管总成试验方法》，液压软管总成耐压试验以 2 倍最高工作压力进行静压试验，至少保压 60s，经过耐压试验后，液压软管总成未呈现泄露或其他失效迹象，则认为通过了该试验；液压软管总成爆破试验是一种破坏试验，对组装上软管接头 30 天之内的软管总成，匀速的增加到 4 倍最高工作压力进行爆破。试验时，在规定的最小爆破压力下，液压软管总成未呈现泄漏、爆破或接头脱出等失效现象，则认为通过了该试验。

液压软管总成耐压爆破试验台要满足国家标准 GB/T 7939—2008《液压软管总成试验方法》的要求，具体的技术指标如下。

①试验压力：0～250MPa，压力可无级调节。

②升压速率：0～10MPa/s。

③试验介质：水、水乙二醇、10$^\#$ 或 12$^\#$ 航空液压油；高温 180℃ 及以上时为 4106 航空润滑油或 X6D-300 高温导热油。

④介质温度：10～200℃。

⑤环境温度：室温。

⑥单次试验数量：1 件。

⑦通过计算机进行数据采集处理及自动化控制，试验程序有恒速升压-爆破、恒速升压-保压-卸压 2 种。

液压软管总成耐压爆破试验台系统原理图如图 6-19 所示，耐压爆破试验台动力系统如图 6-20 所示。

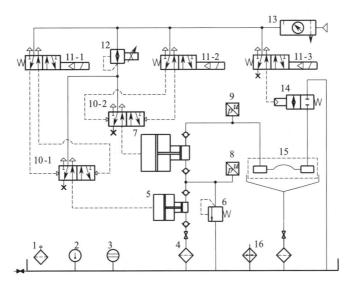

图 6-19　耐压爆破试验台动系统原理图

1—空气过滤器；2—温度传感器；3—液面计；4—吸油（水）过滤器；5—小型气液泵；6—安全阀；

7—大型气液泵；8,9—压力传感器；10—气控换向阀；11—电磁换向阀；12—电气比例减压阀；

13—气动三联件；14—气动阀门；15—试验工装；16—加热器

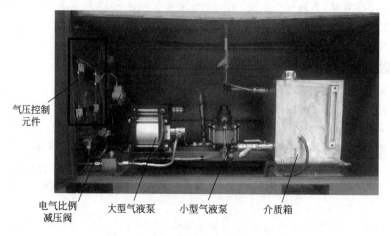

气压控制
元件

电气比例　　　大型气液泵　　　小型气液泵　　　介质箱
减压阀

图 6-20　耐压爆破试验台动力系统

该系统主要包括气液转换系统、驱动气源压力调节系统、气控排空系统、传感测控系统。

气液转换系统的本质是气动液体增压泵（又称气液泵）5 和 7 以压缩空气（≤0.7MPa）作为动力源，能够输出与驱动气源压力成正比的液压力的装置，比值为气液泵内部空气作用面积与液体作用面积的比值。驱动气源压力调节系统主要是电气比例减压阀 12，用来调节气液泵的驱动气源压力，调节范围 0.2～0.9MPa，从而可以对气液泵的输出压力进行无级调节。当气液泵输出压力与设定压力平衡时，气液泵自动停止动作，如果有泄漏导致系统压力下降或者驱动气压增加时，气液泵自动启动工作，进行压力补偿。通过控制驱动气源的进气量，可以控制泵的动作频率，从而控制泵的输出流量。小型气液泵 5 用来补偿大型气液泵 7 在低压时的盲区，从而使输出波形美观且符合标准。气液泵驱动气源的通断是通过电磁换向阀 11 控制气控换向阀 10 实现的。

系统的压力是通过压力传感器 8、9 检测的，传感器输出信号到采集卡，然后送入计算机与输入信号比较，从而形成闭环控制。安全阀 6 用来保护气液泵 5。系统的排空跟卸压过程是通过电磁换向阀 11-3 控制气动阀门 14 实现的。

开启气动阀门 14 及小型气液泵 5 进行排空（排空时间由试验要求设定）。排空完毕后关闭气动阀门 14，开启小型气液泵 5 和大型气液泵 7，通过上位机对电气比例减压阀 12 的自动控制来控制气液泵输出的压力，最大压力可达 250MPa。试验完毕后，开启气动阀门 14 卸压，然后关闭电磁换向阀 11-1 和 11-2，最后关闭气源。具体动作如表 6-8 所示。

表 6-8　耐压爆破试验台试验动作表

序号	动作名称	小型气液泵 电磁换向阀 11-1	大型气液泵 电磁换向阀 11-2	排空（卸荷） 电磁换向阀 11-3	备注
1	预备	—	—	—	5s 后进入下一步
2	预备排空	—	—	+	5s 后进入下一步
3	排空	+	—	+	时间可设定
4	耐压爆破试验	+	+	—	调节电气比例阀
5	卸荷	+	—	+	5s 后进入下一步
6	停机	—	—	—	结束

（2）液压软管总成耐压和爆破试验

选择一批通径为 φ10mm、长度为 805mm 最大工作压力为 28MPa 的聚四氟乙烯软管总成进行耐压和爆破试验，试验要求如表 6-9 所示。

表 6-9　聚四氟乙烯软管总成耐压和爆破试验要求

试 验 项 目	试验压力/MPa	试验数量/根	试 验 介 质	试验温度/℃	时间/s
耐压试验	56	5	12# 航空液压油	室温	60
爆破试验	—	12	12# 航空液压油	室温	—

　　将聚四氟乙烯软管总成连接到试验工装上（见图 6-21），在人机交换界面（见图 6-22）上选择耐压试验和爆破试验，进行升压-保压-泄压（耐压试验）和升压-爆破试验（爆破试验）。进行耐压试验时要注意观察保压期间软管是否有漏油的现象；进行爆破试验时电脑自动记录爆破压力值。

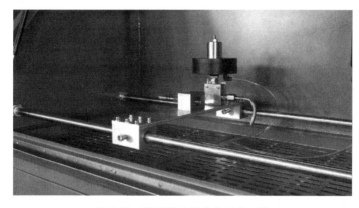

图 6-21　耐压爆破试验台试验工装

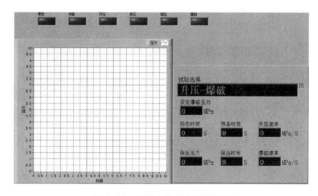

图 6-22　耐压爆破试验界面

　　对 5 根聚四氟乙烯软管总成进行耐压试验，在设定的保压时间 60s 内，都未出现泄漏等故障现象，耐压性符合设计要求。

　　爆破试验：12 根软管总成的爆破压力值如表 6-10 所示。

表 6-10　聚四氟乙烯软管总成爆破性试验数据

时序号	1	2	3	4	5	6	7	8	9	10	11	12
爆破压力值/MPa	104	106	113	121	124	132	138	143	145	159	166	178

（3）液压软管总成耐压爆破可靠性评定

　　对该组爆破试验数据进行失效分布的拟合优度检验和分布鉴别后得知该组数据服从威布尔分布。对二参数威布尔分布作点估计，常用以下三种方法：最佳线性无偏估计（Best Linear Unbiased Estimate，简称 BLUE）、最佳线性不变估计（Best Linear Invariant Estimate，简称 BLIE）和极大似然估计（Maximum Likelihood Estimation，简称 MLE），以下采用适用完全样本的 BLIE 法对上述聚四氟乙烯软管总成的爆破性能进行可靠性评定。

先将 $W(m,\eta)$ 变换为极值分布，记为 $EV(\mu,\sigma)$，即若 T 服从 $W(m,\eta)$，则 $X=\ln T$ 服从 $EV(\mu,\sigma)$ 的参数的 $BLIE \mu^*$、σ^* 为

$$\mu^* = \sum_{j=1}^{r} D_1(n,r,j)\ln X_j \tag{6-56}$$

$$\sigma^* = \sum_{j=1}^{r} C_1(n,r,j)\ln X_j \tag{6-57}$$

η 的 BLIE 为

$$\eta^* = \exp(\mu^*) \tag{6-58}$$

m 的无偏估计为

$$m^* = \frac{g_{r,n}}{\sigma^*} \tag{6-59}$$

其中，权数 $D_1(n,r,j)$，$C_1(n,r,j)$ 及修偏系数 $g_{r,n}$ 可由《可靠性试验用表（增订版）》查得。

① 平均寿命的点估计与置信下限

$$\theta^* = \eta^* \Gamma(1+\sigma^*) \tag{6-60}$$

$$\theta_L = \exp(\mu^* - \sigma^* v_\gamma) \tag{6-61}$$

由式(6-60) 求得平均寿命的点估计 θ^* 为 136.621MPa；在置信度为 0.9 时，威布尔截尾样本区间估计系数 $v_\gamma = 0.47$，由式(6-61) 得，平均寿命 θ 的置信下限 θ_L 为 136.302MPa。

② 可靠寿命的点估计与置信下限

$$X_R^* = \exp[\mu^* + \sigma^* \ln(-\ln R)] \tag{6-62}$$

$$X_{R,L} = \exp(\mu^* - \sigma^* V_{R,\gamma}) \tag{6-63}$$

当 $n=12$，$R=0.95$（给定可靠度），$1-\alpha=0.9$ 时，由式(6-62) 得，可靠寿命 X_R 的点估计 X_R^* 为 91.195MPa。

在 $n=12$，$r=12$，$1-\alpha=0.9$，$R=0.95$ 时，$V_{R,\gamma}=4.68$，则由式(6-63) 得，可靠寿命 X_R 在置信度为 $1-\alpha=0.9$ 下的置信下限 $X_{R,L}$ 为 69.281MPa。

③ 可靠度的点估计与置信下限

$$R^*(X) = \exp\left[-\exp\left(\frac{\ln X - \mu^*}{\sigma^*}\right)\right] \tag{6-64}$$

对给定的爆破压力 $X=80$MPa，由式(6-64) 得可靠度点估计 $R^*(X)$ 为 0.978。

由 $n=12$，$r=12$，$1-\alpha=0.9$，得 $(\mu^* - \ln X)/\sigma^* = 3.785$，然后，对给定的 n、r、γ，通过反查 $V_\gamma(R)-R$ 表，找到包含 $(\mu^* - \ln X)/\sigma^*$ 的最短区间 $[V_\gamma(R_1), V_\gamma(R_2)]$ 及相应的 R_1、R_2，并计算出 $-\ln(-\ln R_1)$，$-\ln(-\ln R_2)$ 填入表 6-11。

表 6-11　液压软管总成可靠性下限中转插值

$V_p(R)$	3.62	3.785	4.68
R	0.9	$R_L(X)=?$	0.95
$-\ln(-\ln R)$	$-\ln(-\ln R_1)=2.2504$	$Q=?$	$-\ln(-\ln R_2)=2.9702$

$$Q = -\ln(-\ln R_1) + [-\ln(-\ln R_2) + \ln(-\ln R_1)]\frac{(u^* - \ln X)/\sigma^* - V_\gamma(R_1)}{V_\gamma(R_2) - V_\gamma(R_1)} \tag{6-65}$$

$$R_L(X) = \exp[-\exp(-Q)] \tag{6-66}$$

由式(6-65) 和式(6-66) 可求得 $Q=2.362$，可靠度置信下限 $R_L(X)=0.910$。

由以上分析可知：上述聚四氟乙烯软管总成的平均爆破压力为 136.621MPa，在置信度

为 0.9 下的置信下限为 136.302MPa；在给定可靠度为 0.95 时，其可靠寿命的点估计为 91.195MPa、置信下限为 69.281MPa；在给定压力 80MPa 时，其可靠度的点估计为 0.978、置信下限为 0.910。

6.5　维修性试验与评定概述

6.5.1　维修性试验与评定的目的与作用

维修性试验与评定（包括核查、验证和分析评定三项活动）是液压气动产品研制、生产和使用阶段重要的维修性工作的项目之一。

对于液压气动产品的研制而言，通常将"验证"理解为通过核查、演示验证和试验等手段的综合运用，并辅以建模与仿真方法，在液压气动产品的寿命周期内对其各层次产品的设计进行检验，以确保其满足设计要求的工作过程。确认所研制的产品能够满足设计所提出的定性和定量要求是进行验证的总目的。随着研制计划的推进，通过建立维修性模型，进行维修性分配和预计，制订维修性设计准则和进行有关的设计评审等一系列工作，确定液压气动产品的维修性设计目标，并且按照这些设计目标去评定考虑中的设计方案。但是，这种评定本质上还是一种分析过程，虽然这种分析能满足某种特定的需要，但由于液压气动产品的维修性并未经过实际工作的验证，因而其可信程度有一定的局限性。评定液压气动产品的维修性是否符合初始规定的维修性要求，最实际的办法就是通过真实的维修性验证，包括对主要设备及其有关的后勤保障能力（即维修保障、人员、技术资料等）的验证。进行验证的方法不是单一的，是多种方式的结合（分析、检查、试验、演示验证等）。该工作贯穿于液压气动产品的整个寿命周期，并且可涉及液压气动产品的各个层次。通过各种维修性试验与评定来判定液压气动产品对维修性要求的符合程度，以及针对在试验与评定中发现的设计缺陷进行改进设计，是进行维修性验证的必不可少的工作环节。

维修性试验与评定的目的是：

① 发现和鉴别液压气动产品维修性缺陷，提供设计改进的依据，使维修性不断增长。

② 考核、验证液压气动产品维修性是否符合维修性要求。

③ 对有关维修保障资源进行评定。

进行维修性预计时，是以各组成单元的维修性作业时间为基础数据。而对这些时间的估计又是以过去的经验和知识为基础，因而会使预计结果出现偏差（尤其是在设计的早期阶段）。所以，有必要采取某种合适的试验手段来验证所用的维修作业时间数据的适用性。

进行维修性试验可以使用实体模型，也可以使用虚拟模型；可以针对定性的要求（可达性、工具操作空间等），也可以针对定量的要求（各维修性指标）；还可以与其他验证方式（分析、设计评审）相结合。

"评定"的含义是指确定所进行的维修性试验是否符合试验目的，以及试验结果是否能证实被试对象的既定维修性水平（某种指标）已达标（或能达标）。试验的目的和内容往往不是单一的，试验的测定记录也往往不能直接地反应维修性达标情况，还需要经过评定得出相应的技术性结论。因此，试验与评定是密切关联的工作过程。

评定包括定性的评定和定量的评定。定性的评定不可避免地带来一定的主观性，这种主观性色彩限制了它得以接受的范围；定量的评定则是相对地比较客观，但受试验条件的限制和相关人员专业水平的限制，有时仍不大可能由其来全面真实地评定出产品所达到的维修性水平。

国家军用标准 GJB 368B—2009《装备维修性工作通用要求》中，将维修性试验与评定（工作项目 400 系列）分为了核查、验证、分析评定三部分，其中分析评定部分指的是采用分析评定手段在装备设计定型时给出结论。

6.5.2　维修性试验与评定的时机和种类

为了提高试验的效率和节省试验经费，并确保试验结果的准确性，维修性试验与评定一般应与功能及可靠性试验结合进行，必要时可单独进行。

根据试验与评定的时机、目的和要求，通常将系统级维修性试验与评定分为核查、验证和评定。维修性试验评定与寿命周期阶段的一般关系，如图 6-23 所示。系统级以下层次产品维修性试验与评定如何划分，应根据液压气动产品具体工况确定。

图 6-23　维修性试验评定与寿命周期阶段的一般关系

6.5.2.1　维修性核查

维修性核查是为实现液压气动产品维修性要求，贯穿于从零部件、元件和组件、分系统到系统的整个研制过程中，不断进行的维修性试验和评定工作。

维修性核查与可靠性中的工程试验相似，其目的是检查与修正进行维修性分析与验证所用的模型及数据，鉴别设计缺陷，以便采取纠正措施，使维修性不断增长，保证满足规定的维修性要求和方便以后的验证。

检查的方法可采用较少的和置信度较低的（粗略的）维修性试验，最大限度地利用在研制过程中结合各种试验（如功能、样机模型、合格鉴定和可靠性等试验）进行的维修性作业所得到的数据，应用这些数据进行分析，找出维修性的薄弱环节采用改进措施，提高维修性。

6.5.2.2　维修性验证

维修性验证是指为确定液压气动产品是否达到规定的维修性要求，由指定的试验机构进行的或由订购方与承制方联合进行的试验与评定工作。维修性验证通常在设计定型、生产定型阶段进行。在生产阶段进行液压气动产品验收时，如有必要也要进行。

验证的目的是全面考核液压气动产品是否达到规定的维修性要求。维修性验证的结果应作为批准液压气动产品定型的依据。

验证试验的环境条件，应尽量与液压气动产品实际使用维修环境一致，或十分类似。维修所需工具、保障设备、设施、备件、技术文件，应与正式使用时的保障计划一致，以保证验证结果的可信。

维修性验证的指定试验机构，一般是专门的液压气动试验产品基地或试验场。也可以是订购方和承制方商定的具备条件的研究所、生产厂或其他合适的单位。

参加验证试验的维修人员，应当是试验机构的或订购方的现场维修人员，或经验和技能与现场维修人员同等程度的人员。这些人员应经承制方适当训练，其数量和技术水平应符合规定的保障计划的要求。但合同规定液压气动产品在使用中由承制方负责的维修作业除外。

6.5.2.3 维修性评定

维修性评定是指订购方在承制方配合下，为确定液压气动产品在实际使用、维修及保障条件下的维修性所进行的试验与评定工作。通常在液压气动产品试用或使用阶段进行。

评定的目的是确定液压气动产品在投入生产以后的实际使用维修保障条件下的维修性水平。观察实际维修保障条件对该液压气动产品维修性的影响，检查维修性验证中所暴露的维修性缺陷纠正情况。

评定的对象即所用的实物应为即将投入生产的液压气动产品（硬件、软件）。

需要评定的维修性作业应是实际使用中遇到的维修工作。只有为了评定那些在评定期间不可能发生的特殊维修性作业，才可以通过模拟故障的维修作业来补充。

参加维修性评定的维修人员应是订购方负责该液压气动产品维修工作的维修人员。但对于合同规定由承制方负责的维修项目，则由承制方维修人员进行作业。

6.6 维修性试验与评定的一般程序

6.6.1 维修性试验与验证的一般程序

6.6.1.1 维修性验证流程

进行维修性试验与评定过程中最重要的就是维修性验证，因为维修性验证是对液压气动产品维修性定量的评定，它直接影响到液压气动产品是否能够通过验证和定型。

维修性验证的目的是为了全面考核产品是否达到规定的维修性要求，其结果将作为批准产品定型的依据。根据国家军用标准 GJB 2072—1994《维修性试验与评定》中规定的维修性验证的一般流程如图 6-24 所示，可以看出对装备维修性进行试验评定是装备定型的重要一环，它可以将整个维修性设计形成一个反馈闭环。

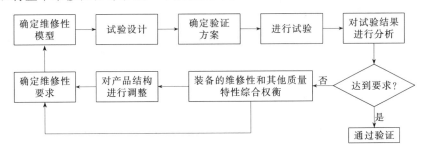

图 6-24 维修性验证流程

6.6.1.2 制定维修性试验与评定计划

试验之前应根据国家军用标准 GJB 2072—1994《维修性试验与评定》的要求，结合液压气动产品的类型、试验与评定的时机、种类，制定试验计划。

一般包括如下内容：

① 试验与评定的目的要求。包括试验与评定的依据、目的、类别和要评定的项目。若维修性试验是与其他工程试验结合进行，应说明结合的方法。

② 试验与评定的组织。包括参试单位、参试人员分工及人员技术和数量的要求，参试人员的来源及培训等。

③ 受试品及试验场、资源的要求。包括对受试品的来源、数量、质量要求；试验场

（或单位）及环境条件的要求；试验用的保障资源（如维修工具设备、备附件、消耗品、技术文件和试验设备、安全设备等）的数量和质量要求。

④ 试验方法。包括选定的试验方法及判决标准、风险率或置信度等。

⑤ 试验实施的程序和进度。包括采用模拟故障时，故障模拟的要求及选择维修作业的程序；数据获取的方法和数据分析的方法（含有关统计记录的表格、计算机软件等）与分析的程序；特殊试验、重新试验和加试的规定；试验进度的日程安排等。

⑥ 评定的内容和方法。包括对装备满足维修性定性要求程度的评定；满足维修性定量要求程度的评定；维修性保障资源的定性评定等。

⑦ 试验经费的预算与管理。

⑧ 订购方参加试验的有关规定和要求。

⑨ 试验过程监督与管理要求。

⑩ 试验与评定报告的编写内容、图表、文字格式及完成日期等要求。

6.6.1.3　确定受试品

维修性试验与评定所用的受试品，应直接利用定型样机或从提交的所有受试品中随机抽取，并进行独立试验，也可以同其他试验结合用同一样机进行试验。

为了减少延误的时间，保证试验顺利进行，允许有主试品和备试品。但受试品的数量不宜过多，因维修性试验的特征量是维修时间，样本量是维修作业次数，而不是受试品（产品）的数量，且它与受试品数量无明显关系。当模拟故障数时，在一个受试品上进行多次或多样维修作业就产生了多个样本，这和在多个受试品上进行多次或多样维修作业具有同样的代表性。

6.6.1.4　培训试验人员

参试人员的构成应按核查、验证和评定的不同要求分别确定。

维修性验证应按维修级别分别进行，参试人员应达到相应维修级别维修人员的中等技术水平。

选择和培训参加维修性验证的人员一般要注意以下几点：

① 应尽量选用使用单位的修理技术人员、技工和操作手，由承制方按试验计划要求进行短期培训，使其达到预期的工作能力，经考核合格后方能参试。

② 承制方的人员，经培训后也可以参加试验，但不宜单独编组，一般应和使用单位人员混合编组使用，以免因心理因素和熟练程度不同而造成实测维修时间的较大偏差。

③ 参试人员的数量，应根据该装备使用与维修人员的编制或维修计划中规定的人员严格规定。

6.6.2　维修性演示验证

演示验证是通过计划和施行综合性演示验证试验来实现的，是一个评定各种维修性设计结果的过程。进行演示验证试验的目的是确认所研制的液压气动产品（系统）在预期的环境中使用时是否能达到规定的维修性指标。演示验证试验的完成，通常标志着产品研制工作告一段落。

由于利用产品使用中自然发生的故障数据进行维修性演示验证需要相当长的试验周期，所以大都以在一定条件下诱发的故障数据进行演示验证。即按照事先规定的维修级别（通常基层级是首选），由该级别所需的维修人员，针对按预定的试验计划诱发的故障实施典型的维修作业，应尽量与装备实际使用维修环境一致，并将完成各项该作业的时间予以记录和汇总。在完成一系列的具有统计意义的、足够数量的维修作业之后，即可对所收集的数据进行统计处理，并由之确定受试产品的维修性是否达标。在进行演示验证试验的过程中，除了收集定量数据外，还可以收集和审查（评审）大量的定性的信息（可达性、安全性、技术文件的齐备情况等）。

6.6.2.1 演示验证试验方法及选择

对于维修性演示验证，国内外都在相应的标准中提供了可用的各类方法。以国家军用标准 GJB 2072—1994《维修性试验与评定》为例，该标准共给出了 11 种方法，这些方法实际上都是针对维修性演示验证的可用方法。表 6-12 汇总了这些方法。

表 6-12　维修性演示验证试验方法汇总

方法编号	试验指标	分布假设	样本量	样本的选择
1-A	维修时间平均值的检验	对数正态方差先验知识	取决于置信区间，≥30	自然发生的故障或分层随机抽样
1-B	维修时间平均值的检验	无分布假设方差先验知识	取决于置信区间，≥30	自然发生的故障或分层随机抽样
2	规定时间维修度的最大维修时间检验	对数正态方差先验知识	取决于所需置信区间	自然发生的故障或分层随机抽样
3-A	规定时间维修度的检验	对数正态	取决于所需置信区间	自然发生的故障或分层随机抽样
3-B	规定时间维修度的检验	分布未知		自然发生的故障或分层随机抽样
4	装备修复时间中值检验	某特定方差对数正态	20	自然发生的故障
5	每次运行应计入的维修停机时间的检验	无分布假设	变数，≥50	自然发生的故障
6	每飞行小时维修工时(M_1)的检验	无分布假设	变数	自然发生的故障或分层随机抽样
7	地面电子系统工时率的检验	无分布假设	≥30	自然发生的故障或分层随机抽样
8	维修时间平均值与最大维修时间组合	对数正态	变数	自然发生的故障或分层随机抽样
9	平均值(修复性维修作业时间、预防性维修作业时间、停机时间) 最大修复时间(90 或 95 百分位)	无分布假设	≥30	自然发生的故障或分层随机抽样
10	中值(修复性维修作业时间、预防性维修性时间)、最大修复性维修时间(95 百分位)、最大预防性维修时间(95 百分位)	无分布假设	≥50	自然发生的故障或分层随机抽样
11	平均值(预防性维修作业时间)、最大修复时间(任何百分位的预防性维修作业时间)	无分布假设	所有可能作业	全部

进行演示验证时，首先要根据具体的维修性要求，即按要求中规定的维修性参数选择合理的验证试验方法。因此，所需验证的维修性指标及维修时间分布类型是选择验证试验方法的基本依据，此外还要考虑到维修时间样本的选择方法、应获取的样本量以及进行试验的风险等影响因素，例如：

① 当维修时间分布未知时，首选方法编号 10，因为选中值作为指标可以做不受分布影响的试验。

② 对于对数正态分布的情况，中值（如方法编号 4、10）优先于平均值（如方法编号 1-A、1-B），因为中值仅基于一个参数。

③ 对于维修时间被限定的情况，则适宜选择最大修复时间（如方法编号 2、9）。

当然，这些只是从试验方法与采用该方法进行某些参数试验的对应关系去考虑的，只是选择合用的试验方法时要考虑到的一个方面，而选择试验方法的决定性因素还在于订购方提出了何种维修性参数指标要求。这也从验证的角度提醒了相关人员，在拟定维修性要求时，还应考虑到对所提要求的达标情况进行验证的可用试验方法的情况。

6.6.2.2 演示验证环境的考虑

由于演示验证的环境的条件与产品（系统）实际使用环境条件常常存在差异，致使维修性的验证值经常与使用中的实际情况有所差异。因而，如何达到验证环境与实际情况间的尽可能的相似，就成了安排验证试验的一大关注点和一大难题。

引起环境条件存在差异的因素很多，涉及被试产品本身（技术状态不同）、地理因素和设施（照明、场地空间、气候）、参试维修人员（技术熟练程度、对产品的了解程度）、保障资源（工具、测试设备、备件、手册）以及产品使用状态等诸多方面。受这些差异因素的综合影响，就导致验证试验结果的可信度不高。

针对这一现状，建造实体模型也许是一种解决办法，不过这种模拟办法相当费时和费钱，所以不一定现实可行。利用当前的虚拟现实技术，建立虚拟样机，则是一种更有希望的、克服差异性难题的办法。

6.6.2.3 维修作业样本

当采用自然故障所进行的维修作业次数满足规定的试验样本量时，就不需要进行分配。当采用诱发故障时，在什么部位，排除什么故障，需合理地分配到各有关的零部件上，以保证能够验证液压气动系统的维修性。维修作业样本的分配属于统计抽样的应用范围，是以装备的复杂性、可靠性为基础的。如果采用固定样本量试验法检验维修性指标，可运用按比例分层抽样进行维修作业分配。如果采用可变样本量的序贯试验法进行检验，则应采用按比例的简单随机抽样法。

维修作业样本主要涉及两个方面的问题：一是抽取什么样的样本；二是抽取多少样本。

样本量的大小取决于所采取的试验方法，由一定置信区间相应的统计计算方法决定。在国家军用标准 GJB 2072—1994《维修性试验与评定》中，还对一些可供选择的方法给出了所推荐的最小样本容量。需要从统计上达到一定置信度和经济上能承受（样本量大意味着费钱和费时）二者权衡，确定样本容量。

相对于样本容量的确定，如何抽取样本是更复杂的问题，它是关系到所进行的试验与所得试验结果是否具有代表性和能否作为产品通过验证的依据的一个关键问题。

（1）故障的产生

发生了不同的故障，就要有针对性地实施相应的维修作业以修复故障的产品或消除该故障，所以维修作业样本问题也就是故障抽样的问题。

液压气动产品存在两种基本的故障样本抽取途径：抽取自然发生的故障和利用诱发的故障。

鉴于利用自然故障进行验证试验受费用和进度的限制（对于平均故障间隔时间为上百或几百小时的产品，如欲抽取 30～50 个样本，就需使受试产品使用 1 万小时以上），一般不得不利用诱发的故障做试验（尽管最好是利用自然发生的故障）。但考虑到并不能保证所诱发的故障具有代表性，而且相应的故障诊断过程也可能异于实际环境中的故障诊断过程，在抽取试验样本时应注意遵循如下原则：

① 如试验进度允许，则应优先利用自然故障。

② 不能完全利用自然故障时，尽可能综合利用诱发故障和自然故障（包括在其他试验时发生的自然故障和相应的维修作业数据）。

③ 将以诱发故障为主进行试验时可能发生的任何自然故障也都列为试验样本。

（2）以诱发故障进行验证试验

在采用某种维修性演示验证试验方法进行验证时，其所需要的样本量可按应用该方法的统计抽样要求予以确定。当应用序贯试验法进行验证时，可以通过简单随机抽样生成维修性作业样本。但对于相对复杂和结构层次较多的产品，为保证所抽取的样本的无偏性，需要处理好样本的分配和故障模式的选择两个问题。

通常，采用按比例分层抽样的方法进行维修作业（对应一定的故障模式）的分配。分层的目的在于将各不相同的（异质的）总体划分为相似的（同质的）各子总体或层，从各层选择维修作业的样本，就可生成该层的有代表性的样本，从而取自所有各层的样本的总和应能代表维修作业总体。以这样的分层抽样方法抽取的、满足固定样本要求的维修作业总体，即可用于进行演示验证试验。

为保证抽取的样本具有较高的代表性，按上述方法抽取的样本量应至少4倍于所选定的验证试验方法规定的样本量，然后按照各作业组（即维修活动相似和维修作业时间或工时数大致相同的各维修作业样本的集合）的相对发生频率向各作业组分配维修作业样本。分配到各组的维修作业样本应是从适合于各组的维修作业中随机选取的。

可以利用产品各功能层次的故障模式及影响分析结果来决定与所抽取的维修作业样本相对应的故障模式，按每一故障模式的相对发生频率计算其发生频率的累积范围，然后从随机数表中抽取某一数值，则与含有该抽取的数值累积范围相对应的故障模式就是应予诱发的故障模式。

6.6.2.4 模拟与排除故障

（1）故障的模拟

一般采用人为方法进行故障模拟。常用的模拟故障的方法有：

① 用故障液压气动元件代替正常件，模拟液压气动元件的失效或损坏。

② 接入附加的或拆除不易察觉的零件、元件，模拟安装错误和零件、元件丢失。

③ 故意造成液压气动元件失调变位。

④ 接入折断的弹簧。

⑤ 使用已磨损的轴承、失效密封装置、损坏的继电器和断路、短路的线圈等。

⑥ 使用失效的指示器、损坏或磨损的齿轮、拆除或使键及紧固件连接松动等。

⑦ 使用失效或磨损的零件等。

总之，模拟故障应尽可能真实、接近自然故障，基层级维修以常见故障模式为主。参加试验的维修人员应在事先不了解所模拟故障的情况下去排除故障，但可能危害人员和产品安全的故障不得模拟。

（2）故障的排除

由经过训练的维修人员排除上述自然的或模拟的故障，并记录维修时间。完成故障检测、隔离、拆卸、换件或修复原件、安装、调试及检验等一系列维修活动，称为完成一次维修作业。在排除的过程中必须注意：

① 只能使用试验规定的维修级别所配备的备件、附件、工具、检测仪器和设备。

② 按照技术文件规定的修理程序和方法进行维修作业。

③ 应由专职记录人员按规定的记录表格准确记录时间。

④ 人工或利用外部测试仪器查找故障及其他作业所花费的时间均应记入维修时间中。

⑤ 对于用不同诊断技术或方式（例如，人工、外部测试设备或机内测试系统）所花费的检测和隔离故障的时间应分别记录，以便于判定哪种诊断技术更有利。

6.6.3 预防性维修试验

预防性维修时间常被作为维修性指标进行专门试验（见表 6-12 的方法 11）。

产品在验证试验间隔期间也有必要进行预防性维修，其频数和项目应按预防性维修大纲的规定进行。为节约试验费用和时间采用以下方法。

① 在验证试验的间隔时间内，按规定的频率和时间所进行的一般性维护（保养），应进行记录，供评定时使用。

② 在使用和储存期内，间隔时间较长的预防性维修，其维修频率和维修时间以及非维修时间的停机时间，亦应记录，以便验证评定预防性维修指标时作为原始数据使用。

6.6.4 维修性数据的收集、分析与处理

(1) 维修性数据的收集

收集试验数据是维修性试验中的一项关键性工作。为此试验组织者需建立数据收集系统。包括成立专门的数据资料管理组，制定各种试验表格和记录卡，并规定专职人员负责记录和收集维修性试验数据。此外，收集包括功能试验，可靠性试验等各种试验中的故障、维修与保障的原始数据，建立数据库以便进行数据分析和处理。

承制方在核查过程中使用的数据收集系统及其收集的数据，要符合核查的目的和要求，鉴别出设计缺陷，采取纠正措施后又能证实采取措施是否有效。同时，要与维修性验证、评定中订购方的数据收集系统和收集的数据协调一致。对于由承制方负责承担基地级维修的装备，承制方要注意收集这些维修数据。

在验证与评定中需要收集的数据，应由试验的目的决定。维修性试验的数据收集不仅是为了评定产品的维修性，而且还要为维修工作的组织和管理（如维修人员配件、备件储备等）提供依据。

根据上述要求，在验证和评定中必须系统地收集反映下列情况的数据：总体的、工作条件的、产品故障的、维修工作的。

表 6-13、表 6-14 和表 6-15 为 3 种数据收集处理表格，可供参考。

表 6-13 修复性维修作业记录表

设备名称：

编号	单元、元件名称	故障方式（自然或模拟）	设备工具	排除故障人数	检测、隔离	拆卸修复	检验	合计	工时	备注①
					时间/h					
验证负责人意见									月 日	
订购方意见									月 日	

① 备注栏记录定性设计方面存在的问题及行政或后勤延误时间等。

表 6-14 预防性维修作业记录表

设备名称：

编号	单元、元件名称	作业名称	等级	材料与备件	设备与工具	参加人数	实际维修时间①	工具	备注②
验证负责人意见								月 日	
订购方意见								月 日	

① 实际维修时间包括维修准备、功能检测、调校以及更换、擦拭、检验等时间。

② 备注栏记录定性设计方面存在的问题及行政或后勤延误时间等。

表 6-15　维修性试验数据分析表（示例）

日期　　年　　月　　日　　　　　　　　　　　　　　　　　　不可接受值：$\overline{M}_{ct}=40\text{min}$

装备名称：×××　验证维修性参数名称：平均修复时间 $\overline{M}_{ct}$　规定的指标：　　可接受值：

验证方法：方法 9　订购风险 β：0.1　承制方风险 α：0.1　维修时间分布：未知　维修时间方差：未知

试验次数编号	维修内容	维修时间 X_i				数据处理	备注
		诊断	修复	检验	小计(X_i)		
1 2 3 ⋮ n						1. 计算（要求样本量 $n_c \geqslant 30$） $$\overline{X}_{ct}=\frac{1}{n_c}\sum_{i=1}^{n_c}X_{cti}$$ $$\hat{d}_{ct}=\sqrt{\frac{1}{n_c-1}\sum_{i=1}^{n_c}(X_{cti}-\overline{X}_{ct})^2}$$ 2. 判决 $$\overline{X}_{ct}\leqslant \overline{M}_{ct}-Z_{1-\beta}\frac{\hat{d}_{ct}}{\sqrt{n_c}}$$ 结论：接受（拒绝） 3. 估计　　置信度 $1-\alpha=0.9$ 平均值单侧置信上限 $\mu_U=\overline{X}_{ct}+Z_{1-\alpha}\frac{\hat{d}_{ct}}{\sqrt{n_c}}$ 平均值双侧置信下限 $\mu_L=\overline{X}_{ct}+Z_{\alpha/2}\frac{\hat{d}_{ct}}{\sqrt{n_c}}$ 平均值双侧置信上限 $\mu_U=\overline{X}_{ct}+Z_{1-\alpha/2}\frac{\hat{d}_{ct}}{\sqrt{n_c}}$	
数据记录人　×××　　　×月×日　　　数据处理人　×××　　　×月×日　　　审核人　×××　　　×月×日							

此外，还应把不属于设计特性所引起的延误时间（如行政管理时间、工具设备零（元）件供应的延误时间、工具仪器设备因故障所引起的维修延误时间等）记录下来，作为研究产品或系统的使用可用度时，计算总停机时间的原始资料。

试验所累积的历次维修数据，可供该产品维修技术资料的汇编、修改和补充之用。

（2）维修性数据的分析与处理

首先需要将收集的维修数据加以鉴别区分，保留有用的、有效的数据，剔出无用的、无效的数据。原则上所有的直接维修停机时间或工时，只要记录准确有效的，都是有用数据，供统计计算使用。但由于以下几种情况引起的维修时间，不能作为统计计算使用：

① 不是承制方提供的或同意使用的技术文件规定的维修方法造成差错所增加的维修时间。

② 试验中意外损伤的修复时间。

③ 不是承制方责任的供应与管理延误的时间。

④ 使用了超出规定配置的测试仪器引起的维修时间。

⑤ 在维修作业实施过程中安装非规定配置的测试仪器的时间。

⑥ 产品改进的时间。

⑦ 在试验中有争议的问题，经试验领导小组裁定认为不应计入的时间。

将经过鉴别区分的有用、有效数据，按选定的试验方法进行统计计算和判决、需要时，可进行估计。统计计算的参数应与合同规定对应，判决是否满足规定的指标要求。但应注意在最后判决前还应该检查分析试验条件、计算机程序，特别是对一些接近规定的要求的数据，更要认真复查分析。数据收集、分析和处理的结果和试验中发生的重大问题及改进意见，均应写入试验报告，从而使各有关单位了解试验结果，以便采取正确的决策。

6.6.5 维修性试验的评定

6.6.5.1 试验结果的评定

对所有自验证试验的可信数据，都应把它们用于计算维修性参数，如平均修复时间、工时率和预防维修时间等，用以对产品可能达到的维修性水平作出评定，并给出接受或拒绝的结论意见，详见本章 6.7 节——基于维修性验证技术。

对产品维修性参数的估计反应了试验与评定成果的一项内容，但并非全部。较为完整的试验与评定结果，或者说通过维修性演示验证试验至少应评定：

① 对所收集数据的分析（包括影响因素、可接受程度、准确程度等）。

② 对是否满足规定要求的分析结论。

③ 关于各综合保障要素（保障设备、工具、技术手册、人员、备件等）对验证的维修性参数的定量和定性影响的评定。

④ 存在的缺陷。

⑤ 关于纠正缺陷的措施和进行改进的建议。

⑥ 需补充进行的试验等。

6.6.5.2 维修性定性评定

虽然通过各种试验（特别是演示验证试验）与评定手段可以验证产品所达到的维修性水平。但要在设计过程中对维修性作出全面的评定，还必须将试验与通过其他方式进行的评定相结合。无论通过何种方式作出评定，一般都会既含有定量的评定内容（如各种维修性参数估计值），也含有定性的评定内容。定性评定是对定量评定的重要补充。缺少了定性评定，就难于对多方面因素，尤其是涉及人的因素的产品属性作出更确切的和更具指导作用的认定。

与通过试验要作出以定量为主的评定（常常也包含定性的评定）不同，定性评定主要针对提出的定性要求作出符合性认定。

核对清单是普遍应用的定性评定方法之一。该清单是由针对一系列影响产品维修性设计的因素提出的问题所构成的问题核对清单。核对清单（或称设计核对清单）应有明确的针对性。针对每项应予检查的对象产品制定的核对清单应能反映出：

① 对维修性要求的正确设计诠释。

② 满足维修性要求和其他影响维修性要求的设计考虑。

③ 涉及可达性、合理结构分解、专用工具需求及安全性等有关维修性的考虑因素。

④ 从维修性的角度应作出评定的设计要素。

表 6-16 中给出了一个维修性核对清单的简要示例。

表 6-16 维修性核对清单简要示例

1	能使用标准工具且有足够的可供操作的空间	5	在进行维修时需要锁闭防护以保证安全吗？措施是否恰当
2	能充分接近待修件和需要的把手、滑轨和吊挂之类的辅助装卸工具吗	6	在进行维修时需要将无需修理的其他产品移开吗？是否已将高故障率的产品置于更便于接近的地方
3	能看到进行连接或调节操作的区域吗？是否需要照明或涂饰亮色以改善可见性	7	设计上是否充分地考虑了对不同产品实施不同的预防性维修的要求
4	采用了何种故障检测方法？满足故障隔离时间要求吗？是否有改进的余地	8	其他的操作活动与同时进行的维修性操作间有无干扰

核对清单不应是维修性设计准则的简单重复（仅只改换为问题的形式），而应是设计准则进一步细化或具体化，以便于核查和确认。如对于可达性，在设计准则中可能仅提出"应具有最大可能的可达性"，在核对清单中则应进一步从不同方面提出若干问题（如不同姿态

的可达性，不同操作内容的可达性、维修件被遮蔽的比例等）。不过，还应注意不要力图使清单事无巨细地无所遗漏，要抓住评定的重点。图 6-25 为反映在核对清单中的评定细节示例。

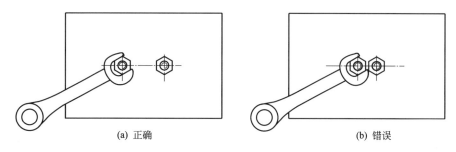

图 6-25　集成块上管接头扳手空间

(a) 正确　　　　(b) 错误

液压集成块油口间的间距应注意管接头的旋转空间。集成块油口应为内螺纹，而拧入的管接头为外六角，这样就有管接头旋转和扳手空间，应避免油口之间距离太近而产生干涉。

核对清单是用于保证细致和有序地完成维修性设计检查的有效工具，因而它应该动态地反映和评定设计工作的进展和可能的设计更改对维修性的影响。它还是可用于各阶段设计评审（审查）的重要辅助工具。虽然一般将评审视为工程管理手段，但从工程技术的角度考虑，不先对相关信息和数据作出评定，是不能进行决策的。正因为如此，有人也将评审视为进行维修性验证的一种方式。

定性试验评定可以与维修性分析工作结合起来进行。液压气动系统的可维修性受到诸多因素的影响，它取决于产品的总体结构设计、生产质量、零部件的安装和拆卸机器空间环境配置等方面。主要影响因素有以下几点：

① 液压气动产品的可达性　液压气动产品的可达性是影响液压气动系统可维修性的重要因素。可达性良好时，能使检查、维修方便，降低检修时间，提高维修的效率。可达性主要包括外部可达性和内部可达性。外部可达性决定于机器安装场所空间情况和系统各个模块的布局设计。在液压气动产品整体布局设计时，要考虑维修人员进行检查维修时的姿势以及维修人员对机器进行维修时，安装拆卸部件、元件、管路可能需要的空间。内部可达性取决于设备的内部结构。在传统液压气动产品设计理念中有许多误区，如过分强调管路布置的美观性，使管路以相近的曲率在设备的表面或空间整齐排列，这不仅增加了管路的长度以及能量损失，也导致了管路维修时检查、拆装的不便，降低了可达性。有时因过多考虑液压气动设备外观，而使整个控制模块布局不尽合理，这给液压气动系统的可达性造成了较大的影响。因此，在液压气动产品设计时，必须综合考虑各种因素，实现可达性的最优分配。

② 液压气动系统的可操作性　可达性关系到系统维修时的空间和布局，而可操作性则是与维修时具体的操作相关，直接关系到维修时是否方便、快捷。如必须考虑到人的生理特点，零部件的结构应便于人手的抓握、所需操作力应在人的体力限度内等。在设计系统的结构时应尽量采用组装式或移出式结构，在维修时不需将整个部件卸下，而只需移出来，就能进行维修作业。另外，对于操纵系统的设计，也要尽量符合人的习惯，如开关向上为开通等。

③ 液压气动系统的测试诊断性　测试是指为确定产品或系统的性能、特性、适用性或能否有效正常地工作，以及查找故障原因及部位所采取的措施及操作过程或活动。诊断是确定系统或设备故障、查明其原因的技术和进行的操作。液压气动系统的性能测试、故障诊断是否正确、快速、简便，对于系统的维修具有重大影响，尤其是随着系统的日趋复杂，它已成为维修工作的关键问题。维修性分析可以为确定维修性设计准则提供依据。只有根据产品

的维修性要求和设计约束进行了维修性分析，才能恰当地确定维修性设计准则。

6.6.6 保证试验与评定正确的要素

为了保证试验与评定结果有较高的置信度并提高其费用效益，必须严格按规定的试验程序和方法（含统计验证与参数估计方法）进行。同时要十分注意整个试验与评定工作中的若干关键问题，主要有：

① 及早确定试验方法 在有关合同文件中应明确对维修性验证的要求，包括验证的参数、指标及风险率。在液压气动产品研制的早期，就应考虑在研制过程中要进行的全部试验（包括性能试验、可靠性试验、维修性试验等），制定一个切合实际和有利的综合试验方案，并明确各种试验的试验方法。这样既能充分利用各种试验资源、缩短试验时间、提高试验效率、避免不必要的重复和浪费；又能得到符合实际的数据，消除任何方面的人为偏差。

② 充分做好试验前的准备

a. 试验环境和条件应尽可能接近实际的维修环境和条件，能代表液压气动产品在预期使用维修中的典型情况。工作环境及工具、保障设备、备件、各种设施及技术资料、人员技术水平等的品种、数量和质量都应准备好，并经检查，确认是完备的与所验证的维修级别一致后才能开始试验。

b. 各种试验设备、仪表、记录表格均应做到品种、数量、质量符合要求，避免试验中不必要的技术延误。

c. 科学安排试验日程和工作程序，防止忙乱现象，避免试验中不必要的管理延误。

d. 备选维修作业样本的数量要充足，并应具有足够的代表性。因此每一个模拟故障都要尽可能与自然故障相接近，避免维修作业样本过于简单或过于复杂。

③ 正确模拟故障，严格按规定程序进行维修作业 凡是需要模拟故障的维修作业，在模拟故障前和修复后都应检查该装备的工作是否正常。在模拟故障时，应从预选的维修作业样本中选择合适的样本（指故障模式、损伤程度都有代表性的样本）作为试验样本。故障模拟后，除了由于模拟的故障模式所产生的现象外，不应有其他的明显故障迹象，同时维修人员不能目击任何引入的人为故障，对排除故障所需的备件、工具、测试和保障设备或技术资料等都不能过早的呈现，且不能对维修人员有任何"暗示"。应严格要求维修人员按技术文件规定的程序和方法进行全部维修活动，并由专人按规定表格记录。

④ 认真收集和处理维修性数据 分析和处理试验数据，要持慎重态度。对于验证试验数据的任何疑点都应查明原因，方能决定是否采用或剔除。必要时应重复试验某些维修作业项目。当使用其他试验（如可靠性试验）的维修时间数据，作为自然故障产生的维修作业样本时，要认真审查记录该项时间的环境和条件是否符合维修性试验时的要求。明显不符合要求的维修数据不能使用，应另行试验。

经验表明，对数据分析不能持一次罢休的态度。对首次分析及所得的结果提出疑问是有益的。反问所使用数据是否正确？使用的方法有无问题？分析的结果是否可信是很重要的，因为试验过程中存在许多影响试验结果的不确定因素。对定量分析的结果进行反复推敲和思考，从定性方面分析结果的合理和不合理之处，往往会得到新的更深刻的认识，这才能得到更可信的结果。

⑤ 正确选择维修性验证方法 维修性验证是对液压气动产品能否满足规定的维修性要求进行的全面考核，针对液压气动产品的不同层次选择合适的验证方法。对于装备系统级以下层次的产品（零部件、元器件、组件和分系统）可以通过维修性试验获得维修性数据，采用基于试验的维修性验证的方法。此外，还有基于分析和基于虚拟仪器的维修性验证方法，基于分析的维修性验证主要用于系统级的验证，它需要知道系统各故障单元的故障率和排除

故障的平均时间，经过分析得到系统的平均修复性维修时间；基于虚拟仪器的维修性验证代表了一种新的技术，通过模拟装备的功能参数，用来研究关键的维修性问题，如故障诊断优化方法，测试点的选择和定位、维修作业时间的度量、排除故障训练等。

6.7　基于试验的维修性验证技术

6.7.1　维修性作业样本分配方法

维修作业样本的分配关键在于解决两个问题：一是计算维修作业相对发生频率，二是根据频率完成样本的具体分配。在国家军用标准 GJB 2072—1994《维修性试验与评定》中试验样本的分配方法有两种，一是按比例分层抽样分配法，二是按比例简单随机抽样。

（1）维修作业相对发生频率计算方法

当产品的故障、维修工作时间数据掌握的较为充分的情况下，可以运用国家军用标准 GJB 2072—1994《维修性试验与评定》提供的维修作业相对发生频率 C_{pi} 计算方法，即

$$C_{pi} = \frac{Q_i \lambda_i T_i}{\sum\limits_{j=1}^{m} Q_j \lambda_j T_j} \tag{6-67}$$

式中　Q_i——产品的数量；

　　　　λ_i——产品的故障率或预防维修频率；

　　　　T_i——工作时间系数；

　　　　m——试验验证维修级别的维修作业总数。

另外，在实际试验时，人们对计算 C_{pi} 过程中所使用的几个参数一般是采用专家估计值、预计值或试验值。当使用专家估计值时，上述的估计方法不太符合专家的估计习惯。一般而言，专家估计维修作业的相对发生频率较为准确，直接估计故障率要困难得多，而且专家估计的相对发生频率，一般都会综合考虑到工作时间的影响，所以上述方法用在有具体的预计值和试验值时比较合适，可采用专家估计维修频率的方法进行计算。

根据上述分析，专家估计法计算 C_{pi} 时，可以将产品分为几个层次，分层次估计维修作业发生的频率，具体划分为几个层次，主要考虑产品的复杂程度和专家对产品的熟悉程度，一般来说，产品越复杂划分的层次越多；专家估计发生频率时一般是自上而下逐层进行的，例如，首先估计出各系统层维修作业发生的频率，然后再逐个估计每个系统下子系统维修作业发生的频率，一直估计到指定的维修级别的维修作业的发生频率。图 6-26 给出了将产品分为系统层维修作业和基层维修作业两个层次时，对维修作业发生频率的专家估计法。

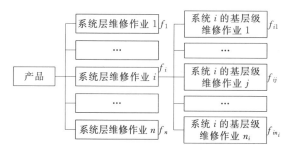

图 6-26　产品维修作业发生频率专家估计法示例

图中 f_i 为产品中系统 i 维修作业发生的频率；f_{ij} 为在第 i 个系统中第 j 个基层级维修作业发生的频率。显然，对于产品而言，其第 i 个系统中第 j 个基层级维修作业发生的频率

C_{pij} 应为

$$C_{pij} = \frac{f_i f_{ij}}{\sum\limits_{i=1}^{n} \sum\limits_{j=1}^{n_i} f_i f_{ij}} \tag{6-68}$$

运用上式，经专家评定后可以方便地计算出产品指定维修级别维修作业发生的频率。对于划分更多层次进行估计时，原理是一致的，只是计算公式会稍显复杂。

(2) 维修作业样本的抽样分配

在国家军用标准 GJB 2072—1994《维修性试验与评定》中，当利用按比例分层抽样分配法计算样本分配数目时，一般可以直接使用

$$n_i = nC_{pi} \tag{6-69}$$

式中 n_i——分配给第 i 个维修作业样本量；

n——试验的样本量。

另外，将维修作业时间接近的（相差不大于 25%）维修作业组成一组便于随机抽取维修作业样本。

按比例简单随机抽样分配法，实际上就是用 C_{pi} 计算出累积频率分布然后抽取 n 个 $[0,1]$ 之间的随机数，再将抽取的随机数与累计频率分布比较，计算出落在具体区间的次数，即得到了试验样本量分配到具体维修作业的样本数。

从上述方法的具体计算过程可以看出，方法本身不能解决维修作业很多而试验样本量比较小所造成的问题。例如，某装备系统有 200 个基层级的维修作业，其发生频率均为 1/200，若样本量为 50，显然，如果利用按比例分层抽样，不考虑维修作业时间分组的问题时，无法得到样本量在某个具体维修作业上的分配数。当考虑维修作业时间的分组问题，在 25% 的维修时间之内，可能会产生两种特殊的情况，一是由于维修时间相差太大，分组后仍无法确定出分给该组的样本数；二是维修时间相差不大，分组后同一组中分得的样本很多，将这些样本进一步明确到具体的维修作业，同样十分困难。这两个问题势必造成在样本分配的过程中，是试验的组织和实施人员无法方便地依据相关的标准操作。如果使用简单的随机分配方法，有时可能会造成试验中一定数量的自然故障没有被抽到的现象，而这样又违背了维修性试验的基本原则。

考虑到前面分析的因素，这里将标准中的分析方法做必要的改进。其主要的原理与标准中的基本相同，只是在方法的可操作性方面进行部分改进。不使用标准中 25% 的分组方法，而是首先将能够抽到样本的维修作业去掉，然后将剩余的维修作业进行分组；分组的原则是先将维修时间按照从大到小的方式排序，然后按照排序的顺序对维修作业的 C_{pi} 求和，当 C_{pi} 的和与 n 的积大于 1 时，为维修作业的一组。具体的方法是（以气动系统的维修性试验为例）：

① 按比例分层抽样分配法

a. 列出被试气动系统的物理组成单元（子系统）。

b. 将各物理单元（子系统）细分到指定维修级别的可更换单元（元件）。

c. 根据气动系统的维修手册、维护规程或维护技术说明书，列出各个可更换单元的所有维修作业。

d. 列出每项维修作业对应的故障率 λ_i。λ_i 由可靠性试验或预计数据估计。当该故障的平均故障间隔时间 T_{BFi} 已知时，可以用 $1/T_{BFi}$ 来代替 λ_i。

e. 列出每种维修作业对应的可更换单元的工作时间的加权系数 T_i，对于同一可更换单元，其加权系数是相等的。系统工作时，全程工作的可更换单元 T_i 等于其工作时间与全程工作时间之比。T_i 可由分析结果估计得出。

f. 估计每项维修作业的平均维修时间 $\overline{M}_{cti}$。$\overline{M}_{cti}$ 可根据维修性预计或经验数据估计。

g. 计算每项维修作业的故障率（$\lambda_i \times T_i$）。

h. 计算每项维修作业的故障相对发生频率 C_{pi}。

$$C_{pi} = \frac{\lambda_i T_i}{\sum\limits_{i=1}^{m} \lambda_i T_i} \tag{6-70}$$

式中　m——维修作业的数量。

i. 计算每项维修作业应分配的试验样本量 n_i。$n_i \times C_{pi}$ 为第 i 项维修作业应抽取的次数。若 $n_i \geqslant 1$，按照四舍五入的原则取整数，即是该项维修作业应抽取的次数。若 $\sum\limits_{i=1}^{m} n_i = n$，则结束抽取。

j. 当 $\sum\limits_{i=1}^{m} n_i < n$ 时，首先去掉所有 $n_i \geqslant 1$ 的维修作业后，按 $\overline{M}_{cti}$ 由大到小的顺序排列所有剩余维修作业（$\overline{M}_{cti}$ 相同时，按 C_{pi} 由大到小的顺序排列）。对维修作业进行分组，从第一项（$\overline{M}_{cti}$ 最大）开始，计算 $\sum\limits_{i=1}^{l} C_{pi}$，设 $n_i = n \times \sum\limits_{i=1}^{l} C_{pi}$，$n_i$ 为这一组内应抽取的维修作业的数量，l 为这一组内维修作业的数量，l 值由 $n \sum\limits_{i=1}^{l} C_{pi} \geqslant 1$ 并且 $n \sum\limits_{i=1}^{l-1} C_{pi} < 1$ 确定。当 $n_i \geqslant 1$ 时，按照四舍五入的原则取整数，此时 $n_i = 1$ 或 2，在组内进行抽取时可按 C_{pi} 最大的原则进行抽取，即按照四舍五入的原则规整，若 $n_i = 1$，则抽取 C_{pi} 最大的那个维修作业为试验样本，若 $n_i = 2$，则抽取 C_{pi} 最大和第二大的两个作业为试验样本。若在组内 C_{pi} 相同，则可随机抽取。

k. 重复步骤 j，直至全部维修作业都进行分组，结束分组。在最后一组，若 $n_i < 1$，则可按四舍五入的原则进行规整。

l. 试验分配样本量规整。在上述 i～k 步骤计算试验样本量的过程中，均采取四舍五入的原则进行规整，如果最后抽取的样本量少于试验要求的样本量，则将所有剩余的维修作业按 C_{pi} 从大到小的顺序重新进行排序，从 C_{pi} 最大的维修作业开始逐个抽取，直至抽取的样本量满足试验要求为止，则样本分配完毕；如果最后抽取的样本量多于试验要求的样本量，则将所有抽到的维修作业按 C_{pi} 从大到小的顺序重新进行排序，去掉 C_{pi} 最小的一个或几个样本，使抽到的样本量与试验要求的样本量相等即可。

② 专家估计维修频率的分配方法

a. 第 a、b 步骤同上述"①按比例分层抽样分配法"。

b. 由于估计每项维修作业对应的故障率 λ_i 比较困难，因此可按系统功能层次估计各子系统、组成单元的维修作业发生频率。

c. 计算每项维修作业的相对发生频率 $C_{pi} = \dfrac{f_s f_i}{\sum\limits_{i=1}^{m} f_s f_i}$，其中 f_s 为子系统作业发生频率，f_i 为可更换单元维修作业发生频率。其他步骤同"①按比例分层抽样分配法"。

③ 按比例的简单随机抽样分配法

a. 第 a～h 步骤同"①按比例分层抽样分配法"。

b. 计算每项维修作业的故障发生频率的累积范围。

c. 利用计算机抽取 n 个 $[0，1]$ 之间的随机数，将改组随机数与故障发生频率的累积范围进行比较，从而确定出样本分配到具体维修作业的数量。

一般来说，当可靠性试验数据比较充分或者有比较完整的可靠性设计分析数据时，维修频率的计算方法可以选用国家军用标准 GJB 2072—1994《维修性试验与评定》中提供的方法；样本量的分配方法，如果全部采用的是模拟故障，可以采用随机抽样的方法进行样本分配；对于具有自然故障的情况，建议使用改进方法较为方便。这两种方法共同的特点是简单、便于操作。

6.7.2 维修性指标的验证方法

由于大多数装备的维修性定量要求都是以维修时间的平均值、最大修复时间和工时率提出的，因此这里只介绍这三类指标的验证方法。当选用表 6-12 中的其他方法时，可参阅选用国家军用标准 GJB 2072—1994《维修性试验与评定》。统计计算中所用有关符号说明如下：

Z_p——对应下侧概率百分位 p 的正态分布分位数，如表 6-17 所示；

α——承制方风险，即受试品维修性指标的期望值小于（优于）或等于可接受值而被拒绝的概率。

表 6-17　标准正态分布分位数表

p	0.01	0.05	0.10	0.15	0.20	0.30	0.40	0.50	0.60	0.70	0.80	0.85	0.90	0.95	0.99
Z_p	-2.33	-1.65	-1.28	-1.04	-0.84	-0.52	-0.25	0	0.25	0.52	0.84	0.104	1.28	1.65	2.33

6.7.2.1　维修时间平均值和最大修复时间的检验

这是表 6-12 中试验方法 9。本试验方法可以验证的维修性参数有平均修复时间 $\overline{M}_{ct}$、恢复功能的任务时间 M_{mct}、平均预防维修时间 $\overline{M}_{pt}$、平均维修时间 $\overline{M}$ 和最大修复时间 $M_{\max ct}$。

本试验方法是以大样本（$n \geqslant 30$）为基础，应用中心极限定理的统计方法。因而在检验平均值时可以在维修时间分布和维修时间方差 d^2 都未知的情况下使用。仅在验证最大修复时间时才要求假设修复时间服从对数正态分布。这种假设对绝大多数较复杂的机械装备都是适用的。在保证订购方风险 β 的条件下，用户的利益得到保证，故广泛地用于各类装备的维修性验证。

（1）使用条件

① 检验修复时间、预防性维修时间、维修时间平均值时，其时间分布和方差都未知；检验最大修复时间时，应假设维修时间服从对数正态分布，其方差未知。

② 样本量最小为 30，实际样本量应根据受试品的种类不同或经订购部门同意后确定。验证预防性维修参数及指标时，需另加 30 个预防性维修作业样本。

③ 维修时间定量指标的不可接受值 $\overline{M}_{ct}$ 或 M_{mct}、$\overline{M}_{pt}$、$\overline{M}$、$\overline{M}_{\max ct}$ 应按合同规定，对 $\overline{M}_{\max ct}$ 则应明确规定其百分位 p。

④ 只控制订购方的风险 β，其值由合同规定。

（2）维修作业选择与统计计算

维修作业样本应根据前述维修作业样本的程序选择，试验并记录每一维修作业的持续时间，计算下列统计量。

修复时间样本均值 $\overline{X}_{ct}$ 为

$$\overline{X}_{ct} = \frac{1}{n_c} \sum_{i=1}^{n_c} X_{cti} \tag{6-71}$$

式中　n_c——修复性维修的样本量，即修复性维修作业次数；

X_{cti}——第 i 次修复性维修时间。

修复时间样本方差 $\hat{d}_{\mathrm{ct}}^2$ 为

$$\hat{d}_{\mathrm{ct}}^2 = \frac{1}{n_{\mathrm{c}}-1}\sum_{i=1}^{n_{\mathrm{c}}}(X_{\mathrm{ct}i}-\overline{X}_{\mathrm{ct}})^2 \qquad (6\text{-}72)$$

预防性维修时间样本均值 $\overline{X}_{\mathrm{pt}}$ 为

$$\overline{X}_{\mathrm{pt}} = \frac{1}{n_{\mathrm{p}}}\sum_{i=1}^{n_{\mathrm{p}}}X_{\mathrm{pt}i} \qquad (6\text{-}73)$$

式中 n_{p}——预防性维修的样本量，即修复性维修作业次数；

$X_{\mathrm{pt}i}$——第 i 次预防性维修时间。

预防性维修时间样本方差 $\hat{d}_{\mathrm{pt}}^2$ 为

$$\hat{d}_{\mathrm{pt}}^2 = \frac{1}{n_{\mathrm{p}}-1}\sum_{i=1}^{n_{\mathrm{p}}}(X_{\mathrm{pt}i}-\overline{X}_{\mathrm{pt}})^2 \qquad (6\text{-}74)$$

维修时间样本均值 $\overline{X}$ 为

$$\overline{X} = \frac{f_{\mathrm{c}}\overline{X}_{\mathrm{ct}}+f_{\mathrm{p}}\overline{X}_{\mathrm{pt}}}{f_{\mathrm{c}}+f_{\mathrm{p}}} \qquad (6\text{-}75)$$

式中 f_{c}——在规定的期间内发生的修复性维修作业预期数；

f_{p}——在规定的期间内发生的修复性维修作业预期数。

维修时间样本方差 $\hat{d}^2$ 为

$$\hat{d}^2 = \frac{n_{\mathrm{p}}(f_{\mathrm{c}}\hat{d}_{\mathrm{ct}})^2+n_{\mathrm{c}}(f_{\mathrm{p}}\hat{d}_{\mathrm{pt}}^2)^2}{n_{\mathrm{p}}n_{\mathrm{c}}(f_{\mathrm{p}}+f_{\mathrm{c}})^2} \qquad (6\text{-}76)$$

最大修复时间样本值 $X_{\mathrm{max\,ct}}$ 为

$$X_{\mathrm{max\,ct}} = \exp\left\{\frac{1}{n_{\mathrm{c}}}\sum_{i=1}^{n_{\mathrm{c}}}\ln X_{\mathrm{ct}i}+\psi\sqrt{\frac{1}{n_{\mathrm{c}}-1}\left[\sum_{i=1}^{n_{\mathrm{c}}}(\ln X_{\mathrm{ct}i})^2-\frac{1}{n_{\mathrm{c}}}\left(\sum_{i=1}^{n_{\mathrm{c}}}\ln X_{\mathrm{ct}i}\right)^2\right]}\right\} \qquad (6\text{-}77)$$

式中，$\psi = Z_p-Z_\beta\sqrt{1/n_{\mathrm{c}}+Z_p^2/2(n-1)}$，$Z_p$ 对应下侧概率百分位 p 的正态分布分位数；当 n_{c} 很大时，$\psi\approx Z_p$。

(3) 判决规则

对修复时间的平均值，如果

$$\overline{X}_{\mathrm{ct}}\leqslant\overline{M}_{\mathrm{ct}}-Z_{1-\beta}\frac{\hat{d}_{\mathrm{ct}}}{\sqrt{n_{\mathrm{c}}}}\text{或}\ \overline{X}_{\mathrm{ct}}\leqslant M_{\mathrm{mct}}-Z_{1-\beta}\frac{\hat{d}_{\mathrm{ct}}}{\sqrt{n_{\mathrm{c}}}} \qquad (6\text{-}78)$$

则平均修复时间 $\overline{M}_{\mathrm{ct}}$ 或恢复功能用的任务时间 M_{mct} 符合要求，应接受，否则拒绝。

对平均预防性维修时间，如果

$$\overline{X}_{\mathrm{pt}}\leqslant\overline{M}_{\mathrm{pt}}-Z_{1-\beta}\frac{\hat{d}_{\mathrm{pt}}}{\sqrt{n_{\mathrm{p}}}} \qquad (6\text{-}79)$$

则平均维修时间符合要求，应接受，否则拒绝。

对平均维修时间，如果

$$\overline{X}\leqslant\overline{M}-Z_{1-\beta}\sqrt{\frac{n_{\mathrm{p}}(f_{\mathrm{c}}\hat{d}_{\mathrm{ct}})^2+n_{\mathrm{c}}(f_{\mathrm{p}}\hat{d}_{\mathrm{pt}})^2}{n_{\mathrm{p}}n_{\mathrm{c}}(f_{\mathrm{p}}+f_{\mathrm{c}})^2}} \qquad (6\text{-}80)$$

则平均维修时间符合要求而接受，否则拒绝。

对最大修复时间，如果

$$X_{\max ct} \leqslant M_{\max ct} \tag{6-81}$$

则最大修复时间符合要求而接受，否则拒绝。

例 6-1 某产品要求基层级平均修复时间 $\overline{M}_{ct} \leqslant 60\min$，订购方风险 $\beta = 0.10$，请制定维修性验证试验方案，判定该产品维修性是否符合要求。

根据本法检验平均值要求样本量 n_c 为 30。按本章验证试验实施的一般程序，分配维修作业和进行模拟故障维修试验。记录每次维修作业时间 X_{cti}，如表 6-18 所示。

表 6-18　每次维修作业时间 X_{cti}

序号	1	2	3	4	5	6	7	8	9	10	11	12	13	14	15
X_{cti}/min	30	15	10	20	25	32	8	18	42	50	48	65	80	100	30
序号	16	17	18	19	20	21	22	23	24	25	26	27	28	29	30
X_{cti}/min	28	10	120	10	75	15	80	30	40	35	65	70	40	10	60

① 计算 $\overline{X}_{ct}$、$\hat{d}_{ct}$

$$\overline{X}_{ct} = \frac{1}{n_c} \sum_{i=1}^{n_c} X_{cti} = \frac{1261}{30} = 42$$

$$\hat{d}_{ct} = \sqrt{\frac{1}{n_c - 1} \sum_{i=1}^{n_c} (X_{cti} - \overline{X}_{ct})^2} = 29.09$$

② 判决

订购方风险 $\beta = 0.10$，$Z_{1-\beta} = Z_{0.90} = 1.28$

计算 $\overline{M}_{ct} - Z_{1-\beta} \dfrac{\hat{d}_{ct}}{\sqrt{n_c}} = 60 - 1.28 \dfrac{29.09}{\sqrt{30}} = 53.20$

按 $\overline{X}_{ct} \leqslant \overline{M}_{ct} - Z_{1-\beta} \dfrac{\hat{d}_{ct}}{\sqrt{n_c}}$ 检验 $42 < 53.20$

上式成立，即可认为该产品平均修复时间符合要求。

例 6-2 某产品要求基层级第 95 百分位的最大修复时间 $M_{\max ct}$ 不大于 120min。根据经验，维修时间服从对数正态分布，订购风险 $\beta = 0.05$。请制定维修验证试验方案，判定该产品维修性是否符合要求。

根据本法要求，维修时间样本量 n_c 为 30，按本章验证试验的一般程序，分配维修作业样本和进行模拟故障维修试验。记录每次维修作业的时间 X_{cti}，设与例 6-1 时间相同。

① 计算

因 $p = 0.95$，$\beta = 0.05$，则 $Z_p = Z_{0.95} = 1.65$，$Z_\beta = Z_{0.05} = -1.65$

$$\frac{1}{n_c} \sum_{i=1}^{n_c} \ln X_{cti} = 3.4810$$

$$\begin{aligned}
\psi &= Z_p - Z_\beta \sqrt{\frac{1}{n_c} + \frac{Z_p^2}{2(n_c - 1)}} \\
&= 1.65 + 1.65 \sqrt{\frac{1}{30} + \frac{1.65^2}{2 \times 29}} \\
&= 1.65 + 0.467 \\
&= 2.117
\end{aligned}$$

$$\sqrt{\frac{1}{n_c-1}\Big[\sum_{i=1}^{n_c}(\ln X_{cti})^2-\frac{1}{n_c}\Big(\sum_{i=1}^{n_c}\ln \overline{X}_{cti}\Big)^2\Big]}=0.76845$$

$$X_{\max ct}=\exp[3.4810+2.117\times0.76845]=165.3$$

② 判决

按 $X_{\max ct}\leqslant M_{\max ct}$

检验 165.3＞120

判决式不成立，即认为该产品最大维修时间不符合要求，维修性试验验证不合格。

6.7.2.2 维修工时率的检验

这是表 6-12 中的试验方法 7。本试验方法主要适用于地面电子系统维修工是（含保养工时）率 M_I 的验证。对液压气动设备维修工时率验证在满足本法使用时应将工作时间换算为相应的寿命单位（如转数、次数等）。这里维修工时率的含义就不再是单位时间的维修工时（工时/h），而是相应寿命单位的维修工时。

(1) 使用条件

① 受试品预计的总故障率 λ_T 为已知，且为常数。

② 修理作业样本量最少为 30，条件方便时可大一些，且由订购方和承制方商定。

③ 规定承制方风险 α。

④ 规定了维修工时率的可接受值 μ_R。

(2) 验证维修工时率 M_I 的计算

$$M_I=\frac{1}{T}\Big(\sum_{i=1}^{n_c}X_{cti}+P_s\Big) \tag{6-82}$$

式中　P_s——在总工作时间等 T 小时内所估计的维修维护（保养）工作的总工时；

　　　T——总工作时间，$T=nT_{BF}=n/\lambda_T$；

　　T_{BF}——系统的平均故障间隔时间，对于指数分布，$T_{BF}=1/\lambda_T$。

将 $T=n_cT_{BF}$ 代入式（6-82）可得

$$M_I=\frac{1}{n_c T_{BF}}\Big(\sum_{i=1}^{n_c}X_{cti}+P_s\Big)=\lambda_T\Big(\overline{X}_{ct}+\frac{P_s}{n_c}\Big) \tag{6-83}$$

上式中除 $\overline{X}_{ct}$ 外，其他所有成分均可认为是常量。

(3) 判决规则

根据验证要求，若工时率 M_I 的可接受值为 μ_R 时，则维修工时率应满足

$$M_I=\lambda_T\Big(\overline{X}_{ct}+\frac{P_s}{n_c}\Big)\leqslant\mu_R \tag{6-84}$$

由于维护工时一般的变动不大，故主要验证 $\overline{X}_{ct}$，则上式可写为

$$\overline{X}_{ct}\leqslant\mu_R T_{BF}-\frac{P_s}{n_c} \tag{6-85}$$

在 n_c 较大（$n_c\geqslant30$）时，由中心极限定理可知，$\overline{X}_{ct}$ 可认为具有方差为 d^2/n_c 的正态分布随机变量，故在规定承制方风险为 α 时，$\overline{X}_{ct}-Z_{1-\alpha}d/\sqrt{n_c}$ 也应小于等于维修工时率的可接受值 μ_R，即判决式变为

$$\overline{X}_{ct}-Z_{1-\alpha}\frac{d}{\sqrt{n_c}}\leqslant\mu_R T_{BF}-\frac{P_s}{n_c}\text{或}\overline{X}_{ct}\leqslant\mu_R T_{BF}-\frac{P_s}{n_c}+Z_{1-\alpha}\frac{d}{\sqrt{n_c}} \tag{6-86}$$

式中　d——维修工时标准差。

当方差未知时，d 用其样本估计量 $\hat{d}=\sqrt{\frac{1}{n_c-1}\sum_{i=1}^{n_c}(X_{cti}-\overline{X}_{ct})^2}$ 代替。当满足式（6-86）

时，则认为维修工时率符合要求。

例 6-3 某型雷达要求基层级维修工时率低于 $\mu_R=0.009$ 工时/h，承制方风险 $\alpha=0.01$。该产品平均故障间隔时间 $T_{BF}=100h$。试验证维修工时率 M_I 是否符合要求。

① 确定总的试验工作时间 T 及维护工时。

订购方确定维修作业样本量 $n_c=30$。

总的工作时间 $T=n_c T_{BF}=30\times100h=3000h$

总工作时间内的维护总工时，根据该产品预防性维修大纲规定的维护间隔及维护项目专家估计 P_s 为 18 工时。

② 按试验验证实施的一般程序，对 30 个维修作业样本进行分配和模拟故障维修试验。记录每次维修作业的维修工时。每次维修工时 X_{cti} 等于参加维修工作的每个人维修工作时间之和，如表 6-19 所示。

表 6-19　每次维修工时 X_{cti} 表

序　号	1	2	3	4	5	6	7	8	9	10	11	12	13	14	15
X_{cti}/单位人·min	8	10	8	7	12	10	15	10	14	12	16	20	15	10	15
序　号	16	17	18	19	20	21	22	23	24	25	26	27	28	29	30
X_{cti}/单位人·min	20	18	13	12	14	10	8	10	15	16	20	14	12	13	10

③ 计算，注意记录的工作时间单位换算为小时（h）。

$$\overline{X}_{ct}=\frac{1}{30}\times\frac{1}{60}\sum_{i=1}^{30}X_{cti}=\frac{387}{30\times60}=0.215 \text{ 工时}$$

$$\hat{d}=\sqrt{\frac{1}{30-1}\sum_{i=1}^{30}(X_{cti}-\overline{X}_{ct})^2}=0.06086 \text{ 工时}$$

④ 判决，按式（6-86）进行。

因 $\alpha=0.01$，$Z_{1-\alpha}=Z_{0.9}=1.28$

$\mu_R T_{BF}-P_s/n_c+Z_{1-\alpha}d/\sqrt{n_c}=0.009\times100-18/30+1.28\times0.06086/\sqrt{30}=0.3142$ 工时

检验 $\overline{X}_{ct}=0.215<0.3142$

判决式成立，即认为该产品维修工时率符合要求。

6.7.2.3　预防性维修时间的专门试验

这是表 6-12 中的试验方法 11。本试验方法是用于检验平均预防性维修时间 $\overline{M}_{pt}$ 和最大预防性维修时间 $M_{\max pt}$ 以及要求完成全部预防性维修任务的一种特定方法。本法的使用条件是不考虑对维修时间分布的假设，只要规定了平均预防性维修时间的可接受值 $\overline{M}_{pt}$ 值或最大预防性维修时间的百分位和可接受值 $M_{\max pt}$，即可进行检验。因而应用范围广，只要能统计全部预防性维修任务的都可使用。

（1）维修作业的选择与统计计算

样本量：应包括规定的期限内的全部预防性维修作业。这个规定期限应专门定义，比如是一年或一个使用循环或一个大修间隔期，由具体的工况以及维修费用等因素确定。在规定的期限内的全部预防性维修作业，例如应包括其间的每次日维护、周维护、年预防性维修或其他类预防维修作业时间 X_{ptj} 以及每种维修作业频数 f_{pj}。

① 计算平均预防性维修时间的样本均值 $\overline{X}_{pt}$　样本均值 $\overline{X}_{pt}$ 计算式为

$$\overline{X}_{pt}=\frac{\sum_{j=1}^{n_p}f_{pj}X_{ptj}}{\sum_{j=1}^{m}f_{pj}} \tag{6-87}$$

式中　m——全部预防性维修的种类数。

② 确定在规定百分位上的最大预防性维修时间 $M_{\max pt}$　将已进行的 n_p 个预防性维修作业时间 X_{ptj} 按最短到最长的量值顺序排列。统计在规定百分位上的 $M_{\max pt}$。例如，规定百分位为 90%，当 n 等于 35 时，应选取排列在第 32 位（90%×35＝31.5≈32）上的维修时间作为 $M_{\max pt}$。

（2）判决规则

对 $\overline{M}_{pt}$，若

$$\overline{X}_{pt} \leqslant \overline{M}_{pt} \tag{6-88}$$

则符合要求而接受，否则拒绝。

对 $M_{\max pt}$，若

$$X_{\max pt} \leqslant M_{\max pt} \tag{6-89}$$

则符合要求而接受，否则拒绝。

例 6-4　某产品要求基层级平均预防性维修时间可接受值 $\overline{M}_{pt}$ 为 20min，判断试验验证维修性是否符合要求。

该产品在一年内，每天进行日擦拭；每周进行周维护检查；每月进行月维护检查；一年要进行检修换油。现测得各项预防性维修时间及频数如下：

① 日擦拭 10min，每年进行 300 次。

② 周维护检查 20min，每年进行 50 次。

③ 月维护检查 30min，每年进行 10 次。

④ 年检修换油 240min，每年进行 1 次。

计算在一年内完成全部预防性维修作业平均作业时间 $\overline{X}_{pt}$。

已知：$X_{pt1}=10$，$f_{p1}=300$；$X_{pt2}=20$，$f_{p2}=50$；$X_{pt3}=30$，$f_{p3}=10$；$X_{pt4}=240$，$f_{p4}=1$；$m=4$

计算

$$X_{ptj} = \frac{\sum\limits_{j=1}^{n} f_{pj} X_{ptj}}{\sum\limits_{j=1}^{m} f_{pj}} = \frac{\sum\limits_{j=1}^{4} f_{pj} X_{ptj}}{\sum\limits_{j=1}^{4} f_{pj}} = \frac{300 \times 10 + 50 \times 20 + 10 \times 30 + 1 \times 240}{300 + 50 + 10 + 1} = 12.58 (\text{min})$$

检验 $\overline{X}_{pt} = 12.58 < \overline{M}_{pt} = 20\text{min}$

判决式成立，则该产品平均预防性维修时间符合要求。

6.7.3　维修性参数值的估计

维修性参数及指标的验证一般只能确定产品的维修性是否满足要求。而未明确给出维修性参数的估计值。在某些场合，需要了解产品达到的维修性水平时，需要给出维修性参数的估计值。最常用的参数估计是对维修时间平均值及规定百分位最大维修时间的估计。

为保证估计有足够的精度，一般维修作业样本量不应少于 30。常以维修性验证试验的数据进行估计。在维修性核查时，也可用少量的维修作业样本进行估计，但置信度较低。必要时，也可进行专门的维修性试验，测定估计维修性参数值。

6.7.3.1　维修时间平均值 μ 和方差 d^2 的点估计

（1）μ 和 d^2 的点估计

不论维修时间服从对数正态分布或分布未知，点估计均用以下公式。

平均值 μ 点估计为

$$\hat{\mu} = \frac{1}{n}\sum_{i=1}^{n}X_i \tag{6-90}$$

式中　n——样本量；

　　X_i——第 i 次维修作业的维修时间。

方差 d^2 的点估计值为

$$\hat{d}^2 = \frac{1}{n-1}\sum_{i=1}^{n}(X_i-\overline{X})^2 \tag{6-91}$$

式中　$\overline{X}$——维修时间的平均值，$\overline{X}=\hat{\mu}$。

（2）μ 的区间估计

设置信度为 $1-\alpha$ 时，平均值 μ 的区间估计如下。

当维修时间的分布形式未知时。

① 单侧置信上限

平均值 μ 上限

$$\mu_{U}=\overline{X}+Z_{1-\alpha}\frac{\hat{d}}{\sqrt{n}} \tag{6-92}$$

置信区间：$[0,\mu_{U}]$，即以 $1-\alpha$ 的置信度认为平均值不超过 μ_{U}。

② 双侧置信上、下限

平均值 μ 下限

$$\mu_{L}=\overline{X}+Z_{\alpha/2}\frac{\hat{d}}{\sqrt{n}} \tag{6-93}$$

平均值 μ 上限

$$\mu_{U}=\overline{X}+Z_{1-\alpha/2}\frac{\hat{d}}{\sqrt{n}} \tag{6-94}$$

置信区间：$[\mu_{L},\mu_{U}]$，即以 $1-\alpha$ 的置信度认为平均值在 μ_{L} 到 μ_{U} 之间。

例 6-5　对例 6-1 中的数据进行平均值 μ 和方差 d^2 的点估计及 μ 的区间估计。

① 平均修复时间方差的点估计

$$\hat{\mu}=\frac{1}{n}\sum_{i=1}^{n}X_i=\frac{1}{30}\sum_{i=1}^{30}X_i=\frac{1261}{30}=42$$

$$\hat{d}^2=\frac{1}{n-1}\sum_{i=1}^{n}(X_i-\overline{X})^2=\frac{1}{30-1}\sum_{i=1}^{30}(X_i-\overline{X})^2=846.2$$

该产品基层级平均修复时间点估计值为 42min，方差为 846.2。

② 平均修复时间的区间估计

取置信度 $1-\alpha=0.90$，$\alpha=0.1$ 则平均修复时间单侧区间估计：

置信上限

将 $\overline{X}=\mu=42$，$Z_{1-\alpha}=Z_{0.9}=1.28$，$\hat{d}=\sqrt{\hat{d}^2}=\sqrt{846.2}=29.09$ 代入式（6-92）得

$$\mu_{U}=\overline{X}+Z_{1-\alpha}\frac{\hat{d}}{\sqrt{n}}=42+1.28\frac{29.09}{\sqrt{30}}=42+6.8=48.8$$

该产品基层维修平均修复时间在置信度为 0.9 时，单侧区间估计值为 $[0,48.8]$，或其估计值不大于 48.8min。

双侧区间估计：

平均修复时间置信下限

将 $\overline{X}=\mu=42$，$Z_{\alpha/2}=Z_{0.05}=-1.65$，$\hat{d}=\sqrt{\hat{d}^2}=\sqrt{846.2}=29.09$ 代入式（6-93）得

$$\mu_{\mathrm{L}}=\overline{X}+Z_{\alpha/2}\frac{\hat{d}}{\sqrt{n}}=42-1.65\frac{29.09}{\sqrt{30}}=42-8.76=33.24\mathrm{min}$$

平均修复时间置信上限

将 $\overline{X}=\mu=42$，$Z_{1-\alpha/2}=Z_{0.95}=1.65$，$\hat{d}=\sqrt{\hat{d}^2}=\sqrt{846.2}=29.09$ 代入式（6-94）得

$$\mu_{\mathrm{U}}=\overline{X}+Z_{1-\alpha/2}\frac{\hat{d}}{\sqrt{n}}=42+1.65\frac{29.09}{\sqrt{30}}42+8.76=50.76\mathrm{min}$$

该产品基层级维修平均修复时间在置信度为 0.9 时双侧区间估计值为 $[33.24,50.76]$。

6.7.3.2 规定百分位的最大维修时间的估计

要估计最大维修时间，必须先知道维修时间的分布形式。维修时间最常见的分布形式是对数正态分布。这里仅介绍维修时间服从对数正态分布，维修时间的对数均值和对数方差在试验前都是未知时，最大维修时间点估计和区间估计。

设：X 为每次维修作业的时间（随机时间），X_i 为第 i 次维修作业的时间，n 为样本量。

Y 为 X 的自然对数，$\qquad Y=\ln X$，$Y_i=\ln X_i$

$\overline{Y}$ 为 Y 的样本均值，$\qquad \overline{Y}=\dfrac{1}{n}\sum_{i=1}^{n}Y_i$

S^2 为 Y 的样本方差，$\qquad S^2=\dfrac{1}{n-1}\sum_{i=1}^{n}(Y_i-\overline{Y})^2$

S 为 Y 的标准差，$\qquad S=\sqrt{\dfrac{1}{n-1}\sum_{i=1}^{n}(Y_i-\overline{Y})^2}$

X_p 为 X 的 $100p$ 百分位置，如当 $p=0.95$ 时，$X_p=X_{0.95}$ 表示第 95 百分位的最大维修时间。

(1) 规定百分位的最大维修时间 X_p 点估计

设 X_p 的点估计值为 $\hat{X}_p$，则

$$\hat{X}_p=\exp(\overline{Y}+Z_pS) \tag{6-95}$$

(2) X_p 的区间估计

设置信度为 $1-\alpha$ 时，规定百分位的最大维修时间 X_p 的两种区间估计。

① 单侧置信上限

最大维修时间上限

$$X_{\mathrm{pU}}=\exp\left[\overline{Y}+\left(Z_p+Z_{1-\alpha}\sqrt{\frac{1}{n}+\frac{Z_p^2}{2(n-1)}}\right)S\right] \tag{6-96}$$

置信区间为 $[0,X_{\mathrm{pU}}]$，即以置信度 $1-\alpha$ 认为最大维修时间不超过 X_{pU}。

② 双侧置信上、下限

最大维修时间下限

$$X_{\mathrm{pL}}=\exp\left[\overline{Y}+\left(Z_p+Z_{\alpha/2}\sqrt{\frac{1}{n}+\frac{Z_p^2}{2(n-1)}}\right)S\right] \tag{6-97}$$

最大维修时间上限

$$X_{pU} = \exp\left[\bar{Y} + \left(Z_p + Z_{1-\alpha/2}\sqrt{\frac{1}{n} + \frac{Z_p^2}{2(n-1)}}\right)S\right] \tag{6-98}$$

置信区间为 $[X_{pL}, X_{pU}]$，即以置信度 $1-\alpha$ 认为最大维修时间在 X_{pL} 到 X_{pU} 之间。

例 6-6 对例 6-1 中的数据做最大修复时间的点估计和双侧区间估计。

已知：该产品规定百分位 95，即 $p=0.95$，$Z_p = Z_{0.95} = 1.65$。样本量 $n=30$，设置信度 $1-\alpha=0.90$，$\alpha=0.10$，$Z_{\alpha/2} = Z_{0.05} = -1.65$，$Z_{\alpha/2} = Z_{0.95} = 1.65$，维修时间数据如表 6-20 所示。

表 6-20　维修时间数据表

X_i	30	15	10	20	25	32	8	18	42	50	48	65	80	100	30
$Y_i = \ln X_i$	3.401	2.708	2.303	2.996	3.219	3.466	2.079	2.890	3.738	3.912	3.871	4.174	4.382	4.605	3.401
X_i	28	10	120	10	75	15	80	30	40	35	65	70	40	10	60
$Y_i = \ln X_i$	3.332	2.303	4.787	2.303	4.317	2.708	4.382	3.401	3.689	3.555	4.174	4.248	3.689	2.303	4.094

样本均值与标准差

$$\bar{Y} = \frac{1}{n}\sum_{i=1}^{n} Y_i = \frac{1}{30}\sum_{i=1}^{30} Y_i = 3.481$$

$$S = \sqrt{\frac{1}{n-1}\sum_{i=1}^{n}(Y_i - \bar{Y})^2} = 0.7684$$

点估计

$$\hat{X}_p = \exp(\bar{Y} + Z_p S) = \exp(3.481 + 1.65 \times 0.7684) = 115.5(\text{min})$$

即该产品第 95 百分位的最大修复时间 $M_{\max ct}$ 的点估计值为 115.5min。

双侧区间估计

下限

$$X_{pL} = \exp\left[\bar{Y} + \left(Z_p + Z_{\alpha/2}\sqrt{\frac{1}{n} + \frac{Z_p^2}{2(n-1)}}\right)S\right]$$

$$= \exp\left[3.481 + \left(1.65 - 1.65\sqrt{\frac{1}{30} + \frac{1.65^2}{2(30-1)}}\right) \times 0.7684\right]$$

$$= 80.64(\text{min})$$

上限

$$X_{pU} = \exp\left[\bar{Y} + \left(Z_p + Z_{1-\alpha/2}\sqrt{\frac{1}{n} + \frac{Z_p^2}{2(n-1)}}\right)S\right]$$

$$= \exp\left[3.481 + \left(1.65 + 1.65\sqrt{\frac{1}{30} + \frac{1.65^2}{2(30-1)}}\right) \times 0.7684\right]$$

$$= 165.3(\text{min})$$

即该产品第 95 百分位的最大修复时间 $M_{\max ct}$ 有 90% 的把握认为在 80.64～165.3min 之间。

6.7.4　维修性验证工程实例

火箭炮是一种发射火箭弹的多发联装发射装置，它发射的火箭弹依靠自身发动机的推力飞行。火箭炮发射速度快、火力猛烈、突袭性好、机动能力强、配备弹种多，能够执行杀伤、爆破、布雷、排雷、防空等作战任务，可在极短的时间里发射大量火箭弹，向远距离的大面积目标实施突然袭击，其价格低廉、使用方便、便于维护。随着火箭炮自动化程度的提高，其组成越来越复杂，同时对火箭炮的维修性要求也越来越高。改善火箭炮的维修性，对提高部队的战斗力，节省火箭炮寿命周期费用有着及其重要的意义。下面介绍中国兵器工业第 203 研究所朱宏等给出的维修性验证试验与评定方法在火箭炮上的应用与分析。

根据装备维修及维修保障条件等方面的特点，将火箭炮划分为火炮系统、火控系统和随动系统三个部分：①火炮系统是指火箭炮中负责完成发射火箭弹的功能结构部分。这部分通常完成弹丸装填、关门闭锁、击发底火、赋予了弹丸初速和射角等动作与功能。它能完成火箭炮自动的定位、定向、测地、固定或转移阵地中自动瞄准与跟踪、自动控制射击等功能。通常由自动与半自动操瞄装置、定位定向与导航系统、火控计算机、随动系统，姿态角传感器、炮长操纵面板等组成。②火控系统是火箭炮系统的"大脑"，它接受探测系统传来的目标信息，通过计算分析确定目标的未来位置（或射击区域）及对目标射击的弹种、射击时刻、射击弹药量、并将这些信息和命令分别传递给自动装填机构、随动系统、点火机构及发射平台，以使这些分系统正常工作。③随动系统接受火控系统传递的命令，驱动高低回转机构不断调整火箭炮的射向，使火箭炮在射击时能随时瞄准目标的射击区域或目标的提前点，对目标实施连续、准确的瞄准。为了提高火炮自动操瞄随动系统的控制精度，提高抗干扰能力，采用液压驱动的火炮随动系统，液压随动系统具有平稳性好、噪声低、体积紧凑、功率强等特点。根据国家军用标准GJB 2072—1994《维修性试验与评定》对火箭炮进行维修性评定。

6. 7. 4. 1　维修性试验方案

① 试验方法选取　国家军用标准 GJB 2072—1994《维修性试验与评定》中提供了 11 种试验方法，维修性试验方法汇总如表 6-12 所示。对于修复时间平均值的试验检验方法有 4 种（即编号为 1-A、1-B、8、9），而同时又要求分布未知的方法仅剩 1 种，即编号为 9。火箭炮属于可修复性产品，待检验的参数为维修时间平均值，由于分布未知，因此，编号为 9 的方法较合适。

② 维修作业确认　维修作业一般包括故障诊断（含自检）、故障定位、拆装组件、更换备件、检查测试和故障验证等内容。电子产品维修作业为：通电、自检、定位、拆卸、更换、安装、检测、验证；非电子产品维修作业为：诊断、定位、拆卸、更换、安装、检测、验证。

③ 模拟故障确认　结合装备研制过程中出现的自然故障，按照常见的主要故障模式、类型等，考虑装备维修条件，进行故障划分，确定属于基层级维修范畴的故障，最终选定基层级模拟故障（略）。

④ 验证试验样本量确定。按规定验证试验样本量 n 不小于 30，从预选验证试验样本量中随机抽样确定，预选验证试验样本量为验证试验样本量的 4 倍，故火箭炮预选验证试验样本量确定为 120 个（火炮系统 48 个、随动系统 28 个、火控系统 44 个）。采用按比例分层抽样分配法。火箭炮验证试验样本量分配如表 6-21 所示。

表 6-21　火箭炮验证试验样本量分配

① 组成单元	② 维修产品作业	③ 估计维修时间/h	④ 产品数量	⑤ 故障率/(10⁻⁶h⁻¹)	⑥ 工作时间系数	⑦ 各组的故障率/(10⁻⁶h⁻¹)	⑧ 相对发生频率	⑨ 分配的验证（样本量 n=30）	⑩ 样本分组
火炮系统		0.5	1	0.48	0.5	0.24	0.39	12	1 组
随动系统	略	0.5	1	0.30	0.5	0.15	0.25	7	2 组
火控系统		0.5	1	0.22	1.0	0.22	0.36	11	3 组

注：⑦＝④×⑤×⑥，⑧＝⑦/Σ⑦，⑨＝n×⑧。

⑤ 实际验证试验样本量的确定　根据优先采用自然故障所产生的维修作业的原则，选

用自然和模拟故障所产生的维修作业之和作为验证试验样本。由于火控和随动又出现了 2 个可用自然故障，故实际验证试验样本量大于分配验证试验样本量。火箭炮验证试验样本量分布如表 6-22 所示。

表 6-22　火箭炮验证试验样本量分布表

组成单元	分配验证试验样本量			实际验证试验样本量		
	分配	自然	模拟	实际	自然	模拟
火炮系统	12	2	10	12	2	10
随动系统	7	4	3	9	4+2	3
火控系统	11	2	9	13	2+2	9
合计	30	8	22	34	12	22

6.7.4.2　维修性参数计算与评定

(1) 统计量的计算

根据选定的试验样本量 n，记录每次维修作业时间 X_1，X_2，$\cdots$，X_n。

① 样本 X_i 平均值 μ 的点估计

$$\hat{\mu} = \overline{X} = \frac{1}{n}\sum_{i=1}^{n} X_i \tag{6-99}$$

式中　$\hat{\mu}$——产品故障平均维修时间均值（点估计值）；

　　　n——样本量。

② 样本标准差

$$\hat{d} = S = \left[\frac{1}{n-1}\sum_{i=1}^{n}(X_i - \overline{X})^2\right]^{\frac{1}{2}} \tag{6-100}$$

(2) 试验判据

选取参数 β（订购方的风险），当满足下式时评定为接收，否则拒收。

$$\hat{\mu} \leqslant \mu - Z_{1-\beta}\frac{\hat{d}}{\sqrt{n}} \tag{6-101}$$

其中，$\mu = \text{MTTR}$ 是产品故障平均维修时间要求值，$Z_{1-\beta}$ 可查表 6-17 正态分布分位数。

(3) 维修性参数估计

① 点估计　维修时间平均值的点估计值即样本均值。

② 区间估计　当置信度 $1-\alpha = (1-2\beta) \times 100\% = 80\%$ 时，维修时间平均值的区间估计值为

$$(\mu_\text{L}, \mu_\text{U}) = \left(\overline{X} + \frac{\sigma}{\sqrt{n}}Z_{\alpha/2}, \overline{X} + \frac{\sigma}{\sqrt{n}}Z_{1-\alpha/2}\right) \tag{6-102}$$

6.7.4.3　维修性评定

(1) 试验数据

火箭炮维修性试验数据统计汇总如表 6-23 所示。

表 6-23　火箭炮维修性试验数据统计汇总

序号	故障类型	故障件名称	维修内容	维修人数	维修时间/min	序号	故障类型	故障件名称	维修内容	维修人数	维修时间/min
1	自然	ZP-1	更换	1	22	7	自然	ZS-2	更换、充气	1	15
2	模拟	MP-5-2	更换	2	30	8	模拟	MP-8	拧紧、调整	2	4
3	自然	ZP-2	更换	1	4	9	自然	ZS-3	拧紧	1	19
4	模拟	MP-6	更换	1	4	10	模拟	MP-9	更换	2	7
5	自然	ZS-1	更换	1	28	11	自然	ZS-4-1	更换	1	18
6	模拟	MP-7	更换	2	52	12	模拟	MS-1	更换	1	7

序号	故障类型	故障件名称	维修内容	维修人数	维修时间/min	序号	故障类型	故障件名称	维修内容	维修人数	维修时间/min
13	自然	ZS-5	更换	2	58	24	模拟	MH-4	修复	2	33
14	模拟	MS-2-1	更换	1	6	25	模拟	MP-1	更换	2	15
15	自然	ZS-6	更换	2	33	26	模拟	MH-5	更换	1	20
16	模拟	MS-2-2	更换	1	7	27	模拟	MP-2	更换	2	17
17	自然	ZH-1	更换	2	23	28	模拟	MH-6	更换	1	12
18	模拟	MH-1	更换	1	20	29	模拟	MP-3	更换	2	3
19	自然	ZH-2	修复	1	21	30	模拟	MP-4	更换	2	44
20	模拟	MH-2	更换	1	10	31	模拟	MP-5-1	调整、锁定	1	3
21	自然	ZH-3	更换	1	19	32	模拟	MH-7	更换	1	10
22	模拟	MH-3	更换	2	29	33	模拟	MH-8-1	更换	1	13
23	自然	ZH-4	焊接、安装	1	47	34	模拟	MH-8-2	更换	1	13

（2）维修性评定

试验判决：取参数 $\beta=10\%$，已知 $n=34$、$\mu=30\text{min}$，将试验数据代入式（6-99）和式（6-100）得：

$$\hat{\mu}=19.5882\text{min}, \quad Z_{1-\beta}=1.28, \quad \hat{d}=14.3972$$

则 $\mu-Z_{1-\beta}\dfrac{\hat{d}}{\sqrt{n}}=26.8396$，有：$19.5882<26.8396$，故判定接受。

点估计：$\hat{\mu}=19.5882\text{min}$

区间估计（$1-\alpha=80\%$）：$(\mu_L, \mu_U)=(16.4278\text{min}, 22.7487\text{min})$

（3）结论

火箭炮故障平均维修时间 MTTR（基层级）满足维修性指标要求。计算结果火箭炮维修性（基层级）点估计值约为 20min，小于 30min 的指标要求。

6.8 使用阶段维修性评定

虽然研制与定型阶段的维修性验证对于液压气动产品最终能否被接受或能否投入实际使用有重要影响，但维修性的评定工作是贯穿于液压气动产品的整个寿命周期的，不能忽视液压气动产品投入使用后的维修性评定工作。

液压气动产品使用中的维修性评定对于确认液压气动产品在真实环境中能否达到预期的维修性水平至为关键，因为在这种条件下进行的验证能最少地受到不必要的人为因素的干扰，评定结果更可信。所得的评定结果对于液压气动产品维修性设计的改进，对于实现液压气动产品维修性的增长，对于后续新液压气动产品的研制，是极为珍贵的指导性依据。

在将液压气动产品投入实际使用后的一段时期内，进行使用阶段试验与评定是验证产品维修性水平的主要途径。但与此同时，还应该关注通过已建立的信息系统来收集用于评定维修性的信息和数据，并进行评定。这一过程将一直延续至产品寿命周期的终结，是绝不可忽视的，这在一定程度上是更重要的维修性验证途径。

液压气动产品的维修性是在使用阶段（含维修和储存）有许多维修性工作要做，主要有：

① 维修性现场数据收集，包括使用和维修中的各种数据。

② 维修性数据分析和反馈，通过对收集数据的统计分析，发现有关设计制造缺陷，提

出改进意见。

③ 维修性评定，其目的是确定液压气动产品的实际使用与维修保障条件下的维修性水平。

④ 维修性改进，包括液压气动产品结构特征和维修保障资源的改进。

使用阶段维修性工作的任务是借助有计划、有目的地收集液压气动产品使用过程中的维修性数据，经过分析发现液压气动产品维修性存在的问题，正确评定液压气动产品的维修性水平，观察实际维修保障条件对液压气动产品维修性的影响，进而指导维修性改进，可以使液压气动产品的维修性不断提高。

液压气动产品使用阶段对维修性数据的收集与分析，对液压气动产品维修性设计水平的评定最具权威，因为它反映的使用及环境条件最真实，是改进原液压气动产品设计和开展新液压气动产品设计最有益的参考。随着维修性工作的深入发展，使用阶段维修性工作及相关技术将越来越显示出其在维修性工程中的地位与作用。

使用阶段维修性工作基本过程如图 6-27 所示。

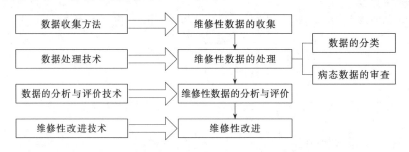

图 6-27　使用阶段维修性工作基本过程

6.8.1　维修性数据的收集与处理技术

6.8.1.1　维修性数据收集的目的

维修性数据是对维修活动中反映液压气动产品维修性设计特征的事实和现象的客观表达，其表达形式是多样的，可以是语言、文字，也可以是图纸、图片或录像等图像资料。使用阶段的维修性数据来源于实际维修活动，因此，从数据内容组成上包含于维修数据之中。收集维修性数据是为了有效地利用数据，为改进液压气动产品的设计、生产提供信息，为维修管理提供决策依据。具体来说，其目的如下。

① 根据现场维修性数据提供的信息，改进液压气动产品的设计，制造工艺，提高液压气动产品的固有维修性，并为新技术的研究，新液压气动产品的研制提供基础性数据支持。

② 根据现场使用提供的数据，改进液压气动产品的维修工艺、维修设备和工具，使维修方便，提高液压气动产品使用可靠度。

③ 根据维修性数据，预计和评定实际使用与维修保障条件下液压气动产品的维修性水平，检查维修性验证中所暴露的维修性缺陷的纠正情况。

6.8.1.2　维修性数据的内容组成

一般液压气动产品使用阶段维修性数据的内容组成如图 6-28 所示。

图 6-28　维修性数据的内容组成

数据来源单位基本数据通常包括单位名称、液压气动产品配备情况（名称、型号、数量、研制单位、使用时间）、使用人员与维修人员基本情况、维修级别及对应的维修职能范围、现行的维护保养制度等。

液压气动产品的保障数据包括故障编号、故障名称、故障频率、故障部位、所属系统、故障描述和故障原因等。

维修描述数据是指排除故障维修、维护保养、技术检查、小修、中修等维修事件中记录的维修数据。维修描述数据是维修性数据重要组成内容，最能体现液压气动产品的维修性水平，通常包括：维修事件发生频率、维修时间消耗，维修资源消耗，维修性设计存在的问题描述（如液压气动产品的维修可达性、可操作性、测试诊断性等方面是否存在影响维修简便、迅速的状况），使用维修人员对存在问题的建设性意见等。

6.8.1.3　维修性数据收集的基本程序

现场使用数据收集的影响因素较多，再现性低，不可能做到十分完善，液压气动产品一经投入使用，维修性数据的收集应有周密的计划和细致的考虑。下面详细介绍现场维修性数据收集的基本程序。

（1）明确数据收集的内容

在进行数据收集以前必须进行需求分析，明确数据收集的内容。对数据的需求分析，是对所要获取数据的目的进行分析的过程，有了需求分析才能确定数据收集的内容。一般需要考虑的问题包括：

① 从什么任务、什么条件下（使用条件）收集数据？

② 数据收集的对象是液压气动整体系统还是分系统或元部件？

③ 主要收集的数据是什么？要求的详细程度和精确程度有多高？

（2）确定数据收集点

根据需求分析应选择液压气动产品重要分系统和元件作为数据收集点，考虑到液压气动产品在不同工况下使用，其维修性数据的差异可能会很大，因此，选择的数据收集点在实际工况和环境上应尽量相似。对于现场使用数据，主要是选择使用部门的质控室或维修部门等。在选择现场使用数据采集对象时，应以有一定代表性为好，如使用的液压气动产品群体较大，管理较好，使用中代表了典型的环境与使用条件等。对于新投入使用的液压气动产品，应尽可能从头开始跟踪记录，以反映其使用的全过程。

（3）选择数据的收集方式和数据收集格式

数据的收集可采用以下两种方式进行。一种是"控制性"收集方式，即派专人下到现场收集，按预先制定好的计划详细地记录要求的维修性数据，多由专职技术人员完成，该方式下收集到的数据比较完整、准确、适当。另一种是"非控制性"收集方式，即进行在使用现场聘请有关人员，让其按所要求收集的内容逐项填写事先制定好的表格，定期反馈，其优点是对收集人员的专业水平要求不高，经济性好。

无论采取哪一种数据收集方式，关键是要设计出好的专门数据收集表格。考虑到维修性数据是在每一个具体的维修事件过程中体现出来的，故采取基于维修事件的数据收集方法。该方法是通过对每一类维修事件设计统一规范的表格，来记录维修事件中所包含的数据。考虑到维修类型和任务不同时，维修事件维修数据组成有较大的差别，因此，针对每一类维修事件分别设计数据收集表格。例如，某型号气动系统维修性数据表格包括：故障排除维修性数据收集表、技术检查维修性数据表等。例如，某型号气动系统故障排除维修数据采集格式如表 6-24 所示。

表 6-24　某型号气动系统故障排除维修数据采集表

填表人姓名：　　　　　　　　职务（职称）：　　　　　　　　填表时间：

维修事件名称					
维修时间对应的故障发生频率					
任务完成需要的维修人员情况					
维修过程描述	维修步骤名称	维修子步骤（工序）名称	维修时间	维修人员数量	维修设备工具
存在的维修性问题	（从可达性、标准化和互换性、防差错标示、维修安全、测试性要求等方面加以说明存在的问题）				
维修性改进建议	① 对关键部件部位进行局部改进 ② 改进维修工具设备以提高维修工作效率，说明具体的改进措施（必要时可附示意图）。				

（4）注重维修性数据收集的质与量

数据本身的质与量对数据分析的结果影响很大。从统计观点看，处理的数据量尽量大一些，因而在费用允许的条件下，获取更多的数据是数据收集的基本要求。

随着液压气动产品投入使用，其数据量越来越大，源源不断的维修数据反映了液压气动产品现场的使用维修性，然而由于管理等方面的原因，数据的不确切性也很大，因此在对数据满足一定量的要求的前提下，对质的要求就至关重要了，数据收集应满足的基本要求如下。

① 数据的真实性　维修性数据来源与维修实践，它是维修活动的客观反映。不论是在维修车间或使用现场，所记录的数据必须如实代表液压气动产品状况，特别是对液压气动产品存在维修性问题的描述，应针对具体维修事件，切忌张冠李戴。对液压气动产品维修事件的时间消耗、资源消耗、不利于维修便捷迅速的问题及造成的影响均应有明确的记录。数据的真实性是其准确性的前提。只有对液压气动产品的维修状况如实记录与描述，才有助于准确查找问题，做出科学的论断。

② 数据及时性　由于维修性数据存在着时效性，即随着装备本身和维修方法及手段的不断更新，维修活动产生的数据有了质的变化，使数据的有效性降低，出现数据老化。要求数据能够及时灵敏地反映维修活动的最新情况和动态，因而要做到维修性数据的适时记录和快速传递。

③ 数据的完整性　为了充分利用数据对液压气动产品维修性进行评定，要求所记录的数据项尽可能完整，即对某一次维修事件的发生，包括液压气动产品本身的使用的状况及该液压气动产品的历史及检修情况等都应尽可能记录清楚，这样才有利于对液压气动产品维修性进行全面分析，也有利于更好地制定相应的改进措施。

以上对数据的要求，只有在数据管理体系下对数据进行严格的管理，事先确定好数据收集点和收集格式，有专人负责对数据的记录，有完善的数据收集系统才能做到。因为涉及的数据收集点不止一处，只有对它整个寿命阶段都给予了维修记录和数据收集，才有可能保证满足这些要求。另外，要做到这些对人员素质还有要求，只有那些责任心强、工作认真的人才会用心去跟踪记录这些数据。

6.8.1.4 维修性数据的处理

维修性数据得到后,应及时地进行整理,归类合并,比较选择,去伪存真等预处理,以满足进一步处理和分析的要求。

(1) 维修性数据的分类

使用过程中收集到的数据往往是大量的、杂乱无章的,如不进行整理分类,就看不出问题,找不到规律,使获得的数据失去了应有的价值。维修性数据多种多样,内容丰富,可以有不同的分类方法。当然数据的分类不是绝对的,按照数据的稳定性可分为基本数据和动态数据。

① 基本数据 关于液压气动产品和维修工作一些比较稳定的数据,如液压气动产品的型号、名称、研制单位及研制方和使用方对应的维修职能范围、维修人员的基本组成、现行的维护保养制度等。

② 动态数据 如维修事件的时间消耗、资源消耗、维修状况、操作人员等级、维修过程中存在的问题及对问题的建设性建议等。

按照数据的类型可分为定量数据和定性数据。

① 定量数据 如维修时间的发生频率、时间消耗、备件消耗、需要的人员数量等。

② 定性数据 如维修事件名称、维修工序名称、操作人员等级、维修过程中存在的问题及对问题的建设性建议等。

(2) 维修性病态数据的审查

由于种种原因,从现场使用中采集的数据不可避免的包含错误和失真的情况,就是所谓的"病态数据"。病态数据的表现形式为数据的不完整、不适用、不好用、假数据。因此,采集到的原始数据不能直接应用,这就需要采用适当的方法来检测、发现、鉴别和处理病态数据,以确保数据的真实性和可信性。病态数据产生是有其客观规律的,军械工程学院等单位对病态数据理论和控制方法进行了比较系统的研究,并开发了相关的检测工具,这些研究成果及技术应用对于病态数据的审查具有一定的应用价值。

6.8.2 维修性数据的分析与评定技术

数据收集是分析与评定的基础和前提,数据分析与评定是收集的目的,反馈是收集与分析评定两者之间的纽带与桥梁。维修性数据分析评定的目的是找出液压气动产品维修性设计的薄弱环节,提出改进措施,确定液压气动产品在实际使用和维修保障条件下的维修性水平,将分析评定的结果反馈到研制单位,从而提高液压气动产品维修性设计水平。

维修性数据分析评定工作的关键在于分析评定方法的选择,在实际应用中,通常要根据数据分析评定的目的和可获得数据的完整程度来选择适当的方法。维修性数据分析评定的方法尽管多种多样,但归纳起来不外乎两类,即统计分析方法和工程分析方法。

6.8.2.1 统计分析方法

统计分析方法是在一定条件下,通过对维修性数据较长时间的观察,采取相应的统计图表、数据计算方法,从中找出宏观规律和可以定量表示的统计值,作为液压气动产品维修性评定的主要依据。该方法是一种宏观的分析,常见的分析方法有直方图法、主次分析法、维修时间分布分析等。

(1) 直方图法

直方图法是用来整理修复时间数据,并找出其规律性的一种有效法。通过直方图,可以得到修复时间的概率密度和累计分布,根据维修性函数的图形表达,就可求得各个估计值,如平均修复时间、最大修复时间及修复时间中值。

假设某液压系统有 n 种不同的故障，每种故障的发生的频率不同，修复时间也各不相同。构建频数直方图时，需要知道各种故障发生的故障率 λ_i 的估计值和各种故障对应的修复时间 t_i 的估计值。具体的步骤如下：

① 将收集到的各种故障的修复时间按递增的次序排列为：t_1，t_2，$\cdots t_i$，$\cdots$，t_n。t_1 是最短的修复时间，t_n 是最长的修复时间。

② 对于每一个 t_i，计算其发生的相对频数 F_i

$$F_i = \frac{\lambda_i}{\lambda} \tag{6-103}$$

式中　λ——系统的总故障率，对于串联系统，$\lambda = \lambda_1 + \lambda_2 + \cdots + \lambda_n$，其中 λ_1，λ_2，$\cdots$，λ_n 分别为各故障对应的故障率。

③ 将 $0 \leqslant t \leqslant t_n$ 时间区间分成 m 个等宽度的时间间隔 Δt，并将各间隔的中点计为 X_1，X_2，$\cdots X_j$，$\cdots$，X_m，m 一般用经验方式 $m = 1 + 3.3 \lg n$ 确定，其中 n 为观测数据的个数。

④ 统计落入每一个 Δt 时间间隔内修复时间估计值的数量 a_j。

⑤ 统计在每一个时间间隔内的修复相对频数 F_j 和累加频数 M_j，F_j 就是落入第 j 个时间间隔内的 a_j 个观测值相加，M_j 为前 j 个相对频数的累加，统计结果如表 6-25 所示。

表 6-25　观测统计表

间隔序号 j	间隔中点 X_j	间隔宽度	观测值数量 a_j	相对频数 F_j	累积频数 M_j
1	X_1	Δt	a_1	F_1	$M_1 = F_1$
2	X_2	Δt	a_2	F_2	$M_2 = F_1 + F_2$
...	...	...	...	...	...
m	X_m	Δt	a_m	F_m	$M_m = 1$

⑥ 作直方图。可以分别做出相对频数直方图和累积频数曲线图。将各间隔的相对频数 F 作为纵坐标，维修时间 t 为横坐标，做出频数直方图，如图 6-29 所示；将累积频数 M 为纵坐标，横坐标为维修性时间 t，做出累积频数曲线图，如图 6-30 所示。

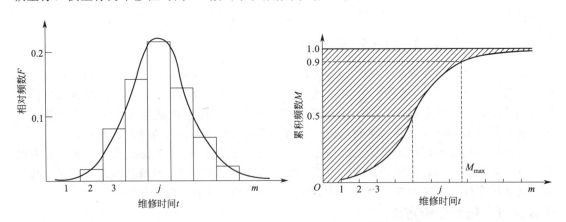

图 6-29　相对频数直方图　　　　　　　图 6-30　累积频数曲线图

由所作直方图的形状可以初步判断所研究系统修复时间总体属于何种分布，通过计算累积频数曲线上方的面积求得平均修复时间、最大修复时间及修复时间中值的估计值。

(2) 主次图分析方法

主次图又叫巴雷特图或排列图，它是一种分析、查找主要因素的直观图表。将要分析的主要的因素按主次从左向右排列可作为横坐标，纵坐标为各因素所占的百分比或累积百分比。由图可找到主要因素，将其用于液压气动产品或系统的维修性问题频数分析，则得到维修性问题最多的关键产品或系统，用于问题产生的类型（可达性、维修安全性、人的因素要求）分析，则可得到主要维修性问题及次要问题。

主次图画出各因素的累积故障频率（累积百分比），主要故障元件应是重点研究的对象。图 6-31 是某液压系统液压元件故障频率的主次图。图中可以看出伺服阀是液压系统存在维修性问题的主要元件，其次液压泵也应作为关注的对象。

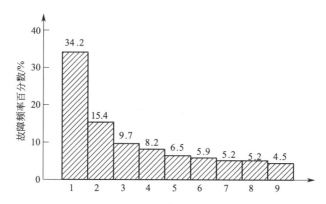

图 6-31　某液压系统液压元件故障频率的主次图
1—伺服阀；2—液压泵；3—流量控制阀；4—蓄能器；
5—溢流阀；6—单向阀；7—四通阀；8—顺序阀；9—高压软管

主次图分析的优点是简单明了，用于维修性存在问题分析的各个方面，在产品的质量管理中这也是一种常用的分析方法。

（3）维修时间分布分析

利用直方图法确定了维修时间分布类型，就可根据点估计和区间估计对不同液压气动产品的现场数据进行参数估计，然后由维修时间分布和维修性参数的关系，估计维修性设计和分析中所需的各项参数。图 6-32 给出了维修性参数估计的分析流程。

图 6-32　维修性参数估计的分析流程

6.8.2.2　工程分析法

工程分析方法是研制维修性问题发生的时机、问题发生的相关部位以及发生问题的类型，从问题产生的原因及影响上进行分析，是一种微观的分析。前面维修性分析技术中介绍的维修故障分析方法就是一种十分有效的维修性工程分析方法。此外，因果图法也是一种传统实用的工程分析方法。

（1）维修障碍分析方法

维修障碍分析以液压气动产品发生的维修时间作为分析对象，发现事件中发生的维修故障，对故障的原因、影响进行分析，并把每一个故障按它对维修任务的妨碍程度予以分类，提出可以采取的补救措施的过程。进行维修障碍分析的目的在于查明维修过程中发生的一切维修障碍，而重点是查明严重妨碍任务完成的维修障碍及其原因，以便通过改进设计或采取其他补救措施尽早消除或减轻因维修故障导致维修任务失败而带来的严重后果。

（2）因果图法

因果图法是分析故障原因的常用方法，观其图形又可形象地称为鱼刺或树枝图。在用于维修性分析时，以某维修事件中存在的维修性问题作为结果，以导致该问题的诸因素作为原因，绘出图形，进而从错综复杂、多种多样的原因找出主要原因，采取有效的纠正措施，予以解决。

图形画法如下：将需分析的结果列入方框中，放在图的右边，相当于鱼头，用带箭头的粗实线或双线为主的主干线直通"结果"，将造成结果的所有原因，按层次分析后分别列在"鱼刺"（"树枝"）上，如图 6-33 所示。

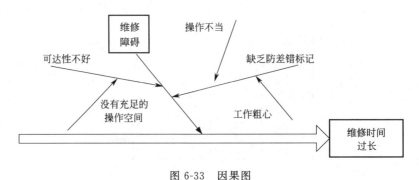

图 6-33　因果图

树干上导致的结果是某维修事件维修时间过长，因此各大树枝上的原因都是造成维修时间过长的原因，而大树枝上的原因又是小树枝上多列原因造成的，如图中一大树枝是维修障碍造成的时间过长消耗，而引起维修障碍是因可达性不好或缺乏防差错标记造成的，下一步分析的原因是操作不当或人员粗心造成的，这样分析后就清楚了要避免维修时间过长，必须严格按操作规范进行维修，并提高人员的素质。

因果图是对某项结果进行分析，一个结果应有一张分析图，且结果应提得明确。作图时除主要设计、试验人员外还应吸收有关方面人员参加或提意见，并要从已有资料和信息中进行分析，通过试验进行验证，找出原因，这样的分析图才是改进产品质量、提高可靠性的有力依据。它与主次图分析配合使用，效果将更好。

6.8.3　维修性改进技术

使用阶段维修性数据的收集、处理、分析与评定工作，其作用只是用于挖掘维修性设计的薄弱环节，评定液压气动产品的实际维修水平，这些工作的本身并不能有效地提高液压气动产品的维修性。但使用阶段维修性工作的目的绝不仅仅是评定液压气动产品的维修性水平，发现缺陷，更重要的是找出提高液压气动产品维修性的途径和方法，这就涉及到维修性改进问题，维修性改进技术就成为使用阶段维修性工作的重要技术支持。

6.8.3.1　维修性的技术改进

维修性改进的首要问题是技术方法问题，即采取什么技术途径和措施实现维修性改进。维修性是产品在规定的条件下和规定的时间内，按规定的程序和方法进行维修时，保持或恢复其规定状态的能力。从维修性的定义可以发现，实现维修性改进的途径通常从以下几个方面入手，如图 6-34 所示。

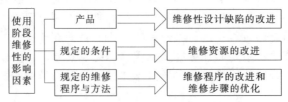

图 6-34　使用阶段维修性改进技术

（1）维修性设计缺陷的报告、分析和纠正措施系统

重点抓设计改进是维修性改进的根本所在。通过建立维修性设计缺陷的报告、分析和纠正措施系统可以有效地实现维修性改进。该系统的维修性设计缺陷的收集与分析基本流程如图 6-35 所示。

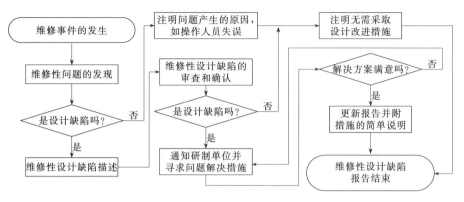

图 6-35　维修性设计缺陷的收集与分析基本流程

（2）维修资源改进

维修资源主要是指维修的机构和场所及相应的维修人员、设备、设施、工具、技术资料等资源。与此对应的改进措施包括：①维修场所环境条件的改善；②维修设备、设施、工具的改进；③加强维修人员技能和素质的提高；④采用交互式电子技术手册技术（Interactive Electronic Technical Manual，简称 IETM）实现维修技术资料信息化。

IETM 技术是一种重要的装备保障手段，是代替传统纸型装备技术手册的数字信息化技术，它充分利用计算机多媒体、数据库和网络等技术的优势，用计算机以文本、图像、声音、视频等多种形式存储和显示液压气动产品技术数据，能为技术维修人员提供多种信息查询方式来快速准确的找到所需技术信息。IETM 不仅具有表现力强、易查询、易于更新和维护、便于携带等特点，还能和专家系统结合，建立故障诊断和排除知识库，用以指导维修人员进行现场维修。

（3）维修程序和方法的改进

维修方法主要指维修策略（原位修复或离机修复）和修复工艺（焊接、镀）的改进，维修程序则可以运用运筹学原理，充分利用已有维修人力，优化网络维修作业模型。通过维修程序和方法的改进实现维修的快速而经济。

6.8.3.2　维修性改进的验证技术

液压气动产品进行维修性改进后，其改进的措施是否合理？改进后的维修性水平是否达到预期的要求？这些都需要进行试验来验证，相应地涉及维修性改进验证技术，主要包括：

① 系统维修性改进试验技术。

② 局部维修性改进试验技术。

③ 维修性改进评定技术。

6.8.3.3　维修性改进的费用——效能分析技术

产品进行维修性改进，就必须确定一个科学、合理的维修性改进目标值。要确定维修性改进目标值，就必须对维修性改进指标进行可行性论证。论证是否可以采用维修性改进的费效分析技术。运用费效分析技术确定维修性改进目标值的原则是：保证满足使用单位对液压气动产品完好和任务成功要求的同时，尽量降低维修性改进所投入的费用。

费效分析一方面可以协助判别维修性改进工作是否值得做，即维修性水平改进程度和维修性改进所需投入资金之间的权衡问题；另一方面，费效分析通过确定目标，建立被选方案，从费用和效能两方面综合评定各个方案，从而得到少花钱，收益大的方案。

6.8.3.4　维修性改进的管理技术

使用阶段维修性改进工作是一项复杂的系统工程，一个液压气动产品维修性改进工作涉及方方面面，需要经费、人员、设备、场地、时间等资源的支持，没有一个良好的维修性改进管理体系，没有一个科学、先进的维修性改进规划策略，想要实现液压气动产品的设计、维修资源和维修程序和方法的改进，保证装备维修性水平确实提高，达到预期的维修性改进目标值是不可能的。

因此，为确保维修性改进顺利进行，需要制定合理的维修性改进管理体系，保证液压气动产品维修性改进有条不紊、扎实有效地实施。在广泛收集现场液压气动产品维修性数据的基础上，对液压气动产品进行维修性改进、试验，建立维修性设计缺陷、分析和纠正措施系统，确定进行维修性改进验证时机，通过"改进→试验→分析→验证"技术途径，使液压气动产品维修性实现有效地增长。

第7章

液压气动系统可靠性维修性管理

　　可靠性维修性是液压气动系统的固有特性，是一个技术团队素质、管理以及工业基础水平的重要标志，它是设计出来的、生产出来的、管理出来的。对各种可靠性维修性工程活动进行有效管理，是保证液压气动系统可靠性维修性特性在设计中赋予、在生产中保证、在使用中发挥的必要途径。

7.1　可靠性维修性管理概述

　　液压气动系统的技术性能可以设计得较为完美，但是如果在设计、试验、生产过程中不开展相应的可靠性维修性工程活动，再好的性能设计也难以实现其应有的功能。为了全面实现和充分发挥系统的效能，在液压气动系统的全寿命过程中应按照系统工程原理实施可靠性维修性管理。

7.1.1　可靠性维修性全系统全特性全过程管理

（1）可靠性维修性全系统管理

　　系统是由相互作用相互依赖的若干组成部分结合而成的，具有特定功能的有机整体，而且这个有机整体又是它从属的更大系统的组成部分。液压机全系统示意图如图 7-1 所示，液压系统只是液压机的一个组成部分，为了使液压机能够正常运行，减少故障停机时间，必须要对液压机进行保养、故障诊断、系统维护等组成的保障系统。缺少这些分系统，设备无法正常运行。

　　对设备来说，全系统是指设备所涉及的各层次产品，也是各种特性所依附的对象，包括从流量、压力、各类元器件，从控制中的硬件到软件，从主设备到整个保障系统、从单一设备到设备体系的各个层次、各个方面。例如在设备的液压系统方面，全系统管理不仅要关注液压系统中流量、压力、各类元器件，更要关注各个子系统及设备的整体；不仅要关注硬件，更要关注软件；不仅要关注主设备，更要关注保障系统。

（2）可靠性维修性全特性管理

　　全特性是指设备具有的全部特性，设备的效能是设备的全部特性综合作用的结果。从设备研制、生产和使用管理角度可把这些特性分为专用特性和通用特性两个部分，专用特性反映了不同设备类别和自身特点的个性特征，通用特性反映了不同设备均应具有的共性特征。设备的通用特性和专用特性共同构成了设备的效能或价值。表 7-1 给了一些典型液压设备的专用特性。全特性管理不仅要关注设备的专用特性，还要关注设备的可靠性、维修性、测试性、安全性、保障性等通用特性。

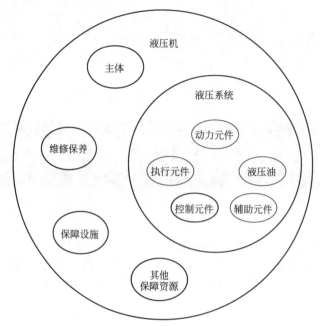

图 7-1 液压机全系统示意图

表 7-1 典型液压设备的专用特性

序号	设备类型	主要专用特性
1	自行式全液压载重车	搬运大型工段件、在有限空间内穿梭转场、超重载荷搬运
2	步进梁式加热炉	把金属加热到轧制成能锻造的温度
3	煤矿设备搬运车	在矿井下的狭窄通道内实现灵活运输
4	高空作业车	跨越一定障碍或在一处升降进行多点作业
5	轮胎式提梁机	为桥梁建设设计,适用于经常流动的道路桥梁建设单位
6	抱罐车	处理高温约达 1300℃ 的渣滓、钢水或其他固态物体

(3) 可靠性维修性全过程管理

任何设备都存在寿命周期,在整个寿命周期中要经历各种过程。全过程是指在设备全寿命周期所经历的所有过程,一般包括论证、方案、工程研制、设计定型、生产定型、生产、使用与保障和退役报废等。全过程管理是指不仅要关注设备工程研制、生产过程,更要关注设备论证、方案形成过程,还要关注设备使用和保障过程及退役和报废过程。

7.1.2 可靠性维修性的综合管理

可靠性维修性工程分别是在 20 世纪的 50、60 年代逐渐兴起和发展的,到 20 世纪 80 年代末和 90 年代初,可靠性维修性工程体系有一种明显的发展趋势,即综合化的趋势。从本质上看,可靠性维修性是相互渗透、交互影响的;它们共同决定了液压气动系统的工作可靠性和维修保障性,并对液压气动系统的使用、保障费用和寿命周期费用有重要影响。

可靠性维修性工程设计了液压气动系统"优生"全过程,可靠性维修性均为液压气动系统的固有属性,应该通过设计赋予,并在生产中给予保证,提供系统的这两项属性,是实现液压气动系统"优生"的重要标志。可靠性维修性这二者之间的相关性决定了它们在工程实践中必须进行综合管理。

7.1.2.1 工程专业综合

工程专业综合是系统工程的一项重要任务,也是可靠性维修性管理的目标。可以说工程专业综合是保障可靠性维修性工程活动始终贯穿于液压气动系统设计管理全过程的有效手段和必要保证。

工程专业综合是指液压气动系统技术要求的综合，亦即将以往由各个部门分别拟定的各专业领域的技术要求改为由一个统一的文件来阐述液压气动系统的综合技术要求。这些综合的技术要求反映了用户的需求。

工程专业综合也指液压气动系统设计过程的综合，亦即应当将产品的生命周期、液压气动系统的设计和保障系统的设计等三个设计过程协调地予以综合。

工程专业综合还包括设计队伍的综合，亦即要打破设计部门、单位之间的界限，组织自上而下的多学科、多专业综合产品研制机构，从确定用户需求到整个设计过程结束，各综合产品设计机构要经常交流信息，相互协同，以确保系统设计成功。

工程专业综合也是各种设计方法（工具）的综合，亦即计算机辅助工程环境的综合，即构建设计、制造和保障的一体化设计、分析、评价工具集，以便更好地促进数字化技术信息的综合使用，确保系统的综合设计、生产和保障工作能迅速地准确进行。

实施工程专业综合的要素如下：①强调用户的需求，并将其转化为完整的液压气动系统要求。②交互作用的、相互协调的综合设计过程。③多学科（多专业）的综合设计组织。④高效率的计算机辅助模拟环境。

在此基础上可以更优化的方法形成组成液压气动

图 7-2　工程专业综合的实施要素

系统的四大要素：动力源部分、执行部分、控制部分、辅助部分。工程专业综合实施要素的示意图如图 7-2 所示。

7.1.2.2　可靠性维修性管理与传统工程的综合

通用特性专业是指与降低液压气动系统的使用和维修费用以及提高效能的专业，如可靠性、维修性、保障性、安全性、环境适应性、易用性等。在这些专业中，最早介入系统工程综合过程的是可靠性和维修性专业，因为它们对液压气动系统设计的影响最大。通用特性专业工程部门首先应当确定与本专业有关的技术要求与指标，较为典型的做法是，结合系统的实际情况，对有关标准加以裁剪，然后将这些要求写入规范（包括定量和定性要求），为此应参与系统规范的制定，并对较低层次的规范进行审查，以确保这些通用特性专业的要求纳入所有的规范层次。在设计过程中，通用特性专业人员要与传统专业人员，分析和审查已进行的设计，确保在系统的技术方案中纳入各项必要的通用特性（如可靠性、维修性等）。这样，可靠性维修性工程与传统工程的综合逐渐成为工程专业综合的重要组成部分，也是型号系统工程管理的重点，如图 7-3 所示。

7.1.2.3　可靠性维修性的工程专业综合

图 7-4 显示了基于 FMECA 的可靠性维修性专业技术综合关系。经过系统/产品 FME-CA，可以得到故障模式、故障原因/机理、故障影响后果、故障模式发生概率、产品故障发生概率、故障后果的严酷度和故障模式危害度等丰富的信息。这些数据和信息，为可靠性、维修性的综合提供了有力的支持。

基于 FMECA 的可靠性工程应用模式是：故障模式发生概率和系统/产品故障发生概率可以为基本可靠性预计和任务可靠性预计提供输入信息；故障影响后果可以为故障树分析中

选择顶事件提供输入；故障原因/机理的分析结果可以为制定可靠性试验方案和评估产品可靠性指标提供输入。根据这些分析结果，可以对液压气动系统设计提出改进，然后对产品重新开始新一轮的FMECA，知道其可靠性指标满足可靠性分配的指标要求为止。

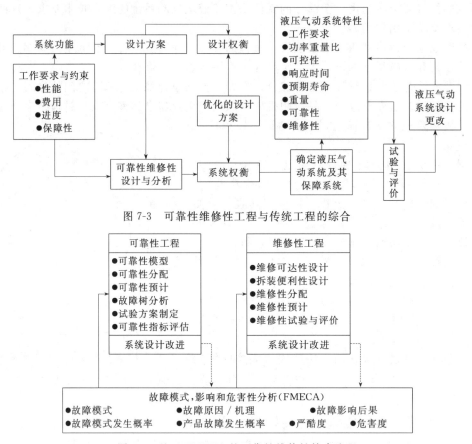

图 7-3　可靠性维修性工程与传统工程的综合

图 7-4　基于 FMECA 的可靠性维修性综合流程

　　基于FMECA的维修性工程应用模式是：故障模式发生概率、故障影响后果及严酷度类别可以为维修可达性、拆装便利性设计提供输入信息；故障模式发生概率和系统/产品故障发生概率可以为维修性预计、维修性试验和评价提供输入信息，根据分析、试验和评价结果提出液压气动系统需要进行设计改进的建议。

　　例如：在改进了的液压机主缸系统进行FMECA后，发现在工进时仍然出现主缸无力现象，造成这一事件发生的直接原因是"进入主缸的油压不足"和"主缸泄漏严重"。造成"进入主缸的油压不足"是由于系统中的一个单向阀未关闭、插装阀故障直接造成的、而"主缸泄漏严重"则是由主缸柱塞密封不良和油温过高黏度下降引起。因此，需要更换水泵、换向阀等一些故障发生概率高、对系统影响大的元部件。一方面在提高其可靠性外，还要在维修性分析中据此提出相应的维修准则；在上述可靠性、维修性分析结果的基础上，进而实施的保障性分析确定了预防性维修和备件支持的技术要求。同时根据FMECA结果，结合已有实践经验，确定安全性设计准则。通过有效的管理工作，基于上述技术综合过程得出的设计要求和制定的设计准则在系统设计中得到了切实贯彻。上述技术协调工作之所以能顺利完成，源于系统设计过程中制定了综合的可靠性维修性计划，并按计划加强管理，推进工作，保证了可靠性维修性工作有机地协调进行。

　　可以说，以故障为核心的可靠性维修性综合管理是上述客观规律的要求，可靠性维修性综合管理的目的就是保证可靠性维修性工作符合这种内在的规律。

7.2 可靠性维修性工作计划

管理过程的最初步骤就是制定一份可靠性维修性工作计划和一种组织机构来满足液压气动系统设计生产的要求。不同类型系统其可靠性维修性工作计划会有所不同，但它所需要遵从的原则是一致的，即这应当是一个综合了各种适用的可靠性维修性工程活动的总计划，用来指导相应工程活动的协调开展。一项完整的、可落实的可靠性维修性工作计划，必须经过工作策划、工作分解、工作说明、工作进度和工作费用的详细分析，才能科学地制定出来。

7.2.1 可靠性维修性工作策划

可靠性维修性工作策划的一个重要内容就是以各类标准中提出的可靠性维修性工作项目为基础，从全系统全特性全过程管理的角度，采用自顶向下的策划方法，选择好确定可靠性维修性工程活动，这项工作应该从系统论证阶段开始，持续到方案阶段，并可在后续阶段修订完善。由于每类系统有其自身特点，必须根据要求进行合理的可靠性维修性活动剪裁。剪裁的基本原则如下。

① 根据系统特点和用户的要求，来选择最少、有效的工作项目，工程活动的重点应当放在寿命周期和早期阶段，即论证、方案、初步（初样）设计阶段。

② 可靠性维修性工程活动应纳入整个型号的论证计划、方案和工程设计计划及生产计划中，并与其他工作协调一致，避免不必要的重复。

③ 工作计划中的各项工作可分阶段执行，各阶段的工作要求要明确具体，便于检查。

④ 工作计划中必须明确各种可靠性维修性工作项目的负责部门、负责人员及其在工程活动中的责任、权限、关系及进度要求、结束形式等。

⑤ 在进行可靠性维修性工作策划过程中要注意，可靠性维修性工作之间应当相互协调、避免重复、提高工作效率。表 7-2 给出了一个相对通用的可靠性维修性工作项目清单。

表 7-2 可靠性维修性工作项目清单

序号	工程活动	类别	寿命周期的相关阶段			
			论证	方案	工程研制	生产
1	制定可靠性维修性工作计划	管理	适用	适用	适用	选用
2	对转承制方可靠性维修性工作的监督与控制	管理	选用	选用	适用	适用
3	建立可靠性维修性问题报告、分析和纠正措施系统	管理	选用	选用	适用	适用
4	元器件/零部件/原材料的选择与控制	管理	选用	选用	适用	适用
5	可靠性维修性分配	技术	选用	适用	选用	—
6	制定与贯彻可靠性维修性设计准则	技术	选用	适用	选用	—
7	建立可靠性维修性模型	技术	选用	适用	选用	—
8	可靠性维修性预计	技术	选用	适用	选用	—
9	FMECS(用于可靠性维修性)	技术	选用	适用	适用	适用
10	潜在通路分析	技术	—	选用	选用	—
11	容差分析	技术	—	选用	适用	—
12	热环境分析	技术	选用	适用	适用	—
13	力学环境分析	技术	选用	适用	适用	—
14	使用/储存寿命分析	技术	选用	适用	适用	—
15	维修性设计与分析	技术	选用	适用	适用	—
16	以可靠性为中心的维修分析	技术		选用	适用	选用
17	修理级别分析	技术	—	选用	适用	选用
18	使用与维修任务分析	技术		适用	适用	选用

序号	工程活动	类别	寿命周期的相关阶段			
			论证	方案	工程研制	生产
19	可靠性研制试验	技术	—	—	适用	—
20	环境应力筛选	技术	—	—	适用	适用
21	可靠性增长试验	技术	—	—	适用	适用
22	可靠性鉴定试验	技术	—	—	适用	—
23	可靠性验收试验	技术	—	—	适用	适用
24	寿命试验	技术	—	—	适用	适用
25	维修性验证试验	技术	—	—	适用	选用

7.2.2 可靠性维修性工作分解

为了进一步落实已策划的可靠性维修性工作，需要制定一个可靠性维修性工作分解结构（WBS）。WBS是一种面向产品的系列树，它规定了按产品层次所需开展的可靠性维修性工程活动。例如，可靠性预计是产品可靠性设计中的重要内容之一。它是根据产品最基本的元器件或零部件数据来推测产品的可靠性，它可以使可靠性成为设计过程的一个组成部分。但是在各个不同的液压气动系统中可靠性预计的逻辑框图和数学建模等方面是不同的，所需要的资源和工作周期也是不同的，所以制定一个符合液压气动系统的可靠性作分解结构对保证工作落实到实处是十分重要的。

图 7-5 给出了可靠性维修性工程活动的 WBS 示意图。在论证和方案阶段，应当以自顶向下的工作方式，准备一个装备寿命周期内所有可靠性维修性工程活动的概要工作分解结构（SWBS）。SWBS 一般包括以下 3 个层次的活动。

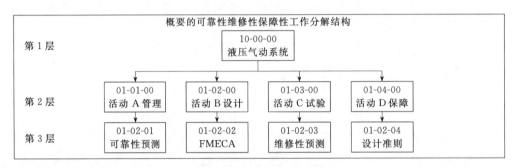

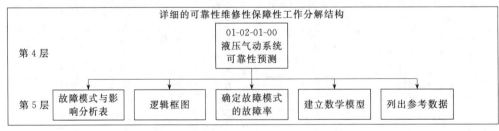

图 7-5 液压气动系统可靠性维修性工作分解结构示意图

① 层次 1，确定涉及液压气动系统的论证、设计、试验、生产、部署、使用和保障及退役的总的可靠性维修性工作预期范围。

② 层次 2，确定各种可靠性维修性工程活动的类别。可靠性维修性工作项目的经费预算通常在此层次进行。

③ 层次 3，确定那些直接从属于层次 2 的子活动。项目的进度安排在此层级进行。

图 7-6 给出了反映装备整个寿命周期内的预期可靠性维修性活动层次的一个 SWBS 例子。在制定一个 SWBS 时，为避免一些关键活动的遗漏，工作分解结构应在全面的工作策划之后再进一步制定。

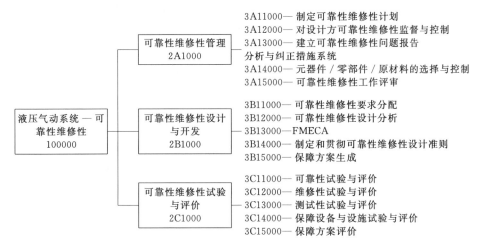

图 7-6　液压气动系统概要工作分解结构

总之，WBS 为初步可靠性维修性工程活动的进度安排和经费预算、以后的工作进展和费用收集报告提供了一种基础。

7.2.3　可靠性维修性工作说明

为了能够保证工作分解结构中各项目的顺利执行，对确定的每一项可靠性维修性工程活动，必须进行工作说明（SOW），应包括以下几方面。

① 必须完成的工作综述。

② 确定来自其他工作的输入需求，这些需求包括其他工作的结果、用户称的工作结果、供应方完成的工作结果。

③ 完成工作必须引用或参考的规范（如型号规范）、标准、程序和相关的文件。

④ 确定需要的输出，包括需要提交的硬件、软件、设计或试验数据、报告或相关的文件及提交的时间节点。

由于 SOW 是确定具体可靠性维修性工作和经费预算、确定设计方和供应方要求的基础，而且 SOW 面向的不仅是可靠性维修性专业人员，还要面向具有不同专业背景的各类人员，如传统专业设计师、管理人员、财务人员、法律人员等，因此在编制 SOW 时，应注意：

① SOW 必须简短、清晰、确切。

② 每一项说明均要避免模糊和曲解。

③ 避免不必要的重复，注意合并附加的材料和要求。

④ 不要重复所引用的文件中已明确提出的详细要求。

7.2.4　可靠性维修性工作进度

在工作分解和工作说明的基础上，可用日程安排方法如里程碑图、甘特图、计划网络或各种组合的方法来安排可靠性维修性工作进度。选用何种方法取决于液压气动系统系统工程管理中使用的具体方法，一般采用计划网络图。可靠性维修性计划一定位于系统总的设计计划网络图中的某个层次上。

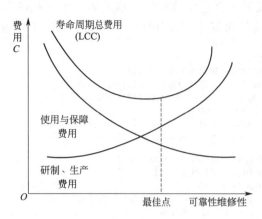

图 7-7　可靠性维修性与费用的关系

在估计可靠性维修性工作进度时，要认真分析相应工程活动所需的资源保证条件及与其相关的工作进度是否具备，如用于可靠性维修性设计分析的 CAD 工具是否具备、用于可靠性维修性试验的设备能力是否满足要求、承担可靠性维修性具体工作的技术与管理人员的数量和素质是否满足工作要求等，这些都是制约工作进度的主要因素。

7.2.5　可靠性维修性工作费用

实施可靠性维修性工程活动一般要增加研制、生产费用，如管理费、培训费、设计分析费、试验验证费、信息费等，也就是说要增加装备的采购费用，但是由于装备可靠性维修性水平的提高，使用户的使用、保障费用大大降低。装备的可靠性维修性不是越高越好，而应以整个寿命周期费用最低的目标加以合理确定，如图 7-7 所示。

7.3　液压气动系统可靠性维修性管理

在生产实际中，有时由于使用、维护以及管理人员的技术素质差，对液压气动技术知识了解较少，而出现误操作，盲目指挥，导致液压气动设备不能充分发挥其性能的例子比比皆是。据有关统计表明，液压气动系统发生故障 90% 以上是由于使用管理不善所致。故很有必要对液压气动系统可靠性管理的重要意义加以强调，以引起有关部门的重视，从而提高液压气动系统的可靠性。

液压气动系统的使用管理不只是维修和使用，而应是从液压气动系统的设计、制造、选购、安装、使用、保养、维修、更新改造，直至报废全过程的综合管理，见图 7-8。液压气动系统使用和管理的目的与价值就在于使液压气动系统经常处于最佳工作状态，保证液压气动系统使用的持久性，迅速而正确地做出故障判断，成功而及时地进行维修、节省经费，以发挥液压气动系统的最佳效益。为此，必须要求使用者和管理者掌握液压气动系统的基础知识和使用管理原则。针对液压气动系统的特点，建立液压气动系统使用管理体系，使液压气动系统的使用管理系统化，才能够提高液压气动设备完好率和利用率，降低生产成本，创造较大经济效益。

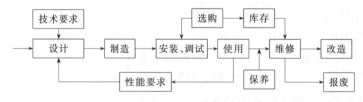

图 7-8　液压气动系统使用管理系统化框图

在工作现场，液压气动系统大多以维修为主，当系统工作一段时间以后，往往安排预计性的维修或大修，其特点是：对液压气动系统进行重新拆装、清洗，更换与检查故障或接近使用寿命的元件。一般情况下，系统的维修期和维修项目由实际工况和经验估计确定，以系统的可靠性为中心确定系统的维修保养期和维修项目。

7.3.1 可靠性维修性管理的基本要素

（1）可靠性维修性管理目标

可靠性维修性工程的目标是提高液压气动系统的性能稳定性和工作持续性，减少维修人力和保障费用。可靠性维修性管理就是从系统工程的观点出发，通过制定和实施科学的计划，去组织、控制和监督可靠性维修性工程活动的开展，其目的是以最少的资源实现系统的可靠性维修性目标。

（2）可靠性维修性管理原则

为了更好地推进全寿命过程可靠性维修性管理，必须遵循和执行下述基本原则。

① 应当从论证阶段开始，就对可靠性维修性需求实施有效的动态管理，保证在论证过程、设计过程中不断明确、细化、权衡。决策各项可靠性维修性需求，这是开展好液压气动系统可靠性维修性管理的基础和前提。

② 可靠性维修性管理是系统工程管理的重要组成部分，因此，可靠性维修性工作必须统一纳入液压气动系统设计、生产、试验、使用等计划，并与其他各项工作密切协调地进行。

③ 可靠性维修性管理必须贯彻有关法规，执行有关标准，并结合型号特点进行剪裁和细化，形成可靠性维修性管理文件体系。

④ 可靠性维修性管理必须遵循预防为主、早期投入、关注过程的方针，将预防、发现和纠正论证过程、设计过程、试验过程、生产过程及元器件、原材料选用等过程缺陷作为管理重点，以保证用户最终获得固有可靠性维修性水平高的装备。

⑤ 可靠性维修性管理必须依赖完整、准确的可靠性维修性信息，因此必须重视和加强可靠性维修性信息工作，建立使用方与设计方协调运行的问题报告、分析和纠正措施系统，建立工作过程质量和系统实物质量相结合的评价指标体系，充分有效地利用各类信息进行综合评价，判断全寿命过程中存在的问题和风险，以及时改进和完善。

⑥ 可靠性维修性管理所需的经费，应当根据系统的类别、性质和所处寿命周期阶段，予以有效的保证。应制订和实施奖罚政策，明确规定奖罚条款，实施优质优价、劣质受罚的激励政策。

（3）可靠性维修性管理方法

可靠性维修性管理的对象是全寿命过程中与可靠性维修性有关的全部工程活动，重点是论证过程、方案设计过程、工程设计过程。管理工作是运用反馈控制原理去建立和运行一个管理系统，通过这个系统的有效运转，保证使用方的可靠性维修性要求能够最终实现。管理的基本方法是计划、组织、监督、控制和协调。

① 计划。进行管理首先是分析和确定目标，选择影响系统达到可靠性维修性要求的最有效的工程活动进行管理，制订每项工程活动的具体要求，估计完成这些工作所需的资源、人力人员、时间及费用。

② 组织。要有一批专职的和兼职的可靠性维修性管理和技术人员，明确其职责，形成可靠性维修性管理的组织体系和工作机制，以完成计划确定的目标和任务。应对各级各类技术与管理人员进行必要的可靠性维修性知识培训和考核，使他们能胜任所承担的职责，完成规定的任务。

③ 监督。制订各种文件、标准、规范、指南，设立一系列检查、控制点，利用报告、检查、评审、鉴定、认证等活动，及时获取信息，以监督各项可靠性维修性工程活动按计划按要求进行。

④ 控制。对发现的可靠性维修性工程活动中存在的各种问题，分门别类提出改进要求

和建议，指导各项可靠性维修性工作活动的改进，使系统的论证、方案、设计、生产、使用过程中的可靠性维修性工程活动均处于受控状态。

⑤ 协调。可靠性维修性工程活动之间有其内在的逻辑相关性，因此必须加强可靠性维修性专业之间的沟通与协调，如设计方内部各部门之间、设计方与使用方之间可靠性维修性工作的协调。此外，可靠性维修性工程活动的结果也需要与专用特性工程活动之间协调。

(4) 可靠性维修性管理重点

对于液压气动系统全寿命周期主要可靠性维修性工程活动，各级管理者应了解在各阶段的什么时候和怎样来规定、评定和跟踪检查这些工作；各项工作的相对重要性、遗漏或削弱这些活动可能造成的后果；各项工作所需的费用及效益，以作为决策时考虑的因素，并有效地开展工作。为了保证以最少的资源来满足用户对液压气动系统可靠性维修性的要求，在液压气动系统寿命周期的不同阶段，其可靠性维修性管理的重点是不同的，只有在了解这些工作的基础上，才可能抓住关键，正确及时地进行计划、组织、监督、控制和协调。

① 可靠性维修性要求管理　可靠性维修性要求管理主要在论证阶段、方案阶段进行。在论证阶段要根据液压气动系统工作任务和保障需求初步确定设备的专用特性和通用特性。在通用特性的确定中以工作可靠性和维修保障性为顶层要求，分解出安全性要求、可靠性维修性使用要求和保障系统设计与保障资源设计要求，在该阶段结束时，应当形成包含可靠性维修性要求的系统立项论证报告。在方案阶段应将可靠性维修性使用要求分解或转换形成可靠性维修性设计要求及保障资源规划与设计要求，在该阶段结束时，应当形成包含可靠性维修性要求的系统设计总要求论证报告。同时在论证阶段和方案阶段要估算系统寿命周期费用，其中要包含与可靠性维修性特性紧密相关的保障费用等。图7-9给出了可靠性维修性要求管理的主要工作。

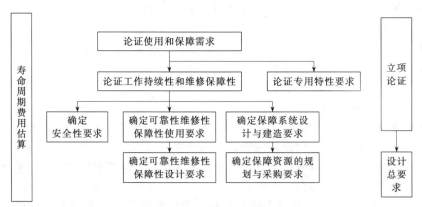

图 7-9　可靠性维修性要求管理的主要工作

可靠性维修性要求管理的重点如下。

a. 可靠性维修性要求论证的及时性。即是否在立项综合论证及设计总要求论证报告中同步提出可靠性维修性要求。

b. 可靠性维修性要求的符合性。即提出的可靠性维修性要求是否基于用户的使用和保障需求，是否体现具体型号的特点。

c. 可靠性维修性要求的完整性。即提出的可靠性维修性要求是否全面，是否能覆盖可靠性维修性各专业要求，并且包含定量要求和定性要求。

d. 可靠性维修性要求论证过程和方法的科学性。即论证过程是否科学、有效、论证方法是否正确，所提出的可靠性维修性要求是否概念清晰、内涵准确、相互协调、理解一致，并有详细的论证过程报告支持。

　　e. 可靠性维修性使用要求转化为设计要求的过程和方法的正确性。即由于转化过程与方法不完备可能带来的问题与风险是否进行了分析。

　　f. 可靠性维修性要求的验证、考核、评估的合理性。即是否对每一项可靠性维修性要求提出了验证、考核、评估要求，验证、考核、评估的方法是否明确、合理。实施验证、考核和评估的条件与装备真实使用条件是否有差异，这些差异可能带来的影响和风险是否进行了分析。

　　g. 可靠性维修性要求的可行性。即对提出的可靠性维修性要求是否进行了技术、经济和进度可行性分析。

　　h. 可靠性维修性设计要求分配过程和方法的正确性。即各单项指标（如 MTBF、MTTR 等）分配到规定产品层次的过程和方法是否正确，由于分配过程与方法的不完备可能带来的问题与风险是否进行了分析。

　　i. 当可靠性维修性要求必须更改时是否分析了更改带来对系统使用和保障的影响和风险。

　　② 可靠性维修性设计分析管理　可靠性维修性设计与分析管理重点针对液压气动系统方案阶段和设计阶段。可靠性维修性设计分析是落实可靠性维修性要求的工程活动。管理的目的是确保完成的可靠性维修性设计分析正确可信、取得实效。

　　可靠性维修性设计分析管理的重点如下。

　　a. 可靠性维修性设计分析工作的及时性。即是否按预定的计划和进度完成各项设计分析工作。

　　b. 可靠性维修性设计分析工作的规范性。即是否符合有关标准、规范和文件要求，是否采用了先进的辅助工具。

　　c. 可靠性维修性设计分析方法的正确性。即是否按产品层次和类型选择正确的可靠性维修性设计分析方法。

　　d. 可靠性维修性设计分析工作之间协调性。即各项可靠性维修性设计分析工作之间是否相互协调的、互为支撑，并与其他专业设计分析工作融为一体并行进行。

　　e. 可靠性维修性设计分析使用数据的可信性。即可靠性维修性设计分析工作是否以完整和可信的可靠性维修性数据和信息为基础。

　　f. 可靠性维修性设计分析工作的迭代性。即可靠性维修性设计分析工作是否随着设计过程不断迭代、细化、完善。

　　g. 可靠性维修性设计分析工作结果的可信性。即对可靠性维修性设计分析的结果是否进行了有效的评估和审查。

　　③ 可靠性维修性试验与评价管理　可靠性维修性试验与评价管理贯穿于设计过程、生产过程和使用过程。可靠性维修性试验与评价是暴露和解决液压气动系统可靠性维修性问题、判断系统是否满足可靠性维修性要求的工程活动。试验与评价管理的目的是保证可靠性维修性工程试验与评价活动符合有关标准、规范和文件，保证各项试验条件有利于充分暴露产品可靠性维修性设计缺陷，保证试验中所暴露的缺陷得到有效的解决，保证各项试验结果能为评价产品可靠性维修性水平提供足够的依据，保证用于评价的可靠性维修性信息来源可靠、准确。

　　可靠性维修性试验与评价管理的重点如下。

　　a. 可靠性维修性试验与评价计划与可靠性维修性工作计划的一致性。即各项可靠性维修性试验与评价工作进度是否与可靠性维修性工作计划一致，试验项目是否覆盖了可靠性维修性各通用特性。

　　b. 可靠性维修性试验方案和大纲的正确性。可靠性维修性试验方法和受试产品选择的合理性，试验条件的符合性。即是否根据产品特点选择合适的试验方法，所选受试产品是否关键、重要产品。试验成功/重做/和拒收条件是否明确。可靠性维修性试验条件是否接近产品真实使用条件，由于试验条件的差异对液压气动系统可靠性维修性带来的影响和风险是否可控。

c. 负责可靠性维修性试验的单位及其职责的确定。即是否明确了负责可靠性维修性试验的单位及其职责，承试单位是否具有相应资质。

d. 可靠性维修性试验过程中信息收集及处理的完整性。是否针对可靠性维修性试验过程中的信息收集、分析和处理制定了完整的方案，针对可能异常情况是否制订了详细的预案。

e. 可靠性维修性评估方法即结果的科学性和可信性。即是否明确了基于设计、分析和试验结果的综合评估方法和判定液压气动系统可靠性维修性水平是否满足要求的评价方法，是否审查了各种评估方法的科学性及评估结果的可信性。

f. 可靠性维修性试验过程中暴露问题的解决措施。即针对各项试验中暴露出的可靠性维修性缺陷和问题是否制定了明确的改进措施，其落实情况。

④ 可靠性维修性评审管理　可靠性维修性评审是运用预警原理采用同行评议的原则，检查可靠性维修性工程活动是否有效的管理手段。可靠性维修性评审管理的重点如下：

a. 可靠性维修性评审计划的制定和实施。即是否制定了详细的可靠性维修性评审计划，并与产品研制计划和可靠性维修性工作计划相协调。在设计过程中是否按评审计划安排各项可靠性维修性评审活动。

b. 可靠性维修性评审的组织工作。即是否明确了不同阶段、不同类型的可靠性维修性评审组织机构和评审人员及其职责，是否在合同中明确规定了评审的时机。评审要求是否提前告知相关人员。

c. 可靠性维修性评审清单。即是否针对每一项可靠性维修性工作制定了评审标准和详细的评审清单，以便有效地检查和监督可靠性维修性计划实施情况、可靠性维修性设计分析情况以及可靠性维修性试验与评价情况。

d. 可靠性维修性评审结果的处理。即评审中发现的薄弱环节和可靠性维修性风险较高的区域是否提出改进意见和建议。针对评审中提出的改进意见，被评审方是否逐一给出采纳或不采纳的说明并评价其影响和风险。采纳的改进意见的落实情况。

⑤ 可靠性维修性信息及闭环管理　建立可靠性维修性问题报告、分析与纠正措施系统的目的是保证可靠性维修性信息的正确性和完整性，并及时利用这些信息对产品进行分析、评价和改进，实现了可靠性维修性增长。众所周知，一切可靠性维修性工程互动都是围绕问题展开的，都是为了防止、消除和控制问题的发生。所以，对在设计、试验和使用过程中发生的问题一定要抓住不放，充分利用信息去分析、评价和改进产品的可靠性维修性。因此可靠性维修性信息及闭环管理的目标是保证全寿命过程中发现的缺陷和问题能及时有效地得到改进，持续提高液压气动系统可靠性维修性水平，实现可靠性维修性不断增长。

可靠性维修性信息及闭环管理的重点如下。

a. 可靠性维修性信息系统的建立。即是否在方案阶段开始就建立了可靠性维修性信息系统并制定了相应的规章制度。

b. 信息的闭环管理。即是否基于可靠性维修性信息系统在液压气动系统全寿命过程中建立一个可靠性维修性问题报告、分析与纠正措施系统（如 FRACAS）以用于闭环管理。

c. 信息收集的及时性、完整性和准确性。即是否按规范化的表格内容及时、完整、准确地收集信息。

d. 问题分析的全面性。即问题报告是否保障按规定的格式不遗漏任何有助于分析问题原因的信息，能否做到以找到问题的根本原因为目标，采用数学、物理、化学的方法进行全面深入的分析。是否对可靠性维修性问题划分了重要性级别？当问题发生时是否能做到根据问题级别按预定的程序运行 FRACAS?

e.纠正措施的正确性。即采取的纠正问题的措施是否经过验证,是否评估了这些措施会带来其他风险,是否对已实施的改进措施进行跟踪检查。

7.3.2 液压气动系统的管理体系

液压气动系统的使用效果与其设计制造、运输、保存、安装、使用、管理、维护改造等环节有着直接的关系。这些环节若能保持最佳状态和取得密切配合,液压气动系统就可以工作稳定,减少故障发生,延长使用寿命,充分发挥系统效益。液压气动系统和其他设备一样,存在着自身的管理体系。运用管理工程学原理,可以把液压气动系统从设计一直到报废这整个过程的综合管理系统化,所建立的管理体系如图 7-10 所示。

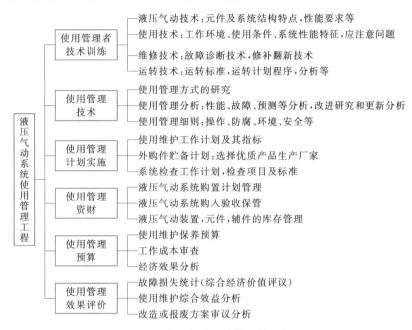

图 7-10 液压气动系统使用管理体系

从图 7-10 中可以看出,与液压气动系统可靠性管理体系有关的人员,不只是使用管理人员,还有设计人员、制造人员、维护人员及大学中进行液压气动技术教育和研究的人员,他们之间有着各种各样的联系,需要紧密配合,围绕着液压气动系统使用维修而协作攻关。学校和研究部门做好技术情报信息服务和人才教育培训。设备制造部门保证用户使用质量、用户反馈信息。维护部门作为液压气动系统使用管理的系统化,不是单纯的静态管理,而是面对实际生产中液压气动设备整体或局部在运行过程中的动态物理量进行定期检测。通过表明液压气动系统性能的特征参数的变化来监视液压气动设备的运行状态,掌握劣化规律,从而减少突发故障和过剩维修,即实行动态管理。

液压气动系统使用管理体系的中心任务是:采取各种必要的管理措施,找出工作状态劣化的根源,掌握劣化随时间变化的规律。根据不同阶段的特点,预防故障发生。一旦出现劣化现象,及时分析原因,彻底排除,从而保持液压气动系统工作状态的稳定和适宜的工作条件,使其发挥最大经济效益,同时自身性能也不断提高。

7.3.3 液压气动系统可靠性管理流程

根据可靠性管理的基本内容,结合液压气动系统自身的特点,可以制定一套详细的可靠性管理流程。依照产品寿命的周期，液压气动系统可靠性管理的过程可分为液压气动系统设计阶段可靠性管理、制造阶段可靠性管理和运输、安装、调试与跑合阶段的可靠性管理。可靠性管理流程的详细过程如图 7-11 所示。

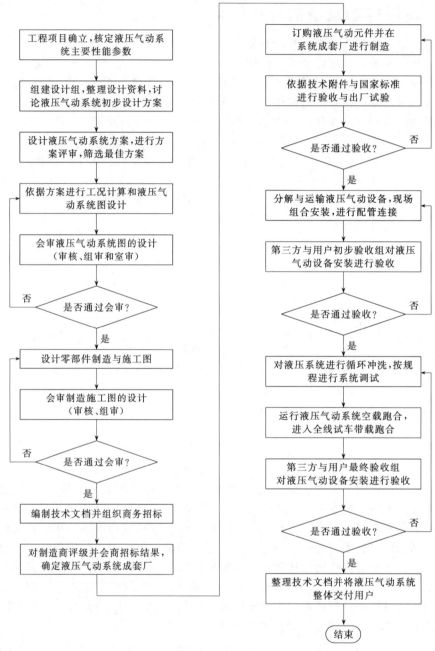

图 7-11　液压气动系统可靠性管理流程图

　　可靠性管理流程中，自工程项目确立为开始，到商务招标为终止，是设计阶段的可靠性管理。在这一阶段主要内容包括：接受设计任务，核定液压气动系统主要性能参数；组建设计组，整理同类系统或相关系统的设计资料；讨论液压气动系统的初步设计方案，开展系统方案设计、评审并筛选最优方案；依据最优方案进行工况计算和液压气动系统图设计，并进行会审液压气动系统图；设计零部件制造与施工图，并进行会审；编制液压气动系统制造要求说明书、液压气动系统出厂试验技术附件、包装与运输要求、现场安装技术规范、液压气动系统调试大纲、任务可靠性验收标准和系统使用维护细则等工程应用可靠性管理文档。这一阶段的可靠性管理活动是整个可靠性管理的基础，对产品的可靠性有着至关重要的影响。

可靠性管理流程中，从商务招标开始，到液压气动系统通过出厂试验为止，是制造阶段的可靠性管理。在这一阶段主要完成对制造方的能力与业绩评级，确定液压气动系统制造厂；订购液压气动元件完成制造与厂内装配；依据技术附件与国家标准进行出厂试验。这一阶段的可靠性管理活动决定了产品执照完成后的固有可靠性。

可靠性管理流程中，从厂内分解与包装液压气动设备到通过现场的液压气动系统任务可靠性验收，完成运输、安装、调试与跑合阶段的可靠性管理。在这一阶段主要完成的内容包括：分解、包装与运输液压气动设备抵达安装现场，进行现场组合、定位与安装，进行液压气动配管的连接；由第三方（工程监理）与用户验收组对液压气动设备的安装进行验收；对液压气动系统进行循环冲洗，按系统调试大纲与规程进行液压气动系统调试；运行液压气动系统空载跑合，进入全线试车时带负载跑合。

可靠性管理流程中第三方对安装工程的验收具有重要意义，第三方站在客观的立场上发现并提出施工中存在的可能危及日后系统使用可靠性的关键问题，以利于在安装施工过程中就能及时进行避免和纠正，维护系统用户的正当利益。

可靠性管理的流程中，第三方与用户最终验收组对液压系统任务可靠性的验收，是一个重要工程节点，若液压气动系统的施工通过此验收，将代表总承包方完整的履行了主要义务，液压气动系统的使用与维护将完全交给用户方实施。在工程实践中，通常规定采用带负载跑合期进行定时截尾可靠性验收试验的方法。可靠性验收试验作为液压气动系统任务可靠性合格的判据，由系统供需双方约定与认可，并由技术合同确立。

7.3.4　液压气动可靠性管理与保养

（1）液压气动系统保养期

液压系统连续工作一定时间后，应当进行整体拆卸检查，对磨损或超差零部件进行修理和更换，这样可提高液压系统的可靠性。对气动系统而言是冷凝水的排放和系统润滑的管理。根据系统的可靠性数据确定了系统的保修期。

例如，假设当某液压系统的可靠度降为 0.9 时，系统的工作时间为：$t = 530h$，工作次数为 5300。当系统的可靠度降为 0.5 时，系统的工作时间为：$t = 3455h$，工作次数为 34550。根据相关标准可定义，当系统工作 530h 或大约工作 5300 次后，系统可靠度降为 0.9，对系统进行一次小修，当系统工作 3455h 或工作 34550 次数后，系统的可靠度降为 0.5，应对系统进行全面大修。根据系统各元件的致命度相对大小和各元件的主要故障机理，制定小修和大修时的主要项目表，作为车间技术资料。

（2）液压气动系统日常保养建议

对于液压气动系统来说，无论是大修还是小修都受人为的因素、实际的工况等影响，而且会对系统的正常运转产生影响。因而平时注意对系统的维护和保养，采取预防性维护和保养是十分必要的。如每次开机前的检查、有噪声时的查看等，将大大提高系统的可靠性和平均寿命。

对于液压系统来说，日常维护和保养的一项重要项目是油液污染的监测。众所周知，油液污染是液压系统故障的主要原因，因为油液污染几乎会引起每一个元件的故障，特别是对于油液清洁度要求较高的阀类元件，油液污染是造成故障最大的因素。可见，油液污染对液压系统的使用可靠性影响极大，因而建议采取如下措施。

① 确定元件的目标清洁度。为液压系统建立油液动态监测系统，此监测系统应具有如

下功能：及时动态的反映系统各点处油液的污染状况；当油液污染度超过规定的最低值时，能够通过人机界面表现出来。

② 最重要的工作是提高工作人员的技术水平和责任心，对其进行技术培训。同时，制定严格的管理措施和污染控制措施。例如已得到工厂认同的某液压机改造过程污染控制流程如图 7-12 所示。

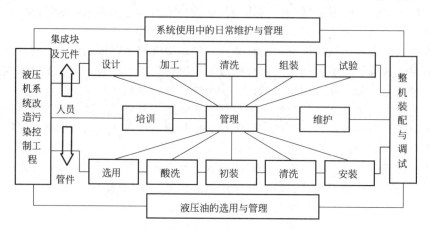

图 7-12　某液压机改造污染控制流程图

③ 液压油从购买到使用过程中要严格进行三次过滤，即：油料生产厂 $\xrightarrow{1}$ 运输车 $\xrightarrow{2}$ 贮存容器 $\xrightarrow{3}$ 系统，要充分控制每一个环节，保证加入系统中的液压油的清洁度。

对于气动系统来说，保证供给气动系统清洁干燥的压缩空气；保证气动系统的密封性；保证需要油雾润滑的元件得到必要的润滑；保证气动控制元件及系统在规定的工作条件下工作，气动执行元件按预定的要求工作等是日常维护的中心任务。气动系统维护要点为：

① 保证供给洁净的压缩空气。压缩空气中通常都含有水分、油分和粉尘等杂质。水分会使管道、阀和气缸腐蚀；油分会使橡胶、塑料和密封材料变质；粉尘造成阀体动作失灵。选用合适的过滤器，可以清除压缩空气中的杂质，使用过滤器时应及时排除积存的液体，否则，当积存液体接近挡水板时，气流仍可将积存物卷起。

② 保证空气中含有适量的润滑油。大多数气动执行元件和控制元件都要求适度的润滑。如果润滑不良将会发生以下故障：a) 由于摩擦阻力增大而造成气缸推力不足，阀芯动作失灵；b) 由于密封材料的磨损而引起空气泄漏；c) 由于生锈造成元件的操作及动作失灵。润滑的方法一般采用油雾器进行喷雾润滑，油雾器一般安装在过滤器和减压阀之后。油雾器的供应量一般不宜过多，通常每 $10m^3$ 的自由空气供 $1mL$ 的油量（$40\sim50$ 滴油）。检查润滑是否良好的一个方法是：找一张清洁的白纸放在换向阀的排气口附近，如果阀在工作 $3\sim4$ 个循环后，白纸上只有很轻的斑点时，表明润滑是良好的。

③ 保持气动系统的密封性。漏气不仅增加了能量的消耗，也会导致供气压力的下降，甚至造成气动元件工作失常。严重的漏气在气动系统停止运行时，由漏气引起的响声很容易发现；轻微的漏气则利用登记表或用涂抹肥皂水的办法进行检查。

④ 保证气动元件中运动零件的灵敏性。从空气压缩机排出的压缩空气，包含有粒度非常微小的压缩机油微粒，在排气温度为 $120\sim220℃$ 的高温下，这些油粒会迅速氧化，氧化后油粒颜色变深，黏性增大，并逐步由液态固化成油泥。这种微米级以下的颗粒，一般过滤器无法滤除。当它们进入到换向阀后便附着在阀芯上，使阀的灵敏度逐步降低，甚至出现动作失灵。将油泥分离出来，此外，定期清洗阀芯也可以保证阀的灵敏度。

⑤ 保证气动装置具有合适的工作压力和运动速度。调节工作压力时，压力表应当可靠，读书准确。减压阀与节流阀调节好后，必须紧固调压阀盖或锁紧螺母。

7.3.5 液压气动系统可靠性管理与维修团队

(1) 液压气动可靠性管理和使用维修团队的构建

液压气动系统完全交付用户进行可靠性管理与运行维护，除合格的使用操作人员外，首要条件是由系统的用户方组建并培训一支完善健全的液压气动维修团队。所谓维修团队的健全性，是指这支维修团队成员应该各司其职，形成一个按阶梯分布的完整团队，它至少应该包括下列人员。

① 液压气动主管与维修工程师：液压气动主管与维修工程师对厂级领导负责，在技术层面总揽整条生产线的液压气动设备可靠性管理与维修工作的全局。他直接管理液压气动系统维修班组长，负责编写或管理液压气动系统操作与维护说明书，分类与归档保存维修记录表，设计并安排具体装备液压气动系统的年度、季度维修计划与维修重点。他需要了解生产线上每台重大装备的工艺地位和工作原理，要具备较高的液压气动系统工作原理知识和丰富的维修管理实践经验。

② 液压气动系统维修班组长：液压气动系统维修班组长接受液压气动主管与维修工程师领导并对其负责，一般负责具体的一套或多套装备液压气动系统的可靠性管理与维修工作。他负责理解年度、季度维修计划与重点，并编写月、周、日的分段实施细则，还要具备一定的工程心理学（也称为人机可靠性工程学）修养，管理并协调备品与维修工具供应员和液压气动维修技师与工人，安排技师与工人进行专业培训并对其进行考核，还负责协助液压气动主管发放并回收维修记录表。他需要了解管辖具体装备液压气动系统的组成与工作原理，要同时具备丰富的维修管理实践经验和精湛的维修技能，还需要当机立断，对突发故障迅速做出判断与反应的能力。

③ 备品与维修工具供应员：备品与维修工具供应员直接面向维修技师与工人，为他们提供液压气动系统专门的维修工具与液压泵阀、高压胶管总成、管接头等备品元件。他需要按维修班组长的维修计划，提交工具与备件的库存情况与采购清单，并负责工具与备件入库后的可靠性管理。由于液压气动元件多是集电子与机械于一身的精密元件，其库存可靠性管理需要较高条件，例如元件库存时间与摆放场地的管理、元件电子部分的防碰损、注油元件液压油口的封堵防污和元件防锈等特殊要求。因此，可以说液压气动系统的备品与维修工具供应员所应具备的专业素质与技能应远高于一般设备与紧固件库存管理的保管员，应对其进行专门的业务培训工作。

④ 液压气动维修技师与工人：液压维修技师与工人劳动在生产一线，按液压气动系统维修班组长的要求，通过备品与维修工具供应员的协助收集开展日常护理与维修的必要工具与液压气动备件，直接对液压气动设备进行保养、调整与修理。技师与工人的责任心和维修技能决定了液压气动系统故障的预防和得到及时修理的程度，直接影响到液压气动系统使用可靠性与使用寿命。

其中现场操作人员能熟练掌握整个工作过程，准确无误地发出各种指令是保证系统正常工作的一项重要指标。在前面可靠性分析中，曾把操作人员的可靠度考虑为"1"，而忽略了其对系统产生的影响。实际上，由于受自身素质、熟练程度以及认真程度等因素的影响，操作人员的可靠度并不能总是保持为"1"，因而总能对系统的整体可靠度产生影响，有时甚至是致命的影响。现如今液压气动系统现场操作人员有时会产生误操作，特别当系统出现异常现象时，更容易产生误操作。因此，必须要对操作人员进行培训，提高他们的自身素质，以降低因"操作水平低"等事故发生而影响系统可靠度的概率。

除了加强培训外，还应对操作人员加强管理。因为操作人员的工作认真程度也会影响到系统的可靠度。要保证液压气动系统持续正常工作，保证系统具有较高的可靠度，就必须加强对现场操作者的管理，努力提高人的可靠性，做好选拔、培训和教育工作。设法挖掘人的潜力，最大限度的调动人的积极性，发挥他们的自觉性。同时，尽可能地为操作者创造适宜的环境，这将有助于提高现场操作人员的工作效率，减轻他们的疲劳状况，减少人为差错。

（2）液压气动设备管理维修团队实训实例

液压气动设备使用、维护和维修实践中，工作在生产一线并直接同设备打交道的操作和维修人员，是应对紧急突发故障，排除日常事故隐患，降低维修费耗影响维修效果的关键环节。

以冶金机械液压系统为例，液压站位于地下泵室内，相对于轧线上其他生产设备而言，维修人员工作环境更为恶劣（往往存在噪音较大，通风不良，光照程度差，温度较高和油污多尘的现象），空间较为狭小，维修条件也较为艰苦，维修人员在进行作业时所受环境约束如图 7-13 所示。

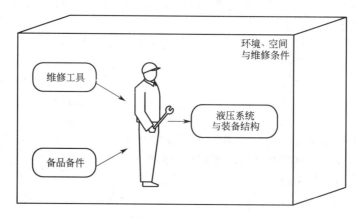

图 7-13　维修人员的维修性所受约束

环境因素中的不利约束主要靠设计进行改善与解决，而提升维修人员工作效果和可靠性的主要途径可依赖于业务培训来解决。在新建生产线过程中，车间里招收的多为缺乏实践经验的新毕业学员，且缺乏深厚的液压专业教育背景，单纯的培训讲座由于培训周期短、针对性不强和受训人员基础薄弱等原因，对他们的实际操作与维修业务能力提高收效甚微。

工程实践证明，通过采用基于"培训—实践—考核"相互渗透与结合的方法，提高维修人员可靠性是可行的。通常可以结合生产实际，分三个步骤实施。

① 利用冶金机械液压系统使用与维修细则，对维修人员进行具体液压系统工作原理、动作过程、使用方法和维修方法的业务培训，培训采用讲授与问答的方式进行，依据艾滨浩斯记忆曲线对需要掌握的维修与操作重点，安排时间进行回顾，以利于维修人员理解和记忆。培训开展的时间配合施工安装过程，让维修人员了解液压设备的实际安装布局情况与各元件所处的安装位置，并参与部分安装实践工作，以利于将学到的维修技能加以熟练。

② 运用维修模拟试验进行考核，对于安装完毕即将进入或已经进入调试阶段的冶金机械液压系统，有针对性的模拟并设立系统在实际使用中的多发故障或紧急情况下的故障，对维修人员进行故障应对与维修质量的考核，提高维修人员的应变速度和处理故障的操作能力。

③ 进行培训与考核效果分析，并对维修人员技能考核情况做出总结，确立后续的业务培训计划、考核目标和制定针对系统大修期的维修人员安排。

在某公司新建 3 条生产线，新招收液压系统维修与机械系统维修人员共计 108 名，从年龄、受教育程度和工作经验上都基本相似，都是南方某技术学校的新毕业学生。首先对新员工中，分配到液压系统维修组的 51 个人（以下称为 A 组），进行了培训并参与安装施工，另外的 57 个人接受机械结构维修培训（以下称为 B 组）。进入验收与调试阶段分别对两组人员进行了维修模拟测试。测试分两部分，第一部分是针对突发故障的应急处理测试，第二部分是故障排除与修理测试。

在第一部分模拟测试中，主要是利用电控系统，向主控制室进行声光报警，并向炉底机械的机旁操纵台与运行状态指示灯上，发送故障指示信号（信号类型包括"油液温度过高"、"油液的液面过低"、"主油泵入口蝶阀关闭"、"循环泵入口蝶阀关闭"、"主回油过滤器堵塞"、"循环过滤器堵塞"和"工作压力异常"），由两组人员分别进入炉底液压站，进行应急处理。按照故障正确的应对步骤，设立评分表（作为例子可参照表 7-3 进行设立），记分员在现场进行评测，根据维修人员的操作正确与否，给出相应的分数。最后，累加个人得分和维修组得分的情况，以便于进一步作统计分析。

表 7-3   故障应对情况评分表的部分

故障信号属性	故障处理描述	评分
油液的液面位置过低	1. 确认炉底机械旁的操纵与指示电控箱上"液面低"信号灯亮闪	1
	2. 靠近液压站能源部分，观察油箱连接液位计，确认液面的下降情况	5
	3. 确实存在液面下降的故障，按下液压站电控箱上的"总停"按钮开关	5
	4. 不存在液面下降的故障，取消声光报警信号，并在液位继电器上贴故障标识	5
回油过滤器堵塞	1. 确认炉底机械旁的操纵与指示电控箱上"回油过滤器堵塞"信号灯亮闪	1
	2. 确认液压站能源部分回油过滤器上堵塞指示灯亮闪	2
	3. 操纵过滤器上切换球阀，将油液切换到双筒过滤器备用的一侧，并在故障侧贴故障标识	5

在第二部分模拟测试中，人为设定实际使用中存在的故障，并在故障位置贴标识，由维修人员依次进入炉底液压泵室，现场进行故障的排除处理。主要设立管接头松脱、管接头 O 形密封圈损坏、液压阀连接螺栓松动、过滤器堵塞、蝶阀与减振喉法兰连接螺栓松动等故障，同样确立故障排除的正确步骤，设立评分表（作为例子可参照表 7-4 进行设立），同样由记分员评测，并给出得分，以便进行统计分析，与第一部分试验所不同的是，还要对维修者记录其每项故障排除的维修时间。

表 7-4   故障排除情况评分表的部分

故障信号属性	故障处理描述	评分
主管路的管接头泄漏	1. 按下液压站电控箱上的"总停"按钮开关	10
	2. 关闭该管接头来油管路上的球阀	1
	3. 在管接头下方，设置盛接液压油的小桶	2
	4. 旋动管接头的锁紧螺母，判断是螺母连接螺纹失效或者是 O 形密封圈失效	5
	5. 当确认为 O 形密封圈失效时，拆下旧圈，用液压油沁润并安放好新圈	5
	6. 用扳手拧紧管接头的锁紧螺母，锁紧程度适当，禁止使用加长杠杆强力扭紧	2
法兰连接螺栓失效	1. 判断故障是否引起泄漏	5
	2. 当故障引起泄漏时，拆卸连接失效的螺栓、螺母和锁紧垫圈	2
	3. 判断紧固件是否失效，进行更换，用扳手重新安装并适度拧紧连接螺母	2

依据评分表中故障处理与排除所列步骤与评分数值，由评委对随机编号进入炉底液压泵室进行维修操作的人员进行打分，两部分测试进行累加（完成试验所有测试项目满分为 410分），得到表 7-5，以便进行统计分析。

表 7-5　维修人员的试验得分纪录

人员序号	1	2	3	4	5	6	7	8	9	10	11	12
A 组得分	305	316	309	318	358	304	286	331	297	320	304	333
B 组得分	218	134	195	233	202	264	189	121	165	257	210	230
人员序号	13	14	15	16	17	18	19	20	21	22	23	24
A 组得分	333	314	268	323	359	345	280	318	302	294	289	327
B 组得分	252	130	189	186	174	207	275	213	264	187	215	183
人员序号	25	26	27	28	29	30	31	32	33	34	35	36
A 组得分	309	321	310	308	329	338	372	286	294	345	310	285
B 组得分	238	204	234	241	211	250	307	235	214	251	217	170
人员序号	37	38	39	40	41	42	43	44	45	46	47	48
A 组得分	327	358	337	368	332	366	311	291	314	349	292	335
B 组得分	234	214	203	266	289	194	219	182	242	120	254	223
人员序号	49	50	51	52	53	54	55	56	57	58	59	60
A 组得分	304	333	292	—	—	—	—	—	—	—	—	—
B 组得分	225	263	204	209	164	148	186	226	193	—	—	—

　　对现场维修人员的试验得分样本，进行总体分布拟合。做出数据的直方图，依据直方图的走势用样条曲线进行逼近，如图 7-14 所示。可据此预计试验的两组人员得分情况服从正态分布。

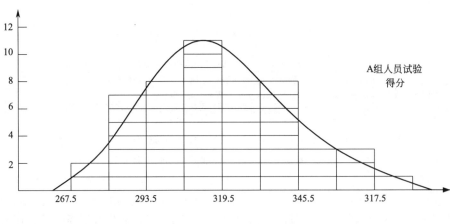

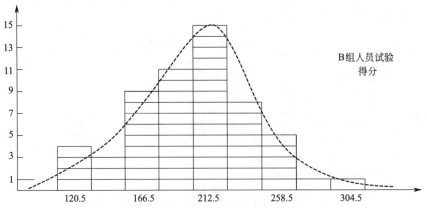

图 7-14　维修人员试验得分的样本直方图

　　可假设 A、B 两组人员操作得分正态分布的概率密度函数为式(7-1)，式中 μ_A、μ_B 分别是 A、B 两组的总体均值，σ_A^2、σ_B^2 分别是 A、B 两组的总体方差。

$$\begin{cases} f(x_A;\mu_A,\sigma_A^2)=\dfrac{1}{\sqrt{2\pi}\sigma_A}\exp\left[-\dfrac{1}{2\sigma_A^2}(x_A-\mu_A)^2\right] \\ f(x_B;\mu_B,\sigma_B^2)=\dfrac{1}{\sqrt{2\pi}\sigma_B}\exp\left[-\dfrac{1}{2\sigma_B^2}(x_B-\mu_B)^2\right] \end{cases} \tag{7-1}$$

用极大似然估计法，对两个总体的未知参数进行估计，可得似然函数为：

$$L(\mu,\sigma^2)=\prod_{i=1}^{n}\frac{1}{\sqrt{2\pi}\sigma}\exp\left[-\frac{1}{2\sigma^2}(x_i-\mu)^2\right] \tag{7-2}$$

两边取自然对数可得：

$$\ln L(\mu,\sigma^2)=-\frac{n}{2}\ln(2\pi)-\frac{n}{2}\ln\sigma^2-\frac{1}{2\sigma^2}\sum_{i=1}^{n}(x_i-\mu)^2 \tag{7-3}$$

令式(7-3)偏导数为零，可得式(7-4)：

$$\begin{cases} \dfrac{\partial}{\partial\mu}\ln L(\mu,\sigma^2)=\dfrac{1}{\sigma^2}\left[\sum_{i=1}^{n}x_i-n\mu\right]=0 \\ \dfrac{\partial}{\partial\sigma^2}\ln L(\mu,\sigma^2)=-\dfrac{n}{2\sigma^2}+\dfrac{1}{2(\sigma^2)^2}\sum_{i=1}^{n}(x_i-\mu)^2=0 \end{cases} \tag{7-4}$$

由式(7-4)第一式解出 $\hat{\mu}$，代入式(7-4)第2式解出 $\hat{\sigma}^2$，可得

$$\begin{cases} \hat{\mu}=\dfrac{1}{n}\sum_{i=1}^{n}x_i \\ \hat{\sigma}^2=\dfrac{1}{n}\sum_{i=1}^{n}\left(x_i-\dfrac{1}{n}\sum_{i=1}^{n}x_i\right) \end{cases} \tag{7-5}$$

用式(7-5)对 A、B 两组试验数据进行统计运算，求得 $\mu_A=318.6$、$\mu_B=212.7$、$\sigma_A=24.7$、$\sigma_B^2=40.3$，由此，可完全确定总体的分布函数。用分布拟合的 χ^2 检验法，对所确定的总体分布形式进行假设检验，确立命题如式(7-6)。

$$\begin{cases} H_0：两组试验数据的概率密度为式(7-1)成立 \\ H_1：两组试验数据的概率密度为式(7-1)不成立 \end{cases} \tag{7-6}$$

根据概率统计定理，可构造检验条件如式(7-7)所示。当样本数据充分大（$n\geqslant50$），式(7-7)中的统计量总是近似地服从自由度为 $k-r-1$ 的 χ^2 分布，其中 r 是被估计的参数的个数，当被检验统计量的计算值小于等于规定值 χ_0^2 时，原命题成立。经计算原命题 H_0 为真，即试验数据符合正态分布。

$$\chi^2=\sum_{i=1}^{k}\frac{(f_i-np_i)^2}{np_i}\leqslant\chi_0^2 \tag{7-7}$$

式中　f_i——数据落在直方图第 i 区段的频数；

　　　p_i——待检验分布概率密度函数在直方图第 i 区段计算可得概率。

由 A、B 两组人员模拟试验得分的考核情况可以看出，无论是个人得分均值或是整组得分均方误差，A 组都比 B 组优异。由此可见，对维修人员进行"培训—试验—考核"的措施，可以大幅度提升维修人员对故障的应对与排除能力，提高其作业中的可靠性。通过维修试验中，观测维修人员调用维修工具与零件备品的情况，并分析维修时间的组成后，在冶金机械液压站旁设立了常用维修工具箱和常用备品零件箱，以利于系统投产运行后，维修人员使用上的方便，可有效节约行政维修时间，也为用户单位对维修人员技能考核提供了较为可观的依据。

第8章
液压气动系统可靠性维修性工程实例

液压气动系统广泛应用于国民经济的各个领域，在各类设备和系统中往往处于控制和动力传输的重要地位，液压气动系统的可靠性与维修性也成为保障成套设备品质的核心因素。在本章，结合液压气动系统工程实例介绍可靠性维修性工程技术的应用情况，内容包括：液压机可靠性工程实践、连铸结晶器液压振动系统可靠性分析及管理、制氧站气动设备可靠性管理及故障树分析、乳化液系统可维修性、维修维护与人员管理。

8.1 液压机可靠性工程实践

液压机作为一种通用的无削成型加工设备，是利用液体的压力能来完成各种压力加工的。其工作特点：一是动力传动为"柔性"传动，不像机械加工设备那样动力传动系统复杂，可实现机器过载保护；二是液压机的拉伸过程中只有单一的直线驱动力，没有"成角的"驱动力，这使加工系统有较长的生命周期和较高的工件成品率。液压机的工作介质主要有两种，采用乳化液的一般称为水压机，采用油的称为油压机，两者统称为液压机。由于液压油在防腐蚀、防锈和润滑性能方面都比乳化液好，且液压油的黏度比较大，容易密封，因此，近年来，采用油为工作介质的液压机越来越多。液压机主要有三种结构型式：梁柱组合式、单臂式和框架式。按照功能可分为手动液压机、锻造液压机、冲压液压机、一般用途液压机、校正压装液压机、层压液压机、挤压液压机、压制液压机、打包压块液压机及专用液压机等十组类型。

8.1.1 液压机可靠性设计

根据实际工况要求，针对不同液压机原有液压系统存在的设计缺陷和故障现象，结合PLC控制和新式液压动力装置，运用可靠性设计方法，设计出针对不同液压机的新型液压系统，并对电控系统进行可靠性设计。

某石化厂的10MN封头拉深水压机是在20世纪60年代末70年代初由国内几家锅炉及压力容器生产厂家自行设计并投入使用的，是用于加工压力容器封头的关键设备。水压机由本体和泵站两部分组成。本体采用了钢板焊接的框架式结构，由上横梁、下横梁、活动横梁、左右立柱及工作缸、每侧16个M30×170的高强度螺栓连接，构成水压机的主机架。活动横梁沿主机架的四根方立柱导向，在工作缸和提升缸的驱动下上下往复移动。工作缸为柱塞缸，柱塞直径 $D_Z=780\text{mm}$。提升缸和顶出缸为活塞缸。压机采用乳化液为传动介质，工作压力21MPa，由高压泵站供给。由于原系统中气动控制阀均已失灵，输入本体的高压液体及回水均靠从泵站到主机之间管路上的闸阀直接控制。

该水压机主要用于封头热拉深，其产品规格为封头内径：$D \leqslant 2000\text{mm}$，板厚 $\delta \leqslant 26\text{mm}$，常见产品规格为 $800\text{mm} \leqslant D \leqslant 1400\text{mm}$，$\delta \leqslant 20\text{mm}$。

(1) 水压机存在问题及对策

从生产现状看，经过较长时期服役后，已到故障多发期，在使用中极易发生故障，该设备存在的问题，使之经常处于停顿状态。

① 泵站问题　水泵及控制元件为已淘汰产品，泵站供油能力低，不符合高压力、大流量的工作要求，压机工作速度低。操作系统简陋，只能实现液流方向的控制，不能实现流量与压力的控制，更不能实现工艺所必需的点动、手动及半自动操作。

② 机械结构问题　无压边机构，现场采用的楔型卡子压边方法，压边效果差，工人劳动强度大，废品率高；动梁导向效果弱，导向长度短，刚度差，间隙不可调整，精度低。导向已不起作用；两提升缸缸径不等，造成先天的偏心载荷，导致动梁倾斜度大，缸套及密封寿命下降，泄漏严重，主缸工作无力；无上下料机构，顶出系统失灵，更换模具费工费时。

③ 电气系统　继电器控制柜为已淘汰的过时产品，故障率高。

由于设备的故障频发严重影响了企业的生产效率与经济效益，成为困扰企业多年的老大难问题，为实现安全生产、提高生产率，保证设备可靠性，对水压机实行改造势在必行。

国外在 30MN 以下级压力机控制系统中已多数改为液压油为介质，对旧式水压机已经淘汰，不存在改造问题。要解决上述问题，采用先进的回路取代原有操作系统，并增加压边机构，实现压力、速度自动调节，做到动作迅速、控制准确、操作方便、工作可靠、提高效率、增加经济效益。

在深入研究国内外压机现状及改造情况的基础上，勇于创新，创造性地综合应用机、电、液先进技术和先进设计方法于 10MN 水压机控制系统更新中，将乳化液系统改为液压油控制系统，减少锈蚀，采用先进的逻辑插装阀、电液比例技术与 PLC 过程控制，应用比例阀无级调定压力，增加液压泵工作余度，综合考虑软件的容错能力，提高系统可靠性与鲁棒性。使工艺参数调整自动化，提供良好的人机界面和工作环境，实现安全操作和自动化，同时增加压边机构和自动脱模机构，成为一台新式压机，使封头加工速度快、质量好、为企业创造较大的经济效益。

更新改造旧设备的一个技术难点就是还要受到原设备格局的束缚，在无法对水压机整体框架进行改造的同时，保持在所给的局限空间内增加新压边机构，实现新液压机的加工功能，并保证改造后系统的可靠性。

除液压控制系统和泵站更新外，对原有的工作装置、主缸、顶出缸、提升缸均需加以改造、更新。根据控制要求对电气控制和操作台进行设计，满足自动和手动操作控制要求，新增加的压边机构也要具备压边力可调。改造后的液压机为 10MN 压力，加工封头最大直径2000mm，料厚小于 25mm，最大径深比 0.5，操作系统工作压力 21MPa，最大压力31.5MPa。单泵供油最大流量 160L/min，三台泵合流后最大流量为 480L/min。所增加压边机构既可对直径 1000～2000mm 的封头加工，又可对直径小于 1000mm 的封头进行加工，当对工装改造后，还可进行其他工件压力加工。

根据分析，当电气控制系统全部更新为可靠性满足的新电控系统时，可以确定要改造旧水压机液压系统应从以下几个方面入手：

① 对于主缸系统应从改善其组成结构和提高组成元件质量这两方面入手来提高其工作可靠性。

② 增加大、小压边缸系统，保证在不同的压边力的条件下能完成自动压边。

③ 增加顶出缸系统，实现加工大直径封头的液压垫功能。

④ 改乳化液系统为液压油系统，控制元件采用新的可靠元件。

⑤ 横梁改造，保证平衡，确保密封可靠。

经过对国内外相关厂家和国内具有水压机的单位的调研，针对此水压机故障现象，具体制订了如下技术改造方案。

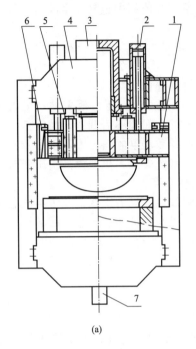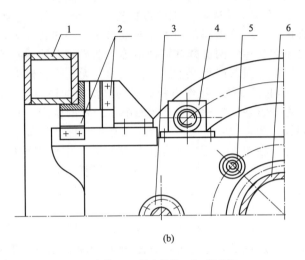

1—活动横梁；2—提升缸；3—主缸；4—机架；　　　　1—立柱；2—导向机构；3—提升缸；
5—压边缸；6—导向机构；7—顶出缸　　　　　　　　4—大压边缸；5—小压边缸；6—主缸

图 8-1　10MN 液压机本体改造后结构

（2）本体部分可靠性设计

本体部分的可靠性设计方案见图 8-1。

改造后的液压机以油作为工作介质，采用 PLC 控制、电液比例阀及二通插装阀组成的液压动力、传动系统，可实现液流方向、流量及压力的就地、远程控制，实现点动操作、手动和半自动操作，在有液压压边的条件下，拉深 $D \leqslant 2000mm$ 的中厚板、薄板椭圆形标准封头。

在改造后的液压机上，拉深封头的一次工作循环为：动梁上行→上料→压边圈快速下行→工作缸充液（快速行程）→工作缸加压（工作行程）→动梁回程→悬空停止。

① 原液压缸的改造设计　其具体设计如下。

a. 主缸。主缸仍采用柱塞结构，柱塞与导套间拟采用 5 层 V 形聚氨酯密封圈，压紧力可调，导套与缸孔间采用 O 形密封圈，导套材质锡青铜，防尘圈采用无骨架聚氨酯防尘圈。

b. 提升缸。原两提升缸内径分别 $\phi325$、$\phi320$，活塞杆直径 $\phi115$。改造后，缸内径统一为 $\phi325$，活塞杆 $\phi130$。因此需更换或设置活塞组件、缸口导套、缸底及塞腔空气滤清器。

c. 顶出缸。顶出缸原缸径 $\phi287$，活塞杆 $\phi136$。改造后，缸径为 $\phi290$，活塞杆 $\phi130$，相应更换或设置活塞组件、缸口导套。

② 导向机构的改造设计　利用立柱导向面，设计了矩形八面间隙可调的导向形式。与其他常用的导向结构比较，这种导向形式具有较高的承受偏心载荷的能力，是防止动梁倾斜和水平横向位移的最佳导向形式。导向机构间隙可以调整，调整量为＋2.5mm，－4.2mm，导向长度增到 1000mm。导向间隙调整结构见图 8-2。

③ 液压压边机构的设计　新设计的液压压边机构包括内外压边两套相互独立的部件。

其中内压边机构的工艺范围为小封头内径 $D{\leqslant}1000mm$，外压边机构的工艺范围为大封头内径 $1000mm{<}D{\leqslant}2000mm$。

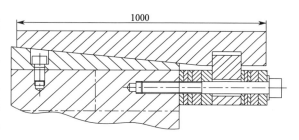

图 8-2　导向间隙调整结构示意

大、小压边机构各由四个压边缸构成，其中小压边缸置于横梁内，大压边缸固定于横梁两侧。压边缸采用缸动式结构。在主机有限的空间内最大限度地实现了压边工作行程，满足了工艺要求。大、小压边缸受两个独立的液压回路控制，能独立工作。压边连接圈的相互干涉可通过设置上垫板得以解决。当封头尺寸小于压边连接圈内孔直径时，需设置相应的压边过渡圈。采用这种压边机构，可大大缩短封头冲压时的辅助工作时间。其额定压边力分别为 150t、250t，实际使用压力可以根据工艺要求利用电液比例溢流阀在额定值下任意调节。

④ 原动梁的改造设计　由于导向机构的改造以及液压压边机构的设置，因此需对原动梁进行加工，加工如下。

a. 焊接加工。加高原动梁梯形槽板，板厚 150mm，长 900mm，高 400mm。新增质量 1680kg。

b. 机加工压边缸固定孔及面，导向机构支承面及相关的部分。主要由平面、孔、螺孔、键槽等加工项目。

c. 校核。对动梁结构强度进行核算，动梁改造后焊缝探伤，保证加工质量，对螺栓连接件也进行强度校核。

⑤ 其他说明　本方案是在综合考虑了液压机工艺要求、原始结构参数、使用维修性能、改造费用、工作可靠性等多种因素后而设计的。

a. 这种方案将主机的额定压力分割成压边力和拉深力两部分，从而降低了拉深工艺力。对于不消耗主机拉深工艺力的其他压边方案，多因机架横梁与立柱的连接强度不足而未能被采用（原设计支口比压为 $\sigma_j=1136kgf/cm^2$，材质 Q235，$\sigma_s=2400kgf/cm^2$，许用挤压力通常取$[\sigma_j]=1000kgf/cm^2$）。

b. 要求主机开启高度 2700mm，最大行程 1700mm，下模座及模圈总高 1000mm，装料空间 250mm。因此要求根据以上尺寸改造原有工装、模具。

c. 用回程自动脱模方式。为此，要求在改造工装、模具时，考虑到模圈与模座、模座与下梁工作台之间的连接，其连接强度应能承受回程脱模力。

d. 部分新增质量及加工内容表略。新增质量约 12t，其中有色金属 904kg，黑色金属 11t。

e. 为保证可靠性，验收时按可靠性管理要求，与现场质量管理小组结合，保证加工、制造、安装质量。

(3) 液压系统可靠性设计

从考察国内外液压机技术现状出发，针对旧水压机工作可靠性差，难以继续工作的情况，以国内领先的角度出发，制定了液压控制系统改造方案，液压系统原理图见图 8-3，其主要性能指标见表 8-1，系统的电磁铁动作表见表 8-2。

① 比例控制技术的应用　其主要应用在以下几个方面。

a. 系统主工作压力比例控制。本压机改造后应属万能压机类。除了压制封头时，主缸总有一个"保压后卸载"的工艺过程。若卸载过程处理不好，则主缸换向必定产生强烈振动和噪声。传统的方法是采用溢流阀卸荷，难以实现卸荷压力从 0~32MPa 间的任意变化，所

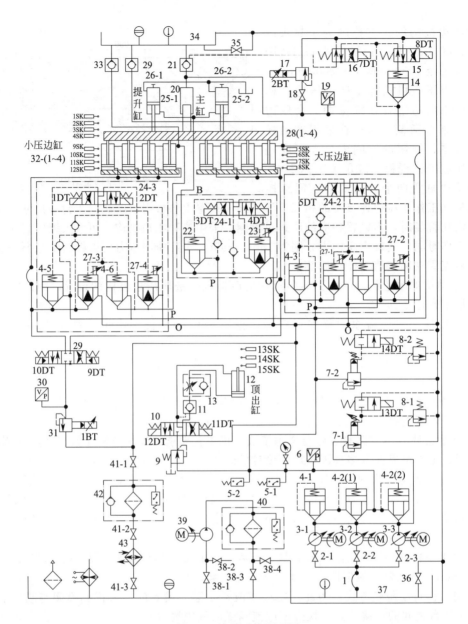

图 8-3　液压系统原理图

以卸荷的效果欠佳。而采用比例溢流阀则能满足卸荷压力在 0～32MPa 间的任意控制和调节，再加上 PLC 控制后，其卸荷功能会更好。

表 8-1　液压机的性能指标

单元	名称	调节范围	单元	名称	调节范围
泵站	压力	0～25MPa	大压边缸	压边力	0～2500kN
	流量	0～480L/min		速度	0～60mm/s
主缸	液压力	0～10000kN	顶出缸	顶出力	0～1200kN
	速度	0～100mm/s		速度	0～100mm/s
小压边缸	压边力	0～1500kN	—	—	—
	速度	0～100mm/s	—	—	—

表 8-2　系统的电磁铁动作表

工作状态	执行部件	动作	电磁铁												
			1	2	3	4	5	6	7	8	9	10	11	12	13
非工进	主缸	上行	−	−	+	−	−	−	+	−	−	−	−	−	−
		下行	−	−	−	+	−	−	−	−	−	−	−	−	−
	提升缸	上行	−	−	+	−	−	−	+	−	−	−	−	−	−
		下行	−	−	−	+	−	−	−	−	−	−	−	−	−
	小压边缸	上行	−	+	−	−	−	−	−	−	−	−	−	−	−
		下行	+	−	−	−	−	−	−	−	−	−	−	−	−
	大压边缸	上行	−	−	−	−	−	+	−	−	−	−	−	−	−
		下行	−	−	−	−	+	−	−	−	−	−	−	−	−
	顶出缸	上行	−	−	−	−	−	−	−	−	−	−	−	+	+
		下行	−	−	−	−	−	−	−	−	−	−	+	−	+
工进	大压边缸		−	−	−	+	−	−	−	+	+	−	−	−	−
	小压边缸		−	−	−	+	−	−	−	+	−	+	−	−	−

b. 压边力比例控制技术。压边力是薄板零件成形过程中的一个重要工艺参数。压边力的主要作用是用来产生摩擦阻力，以增加板料中的拉应力、控制材料的流动、避免起皱。一般来说，压边力过小，无法有效地控制材料的流动，板料很容易起皱；而压边力过大，虽然可以避免起皱，但拉破的趋势会明显增加，同时模具和板料表面受损可能性增大，影响模具寿命和板料成形质量。采用比例控制技术再加上 PLC 控制，可以针对板材的温度，板厚、大小、材料等诸多因素影响，对大批量的封头产品实现自动程序控制，对单件、小批量的封头产品压边力也随意调节。这样就增加了封头产品的规格，以满足压制各种封头的需要。

② 锥阀与开关阀复合型　系统全部采用锥阀，投资太大；全部采用开关阀，个别元件满足不了要求。因此从既要经济又要满足性能要求而采用锥阀与开关阀复合型的液压系统。从报价看，该系统的造价与"可行性论证"的报价出入不大，但相应地增加了液压系统电气控制的复杂程度。

③ 系统采用集成方式连接　尽管造价高，但其结构紧凑、体积小、安装、调节、维护、维修等都很方便。且外观整齐美观，泄漏点少。故本液压系统全部采用集成方式连接，共加工制作 7 个集成块。

④ 新泵站采用冗余设计　三台 160SCY14-1B 高压轴向柱塞泵，一台备用。全部液压元件采用降额设计，选取额定工作压力为 32MPa，系统工作压力 20MPa。

(4) 电控系统的可靠性设计

① 电控系统包括的主要设备及功能

a. 控制柜。系统电源主开关，三台主泵电机 Y-△ 启动主回路，循环泵电机直接启动主回路，油箱加热器控制主回路。

b. PLC 柜。PLC 系统（包括安装底板、电源模板、CPU 模板、输入模板、输出模板、用户程序模块等），直流电源系统（包括 PLC 模板直流电源、电磁铁直流电源、传感器直流电源等），保护 PLC 输出点的继电器系统等。

c. 主操作台。对所有电机进行远程"启动"、"停止"操作；加热器的加热、停止控制；所有工艺过程进行远程自动操作控制（如主缸、提升缸升降，顶出缸顶出、缩回，大、小压边缸升降，压制大、小封头的工进等）；对设备的运行状态进行集中指示（电机的运行、停止，各缸的进、退，泵的工作、卸荷等），使设备整体运行状况一目了然；对系统的故障（横梁超上、下限，液压系统超压、超高低液位、超高低温等）进行集中声光报警；对主压力、大小压边力、系统压力进行数字显示；对主压力、大小压边力进行远程手动调定；对数字面板表进行定度等。

d. 机旁操作箱。对主缸、提升缸、大小压边缸、顶出缸的升降，对大小封头工进进行集中点动操作控制，方便生产过程的上料和卸料。

e. 站旁操作箱。对主泵、循环泵、加热器进行本地"启"、"停"操作控制，本地、远程控制切换，泵的卸荷控制等，方便调试及维修。

② 电控系统可靠性设计　主要考虑了以下几种情况。

a. 元器件的选择。电控系统选用先进可靠的 PLC（德国 SIEMENS 公司的 SIMATIC S5-115）进行控制，具有常规继电器控制所不具有的优越性，使系统体积小、可靠性高、故障率低，成本不比常规继电器系统高很多，性能价格比高，编程简单，寿命长。现场调试及以后的生产过程中，若生产工艺流程需要变更，可不修改硬接线，只通过适当地修改程序来实现，操作维修方便。

b. 电机组的保护。3 台 75kW 主泵采用卸荷启动、卸荷停止方式，启动负载较轻。同时该 3 台电机采用自动 Y-△降压启动方式，一方面提高了泵和电机的使用寿命，另一方面可减少对电网的冲击。系统中采用严格的电气联锁。根据液压系统提出的工艺要求，活动横梁行进到上、下极限位置时，相关电磁铁均回中位并停泵等，提高了设备运行的安全性和可靠性，可完全避免设备意外事故的发生。加之采用了多种编程技巧及三地点操作优先级管理程序组织块保证即使操作人员误操作也不会发生任何意外事故。

c. 机械设备的保护。活动横梁上、下各设两极限位，即上极限位、工作上限位、工作下限位、下极限位。每一极限位采用两个行程开关，分别安装在相对的两立柱上。当活动横梁行进到工作上限位或工作下限位时，就有液压阀回中位，声光报警。若因液压阀卡死而造成活动横梁行进到工作上位或工作下位时不能停止，活动横梁继续上行或下行到达上极限位或下极限位时，停泵保护。提高了设备运行的安全性，可避免设备事故的发生。

d. 指示灯故障测试。若对指示灯提供的信息表示怀疑，按动"灯测试"按钮，全部指示灯应全亮，可判别有无指示灯损坏，防止系统状态和报警信号的误指示或漏指示。

e. 系统运行状态报警控制。当主油箱油位低，油温高、油温低，系统压力高、压力低，高位油箱油位低，活动横梁处于上下极限位时，就会有声光报警并进行相应的控制，如卸荷、停泵等。

f. 程序的互锁控制。软件编程时采用了多种措施，对 3 个地点（本地、远地、机旁）操作优先权进行管理及操作按钮之间的完全互锁，保证了操作人员即使违反操作规程进行操作，也不会发生事故。系统中采用了多种措施，以保护 PLC 及其输出点。如每一模板都设一单极自动开关进行短路保护；输出点不直接驱动大电流负载，经小型继电器过渡；大电流负载线圈设续流二极管等。

g. 容错控制技术的运用。可靠性设计中的重要组成部分，它起源于计算机系统设计技术，容错技术应用于控制系统之后，使系统在部分故障时，能够利用所配置的硬件冗余资源和软件冗余资源，保证系统仍能稳定运行。容错控制技术是由硬件冗余技术和基于"功能冗余"的容错控制两大部分组成，其中硬件冗余技术是依靠各种备份器件或组件，来提高系统的可靠性，如控制器、传感器、执行器等，都可用硬件冗余来提高它的可靠性，但这种方法会使系统的重量、体积、投资和能量消耗增加。而"功能冗余"是指系统中诸部件间在功能上的重叠，其中一个部件的部分或全部可由别的功能来代替，当控制系统中一些部件出现故障时，利用"功能冗余"，使系统继续保持正常运行。

③ PLC 系统的硬件及软件实现　主要实现方式：

a. 硬件组成　本系统选用 SIMATIC S5-115U 模板式可编程控制器，主要模板包括，一块 CPU941 模板，三块 32 点输入模板（430），一块 16/16 点输入/输出模板（482），一块 32 点输出模板（451），两块 16 点输出模板（454），I/O 总点数 112/80 点，实际使用 96/74 点，留约

10%的裕量，以备功能修改时点数扩展。用户程序模块选用 EEPROM（375），容量为 8K 字节，实际程序量约为 6K 字节。系统模板组成框图及各输入输出模板的编址见表 8-3。

表 8-3　各输入输出模板的编址

PLC 模板	编址	PLC 模板	编址
电源模板（951）	—	3#输出模板（451）	Q12.0-Q15.7
PG710 编程器 CPU 模板（941）	—	4#输入/输出模板（482）	I16.0-I17.7
0#输入模板（430）	I0.0-I3.7	5#输出模板（454）	Q20.0-Q21.7
1#输入模板（430）	I4.0-I7.7	6#输出模板（454）	Q24.0-Q25.7
2#输入模板（430）	I8.0-I11.7		

系统中采用了多种措施，以保护 PLC 及其输出点。454 模板单点最大输出电流为 2A（24VDC），可直接驱动阀用电磁铁（DC24V/1A），考虑到输出点的保护，电磁铁线圈并接吸收二极管，且串联 2A 熔断管。当输出点需驱动交流接触器线圈，经直流中间继电器转换，且接触器线圈两端并联阻容吸收块。为保护输入、输出模板，每一模板均接一只单极自动开关（2A/3A/5A）。

b. 软件结构功能　应用软件采用模块化结构，其中重要的组织块（OB）和程序块（PB）如表 8-4 所示。

表 8-4　模块及功能

模块	功　能	模块	功　能
OB1	周期性程序扫描	PB3	3#主泵电机控制
OB21	手动打开开关	PB4	循环泵电机控制
OB22	电源恢复后自动打开开关	PB5	油箱加热器控制
OB31	扫描时间触发	PB6	运行状态监视，声光报警管理
PB0	操作优先权管理	PB7	工艺过程动作控制
PB1	1#主泵电机控制	PB8	卸荷控制，设备保护
PB2	2#主泵电机控制	PB9	指示灯故障测试

下面介绍各组织块、程序块的控制功能。

a）OB1。为线性结构，规定各程序块的处理顺序，完成周期性程序扫描。

b）OB21。当 RESTART 开关设在"RE"位，方式开关从"ST"掷到"RN"位时，清零标志字节，然后执行 OB1。

c）OB22。当方式开关处在"RN"位，RESTART 开关处在"RE"位，电源掉电恢复后，查看是否所有 I/O 模板均准备好，若有一个模板无法访问，CPU 进入 STOP 方式，否则 CPU 执行 OB1。

d）OB31。若程序扫描持续时间较扫描监控设置时间长，CPU 进入 STOP 方式。通过调用 OB31 可在控制程序任何点再次触发扫描时间监控器。

e）PB0。电控系统设有主控制台、压机机旁操作箱和泵站站旁操作箱，为了解决它们的之间的操作权之争，在各操作台箱上设有操作权选择开关及相应状态指示灯，保证点动、自动操作在控制逻辑上严格互锁，三者不能同时有效，以防止控制逻辑混乱。

f）PB1～PB3。分别为三台主泵电机的启动、停止控制逻辑，三台主泵电机采用 Y-△降压启动，Y 运行时间设为 12s。启动卸荷、停止卸荷时间设为 20s。当油箱低位、低湿、滤芯堵塞时要停泵保护或不允许启动。当活动横梁处于上、下极限位时要停止电机运行。

g）PB4。为循环泵的启停控制逻辑，循环泵用来给油箱加油，并进行油液的循环过滤。

h）PB5。箱加热器的两地自动、手动加热控制逻辑。当油温很低时，油液黏度高，为了保护泵，在启动前应进行油液加热。加热器自动加热的启动和停止由油箱上的温度控制器（电接点温度表）的低温报警点和高温报警点控制。

i）PB6。对整个设备的运行状态进行集中监视管理。这些状态包括：三台主泵、一台循环泵以及加热器的工作状态；主缸、提升缸、大压边缸、小压边缸、顶出缸的升降状态；大小封头的压制工进状态。系统的故障状态包括：主油箱及高位油箱的高温、低温、高油位、低油位；系统的低压、超高压；各滤芯的堵塞；活动横梁的工作上、下限，上下极限位等。

j）PB7。工艺控制包括主缸、提升缸、大小压边缸、顶出缸的升降动作控制，大小封头的压制工进控制。以上操作可在主控制台上自动控制，也可在机旁操作箱上点动控制。

k）PB8。卸荷控制逻辑完成泵启停过程的自动卸荷保护，某些故障情况下的自动卸荷保护，也可完成手动卸荷，供油控制。

l）PB9。灯测试控制逻辑可及时判断定位损坏的指示灯，避免状态、故障信息的漏指示和误指示。

综上所述，依托性能优良的 PLC 及电气元件、硬件和软件的高可靠性设计，使该电控系统具有较高的先进性和自动化程度，运行安全可靠，操作使用简单方便，维护、维修简便工作量小。从投产使用到现在，未曾发生过任何故障。PLC 控制使系统的柔性大大提高。在现场调试时，针对用户提出的对生产工艺流程的某些修改和功能完善意见，可不修改硬接线，只通过适当地修改程序来实现，PLC 输入输出点的余量，有利于以后的生产工程中不断地对系统功能进行扩充。

8.1.2　液压机可靠性模型及可靠性分配

(1) 可靠性模型

可靠性是压力机的主要质量特征，指压机在规定条件下和规定时间内完成规定功能的能力，它综合地反映了产品的耐久性、无故障性、维修性、有效性和使用经济性等因素。对于液压系统运行的可靠性研究，是近年来可靠性技术的一个重要研究方向。

在掌握了系统的详细资料后，根据系统工作时相互逻辑关系，做出了以下 4 条假设：

a. 系统和单元只有正常和故障两个状态，而不存在中间状态。

b. 各单元是相互独立的。

c. 所连接的线没有可靠性值。

d. 仅分析系统的硬件可靠性，认为软件和人的可靠性为 1。

① 系统的可靠性框图　整个系统可以分为油源模块、动力模块、提升模块、主缸模块、压边模块、顶出模块和回油模块 7 个模块。由系统各部分的功能可以看出，7 个子系统中任何一个子系统发生故障都会引起整个系统的故障，因而，根据系统可靠性模型中串联和并联等模型的定义，对于整个液压系统来说，可靠性模型是串联模型，可靠性框图如图 8-4 所示。

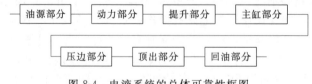

图 8-4　电液系统的总体可靠性框图

② 子系统的可靠性框图　根据可靠性模型的定义，对系统分成的 7 个子系统分别分析其内元件之间的可靠性逻辑关系，建立每个子系统的可靠性框图，如图 8-5～图 8-11 所示。

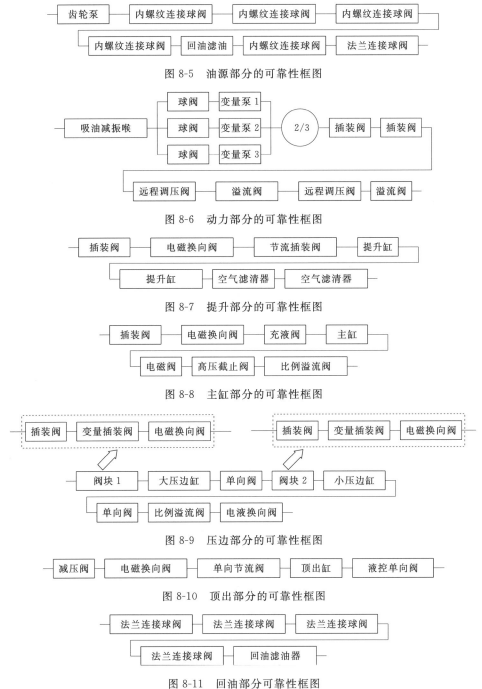

图 8-5 油源部分的可靠性框图

图 8-6 动力部分的可靠性框图

图 8-7 提升部分的可靠性框图

图 8-8 主缸部分的可靠性框图

图 8-9 压边部分的可靠性框图

图 8-10 顶出部分的可靠性框图

图 8-11 回油部分可靠性框图

从以上可靠性框图中可以看出，对于整个系统来说 7 个分系统是串联结构，每个分系统中大多数元件相互之间是串联关系，因而，整个系统总体上是串联模型为主的可靠性结构。

（2）可靠性分配

在液压机主缸系统中由于主缸系统中元件的组成结构比较复杂，对每一个部件的可靠度要求也不同，因此应采用相对故障率法与相对故障概率法对主缸系统进行可靠度分配。

① 计算系统的预计可靠度 液压机主缸系统主要由油泵、两位两通阀、两位四通阀、液控单向阀和主缸组成，它的逻辑图如图 8-12 所示。大修周期约为 2000h，要求在规定的

时间内系统设计可靠度 R_{sd}（$t=2000h$）为 0.90。

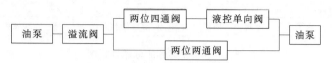

图 8-12　液压机主缸系统逻辑图

首先要确定各组成单元的预计故障率。根据试验数据及现场运行情况，确定各单元的预计故障率分别为：溢流阀预计故障率 $\lambda_1=5.7\times10^{-5}/h$；两位四通阀预计故障率 $\lambda_2=4.6\times10^{-5}/h$；液控单向阀预计故障率 $\lambda_3=5\times10^{-5}/h$；两位两通阀预计故障率 $\lambda_4=1.87\times10^{-5}/h$；油泵预计故障率 $\lambda_5=4.5\times10^{-5}/h$。假设各个单元的故障分布服从指数分布，根据式（2-27），可得各个单元在 2000h 时的预计可靠度分别为：$R_1=0.752$，$R_2=0.795$，$R_3=0.779$，$R_4=0.911$，$R_5=0.839$。然后计算系统的预计可靠度，为 $R_s=0.609<0.90=R_{sd}$，因此需提高单元可靠度并重新进行可靠度分配。

② 系统可靠度分配　对图 8-12 进行分析可知，此系统是一个具有冗余部分的串并联系统。要对它进行可靠度分配，必须先进行简化。简化过程如图 8-13 所示。

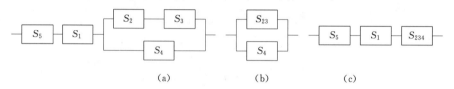

图 8-13　水压机主缸系统简化逻辑图

第一步对图 8-13(c) 所示的串联系统进行可靠度分配。

已知系统的设计可靠度为 0.90，根据式（2-27）可得系统的容许故障率 $\lambda_{sd}=2.107\times10^{-5}/h$。又由式（3-14）与式（3-18）求得三个串联单元的容许故障率分别为：$\lambda_{5d}=7.459\times10^{-6}/h$，$\lambda_{1d}=1.21\times10^{-5}/h$，$\lambda_{234d}=1.475\times10^{-6}/h$。再根据式（2-27），可得两个单元分配到的容许可靠度为：$R_{5d}=0.963$，$R_{1d}=0.941$，$R_{234d}=0.993$。

第二步对图 8-13(b) 所示的并联子系统进行可靠度分配。

按照串联系统可靠度相乘的原则以及式（3-17），计算出并联子系统的容许故障概率及两个组成单元的容许故障概率分别为：$F_{234d}=0.007$，$F_4=0.089$，$F_{23}=0.381$。根据并联系统可靠度分配原则，列出方程式

$$\begin{cases} F_{23B}\times F_{4B}=0.007 \\ \dfrac{F_{23B}}{F_{23}}=\dfrac{F_{4B}}{F_4} \end{cases}$$

式中　F_{23B}——并联子系统中 S_{23} 单元的容许故障概率。

　　F_{4B}——并联子系统中 S_4 单元的容许故障概率

求解上述方程组得：$F_{23B}=0.175$，$F_{4B}=0.04$。

根据式（3-17）得到两个单元的容许可靠度分别为

$$R_{23d}=0.825, R_{4d}=0.96。$$

分配的故障率为

$$\lambda_{4d}=8.16\times10^{-6}。$$

第三步对 S_2、S_3 组成的串联子系统进行可靠度分配。

由式（3-17）可得

$$F_2=0.205, \quad F_3=0.221$$

由此求得两个子系统的容许故障概率分别为

$$F_{2B} = 0.084, \; F_{3B} = 0.091$$

最后根据式(3-17)和式(3-16)得到两个子系统的设计可靠度和容许故障率分别为

$$R_{2d} = 0.916, \; R_{3d} = 0.909, \; \lambda_{2d} = 1.75 \times 10^{-5}, \; \lambda_{3d} = 1.9 \times 10^{-5}$$

到这里为止,系统的设计可靠度已全部分配到各个组成单元中。表 8-5 列出了系统各组成单元的预计故障率、预计可靠度和经可靠度分配后的容许故障率、设计可靠度。

表 8-5 各组成单元故障率、可靠度的预计值与分配值的对比

单元名称	预计故障率 $\lambda_i/(1/h)$	容许故障率 $\lambda_{id}/(1/h)$	预计可靠度 R_i	设计可靠度 R_{id}
溢流阀	5.7×10^{-5}	1.21×10^{-5}	0.752	0.941
两位四通阀	4.6×10^{-5}	1.75×10^{-5}	0.795	0.916
液控单向阀	5×10^{-5}	1.9×10^{-5}	0.779	0.909
两位两通阀	1.87×10^{-5}	8.16×10^{-6}	0.911	0.96
油 泵	3.5×10^{-5}	7.46×10^{-6}	0.839	0.963

从表 8-5 可以看出,要达到系统要求的可靠度,必须提高各个组成元件的可靠度。这需要从两个方面入手,其一,选择较高质量的元件,以确保具有较高的固有可靠度;其二,在元件的使用过程中,应注意正确操作,定期保养,尽量改善工作环境,以保证元件具有较高的使用可靠度。这样才能综合提高元件的工作可靠度,从而达到系统设计要求。这种可靠度分配的方法同样适用于压边缸、提升缸系统及整个液压系统,为系统的可靠性设计提供了依据。

8.1.3 液压系统的故障模式影响及致命度分析

8.1.3.1 液压元件的故障模式及故障机理研究

对于液压元件来说,故障模式一般有泄漏、噪声、机械损坏、压力波动、流量不足等表现形式,即使同一种表现形式,其机理也不相同,这也表现了液压系统故障的多发性和复杂性。液压系统中的故障机理大致有机械形变、磨损、污染、疲劳、热变形等几种形式。这些故障机理在不同的液压元件和不同的系统中表现为不同的故障模式。表 8-6 给出了系统中各元件的故障模式和故障机理。

表 8-6 液压元件的故障模式及机理分析

元 件	故障模式	故障原因
变量柱塞泵	不出油或流量不足	1. 油液不能充分吸入泵中,如油液面过低吸油管漏气等 2. 启动时温度较低,油液黏度太高 3. 中心弹簧故障,柱塞不能回程,缸体与配流盘之间失去密封 4. 缸体孔与柱塞平面磨损或烧盘粘铜 5. 变量机构阻力过大 6. 泵中有零件损坏 7. 回路其他部分漏油
	压力低	1. 泵的转速过低 2. 系统的溢流阀故障 3. 配流盘与缸体间有杂物,或配流盘与转子接触不良
	漏油严重	密封件磨损
	流量无变化	变量机构故障
	噪声大	1. 泵与电机连接不同心 2. 吸入空气 3. 泵体内存有空气 4. 柱塞与滑靴头连接松动 5. 回油管高于油箱液面 6. 泵的转速过高

元件	故障模式	故障原因
溢流阀	压力波动	1. 弹簧弯曲 2. 锥阀阀体与阀座接触不良
	调节无效	1. 弹簧断裂 2. 阻尼孔堵塞 3. 阀体被卡住 4. 回油口被堵
	泄漏	1. 滑阀阀体与阀座配合间隙过大 2. 锥阀阀体与阀座配合间隙过大 3. 压力过高
	压力到达调整值时不开启	1. 弹簧故障 2. 滑阀阀芯卡死
插装阀	不能开关	1. 阻尼孔被油液中的杂质等阻塞 2. 阀芯与阀体间机械卡住
	泄漏	1. 阀芯与阀体间摩擦损耗 2. 锥形阀体与阀座间的线密封被杂物破坏
减压阀	压力不稳定	1. 主阀弹簧变形或卡住 2. 锥阀与阀座的配合不良
	无减压作用	1. 阀芯卡死 2. 阻尼孔被堵
电磁换向阀	滑阀不换向	1. 电磁铁损坏或力量不够 2. 对中弹簧故障 3. 阀芯卡死 4. 滑阀被拉伤
	动作缓慢	1. 油液黏度过高 2. 泄油路堵塞
液控单向阀	逆流时密封不良	1. 单向阀阀口有脏物或被磨损 2. 阀芯被卡
	液控失灵	控制压力低
	不能正常开启	1. 背压大 2. 阀芯被卡
节流阀	节流作用故障或调节范围较小	1. 节流阀芯和阀体的配合间隙过大 2. 节流口堵塞 3. 阀芯被卡
	执行机构速度不平稳	1. 节流口堵塞使通油面积减小 2. 由于震动使调节位置变化
液压缸	漏油	1. 密封件损伤 2. 端面连接不紧
	输出无力	1. 内外泄漏 2. 系统压力低
	动作迟滞	1. 缸中存在较多空气 2. 油液黏度高
	只能伸出不能收回	1. 内泄漏使缸成为差动回路 2. 系统油液不能换向
	爬行	1. 缸内或油内有空气 2. 摩擦力过大 3. 运动速度太低

元　件	故障模式	故障原因
滤油器	油液被堵塞	1. 滤芯堵塞且旁路故障 2. 油黏度过大
	无滤油效果	1. 滤油器堵塞使旁路开通 2. 滤芯故障
比例溢流阀	流量不能调节（其他同溢流阀）	1. 比例电磁铁故障 2. 阀芯被卡
电液换向阀	不能实现换向功能	1. 滑阀卡死或拉坏 2. 控制压力不够 3. 复位弹簧故障
	电磁线圈故障	1. 线圈绝缘不良 2. 电压低
齿轮泵	流量不足或压力不能升高	1. 吸油管路不畅 2. 侧板与齿轮端面磨损严重
	噪声严重	1. 有空气混入油液中 2. 齿轮精度不高
球阀	漏油	1. 密封件故障 2. 阀芯与阀体间隙太大
	手柄失灵	1. 阀芯卡死 2. 阀芯与阀体磨损间隙太大
远程调压阀	无调压效果	1. 先导阀阀芯卡死 2. 先导阀弹簧故障 3. 主阀阀芯卡死 4. 主阀弹簧故障 5. 阻尼孔阻塞
	不能泄荷	1. 主阀阀芯卡死 2. 主阀弹簧故障 3. 阻尼孔阻塞 4. 电磁换向阀故障

从表 8-6 中可以看到，弹簧故障与阀芯卡死是主要的故障原因，因此在设计时应尽量选用高质量、抗污染、高可靠性的元件，并注意对安装过程中管道的清洗，使用过程应加强对阀类元件的维护、清洗和保养，尽量保持油液的清洁度，防止阀芯磨损和卡死。

8.1.3.2　液压元件的致命度分析

根据上述元件故障模式和故障机理的分析，结合有关资料和专家的经验，对元件的故障率、故障频数、故障影响概率等进行了估计，从而得出了系统中每一个元件的致命度，通常元件的故障率修正系数取 1～15，对于固定地面设备取 5。根据成本核算，以每压制 1 个封头平均赢利 1000 元计算，加上自己厂内的封头压制，则大约压制 2000 个封头就可以收回成本，因而这里以液压机工作 2000 次为致命度时间区间研究，在此区间内，共要加工封头 2000 个，以加工每个封头液压系统纯工作时间需要 6min 计算，则共需时间为 12000min，也就是说大约需要工作 200h，循环动作 2000 次。表 8-7 列出上述估计条件下各元件的故障致命度。

表 8-7 液压元件的致命度

部分	序号	名称	数量	故障模式	α	β	$\lambda/(10^{-6}/h)$	t/h	$C_r(10^{-6})$
油源部分	1	补油齿轮泵	1	1. 流量不足或压力不能升高	0.6	0.1	13	200	260
				2. 噪声严重或压力波动较大	0.4	0.1			
	2	内螺纹连接球阀	4	1. 漏油	0.8	0.1	2	200	112
				2. 手柄失灵	0.2	1			
	3	回油滤油器	1	1. 油液被堵塞	0.8	0.5	1	200	100
				2. 无滤油效果	0.2	0.5			
	4	法兰连接球阀	1	1. 漏油	0.8	0.1	2	200	112
				2. 手柄失灵	0.2	1			
	5	内螺纹连接球阀	1	1. 漏油	0.8	0.1	2	200	112
				2. 手柄失灵	0.2	1			
动力部分	6	吸油减振喉	1	漏油	1	0.5	3	200	300
	7	法兰连接球阀	3	1. 漏油	0.8	0.1	2	200	112
				2. 手柄失灵	0.2	1			
	8	手动变量泵	3	1. 不出油或流量不足	0.2	1	13	200	910
				2. 压力低	0.2	0.5			
				3. 漏油严重	0.2	0.4			
				4. 流量无变化	0.3	0.5			
				5. 噪声大	0.1	0.1			
	9	插装阀	3	1. 不能开关	0.3	1	9	200	1170
				2. 泄漏	0.7	0.5			
	10	电磁溢流阀	2	1. 压力波动	0.2	0.5	11	200	968
				2. 调节无效	0.4	1			
				3. 泄漏	0.2	0.5			
				4. 压力到达调整值时不开启	0.2	1			
	11	远程调压阀	2	1. 无调压效果	0.8	1	11	200	2200
				2. 不能泄荷	0.2	1			
提升部分	12	插装阀	1	1. 不能开关	0.3	1	9	200	1170
				2. 泄漏	0.7	0.5			
	13	节流插装阀	1	1. 不能开关	0.3	1	9	33	193
				2. 泄漏	0.7	0.5			
	14	电磁换向阀	1	1. 滑阀不换向	0.3	1	11	33	236
				2. 动作缓慢	0.7	0.5			
	15	提升缸	2	1. 漏油	0.3	0.3	0.4	33	5.41
				2. 输出无力	0.2	0.5			
				3. 动作迟滞	0.2	0.5			
				4. 爬行	0.3	0.5			
	16	空气滤清器	2	堵塞	1	0.5	0.1	33	1.65

部分	序号	名称	数量	故障模式	α	β	$\lambda/(10^{-6}/h)$	t/h	$C_r(10^{-6})$
主缸部分	17	插装阀	1	1. 不能开关	0.3	1	9	100	585
				2. 泄漏	0.7	0.5			
	18	电磁换向阀	1	1. 滑阀不换向	0.3	1	11	100	715
				2. 动作缓慢	0.7	0.5			
	19	电磁阀	1	1. 不换向	0.2	1	11	100	660
				2. 泄漏	0.8	0.5			
	20	高压截止阀	1	1. 开关失灵	0.2	1	3	100	180
				2. 泄漏	0.8	0.5			
	21	比例溢流阀	1	1. 压力波动	0.3	0.1	11	100	528
				2. 调节无效	0.2	1			
				3. 泄漏	0.5	0.5			
	22	主缸	1	1. 漏油	0.5	0.5	0.2	100	11.4
				2. 输出无力	0.1	1			
				3. 动作迟滞	0.2	0.1			
				4. 爬行	0.2	1			
	23	充液阀	1	1. 泄漏	0.8	0.5	7	100	420
				2. 不能正常打开	0.2	1			
压边部分	24	插装阀	2	1. 不能开关	0.3	1	9	100	293
				2. 泄漏	0.7	0.5			
	25	变量插装阀	2	1. 不能开关	0.3	1	9	100	585
				2. 泄漏	0.7	0.5			
	26	电磁换向阀	2	1. 滑阀不换向	0.3	1	11	100	715
				2. 动作缓慢	0.7	0.5			
	27	大压边缸	4	1. 漏油	0.5	0.5	0.5	100	30
				2. 输出无力	0.1	1			
				3. 动作迟滞	0.2	0.1			
				4. 只能伸出不能收回	0.1	0.1			
				5. 爬行	0.2	0.1			
	28	电液换向阀	1	1. 不能实现换向功能	0.5	1	10	100	1000
				2. 电磁线圈故障	0.5	1			
	29	比例溢流阀	1	1. 压力波动	0.3	0.1	11	133	710
				2. 调节无效	0.2	1			
				3. 泄漏	0.5	0.5			
	30	单向阀	2	1. 不起单向阀作用	0.4	1	5	100	350
				2. 泄漏	0.6	0.5			
	31	小压边缸	4	1. 漏油	0.5	0.5	0.5	100	20
				2. 输出无力	0.1	1			
				3. 动作迟滞	0.2	0.1			
				4. 只能伸出不能收回	0.1	0.1			
				5. 爬行	0.2	0.1			

部分	序号	名称	数量	故障模式	α	β	$\lambda/(10^{-6}/\text{h})$	t/h	$C_r(10^{-6})$
顶出部分	32	减压阀	1	1. 压力不稳定	0.7	0.1	7	33	52
				2. 无减压作用	0.3	0.5			
	33	电液换向阀	1	1. 不能实现换向功能	0.5	1	10	33	340
				2. 电磁线圈故障	0.5	1			
	34	液控单向阀	1	1. 逆流时密封不良	0.3	0.5	10	33	284
				2. 液控失灵	0.3	1			
				3. 不能正常开启	0.4	1			
	35	单向节流阀	1	1. 节流作用故障或调节范围较小	0.7	0.5	5	33	48
				2. 执行机构速度不平稳	0.3	0.1			
	36	顶出缸	1	1. 漏油	0.3	0.3	0.4	33	9.2
				2. 输出无力	0.1	1			
				3. 动作迟滞	0.2	0.5			
				4. 只能伸出不能收回	0.1	1			
				5. 爬行	0.3	1			
回油部分	37	法兰连接球阀	4	1. 漏油	0.8	0.1	2	200	112
				2. 手柄失灵	0.2	1			
	38	回油滤油器	1	1. 油液被堵塞	0.8	0.5	1	200	100
				2. 无滤油效果	0.2	0.5			

从表 8-7 中可以得到，阀类元件的致命度最大，尤其是溢流阀、电磁换向阀、电液换向阀、单向阀等的致命度远远高于其他元件。因此，要尤其注意阀类元件的选用及维护，保证系统的可靠性。

8.1.4 液压系统的故障树分析

8.1.4.1 原水压机系统故障树分析

在水压机系统中，最不希望发生的故障是主缸无力事故。因为主缸是主要执行元件，如果它出现无力的故障，产品的质量将直接受到影响，危害程度较大；另外，主缸发生故障也常常是系统其他部件出现故障的反映，从这里开始分析可以查出其他部件可能出现的故障。因此，在建立水压机系统的故障树时，应选定主缸动作无力为顶事件。

(1) 原水压机故障树的建立

确定了顶事件为主缸动作无力，就可以逐步分析找出造成这一故障的原因。经分析可知，如果发生主缸无力事故，将会有 3 个可能：①乳化液未进入主缸；②进入主缸水压不足；③主缸泄漏严重。而且，只要其中的一件事故发生便可造成顶事件的发生。因此这 3 个事件构成了故障树的第一级中间事件，它们之间是逻辑"或"的关系，应该以"或"门与顶事件连接。下一步要分别找出造成 3 个中间事件的原因。首先分析"乳化液未进入主缸"事故：如图 8-14 所示，与主缸所连接的元件是管道和换向阀，由于管道结构简单，很少发生故障，因此这里认为它的故障概率为零，即不考虑它对系统造成的影响。那么造成乳化液未进入主缸故障的只可能是换向阀未换向或系统未供水，而且只要任一事件发生就能导致上一级事件的发生，因此这两个事件构成了第二级的中间事件，并且应以逻辑"或"门与上一级事件连接。然后分析"进入主缸水压不足"事故，与上一步的分析过程类似，可得出结论：造成这一故障的直接原因是"进入换向阀的水压不足"和"换向阀故障"事故，这二者之间也是逻辑"或"的关系。接着分析"主缸泄漏严重"事故，根据经验，造成这一故障的原因主要有以下 3 个：①密封件破损严重；

②柱塞与缸体配合间隙过大；③管线连接法兰处有间隙。它们之间也是逻辑"或"的关系。而且这 3 个事件的故障概率有过统计或试验的结果是已知的，因此它们是 3 个基本事件，已经到了分解极限。

按照这样的方法，再对第二级中间事件进行分析，分别找出使它们发生的直接原因，并确定与这些原因之间的逻辑关系，直到所有的直接原因都达到了分解极限为止。这样就建立起水压机系统主缸动作无力事故的故障树，如图 8-14 所示。

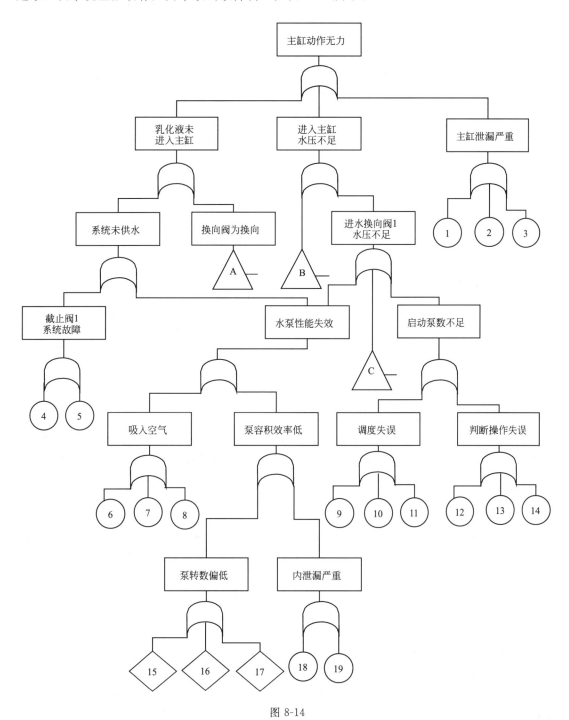

图 8-14

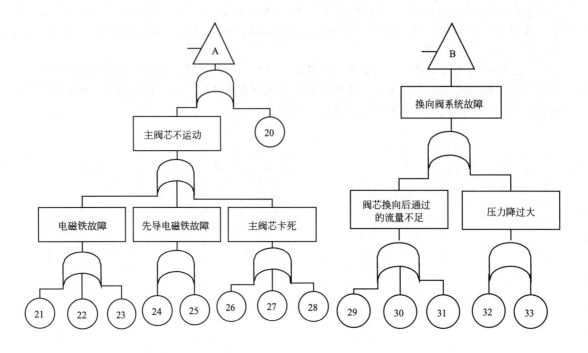

图 8-14 水压机主缸无力故障树

1—密封件破损严重；2—柱塞与缸体配合间隙过大；3—管线连接法兰处有间隙；4—截止阀 1 故障；

5—因操作失误使阀未正常开启；6—泵进水口密封不良；7—水箱液面过低；8—乳化液量不足；

9—调度方法不足；10—技术素质落后；11—工作不认真；12—监控手段落后；13—操作水平低；14—工作马虎；

15—电机电器故障；16—减速器故障；17—泵曲轴故障；18—柱塞密封坏；19—泵装配不良；

20—因操作失误使阀未换向；21—电磁铁线圈烧坏；22—电磁铁推力不足或漏磁；23—电磁铁芯卡死；

24—阀芯与阀体孔卡死；25—因弹簧弯曲使滑阀卡死；26—阀芯与阀体几何精度差；27—阀芯与阀孔配合太紧；

28—阀芯表面有毛刺；29—电磁阀中推杆过短；30—因阀芯与阀体几何精度差使阀芯不到位；

31—弹簧推力不足使阀芯达不到终点；32—因使用参数选择不当使实际通过流量大于额定流量；33—管道太细

(2) 原水压机故障树最小割集和最小路集的确定

① 最小割集　在图 8-14 所示的水压机故障树中，记顶事件为 T，第一级中间事件分别为 T_1，T_2，T_3，第二级中间事件分别为 T_4，T_5，T_6，依此类推，最后一级的中间事件为 T_{23}，T_{24}，T_{25}，T_{26}，T_{27}；以 x_i（$i=1$，2，…，42）分别表示 42 个底事件。根据"或"门的布尔代数表示式有

$T_{27}=x_{40}+x_{41}+x_{42}$，$T_{26}=x_{37}+x_{38}+x_{39}$，$T_{25}=x_{35}+x_{36}$，$T_{24}=x_{18}+x_{19}$，$T_{23}=x_{15}+x_{16}+x_{17}$

接下来根据"上行法"用布尔代数展开运算。因为整个故障树中只有单一的逻辑"或"门，如图 8-14 所示，所以每一级逻辑门的输入与输出之间都是"+"的关系。因此展开后可得结果：$T=x_1+x_2+\cdots+x_{42}$。

即顶事件是所有底事件的"或"，也就是说只要底事件中的任意一个发生，就能导致顶事件的发生。根据最小割集的定义可知，每一个底事件都是故障树的一个最小割集。

② 最小路集　由于每一个底事件都是故障树的一个最小割集，因此根据最小路集的定义可知，故障树的最小路集是所有底事件的集合，即最小路集为：$\{x_1,\ x_2,\ \cdots,\ x_{42}\}$。

为使问题简化及便于分析计算，重新考虑系统的结构以及故障情况，略去其中概率较小事件，可得水压机简化故障树如图 8-15 所示。

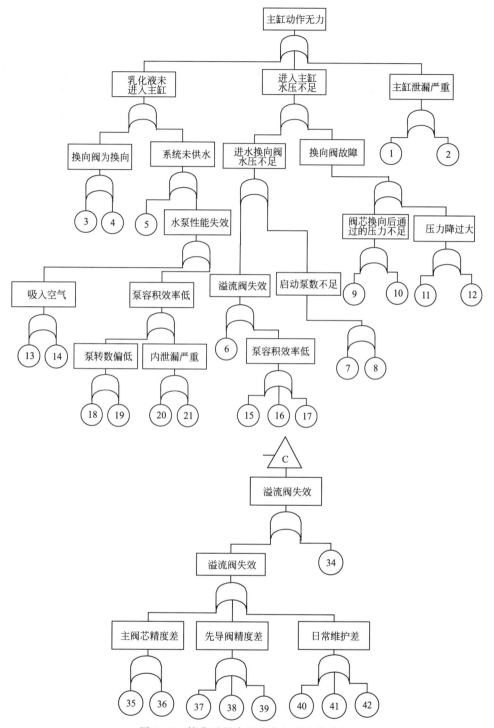

图 8-15　简化后的水压机主缸无力故障树

1—密封件破损严重；2—柱塞与缸体配合间隙过大；3—操作失误；4—主阀芯故障；5—截止阀故障；
6—调定压力过低；7—工作不认真；8—技术水平低；9—电磁阀中推杆过短；10—弹簧推力不足使阀芯达不到终点；
11—管道太细；12—参数选择不当使实际流量过大；13—泵进水密封不良；14—乳化液量不足；15—主阀芯精度差；
16—先导阀精度差；17—日常维护差；18—电机电器故障；19—减速器故障；20—柱塞密封坏；21—泵装配不良；
34—溢流阀调定压力过低；35—主阀芯与阀盖孔配合间隙过大；36—主阀芯锥面与阀座接触不良或磨损严重；
37—调压弹簧压力级不对或断裂；38—锥阀与阀座接触不良或磨损严重；39—污物堵塞阻尼孔；
40—各主要部位的螺钉未定期紧固；41—各主要管接头未定期紧固；42—盖子结合面密封件未定期更换

按照简化后的故障树同样可以确定所有底事件为顶事件的一个最小割集，而最小路集为所有底事件的集合 $\{x_1, x_2, \cdots, x_{21}\}$。因原有系统已不能正常工作，方向控制阀已经将阀口置于常开位，电气与气动控制线路已故障，改变回路动作方向要用人力去开关相关闸阀。主缸密封泄漏严重，工人需要穿雨衣工作，勉强压制厚板封头，可见上述底事件中与相关中间事件都处于引发顶事件发生的状态，整机已基本处于停工状态。通过上述分析，可见原有系统的结构决定其可靠性不高，且原有系统的控制元部件、关键元部件已经失灵，故障率很大，可靠度很低，已经谈不上可靠性，或者说起可靠度接近于 0 了。因此，对其进行定量分析已没有实际应用价值。

(3) 提高系统可靠性的措施

从对水压机故障树的定性分析中发现，在原水压机系统中，无论在系统结构上，还是在设备及人员管理上都存在着很多的问题，应对这些故障现象进行认真分析，从设计入手找出提高系统可靠性的措施，从而制定出合理有效的改造方案。

① 在系统结构方面　原水压机是一个串联系统，所以整个故障树中只有单一的逻辑"或"门，这种结构对系统的可靠性十分不利。这就要求在对水压机进行改造时，要减少"或"门数量，即减少串联环节，并尽量使系统中有并联结构，也就是说在故障树中出现逻辑"与"门。

② 在元部件的质量方面　元部件的磨损及老化也是系统发生故障的一个重要原因，由于它们大多已达到了使用期限，再进行修复的价值不大，因此，应对这些元件进行彻底更换。另外，以乳化液作为介质，会带来腐蚀性强、泄漏大、润滑差等问题，如果将介质改为液压油将会很好地解决这个问题。

③ 在设备和人员管理方面　从对系统的重要度分析中可以看出，设备管理不善以及技术人员水平低也是造成系统故障的重要原因。因此，应当加强设备的维护及管理，及时排除故障，降低故障发生概率；同时还应加强技术培训，使工作人员具有较高的技术素质，增强故障判断、分析和处理的能力

8.1.4.2　新主缸系统故障树的定量分析

(1) 新主缸系统故障树的建立

改进后的主缸系统原理图如图 8-16 所示。在工作快进时，8DT 通电。此时，从泵中打出的压力油经过插装阀 14 直接进入主缸；主缸上方贮油罐里的液压油就在重力的作用下，经过单向阀 21 进入主缸。这样主缸就在压力油和存贮油的共同作用下完成快进。工进时，单向阀 21 关闭，压力油单独作用使主缸完成压制任务。

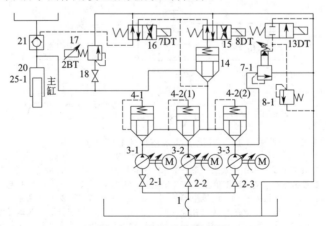

图 8-16　主缸系统原理图

虽然系统进行了更新，但工进时主缸无力仍然是系统中影响后果严重、影响系统可靠性的重要故障，因而在对主缸进行故障树分析时，选取"主缸动作无力"作为顶事件。

分析"主缸动作无力"事故发生的原因，可知，造成这一事件发生的直接原因应为"进入主缸的油压不足"和"主缸泄漏严重"。根据系统的结构可知，"进入主缸的油压不足"是由"单向阀21未关闭"与"插装阀14故障"直接造成的，并且这两个事件中只要有一个发生就会造成进入主缸油压不足，因而构成了逻辑"或"的关系。而"主缸泄漏严重"事件则是由两个基本事件构成的，即："主缸柱塞密封不良"和"油温过高黏度下降"，且只要二者之一发生就能导致主缸泄漏事故的发生，因此这两个事故也构成了逻辑"或"的关系。照这种方法逐级分析，可得到新主缸系统的故障树如图 8-17 所示。

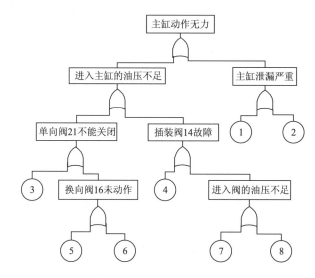

图 8-17　新液压机主缸无力故障树

1—主缸活塞密封不良；2—油温过高黏度下降；3—单向阀卡死；4—插装阀泄漏；
5—电磁铁故障；6—主阀芯卡死；7—溢流阀故障；8—油泵性能故障

在新主缸系统的故障树图中，基本事件的数量为 8 个，与改造前主缸系统的故障树相比有所减少。这是因为在改造旧系统时，更换了水泵、换向阀等一些故障发生概率高、对系统影响大的元部件。由于更新后的组件质量高、性能稳定，因而发生故障的可能性就有所降低。因此，可以预计新主缸系统将会有比旧系统高得多的可靠度。

将图 8-15 与图 8-17 进行比较可以看出，在新主缸系统的故障树图中，基本事件的数量有所减少——从 21 个减至 8 个。这是因为在改造旧系统时，更换了水泵、换向阀等一些故障发生概率高、对系统影响大的元部件。由于更新后的元件质量高、性能稳定，因而它们发生故障的可能性就有所降低。可以预计新主缸系统将会有比旧系统高得多的可靠度。

（2）新主缸系统故障树的定性分析

记顶事件为 T，然后按照从上至下从左至右的顺序记各级中间事件分别为 T_1，T_2，…，T_6，底事件分别为 x_1，x_2，…，x_8。利用上行法求最小割集，首先写出各级顶事件的底事件表达式。中间事件 T_3，T_4 以下为单一的逻辑"或"门，因此可将这两个次级顶事件分别表示为：$T_3 = x_3 + x_5 + x_6$，$T_4 = x_4 + x_7 + x_8$。

根据逻辑门的布尔代数表达式有：$T_1 = T_3 + T_4$，将 T_3、T_4 的底事件表达式代入 T_1 表达式，得：

$$T_1 = (x_3 + x_5 + x_6) + (x_4 + x_7 + x_8)，又：T_2 = x_1 + x_2，T = T_1 + T_2$$

则有：

$$T = x_1 + x_2 + (x_3 + x_5 + x_6) + (x_4 + x_7 + x_8)$$

化简可得最小割集为

$$\{x_1\} \quad \{x_2\} \quad \{x_3\} \quad \{x_4\} \quad \{x_5\} \quad \{x_6\} \quad \{x_7\} \quad \{x_8\}$$

通过以上分析可知，系统故障树最小割集的数目减少为 8 个。但其中每个底事件都是顶事件的一个最小割集，对顶事件影响都比较大，因此，要提高新主缸系统的可靠度，必须保证每一个底事件都具有足够的可靠度。

(3) 新主缸系统故障树的定量分析

① 顶事件的发生概率　根据元件的实验室实验结果以及现场运行的情况，可确定各底事件的故障率，列在表 8-8 中。其中事件 3 只能取"发生"或"不发生"两种状态，且当事件 3 发生时，顶事件必然发生，因此只考虑事件 3 不发生的状态，即认为 $\lambda_3 = 0$

在工作现场，水压机为一天一班制，有效工作时间按 6h 计算，大修周期约为 333 天，即 2000h，因此计算系统故障概率时，取系统与各元件的工作时间相同，都为 2000h。根据各底事件的故障率可得各底事件的可靠度见表 8-8。

表 8-8　主缸故障树中故障率及可靠度值

i	1	2	3	4	5	6	7	8
$\lambda_i/(10^{-6}/h)$	5.06	1	5.0	7.41	5.06	7.41	5.7	13.5
R_i	0.9899	0.9980	0.9900	0.9853	0.9899	0.9853	0.9887	0.9734

顶事件的可靠度 $R = \prod\limits_{i=1}^{8} R_i = 0.9046$，顶事件发生概率 $F = 0.0954$。

② 故障树重要度分析　概率重要度的大小表示了各底事件对顶事件的影响程度。因为每一底事件都是故障树的最小割集，所以各个底事件都有较大的概率重要度值。但由于它们的可靠度不同，因而概率重要度值也略有区别。各底事件的结构、概率、关键重要度见表 8-9，可知，各底事件在结构上的重要性是一样的；关键重要度不仅体现了该事件在故障树中的地位，而且还体现了事件本身的不可靠度，所以它能更客观地体现事件或部件对系统故障的影响。从关键重要度看出，提高系统的可靠性一般是改进系统最薄弱的环节，即对于改进系统可靠度来说，提高较低质量部件的可靠度要比提高较高质量部件的可靠度更有益；底事件 4、6、8 等对顶事件的影响较大。为了提高系统的可靠度，应从提高具有较大概率重要度的底事件可靠度入手。同时，当系统发生故障时，也可根据底事件概率重要度的大小顺序寻找系统故障原因。

表 8-9　各底事件的重要度

底事件	I_1	I_2	I_3	I_4	I_5	I_6	I_7	I_8
结构重要度	0.0078125	0.0078125	0.0078125	0.0078125	0.0078125	0.0078125	0.0078125	0.0078125
概率重要度	0.99995492	0.99995086	0.99995486	0.99995727	0.99995492	0.99995727	0.99995556	0.99996336
关键重要度	0.10091501	0.01994306	0.09971838	0.14778300	0.10091501	0.14778300	0.11367903	0.26924192

8.1.4.3　压边缸系统的故障树分析

在对工件加压使之产生塑性变形的时候，由于利用的是金属具有延展性的特点，这就需要一种专门的机构来固定住工件的边沿部分，而使主体部分产生变形，这种专门的机构就是压边系统。在旧水压机系统中，由于缺少压边机构，采用人工手动压边，造成了废品率高、效率低下等很多问题。因此，在对水压机进行改造时，为避免上述问题，添加了压边缸系统。压边缸系统分大、小两种，当封头直径小于 1000mm 时启动小压边缸；当封头压力大于 1000mm 时启动大压边缸。

（1）压边缸系统的结构组成及工作原理

压边缸系统是在老水压机进行改造时新增添的部件，其作用是固定住工件的边沿部分，以防止工件在发生塑性变形时，其边沿产生褶皱。由于该系统是否正常工作直接影响到产品废品率的高低，因此对整个压机的工作可靠性有着重要的影响。

压边缸分大、小两个系统，其结构及工作原理基本类似，为简便起见，仅以小压边缸系统为例进行分析，其原理图如图 8-18 所示。

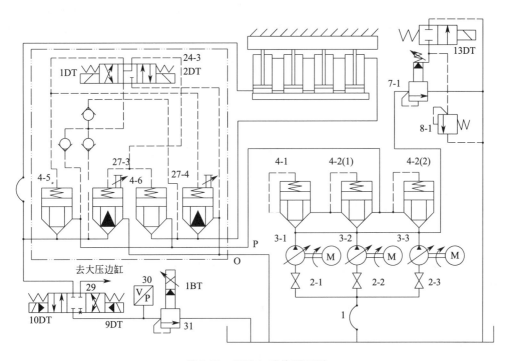

图 8-18　压边缸系统原理图

在工作行程，1DT 通电，三位四通换向阀（24-3）切换到左位，此时，压力油进入压边缸的下腔，推动缸体下行产生压紧力；主缸工进时，2DT 通电，压边缸按比例溢流阀 31 控制的压边力工作并自动缩回；主缸提升时，压边缸根据工艺需要，可保持伸出（压边）或随主横梁抬起。

（2）压边缸系统的故障树分析

与主缸系统相似，压边缸系统也是液压机的关键部件，但在该系统中易出现的故障是压边缸卡死现象。现场运行中曾出现因压边缸无法缩回导致坯料压坏，还曾出现小压边缸在完成工作行程后需向上提起时，因卡死而无法上升，结果严重影响了生产效率。因此，在分析建立小压边缸系统的故障树时，选取"压边缸卡死"作为顶事件。

分析压边缸系统的压边缸柱塞固定缸筒动作的结构可知，造成压边缸卡死的直接原因有两个：压边缸受力倾斜和压边缸回油路堵塞，并且这两个事件当中只要有一个发生就会造成顶事件的发生，因而它们构成了逻辑"或"的关系。压边缸回油路堵塞事件也是由两个次级事件构成的，它们分别是换向阀（24-3）未换向和插装阀（27-3）堵塞，同样也是逻辑"或"的关系。按照这样的方法逐级向下进行分析，可得到压边缸系统的故障树如图 8-19

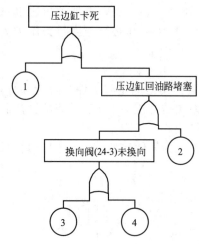

图 8-19 压边缸卡死故障树
1—压边缸受力倾斜；2—插装阀（27-3）堵塞；3—电磁铁故障；4—主阀芯卡死

所示。

（3）压边缸故障树定性分析

分析图 8-19 所示的故障树，整个故障树结构比较简单：只有单一的逻辑"或"门，底事件数目也比较少。用 T' 表示顶事件，用 x'_1，x'_2，…，x'_4 分别表示 4 个底事件，利用上行法可以很容易地得到顶事件的底事件表达式：$T' = x'_1 + x'_2 + x'_3 + x'_4$。

因此，故障树中的每一个底事件都是一个最小割集，每一个底事件都对顶事件有着重要的影响。要保证系统具有较高的可靠度，就需要控制这 4 个基本事件，降低它们的故障发生概率，以实现压边缸的预计可靠度。

（4）压边缸故障树定量分析

① 顶事件的发生概率 与主缸故障树分析一样，合理选取故障率 λ_i，并按 2000h 计算，可算得各底事件的可靠度 R_i，如表 8-10 所示。

表 8-10 压边缸故障树中故障率及可靠度值

i	1	2	3	4
$\lambda_i/(10^{-6}/h)$	30	1.87	5.06	7.41
R_i	0.9418	0.9963	0.9899	0.9853

顶事件的可靠度 $R = \prod_{i=1}^{4} R_i = 0.9152$，顶事件发生概率 $F = 0.0848$。

② 故障树的重要度分析 同样道理，可以算出压边缸故障树的重要度。各底事件的结构、概率、关键重要度见表 8-11。由 I_1、I_4 关键重要度可知，压边缸应尽可能不要受到横向载荷，以免损坏液压缸的密封和活塞。曾出现过操作工用上胎对正下胎造成压边缸损坏事故，后来提供了自动对中胎具后没有出现过类似的问题。

表 8-11 各底事件的概率重要度

底事件	I_1	I_2	I_3	I_4
结构重要度	0.1250	0.1250	0.1250	0.1250
概率重要度	0.99998566	0.99995753	0.99996072	0.99996307
关键重要度	0.67658778	0.04217279	0.11411496	0.16711341

8.1.5 液压机主缸可靠性预计

在液压机中，主缸是设备工作的核心，一旦发生故障，将引起整个系统停顿，造成重大损失，因而，分析主缸的可靠性具有重要意义，也是系统可靠性设计中的重要一环。

传统的机械设计理论中，常将材料的强度和材料所受的应力认定为定值，应用传统的材料力学和弹性力学对结构进行力学分析，根据结构的条件，选取修正系数，从而得出结构的应力值，将此值与手册查得的强度值相比较，得出安全系数，确定元件是否安全、可靠。这种方法有以下几个不足：①在实际工程中，无论是材料的强度还是元件所受的应力都是随机变量，具有随机性，根据确定值计算出的安全系数不能准确反映元件的本质；②应用传统的材料力学方法计算结构各点的应力值，与实际情况相比误差较大，尤其是各种修正系数的选取具有较大的主观性，会引起较大的误差；③对于一个元件来说，其故障模式常常不止一个，传统的安全系数法不能综合考虑和评价多个故障模式下整个元件的优劣。因而，以应力强度干涉模型为基础，应用有限元方法，对系统的主缸进行了可靠性分析，用可靠度来综合表示主缸的设计是否满足要求。

8.1.5.1 主缸可靠度模型

系统的主缸是柱塞缸，其几何尺寸和结构如图 8-20 所示。缸的工作参数为：额定压力为 20MPa，速度为 0.0025m/s，最大输出力可达 15MN，主缸的材料为 15Cr。

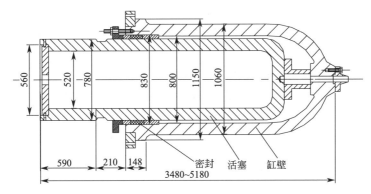

图 8-20　主缸结构简图

可靠性研究的核心问题是元件的故障问题，也是可靠性研究的根本任务。首先对元件进行故障分析，确定其故障模式和可靠性框图，然后建立元件的可靠性模型。为全面反映主缸的故障模式，用故障树法分析其主缸的故障模式，选取主缸故障这一事件为顶事件，边界条件为：①系统的液压部分正常，即油液压力在设计范围内，油液污染度在要求范围内；②系统的机械部分正常，也就是说不考虑横梁、立柱等机械零件的故障对液压缸的影响。这样有利于明确地分析主缸的可靠度。主缸的故障树如图 8-21 所示。

由图 8-21 可得，主缸的故障主要有 4 种形式，利用 Fussel-Vesely 方法可以求得最小割集为：$\{x_1\}$，$\{x_2\}$，$\{x_3\}$，$\{x_4\}$。因而，主缸的可靠性框图如图 8-22 所示。

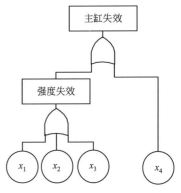

图 8-21　主缸故障树
x_1—缸壁强度破坏；x_2—柱塞强度破坏；
x_3—柱塞稳定故障；x_4—液压故障

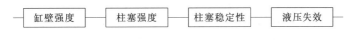

图 8-22　主缸可靠性框图

由图 8-22 可以看出：主缸的可靠性模型为串联模型，所以可靠度计算公式为

$$R(t) = R_1(t) \times R_2(t) \times R_3(t) \times R_4(t) \tag{8-1}$$

式中　$R_1(t)$——缸壁强度可靠度；

　　　$R_2(t)$——柱塞强度可靠度；

　　　$R_3(t)$——柱塞的稳定可靠度；

　　　$R_4(t)$——液压系统的可靠度。

8.1.5.2 缸壁强度可靠性预计

由以上分析可知，欲计算缸壁的可靠度应先确定其应力和强度的概率分布。

（1）缸壁的强度分布

大量的资料表明，金属的强度受许多随机因素的影响，其强度一般服从正态分布，既 $\sigma_s \sim N(\bar{\sigma}_s, \sigma^2)$。对于 15Cr，由工程手册查得在不低于 90% 的材料应力极限值条件下：$\sigma_s = 490\text{MPa}$；一般情况下强度的均值可取为

$$\bar{\sigma}_s = 1.07 \times \sigma_s = 524.3\text{MPa}$$

且有：$\Phi\left(\dfrac{524.3-490}{\sigma}\right) = 1 - 0.9$

式中　σ——强度的方差。

查概率分布表可得：$(524.3-490)/\sigma = 1.2816$，则 $\sigma = 26.7634$，由此可得强度的分布为

$$\sigma_s \sim N(524.3, 716.2796)$$

根据主缸受脉动循环应力的实际工况，可取

$$\sigma_{-11} \approx 0.3 \times \sigma_s$$

$$\sigma_{01} = 1.42 \times \sigma_{-11}$$

由概率论可知，缸壁的强度服从正态分布，缸壁的脉动疲劳强度 σ_{01} 也服从正态分布，易得

$$\mu_\sigma = 0.3 \times 1.42 \times 524.3 = 223.3518\text{MPa}$$

$$\sigma_\sigma = 0.3 \times 1.42 \times 26.7634 = 11.4012\text{MPa}$$

式中　μ_σ——缸壁脉动疲劳强度的均值；

　　　σ_σ——缸壁脉动疲劳强度的方差。

故缸壁疲劳强度的概率分布为：$Y \sim N(223.3518, 129.9874)$

（2）主缸缸壁应力的概率分布

工程中影响元件应力的因素较多，传统上以材料力学和弹性力学为基础的应力计算法不可避免地带有较大的误差。精确数值计算方法的出现，尤其是随着计算机技术的发展，出现了大量的数值计算软件，使得精确的数值计算方法可以在工程上被广泛应用。借助大型有限元软件 MARC 对主缸进行了应力分析，得出其精确的应力分布。

① 载荷分析　由工厂实践资料可查得，工作中油液压力 P 一般在 16～22MPa 之间，呈正态分布，按照统计的 3σ 原则，可得

$$\mu_p = \frac{16+22}{2} = 19\text{MPa}, \quad \sigma_p = \frac{22-16}{6} = 1\text{MPa}$$

式中　μ_p——油液压力的均值；

　　　σ_p——油液压力的方差。

即油液压力的概率分布为：$P \sim N(19, 1)$。

② 应力分析　采用大型有限元软件 MARC 为平台分析柱塞缸缸壁的应力分布（见图 8-23）。建立的有限元模型为弹性轴对称模型；根据液压缸变形应在弹性变形范围内的特点，认为材料为各向同性的理想弹性材料，划分 468 个单元，1068 个节点；按 Mises 屈服准则对材料所受应力进行等效。在 20MPa 油压作用下，其 Mises 等效应力分布如表 8-12 所示。可计算得油液压力与应力值的相关系数为：$\rho = 1$。

表 8-12　主缸缸壁的最大应力分布表

油液压力/MPa	16	17	18	19	20	21	30	32
最大应力/MPa	62.213	66.101	69.989	73.878	77.766	81.654	116.65	124.43

由此可认为应力值与油压值呈线性关系。这一点是在应力不大、变化范围较小的情况下，弹性结构零件的应变较小，因而结构尺寸变化不大，应力与载荷在小范围内近似呈线性

关系。应用最小二乘回归法可得应力值对油液压力的一次线性回归方程为

$$X = 3.8883P \qquad (8\text{-}2)$$

因为油液压力概率分布为 $P \sim N(19, 1)$，由数理统计知识易得：应力 X 也服从正态分布：$X \sim (73.878, 15.1189)$。

（3）缸壁的结构可靠度

由以上的分析可得到应力和强度各自的概率分布，且二者都服从正态分布，则根据式（4-25）可得

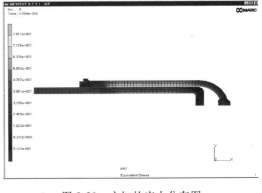

图 8-23　主缸的应力分布图

$$Z \frac{223.3518 - 73.878}{\sqrt{129.9874 + 15.1189}} = 12.4086$$

因此，缸壁的结构强度可靠度为：$R_1 = 1 - \Phi(12.4086) = 1$。

为进一步了解主缸在不同均值下的可靠性，利用自行编制的可靠性仿真软件 RP，在缸壁强度概率分布不变，应力的均值不同但方差为 3.8883 时，缸壁的可靠度随应力均值的变化曲线，仿真结果如图 8-24 所示。由图可见，在应力均值小于 180MPa 下，缸壁的结构强度可靠度将保持在 1，而元件的应力一般工作区间为 [125, 60] 之间，因而缸壁有较大的可靠度裕量。同理，可以得出柱塞强度的可靠度 $R_2 = 1$。

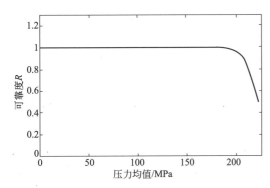

图 8-24　应力均方差为 3.8883MPa 下
主缸缸壁的结构可靠性仿真曲线

（4）柱塞的稳定可靠度

当受压杆件压力超过一定极限，应力还未达到强度极限时，杆件的轴线形状将变为不稳定。这时的压力称为临界压力，记为 P_{cr}，杆件所受的应力称为临界应力，记为 σ_{cr}，此时称为丧失稳定，简称失稳，也称为屈曲。当杆件达到临界压力后，杆件将失去承载能力，若继续加载将引起故障，这种故障称为杆件失稳故障。当杆件失稳时，应力并不一定很高，有时应力值甚至低于比例极限。本文同样利用应力-强度干涉模型计算柱塞的稳定可靠度。这时，应力取为柱塞所受应力，强度取为临界应力。

① 应力的分布　由上述有限元法计算可得，在 16MPa、17MPa、18MPa、19MPa、20MPa、21MPa、30MPa 和 32MPa 油液压力下柱塞的最大 Mises 应力为表 8-13 所示，可计算得油液压力与应力值的相关系数为：$\rho = 1$；同样由此可估计应力值与油液压力 P 的线性回归方程为

$$X = 2.775P \qquad (8\text{-}3)$$

可以得到应力的分布为：$X \sim N(52.73, 7.7006)$。

表 8-13　柱塞的 Mises 应力分布

油液压力/MPa	16	17	18	19	20	21	30	32
最大应力/MPa	44.4	47.17	49.95	52.73	55.5	58.275	83.25	88.8

② 强度的分布　压杆稳定的强度可以认为是压杆的临界应力 σ_{cr}，一般来说，临界应力

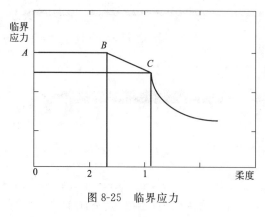

图 8-25　临界应力

如图 8-25 所示有三种情况，由杆件的柔度 λ 决定。

当杆件柔度大于 1 点的柔度是杆件的临界应力按欧拉公式确定，在 1 点和 2 点之间时，经验上按直线确定，若杆件的柔度小于 2 点的柔度，则应按水平直线 AB 确定。其中 A 点代表应力点为屈服点 σ_s，C 点代表比例极限 σ_e。对于本工作缸的材料 15Cr 来说，σ_s 与 σ_e 相近，为简化计算，本文认为 $\sigma_s = \sigma_e$；因此，只需比较柔度 λ 和 λ_1 即可。柔度 λ 计算如下

$$\lambda = \frac{\mu l}{i} = \frac{2 \times 2.99}{0.332} = 18.01$$

式中　μ——柱塞的杆长系数；

$\quad\quad l$——柱塞杆的长度；

$\quad\quad i$——柱塞截面的惯性半径。

$$\lambda_1 = \sqrt{\frac{\pi^2 E}{\sigma_s}} = \sqrt{\frac{3.14^2 \times 206 \times 10^3}{524.3}} = 62.27$$

式中　E——弹性模量。

因而有 $\lambda < \lambda_1$，所以柱塞杆的临界应力为 σ_s。

由以上分析可得，柱塞的稳定可靠度模型中应力-强度模型等效于柱塞强度的应力-强度模型，因而可得柱塞的稳定可靠度与强度的可靠度相等，即 $R_3 = R_2 = 1$。

由以上的分析可以看到，主缸的可靠度为

$$R = R_1 R_2 R_3 R_4 = 1 \times 1 \times 1 \times R_4 = R_4$$

上式表明，主缸的结构可靠度为 1，且有较大的余度，其可靠度取决于液压系统的可靠度。但这并不是说可以减小主缸的结构尺寸，因为减小尺寸必然会带来应力的再分配，从而引起应力的变化，本节利用有限元法对减小尺寸后的主缸进行了可靠度仿真，计算结果表明，结构尺寸的变化较大地影响了缸的可靠度。因而，主缸的强度设计完全符合要求。结构可靠性主要取决于缸的密封性能，这一点与一般的实际情况相符。可以得出，此 10MN 液压机主缸的设计符合可靠度要求，设计是合理的。但是，在工作时应该采取可靠性管理，加强油液污染的控制，并应采取措施防止主缸压下时铁屑或其他污染物从柱塞壁进入缸体，划伤密封，检修时应注意密封，并及时更换被破坏的密封件，监控与主缸有关的液压阀，以保证主缸长期可靠的工作。

8.1.6　液压系统的可靠性预计

8.1.6.1　应力-强度干涉模型的 Monte Carlo 仿真法

Monte Carlo 仿真法以概率论和数理统计为数学基础，又称为概率模拟法，是通过一种随机变量的统计试验、随机模拟来求解数学物理、工程技术问题近似解的数值方法。其基本思想是，当所求问题是某个事件出现的概率时，可以通过足够多的抽样试验的方法得到这个事件的出现概率，把它作为问题的解，其基本思想是建立在大数定理之上的频率近似概率。

用 Monte Carlo 仿真法求解应力-强度干涉模型下元件可靠度的基本步骤如下。

① 确定可靠度计算公式。

② 确定应力和强度的概率分布密度和累计分布函数。

③ 产生应力和强度在 0 和 1 之间的随机数 S_{xi} 和 S_{yi}，并计算对应的应力和强度值 X_i 和 Y_i。

④ 比较 X_i 与 Y_i 的大小，若 $X_i > Y_i$，记 $R_i = 0$，否则记为 $R_i = 1$。

⑤ 当 i 的值足够大时，根据大数定理和频率近似概率假设，取可靠度为 $R = \dfrac{1}{N} \sum_{i=1}^{i=N} R_i$。

8.1.6.2 可靠性预计程序简介

基于应力-强度干涉模型，编制了可靠性预计程序。此软件采用常用科学计算工具 MATLAB 为平台，具有友好的人机界面。图 8-26 为应力与强度的模型选择窗口，图 8-27 为模型的参数输入窗口。

 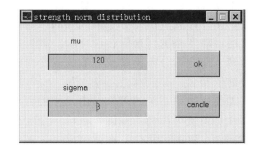

图 8-26　应力与强度的模型选择窗口　　图 8-27　参数输入窗口

根据实践经验，在一般情况下，应力服从正态分布、指数分布、Weibull 分布以及 Gumbel 分布 4 种分布，强度一般服从正态分布、对数正态分布、指数分布以及 Weibull 分布 4 种分布，这样应力和强度共有 16 种组合。对这 16 种组合，本软件可实现以下三种功能。

(1) Monte Carlo 模拟可靠度计算

对于以上 16 种组合，只要从界面中输入相应的参数，可以对各自不同的分布进行一万次随机抽样，得出产品的可靠度，避免复杂的计算。这部分程序的 N-S 框图见图 8-28。

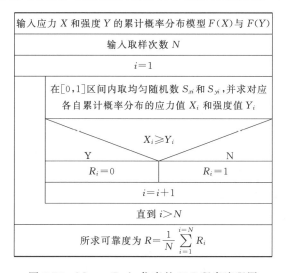

图 8-28　Monte Carlo 仿真的 N-S 程序流程图

(2) 可靠度数值计算

$$R = P(\delta > s) = \int_{-\infty}^{+\infty} g(\delta) \int_{-\infty}^{\delta} f(s) \mathrm{d}s \mathrm{d}\delta = \int_{-\infty}^{+\infty} f(s) \int_{s}^{+\infty} g(\delta) \mathrm{d}\delta \mathrm{d}s \qquad (8\text{-}4)$$

式中　δ——材料的强度；

s——外界的应力；

$g(\delta)$——强度 δ 的概率密度函数；

$f(s)$——应力 s 的概率密度函数。

针对 16 种组合，本软件利用 MATLAB 语言强大的计算功能给出了各自的数值解，大大简化了计算量，并可以绘出相互的应力-强度干涉曲线，对产品的可靠度有一个直观的了解。

(3) 绘制可靠度曲线

一般来说，设计时元件的强度分布往往已知，并且应力的分布方差变化不大，在此情况下，本软件可以得出产品的可靠度随应力均值变化的曲线，进一步揭示了强度与应力的相互关系，使设计人员能充分了解元件的可靠度与应力的动态关系以及直观、简洁形象地描述了元件的可靠度裕度。这样在设计阶段就可以迅速准确地预计元件的可靠度，并可以了解材料强度和工作应力分布模型及参数的改变对元件可靠性的影响，为开展机械可靠性设计提供了定量的依据。

如前所述，系统的可靠性由元件的可靠性和元件的组合形式两种因素组成，其中元件的可靠性是系统可靠性的基础，在前一节中首先应用应力-强度干涉模型分析了系统中主要的工作部件主缸的可靠度，在此基础上，进一步预计了整个液压控制系统的可靠度，给出了定量的估计值，并对各子系统的可靠性进行了分析。

根据 8.1.2 节分析得出了系统的可靠性框图，并综合 FMECA 表格，采取故障率综合法对系统的可靠度进行预计，即假设各元件均服从指数分布，系统的可靠性也服从指数分布。此假设基于以下考虑：

① 元件一般有早期故障、随机故障、耗损故障和过应力故障 4 种故障模式，此系统为新改造系统，一般不会发生耗损故障。设计载荷一般大大超过使用载荷，因而不考虑过应力故障模式。在现场调试过程中早期故障形式基本被排除，因此，系统故障模式一般属于随机故障。

② 对于复杂系统来说，许多因素能对系统产生作用，使之故障，例如不同的耗损机理、不同元器件的故障率不同和变化的环境都会导致系统发生故障，因而系统发生的故障具有随机性。

③ "稳态近似"原理。对于一个长寿命复杂系统，由于系统内发生故障的元件被更换和修理使得元器件的寿命混杂，经过一段时间，系统的瞬时故障率产生变化波动，这种周期性的波动逐渐随着元件的更换和修理逐渐减少，最终趋近于稳态。

④ 在某一特定时间区间内，系统的实际瞬时故障率基本是恒定的情况下，指数函数可以作为某一个函数的近似值。

由 8.1.2 节分析可知，系统实际可以看成功能相对独立的 7 个部分组成，因此首先预计 7 个部分各自的可靠度，然后综合预计整个系统的可靠度。

8.1.6.3　各分系统的可靠性预计

依据各子系统的可靠性框图和可靠度函数表达式，可以得到各子系统的可靠度的时间函数，并得出系统可靠度与时间的关系曲线。

(1) 油源部分

根据之前得出的可靠性模型和基本公式，油源部分的可靠度函数可以描述如下

$$R_1(t) = \mathrm{e}^{-13t \times 10^{-6}} \mathrm{e}^{-5 \times 2t \times 10^{-6}} \mathrm{e}^{-1t \times 10^{-6}} \mathrm{e}^{-2t \times 10^{-6}} = \mathrm{e}^{-26t \times 10^{-6}} \qquad (8\text{-}5)$$

利用可靠性预计程序 RP，得出此部分系统的可靠度与时间的关系如图 8-29 所示。

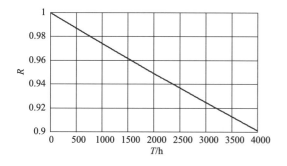

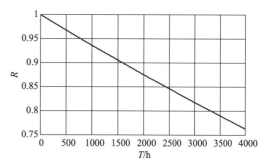

图 8-29　油源部分可靠性曲线　　　　　图 8-30　动力部分的可靠性曲线

（2）动力部分

动力部分的可靠度函数可以描述如下

$$R_2(t) = e^{-3t\times 10^{-6}}(3e^{-30t\times 10^{-6}} - 2e^{-45t\times 10^{-6}})e^{-9t\times 10^{-6}}e^{-9t\times 10^{-6}}e^{-11t\times 10^{-6}}e^{-11t\times 10^{-6}}e^{-11t\times 10^{-6}}e^{-11t\times 10^{-6}}$$
$$= e^{-65t\times 10^{-6}}(3e^{-30t\times 10^{-6}} - 2e^{-45t\times 10^{-6}}) \tag{8-6}$$

经过仿真，此部分的可靠度与时间的关系如图 8-30 所示。

（3）提升部分

提升部分的可靠度函数可以描述如下

$$R_3(t) = e^{-9t\times 10^{-6}}e^{-9t\times 10^{-6}}e^{-11t\times 10^{-6}}e^{-0.4t\times 10^{-6}}e^{-0.1t\times 10^{-6}}e^{-0.4t\times 10^{-6}}e^{-0.1t\times 10^{-6}} = e^{-30t\times 10^{-6}} \tag{8-7}$$

经过仿真，此部分的可靠度与时间的关系如图 8-31 所示。

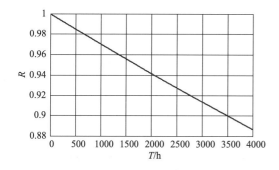

图 8-31　提升部分可靠性曲线　　　　　图 8-32　主缸部分可靠性曲线

（4）主缸部分

主缸部分的可靠度函数可以描述如下

$$R_4(t) = e^{-9t\times 10^{-6}}e^{-11t\times 10^{-6}}e^{-11t\times 10^{-6}}e^{-3t\times 10^{-6}}e^{-11t\times 10^{-6}}e^{-0.2t\times 10^{-6}}e^{-7t\times 10^{-6}} = e^{-52.2t\times 10^{-6}} \tag{8-8}$$

经过仿真，此部分的可靠度与时间的关系如图 8-32 所示。

（5）压边部分

压边部分的可靠度函数可以描述如下

$$R_5(t) = e^{-4\times 9t\times 10^{-6}}e^{-3\times 11t\times 10^{-6}}e^{-8\times 0.5t\times 10^{-6}}e^{-10t\times 10^{-6}}e^{-2\times 5t\times 10^{-6}} = e^{-93t\times 10^{-6}} \tag{8-9}$$

经过仿真，此部分的可靠度与时间的关系如图 8-33 所示。

（6）顶出部分

顶出部分的可靠度函数可以描述如下

$$R_6(t) = e^{-7t \times 10^{-6}} e^{-10t \times 10^{-6}} e^{-10t \times 10^{-6}} e^{-5t \times 10^{-6}} e^{-0.4t \times 10^{-6}} = e^{-32.4t \times 10^{-6}} \tag{8-10}$$

经过仿真，此部分的可靠度与时间的关系如图 8-34 所示。

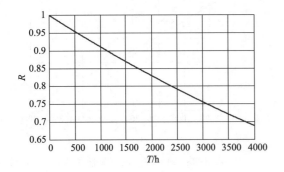

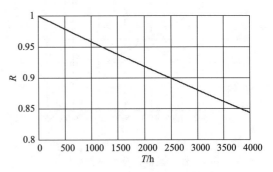

图 8-33　压边部分可靠性曲线　　　　　　　图 8-34　顶出部分可靠性曲线

（7）回油部分

回油部分的可靠度函数可以描述如下

$$R_7(t) = e^{-4 \times 2t \times 10^{-6}} e^{-1t \times 10^{-6}} e^{-9t \times 10^{-6}} \tag{8-11}$$

此部分的可靠度与时间的关系如图 8-35 所示。

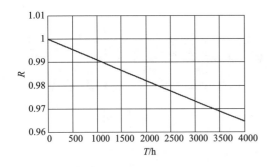

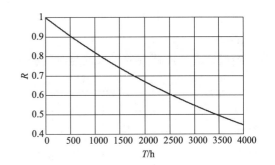

图 8-35　回油部分可靠性曲线图　　　　　　图 8-36　液压控制系统可靠性曲线

8.1.6.4　整个系统的可靠度

由实际工况可知，每压制一个封头需时 6min，其中油源子系统、动力子系统、回油子系统工作各 6min，压边子系统需时 4min，主缸需时 3min，顶出部分需时 1min，提升子系统需时 1min，也就是说，若系统工作时间为 t 小时，则油源子系统、动力子系统、回油子系统各工作 t 小时，压边子系统工作大约 $2t/3$ 小时，主缸子系统大约需时 $t/2$ 小时，顶出部分大约工作 $t/6$ 小时，提升子系统需时 $t/6$ 小时。由此可以得出当系统工作 t 小时，系统的可靠度表达式为

$$
\begin{aligned}
R(t) &= R_1(t_1) R_2(t_2) R_3(t_3) R_4(t_4) R_5(t_5) R_6(t_6) R_7(t_7) \\
&= e^{-26t_1 \times 10^{-6}} e^{-65t_3 \times 10^{-6}} (3e^{-30t_3 \times 10^{-6}} - 2e^{-45t_3 \times 10^{-6}}) e^{-30t_2 \times 10^{-6}} e^{-52.2t_4 \times 10^{-6}} e^{-93t_5 \times 10^{-6}} \\
&\quad e^{-32.4t_6 \times 10^{-6}} e^{-9t_7 \times 10^{-6}} \\
&= e^{-198.5t \times 10^{-6}} (3e^{-30t \times 10^{-6}} - 2e^{-45t \times 10^{-6}})
\end{aligned} \tag{8-12}
$$

系统的曲线如图 8-36 所示。至此，得出了系统的可靠度与时间的表达式，并得出系统的可靠度与时间的关系曲线。系统的平均无故障工作时间为

$$T = \int_0^\infty R(t) \mathrm{d}t = \int_0^\infty e^{-198.5t \times 10^{-6}} (3e^{-30t \times 10^{-6}} - 2e^{-45t \times 10^{-6}}) \mathrm{d}t = 4915.5(\mathrm{h})$$

如果假设每一工序需时 6min，那么平均无故障工作循环次数为
$$N=4915.5\times60/6=49155(\text{次})$$
当系统工作 2000 次收回成本时分系统与整个系统的可靠性如下

$R_1=0.9974$；$R_2=0.9935$；$R_3=0.9970$；$R_4=0.9948$；$R_5=0.9907$；$R_6=0.9968$；$R_7=0.9991$。

故
$$\begin{aligned}R&=R_1R_2R_3R_4R_5R_6R_7\\&=0.9974\times0.9935\times0.9970\times0.9948\times0.9907\times0.9968\times0.9991\\&=0.9697\end{aligned}$$

从以上分析可以看出，系统的平均无故障工作时间为 4915.5h，大约可以进行 49155 次工作循环，即系统可以在系统完全故障前收回成本，其经济效益可观，也就是说，对原有水压机的改造工程中，液压系统具有较高的可靠性，足以适应设备的需要，改造是成功的。在实际工程中，由于大多数元件的工作区间都低于设计工况，因而系统实际的可靠性要高于预计的值。

从上述图表可知，系统中的压边部分和动力部分的可靠度较低，是影响系统可靠度的主要因素，这是由于这一部分含有较多阀类元件，由以上分析可以看出，阀类元件故障模式多，故障率高，对系统的致命度较高。主缸的强度可靠性没有问题，从现场实验也证明，主缸、提升缸、压边缸及顶出缸本身强度均符合要求。

8.1.7 可靠性增长试验

8.1.7.1 可靠性增长试验中几个参数的确定

（1）试验时机的选择

在主要零部件加工完成后即进行可靠性评价试验，如液压阀台、泵站、液压缸所进行的验收试验，当系统机电液各系统安装到位，也就是调试工作开始，就可以认为是在实际应力环境下进行可靠性增长试验的开始。

（2）系统可靠性指标的确定

作为新研制的引入了较多高新技术的复杂系统，液压机宜于安排可靠性增长试验。根据现场人员要求，液压机平均寿命应比改造前有较大提高。从平均寿命 MTBF≤8h，即每班工作都出现故障，提高到 MTBF≥200h，即一个月内应可靠工作（每天 8h，25 天工作日），为保证可靠性，取置信水平 $r=0.9$ 时，系统 $R^*=0.9$ 与设计指标相同。

（3）一般性的可靠性增长

在事前未给出明确的可靠性增长目标，对产品在试验或运行中发生的故障，根据可用于可靠性增长资源的多少选择。其中的一部分或全部实施故障纠正，以使产品可靠性得到确实提高的一种可靠性增长。对于一般性可靠性增长通常不制订计划增长曲线，也不跟踪增长过程，而是采取一两次集中纠正故障的方式，产品的可靠性得到提高，即 TAAF 试验。由于这种情况下液压机可靠性增长过程通常不能满足增长模型（比安模型或 AMSAA 模型）的限定条件或假设要求，所以可靠性增长的最终结果，即增长后液压机可靠性达到的水平可借助可靠性验证试验来评估。同样，改造后液压机控制系统的试验，由于经费效用及工厂实践要求，也以调试、验收运行为可靠性增长试验，也可以属于此种可靠性增长。

8.1.7.2 调试与验收现场数据表

在液压机改造现场，由于现场环境较差，工人缺乏液压系统的安装经验，以及企业在管理上的不严格等多方面的原因，致使现场装配和工装存在一些问题，如液压管道太脏、不按要求冲洗管道、对螺栓等连接部位连接不紧等，这些都造成了许多不应有的阀类元件卡死，液压缸管路连接处外漏等故障现象，这些都对系统的可靠性数据分析造成了影响。

在现场调试过程中，若不计人为的主观因素，如安装工人对螺栓校力不紧造成泄漏等非关联故障，液压机的电液控制系统共有故障 16 起，对不同类元件的具体分布如表 8-14 所示。对 7 个子系统的具体分布如表 8-15 所示。

表 8-14 元件的故障分布表

阶段	元件类别	工作时数	工作次数	故障数	频数
调试过程	阀	200	50	12	75%
	缸	200	50	4	25%
	泵	200	50	0	0
	辅件	200	50	0	0
	电器	200	50	0	0
验收过程	系统	350	211	0	0
运行过程	阀	3600	5000	5	62.5%
	缸	3600	5000	3	37.5%
	泵	3600	5000	0	0
	辅件	3600	5000	0	0
	电器	3600	5000	0	0

表 8-15 子系统的故障分布表

子系统	故 障 数		频 数	
	调试过程	运行过程	调试过程	运行过程
油源部分	0	0	0	0
提升部分	0	2	0	25.00%
动力部分	3	1	18.75%	12.5%
主缸部分	2	2	12.5%	25.00%
压边部分	11	3	68.75%	37.5%
顶出部分	0	0	0	0
回油部分	0	0	0	0
总计	16	8	100%	100%

在阀类元件的 12 次故障中，9 次故障是由于油液中的杂质造成阀芯的卡死或是因为污染物夹在阀芯和阀座之间致使阀关不严造成的系统误动作；一次是由于密封件划伤引起的泄漏；两次是由于电磁铁故障引起的系统无动作。在油缸 4 次故障中一次是由于密封件翻边造成的漏油，一次是由于活塞密封故障引起的油缸两腔串压，使得当油液压力较高时，压边缸形成差动回路，只能伸出不能缩回。还有一次压边缸进油口处异物堵塞，是检修中一块抹布遗留在压边缸内所致。另外，在系统工作过程中，发现系统的噪声较大，油液有发热现象。查实过滤器堵塞。经过多次冲洗液压阀等液压元件，油液过滤干净，各连接处紧固好后，系统调试完成，液压机试车成功。第二天，现场工人进行了 10 次操作，设备未出现任何故障。

8.1.7.3 TAAF 试验

经过现场调试，系统暴露出主要的故障点和薄弱点，主要的故障点和薄弱点如下：

① 安装时造成的油液污染使阀类元件被卡或磨损引起的系统误动作。

② 液压缸的密封件由于磨损、刮伤、质量低等原因造成液压缸输出无力或误动作。

③ 存在系统工作中噪声较大且有发热的现象。

④ 安装工人为省事，不经同意将动作联锁摘除，使操作旋钮间无互锁关系，若同时旋转多个按钮，将引起严重的误动作。

⑤ 由于现场工人的责任心等原因，将行程开关私自断开的情况下，几次发生提升缸接近上横梁的现象以及主横梁下行程过大，造成提升缸与横梁联结螺栓拉断事故。

针对以上现象，及时开展故障分析、纠正和处置发生的关联故障，提出如下增长措施以提高系统的可靠性：

① 过滤、净化油液，减小油液中的杂质，控制油液的污染度。

② 对元器件加工中质量较低的部分进一步加工处理，尤其是对液压缸配合面等要求较高的地方。

③ 针对系统工作中噪声较大且有发热的现象，对系统的原始设计加以改进。对于具体改进工作，通过分析，此现象的原因是由于主溢流阀处于常闭状态，油液通过溢流阀节流产生热量、噪声。通过改进压力阀的连接方式，使溢流阀处于常开位置。这样，不仅减低了系统的噪声、减轻了油液发热现象，还减少了溢流阀的纯工作时间，元件的致命度与系统的纯工作时间成正比，也就是说采取以上措施也减小了溢流阀的致命度。从改进以后系统工作情况看，系统的噪声明显降低，此阀再未发生卡死等故障现象。

④更换液压缸或管接头上质量较低或已故障变形的密封件。

⑤在系统的 PLC 程序控制中增加主控台上各旋钮的互锁程序，以防工人的误操作。

⑥主横梁的上下极限位置设置上下极限位置开关，工人能够安全操作。

8.1.7.4　可靠性评定

根据现场具体情况，调试完成后压制了 211 个各类材质、不同规格的封头，未发生任何故障，可以把这个过程看作定时截尾可靠性验证试验。根据试验可得，$n=211$，$r=0$，若取 $\gamma=0.9$，由式(6-20) 可得

$$R_{\mathrm{L}}=(1-\gamma)^{\frac{1}{n}}=(1-0.9)^{\frac{1}{211}}=0.9891$$

$$R_{\mathrm{s}}>R^*=0.9$$

即在现有情况下，取置信度为 0.9 时，系统的任务可靠度下限为 $R_{\mathrm{s}}=0.9891/$每次任务；通过试验估计出的系统可靠度数值略高于 8.1.6 节计算得出的系统预计可靠度值 $R=0.9697$，也大于可靠性增长试验的给定值，这是因为可靠性验证试验统计用的数据样本取无故障生产产品数，得出统计意义上的可靠度估计值，生产的可靠性证明实际可靠度大于计算值，与采用大样本会提高估计的精度有关。

应当注意，这里所要求的可靠性是系统的安全可靠性与任务可靠性，即在每次任务期间由于系统故障引起的零部件损坏与任务失败的概率。这是一个条件概率，在工程上可以这样考虑，在系统工作寿命期内，每执行一次压制任务就相当于系统进行了一次试验，这样总任务数就可以认为是样本数，大大地增加了样本量。从 1998 年 5 月投入使用至 2000 年 5 月，按 600 天每天有效工作时间 6h 计算，则累计工作时间为 3600h，在这期间进行了 5000 次加工任务，故可近似地认为液压系统做了 5000 次试验，$n=5000$，在这期间故障次数 $r=8$，取置信度 $r=0.9$。

（1）点估计

已知系统样本量为 n，工作到 t 时刻后故障数为 r，正常未故障数为 $x=n-r$，试验结果出现的概率如下。

用极大似然法可求得系统可靠度的点估计值为

$$\hat{R}_{\mathrm{s}}=\frac{x}{n}=\frac{4992}{5000}=0.9976$$

（2）利用贝叶斯公式求点估计

已知其液压系统的故障数 $r=8$，$C=0.4$，$n=5000$，则

$$R=\frac{n+1}{n+2}\times\frac{1-c^{n+2}}{1-c^{n+1}}=0.9998$$

已知其液压系统的故障数 $r=8$，取置信度 $\gamma=0.9$，$n=5000$

$$R_L = (1 - \gamma + \gamma c^{n+1})^{\frac{1}{n+1}} = 0.9996$$

系统调试后经过验证试验，所压制的两百余封头，一次成型率为100%，压制时间缩短至改造前的1/10，并且压制出封头的直径、厚度、形状都完全符合标准，具有较高质量，压制 $\phi 2000mm$，$\delta = 20mm$。另外，液压机的运行状况良好，无异常现象发生。从这次实验的结果来看，原水压机改造为液压机后，各项性能都有很大的提高，具体情况可从以下几项对比中显现。

① 液压系统的对比　改造前的水压机液压系统只有泵站、主缸、提升缸和一些简单的控制阀，只能完成简单的压制功能，并且由于元件老化磨损等原因，经常发生故障；改造成液压机后，不仅彻底更换了老化磨损的元部件，还增加了大、小压边缸系统和顶出缸系统，完全消除了改造前存在的泵站性能差、工作行程速度低、爆胎、厚板二次进炉等现象，大大提高了工作效率；改善了工作环境，原系统以水为工作介质，密封不当，泄漏大，现场工人穿雨衣工作；用手动机械压边，生产效率低，废品率高等问题。新系统速度完全可按工艺要求进行调节，系统工作压力和控制压力通过比例阀在工艺要求范围内无级调速。

② 电气系统的对比　改造前水压机系统的电控部分十分落后，只有控制水泵启闭的电气操作箱，对主缸和提升缸动作的控制以及对压制过程的控制只能靠人工扳动操作，不仅速度慢而且也容易发生操作失误。另外，由于电控部分的落后不能对系统运行状态进行监控，因而无法对液压缸的输入压力和流量实施调节，也就无法控制液压缸的输出力和速度，造成生产效率低，废品率高等问题。改造后，在新系统中采用了PLC控制，整个电控部分除了控制水泵启闭的电气操作箱外，还增添了电控柜、PLC柜、主控制台和点动控制台。这样对整个系统的控制都在主控制台上进行，使整个操作过程简洁、明了。除此之外，还可以对工作过程中各个环节的数据进行实时监测，一旦系统出现故障时（例如活动横梁碰到上极限位置行程开关），能够迅速报警，提醒操作者采取措施，消除故障。

③ 产品合格率的对比　改造前，由于系统液压系统性能差，电控系统和操作系统落后，以及无压边装置等问题，生产出的产品常常因出现褶皱或是尺寸、形状达不到要求等问题而报废，产品合格率极低，几乎达不到50%，还造成了原料的极大浪费。改造后，因为更换元件、增加装置、改进控制系统，压机的性能有很大提高。在验证实验压制的两百多个封头中，一次成型率为100%，合格率也达到了100%，并且质量都比较高。

④ 生产效率和工人劳动强度的对比　改造前，由于设备落后，许多工作都需要工人手工完成。例如，在改造前无压边缸，要完成压边，就要靠工人利用铁叉等工具进行人工压边，结果既降低了生产效率又增加了工人劳动强度。改造后增添了大、小压边缸，只需将主操作台上小（大）压边缸转换开关打到"降"的位置，就能完成压边任务。整个过程只需不到一分钟的时间，也只需操作员一人即可。再例如当发生爆胎现象时，在改造前，需要五六个工人花费5～8h进行人工分离。而改造后，只需操纵压边缸的升降即可，整个过程只需几分钟，而且除操作员之外，不需其他工人帮忙，提高了生产效率也减轻了工人劳动强度。

经过以上对比可以看出，改造后的水压机运行状态良好，无异常现象发生，整个系统具有较高的可靠度，对水压机的改造是成功的。这就证明了用故障树分析法设计出的改造方案是行之有效的，从而也证明了用故障树法对旧水压机系统可靠性进行分析计算的结果是正确的，对新主缸系统的可靠度分配是合理和正确的，同时说明对新系统主缸及压边缸系统进行的故障树分析和主要元件的故障模式影响及致命度分析是正确的，在实践中是可行的。总之，在水压机的改造中，在设计、加工、安装以及调试等各个环节考虑可靠性的因素，并利用可靠性的原理进行设计和管理，是一种正确而且行之有效的方法。

8.2 连铸结晶器液压振动系统可靠性分析及管理

本节介绍本章作者所指导的硕士生王琨对板坯连铸结晶器液压振动系统进行的可靠性分析及管理研究。

8.2.1 液压振动系统简介

结晶器振动技术是连铸技术的重要特征。结晶器振动的目的是在拉坯时克服初始凝固壳（坯壳）与结晶器壁之间的黏结，同时获得良好的铸坯表面，增加结晶器的润滑效果和传热效果。因而结晶器向上运动时，减少新生的坯壳与铜壁产生黏着，以防止坯壳受到较大的应力，使铸坯表面出现裂纹；而当结晶器向下运动时，借助摩擦，在坯壳上施加一定的压力，愈合结晶器上升时拉出的裂痕，这就要求向下运动的速度大于拉坯速度，结晶器里的坯壳受到压缩，形成负滑脱。

（1）液压振动原理

① 液压振动装置的构成 结晶器液压振动机构由振动台架（振动框架、导向装置、缓冲装置、自动接水装置等）、液压动力单元（液压站、液压管路等）、液压控制单元（伺服阀、伺服液压缸、位置传感器等）、电气控制系统等组成。

② 液压振动装置原理 液压振动装置原理图如图 8-37 所示。

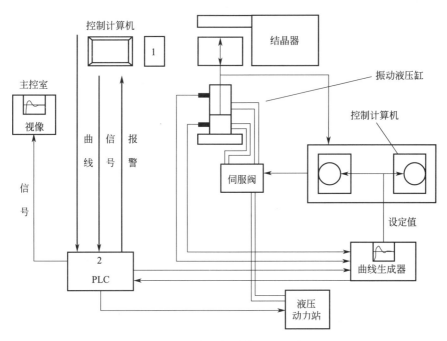

图 8-37 液压振动装置原理图

液压振动的动力装置为液压动力站，它作为动力源向振动液压缸提供稳定压力和流量的油液。液压振动的核心控制装置为振动伺服阀。伺服阀灵敏度极高，液压动力站提供动力，如有波动，伺服阀的动作就会失真，造成振动时运动的不平稳和振动波形的失真。为此，要在系统中设置蓄能器以吸收各类波动和冲击，保证整个系统的压力稳定。正弦和非正弦曲线振动靠振动伺服阀控制，而振动伺服阀的控制信号来自曲线生成器，曲线生成器通过液压缸传来的压力信号和位置反馈信号来修正振幅和频率。经过修正的振动曲线信号转换成电信号来控制伺服阀。只要改变曲线生成器即可改变振动波形、振幅和频率。曲线生成器输入信号的波形、振幅和频率可在线任意设定，设定好的振动曲线信号传给伺服阀，伺服阀即可控制振动液压缸按设定参数振动。

(2) 液压振动的特点

与机械振动相比，连铸机的液压振动装置具有很多优点，其结构紧凑简单，传递环节少，与结晶器之间调整方便，维护也方便；它采用高可靠性和高抗干扰能力的可长期保证稳定的振动波形；可改变振动曲线，增加了连铸机可浇铸的钢种；它改善了铸坯表面与结晶器铜壁的接触状态，提高铸坯表面质量并减少黏结漏钢。

结晶器的这种液压振动技术可以在线调整振幅、振频。根据工艺条件的要求任意改变振动波形，实现正弦或非正弦振动。这种在线任意调整振动波形、振幅和振动频率是机械振动所实现不了的。

8.2.2 液压振动控制系统可靠性设计方案

该公司 1# 连铸机自 2011 年热试开始发生 10 余次停振故障，每次停振势必造成连铸机停浇，因此对生产构成较大影响。通过故障处理及事后分析、汇总发现结晶器振动系统停振的主要原因是由于设计时未考虑到高温、潮湿环境对控制系统现场设备的影响。由于高温、潮湿、电磁干扰及季节性环境变化，经常造成控制电缆、现场检测仪表发生短路、断路、信号干扰，为减少系统故障停机时间，必须对现场设备进行改造，提高系统可靠性。

按液压系统工程应用的角度，可把液压系统的可靠性分为固有可靠性和使用可靠性，并认为固有可靠性是指从设计到制造所确定了的系统内在属性，用于描述系统设计和制造的可靠性水平，而使用可靠性必须综合考虑产品安装环境、维修策略和修理实施等因素，用于描述系统在计划的环境中使用的可靠性水平，提出如图 8-38 所示液压系统可靠性的分类组成及各子类所占比重，从中可以看出液压系统可靠性管理从固有可靠性到使用可靠性贯穿始终。

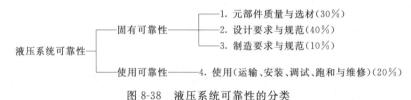

图 8-38 液压系统可靠性的分类

液压系统使用可靠性是系统在使用阶段考虑了使用条件、系统的维护管理，以及操作人员的技术水平等各种因素影响后系统的可靠性，是系统在实际工作中反映出的客观状态，也是用户直接接触的系统状态。只有通过液压系统在运行中技术状态的监测与故障诊断，制定良好的维护维修策略计划，建立有利的技术保障体系等措施，才能使设计生产中固化了的可靠性水平在实际使用中得以良好的维持。

使用可靠性是系统在使用阶段考虑了使用条件、系统的维护管理，以及操作人员的技术水平等各种因素影响后系统的可靠性，是系统在实际工作中反映出的客观状态，也是用户直接接触的系统状态。只有通过液压系统运行中技术状态的监测与故障诊断，制定良好的维护维修策略计划，建立有利的技术保障体系等措施，才能使设计生产中固化了的可靠性水平在实际使用中得以良好的维持。

8.2.2.1 结晶器液压振动系统的可靠性设计

通过对结晶器液压振动控制系统的研究，采用非正弦振动规律曲线，分别对结晶器液压振动系统软件和硬件进行改造设计，并采用 VC++ 软件编程的人机界面控制，可实现结晶器振动曲线配方的设计、工艺参数计算、配方仿真和测试。先根据钢种需求在上位系统预置不同配方参数，为保证传感器及液压机械部件更换后控制系统的控制精准度要求，设置了系统维护画面，系统维护界面中包括液压系统检测设备的标定。结合 3♯ 连铸机的故障诊断与预报功能，增加结晶器振动的在线监测，通过在线监测可以实现结晶器过程监控，实时显示振动波形，对液压系统的故障进行预报并给出诊断及其排除方法。

8.2.2.2 结晶器振动控制系统人机界面可靠性设计

人机界面可靠性设计主要包括以下几方面。

① 控制选择及监控 通过控制方式选择，可以实现手动、自动、维修模式转换。手动模式可以通过人工选择曲线配方，可以控制振动器的启动/停止，并可以按人工设定拉速进行振动控制；一般浇钢过程中选择自动模式，自动模式下可以根据拉速，按预定配方控制结晶器振动；维修模式下可以退出主操作界面，进行配方调整、下装，以及配方的仿真测试。操作主画面主要显示内容包括：实时显示液压缸有杆腔和无杆腔压力、液压缸位置（振动波形）、伺服阀输出的趋势；显示系统状态信息；显示当前情况下负滑脱时间、正滑脱时间、负滑脱距离等工艺信息，实时显示液压缸受力情况。

② 振动曲线配方控制 通过工程师权限登录后，可以切换到配方控制界面，主要可实现结晶器振动曲线配方的设计、工艺参数计算、配方仿真和测试。先根据钢种需求在上位系统预置不同配方参数，如拉速、振幅、振频、偏斜率等。

③ 系统维护 为保证传感器及液压机械部件更换后控制系统的控制精准度要求，设置了系统维护画面。通过系统工程师权限登录后，可以进入到系统维护界面，其中包括液压系统标定（主要包括结晶器振动系统零点的标定，压力传感器静压情况下的最大、最小力的标定，摩擦力标定等）、PID 控制参数修改、权限管理、通信接口管理等功能。液压系统标定有以下几方面：a. 系统零点标定，开环情况下，将两个振动台架提升到一定高度后，靠机械设备自重将框架压到机械零位位置，通过位置标定画面将传感器实际数据输入到标定值位置即可；b. 最大最小力标定，开环情况下，将相应液压缸升到最高位置，同时记录当时情况下无杆腔压力，此值为最小力，将相应液压缸升到最低位置，同时记录当时情况下有杆腔压力，此值为最大力；c. 摩擦力标定，为了准确计算结晶器振动过程中摩擦力受力情况，必须对力的曲线进行标定，即结晶器振动台架从最低位置开始，按 1mm 步进量，逐渐上升到最高位置，再逐渐降低到最低位置，记录过程中液压缸受力情况，此时的受力情况即系统克服重力和板簧压力情况。

8.2.2.3 结晶器振动系统在线监测及诊断功能的可靠性设计

液压系统中人机系统和管理系统中任何一方故障都会降低整个系统的使用可靠性，由此可见系统的使用可靠性模型是由人机系统与管理系统组成的复杂串联结构模型。由于液压系统中的人机系统与管理系统都包含许多方面未知或不确定因素，因而只对影响系统使用可靠性的各种因素（见图 8-39）加以定性分析，并根据分析结果，提出可以提高液压系统使用可靠性的一些意见和建议。

(1) 人机系统的可靠性分析

任何一个液压系统都是人和液压产品的结合，二者相互配合，相互感知，共同完成某种特定功能。现代人机系统强调以人为中心，人与机处在平等合作的地位，共同组成人机一体化系统，突破传统人工智能系统概念研究新型的人机关系。在液压系统使用可靠性研究中人是人机系统的一员，并有人工智能的特点，发挥人在系统中的作用，建立了一种新的人机协作关系，从而产生高效、高性能的人机系统。图 8-40 为人机系统的示意图。从图中可以看出，一个人机系统主要由三部分组成，人、机、人机界面。人通过人机界面对机发出指令，机按人的指令运动，并通过人机界面把自身状态向人显示，人又根据人机界面的反馈结果做

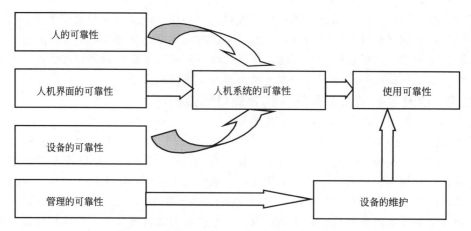

图 8-39　液压系统使用可靠性的影响因素示意图

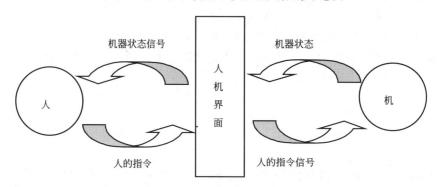

图 8-40　液压系统人机界面的示意图

出判断，调整对机的指令。可见，人机系统的可靠性模型是由人的可靠性、机的可靠性以及人机界面的可靠性组成的串联模型。

所谓机的可靠性也就是前面所研究的系统的固有可靠性，可通过设计及可靠性增长得以实现合适的可靠性。这里仅对人的可靠性和人机界面的可靠性进行分析。

(2) 人的可靠性分析

人的可靠性概念是从研究产品可靠性引出的。与机器相比，人的行为有自由度，这也正是人们处理简单的事情时也会发生失误的原因。因此，从某种意义上说，由于人具有自由度，不发生失误几乎是不可能的。人在预先规定的范围外发生的失误行为叫做差错，人的行为不发生差错的可能性叫做人的可靠性。人的行为基本上是三个参数的函数：

① 激励输入——作为操作人员感觉输入的任何激励。例如音频信号、视频信号、故障显示等。

② 内部反应——人员对激励输入的感觉、理解，并做出决定的动作。

③ 输出响应——根据内部反应，对激励输入的响应。如按下相应的按钮、发生故障后切断电源等。

人所有的行为都是这三个参数的综合，一个复杂行为就是这三个参数的串并联交织而成的。因而，提高和保障人员的可靠性要分别从这三个方面入手。

人的可靠度定义为在系统工作的任何阶段上，操作者在规定的时间内成功地完成规定操作的概率。这里所说的成功地完成操作，并不是在操作中毫无错误，而是允许有错误，但它对成功地完成操作不发生重大的影响。设操作次数为 n，其中成功的次数为 s，一般来说可靠性比率 $p = s/n$（人为差错概率为 $1-p$）。但实际可靠性不一定是这个比率，要根据试验给

出的数据 n、s，由概率统计方法求得一个区间（p_1，p_2）并由此推定人的可靠性 R_H。一般取精确性、正确性、可用性、资源需求、可接受性以及成熟性这 6 项标准来评价人员可靠性模型。人机系统人机结合方式有串联方式、并联方式、串并联混合方式。串联方式，人对系统的输入必须通过机器的作用才能输出。人和机器的特性相互干扰，人的长处通过机器可以扩大，但人的弱点也可以被扩大。人间接与机器衔接的各种自动化系统常为并联方式。在这种系统中，人的作用是以管理、监视为主。当自动化系统正常时，人遥控和监视系统的运行，系统对人几乎没有约束。当自动化系统异常时，系统即由自动变为手动，即由并联转化为串联。而串并联混合方式往往同时兼有串、并联两种方式的基本特征。设人的可靠性为 R_H，液压系统的可靠性为 R_M，串、并联方式人机系统的可靠性 R_S 分别由下两式计算得

$$R_{S串} = R_H \times R_M；R_{S并} = 1 - (1 - R_H)(1 - R_M)$$

如果人的可靠性为 0.80，液压系统可靠性为 0.95，串、并联方式人机系统的可靠性分别为 0.76、0.99，并联系统的可靠性远大于串联系统。

但人的失误有很大随机性，与人的情绪高低、作业熟练程度、操作方法是否正确、作业环境是否优越等有关。对现场人的可靠性 p 可视为（0-1）分布的参数 p 区间估计问题。

由德莫佛-拉普拉斯中心极限定理得，当 n 充分大时

$$Z = \frac{x_1 + x_2 + \cdots + x_n - np}{\sqrt{np(1-p)}} = \frac{n\bar{x} - np}{\sqrt{np(1-p)}}$$

近似服从 N（0，1）分布，于是有

$$P\left\{ -Z_{\alpha/2} < \frac{n\bar{x} - np}{\sqrt{np(1-p)}} < Z_{\alpha/2} \right\} \approx 1 - \alpha$$

即：$-Z_{\alpha/2} < \dfrac{n\bar{x} - np}{\sqrt{np(1-p)}} < Z_{\alpha/2}$，等价于

$$(n + Z_{\alpha/2}^2)p^2 - (2n\bar{x} + Z_{\alpha/2}^2)p + n\bar{x}^2 < 0$$

解得：$p_1 = (-b - \sqrt{b^2 - 4ac})/2a$，$p_2 = (-b + \sqrt{b^2 - 4ac})/2a$。

其中，$a = n + Z_{\alpha/2}^2$，$b = -(2n\bar{x} + Z_{\alpha/2}^2)$，$c = n\bar{x}^2$。

估计 p 的置信区间为（p_1，p_2），若取 $\alpha = 0.05$，操作人员的操作次数 $n = 20$，成功操作数为 18，则 $\bar{x} = 18/20 = 0.9$，$n\bar{x} = 18$，$Z_{0.05/2} = 1.96$，解得：$a = 23.8416$，$b = -39.8416$，$c = 16.2$。算得 $p_1 = 0.69896$，$p_2 = 0.97213$，所以 p 的近似 95% 置信区间为（0.69896，0.97213）。换句话说，现场操作人员可靠性在 0.69896 到 0.97213 之间，这种估计的可靠程度约为 95%。

根据上述人机可靠性具体估计状况，为提高液压系统的使用可靠性，提出以下建议：

① 加强管理，制订合理的规章制度，严禁酒后操作，防止出现离岗等违章行为造成故障，提高操作人员对激励输入的敏感性和对输出响应的正确性。

② 对工人应加强液压基础知识的培养，并对操作人员进行设备操作的培训，操作人员应严格按使用说明书的要求操作，以提高操作人员的内部反应的能力。

③ 对设备实行专人负责，现场专人操作，专人指挥，统一指挥口令。

(3) 人机界面的可靠性分析

人机界面是人与机器之间相互感觉、相互交换信息的部分，对于人来说，是人如何感觉机器的输出信息，包括工作状态、工作流程等，并依据接受到的信息对机器进行操作；对机器来说，人机界面是如何接受人的指令并能及时地把自身的状态反馈给操作人员的部分。所以，可靠的人机界面就是人能够较好地感觉机器的状态，并能够顺利地对机器进行规定操作以及对机的状态做出相应的反应，另一方面机器能够准确及时地反映自己的状态。

为了提高整个人机系统的可靠性，使人机系统达到安全、高效、经济的目的，机器要适合于人的生理要求以及操作者技术熟练是前提条件。在确定系统的性能指标时，一方面要考虑人的主观能动性，另一方面更要顾及人的固有局限性，千万不能忽视人的生理、心理特点以及工作能力限度，一味追求机器的高性能。机器不适合于人的话，即使其性能非常好，组成的人机系统仍然是不可靠的，机的性能也不能发挥其作用。人机界面的可靠性包括两个方面，硬件的可靠性和软件的可靠性。人机界面中的硬件可靠性是指各种仪表、显示器、连接线路、调整电位器等硬件方面的可靠性；人机界面中软件可靠性是指各种元器件组成的人机界面是否能合理、有效地进行人机交流。因此，为了提高人机系统的可靠性，在人机功能分配时，应充分发挥各自的优势，扬长避短，恰当分工，使人机相互配合，共同完成人和机器界面都不能独立完成的工作。要充分利用人的特殊而极其重要的能力，即人有灵活性和多面性，有修正错误、改正错误的创造能力，善于处理多变情况和意外事件，让人来完成机械系统的监督、维修、程序安排以及创造性工作，而不是仅分配人去做无法实现自动化而剩下的"零活"。对于需由人实现的功能，必须研究人是否有"能力"实现该功能，是否能长时间"从事"这一功能。根据人机工程学和系统的具体情况，在液压系统设计和现场中建议做出以下措施：

　　① 设立主操作台，使操作人员在主操作台上基本可以完成系统的各项动作，主操作台的尺寸系统符合人体工程，操作简单，位置合理，能够清晰无干扰地观测到系统的工作情况，能准确无误地观测到系统工作情况。

　　② 增加系统的保护措施。例如，设立压力过高后的报警装置，使操作人员在接受视频信号的时候，利用声频信号提醒操作人员，能够对故障进行紧急处理。

8.2.3　液压振动系统可靠性管理

(1) 液压可靠性管理与液压系统保养

　　对于液压系统来说，无论是大修还是小修都受人为的因素、实际的工况等影响，而且会对系统的正常运转产生影响。因而平时注意对系统的维护和保养，采取预防性维护和保养是十分必要的。如每次开机前的检查、有噪声时的查看等，将大大提高系统的可靠性和平均寿命。

　　对于液压系统来说，日常维护和保养的一项重要项目是油液污染的监测。众所周知，油液污染是液压系统故障的主要原因，因为油液污染几乎会引起每一个元件的故障，特别是对于致命度较高的阀类元件来讲，油液污染是造成故障最大的因素。可见，油液污染对液压系统的使用可靠性影响极大，因而建议采取如下措施：

　　① 确定元件的目标清洁度。为液压系统建立油液动态监测系统，此监测系统应具有如下功能：及时动态地反映系统各点处油液的污染状况；当油液污染度超过规定的最低值时，能够通过人机界面表现出来。

　　② 最重要的工作是提高工作人员的技术水平和责任心，对其进行技术培训。同时，制定严格的管理措施和污染控制措施。例如已得到工厂认同的某液压机改造过程污染控制流程如图 8-41 所示。

　　③ 另外，液压油从购买到使用过程中要严格进行三次过滤，即：油料生产厂$\xrightarrow{1}$运输车$\xrightarrow{2}$贮存容器$\xrightarrow{3}$系统，要充分控制每一个环节，保证加入系统中的液压油的清洁度。

(2) 液压可靠性管理和使用维修团队的构建

　　液压系统完全交付用户进行可靠性管理与运行维护，除合格的使用操作人员外，首要条件是由系统的用户方组建并培训一支完善健全的液压维修团队。所谓维修团队的健全性，是指这支维修团队成员应该各司其职，形成一个按阶梯分布的完整团队，它至少应该包括下列人员：

　　① 液压主管与维修工程师　液压主管与维修工程师对厂级领导负责，在技术层面总揽

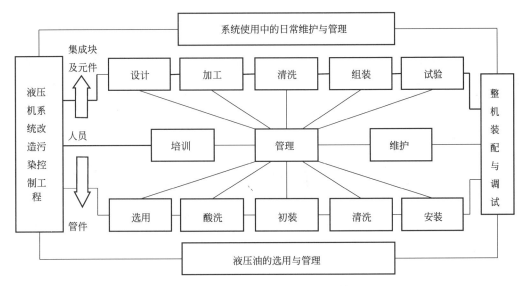

图 8-41 某液压机改造过程污染控制流程

整条生产线的液压设备可靠性管理与维修工作的全局。他直接管理液压系统维修班组长,负责编写或管理液压系统操作与维护说明书,分类与归档保存维修记录表,设计并安排具体装备液压系统的年度、季度维修计划与维修重点。他需要了解生产线上每台重大装备的工艺地位和工作原理,要具备较高的液压系统工作原理知识和丰富的维修管理实践经验。

② 液压系统维修班组长 液压系统维修班组长接受液压主管与维修工程师领导并对其负责,一般负责具体的一套或多套装备液压系统的可靠性管理与维修工作。他负责理解年度、季度维修计划与重点,并编写月、周、日的分段实施细则,还要具备一定的工程心理学(也称为人机可靠性工程学)修养,管理并协调备品与维修工具供给员和液压维修技师与工人,安排技师与工人进行专业培训并对其进行考核,还负责协助液压主管发放并回收维修记录表。他需要了解管辖具体装备液压系统的组成与工作原理,要同时具备丰富的维修管理实践经验和精湛的维修技能,还需要当机立断,对突发故障迅速做出判断与反应的能力。

③ 备品与维修工具供应员 备品与维修工具供应员直接面向维修技师与工人,为他们提供液压系统专门的维修工具与液压泵阀、高压胶管总成、管接头等备品元件。他需要按维修班组长的维修计划,提交工具与备件的库存情况与采购清单,并负责工具与备件入库后的可靠性管理。由于液压元件多是集电子与机械于一身的精密元件,其库存可靠性管理需要较高条件,例如元件库存时间与摆放场地的管理、元件电子部分的防碰损、注油元件液压油口的封堵防污和元件防锈等特殊要求。因此,可以说液压系统的备品与维修工具供应员所应具备的专业素质与技能应远高于一般设备与紧固件库存管理的保管员,应对其进行专门的业务培训工作。

④ 液压维修技师与工人 液压维修技师与工人劳动在生产一线,按液压系统维修班组长的要求,通过备品与维修工具供应员的协助收集开展日常护理与维修的必要工具与液压备件,直接对液压设备进行保养、调整与修理。技师与工人的责任心和维修技能决定了液压系统故障的预防和得到及时修理的程度,直接影响到液压系统使用可靠性与使用寿命。

其中现场操作人员能熟练掌握整个工作过程,准确无误地发出各种指令是保证系统正常工作的一项重要指标。在前面可靠性分析中,曾把操作人员的可靠度考虑为"1",而忽略了其对系统产生的影响。实际上,由于受自身素质、熟练程度以及认真程度等因素的影响,操作人员的可靠度并不能总是保持为"1",因而总能对系统的整体可靠度产生影响,有时甚至是致命的影响。现如今液压系统现场操作人员有时会产生误操作,特别当系统出现异常现象时，更容易产生误操作。因此，必须要对操作人员进行培训，提高他们的自身素质，以降低因"操作水平低"等事故发生而影响系统可靠度的概率。

除了加强培训外，还应对操作人员加强管理。因为操作人员的工作认真程度也会影响到系统的可靠度。要保证液压系统持续正常工作，保证系统具有较高的可靠度，就必须加强对现场操作者的管理，努力提高人的可靠性，做好选拔、培训和教育工作。设法挖掘人的潜力，最大限度地调动人的积极性，发挥他们的自觉性。同时，尽可能地为操作者创造适宜的环境，这将有助于提高现场操作人员的工作效率，减轻他们的疲劳状况，减少人为差错。

8.3 制氧站气动设备可靠性管理及故障树分析

本节介绍本章作者所指导的硕士生常丽君对制氧站气动设备进行的可靠性管理及故障树分析：

①对制氧站的可靠性管理进行研究，主要对使用阶段可靠性管理，备件库存可靠性管理以及人的可靠性管理进行研究，提出提高制氧站可靠性的方法措施，进一步提高制氧站运行的稳定性。

②对 $8000m^3/h$ 氮压机典型故障进行分析研究，重点对氮压机振动异常这一常见故障进行故障树分析，为系统其他故障的排除提供借鉴。

8.3.1 制氧站可靠性管理

8.3.1.1 制氧站管路中存在问题

在制氧站生产实际中，有时由于使用、维护以及管理人员的技术素质不过硬，对制氧站知识了解较少，而出现误操作，盲目指挥，导致制氧设备不能充分发挥其性能，导致设备出现故障的例子很多。故很有必要对制氧站可靠性管理的重要意义加以强调，以引起有关部门的重视，从而提高制氧系统的可靠性。

制氧站设备的稳定性与可靠性直接影响着系统的安全。对于制氧站，共有 3 套 $12600m^3/h$ 的制氧机组。由于三套制氧机组为同一公司不同时期的产品，型号、设计理念有所差别。所以三套机组长期的稳定性和可靠性是一个比较难的问题。制氧站自投产以来发生的故障共 5 类 24 起，包括机械故障（6 起）、计控故障（7 起）、电器故障（2 起）、人员操作故障（8 起）和安全故障（1 起），详细内容见表 8-16 所示。

表 8-16 制氧站故障统计

故障种类	故障描述	故障种类	故障描述
机械故障	1#氧压机油泵故障	电器故障	1#空压机电流双低报警停车
	1#氧压机油泵自启动造成润滑油泄漏		电控柜空开老化跳闸造成2#空分停车
	氮压机主油泵故障	操作故障	1#空分分子筛进水事故
	2#空分塔故障		净环水压力高故障
	氮压机送出管路止回阀阀板脱落故障分析		氧压机喘振故障
	1#空分塔故障		氧气总管安全阀起跳故障
计控故障	1#氧压机高压缸止推轴承温度故障		液氧贮罐爆破板破的故障
	1#氧压机低压缸振动故障		2#空分冷箱内管路焊口开裂的事故
	制氧1#空分按钮台开关跳闸故障		制氧站扒错1#粗氩泵珠光砂事故
	2#空压机压力信号波动大故障		制氧站内中压氮气管道过冷淬裂事故
	1#空分 UPS 电池柜故障	安全故障	3#氮压机喷氮故障
	氮压机轴承温度高故障	—	—
	1#空压机主电机返回信号中断故障	—	—

制氧机的使用管理不只是维护和使用，而应从设备的选型、设计、制造、安装、调试、维护保养、检修及更新改造，直至报废的全过程管理。制氧机可靠性管理的目的就在于使制氧机尽量在最佳状态下运行，及时发现设备隐患，并用正确的方法排除，既节省了维修费用，又延长了制氧机的使用寿命，让制氧机发挥出最大的经济效益。为此，必须要求运行人员和管理人员熟练掌握制氧机的基础知识和正确的使用维护办法。针对制氧机的特点，建立完整的使用管理体系，使制氧机的使用、维护系统化，提高制氧设备完好率和利用率，降低生产成本，创造较大经济效益。

8.3.1.2 使用阶段的可靠性管理

设备使用可靠性重点研究设备生产完成后，设备使用方对设备的选择采购和使用等过程的可靠性控制。使用可靠性是指在使用系统阶段考虑了操作人员的技术水平、系统的维护管理水平和使用条件等各因素影响下系统的可靠性，是用户直接触及的系统状态，也是系统客观状态在实际工作中的反映。通过制氧机运行中故障诊断与技术状态监测，建立完整的技术保障体系以及制订可靠的维护维修计划等措施，使设计和生产中固化的可靠性水平在实践中得到良好的维持。

(1) 制氧站使用阶段故障分析

制氧机发生故障的原因主要有四类，即设计缺陷、维护不当、施工质量缺陷和运行操作不当。其中设备维护、设备施工和设备运行操作都属于使用阶段可靠性管理的范畴。

① 施工缺陷 实践证明，施工质量引起的故障多发生在设备投运的初期，而且这个时期此类故障频发。对现有 3 台空分系统进行统计，新系统投入运行初期发生的故障中施工质量问题占大多数。例如因氧压机轴承温度探头安装不正确导致轴承温度高报警故障；蒸汽管路吹扫不彻底导致蒸汽管路上减压阀失效，管路上安全阀开启；仪表管吹扫不彻底导致分子筛系统阀门电磁阀失效，阀门打不开或关不上；净环水总进水管路未安装机械过滤器，导致各压缩机冷却器冷却效果降低，需频繁停车冲洗；空分冷箱上设备标识不清楚，导致扒错砂的事故发生等等。

在设备运行初期，许多安装中遗留的缺陷和隐患，并不会导致大问题。然而，经过长期运行后，这些缺陷和隐患会逐渐暴露。例如，接线松动，焊接不合格之类的故障，查找起来费时费力，很容易形成幽灵式的故障。因此，保证施工不留隐患的一个重要措施是做好安装施工的质量控制，提升施工工人的技能、责任心。

② 操作不当 制氧站由于操作失误而引发的典型故障实例很多。这里面有人员素质低，对装备的掌控水平不高因素有关，也与管理制度的欠缺有关。由于操作失误而引发的故障占总故障数的比例比较大。

运行人员的误操作，如阀门开错，水浴蒸发器水位确认不到位，不投入重要联锁等等，因为这些问题不是技能问题，通过加强责任意识教育，近年来此类问题下降趋势明显，概率非常低。事故往往发生在异常操作时，一是因为异常操作不频繁，平时演练机会少；二是异常操作预案难以对应到与具体情况完全一致，而操作员临场应变可能失误。而在异常操作中一旦发生了故障，就是比较严重的故障，会造成质量问题或重大事故等等。

③ 维护不当 整个设备管理的先进程度和其维护方式对系统的可靠性有直接影响。设备管理模式强调设备预防性和周期性的维护管理，同时对设备维护人员熟悉设备的程度提出了比较高的要求。在新设备运行初期，设备维护人员由于经验欠缺，可能会发生因不熟悉维护要求而导致的对设备欠维护情况，或对维护周期设置较短而导致的过维护的情况。因维护不当引起的故障总结如下。

a. 因欠维护引起 一般对设备欠维护的情况有：维护方式过于简单、维护周期设置过长、未能及时发现劣化和失效倾向以及易损件未能及时更换等。这种情况一般发生在使用初期，此时对新设备维护要求还不熟悉，比较成熟系统发生此类事件的概率不高。如 2008 年 8000m³/h 氮压机主油泵故障，投产近两年未对主油泵进行解体检查，没能发现设备制造隐患，导致故障停机。

b. 因检修质量不合格引起　企业曾经比较普遍的一个问题是检修质量不合格。首钢的设备管理系统有两大标准对检修作业质量进行控制，即维修技术标准和维修作业标准。但在实践中，由于检修人员的能力和经验问题，仍然不能保证检修质量。对某些辅助设备的检修中，仍能出现检修质量控制不到位的情况，装配时数据检测不准确或漏检，拆卸时损坏部件的情况仍然存在。如投产初期检修空冷系统时，只检测远传液位计和现场液位计是否准确，未对取样管路进行冲洗，时间长了，阀门堵塞，液位不准现象发生。

c. 因备件质量问题等引起　由于备件来自不同的厂商，其质量参差不齐，同一型号不同厂家的产品，质量差距往往很大。因一些国产化备件质量过差，且准备不够充分，能引起意想不到的后果。目前，虽然经过不断地积累经验，因维护不当引起的设备故障呈下降趋势，但因维护问题而引起的故障仍有发生，这反映了设备维护管理水平还有待提高。

（2）提高制氧站设备使用阶段可靠性的改进措施

① 控制施工质量　为应对施工质量不合格的问题，结合以往制氧设备安装验收经验、标准，总结如下两点：

a. 由专业工程师在现场对施工质量按标准程序进行质量检查、监督协调，严把现场施工质量关，不依赖工程分包和总包单位自己的质量控制体系；结合以往空分设备安装、调试、运行的经验和首钢工程项目施工、调试、安装标准程序，更多地靠标准和程序来保障，而不是仅凭个人经验。

b. 对尾项处理工程做好总结，投产后的一年内是新项目事故高发阶段，尤其密封不严、接线松动等故障发生频率很高。因此，自新设备投产的第一年内，每 3 个月或半年应做一次回顾总结，以便能够及时消除隐患，总结经验。这是一种简单而又有效的办法。

② 做好设备的维护与运行　设备投入运行之后，工作的重点转成维护和运行，结合自身多年的经验总结，并参考同行的经验教训，归纳了 6 个方面的重点工作。

a. 针对不同设备选择合理的维护模式　可靠性的维护管理分为定期维护、不坏不修、预见维护和条件维护四类，将故障消灭在萌芽状态，避免故障扩大，确保制氧设备无大修。

a）定期维护。如空分系统的空压机。空压机运行一段时间后内部会出现较严重的结垢，辅助系统也需检查、清洗，否则影响效率。一般结合空分系统加温解冻周期对空压机系统进行检查、维护、保养。

b）不坏不修。如粗氩泵。此类泵的结构一般较为简单，泵密封部分为迷宫密封，磨损漏液是运行一段时间后常见的故障。因为此泵为进口泵，备件价格昂贵，且此类泵是一用一备，所以既使泵出现问题，也不会影响系统的正常运行。采取这种办法检修可以发挥零部件的最大效能。

c）预计维护。预计维护要求有比较高的设备管理能力。有丰富的现场设备管理经验，熟练应用各类管理工具。此外，必须有完整的支持系统，做好各类化验、检测，为现场提供及时准确的设备信息。如制氧站三台氧压机的检修，因为它影响安全生产的程度最大，所以采用这种维护方式。

d）条件维护。一般指在产生一定缺陷时才进行修理维护，是根据维护人员的经验来判断，要求较定期维护要高。如空分塔检修。

b. 充分发挥设备可靠性维护管理系统的潜能　直接影响设备可靠性和故障率的因素是通过对设备故障的分析，统计和整改得到的。众所周知，分析故障原因、制订整改措施及落实整改措施是避免故障重复发生的最重要的方法。做好故障整改表和隐患登记表，并及时安排表上项目作业，定期跟踪，保证完成计划。

c. 运用故障检测和分析技术　在线监测系统、振动、温度离线检测、超声探测、油品分析，是可靠性维护管理的支柱。在实际生产中，对不同设备采取不同的检测技术，监测设备状况，及时发现故障征兆，制订维修方案。

d. 运用质量控制管理技术

a）FMEA 失效模型分析和影响分析，确定高风险点，并针对分析结果制订实施计划，主要包括设备故障处理预案、备件计划修正、优化维护程序、培训计划等。

b）根本性原因分析，分析重复性设备故障、所有质量事故和非计划停机的根本原因，根据分析结果，制订整改措施。

e. 检修控制　控制生成的检修计划，防止过维修和欠维修的情况，严格控制生成的检修计划。检修时严格按照安全、质量、进度这几方面进行控制。检修作业的安全管理中着重注意了以下几个方面：氧气相关设备的脱脂、吹扫、置换等工作坚持完成好；制氧站内严格执行动火票制度；电气作业必须严格执行三牌（检修牌、操作牌、送电牌）流转制度；进入密闭空间作业必须做好氧含量监测工作；处理空分内部泄漏问题扒砂时，严格执行空分维修作业标准，防止因冷箱内液体大量气化引起的喷爆事故发生。

对维检单位的管理是确保设备稳定运行的重要工作之一。因此，首先，要求管理人员加强学习，熟练掌握检修技术；其次，要求维检单位落实维修技术标准和维修作业标准，用程序和标准来控制检修质量。

f. 提高运行人员的操作水平，加强设备维护意识及标准化作业意识　制氧站共有 30 人（包括区域长 1 人，协理 1 人），采用四班三运转模式，每班共 7 人。每班含班长 1 人，主值 3 人（1 套空分 1 人），主控 1 人，助手 1 人，化验 1 人。制氧站负责三班运行管理。由于人员少，操作多，操作人员对现场设备管理的关注度一直比较低。针对这些特点，开展了以下工作：

a）提高标准化作业能力，严格执行操作规程。在制氧行业内流行一种看法，空分操作有多种方式，每个人有每个人的做法，很难说哪一种做法是错误的，各有利弊。但标准化作业是避免犯错的最好方法，操作规程中有些看似可以忽略的步骤实际上是非常重要的，缺失这些步骤往往会引起大事故。让运行人员形成有章可循、有章必循的理念。

b）提高运行人员的设备管理能力。如果运行人员巡检时发现设备隐患，给予奖励。

c）针对缺陷设备的操作，制订维护措施及事故预案，让运行人员有法可依。

8.3.1.3　备件库存的可靠性管理

在设备维护工作中，为了恢复设备的性能和精度，需要用新制或修复的零部件来更换失效的零部件，通常把这种新制或修复的零、部件称为设备备件。

制氧站的备件库存管理是制氧站可靠性管理的一个重要部分。若备件储备过多，就会造成备件积压，大量资金不能周转；若备件储备过少，检修时备件不能及时供应，影响检修进度，延长停机时间，给企业造成经济损失。所以，要保证设备检修的质量和进度，必须科学合理地储备、供应备件。因此相对于其他类型的库存，备件库存要求具有更高的管理水平。

(1) 制氧站备件需求预计

需求预计是运用同类备件需求的历史数据来预计备件订购提前期内的需求分布。需求预计是备件库存管理的一个难点，这是因为：首先，大多数备件的需求具有离散性，间歇性，只有少数备件的需求可以看成是连续的。现实中，很难对间歇性的需求进行预计。另外，由于备件需求的历史数据很少，所以对需求备件的大致时间等估计比较困难。最后，一般备件需求的发生与设备维护方式和使用方式有关，这意味着，随着设备使用时间的延长及设备老化，设备需求表现出一定的自相关性；另外，设备的维修、大修等计划对设备备件的需求有很大影响。

连续型预计和间断型预计是需求预计的两种方法。间断型需求的预计，根据设备检修与备件需求的相关性可分为备件订购提前期内的需求预计和设备检修与备件需求相关时的需求预计。

结合 EPR 系统和近 3 年备件实际消耗的统计资料，并吸取先进技术经验制定了如下定额。

① 最低备件储备定额计算方法

$$G = N_C J T / S \tag{8-13}$$

式中　G——代表最低备件储备定额（件）；

　　N_C——代表装备该备件的设备台数（台）；

　　J——代表每台设备用量（件）；

　　S——代表更换周期（月）；

　　T——代表制作周期（月）。

N_C 取值方法：同型号设备台数 $1\sim3$ 台，取 $N_C=1$；同型号设备台数 $4\sim6$ 台，取 $N_C=2$；同型号设备台数 $7\sim9$ 台，取 $N_C=3$；同型号设备台数 10 台以上，取 $N_C=4$。

② 最高备件储备定额计算方法

最高备件储备定额＝最低备件储备定额＋保险储备定额

保险储备定额＝平均月消耗×保险储备月

式中，保险储备月根据订货周期确定。

③ 统计分析法　根据近 3 年备件实际消耗和储备的统计资料，考虑备件供应条件变化因素，分析、归纳、整理、确定储备定额。

(2) 制氧站备件库存分类

备件库存分类采取 ABC 分类法。库存 ABC 分类法是意大利经济学家帕累托在 1906 年首次使用的，是目前库存控制中最常用的一种分类方法。这种分类方法也被称作 80：20 法则，因为其原理为：只占存货种类一小部分（比如 20%）的存货，通常代表全部存货价值的很大比重（比如 80%）。一般的 ABC 分类法是根据存货的重要程度，即以库存产品的单个品种的库存资金占整个库存产品资金的累积百分比进行排序，把库存产品分成 A、B、C 三类。其中，最贵的库存部件列为 A 类，中等价格的列为 B 类，所有剩下来的价格较低的库存部件列为 C 类。每一类应列出每个库存部件的成本，在确定一个库存部件是 A 类、B 类还是 C 类时，应采用单价而不是总值。以此分清重点和一般，然后再分不同情况加以控制，以达到经济、合理、有效地使用人力、物力和财力资源。一般情况下，对于 A 类库存，由于占用资金大，应该严格按照最佳库存量的办法，适合采取定期库存控制法，并实施严格的连续性检查策略；对于 B 类库存，应该采用周期性检查策略，定期检查库存并定货，使其周转率低于 A 类；C 类库存虽然数量多，但占用的金额不大，因此采用定量不定期的办法，即按照定货电阻值定货，在仓库管理上可采用定期盘点，并适当控制库存。

ABC 分类法的优点在于：

① 节省。ABC 分类法一个最大的优点就是提高库存周转率，从而减轻营运资金的压力，使之转化为现金，通过减少利息费用来降低成本。

② 减少短缺。ABC 分类法的另一大优点是把库存脱货降低到最低程度，并且能把纠正库存脱货的速度尽量提高。

常规的 ABC 分类法简单且对于库存的分类管理行之有效，但是在应用中发现它也存在一些缺点：

① 它具有一定的片面性。该方法主要以库存资金数额进行分类，没有反映库存中的其他属性，如年度总成本，提前期，缺货成本等。

② 对于库存的分类比较粗。该方法对于每一类产品都采用同一类库存管理方法，而其实每一类产品由于其缺货成本不同，用同一种库存管理方法是不合理的，有必要将其分类细化。

基于 ABC 分类法存在的问题，研究者们对其进行了改进，产生了多准则 ABC 分类法。多准则 ABC 分类法同时考虑了单位产品成本、年度总成本、提前期、缺货成本等多种库存特性，将这些因素加入到 ABC 分类法中，弥补其片面性。同时在每一类产品中再基于不同准则，例如关键性，进一步分类细化。目前这种多准则 ABC 分类法已在国内外得到了一定程度的应用。

8.3.2　氮压机组振动异常故障树分析

氮气由于其化学性质稳定，钢铁生产中用来作为冷轧、镀锌、镀铬、热处理、连铸用的保护气；作为高炉炉顶、转炉烟罩的密封气，以防可燃气体泄漏，以及干息焦装置中焦炭的冷却气体等，一般的保护气体要求的氮纯度为 99.99%，有的要求氮纯度在 99.999% 以上。而氮压机作为输送氮气和提高氮气压力的一种的从动的流体机械，可谓是制冷系统的心脏，它从吸气管吸入低温低压的制冷剂气体，通过电机运转带动活塞对其进行压缩后，向排气管排出高温高压的制冷剂气体，为制冷循环提供动力，从而实现压缩→冷凝（放热）→膨胀→蒸发（吸热）的制冷循环。因此对氮压机的可靠性分析非常关键。

本节主要针对 8000m³/h 氮压机典型故障——机组振动异常进行分析研究。

8000m³/h 氮压机组于 2010 年因计控原因导致压缩机带载停车。计控故障消除后，启动该压缩机，由于一、二级振动超标，8000m³/h 氮压机组联锁停车。

根据表 8-17 可知，1～2 级轴振动超过 31.5μm 报警，超过 39.4μm 停机；3～4 级轴振动超过 29.1μm 报警，超过 36.4μm 停机；5 级和自由端轴振动超过 34.6μm 报警，超过 43.3μm 停机。本次故障停车时各级振动值记录如表 8-18 所示。由表 8-18 可知，二级轴振动异常是导致氮压机本次停车的直接原因，其他轴及自由端振动都在允许范围内。

表 8-17　故障联锁停车条件

联锁名称	图位号	报警值	停机值	备注
机组进气压力过低	PICAS3603	2.5kPa	0.0kPa	—
润滑油压力过低	PIAS3704	180kPa	70kPa	—
机组排气压力过高	PICAS3613	3100kPa	3200kPa	—
电机驱动端、自由端轴承温度过高	TIAS3704、3705	70℃	80℃	延时 2s 停机
氮透大齿轮轴承温度过高	TIAS3706、3707	110℃	120℃	延时 2s 停机
氮透轴承温度过高	TIAS3708-3713	110℃	120℃	延时 2s 停机
1～2 级轴振动过高	XIAS3701-3704	31.5μm	39.4μm	延时 2s 停机
3～4 级轴振动过高	XIAS3705-3708	29.1μm	36.4μm	延时 2s 停机
5 级和自由端轴振动过高	XIAS3709-3712	34.6μm	43.3μm	延时 2s 停机
氮透轴位移	NIAS3701	±0.3mm	±0.4mm	延时 2s 停机
电气故障信号	停机			

表 8-18　故障停车时各级振动值　　　　　　　　　　　　　　　　μm

名　称	一级		二级		三级		四级		五级		自由端	
	水平	垂直	水平	垂直	水平	垂直	水平	垂直	水平	垂直	水平	垂直
振动值	10.0	24.7	50.5	32.0	3.9	3.2	6.7	0.9	6.9	5.3	7.5	6.2

经过简单检查、紧固振动探头前置器后，重新启动 8000m³/h 氮压机组，20：35：40 8000m³/h 氮压机组再次故障停机。停车时各级振动值记录见表 8-19，可见，一级轴和二级轴都振动异常，其他轴振动都在允许范围内。

表 8-19　简单处理后各级振动值　　　　　　　　　　　　　　　　μm

名　称	一级		二级		三级		四级		五级		自由端	
	水平	垂直	水平	垂直	水平	垂直	水平	垂直	水平	垂直	水平	垂直
振动值	10.0	99.8	85.6	102.4	11.9	5.2	14.2	16.2	9.3	8.8	32	22

8.3.2.1　氮压机组振动异常故障树的建立

振动异常是氮压机组不希望发生的事件，所以把振动异常作为故障树的顶事件。引起氮压机组振动异常的直接原因有压缩机振动异常、压缩机喘振、主轴振动异常、齿轮箱振动异常、主联轴器膜片失效以及其他原因如基础不良等。上述 6 个事件中，任何一个发生都能导致氮压机组振动异常，它们是逻辑"或"的关系。因此，这 6 件事件构成了故障树的第一级中间事件，用"或"门与顶事件连接。进而，寻找引起上述 6 个中间事件的直接因素。

引起压缩机振动异常事件的直接因素有主轴弯曲、轴瓦失效、齿轮啮合不良、叶轮故障等；喘振是透平压缩机组在小流量工况时的不稳定状态，是透平压缩机的固有特性，对压缩机组具有致命的危害，引起压缩机喘振事件的直接因素有运行工况点落入喘振区、防喘裕度不够、出口气体系统压力超高、吸入流量不足、回流阀或放空阀未及时开启、防喘装置未投自动、防喘整定值不准、压缩机破损或脱落、升速或升压过快、气体性质或状态严重改变、出口管线上逆止阀工作失灵、降速未先降压、防喘装置工作失灵等；引起齿轮箱振动异常事件的直接因素有齿轮磨损或损坏、齿面接触精度差、中心对中不良、轴瓦间隙过大或过小、润滑油不良、原动机振动大等；引起主轴（大齿轮轴）振动异常事件的直接因素有主轴动平衡破坏、其他转子动平衡破坏、主油泵有制造缺陷、主轴轴瓦间隙过大、零件磨损或损坏、主油泵组装不良等；引起主联轴器膜片失效事件的直接因素有刮擦、变形、电控故障、吸入压力过高等；除此之外，其他原因主要有土质松软、多机共振、机体支撑欠佳、压缩机载荷急剧变化等。上述事件构成故障树中间事件的二级事件，并且上述事件中只要有一件发生，都能导致对应上一级事件的发生。因此，每个一级中间事件所分别对应的二级事件构成逻辑"或"的关系，用逻辑"或"与分别对应的中间事件相连。

同理，分别对上述二级事件进行分析，找出引起这些事件的直接因素，并确定这些因素之间的逻辑关系，作为第三级中间事件。最终，直到所有事件都达到了极限分解。这样就建立了氮压机组振动异常事故为顶事件 T 的故障树，如图 8-42 所示，故障树基本事件见表 8-20。

8.3.2.2　氮压机组振动异常故障树分析

用故障树法对氮压机组进行可靠性分析，通过对各因素间的逻辑关系的描述，能够找出可能导致振动异常事故发生的初始因素。发现和查明氮压机组运行中各种固有的或潜在的危险因素，从而为事故原因的分析和预防措施的制订提供依据。

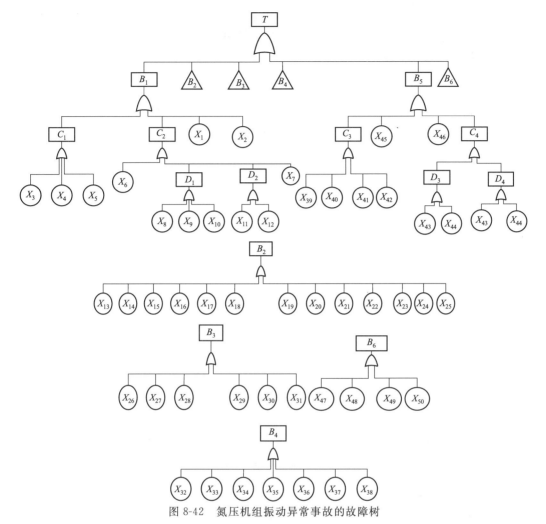

图 8-42　氮压机组振动异常事故的故障树

表 8-20　氮压机组故障树基本事件

序号	事件描述	序号	事件描述	序号	事件描述
B_1	压缩机振动异常	X_9	设计不合理	X_{31}	原动机振动大
B_2	压缩机喘振	X_{10}	叶片铸造缺陷	X_{32}	主轴动平衡破坏
B_3	齿轮箱振动异常	X_{11}	轴衬巴氏合金牌号不对	X_{33}	其他转子动平衡破坏
B_4	主轴振动异常	X_{12}	叶片磨损	X_{34}	主油泵有制造缺陷
B_5	主联轴器膜片失效	X_{13}	运行工况点落入喘振区	X_{35}	主轴瓦间隙过大
B_6	其他原因	X_{14}	防喘裕度不够	X_{36}	零件磨损或损坏
C_1	主轴变形	X_{15}	吸入流量不足	X_{37}	齿面破损
C_2	叶轮故障	X_{16}	出口气体系统压力超高	X_{38}	主油泵组装不良
C_3	刮擦	X_{17}	回流阀或放空阀未及时开启	X_{39}	叶轮与压盖间隙小
C_4	变形	X_{18}	防喘装置未投自动	X_{40}	叶轮与扩压器间隙小
D_1	叶片断裂	X_{19}	防喘装置工作失灵	X_{41}	叶轮与机壳接触
D_2	摩擦失效	X_{20}	防喘整定值不准	X_{42}	叶轮安装不正确
D_3	叶片变形	X_{21}	升速或升压过快	X_{43}	强度设计不合理
D_4	扩压器变形	X_{22}	降速未先降压	X_{44}	材料选择不当
X_1	齿轮啮合不良	X_{23}	气体性质或状态严重改变	X_{45}	电控故障
X_2	轴瓦失效	X_{24}	压缩机破损或脱落	X_{46}	吸入压力过高
X_3	强度设计不合理	X_{25}	出口管线上逆止阀工作失灵	X_{47}	压缩机载荷急剧变化
X_4	材料选择不当	X_{26}	齿轮磨损损坏	X_{48}	多机共振
X_5	加工质量差	X_{27}	齿面接触面精度差	X_{49}	土质松软
X_6	腐蚀	X_{28}	中心对中不良	X_{50}	机体支撑欠佳
X_7	叶轮不平衡	X_{29}	轴瓦间隙过大或过小	—	—
X_8	零件碰伤	X_{30}	润滑油不良	—	—

运用下行法求氮压机组振动异常故障树的最小割集。由图 8-42 所示的氮压机组振动异常故障树，对压缩机振动异常故障进行定性分析。顶事件 T 与一级中间事件 B_1、B_2、B_3、B_4、B_5、B_6 逻辑关系为"或"，所以

$$T = \sum_{i=1}^{6} B_i \tag{8-14}$$

同理可得

$$B_1 = C_1 + C_2 + X_1 + X_2 = \sum_{j=1}^{12} X_j \tag{8-15}$$

$$B_2 = \sum_{j=13}^{25} X_j \tag{8-16}$$

$$B_3 = \sum_{j=26}^{31} X_j \tag{8-17}$$

$$B_4 = \sum_{j=32}^{38} X_j \tag{8-18}$$

$$B_5 = C_3 + C_4 + X_{45} + X_{46} = \sum_{j=39}^{46} X_j \tag{8-19}$$

$$B_6 = \sum_{j=47}^{50} X_j \tag{8-20}$$

综合式(8-14)～式(8-20)，可得

$$T = \sum_{i=1}^{6} B_i = \sum_{j=1}^{50} X_j \tag{8-21}$$

由式(8-21)知顶事件振动异常是所有底事件的逻辑"或"，也就是说只要底事件中的任意一个发生，都能导致顶事件的发生。但在制氧站实际中，引起振动异常的其他原因 B_6 发生的可能性极小，可以忽略不计。根据最小割集的定义可知，每一个底事件 X_j 都是故障树的一个最小割集。即，故障树的最小割集为 $\{X_1\}$，$\{X_2\}$，$\{X_3\}$，…，$\{X_{48}\}$，$\{X_{46}\}$。由于每一个底事件都是故障树的一个最小割集，因此由最小路集的定义可知，故障树的最小路集是所有底事件的集合，最小路集为 $\{X_1, X_2, X_3, …, X_{45}, X_{46}\}$。此 46 个最小割集皆为一阶最小割集，每个底事件的发生都能导致顶事件的发生。由于割集的阶数越小，事件发生的可能性越大，所以为了保证氮压机组振动异常故障不发生，应考虑此 46 个底事件。

在本次故障实例中，通过现象可知联锁停车是由于压缩机振动异常 B_1 引起的，所以可以排除的故障因素是压缩机端振 B_2、主轴振动异常 B_3、齿轮振动异常 B_4、原动机超负载 B_5。因此首先应考虑 X_1，X_2，…，X_{12} 共 12 个底事件。

根据故障树分析结果，氮压机组修复过程中共修复以下备件：一至四级固定轮盖（假轮盖）曲线修复，一至四级调整垫片配合轮盖加工；一二级转子、三四级转子、五级转子和大齿轮转子动平衡检测。检测结果表明：一二级转子、三四级转子、五级转子动平衡均破坏。其中，一二级转子损坏严重，更换；三四级转子进行动平衡恢复；大齿轮轴动平衡未破坏。

修复过程中更换备件如下：一二级转子，三级、四级叶轮和三级四级叶轮连接螺栓和锁紧螺母，五级叶轮连接螺栓和锁紧螺母；一级、三级、四级瓦块和三级、四级轴承左右架；一级、二级、三级、四级、五级和大齿轮一端油封；一级、二级、三级轴端密封器铜套，四级轴端密封器。氮压机主机于 2011 年进行空载试车，转速达到了额定转速，轴承振动及温度值等见表 8-21。由表 8-21 可知，氮压机组各级振动都在正常值范围内，能够进行正常工作。目前，此台修复的压缩机组已投入使用，运行良好。

表 8-21　轴振动值　　　　　　　　　　　　　　　　　　　　　　　μm

| 油温/℃ | 低速轴（Ⅰ） | | | | 高速轴（Ⅱ） | | | | 中速轴（Ⅲ） | | | |
| | 一级 | | 二级 | | 三级 | | 四级 | | 五级 | | 自由端 | |
	水平	垂直	水平	垂直	水平	垂直	水平	垂直	水平	垂直	水平	垂直
30.01	19.3	15.7	24.8	19.6	13.1	9.14	15.7	9.47	12.7	14.7	15.7	16.3
35.1	25.5	15.7	24.5	19.6	15.3	12.4	18.0	10.1	16.3	16.3	17.0	19.0
38.04	23.2	16.3	26.8	20.6	17.0	12.7	18.3	11.1	17.0	20.6	19.6	18.3
40.01	22.9	18.0	25.1	21.9	16.3	13.1	18.9	12.1	18.0	20.6	21.6	22.9

8.3.3　ERP 实施给备件可靠性管理带来的影响

实施 ERP 的过程其实就是一个管理优化的过程。为了进一步加强该公司生产设备备件的管理，满足 ERP 系统运行和业务运转的需要，设备部组织对该公司设备管理办法进行了修订，并于 2010 年颁布实施。此管理办法遵循保生产，合理储备，分轻重缓急，推进无库存储备，积极稳妥推进国产化的原则。系统内部按照 ERP 实施方案统一制订备件定额管理业务流程和备件消耗资金管理业务流程，并严格遵照执行。应该说，实施 ERP 是艰苦而有意义的，其效果是缓慢而渐进的。经过数月的磨合，严格遵照方案的时限要求，基本达到了预期的效果和目的，取得了一定的效果。

① 实现备件管理"集中一贯"的目标，全公司范围内，基本达到了电器备件、生产工具、机械备件、非标及通标备件、计控备件的集中管理；SAP R/3 系统管理的运用，使得备件数据管理公开化、透明化，物料信息资源共享，使得实物、物料及资金资源被有效控制。

② 实现业务与 ERP 系统紧密结合，借助软件功能展开日常工作，以数据为根据，避免各部门之间的扯皮风气。

③ 实现备件的采购申请及审批、采购订单及审批、备件收发货和备件结算等各环节的流程化操作，形成了标准的操作规范，有效地促进了各环节的相互协作、相互沟通及相互制约。

④ 实现专业人员的业务素质水平整体的提高，仅仅几个月的时间，备件系统各岗位都熟悉了系统的各级操作，而且合作互助精神明显增强，无形中提升了团体的凝集力。

8.4　乳化液系统可维修性、维修维护与人员管理

本节介绍本章作者所指导的硕士生吕志勇对五连轧机乳化液系统进行的可维修性、维修维护与人员管理工作。

8.4.1　乳化液系统可维修性

乳化液系统在冷连轧过程中，减少了轧辊与带材之间的摩擦，降低了轧制变形产生的热量，带走在轧制过程中产生的铁粉，保证整个轧制过程的顺利进行。随着不断的进步和发展，乳化液的性能也得到了提升。工艺冷却的优劣直接关系到最高允许轧制速度，轧辊寿命、带材的反射率、下压率等等问题。

乳化液系统可能由于设计时的缺陷、工作人员操作不当以及部件损坏等原因造成整个轧机系统的停工。即使再先进的设备，如果只使用而不进行维护保养的话也会发生故障，这样就不得不停机检修。因此，对于乳化液系统及相关部件必须加强维护、维修，并进行相应的管理，以保证整个轧机系统具有较高的持续工作性。而如何提高系统的可维修性，将是要研

究的内容。

设备具有良好的可维修性，可使维修工作简单、维修费用低并且维修周期短。对乳化液系统设备实施可维修性管理，不但提高了设备的可维护能力，也达到了减少维修时间、降低维护费用和便于保养的目的。

提高维修性可弥补系统可靠性不足。维修性要求是设计的出发点，是验证的依据。直接度量产品维修性的水平，维修性目标具体化。通过维修性建模、分配、预计等工作，把维修性定量要求结合到实际情况中。

(1) 维修性定量要求

典型的维修性参数（见表 8-22）：

① 平均修复时间（MTTR）。

② 故障检测率（FDR）。

③ 故障隔离率（FIR）。

④ 虚警率（FAR）。

表 8-22　典型的基层级维修性指标

参数	指标	备注	参数	指标	备注
平均修复时间	0.5～1.5h	—	故障隔离率	80%～90%或 90%～95%	隔离到 1LRU 或≤4LRU
故障检测率	90%～100%	—	虚警率	1%～5%	—

(2) 维修性定性要求

定性要求为定量要求的补充，达到定量要求的技术途径和措施。定性要求应转化为维修性设计准则，指导和规范维修性设计。

(3) 具有良好的维修可达性

产品的可达性主要表现在两个方面：一是要有适当的维修操作空间，包括工具的使用空间；二是要提供便于观察、检测、维护和修理的通道。

合理地设置维修通道，是改善可达性的一条重要途径。如美国 F-16 型飞机，检修时可打开的舱盖和窗口的面积占飞机面积的 60% 以上，仅检查窗口就有 156 处，实现了维修方便、迅速。我军在对某些飞机进行维修性改进时，新开维修通道、窗口多处，广泛使用快速解脱紧固的盖板，大大改善了可达性。

为实现产品的良好可达性，还应满足如下具体要求：

① 为避免各部分维修时交叉作业，可采用专舱、专柜或其他适当形式布局。整套设备的部件及附件应集中安装。

② 产品，特别是常换件、常拆件以及附接设备的拆装更换要简单方便，拆装时零部件的进出路线最好是直线或平缓的曲线。

③ 产品各系统的检查点、测试点、检查窗、润滑点、加注口以及燃油、液压、气动等系统的维护点，都应布置在便于接近的位置上。

④ 需要维修和拆装的产品，其周围要有足够的操作空间。

⑤ 维修通道口或舱口的设计应使维修操作尽可能简单方便；需要物件出入的通道口应尽量采用拉罩式、卡锁式和铰链式等不用工具快速开启的设计。

⑥ 维修时一般应能看见内部的操作，其通道除了能容纳维修人员的手或臂外，还应留有供观察的适当间隙。

⑦ 在允许的条件下，可采用无遮盖的观察孔；需遮盖的观察孔应采用透明窗或快速开启的盖板。

⑧ 大型复杂装备管线系统的布置应避免管线交叉和走向混乱。

（4）提高标准化和互换性程度

标准化是近代产品的设计特点。从简化维修的角度，它要求在设计时优先选用符合国际标准、国家标准或专业标准的设备、元器件、零部件和工具等软件和硬件产品，并尽量减少其种类和规格。

实现标准化并不妨碍产品的改进，当有特殊需要时，也可以进行专项设计。但在一般情况下，应尽量采用标准规格。

互换性是指同种产品之间在实体上（几何形状、尺寸）、功能上能够彼此互相替换而保持其性能不变的能力。当两个产品在实体上、功能上相同，能用一个去代替另一个而不需改变产品或母体的性能时，则称该产品具有完全互换性；如果两个产品仅具有相同的功能，那就称之为具有功能互换性的产品。

互换性使产品中的零部件能够互相替换，这就减少了零部件的品种规格，进而也降低了备品的购置费用，还可提高产品的可维修性。

有关标准化、互换性、通用化和模件化设计的要求如下。

① 优先选用标准件　设计产品时应优先选用标准化的设备、元器件、零部件和工具等产品，并尽量减少其品种、规格。

② 提高互换性和通用化程度

a. 能安装互换的产品，必须能功能互换。能功能互换的产品，也应实现安装互换，必要时可另采用连接装置来达到安装互换。

b. 采用不同工厂生产的相同型号的成品件必须能安装互换和功能互换。

c. 功能相同且对称安装的部、组、零件，应设计成可以互换的。

d. 修改零部件或单元的设计时，不要任意更改安装的结构要素，避免破坏互换性。

e. 产品需作某些更改或改进时，应尽量做到新老产品之间能够互换使用。

③ 采用模件化设计

a. 产品应按其功能设计成若干个具有互换性的模块（或模件），其数量应根据实际需要而定。需要在战场更换的部件更应模块化。

b. 模块（件）从产品上卸下来以后，应便于单独进行测试、调整。在更换后模块（件）后一般应不需要进行调整；若必须调整时，应简便易行。

c. 成本低的产品可制成弃件式的模块（件），其内部各件的预期寿命必须设计得大致相等，功能必须相同，并加标志。

d. 应明确规定弃件式模块报废的维修级别及所用的测试、判别方法和报废标准。

e. 模块（件）尺寸与质量应便于拆装、携带或搬运。质量超过 4kg 的、不便握持的模块（件），应设计便于人工搬运的扶手。必须用机械提升的模件，应设相应的吊耳或吊环。

（5）具有完善的防差错措施及识别标记

产品在维修中，常常会发生漏装、错装或其他操作差错，轻则延误维修时间，影响使用；重则危及安全。因此，应采取措施防止维修差错。著名的墨菲（Murphy）定律指出："如果某一事件存在出现错误的可能性，就一定会有人出错"。实践证明，产品的维修也不例外，由于产品发生维修差错而造成重大事故发生的例子屡见不鲜，如某型飞机的燃油箱加油盖由于其结构存在着发生油滤未放平、卡圈未装好、口盖未拧紧等维修差错的可能性。

识别标记，就是在要维修的零部件、专用工具、测试器材、备品等上面作出区别的记号，以便于识别辨认，防止混乱，避免发生不必要的事故，同时也可提高工作效率。

对防止差错和识别标志的具体要求如下：

① 外形相近而功能不同的零部件、重要连接部位和安装时容易发生差错的零部件，应从结构上采取防差错措施或有明显的防止差错识别标记。

② 产品上应有必要的为防止差错和提高维修效率的标记。

③ 应在产品上规定位置设置标牌或刻制标志。标牌上应有型号、制造工厂、批号、编号和出厂时间等。

④ 测试点和其他有关设备的连接点均应标明名称或用途以及必要的数据等，也可标明编号或代号。

⑤ 需要进行注油保养的部位应设置永久性标志，必要时应设置标牌。

⑥ 对可能发生操作差错的装置应有操作顺序号码和方向的标志。

⑦ 对间隙较小、周围产品较多且安装定位困难的组合件、零部件等应有定位销、槽或安装位置的标志。

⑧ 标志应根据产品的特点、使用维修的需要，按照有关标准的规定采用规范化的文字、数字、颜色或光、图案或符号等表示。标志的大小和位置要适当，鲜明醒目，容易看到和辨认。

⑨ 标牌和标志在装备使用、存放和运输条件下都必须是经久耐用的。

(6) 保证维修安全

维修安全性是指能避免维修人员伤亡或产品损坏的一种设计特性。维修性所说的安全是指维修活动的安全。它比使用时的安全更复杂，涉及的问题更多。维修安全与一般操作安全既有联系又有区别。因为维修中要启动、操作产品，维修安全必须操作安全。但满足操作安全并不一定能保证维修安全，这是由于维修时产品往往要处于部分分解状态而又带有一定的故障，有时还需要在这种状态下作部分的运转或通电，以检查诊断和排除故障。同时，只有保证维修活动的安全，维修人员才能放心大胆进行维修操作，消除"后顾之忧"，提高维修效率及质量。

根据国内外有关资料及长期的维修实践经验，为了保证维修安全，有以下一些详细要求。

① 一般原则

a. 设计时不但应保证使用时的安全，而且应保证贮存、运输和维修时的安全。要把维修安全纳入系统安全性的内容，按照有关国家标准进行分析、设计。

b. 设计时，应使产品在故障状态或分解状态等非工作状态时进行维修是安全的。

c. 在可能发生危险的部位上，应提供醒目的记号、警告灯或声响警告等辅助预防手段。

d. 严重危及安全的组成部位要设计有自动防护的装置。不要将损坏后容易发生严重后果的组成部分设置在易被损坏的位置。

e. 对于盛装高压气体、弹簧和对于带有高压电等储有很大能量且维修时需要拆装的装置，应设有备用释放能量的结构和安全可靠的拆装设备、工具及防护物。

② 防机械损伤

a. 运动件应有防护遮盖。对通向运动件的通道口、盖板或机壳，应采取安全措施并做出警告标记。

b. 工作舱口的开口或护盖等的边缘都必须制成圆角、倒角或覆盖橡胶、纤维等防护物；舱口应有足够的开度，便于人员进出或工作，以防擦伤。

c. 维修时需要移动的零部件或重物，应设有适用的把手等装置；对于需要挪动但又不完全卸下的零部件，挪动后应使其处于安全稳定的位置。通道口的铰链应根据盖口大小、形状及安装特点确定，通常应安装在其下方或设置支撑杆将其固定在开启位置，而不需用人工托住。

③ 防静电、防电击、防辐射

a. 设计时，应当减少使用、维修中的静电放电及其危害，确保人员和装备的安全。对可能因静电或电磁辐射而危及人身安全、引起失火或起爆的装置，应有静电消散或防电磁辐射措施。

b. 带有危险电压的电气系统的机壳、暴露部分均应接地。

c. 对于高压电路（包括阴极射线管能接触到的表面）与电容器，断电后 2s 以内电压不能降到 36V 以下者，均应提供放电装置。

d. 为防止超载过热而损坏器材或危及人员安全，电源总电路和支电路上一般应设置保险装置。

e. 复杂的电气系统，应在便于操作的位置上设置紧急情况下断电、放电的装置。

f. 对电气电子设备、器材产生的可能危害人员与设备的电磁辐射，应采取防护措施，防护值达到有关安全标准。

④ 防火、防爆、防毒

a. 设计的产品应使维修人员不会接近高温、有毒性的物质和化学制剂、放射性物质以及处于其他有危害的环境。否则，应设防护与报警装置。

b. 对可能发生火险的器材，应该用放火材料封装。尽量避免使用在工作时或在不利条件下可燃或产生可燃物的材料；必须使用时应与热源、火源隔离。

c. 产品上容易起火的部位，应安装有效的报警器和灭火设备。

⑤ 防核事故

a. 设计核材料零部件时，应绝对保证零部件在装配、运输、贮存、维修过程中和临界安全。

b. 设计有核材料组成的部（组合）件时，尽可能做到以整体结构交付部队，以减少维修过程中放射性对人员的危害及增加不必要的设备。

c. 设计核材料零部件时，必须考虑维修过程中对人员与环境的放射防护及安全问题。对可能发生放射性物质污染的核材料零部件应采用有效防护措施。

d. 设计核材料零部件时，应防止零部件表现氧化、脱落。

8.4.2 乳化液维修维护程序

（1）乳化液加油补水

加油补水量车间根据生产情况可适当调整，但应严格遵循少量多次的原则，以保持乳化液浓度的稳定。如遇到当班取样、增加手动撇油或者处理其他异常情况时，可以适当提前或延迟加油。由一酸轧车间负责做好乳化液加油补水记录备查。

（2）乳化液日常维护和记录

① 实时监控乳化液各箱的液位、温度等主要工艺参数，发现乳化液参数未达到允许范围的情况，应及时查找原因进行解决，并做好相应的记录。

② 一酸轧车间每班利用水分分析仪对乳化液浓度检测至少 4 次，根据检测结果做适当调整，并做好相应记录备查。

③ 一酸轧车间密切监控乳化液系统的撇油装置、磁性过滤器、平床过滤器、乳化液泵及阀门等设备运行状况，做好记录，若有设备运转异常，及时通知点检中心等相关部门进行维修，必要时停车处理并通报厂部。

④ 交接班时若乳化液参数或设备异常情况未能解决的，要在交接班记录上进行详细说明，并告知接班人员继续进行处理。

⑤ 点检中心班中应与车间加强联系，了解乳化液系统各设备开启情况，多利用各设备正常停运时间对设备进行检查、维护，防止设备在开启时间内出现故障。若设备在正常开启时间发生故障，点检中心应抓紧时间进行维修，保证设备及时正常运转。对乳化液设备运行

情况，班中进行跟踪并做好详细记录。轧机主操负责监控温控系统运行状况，必要时可手动调节，出现问题时及时与点检中心联系。

⑥ 根据各箱轧制油参数加油补水，如果正常加油补水情况下，发现乳化液浓度波动大于1.0%，且原因不明时，应立即联系复样检测。原因清楚的，要在交接班本上写明原因。

⑦ 当班发生中高压漏油情况，泄漏点可造成乳化液污染，应根据漏油状况及时督促设备相关人员查找漏油点，并适当开启撇油器，手动连续撇油时间不大于4h，撇油后视浓度情况适当进行补油。第二天早班根据乳化液检化验指标调整开启时间，如此循环管理。

⑧ 当皂化值超出目标范围时，下一个班增加手动撇油，手动连续撇油时间不大于4h，撇油后视浓度情况适当进行补油。第二天早班根据乳化液检化验指标调整开启时间，如此循环管理。

⑨ 当含铁量超出目标范围时，应连续开磁性过滤器3～4h，然后恢复为间歇式自动工作状态。第二天早班根据乳化液检化验指标调整开启时间，如此循环管理。

⑩ 当灰分超出目标范围时，下一个班增加手动撇油，手动连续撇油时间3～4h，撇油后视浓度情况适当进行补油。第二天早班根据乳化液检化验指标调整开启时间，如此循环管理。

⑪ 一酸轧车间日常生产过程中应密切关注漂洗段挤干辊的使用状态和漂洗段电导率，防止出现板面残氯过高导致乳化液氯离子超标的情况；发现乳化液氯离子超标及时适量排放乳化液。

⑫ 当pH值超出允许范围时，由市场技术科协调检测水源、轧制油是否有异常，根据具体情况进行跟踪处理。

⑬ 当电导率超出允许范围时，由市场技术科协调检测水源、乳化液氯离子含量是否有异常，根据具体情况进行跟踪处理。

⑭ 当酸值超出允许范围时，由车间通知市场技术科做相应调整。

⑮ 禁止任何人向乳化液系统丢杂物、涮墩布等行为，检修结束时及时清走杂物，避免对乳化液造成污染或可能堵塞、喷嘴、滤网阀门等。

乳化液的工作参数见表8-23。

表8-23 乳化液的工作参数

类别	参数	A箱乳化液		B箱乳化液		C箱乳化液	
		允许范围	目标范围	允许范围	目标范围	允许范围	目标范围
主要参数	浓度/%	2.7～3.3	2.8～3.0	2.6～3.2	2.7～2.9	0.5～1.1	0.6～0.8
	温度/℃	50～58	52±2	50～58	54±2	50～58	54±2
	铁粉/$\times 10^{-6}$	≤200	≤100	≤200	≤150	≤150	≤60
	灰分/$\times 10^{-6}$	≤300	≤250	≤300	≤250	≤250	≤200
	皂化值/(mgKOH/g)	>145	>170	>145	>170	>145	>170
	氯离子/$\times 10^{-6}$	<20	<15	<18	<13	<13	<10
辅助参数	pH值	4.5～6.0	5～5.5	4.5～6.0	5～5.5	4.5～6.0	5～5.5
	酸值/(mgKOH/g)	<20	<15	<20	<15	<20	<15
	电导率/(μS/cm)	<300	<250	<300	<250	<300	<200

8.4.3 乳化液系统的设备维修维护

乳化液系统对于冷连轧工艺是一个必不可少的设备，特别是在现代化生产的今天，乳化液系统也是衡量冷轧带材生产技术水平的重要标志。而乳化液系统的故障分析及维护与维修则是企业生产经营管理的基础工作；是企业产品的质量的保证；是提高企业经济效益的重要途径。

8.4.3.1 乳化液系统的日常维护

(1) 在日常管理方面的措施

轧辊冷却系统，为润滑和冷却轧辊和钢带。轧辊冷却系统主要设备包括：乳化液多级离心泵、轧制油齿轮泵、脱盐水离心泵、3个乳化液箱、轧制油箱、脱盐水箱、过滤器、冷却器、加热器、搅拌器、收集槽和烟气除尘设备等。是轧机生产线的关键区域，设备的运转状况直接影响轧制的效果。使用维护的主要任务是消除设备在使用过程中的缺陷和隐患，保证设备运转的正常，为设备大中修提供依据和信息。在使用维护过程中要认真贯彻"预防为主、点检修理"相结合的原则、提高设备完好率。

设备清扫：维护人员在交接班前对整个轧辊冷却系统区域跑、冒、滴、漏进行清洗和处理，减少浪费。操作人员对设备周围每周清扫一次。

设备的检查线路：C箱磁过滤器、撇渣器、反冲洗、冷却器和搅拌器→B箱磁过滤器、撇渣器、反冲洗、冷却器和搅拌器→A箱磁过滤器、撇渣器、反冲洗、冷却器和搅拌器→乳化液主泵→乳化液加热泵→撇污箱和泵→螺旋传送器→东侧排污泵→纯油箱站→脱盐水箱。

(2) 检查内容

检查内容见表8-24。

表8-24 检查内容

检查部位	检查内容	检查标准	检查周期	检查人员
主循环泵	地脚螺栓	无松动	一次/周	维护工
	轴承	温度不超过75℃,且无异音	一次/班	
	密封	无泄漏	二次/班	
	泵的出口压力	出口压力稳定	一次/班	
	联轴器	无损坏	一次/班	
加热循环泵	地脚螺栓	无松动	一次/周	维护工
	轴承	温度不超过75℃,且无异音	一次/班	
	机械密封	无泄漏	二次/班	
	泵的出口压力	出口压力稳定	一次/班	
	联轴器	无损坏	一次/班	
脱盐水泵	地脚螺栓	无松动	一次/周	维护工
	轴承	温度不超过75℃,且无异音	一次/班	
	机械密封	无泄漏	二次/班	
	泵的出口压力	出口压力稳定	一次/班	
	联轴器	无损坏	一次/班	
纯油泵	地脚螺栓	无松动	一次/周	维护工
	轴承	温度不超过75℃,且无异音	一次/班	
	机械密封	无泄漏	二次/班	
	泵的出口压力	出口压力稳定	一次/班	
	联轴器	无损坏	一次/班	
反冲洗过滤器	本体及连接管路	无泄漏,无剧烈振动	二次/班	维护工
	压力及温度	压力0.4~1.1MPa,温度55℃		
	附件设施	阀门操作是否灵活,疏水器排水是否正常		
板式冷却器	板式冷却器本体及连接管路	无泄漏,无剧烈振动	二次/班	维护工
	压力及温度	水压力0.4~0.6MPa,温度33℃		
	附件设施	阀门操作是否灵活,疏水器排水是否正常		
蒸气加热器	蒸气加热器本体及连接管路	无泄漏,无剧烈振动	二次/班	维护工
	压力及温度	蒸气压力0.4~0.6MPa,温度150℃		
	附件设施	阀门操作是否灵活,疏水器排水是否正常		

检查部位	检查内容	检查标准	检查周期	检查人员
箱体	本体	无泄漏	二次/班	维护工
	控制阀门及附件	阀门操作灵活		
	排污阀	无泄漏		
磁过滤器	电机减速器	正常,无异音,油位正常传动正常,无损坏	四次/班	维护工
	链条和链轮			
	刮板和连接块	无损坏		
	传送器	无损坏		
	联轴器	无损坏		
撇渣器	电机减速器	正常,无异音,油位正常	四次/班	维护工
	联轴器	无损坏		
	撇渣带	无跑偏		
	传送器	无损坏		
搅拌器	电机减速器	正常,无异音,油位正常	四次/班	维护工
传送器	电机减速器	正常,无异音	四次/班	维护工
	传送器	无损坏		

8.4.3.2　乳化液系统的设备维护

(1) 乳化液泵站的检修

① 正常情况下,各箱撇油器关闭,车间根据灰分、皂化值的波动以及液压油泄漏情况,决定开启,可自动也可手动(手动开启时间不大于4h)。

② 接班后查询上一班漏油情况,如漏油严重,应适当增加相应乳化液箱的撇油,连续手动撇油时间不大于4h,可连续手动运行后设定为自动状态。

③ 正常情况下,各箱磁过滤器设定为自动运行。铁粉含量超出目标值时,车间可增加运行时间,必要时可连续开启,直至铁含量恢复正常。

④ 轧机主操应监控各机架乳化液流量,当速度稳定在400m/min上时,流量或压力明显低于设定值应通知点检中心进行检查,必要时停车处理并向市场技术科汇报。

⑤带钢清洁度取样:每天8~9点取样,要求带钢表面无外来污染,将试样从中间剪开,正面相向放置,交予技术中心人员。如有变化另行通知。

(2) 冷却器的维修

① 关闭冷却器进口、出口油管阀门,关闭进口、出口水管阀门,分别松开冷却器与液压站油管、水管连接口。

② 松开冷却器地脚螺栓,用手动葫芦或者电葫芦将冷却器移出至备件存放场地。

③ 拆除新冷却器上的防尘罩,然后安装螺栓,连接各处管道接口。

④ 打开阀门试车,观察有无泄漏,出现泄漏的话检查各连接处密封。

(3) 磁过滤器的检修

① 磁过滤电机停电、挂牌。

② 检查破损的磁棒,松开连接螺栓,将磁棒拆下。

③ 安装新的磁棒,安装连接螺栓。

④ 手动盘电机,检查有无破损的磁棒,如有破损,更换磁棒。

⑤ 摘牌、送电、试车。

(4) 撇渣器的检修

① 撇渣带电机停电。

② 松开上辊筒的调整螺栓,使撇渣带处于松懈的状态。

③ 手动盘车,将撇渣带带头盘到上方。

④ 抽出撇渣带带头连接的铁丝，将新撇渣带带头与旧带连接；借助旧带将新带包裹到乳化液箱体沉没辊上，取出撇渣带。

⑤ 将新带带头带尾连接，紧固上辊筒的调整螺栓，张紧撇渣带。

⑥ 送电、试车。

（5）反冲洗过滤器的检修

① 反冲洗过滤器电机停电、主泵电机停电。

② 开启放液阀排空反冲洗内残留乳化液。

③ 松开反冲洗上盖螺栓，吊起上盖。

④ 逐次取出破损的反冲洗陶瓷滤芯。

⑤ 更换新滤芯；将滤芯根部密封调整至合适位置。

⑥ 安装上端盖。

⑦ 反冲洗过滤器电机送电、主泵电机送电。

⑧ 试车检查泄漏情况。

8.4.4　乳化液系统维修维护人员管理

① 设备科、市场技术科、点检中心安排专人负责乳化液系统管理，加强维护力度。

② 要求点检中心加强乳化液区域设备尤其是撇油器的监管，乳化液区域点检员每天配备 4 名维修人员专门负责维护乳化液系统设备，每班安排一名专人整班巡检乳化液箱顶设备，一旦发现问题马上处理。

③ 撇渣带出现短缺或跑偏情况，跑偏的话马上扶正。

④ 磁过滤器出现刮渣效果不好或传动机构损坏的情况，在处理的同时须安排人员用制作的耙子进行人工刮渣，力保乳化液铁粉含量不超标。

⑤ 技术科和酸轧车间负责制定定期排放乳化液箱脏油区底部废油、沉渣的方案和计划，维修人员负责保证排污途径的顺畅。

⑥ 乳化液各部位检修后，检修杂物必须清理，防止异物堵塞过滤网、泵、阀、滤芯等部位。

⑦ 乳化液区域动电气焊作业，必须注意防火，现场易燃物多。

⑧ 维修维护人员必须按照检查表规定的设备、路线、周期对设备进行点、巡检工作，保证设备长周期连续稳定运行，将事故消灭在萌芽。

第9章
液压气动系统可靠性维修性的新近研究专题

本章研究专题包括模糊可靠性维修性、T-S 故障树及重要度分析、贝叶斯网络分析、可靠性维修性微粒群优化等方法及实例。首先，介绍了液压气动系统模糊可靠性设计与预计、模糊可靠性分析以及维修性模糊综合评判；然后，针对传统故障树在描述故障概率、事件联系以及故障状态等方面存在的不足，介绍了 T-S 故障树及重要度分析方法；其次，介绍了液压气动系统基于贝叶斯网络的可靠性分析和维修决策方法；最后，介绍了基于微粒群算法的可靠性维修性优化。

9.1 液压气动系统模糊可靠性维修性

本书前 8 章主要为常规可靠性维修性，是以经典集合与二值逻辑为基础的，对系统状态作有二态（完全正常、完全故障）假设，这种假设在许多情况下会严重脱离工程实际。而且，应用概率论处理实际问题必须满足四个前提：一是事件定义明确；二是存在大量样本（是大数定律所要求的）；三是样本具有概率重复性并具有较好的分布规律；四是不受人为因素的影响。但在实际的工程问题中，上述条件往往并不同时满足或根本就不满足，譬如，对机械强度问题的"安全"和"故障"的定义就带有模糊性。为此，产生了模糊可靠性维修性，它以模糊数学、常规可靠性理论为基础，充分考虑系统中的模糊现象和随机现象，而且，相对于严格的概率论公理体系，模糊理论显得更宽松与灵活，更适用于描述各种复杂与充满矛盾的现象。

9.1.1 模糊可靠性维修性的研究内容与主要指标

9.1.1.1 模糊可靠性维修性的研究内容

1965 年，美国加州大学著名的控制论专家、模糊理论的创始人 Zadeh 发表了关于模糊集的开创性论文，把普通集合推广到模糊集合，提出了一个表示事物模糊性的重要概念——隶属函数（Membership Function），通过隶属函数，人们才能对所有的模糊概念进行定量表示，从而把数学的应用范围从"非此即彼"的清晰现象扩大到"亦此亦彼"的模糊现象，为模糊数学奠定了基础。应用模糊数学处理可靠性问题始于 A. Kaufmann 在 1975 年的工作。自 20 世纪 80 年代中期以后，国内外学者认识到常规可靠性设计理论的局限性，就探索如何将模糊数学应用于可靠性问题进行了大量而有益的探索。这些探索为模糊可靠性理论的发展起到了巨大的推动作用，为处理系统设计中大量存在的模糊现象提供了可能。

（1）影响系统可靠性维修性的不确定性分析

随着人们对不确定性认识的深入和科技的发展，人们逐渐认识到现实世界中不仅存在随机不确定性，而且还存在着客观认识的模糊性及主观认识的未确知性。从目前看，影响系统可靠性维修性的不确定性大致分为以下三种。

① 随机性　由于事件发生的条件不充分所导致的因果关系不明确而形成的试验结果的不确定性。

② 模糊性　由于概念本身没有明确的外延，从而不可能给某些事物以明确的定义和评定标准所产生的一种不确定性。

③ 不完善性　一方面是信息资料的不完善性，即由于统计资料、信息不充足而导致的判断结论的不确定性；另一方面是对客观事物的认识不清晰，选用模型和计算上的粗糙近似以及人们行为上的过失等引起的不确定性。这两方面可归结到一点，即由于客观事物的复杂性或信息的不完全性导致人们主观认识的不确定性。

目前与不完善性有关的研究主要有两个学派：①信度理论，1976 年美国学者谢菲（Shafer）发表了专著，提出了有限离散论域内的信任函数，主张以 Dempster 法则合成各证据信息，形成信任函数；②可能性理论，1978 年 Zadeh 发表了学术论文，给出了可能性概念的模糊集合解释。

（2）模糊可靠性维修性的主要指标

模糊可靠性维修性的主要工作是计算模糊可靠性维修性指标，包括将清晰工作时间拓展到模糊工作时间时的指标计算方法和将清晰功能拓展到模糊功能时的指标计算方法。通过将常规可靠性维修性的主要指标，如可靠度、故障率、平均故障间隔与维修度、修复率、平均修复时间等进行延伸和扩展来获得模糊可靠性维修性指标，并将其应用于可靠性维修性设计之中，能够拓展常规可靠性的研究范围，为模糊可靠性维修性的研究提供有益的途径。主要方法为应用模糊数学的理论和方法讨论具有模糊性的可靠性维修性问题，就模糊可靠性维修性问题的基本概念、主要指标及其数学表达式等进行系统的分析和推导等。

（3）模糊可靠性设计与预计

在系统设计中模糊因素的处理为模糊可靠性设计与预计的主要内容。在分析系统常规可靠性设计与预计存在不足的基础上，应用可靠性模糊设计与预计的思想和方法，可以建立系统模糊可靠性的数学模型，并给出系统模糊可靠性设计与预计的方法：依据已知的模糊信息的隶属函数，通常为模糊化的强度指标或模糊化故障判据，来建立模糊可靠度的计算公式，从而得到系统的模糊可靠度；或者把系统的故障信息用模糊数表示，确定模糊可靠度的隶属函数，继而通过仿真确定系统模糊可靠度的变化曲线，经过去模糊化处理，计算得到系统的可靠度与时间变化曲线，从而预计产品可靠度和平均无故障时间等可靠性指标。

（4）模糊可靠性分析

考虑到模糊因素，零件或系统单元的可靠度用精确值表示是不合适的。运用模糊数描述零件或系统单元的可靠度，采用模糊数运算，对系统可靠性进行模糊分析反应了模糊因素对系统的影响，是一种更符合工程实际的方法。目前，模糊可靠性分析中的主要问题在于如何给可靠性模型建立一个具有明确物理定义的隶属函数，通常需要根据现场工况实验以及相关技术参考资料，考察系统所运用元件的模糊可靠度符合何种分布能够较为精确的描述其模糊数，常用的有线性隶属函数和正态型隶属函数等。利用模糊可靠性的概念和模糊可靠性指标的计算方法，国内外学者对系统的模糊可靠性分析进行了大量的研究，其中开展得较早且研究成果较多的是对故障树的模糊分析。模糊故障树分析方法将模糊集合论引入到故障树分析中，解决了故障发生概率的模糊性和不确定性问题，减少了获取故障发生概率精确值的难度，并能结合人的实际经验，使故障诊断与可靠性分析在一定程度上容忍信息描述的误差，具有较强的适应性。

（5）可靠性维修性模糊综合评判

影响设计参数和工程方案的选择因素是多方面的，为避免选择结果因人而异，可采用综合评判方法。在以往的综合中使用的总分法和加权平均法要求对每一因素给出一确定的评判分数。当影响因素具有模糊性时，不能简单地用一个分数来表示，为了得到合理的评判结果，需要采用模糊综合评判方法。模糊综合评判法是以模糊数学为基础，应用模糊关系合成原理，将一些边界不清、不易定量的因素定量化，对受多种因素影响的事物作出全面评价的一种有效的多因素决策方法。目前，许多学者开始在可靠性维修性的评判中引入模糊数学，针对液压气动设备进行模糊化处理和模糊推理研究：对系统故障进行模糊综合评判；对系统进行维修性的模糊综合评判等。

由于模糊维修性研究起步较晚，时间不长，尚未形成完整的理论，模糊维修性无论是在理论研究还是工程应用方面都还是处在创建阶段。一般系统的模糊维修性模型尚无明确的物理定义，其隶属函数的确定以及模糊集理论中扩展运算的引用，大都属于试探性的，没有可供工程应用的实用化技术和方法。针对液压气动系统的模糊维修性模型也未建立。因此必须在深入了解液压气动系统的应用背景、结构、性能以及各子系统间相互关系的基础上，对其进行模糊维修性建模以及适用性分析。尤其是要紧密结合实际系统来确定合理的、物理意义明确的隶属函数。迄今为止，模糊维修性研究获得的成果主要为通过扩展常规维修性的主要指标，获得模糊维修性的主要指标，即模糊维修度、模糊修复率与模糊平均修复时间等的计算公式等方面。模糊理论在液压气动系统维修性中的应用大多处于基于模糊截集理论的模糊综合评判阶段。

9.1.1.2 模糊可靠性维修性的主要指标

液压气动系统的故障状态具有某种程度的不确定性，这种不确定性既包含随机性又包含模糊性。传统的可靠性理论与分析方法不能满足包含模糊性的系统的可靠性分析与设计的需要，并且在实际工程中大多数系统特别是液压气动系统属于可修系统，从而使对可修系统的可靠性分析与测度包括对模糊可靠性、模糊维修性与模糊有效性的研究具有相当的理论意义和应用价值。

（1）可修系统的模糊可靠性

在模糊可靠性理论中，可维修系统的模糊可靠性可定义为：系统在规定条件下和规定时间内，在一定程度上完成规定功能的能力，并用模糊平均故障间隔表示其规定时间。

① 模糊可靠度　为定量描述可维修系统的模糊可靠性，将系统在规定条件下和规定时间内在一定程度上完成规定功能的概率定义为系统的模糊可靠度。令 A 表示完成规定功能，$\widetilde{A}_i$ 表示在一定程度上完成规定功能，则 $\widetilde{A}_i$ 为 A 的模糊子集。于是有模糊可靠度 $\widetilde{R}$

$$\widetilde{R} = P(\widetilde{A}_i \mid A)P(A) = \mu_{\widetilde{A}_i}(R)R \tag{9-1}$$

式中，$P(\widetilde{A}_i \mid A)$ 表示在 A 出现的条件下，$\widetilde{A}_i$ 出现的概率；$R = P(A)$ 为系统的经典可靠度；$\mu_{\widetilde{A}_i}(R) = P(\widetilde{A}_i \mid A)$ 为 R 对模糊子集 $\widetilde{A}_i$ 的隶属函数。

模糊可靠度 $\widetilde{R}$ 也可以用经典可靠性理论中无故障工作时间的概率密度 $p(t)$ 来表示，由经典可靠性理论给出

$$R = \int_t^\infty p(t)\,\mathrm{d}t$$

代入式(9-1) 得，$\widetilde{R} = \widetilde{R}(t) = \mu_{\widetilde{A}_i}(R)\int_t^\infty p(t)\,\mathrm{d}t$。

② 模糊故障率　系统的性能指标在某种程度上低于指标要求称为模糊故障，而系统在运行过程中单位时间内出现某种模糊故障的概率称为系统关于该种模糊故障的模糊故障率。

令 $\widetilde{C}_0$ 表示"系统在 $[0, t]$ 内未出现某种模糊故障"，$\widetilde{C}_i$ 表示"系统在 $(t, t+\mathrm{d}t]$ 内出现某种模糊故障"，则 $\widetilde{C}_i \mid \widetilde{C}_0$ 表示"系统在 $[0, t]$ 内未出现某种模糊故障的条件下，在 $(t, t+\mathrm{d}t]$ 内出现某种模糊故障"，那么有模糊故障率 $\widetilde{\lambda}$

$$\widetilde{\lambda} = P(\widetilde{C}_i \mid \widetilde{C}_0) = -\frac{1}{\widetilde{R}} \times \frac{\mathrm{d}\widetilde{R}}{\mathrm{d}t} = \lambda - \frac{\mathrm{d}\mu_{\widetilde{A}_i}(R)}{\mu_{\widetilde{A}_i}(R)\mathrm{d}t} \tag{9-2}$$

式中，λ 为故障率。

③ 模糊平均故障间隔　将系统出现某种模糊故障的间隔时间的平均值定义为系统关于该种模糊故障的模糊平均故障间隔。设系统在运行过程中出现过 n 次某种模糊故障，每次故障修复后重新运行，各次故障间隔时间为 $\widetilde{t}_i$，故障密度函数为 $\widetilde{f}(t)$，则有模糊平均故障间隔 $\mathrm{M\widetilde{T}BF}$

$$\mathrm{M\widetilde{T}BF} = \frac{1}{n}\sum_{i=0}^{n}\widetilde{t}_i = \int_0^{\infty} t\widetilde{f}(t)\mathrm{d}t = \int_0^{\infty} t\widetilde{\lambda}\widetilde{R}(t)\mathrm{d}t = \frac{1}{\widetilde{\lambda}} \tag{9-3}$$

式中，$\widetilde{f} = -\mathrm{d}\widetilde{R}(t)/\mathrm{d}t$，$\widetilde{\lambda}$ 为常数，故障分布服从指数规律。与 $\widetilde{R}$、$\widetilde{\lambda}$ 一样，$\mathrm{M\widetilde{T}BF}$ 也是针对模糊子集 $\widetilde{A}_i$ 而言的。

(2) 可修系统的模糊维修性

在给定模糊子集的情况下，可维修系统的模糊维修性可定义为：在规定条件下和规定时间内按规定的程序和方法对系统进行维修，系统在一定程度上恢复其规定功能的能力。

① 模糊维修度　为定量描述可维修系统的模糊维修性，将系统在规定条件下和规定时间内按规定程序和方法进行维修时在一定程度上恢复其规定功能的概率定义为系统的模糊维修度。令 B 表示在规定条件下和规定时间内系统经过维修恢复其功能，$\widetilde{B}_j$ 表示在一定程度上恢复其功能，则 $\widetilde{B}_j$ 为 B 的模糊子集。于是有模糊维修度 $\widetilde{M}$

$$\widetilde{M} = P(\widetilde{B}_j \mid B)P(B) = \mu_{\widetilde{B}_j}(M)M \tag{9-4}$$

式中，$M = P(B)$ 为系统的经典维修度，$\mu_{\widetilde{B}_j}(M) = P(\widetilde{B}_j \mid B)$ 为 M 对模糊子集 $\widetilde{B}_j$ 的隶属函数。由于 M 是时间的函数，从而 $\widetilde{M} = \widetilde{M}(t) = \mu_{\widetilde{B}_j}(M)M(t)$ 也是时间的函数。

② 模糊修复率　系统维修已达某一时刻 t，在该时刻 t 后单位时间内系统在一定程度上恢复规定功能的概率，定义为系统关于某种模糊故障的模糊修复率。令 $\widetilde{D}_0$ 表示"系统在 $[0, t]$ 内未修复某种模糊故障"，$\widetilde{D}_i$ 表示"系统在 $(t, t+\mathrm{d}t]$ 内修复某种模糊故障"，$\widetilde{D}_i \mid \widetilde{D}_0$ 表示"系统在 $[0, t]$ 内未修复某种模糊故障的条件下，在 $(t, t+\mathrm{d}t]$ 内修复某种模糊故障"，那么有模糊修复率 $\widetilde{\mu}$

$$\widetilde{\mu} = P(\widetilde{D}_i \mid \widetilde{D}_0) = \frac{1}{1-\widetilde{M}} \times \frac{\mathrm{d}\widetilde{M}}{\mathrm{d}t} \tag{9-5}$$

③ 模糊平均修复时间　将系统出现某种模糊故障的修复时间的平均值定义为系统关于该种模糊故障的模糊平均修复时间。设系统在运行过程中某种模糊故障重复出现 n 次，各次故障的修复时间为 $\widetilde{t}_i$，修复密度函数为 $\widetilde{g}(t)$，则有模糊平均修复时 $\mathrm{M\widetilde{T}TR}$

$$\mathrm{M\widetilde{T}TR} = \frac{1}{n}\sum_{i=0}^{n}\widetilde{t}_i = \int_0^{\infty} t\widetilde{g}(t)\mathrm{d}t = \int_0^{\infty} t\widetilde{\mu}[1-\widetilde{M}(t)]\mathrm{d}t = \frac{1}{\widetilde{\mu}} \tag{9-6}$$

式中，$\widetilde{g}(t) = \mathrm{d}\widetilde{M}(t)/\mathrm{d}t$；$\widetilde{\mu}$ 为常数，维修分布服从指数分布。与 $\widetilde{M}$、$\widetilde{\mu}$ 一样，$\mathrm{M\widetilde{T}TR}$ 同样针对模糊子集 $\widetilde{B}_j$。

(3) 可修系统的模糊有效性

将可维修系统的模糊可靠性与模糊维修性综合起来考虑，可得到可维修系统的模糊有效性的定义：系统在规定的条件下和规定的时间内运行，在出现某种故障时按规定的程序和方法进行维修，系统在一定程度上维持其规定功能的能力。

① 瞬时模糊有效度　若用 $\widetilde{X}(t)=0$ 表示在时刻 t 系统在一定程度上维持运行，$\widetilde{X}(t)=1$ 表示在时刻 t 系统针对某种故障进行维修，则系统在时刻 t 的瞬时模糊有效度 $\widetilde{A}(t)$ 可以表示为

$$\widetilde{A}(t)=P\{\widetilde{X}(t)=0\} \tag{9-7}$$

② 稳态模糊有效度　当 $t\to\infty$ 时，若 $\widetilde{A}(t)$ 的极限存在，则系统的稳态模糊有效度 $\widetilde{A}$ 为

$$\widetilde{A}=\widetilde{A}(\infty)=\lim_{t\to\infty}\widetilde{A}(t) \tag{9-8}$$

若系统针对某种故障只考虑 $\widetilde{X}=0$ 的运行状态和 $\widetilde{X}=1$ 的维修状态，则和系统的稳态经典有效度类似，系统的稳态模糊有效度 $\widetilde{A}$ 可表示为

$$\widetilde{A}=\frac{\mathrm{M\widetilde{T}BF}}{(\mathrm{M\widetilde{T}TR}+\mathrm{M\widetilde{T}BF})} \tag{9-9}$$

在系统的模糊故障分布和模糊维修分布均服从指数规律的前提下，由式（9-3）和式（9-6），可得

$$\widetilde{A}=\frac{\widetilde{\mu}}{(\widetilde{\lambda}+\widetilde{\mu})} \tag{9-10}$$

③ 模糊有效性计算　某系统的故障分布和维修分布均服从指数规律，即 $R(t)=\exp(-\lambda t)$，$M(t)=1-\exp(-\mu t)$。其 MTBF=1000h，MTTR=0.5h，即 $\lambda=0.001$，$\mu=2$，从而系统的稳态经典有效度为 $A=0.9995$。

考虑系统的运行状态 $\{\widetilde{A}_1,\widetilde{A}_2,\widetilde{A}_3\}=\{$极可靠运行，很可靠运行，较可靠运行$\}$ 和维修状态 $\{\widetilde{B}_1,\widetilde{B}_2,\widetilde{B}_3\}=\{$极有效维修，很有效维修，较有效维修$\}$，设系统稳态模糊故障率 $\widetilde{\lambda}_i$ 为

$$\widetilde{\lambda}_i=\frac{\lambda}{(1+a_i)} \tag{9-11}$$

稳态模糊修复率 $\widetilde{\mu}_j$ 为

$$\widetilde{\mu}_j=\frac{\mu}{(1-b_j)} \tag{9-12}$$

式中，$\{a_1,a_2,a_3\}=\{0.676,0.042,0.254\}$，$\{b_1,b_2,b_3\}=\{0.11114,0.32205,0.21572\}$，由式（9-11）和式（9-12），可得

$$\{\widetilde{\lambda}_1,\widetilde{\lambda}_2,\widetilde{\lambda}_3\}=\{0.00060,0.00096,0.00080\}$$

$$\{\widetilde{\mu}_1,\widetilde{\mu}_2,\widetilde{\mu}_3\}=\{2.2501,2.9501,2.5501\}$$

将 $\widetilde{\lambda}_i$ 和 $\widetilde{\mu}_j$ 代入式（9-10），可得系统的稳态模糊有效度如表 9-1 所示。

表 9-1　系统的稳态模糊有效度

$\widetilde{A}_{ij}$	$\widetilde{\mu}_1=2.2501$	$\widetilde{\mu}_2=2.9501$	$\widetilde{\mu}_3=2.5501$	$\widetilde{A}_{ij}$	$\widetilde{\mu}_1=2.2501$	$\widetilde{\mu}_2=2.9501$	$\widetilde{\mu}_3=2.5501$
$\widetilde{\lambda}_1=0.00060$	0.99973	0.99980	0.99976	$\widetilde{\lambda}_3=0.00080$	0.99964	0.99973	0.99969
$\widetilde{\lambda}_2=0.00096$	0.99957	0.99967	0.99962	—	—	—	—

其中，$\widetilde{A}_{21}=0.99957$ 表示在很可靠运行、极有效维修条件下的系统有效度，$\widetilde{\lambda}_2=0.00096$ 和 $\widetilde{\mu}_1=2.2501$ 相当于 $\mathrm{M\widetilde{T}BF}_2=1042h$ 和 $\mathrm{M\widetilde{T}TR}_1=0.44h$，因为 $\mathrm{M\widetilde{T}BF}_2=\min\{\mathrm{M\widetilde{T}BF}_i\}$ 和 $\mathrm{M\widetilde{T}TR}_1=\max\{\mathrm{M\widetilde{T}TR}_j\}$，从而 $\widetilde{A}_{21}=\min(\widetilde{A}_{ij})$。$\widetilde{A}_{12}=0.99980$ 表示在极可靠运行、很有效维修条件下的系统有效度，$\widetilde{\lambda}_1=0.00060$ 和 $\widetilde{\mu}_2=2.9501$ 相当于 $\mathrm{M\widetilde{T}BF}_1=1667h$ 和 $\mathrm{M\widetilde{T}TR}_2=0.34h$，因为 $\mathrm{M\widetilde{T}BF}_1=\max\{\mathrm{M\widetilde{T}BF}_i\}$ 和 $\mathrm{M\widetilde{T}TR}_2=\min\{\mathrm{M\widetilde{T}TR}_j\}$，从而 $\widetilde{A}_{12}=\max(\widetilde{A}_{ij})$。

上述可维修系统的模糊可靠性、模糊维修性与模糊有效性的概念与可维修系统的模糊可靠度、模糊故障率、模糊平均故障间隔、模糊维修度、模糊修复率、模糊平均修复时间和稳态模糊有效度的计算公式，为液压气动系统等既含随机性又含模糊性的可维修系统的可靠性分析提供了一种新思路。

9.1.2 模糊可靠性设计与预计

9.1.2.1 模糊可靠性设计

模糊可靠性设计理论是常规可靠性设计理论的发展和延伸，而常规可靠性设计理论是模糊可靠性设计理论的基础和依据。多数情况下，常规可靠性设计都可视为模糊可靠性设计的特例，模糊可靠性设计都包含了常规可靠性设计。因此建立模糊可靠性设计理论不是否定了常规可靠性设计理论，而是在系统中有不容忽视的模糊现象时，对常规可靠性设计理论的一个有益的补充。

常规的机械设计常用的方法有两种：①安全系数法；②基于应力-强度干涉理论的概率设计。后者把应力和强度看成是服从某种分布的随机变量，弥补了第一种方法的不足，其基本假设是把零件的故障与正常看成是确定的二元状态，两种状态具有严格的界限。但是在实际使用中设备的故障与正常的界限并不是十分明显，一般具有一个过渡过程，因此，如果能够把元件的故障与正常都看成是一种模糊现象，是更加符合客观实际的。

(1) 模糊可靠性设计理论

模糊可靠性认为"产品保持规定的功能"是一个具有模糊化的概念，一般通过把"产品保持规定的功能"模糊化来建立模糊可靠性理论。所谓的模糊可靠性是指，产品在规定的使用条件下，在规定的时间内，在某种程度上保持规定功能的能力。与传统可靠性一样这个定义包含五个因素：对象、条件、时间、功能和能力。一般而言，改造可靠性定义的工作只能从第四、五项内容入手，如果将原定义"保持其规定功能"改变为"在某种程度上保持其规定功能"，就实现了产品"功能"的模糊化，而对于第五项"能力"，只要用模糊指标描述就可以了。

针对传统可靠性设计的应力-强度理论，一般是通过模糊化强度指标或模糊化故障判据两种方法来计算产品的可靠性。针对这两种方法下面分别给出模糊可靠度的计算公式。

① 基于强度模糊化的可靠度计算公式　根据机械设计理论可知，元件故障的判据为

$$z = \delta - s > 0 \tag{9-13}$$

式中　z——强度与应力的差值；

δ——产品的强度；

s——产品的应力。

经典的应力、强度理论下产品的可靠度计算公式为

$$R = P(z > 0) = P(\delta - s > 0) \tag{9-14}$$

式中　R——产品的经典可靠度。

若用 $f(s)$ 表示应力 s 的概率分布密度，$f(\delta)$ 表示强度 δ 的概率分布密度，$f(z)$ 表示 z 的概率分布密度，则式(9-14) 可以表示为等价的式(9-15) ～式(9-17)。

$$R = p(z > 0) = \int_0^{+\infty} f(z) \mathrm{d}z \tag{9-15}$$

$$R = \int_0^{+\infty} f(s) \left(\int_0^{+\infty} f(\delta) \mathrm{d}\delta \right) \mathrm{d}s \tag{9-16}$$

$$R = \int_0^{+\infty} f(\delta) \left(\int_0^{\delta} f(s) \mathrm{d}s \right) \mathrm{d}\delta \tag{9-17}$$

由于强度的子集 δ 可以拓延为模糊子集 $\tilde{\delta}$，设 $\mu_\delta(\delta)$ 表示 δ 对模糊强度子集 $\tilde{\delta}$ 的隶属度函数，引入扩张定理和模糊事件的概率计算公式，则产品的模糊可靠度计算公式为

$$\tilde{R} = \int_0^{+\infty} \mu_\delta(\delta) f(\delta) \left(\int_0^{+\infty} f(s) \mathrm{d}s \right) \mathrm{d}\delta = \int_0^{+\infty} f(s) \left(\int_0^{+\infty} \mu_\delta(\delta) f(\delta) \mathrm{d}\delta \right) \mathrm{d}s \qquad (9\text{-}18)$$

式中　$\tilde{R}$——元件的模糊可靠度。

② 基于故障判据模糊化的可靠度计算公式　设集合 A 为（0，∞），若把元件的状态视为模糊变量，则 A 集合可以看作是模糊集合的确定集，A 集合可以拓延为模糊子集 $\tilde{A}$，用 $\mu_z(z)$ 表示元件的状态 z 对模糊子集 $\tilde{A}$ 的隶属函数，元件的模糊可靠度为

$$\tilde{R} = P(z \in \tilde{A}) = \int_0^{+\infty} \mu_z(z) f(z) \mathrm{d}z \qquad (9\text{-}19)$$

由于应力 s 与强度 δ 是独立的变量，根据概率论知识易得

$$f(z) \int_{-\infty}^{+\infty} f(s) f_\delta(s+z) \mathrm{d}s \qquad (9\text{-}20)$$

根据模糊数学的第二扩张定理可得

$$\mu_z(z) = \bigvee_{z=\delta-s} \left[\mu_s(s) \wedge \mu_\delta(\delta) \right] = \mu_\delta(\delta) \qquad (9\text{-}21)$$

其中应力 s 为非模糊量，因而可以认为 $\mu_s(s)=1$。综合式（9-19）～式（9-21）可得元件的模糊可靠度为

$$\tilde{R} = \int_0^{+\infty} \mu_\delta(\delta) \mathrm{d}\delta \int_{-\infty}^{+\infty} f(s) f_\delta(s+z) \mathrm{d}s \qquad (9\text{-}22)$$

根据概率论容易证出式（9-22）与式（9-18）是等价的。

当不考虑强度的模糊性时，$\mu_\delta(\delta)$ 成为二值函数，即有

$$\mu_\delta(\delta) = \begin{cases} 1 & \delta \geqslant \sigma_\delta \\ 0 & \delta < \sigma_\delta \end{cases} \qquad (9\text{-}23)$$

则式（9-18）与式（9-22）退化为式（9-16）与式（9-17）。

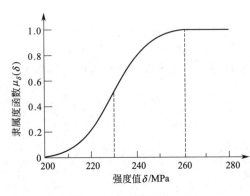

图 9-1　强度的隶属函数

由以上的分析可得：基于两种模糊判据的可靠度计算公式是等价的；模糊可靠度计算的核心问题为如何确定隶属函数；基于干涉理论的常规可靠度计算是模糊可靠度计算的特例。

（2）柱塞缸柱塞的模糊可靠性设计实例

现以一液压柱塞缸为例，对其进行模糊可靠性设计。根据系统的工作压力与元件的结构，设应力服从正态分布，利用有限元方法可以计算出柱塞缸最大应力点的应力分布为：$s \sim N$（73.8，15.1），设强度也服从正态分布：$\delta \sim N$（223.4，129.9），若强度的隶属函数取保守型的 S 曲线，如图 9-1 所示。

其隶属函数为

$$\mu_\delta(\delta) = \begin{cases} 0 & \delta \leqslant 200 \\ 2\left(\dfrac{\delta-200}{260-200} \right)^2 & 200 < \delta \leqslant 230 \\ 1-2\left(\dfrac{\delta-260}{260-200} \right)^2 & 230 < \delta \leqslant 260 \\ 1 & 260 < \delta \end{cases} \qquad (9\text{-}24)$$

把上述数据代入式(9-18)，可得元件的模糊可靠度为 $\widetilde{R}=0.9976$。

由以上设计实例可以看出，利用模糊可靠度可以更好地反映元件的可靠度本质。在研究事物具有概念外延的性质过程中，模糊数学提供了强有力的工具。本例提出的模糊可靠性设计方法同时也适用于其他液压元件的设计。

9.1.2.2 模糊可靠性预计

可靠性预计是可靠性设计的重要任务之一，且贯穿整个设计过程。但在初始设计阶段，由于液压气动系统的可靠性数据往往十分缺乏，且可靠性预计本身就具有一定的模糊性，从而使液压气动系统的可靠性预计较为困难。借助模糊数学能很好地处理模糊信息，把系统的故障信息用模糊数表示，再代入常规的模糊可靠性预计方法中。该方法在用于系统初期的可靠性预计设计时，可以有效地弥补现有可靠性预计方法的不足。

(1) 模糊可靠性预计方法

传统的可靠性预计方法一般都没有考虑可靠性数据的模糊性，这与实际情况有很大出入，预计结果偏于保守。为此，综合考虑占空因数和环境、降额及修正因子，利用三角和正态模糊数对液压系统进行可靠性预计研究。

考虑模糊信息时，单元和系统的可靠性本身可能是模糊的。这里，仍假设系统和部件的可靠度服从指数分布。

可以用模糊数表示出元件的模糊可靠性。设论域 U 为实数域，$\widetilde{\lambda}$ 表示元件"故障率大约为 λ"的模糊数，这里采用三角形隶属函数，则

$$\widetilde{\lambda}=(a,m,b)$$

式中　m—— 模糊数 $\widetilde{\lambda}$ 的均值；

　　　a—— 左分布参数；

　　　b—— 右分布参数。

当故障率为模糊值（模糊数）时，模糊可靠度 $\widetilde{R}(t)$ 和模糊不可靠度 $\widetilde{F}(t)$ 为

$$\widetilde{R}(t)=\exp(-\widetilde{\lambda}t),\widetilde{F}(t)=1-\widetilde{R}(t)=1-\exp(-\widetilde{\lambda}t) \tag{9-25}$$

由 n 个单元组成的串联系统，当单元 i 的故障率以模糊数 $\widetilde{\lambda}_i$、可靠度以模糊数 $\widetilde{R}_i$ 表示时，则系统的模糊可靠度 $\widetilde{R}$ 为

$$\widetilde{R} = \widetilde{R}_1 \otimes \widetilde{R}_2 \otimes \cdots \otimes \widetilde{R}_n = \exp\left(-\sum_{i=1}^{n}\widetilde{\lambda}_i t\right) \tag{9-26}$$

式中，$\otimes$ 为模糊数乘法运算。

相应地，对于并联系统而言，系统的模糊可靠度为

$$\widetilde{R} = 1\Theta\prod_{i=1}^{n}(1\Theta\widetilde{R}_i) \tag{9-27}$$

式中，Θ 为模糊数减法运算。

由上述可以看出，模糊可靠性预计与常规可靠性的预计方法是一致的，只不过是在模糊数的基础上进行运算。对于串-并联系统、并-串联系统及复杂系统的模糊可靠性预计，可采用类似的方法。

(2) 液压系统模糊可靠性预计实例

人们往往希望得到一定信度的可靠性指标，这里以压块机液压系统的可靠性预计为例进行模糊可靠性预计。针对模糊故障率 $\widetilde{\lambda}$ 为不同类型模糊数时推导其他可靠性指标。

① 当故障率为三角模糊数情形　根据图 9-2 所示的三角模糊数，模糊故障率 $\widetilde{\lambda}$ 的隶属函数为

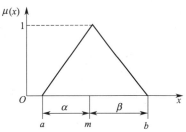

图 9-2　三角模糊数

$$\mu_{\tilde{\lambda}}(x) = \begin{cases} \dfrac{x-a}{m-a} & a \leqslant x \leqslant m \\ \dfrac{b-x}{b-m} & m \leqslant x \leqslant b \\ 0 & \text{其他} \end{cases} \tag{9-28}$$

则根据扩展原理，$-\tilde{\lambda}t$ 的隶属函数为

$$\mu_{-\tilde{\lambda}t}(x) = \begin{cases} -\dfrac{x+at}{t(m-a)} & -mt \leqslant x \leqslant -at \\ \dfrac{x+bt}{t(b-m)} & -bt \leqslant x \leqslant -mt \\ 0 & \text{其他} \end{cases} \tag{9-29}$$

模糊可靠度 $\tilde{R}(t) = \exp(-\tilde{\lambda}t)$ 的隶属函数为

$$\mu_{\exp(-\tilde{\lambda}t)}(x) = \begin{cases} -\dfrac{\ln x + at}{t(m-a)} & \exp(-mt) \leqslant x \leqslant \exp(-at) \\ \dfrac{\ln x + bt}{t(b-m)} & \exp(-bt) \leqslant x \leqslant \exp(-mt) \\ 0 & \text{其他} \end{cases} \tag{9-30}$$

以压块机为例，则液压系统的模糊可靠度 $\tilde{R}(t)$ 变化曲线如图 9-3(a) 所示。这里，取 $a=0.8m$，$b=1.2m$，即 α、β 为 m 的 20%。

② 故障率为正态型模糊数情形　令模糊故障率 $\tilde{\lambda}$ 的隶属函数为

$$\mu_{\tilde{\lambda}}(x) = \exp[-k(x-m)^2], \quad x > 0 \tag{9-31}$$

式中，k、m 为正态型模糊数参数。

根据扩展原理，$-\tilde{\lambda}t$ 的隶属函数为

$$\mu_{-\tilde{\lambda}t}(x) = \exp\left[-k\left(\dfrac{x}{t}+m\right)^2\right] \tag{9-32}$$

模糊可靠度 $\tilde{R}(t) = \exp(-\tilde{\lambda}t)$ 的隶属函数为

$$\mu_{\exp(-\tilde{\lambda}t)}(x) = \begin{cases} \exp\left[-k\left(\dfrac{\ln x}{t}+m\right)^2\right] & 0 < x < 1 \\ 0 & \text{其他} \end{cases} \tag{9-33}$$

以压块机为例，则液压系统的模糊可靠度 $\tilde{R}(t)$ 变化曲线如图 9-3(b) 所示。这里，取 $k=500 \times 10^6$。

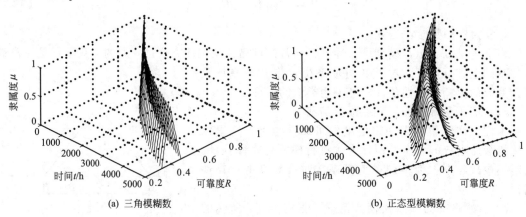

(a) 三角模糊数　　　　　　　　　　　(b) 正态型模糊数

图 9-3　液压系统模糊可靠度曲线

通过最大隶属度原则去模糊化处理，则可计算得到液压系统的可靠度与时间变化曲线如图 9-4 所示，通过对液压机液压系统的可靠度进行预计研究，验证了系统的平均无故障时间均高于设计要求。另外，在一定信度下，液压系统的可靠度指标也能满足设计要求，如置信水平（或称阈值）α 为 0.9，则其平均无故障时间 MTBF 为 5328～5545h。通过对压块机液压系统进行常规可靠性预计和模糊可靠性预计研究，可以发现，常规可靠性预计结果基本反映了系统的可靠性指标情况，而模糊可靠性预计结果更接近实际，且还能给出一定信度下的可靠性指标。

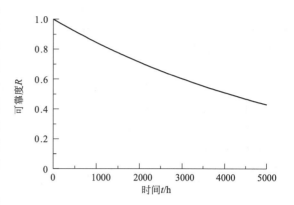

图 9-4　液压系统的可靠度曲线

故障率由于数据量不充分等各种复杂原因而带有模糊性，应用模糊数学集合理论对液压系统进行基于故障率为模糊数的可靠性预计计算，可以较好地克服经典方法难以精确赋值等缺点。模糊方法是概率方法进行可靠性预计的合理补充，尽管结果是"模糊"的，但并不是说，其结果不可信。这种方法既反映了概率本身的模糊性，又容许一定程度的误差，同时可以结合资料数据和专家经验，使得预计结果更接近实际。

9.1.3　模糊可靠性分析

本节介绍了基于可靠性框图的模糊可靠性分析方法，并且以塔机液压顶升系统为例，通过可靠性框图建立其可靠性模型，继而对液压系统进行模糊可靠性分析。

9.1.3.1　基于可靠性框图的模糊可靠性分析方法

可靠性模型是指为预计或估算系统的可靠性所建立的可靠性框图和数学模型。其中，可靠性框图描述系统的功能和组成系统的元件之间的可靠性逻辑关系，它指出了系统为完成规定功能，哪些元件必须成功地工作。可靠性数学模型是从数学上建立可靠性框图与时间、故障和可靠性度量指标之间的数量关系，这种模型的解即为所预计的系统可靠性。基于可靠性框图的模糊可靠性分析的一般流程如图 9-5 所示，具体为：

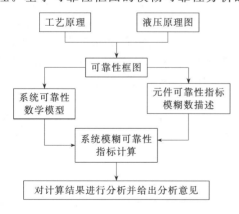

图 9-5　模糊可靠性分析流程

① 根据液压系统工艺原理和系统原理图，绘制系统可靠性框图。

② 根据可靠性框图，建立系统可靠性数学模型。

③ 在保证反映事件的本质，而且计算方便的情况下，采用合适的模糊数来描述液压系统元件的模糊可靠性指标。

④ 建立了系统的可靠性框图及其数学模型后，使用模糊数描述的元件模糊可靠性指标对系统模糊可靠性指标进行计算。

⑤ 对结果进行分析并给出分析意见。

以模糊可靠度作为系统待求模糊可靠性指标，各元件的模糊可靠度可以采用三角形模糊数、梯形模糊数与正态型模糊数等来表示。下面以图 9-2 所示三角模糊数为例，说明系统模糊可靠度的计算方法。

(1) 串联系统模糊可靠性分析

串联系统的模糊可靠度为

$$\widetilde{R}_S = \widetilde{R}_1 \otimes \widetilde{R}_2 \otimes \cdots \otimes \widetilde{R}_n = \prod_{i=1}^{n} \widetilde{R}_i \tag{9-34}$$

$$\widetilde{R}_i = (m_i - \alpha_i, m_i, m_i + \beta_i) \tag{9-35}$$

式中　$\widetilde{R}_i$——第 i 个元件的模糊可靠度；

　　　$\widetilde{R}_S$——系统模糊可靠度；

　　　n——组成系统的元件个数。

由模糊数运算规则，得

$$\widetilde{R}_S = \left[\prod_{i=1}^{n}(m_i - \alpha_i), \prod_{i=1}^{n} m_i, \prod_{i=1}^{n}(m_i + \beta_i) \right] \tag{9-36}$$

(2) 并联系统模糊可靠性分析

并联系统的模糊可靠度为

$$\widetilde{R}_S = 1 \ominus \prod_{i=1}^{n}(1 \ominus \widetilde{R}_i) = 1 \ominus \prod_{i=1}^{n}(1 \ominus (m_i - \alpha_i, m_i, m_i + \beta_i))$$

$$= \left[1 - \prod_{i=1}^{n}(1 - (m_i - \alpha_i)), 1 - \prod_{i=1}^{n}(1 - m_i), 1 - \prod_{i=1}^{n}(1 - (m_i + \beta_i)) \right] \tag{9-37}$$

可以采用与之类似的方法对串-并联系统与并-串联系统或更为复杂的系统进行可靠性分析。

9.1.3.2　塔机液压顶升系统的模糊可靠性分析

自升式塔机都有液压顶升装置，其功能是将几十吨重的塔机上部结构顶起。系统本身并不复杂，但在塔机上却起着十分重要的作用。要保证塔机安全，对于液压顶升系统，

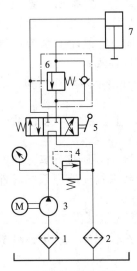

图 9-6　液压顶升
系统原理图

1,2—滤油器；3—液压泵；
4—溢流阀；5—手动换向阀；
6—平衡阀；7—液压缸

除需满足起重量与升降速度外，还要求系统的安全性、可靠性较高，换向冲击要小，升降平稳等。但是塔机的工作环境恶劣，这对其液压顶升系统的可靠性提出了更高的要求。液压系统为封闭系统，一旦发生故障，难以直接观测，故障症状与原因之间存在各种各样的重叠与交叉。液压系统从正常转变为故障要经过若干处于完全正常和完全故障状态之间的"亦此亦彼"的模糊状态，而这些过渡状态发生的概率通常难以用精确的可靠度值来描述。鉴于此，运用模糊理论解决液压系统处于模糊状态的可靠性问题是较为科学合理的方法。

华北科技学院刘琛等采用基于模糊数学的理论和方法，对液压顶升系统的模糊可靠性进行了分析，自升塔机顶升机构液压系统原理图如图 9-6 所示。

(1) 可靠性框图的建立

模糊可靠性分析的第一步就是建立系统的可靠性框图。系统可靠性逻辑关系通常有串联、并联与串并联关系 3 种，由图 9-6 可知，该液压顶升系统属于串联系统（不考虑管路、油箱和测量工具），即当每个单元都正常工作时系统才能正常工作，其中任意单元失效，则功能失效。按各元件和系统之间的功能关系，可得

到可靠性框图如图 9-7 所示。

○─ 滤油器 1 ─ 液压泵 3 ─ 溢流阀 4 ─ 手动换向阀 5 ─ 平衡阀 6 ─ 液压缸 7 ─ 滤油器 2 ─○

图 9-7　系统可靠性框图

因为该系统为串联系统，则系统的模糊可靠度为

$$\widetilde{R}_S = \widetilde{R}_1 \otimes \widetilde{R}_2 \otimes \cdots \otimes \widetilde{R}_7 = \prod_{i=1}^{7} \widetilde{R}_i \qquad (9\text{-}38)$$

式中　$\widetilde{R}_i$——第 i 个元件的模糊可靠度。

（2）系统元件模糊可靠度的表示

该液压系统中各液压元件的模糊可靠度采用三角模糊数表示，如图 9-2 所示。

$\widetilde{A}$ 表示系统"能正常工作"的模糊数，则

$$\begin{cases} \widetilde{A} = (a, m, b) \\ a = m - \alpha \\ b = m + \beta \end{cases} \qquad (9\text{-}39)$$

式中　m—— 模糊数 $\widetilde{A}$ 的均值；

α—— 左分布参数；

β—— 右分布参数。

则模糊数 $\widetilde{A}$ 的隶属度函数为

$$\mu_{\widetilde{A}}(x) = \begin{cases} 0 & x \leqslant m - \alpha \\ 1 - \dfrac{x-m}{\alpha} & m - \alpha < x \leqslant m \\ \dfrac{x-m}{\beta} & m < x \leqslant m + \beta \\ 0 & x > m + \beta \end{cases} \qquad (9\text{-}40)$$

$\widetilde{A}$ 越靠近 m，则隶属度越大；α、β 分布越大，$\widetilde{A}$ 越模糊；当 α、β 都为 0 时，$\widetilde{A}$ 为非模糊数。

（3）系统模糊可靠度计算

元件 i 的可靠度是一个模糊数，即

$$\widetilde{R}_i = (a_i, m_i, b_i) \qquad (9\text{-}41)$$

由 7 个元件所组成的串联系统的模糊可靠度为 7 个模糊数的连乘。则导出液压顶升系统模糊可靠性模糊数计算公式为

$$\widetilde{R}_S = \left(\prod_{i=1}^{7} a_i, \prod_{i=1}^{7} m_i, \prod_{i=1}^{7} b_i \right) \qquad (9\text{-}42)$$

（4）系统模糊可靠性分析

塔机液压顶升系统中各个液压元件的可靠度均值 m 以及左右分布参数 α、β 的估计值如表 9-2 所示。

表 9-2　液压元件可靠度估计值

元件	α	m	β	元件	α	m	β
滤油器 1	0.00151	0.99940	0.00051	手动换向阀 5	0.02206	0.96928	0.02253
滤油器 2	0.00553	0.99010	0.00553	平衡阀 6	0.01646	0.97882	0.00481
液压泵 3	0.02669	0.97336	0.02086	液压缸 7	0.00004	0.99980	0.00001
溢流阀 4	0.01647	0.98866	0.00482	—	—	—	—

将表 9-2 数值代入式(9-42)可求得液压系统的模糊可靠度为

$$\tilde{R}_S = (0.82407, 0.90324, 0.95913) \tag{9-43}$$

由上述计算结果可知：塔机液压顶升系统工作的可靠度大约为 0.90324，系统工作的可靠度在 0.82407 到 0.95913 之间，但是在 0.90324 的可能性最大，隶属度为 1。采用线性模糊数来描述液压系统可靠度不仅反映事件的本质，而且计算量小。

液压系统由于其运行环境不稳定，再加上系统结构复杂，受外来因素影响较多，因而系统处于一种模糊状态。应用模糊理论进行液压系统的可靠度分析，可以充分考虑每个元件可靠度的不确定影响，尽管结果有一定的模糊性，但是具有一定的实际意义，为工程机械产品的液压系统的设计和故障分析提供了科学的理论和方法。

9.1.4 模糊综合评判

要对一个客观事物或现象作出评价，如果考虑的因素单一，则容易作出评价或决策，但实际问题通常要考虑的因素很多，是多因素的识别和评判过程，因此，一般的数学方法难以作出决策，而模糊数学中的模糊综合评判则可以解决多因素的决策或评判问题，并对受各种因素影响的事物做出全面评判。

在液压系统的故障诊断工作中，经常涉及压力偏低、流量不足、温升过高等无法用数字定量化的模糊概念。并且，当设备发生故障时，其故障的严重性或危害程度是不同的，可能是轻微故障，也可能是严重故障，但是轻微与严重也是很难用确定的模型来描述的。可见，在液压系统的故障诊断领域中，大量存在着模糊现象。而模糊数学的引入使液压系统故障诊断中模糊现象的处理成为可能。这一新的数学方法在实际问题中已取得了不少成果，但有些诊断方法步骤烦琐，应用时很不方便。在此利用一种相对较简单的方法——模糊综合评判方法，对液压系统进行故障诊断，以达到可靠、高效判断系统故障的目的。

在对液压系统进行设计时，要求其达到一定的维修性指标。液压系统是由各个子系统和元部件构成，系统的维修性由其组成单元的维修性决定。当系统的维修性指标确定后，就存在着如何把这个指标分配给各个单元的问题。常用的五种维修性分配方法都有其局限性：等值分配法要求下一层各组成部分的复杂程度、故障率及维修难易程度均相似；按故障率分配法、按故障率和设计特性的综合加权分配法、保证可用度和考虑各单元复杂性差异的加权分配法适用于有可靠性数据或可靠性预计值的系统；利用相似产品维修性数据分配法适用于有相似产品维修性数据的情况。针对这些方法的局限以及初步设计阶段各因素具有的一定程度的不确定性，在此采用一种运用模糊理论的基于模糊综合评判的液压系统维修性分配方法。

9.1.4.1 模糊综合评判理论基础

模糊综合评判应用模糊变换原理和最大隶属度原则，考虑各个相关因素，对被评价事物做出综合评判。模糊综合评判的数学模型由因素集 U、评判集 V 和评判矩阵 R 构成，评判步骤如下。

① 建立因素集　按因素的性质将其分为几个大类，然后再将每个大类因素分为若干个子类。建立因素集为

$$U = \{u_1, u_2, \cdots, u_m\} \tag{9-44}$$

其中，第 i 个因素 $u_i = \{u_{i1}, u_{i2}, \cdots u_{ik}\}(i = 1, 2, \cdots, m)$，$m$ 为大类（一级）因素个数，k 为各大类因素中子类（二级）因素个数。

② 建立评判集　在对某一事物进行评判时，其结果可以分为若干等级（或状态），每个等级（或状态）都表示评判的一种结果，即系统的评判集，记作 V，表示系统能满足因素集 U 的程度的模糊评判，V 表示为

$$V = \{v_1, v_2, \cdots, v_n\} \tag{9-45}$$

其中，第 j 个评语 $v_j (j = 1, 2, \cdots, n)$ 一般分别表示很高、高、较高、一般、较低、低、很低等评判等级。

③ 权重的确定 在因素集中，每个因素对事件的影响程度不同，根据每个因素对事件的影响程度，制订了一个统一的权衡，这就是每个因素的权重分配。权重反映了每个因素在综合评判中所占的地位与作用，它将直接影响综合评判的结果。通常根据各因素对系统性能的影响程度来确定各个因素的权重，通常是由专家凭经验评分，用统计方法来确定 U 中各因素权重系数，它们可以看成是因素集 U 的模糊子集

$$W = \{w_1, w_2, \cdots, w_m\}, \sum_{i=1}^{m} w_i = 1 \tag{9-46}$$

同理，对第 i 个因素 u_i 有 $W_i = \{w_{i1}, w_{i2}, \cdots, w_{ik}\}$，且 $\sum_{j=1}^{k} w_{ij} = 1$。

④ 模糊综合评判 建立一个由因素集到评判集的模糊评判矩阵 $\boldsymbol{R}$ 为

$$\boldsymbol{R} = \begin{bmatrix} r_{11} & r_{12} & \cdots & r_{1n} \\ r_{21} & r_{22} & \cdots & r_{2n} \\ \vdots & \vdots & & \vdots \\ r_{m1} & r_{m2} & \cdots & r_{mn} \end{bmatrix} \tag{9-47}$$

其中，$0 \leqslant r_{ij} \leqslant 1$ $(i = 1, 2, \cdots, m; j = 1, 2, \cdots, n)$ 表示第 i 个因素对第 j 个评语的隶属度，可由模糊统计法、三分法、专家评分法、二元对比法、待定系数法等确定。

模糊综合评判是因素的权重向量与模糊评判矩阵的复合作用，即采用适合的合成因子对二者进行合成，把 w 与 $\boldsymbol{R}$ 的合成结果看作评价者综合各种因素后对被评判对象做出的最终评判，即模糊综合评判，并对结果向量进行解释。模糊综合评判的数学模型为

$$\boldsymbol{B} = w \circ \boldsymbol{R} = [b_1, b_2, \cdots, b_n] \tag{9-48}$$

其中，b_j $(j = 1, 2, \cdots, n)$ 为综合考虑所有因素时，评判对象对评判集中第 j 个元素的隶属度；"∘"表示模糊运算规则。当被研究系统的所有因素依权重大小均衡兼顾，总体因素均起作用时，常采用加权平均型 M ($\bullet$, $\oplus$) 合成运算，则 $b_j = \sum_{i=1}^{m} w_i r_{ij}$，$\oplus$ 表示有上限 1 求和，上式又可表示为 $b_j = \min\left\{1, \sum_{i=1}^{m} w_i r_{ij}\right\}$。

若系统比较复杂，各因素之间还有层次之分时，为了较准确地得出各因素间的优劣次序，可把因素集 U 按某些方式分类，先对每一类（因素较少）作综合评判，再对评判结果进行"类"之间的高层次的综合评判，即进行多层次综合评判。

⑤ 归一化处理 如果评判结果 $\sum_{j=1}^{n} b_j \neq 1$，应该进行归一化处理，以方便看出各个评判级所占比例，即

$$\boldsymbol{B} = \left[b_1 \bigg/ \sum_{j=1}^{n} b_j, b_2 \bigg/ \sum_{j=1}^{n} b_j, \cdots, b_n \bigg/ \sum_{j=1}^{n} b_j \right] \tag{9-49}$$

9.1.4.2 故障诊断模糊综合评判

(1) 液压系统故障诊断模糊综合评判方法

在液压系统故障诊断中，经常通过观察液压系统工作时的实际运行状况，找出发生异常的原因，这种方法针对一些常见故障有一定的效果，但对于复杂的系统和不易发现的故障就

起不到诊断排除故障的效果。而液压系统模糊综合评判方法是在上述方法的基础上，应用模糊数学理论，根据各故障原因与故障征兆之间的不同程度的因果关系，在综合考虑所有征兆的基础上，诊断设备发生故障的可能原因。

液压系统主要由动力装置、执行元件、控制元件、辅助装置、传动介质及管路等部分组成。每个组成部分均有可能发生故障，从而影响系统工作。这些故障因素可能是由压力 u_1、油液污染 u_2、使用期长 u_3、流量 u_4、噪声振动 u_5、机械 u_6、介质 u_7 等 m 个因素组成，其中 m 的数值和故障因素的形式可以根据具体的系统来确定，由此可以组成因素集 U。

在因素集 U 中，压力因素 u_1 可能是由于泵泄漏 u_{11}、阀芯卡死 u_{12}、阀芯阀座磨损 u_{13}、阀类密封泄漏 u_{14} 及密封损坏或封而不严 u_{15} 等 k 个子因素产生，则有 $u_1 = \{u_{11}, u_{12}, \cdots, u_{1k}\}$。对于流量故障，则可能是由于配合间隙增大 u_{41} 和各处泄漏增大 u_{42} 等 p 个子因素引起，从而可得到：$u_4 = \{u_{41}, u_{42}, \cdots, u_{4p}\}$。以此类推，可得到：$u_m = \{u_{m1}, u_{m2}, \cdots, u_{mq}\}$。其中，$k$，$p$，$\cdots$，$q$ 为自然数，根据实际情况选取。

对于评判集，其着眼点主要在于故障点的位置。因而，在排除故障时，将产生故障的元件及部位作为评判集，即评判集中的元素可以由液压泵 v_1、调压阀 v_2、换向阀 v_3、流量阀 v_4、液压缸或液压马达 v_5、主油路 v_6、控制油路 v_7 和机械连接装置 v_8 等 n 个元素组成。对于复杂程度不同的液压系统，n 的取值及元素形式则不同。

由此，根据各因素间的关系，可以构造出因素关系树，如图 9-8 所示。

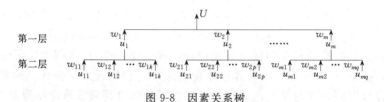

图 9-8　因素关系树

其中 w_i、w_{ij} 分别表示各主因素和子因素的权重，第一层各因素的权重为 $\boldsymbol{w}^{(2)} = [w_1, w_2, \cdots, w_m]$，第二层各因素的权重为：$\boldsymbol{w}_1^{(1)} = [w_{11}, w_{12}, \cdots, w_{1k}]$，$\boldsymbol{w}_2^{(1)} = [w_{21}, w_{22}, w_{2p}]$，$\cdots$，$\boldsymbol{w}_m^{(1)} = [w_{m1}, w_{m2}, \cdots, w_{mq}]$。

根据因素关系图，首先着眼于对 u_i 中的子因素 u_{ih} 作单因素评判，即对第二层做单因素评判，得出评价矩阵 $\boldsymbol{R}_i^{(1)}$。对于 u_1 有：$\boldsymbol{R}_1^{(1)} = [r_{1h}^{(1)}]_{k \times n}$；对于 u_2 有：$\boldsymbol{R}_2^{(1)} = [r_{2h}^{(1)}]_{p \times n}$；$\cdots$；对于 u_m 有：$\boldsymbol{R}_m^{(1)} = [r_{mh}^{(1)}]_{q \times n}$。根据合成运算公式，进行一级评判（对第二层进行评判），有

$$\boldsymbol{B}_1^{(1)} = \boldsymbol{w}_1^{(1)} \circ \boldsymbol{R}_1^{(1)} = [b_{11}^{(1)}, b_{12}^{(1)}, \cdots, b_{1n}^{(1)}]$$

$$\boldsymbol{B}_2^{(1)} = \boldsymbol{w}_2^{(1)} \circ \boldsymbol{R}_2^{(1)} = [b_{21}^{(1)}, b_{22}^{(1)}, \cdots, b_{2n}^{(1)}]$$

$$\boldsymbol{B}_m^{(1)} = \boldsymbol{w}_m^{(1)} \circ \boldsymbol{R}_m^{(1)} = [b_{m1}^{(1)}, b_{m2}^{(1)}, \cdots, b_{mn}^{(1)}]$$

因此，得到评判结果 $\boldsymbol{B}_i^{(1)}$，作为第一层的单因素评判向量，得出关于 U 的全部因素评判矩阵

$$\boldsymbol{R}^{(2)} = \begin{bmatrix} \boldsymbol{B}_1^{(1)} \\ \boldsymbol{B}_2^{(1)} \\ \vdots \\ \boldsymbol{B}_m^{(1)} \end{bmatrix} = \begin{bmatrix} b_{11}^{(1)} & b_{12}^{(1)} & \cdots & b_{1n}^{(1)} \\ b_{21}^{(1)} & b_{22}^{(1)} & \cdots & b_{2n}^{(1)} \\ \vdots & \vdots & \ddots & \vdots \\ b_{m1}^{(1)} & b_{m2}^{(1)} & \cdots & b_{mn}^{(1)} \end{bmatrix} \tag{9-50}$$

再作二级评判，根据合成运算公式有

$$\boldsymbol{B}^{(2)} = \boldsymbol{w}^{(2)} \circ \boldsymbol{R}^{(2)} = [w_1, w_2, \cdots, w_m] \circ \boldsymbol{R}^{(2)} = [b_1, b_2, \cdots, b_n] \tag{9-51}$$

$\boldsymbol{B}^{(2)}$ 则为因素集的综合评判向量。根据评判结果 $b_j(j=1,2,\cdots,n)$，进行归一化处理，数值较大者所对应的 v_j，即可能为故障点的发生位置。随后按次序对其进行分析排除，故障就可以得到处理。对液压系统进行故障判断的评判，首先应了解所要评判的液压系统的工作原理，并比较深入地分析一下系统结构组成和各元件的作用。而后给出与故障有关的一些因素，并给出影响故障严重程度的评判系数。最后再进行各级评判。

（2）液压系统故障诊断模糊综合评判实例

东南大学杜建宝等通过某型起重设备 QY40 子系统伸缩臂回路，对故障诊断模糊综合评判方法进行了说明，其液压系统原理图如图 9-9 所示。

当电液换向阀处于右路时，高压液压油经滤油器 1、泵 2、单向阀 3、电液换向阀 4、平衡阀 7 进入伸缩臂液压缸 9 无杆腔，活塞杆一级一级伸出，起重臂伸出，吊运重物；液压缸另一腔的液压油沿回油路，经顺序阀 8、电液换向阀 4 回油箱；5、6 为溢流阀，主要用于调节压力。

该系统设定工作压力为 18MPa，但运行一段时间后，系统压力达不到要求，仅为 7MPa。采用模糊综合评判方法对液压系统进行故障评判的步骤如下。

① 因素集 U 的确定　对于该系统而言，故障主要表现为系统起吊力下降。这里影响起吊力的主要因素包括：压力不足 u_1、油液污染 u_2、使用期长 u_3、流量不足 u_4。

引起压力不足的子因素包括：泵泄漏 u_{11}、阀芯卡死 u_{12}、阀芯阀座磨损 u_{13}、阀类密封泄漏 u_{14} 及密封损坏或封而不严 u_{15}；引起流量不足的子因素包括：配合间隙增大 u_{41} 和各处泄漏增大 u_{42}。对于油液污染和使用期长可不设子因素。很明显，此系统为二级综合评判模型。

② 评判集 V 的确定　以有可能产生故障的各液压元件及有关油路作为评判因素，这些因素为（见图 9-9）：泵 2、单向阀 3、电液换向阀 4、平衡阀 7、液压缸 9、溢流阀 5 等 6 种，分别表示评判集中的 $v_j(j=1,2,\cdots,6)$。

③ 权向量 w 的确定　根据各相关因素之间的关系及其对二级故障主因素的影响程度，建立各级的权向量如下

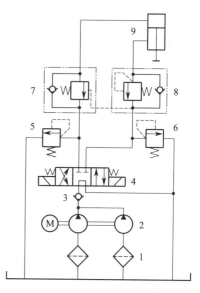

图 9-9　液压系统原理图
1—滤油器；2—泵；3—单向阀；
4—电液换向阀；5,6—溢流阀；
7—平衡阀；8—顺序阀；9—液压缸

$$\boldsymbol{w}_1^{(1)}=[0.2\quad 0.2\quad 0.3\quad 0.2\quad 0.1]$$
$$\boldsymbol{w}_4^{(1)}=[0.35\quad 0.65]$$
$$\boldsymbol{w}^{(2)}=[0.4\quad 0.22\quad 0.08\quad 0.3]$$

④ 评判分析　对各液压元件及系统油路的故障进行综合评判，根据各个元件及系统油路对各因素的影响，第一级评判的两评判矩阵 $\boldsymbol{R}_1^{(1)}$ 和 $\boldsymbol{R}_4^{(1)}$ 的数据分别列于表 9-3 和表 9-4。

表 9-3　压力不足的评判数据表

压力不足的子因素	v_1	v_2	v_3	v_4	v_5	v_6
u_{11}	1.0	0	0	0	0	0
u_{12}	0	0.2	0.3	0.2	0	0.3
u_{13}	0	0.3	0.2	0.2	0	0.3
u_{14}	0	0.1	0.1	0.3	0	0.5
u_{15}	0	0.2	0.3	0.3	0	0.2

表 9-4　流量不足的评判数据表

流量不足的子因素	v_1	v_2	v_3	v_4	v_5	v_6
u_{41}	0.1	0.2	0.1	0.1	0.2	0.3
u_{42}	0.05	0.15	0.15	0.15	0.2	0.3

所对应的矩阵分别为

$$\boldsymbol{R}_1^{(1)} = \begin{bmatrix} 1.0 & 0 & 0 & 0 & 0 & 0 \\ 0 & 0.2 & 0.3 & 0.2 & 0 & 0.3 \\ 0 & 0.3 & 0.2 & 0.2 & 0 & 0.3 \\ 0 & 0.1 & 0.1 & 0.3 & 0 & 0.5 \\ 0 & 0.2 & 0.3 & 0.3 & 0 & 0.2 \end{bmatrix}$$

$$\boldsymbol{R}_4^{(1)} = \begin{bmatrix} 0.1 & 0.2 & 0.1 & 0.1 & 0.2 & 0.3 \\ 0.05 & 0.15 & 0.15 & 0.15 & 0.2 & 0.3 \end{bmatrix}$$

这样，对压力不足的评判为

$$\boldsymbol{B}_1^{(1)} = \boldsymbol{w}_1^{(1)} \circ \boldsymbol{R}_1^{(1)} = \begin{bmatrix} 0.2 & 0.2 & 0.3 & 0.2 & 0.1 \end{bmatrix} \circ \boldsymbol{R}_1^{(1)} = \begin{bmatrix} 0.2 & 0.17 & 0.17 & 0.19 & 0 & 0.27 \end{bmatrix}$$

对流量不足的评判为

$$\boldsymbol{B}_4^{(1)} = \boldsymbol{w}_4^{(1)} \circ \boldsymbol{R}_4^{(1)} = \begin{bmatrix} 0.35 & 0.65 \end{bmatrix} \circ \boldsymbol{R}_4^{(1)} = \begin{bmatrix} 0.07 & 0.17 & 0.13 & 0.13 & 0.2 & 0.3 \end{bmatrix}$$

在第二级综合评判中，评判矩阵的第一行和第四行分别由 $\boldsymbol{B}_1^{(1)}$ 和 $\boldsymbol{B}_4^{(1)}$ 确定，其余则仍根据各元件及系统油路对各因素的影响来确定，第二级综合评判矩阵 $\boldsymbol{R}^{(2)}$ 的数据列于表 9-5。

表 9-5　起吊力不足的评判数据表

影响起吊力的主要因素	v_1	v_2	v_3	v_4	v_5	v_6
u_1	0.2	0.17	0.17	0.19	0	0.27
u_2	0.16	0.23	0.16	0.18	0.15	0.12
u_3	0.1	0.17	0.15	0.21	0.1	0.27
u_4	0.07	0.17	0.13	0.13	0.2	0.3

所对应的矩阵为

$$\boldsymbol{R}^{(2)} = \begin{bmatrix} 0.2 & 0.17 & 0.17 & 0.19 & 0 & 0.27 \\ 0.16 & 0.23 & 0.16 & 0.18 & 0.15 & 0.12 \\ 0.1 & 0.17 & 0.15 & 0.21 & 0.1 & 0.27 \\ 0.07 & 0.17 & 0.13 & 0.13 & 0.2 & 0.3 \end{bmatrix}$$

这样，第二级综合评判结果即对起吊力不足的最终综合评判为

$$\boldsymbol{B}^{(2)} = \boldsymbol{w}^{(2)} \circ \boldsymbol{R}^{(2)} = \begin{bmatrix} 0.4 & 0.22 & 0.08 & 0.3 \end{bmatrix} \circ \boldsymbol{R}^{(2)} = \begin{bmatrix} 0.144 & 0.183 & 0.154 & 0.172 & 0.101 & 0.246 \end{bmatrix}$$

按上述的综合评判结果中 $b_j(j=1,2,\cdots,6)$ 的大小进行分析处理，故障点的可能性依次为溢流阀 5、单向阀 3、平衡阀 7、电液换向阀 4、泵 2、液压缸 9。根据该结论，溢流阀 5 为最大故障疑点，与现场实际情况一致。

通常液压系统故障的判断，大多是根据经验进行的。由于液压系统的特殊性，其系统故障往往带有模糊性，即使是经验丰富的专家，有时也要借助试探性拆卸来判断液压故障，即具有一定的盲目性。克服盲目性，增强科学性，少拆卸或不拆卸是用户的希望。本例利用模糊综合评判理论，通过对液压系统故障相关影响因素排序，把因素集 U 按某些方式进行分类，按权重大小对液压系统故障进行综合评判，达到了可靠、高效判断液压系统故障的目的。

9.1.4.3 维修性分配模糊综合评判

维修性是指在规定的条件下和规定的时间内，按规定的程序和方法进行维修时，保持或

恢复其规定状态的能力，它反映了维修的及时性、有效性和经济性。因此在设计时需要做的不仅仅是降低系统的故障发生率，而是要力求以最少的操作和时间完成一个系统的维修工作。为此，必须在设计阶段考虑影响维修性的各种因素，对系统的维修性有一个定性或定量的评价。

由于维修性的评价因素较多，而且每个评价因素对其影响的程度也不一样，主观和客观信息同时存在，加之数据本身还存在一定的不确定性和不完备性，这使得维修性的评判具有很大的难度。当前针对这类问题主要采用综合评判方法，如模糊综合评判、层次分析，灰关联分析和人工智能方法等。其中层次分析法在对复杂的决策问题的本质、影响因素及其内在关系等进行深入分析的基础上，利用较少的定量信息使决策的思维过程数学化，从而为多目标、多准则或无结构特性的复杂决策问题提供简便的决策方法，尤其适合于对决策结果难于直接准确计量的场合；灰关联分析主要是通过参数（因子）间的关联性，在部分已知不明确的条件下，找出所需要的信息，进而了解参数（因子）间的相互关系；人工智能方法需要大量的知识库，对于一般的维修性评判不适合；模糊综合评判是根据多个因素或指标评价一个事物的方法。根据维修性评判的特点，这里采用模糊综合评判方法；另一方面，在确定维修性评价因素的权重时，采用综合权重方法，即综合不同专家的经验信息，并考虑专家的不同评估水平，得到各评价因素的综合权重，这种方法既体现了专家多年积累的宝贵经验，又考虑了不同专家的主观因素对综合权重的客观影响，实现了主观与客观的结合而且简单、易行。因此，考虑将模糊综合评判方法与综合权重方法相结合，进行维修性分配的模糊综合评判。

(1) 维修性分配模糊综合评判模型

建立基于综合权重的维修性分配模糊综合评判模型，主要包括两部分：①采用综合权重方法确立维修性评价因素的权重，并给出其建模方法及算法；②建立维修性分配的模糊综合评判模型。

① 综合权重方法　在根据不同专家的经验信息来确定各维修性评价因素权重时。由于专家信息具有两个基本特点：a. 由于受到专家认识能力的限制，信息具有一定主观性；b. 由于专家的社会环境、个人经历、文化背景及偏好不同使得专家信息具有一定差异性。因此，有必要将多个专家信息进行融合，并对专家的评估水平进行评价。根据不同专家评估的权重与最优权重的差异水平来反映不同专家的评估水平，并应用熵值理论来确定不同专家的相对评估水平权重，从而得到维修性因素的综合权重。

对于 n 个维修性评价因素，设有 m 个专家对其重要度进行评估，则可得到一个 $m \times n$ 的权重矩阵

$$\boldsymbol{B} = \begin{bmatrix} b_{11} & b_{12} & \cdots & b_{1n} \\ b_{21} & b_{22} & \cdots & b_{2n} \\ \vdots & \vdots & \ddots & \vdots \\ b_{m1} & b_{m2} & \cdots & b_{mn} \end{bmatrix} \tag{9-52}$$

其中，$\sum_{j=1}^{n} b_{kj} = 1$，$0 \leqslant b_{kj} \leqslant 1$，$k = 1, 2, \cdots, m$，$j = 1, 2, \cdots, n$。

维修性的 n 个评价因素客观上应存在最优的相对权重，设为

$$\boldsymbol{w} = [w_1, w_2, \cdots, w_n]$$

为了确定 n 个评价因素的最优权重，可利用数学上通常的广义距离概念和最小方差求得，即

$$D = \sum_{k=1}^{m} \sum_{j=1}^{n} (b_{kj} - w_j)^2$$

对于上式，求变量 w_j 的导数，并令

$$\frac{\partial D}{\partial w_j} = 2mw_j - 2\sum_{k=1}^{m} b_{kj} = 0$$

$$w_j = \frac{\sum_{k=1}^{m} b_{kj}}{m}(j=1,2,\cdots,n) \tag{9-53}$$

由于不同专家存在评估水平差异，所以用各专家评估的权重与最优权重之间的差异大小反映不同专家的评估水平权重。令

$$p_k = \left\{ \frac{\sum_{j=1}^{n}(b_{kj}-w_j)^2}{\sum_{k=1}^{m}\sum_{j=1}^{n}(b_{kj}-w_j)^2} \right\}^{\frac{1}{2}} \tag{9-54}$$

这里 p_k 可以理解为由第 k 个专家造成的评价权重与最优权重的误差在总权重误差中所占的相对比例。因为专家的评价权重与最优权重的误差越小，说明其评价权重越值得信赖。所以根据误差越小，熵值越大的原理，作如下变换。

$$d_k = \frac{1}{p_k}$$

$$\lambda_k = \frac{d_k}{\sum_{k=1}^{m} d_k} \tag{9-55}$$

λ_k 即为第 k 个专家的评估水平权重。

所以各维修性评价因素的综合权重向量为

$$\boldsymbol{a} = \boldsymbol{\lambda B} = [\lambda_1,\lambda_2,\cdots,\lambda_m] \begin{bmatrix} b_{11} & b_{12} & \cdots & b_{1n} \\ b_{21} & b_{22} & \cdots & b_{2n} \\ \vdots & \vdots & \ddots & \vdots \\ b_{m1} & b_{m2} & \cdots & b_{mn} \end{bmatrix} = [a_1,a_2,\cdots,a_n] \tag{9-56}$$

其中，a_j 为第 j 个维修性评价因素的综合权重。

② 维修性分配模糊综合评判建模　维修性分配模糊综合评判模型由以下 7 部分组成。

a. 确定评判对象的维修性评价因素集为 $U=\{u_1,u_2,u_3,\cdots,u_n\}$，其中 u_j 为第 j 个维修性评价因素。

b. 确定评语集 $V=\{v_1,v_2,\cdots,v_l\}(i=1,2,\cdots,l)$，$v_i$ 表示对维修性评价因素的等级评价，一般可用"差、较差、一般、较高、高"等语言表示；与评语集对应的分值集记为 $C=\{c_1,c_2,\cdots,c_l\}$，性能越差，分值越高，则赋予越长的维修时间。

c. 各维修性评价因素的权重向量 $\boldsymbol{a}=[a_1,a_2,\cdots,a_n]$，根据多个专家的经验信息确定，具体计算方法采用如前所述的综合权重方法。

d. 针对系统中每一个单元，采用专家评分法确定其对每一个因素 u_j 的评价，进而分别给出各个单元总的模糊评判隶属矩阵 $\boldsymbol{R}$

$$\boldsymbol{R} = \begin{bmatrix} r_{11} & r_{12} & \cdots & r_{1l} \\ r_{21} & r_{22} & \cdots & r_{2l} \\ \vdots & \vdots & \ddots & \vdots \\ r_{n1} & r_{n2} & \cdots & r_{nl} \end{bmatrix}$$

其中，$r_{ji}\in[0,1]$ 表示维修性评价因素集合 U 中的第 j 个因素 u_j 对第 i 个评语等级 v_i 的隶

属度，并且 $\sum\limits_{i=1}^{l} r_{ji} = 1$。

e. 进行模糊综合评判，通过计算 $\boldsymbol{Q}=\boldsymbol{a}\circ\boldsymbol{R}$，得到模糊综合评判结果。

f. 将各单元所对应的模糊综合评判结果 $\boldsymbol{Q}$ 和分值向量 $\boldsymbol{c}$ 相乘，即可得各个单元的综合评判分值为 $s=\boldsymbol{Q}\boldsymbol{c}^{\mathrm{T}}$。

g. 如果已知系统的平均修复时间为 T，那么单元 u 所应分配的平均修复时间为

$$T_u = T\left(\frac{s_u}{\bar{s}}\right) \tag{9-57}$$

式中，$\bar{s} = \dfrac{1}{h}\sum\limits_{u=1}^{h} s_u$，$h$ 为单元总数。

(2) 基于模糊综合评判的液压系统维修性分配

为方便说明算法，假设仅对某液压系统的 3 个组成单元（元件）进行维修性模糊分配，采用上述的基于综合权重的模糊综合评判方法，可以建立维修性分配模型。

维修性设计准则通常包括一些一般性的原则，根据这些原则，可以提出如表 9-6 所示 8 个维修性评价因素。

表 9-6　维修性评价因素

1	设计简化性	评价依据是对使用和维修人员的技能要求，以及零部件的品种和数量
2	可达性	评价依据是在维修时，接近维修部位的难易程度，以及检查点、测试点、拆装空间等的布局是否合理
3	装配/拆卸性	评价依据是各个子装配体、零部件和连接件的拆卸和装配是否简单省力
4	标准化和模块化	评价依据是指是否优先选用标准件，故障率高及易损坏的零部件是否具有良好的互换性和必要的通用性，是否按功能设计成能够完全互换的模块，以便于单独进行测试和维修作业
5	防差错性	评价依据是指是否从结构上采取措施消除发生差错的可能性，在维修的零部件、备品、专用工具等上面做出识别记号，以便于区别辨认，避免因差错而发生事故
6	检测及诊断性	评价依据是发生故障时检测诊断是否准确、快速、简便
7	维修安全性	评价依据是维修操作空间、噪声、人员安全性等因素，以及降低对维修人员的技能要求
8	零件可修复性	评价依据是对于可修件，在设计上是否可通过调整、局部更换零件或设置专门的修复基准等措施使零部件发生故障后易于进行修理

① 确定权重　根据系统的特点，假设有 5 位专家分别针对上述 8 个维修性评价因素，给出各评价因素的权重，则可得

$$\boldsymbol{B}=\begin{bmatrix} 0.25 & 0.20 & 0.10 & 0.10 & 0.10 & 0.10 & 0.05 & 0.10 \\ 0.15 & 0.15 & 0.15 & 0.15 & 0.10 & 0.10 & 0.10 & 0.10 \\ 0.15 & 0.20 & 0.10 & 0.10 & 0.10 & 0.15 & 0.10 & 0.10 \\ 0.15 & 0.15 & 0.15 & 0.15 & 0.10 & 0.10 & 0.15 & 0.05 \\ 0.20 & 0.15 & 0.15 & 0.15 & 0.10 & 0.10 & 0.05 & 0.10 \end{bmatrix}$$

根据式（9-53）可以得到各维修性评价因素的最优相对权重

$$\boldsymbol{w}=\begin{bmatrix} 0.18 & 0.17 & 0.12 & 0.13 & 0.11 & 0.12 & 0.08 & 0.09 \end{bmatrix}$$

根据式（9-54）可得

$$\boldsymbol{p}=\begin{bmatrix} 0.5644 & 0.3651 & 0.4128 & 0.4944 & 0.3651 \end{bmatrix}$$

从而

$$\boldsymbol{d}=\begin{bmatrix} 1.7718 & 2.7390 & 2.4225 & 2.0227 & 2.7390 \end{bmatrix}$$

则由式（9-55）可以得到各专家的评估水平权重为

$$\boldsymbol{\lambda} = \begin{bmatrix} 0.1515 & 0.2342 & 0.2071 & 0.1730 & 0.2342 \end{bmatrix}$$

再根据式(9-56)就可以得到各维修性评价因素的综合权重向量为

$$\boldsymbol{a} = \begin{bmatrix} 0.1769 & 0.1679 & 0.1234 & 0.1321 & 0.1087 & 0.1190 & 0.0807 & 0.0913 \end{bmatrix}$$

② 模糊综合评判　设评语集 $V = \{v_1, v_2, v_3, v_4, v_5\}$，分别表示为：很差、差、合格、良、优，给定的3个单元的模糊评判隶属矩阵分别以 $\boldsymbol{R}_i$ 表示

$$\boldsymbol{R}_1 = \begin{bmatrix} 0.20 & 0.20 & 0.20 & 0.20 & 0.20 \\ 0.00 & 0.30 & 0.50 & 0.10 & 0.10 \\ 0.05 & 0.35 & 0.50 & 0.05 & 0.05 \\ 0.20 & 0.10 & 0.70 & 0.00 & 0.00 \\ 0.00 & 0.20 & 0.80 & 0.00 & 0.00 \\ 0.00 & 0.00 & 0.00 & 0.80 & 0.20 \\ 0.00 & 0.00 & 0.05 & 0.05 & 0.90 \\ 0.00 & 0.00 & 0.00 & 0.10 & 0.90 \end{bmatrix}$$

$$\boldsymbol{R}_2 = \begin{bmatrix} 0.00 & 0.00 & 0.20 & 0.20 & 0.60 \\ 0.00 & 0.20 & 0.20 & 0.50 & 0.10 \\ 0.00 & 0.00 & 0.00 & 0.95 & 0.05 \\ 0.20 & 0.30 & 0.20 & 0.20 & 0.10 \\ 0.00 & 0.20 & 0.80 & 0.00 & 0.00 \\ 0.00 & 0.00 & 0.50 & 0.50 & 0.00 \\ 0.00 & 0.00 & 0.95 & 0.05 & 0.00 \\ 0.00 & 0.50 & 0.50 & 0.00 & 0.00 \end{bmatrix}$$

$$\boldsymbol{R}_3 = \begin{bmatrix} 0.00 & 0.00 & 0.40 & 0.30 & 0.30 \\ 0.00 & 0.00 & 0.40 & 0.30 & 0.30 \\ 0.00 & 0.00 & 0.00 & 0.75 & 0.25 \\ 0.20 & 0.20 & 0.30 & 0.10 & 0.20 \\ 0.00 & 0.10 & 0.80 & 0.10 & 0.00 \\ 0.00 & 0.00 & 0.10 & 0.50 & 0.40 \\ 0.00 & 0.00 & 0.55 & 0.45 & 0.00 \\ 0.00 & 0.00 & 0.50 & 0.30 & 0.20 \end{bmatrix}$$

通过计算 $\boldsymbol{Q} = \boldsymbol{a} \circ \boldsymbol{R}$，分别得到

$$\boldsymbol{Q}_1 = \begin{bmatrix} 0.0680 & 0.1639 & 0.3645 & 0.1667 & 0.2369 \end{bmatrix}$$
$$\boldsymbol{Q}_2 = \begin{bmatrix} 0.0264 & 0.1406 & 0.3642 & 0.3265 & 0.1423 \end{bmatrix}$$
$$\boldsymbol{Q}_3 = \begin{bmatrix} 0.0264 & 0.0373 & 0.3664 & 0.3433 & 0.2266 \end{bmatrix}$$

假设对应于评语集 $V = \{v_1, v_2, v_3, v_4, v_5\}$ 的分值向量为 $\boldsymbol{c} = \begin{bmatrix} 100 & 80 & 60 & 40 & 20 \end{bmatrix}$，则3个备选单元的最终得分为

$$s_1 = \boldsymbol{Q}_1 \boldsymbol{c}^{\mathrm{T}} = 53.188$$
$$s_2 = \boldsymbol{Q}_2 \boldsymbol{c}^{\mathrm{T}} = 51.646$$
$$s_3 = \boldsymbol{Q}_3 \boldsymbol{c}^{\mathrm{T}} = 45.872$$

可以看出，第3个单元得分最低，第2个单元其次，第1个单元得分最高。

③ 维修性分配结果　在初步设计阶段确定系统的平均维修时间 $T = 150\mathrm{min}$，由以上确定的系统的综合评判分值，可得，$\bar{s} = \dfrac{1}{3} \displaystyle\sum_{u=1}^{3} s_u = 50.235$，再由式(9-57)可得各个单元所分

配的平均修复时间分别为 $T_1 = 158.818\text{min}$、$T_2 = 154.213\text{min}$、$T_3 = 136.972\text{min}$。

这里只提出了一级模糊综合评判，如果系统维修性指标还需向下进一步细分，还可进行二级甚至更多级的模糊综合评判。这种基于综合权重的模糊综合评判方法在融合不同专家经验信息的同时，保证了一定的客观性，并且综合考虑了系统初步设计阶段维修性分配的约束条件和影响因素，利用模糊集理论解决模糊现象的优势，为维修性分配提供了一种简单、有效的数学描述。该方法同样可以用于其他机械产品的维修性分配中。

9.2 液压气动系统 T-S 故障树及重要度分析

使用各种模糊数来描述事件的故障发生概率，降低了获取故障发生概率精确值的难度，并能结合专家知识和实际经验，使故障诊断与可靠性分析在一定程度上容忍信息描述的误差，具有较强的适应性。但是模糊故障树分析方法在描述事件间的联系时，仍采用传统故障树中的与门、或门等传统逻辑门，由于传统逻辑门的存在，使得在进行模糊故障树分析时仍需搞清故障的机理，找到事件间的联系，并且不能描述故障程度，从而使得模糊故障树分析方法的应用受到了一定的限制。因此，产生了 T-S 故障树及重要度分析方法。

T-S 故障树算法考虑部件不同故障状态的影响，用 T-S 门代替传统逻辑门来描述事件间的联系，为复杂系统可靠性分析提供了新的尝试。本节首先介绍了 T-S 故障树分析方法，并通过给出传统二态、多态逻辑门的 T-S 门规则形式，将 T-S 故障树分析方法分别与二态、模糊和多态故障树分析方法做对比，验证了 T-S 故障树分析方法的可行性。进而，将传统二态和多态部件重要度分析方法推广到 T-S 故障树中，提出了 T-S 重要度概念及其计算方法，包括 T-S 结构、概率及关键重要度；拓展传统二态系统模糊重要度的重心法，综合部件所有故障程度对系统重要程度的影响，定义多态系统 T-S 模糊重要度；在仅已知部件故障状态的情况下，提出 T-S 程度重要度的概念及其计算方法，同时，将 T-S 故障树重要度分析方法与传统故障树部件重要度分析方法进行对比，验证 T-S 故障树重要度分析方法的可行性。最后，给出了液压系统 T-S 故障树分析和重要度计算的工程实例。

9.2.1 T-S 故障树分析法

9.2.1.1 T-S 故障树分析方法

(1) T-S 故障树分析步骤

1985 年，日本学者高木（Takagi）和关野（Sugeno）提出了著名的 Takagi-Sugeno 模型，即 T-S 模型。这种模型本质是一种非线性模型，易于表达复杂系统的动态特性，被广泛应用于多输入单输出（MISO）和多输入多输出（MIMO）系统的辨识和控制等。其模型的规则形如

$$\text{If } x \text{ is } A, \text{then } y = f(x) \tag{9-58}$$

其中，$f(x)$ 是 x 的线性函数。T-S 模型在很多领域得到应用，对于具有 n 输入单输出、模糊规则数为 m 的 T-S 系统，模糊规则有如下特殊形式

$$R^{(i)}: \text{If } x_1 \text{ is } F_1^i \text{ and } x_2 \text{ is } F_2^i \text{ and}, \cdots, \text{and } x_n \text{ is } F_n^i, \text{then}$$
$$y^i = c_0^i + c_1^i x_1 + c_2^i x_2 + \cdots + c_n^i x_n \tag{9-59}$$

其中，$F_j^i (i=1, 2, \cdots, m; j=1, 2, \cdots, n)$ 为模糊集合；c_j^i 为实数；y^i 为系统根据此规则得出的相应输出。

针对传统故障树分析存在的不足，将 T-S 模型引入故障树分析中，提出一种基于 T-S 模型的故障树分析方法：用模糊可能性描述零部件的故障概率，解决故障概率的不确定性问题；用 T-S 模型描述事件间的联系，解决事件联系的不确定性；用模糊数描述故障的程度，

考虑故障程度对系统的影响。模糊数和 T-S 门的采用，使故障树的建立不再依赖于大量的故障数据和对故障机理的深入研究，这种方法也可以方便地应用语言信息。基于 T-S 模型的故障树分析方法的流程图如图 9-10 所示。

具体步骤为：

① 选择顶事件，构建 T-S 故障树。

② 将各底事件的故障概率和故障程度统一描述为四边形模糊数。

③ 利用经验和专家数据、系统相关数据等各种信息：构建各个 T-S 门规则，得到 T-S 门规则表；获得部件故障的模糊可能性；获得部件的故障状态。

④ 利用 T-S 门算法，结合 T-S 门规则和所获得的部件故障信息，求得中间事件和顶事件故障的模糊可能性。

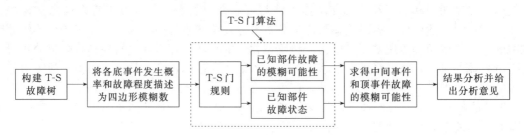

图 9-10　基于 T-S 模型的故障树分析方法流程图

⑤ 对 T-S 故障树分析的结果进行分析，提出分析意见。

(2) T-S 故障树的构建

考虑故障概率及事件间联系的不确定性，用模糊数描述故障概率和故障程度，用 T-S 模型构造 T-S 门，描述事件间的联系，从而构建一种新的故障树，即 T-S 故障树。

图 9-11 是一个典型的 T-S 故障树。其中 T 为顶事件；x_1、x_2、x_3、x_4 为基本事件；M_1、M_2 为中间事件；G_1、G_2、G_3 为 T-S 门。顶事件的可能性（故障概率）可由底事件的可能性（故障概率）得到，上级事件的可能性可由下级事件的可能性得到。

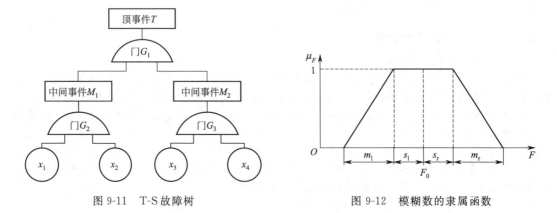

图 9-11　T-S 故障树　　　　　　　　图 9-12　模糊数的隶属函数

(3) 事件描述方法

零部件的故障概率一般根据历史数据得到，但由于历史数据的缺乏以及系统环境的变化，零部件的故障概率具有不确定性。为此，引入模糊逻辑，用模糊可能性描述零部件的故障概率，即将由历史经验得到的故障概率用模糊数表示为模糊可能性。同时，由于对故障程度的描述也具有不确定性，故采用模糊数来描述故障的程度。

将模糊数的隶属函数描述为线性隶属函数，这里采用四边形（梯形）隶属函数。为了使

用方便且不失一般性，将四边形（梯形）隶属函数 F 表示为

$$F \equiv (F_0, s_1, m_1, s_r, m_r) \tag{9-60}$$

其中，F_0 为模糊数支撑集的中心，s_1 和 s_r 为左右支撑半径，m_1 和 m_r 左右模糊区，由隶属函数 F 描述的模糊数称为模糊数 F_0，其隶属函数如图 9-12 和式(9-61) 所示。

$$\mu_F = \begin{cases} \dfrac{F-(F_0-s_1-m_1)}{m_1} & F_0-s_1-m_1 < F \leqslant F_0-s_1 \\ 1 & F_0-s_1 < F \leqslant F_0+s_r \\ \dfrac{F_0+s_r+m_r-F}{m_r} & F_0+s_r < F \leqslant F_0+s_r+m_r \\ 0 & 其他 \end{cases} \tag{9-61}$$

当 $s_1 = s_r = 0$ 时，四边形隶属函数变为三角形函数；当 $s_1 = s_r = 0$ 且 $m_1 = m_r = 0$ 时，模糊数变为确定数。

假设得到第 i 个部件的故障概率为 P_i，则认为其模糊可能性为模糊数 P_i。若第 i 个部件的历史数据丰富，则可认为其故障概率是确定的，此时模糊可能性中的支撑半径为 0、模糊区为 0。

按照实际应用，故障程度可在区间 $[0,1]$ 选取模糊数来描述。若实际某部件的故障程度可分为大、中、小，则可对应采用模糊数 1、0.5、0 来描述。一般可认为模糊数的隶属函数左右对称，即：$s_1 = s_r$、$m_1 = m_r$。

（4）T-S 门的构建

① 二态故障树逻辑门的 T-S 规则　二态故障树的底事件、中间事件和顶事件都是二态的，要么发生（可用 1 表示），要么就不发生（可用 0 表示）。常见的二态故障树的逻辑门都可以转换为相应 T-S 门形式，见表 9-7。

表 9-7　二态故障树逻辑门的 T-S 规则

门	规则	x_1	x_2	y 0	y 1	门	规则	x_1	x_2	y 0	y 1	门	规则	x_1	x_2	x_3	y 0	y 1
与/禁	1	0	0	1	0	异或	1	0	0	1	0	表决(2/3)	1	0	0	0	1	0
	2	0	1	1	0		2	0	1	0	1		2	0	0	1	1	0
	3	1	0	1	0		3	1	0	0	1		3	0	1	0	1	0
	4	1	1	0	1		4	1	1	1	0		4	0	1	1	0	1
或	1	0	0	1	0	与非	1	0	0	0	1		5	1	0	0	1	0
	2	0	1	0	1		2	0	1	0	1		6	1	0	1	0	1
	3	1	0	0	1		3	1	0	0	1		7	1	1	0	0	1
	4	1	1	0	1		4	1	1	1	0		8	1	1	1	0	1
非	1	0	—	0	1	或非	1	0	0	0	1							
	2	1	—	1	0		2	0	1	1	0							
	—						3	1	0	1	0							
	—						4	1	1	1	0							

表中，x_1、x_2、x_3 为输入，输出为 y；或门第 1 条规则的含义为：如果 x_1 为 0、x_2 为 0，则 y 为 0 的可能性为 1、y 为 1 的可能性为 0；禁门的 T-S 规则表同与门的 T-S 规则表相同，但意义不同，其意义是当禁门的条件存在并且输入禁门事件同时发生，才会导致输出事件的发生；表决门的意义是有 n 个输入事件，当 k 个输入事件发生时门的输出事件才会发生，表中假设 $k=2$。

在模糊故障树中，由于目前的模糊故障树研究描述事件联系仍用传统故障树中的逻辑门，所以模糊故障树的逻辑门跟二态逻辑门是一致的，当然其 T-S 形式也是一致的。

② 多态故障树逻辑门的 T-S 规则　在实际工程中，系统及其部件从理想工作状态到完全故障状态之间往往存在多种状态（故障程度）。因此，只对其划分为正常和故障显得过于简单，无非满足复杂的系统分析，甚至在某些系统中可能导致致命的错误。为此，许多文献对多状态系统进行了研究。

Barlow 等定义了多状态串联系统和多状态并联系统，并利用最小路集和最小路集的概念给出了一般多状态系统的定义，表述如下。

多状态串联系统的状态等于最坏的部件的状态，即

$$\phi(x) = \min_{1 \leqslant i \leqslant n} x_i \tag{9-62}$$

多状态并联系统的状态等于最好的部件的状态，即

$$\phi(x) = \max_{1 \leqslant i \leqslant n} x_i \tag{9-63}$$

式中，$\phi(x)$ 表示多状态系统的状态。

利用上述定义可知，在多状态系统中与门的输出事件的状态为所有输入部件状态中最坏的部件状态；而或门的输出事件的状态为所有输入部件状态中最好的部件状态。

假设部件 x_1、x_2 作为输入，输出为 y，且 x_1、x_2 和 y 有以下三种状态：正常状态、半正常状态或轻微故障、完全故障，用 0、0.5、1 表示，建立三态与、或门的 T-S 规则，见表 9-8。

表 9-8　三态逻辑门的 T-S 规则

门	规则	x_1	x_2	y			门	规则	x_1	x_2	y		
				0	0.5	1					0	0.5	1
与	1	0	0	1	0	0	或	1	0	0	1	0	0
	2	0	0.5	1	0	0		2	0	0.5	0	1	0
	3	0	1	1	0	0		3	0	1	0	0	1
	4	0.5	0	1	0	0		4	0.5	0	0	1	0
	5	0.5	0.5	0	1	0		5	0.5	0.5	0	1	0
	6	0.5	1	0	1	0		6	0.5	1	0	0	1
	7	1	0	1	0	0		7	1	0	0	0	1
	8	1	0.5	0	1	0		8	1	0.5	0	0	1
	9	1	1	0	0	1		9	1	1	0	0	1

由二态和三态逻辑门的 T-S 规则表可知，用 T-S 规则能描述传统故障树逻辑门，传统故障树逻辑门是 T-S 门的特例。当系统状态未确定时，传统逻辑门就无法描述，用通俗的例子来说：假定两个部件组成的系统，用传统二态故障树逻辑门来描述，则部件要么正常要么故障，系统状态不是正常就是故障，用多态故障树逻辑门来描述，则部件除了正常与故障以外还有半故障；然而一组部件状态直接对应的系统状态只有一种；而用 T-S 门来描述，则部件可以是多种状态（可能性），并且由一组部件状态得到的系统状态是也是模糊的不确定的，系统状态有可能是正常也有可能是半故障，或者完全故障。

（5）T-S 故障树的算法

T-S 模型由一系列 IF-THEN 模糊规则组成，是一种万能逼近器，可用来描述事件间的联系，从而构成 T-S 门。T-S 模型可表述如下。

已知规则 l（$l=1$，2，$\cdots$，m），如果 z_1 为 S_{l1}、z_2 为 S_{l2}、$\cdots$，则 Y 为 Y_l。其中：$z = [z_1, z_2, \cdots, z_\rho]^{\mathrm{T}}$ 为前件变量，S_{lj} 为模糊集。设模糊集的隶属函数为 $\mu_{s_{ij}}(z_j)$，则 T-S 模型的输出为

$$Y = \sum_{l=1}^{m} \beta_l^*(z) Y_l \tag{9-64}$$

式中，$\sum\limits_{l=1}^{m}\beta_l^*(z)$ 满足

$$\sum_{l=1}^{m}\beta_l^*(z)=1,0\leqslant\beta_l^*(z)\leqslant1,l=1,2,\cdots,m \tag{9-65}$$

可用下式计算

$$\beta_l^*(z)=\frac{\beta_l(z)}{\sum\limits_{l=1}^{m}\beta_l(z)} \tag{9-66}$$

式中，$\beta_l(z)$ 为模糊规则 l 的执行度，计算如下

$$\beta_l(z)=\prod_{j=1}^{\rho}\mu_{s_{ij}}(z_j) \tag{9-67}$$

设基本事件 x_1，x_2，$\cdots$，x_n 和上级事件 Y，则它们间的联系可由图 9-13 描述。

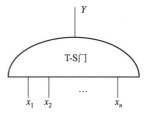

图 9-13　T-S 门

假设基本事件 x_1，x_2，$\cdots$，x_n 和上级事件 Y 的故障程度分别描述为模糊数 $(x_1^1,x_1^2,\cdots,x_1^{k_1}),(x_2^1,x_2^2,\cdots,x_2^{k_2}),\cdots,(x_n^1,x_n^2,\cdots,x_n^{k_n})$ 和 $(y^1,y^2,\cdots,y^{k_y})$，其中

$$\begin{cases}0\leqslant x_1^1<x_1^2<\cdots<x_1^{k_1}\leqslant1\\0\leqslant x_2^1<x_2^2<\cdots<x_2^{k_2}\leqslant1\\\qquad\qquad\vdots\\0\leqslant x_n^1<x_n^2<\cdots<x_n^{k_n}\leqslant1\\0\leqslant y^1<y^2<\cdots<y^{k_y}\leqslant1\end{cases} \tag{9-68}$$

则 T-S 门可表示为下列模糊规则。

已知规则 $l(l=1,2,\cdots,m)$，如果 x_1 为 $x_1^{i_1}$，x_2 为 $x_2^{i_2}$，$\cdots$，x_n 为 $x_n^{i_n}$，则 Y 为 y^1 的可能性为 $P^l(y^1)$，Y 为 y^2 的可能性为 $P^l(y^2)$，$\cdots$，Y 为 y^{k_y} 的可能性为 $P^l(y^{k_y})$。其中，$i_1=1,2,\cdots,k_1$，$i_2=1,2,\cdots,k_2$，$\cdots$，$i_n=1,2,\cdots,k_n$，m 为规则总数，满足 $m=k_1k_2\cdots k_n=\prod\limits_{i=1}^{n}k_i$。

① 已知基本事件故障程度的模糊可能性，计算上级事件故障的模糊可能性　假设基本事件各种故障程度的模糊可能性为 $P(x_1^{i_1})(i_1=1,2,\cdots,k_1),P(x_2^{i_2})(i_2=1,2,\cdots,k_2),\cdots,P(x_n^{i_n})(i_n=1,2,\cdots,k_n)$，则规则 $l(l=1,2,\cdots,m)$ 执行的可能性为

$$P_0^l=P(x_1^{i_1})P(x_2^{i_2})\cdots P(x_n^{i_n}) \tag{9-69}$$

因此上级事件的模糊可能性为

$$\begin{cases}P(y^1)=\sum\limits_{l=1}^{m}P_0^lP^l(y^1)\\P(y^2)=\sum\limits_{l=1}^{m}P_0^lP^l(y^2)\\\qquad\qquad\vdots\\P(y^n)=\sum\limits_{l=1}^{m}P_0^lP^l(y^n)\end{cases} \tag{9-70}$$

② 已知基本事件的故障程度（状态），计算上级事件模糊可能性　记 $x=(x_1,x_2,\cdots,x_n)$，若已知基本事件的故障程度为 $x'=(x_1',x_2',\cdots,x_n')$，则由 T-S 模型可估计出上级事件故障程度的模糊可能性

$$
\begin{cases}
P(y^1)=\sum_{l=1}^{m}\beta_l^*(x')P^l(y^1) \\
P(y^2)=\sum_{l=1}^{m}\beta_l^*(x')P^l(y^2) \\
\qquad\qquad\vdots \\
P(y^n)=\sum_{l=1}^{m}\beta_l^*(x')P^l(y^n)
\end{cases}
\tag{9-71}
$$

式中

$$
\beta_l^*(x')=\frac{\prod_{j=1}^{n}\mu_{x_j^{lj}}(x_j')}{\sum_{l=1}^{m}\prod_{j=1}^{n}\mu_{x_j^{lj}}(x_j')}
\tag{9-72}
$$

式中，$\mu_{x_j^{lj}}(x_j')$ 表示第 l 条规则中 x_j' 对相应模糊集的隶属度。

由下级事件的模糊可能性和 T-S 门，用式（9-70）可得出上级事件的各种模糊可能性；由下级事件的当前状态和 T-S 门，用式（9-71）可估计出上级事件的模糊可能性。

9.2.1.2　与其他故障树的对比及算例

（1）T-S 故障树与二态故障树对比

假设液压系统的部件 x_1、x_2 和 x_3 组成的 T-S 故障树如图 9-14 所示，令 T-S 门 1 的规则为表 9-7 所示的二态或门，且部件 x_2、x_3 和中间事件 y_1 分别对应表 9-7 中的 x_1、x_2 和 y；T-S 门 2 的规则为表 9-7 所示的二态与门，且部件 x_1、y_1 和 y_2 分别对应表 9-7 中的 x_1、x_2 和 y；部件 x_1、x_2 和 x_3 的故障程度为 1，且故障率（10^{-6}/h）分别为 10、2 和 5。液压元件的故障率一般都是 10^{-6} 数量级，也有可能是更小的数量级。

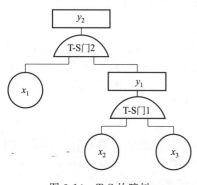

图 9-14　T-S 故障树

用传统二态故障树计算系统发生严重故障的概率为

$$
P(y_1)=P(x_2)+P(x_3)-P(x_2)P(x_3)=6.99999\times10^{-6}
$$
$$
P(y_2)=P(y_1)P(x_1)=69.9999\times10^{-12}
$$

若用 T-S 故障树算法，利用表 9-7 和式（9-70）计算系统发生严重故障的概率为

$$
\begin{aligned}
P(y_1=1)&=\sum_{l=1}^{4}P_0^lP^l(y_1=1)=P_0^2P^2(y_1=1)+P_0^3P^3(y_1=1)+P_0^4P^4(y_1=1) \\
&=P(x_2=1)P(x_3=0)+P(x_2=0)P(x_3=1)+P(x_2=1)P(x_3=1) \\
&=6.99999\times10^{-6}
\end{aligned}
$$

$$
P(y_2=1)=\sum_{l=1}^{4}P_0^lP^l(y_2=1)=P_0^4P^4(y_2=1)=P(x_1=1)P(y_1=1)=69.9999\times10^{-12}
$$

可见，二态故障树分析方法与 T-S 故障树分析方法的计算结果相同，表明二态故障树分析方法完全可以由 T-S 故障树分析方法来代替。

（2）T-S 故障树与模糊故障树对比

在传统故障树中，必须确切地给出各基本事件的故障概率值，在模糊故障树中就采用故障的可能性作为边界条件，即用定义在模糊概率空间上的一个模糊子集来代替故障概率，这种基本事件故障的可能性称作模糊概率。用模糊子集表示故障可能性，本身就包含了特殊情况下的故障概率。

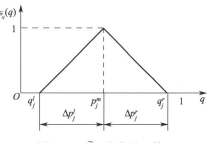

图 9-15　$\widetilde{P}_{x_j}$ 的隶属函数

设部件 x_j 的故障可能性组成的模糊子集为

$$\widetilde{P}_{x_j} = \{q_j^l, p_j^m, q_j^r\} \tag{9-73}$$

$\widetilde{P}_{x_j}$ 可用图 9-15 表示，并由式（9-74）的隶属函数来定义。

$$\mu_{\widetilde{P}_{x_j}}(q) = \begin{cases} 0 & 0 \leqslant q \leqslant q_j^l \\ 1 - P_j^l & q_j^l < q < p_j^m \\ 1 - P_j^r & p_j^m < q \leqslant q_j^r \\ 0 & q_j^r \leqslant q \leqslant 1 \end{cases} \tag{9-74}$$

式中，$P_j^\alpha = (p_j^m - q)/\Delta p_j^\alpha$，$\Delta p_j^\alpha = p_j^m - q_j^\alpha$，$(\alpha = l,\ r)$。

将部件 x_j 对应的故障率作为其模糊子集 $\widetilde{Q}_{x_j}$ 的中心值为 p_j^m，然后确定 $\widetilde{Q}_{x_j}$ 的定义区间端点值，需要考虑故障率和 p_j^m 在同一数量级，即故障率取值在 q_j^l 到 q_j^r 之间应属同一数量级。假设部件 x_1、x_2、x_3 故障程度为 1，即发生严重故障的故障可能性的模糊子集分别为 $(9 \times 10^{-6}$，10×10^{-6}，$11 \times 10^{-6})$、$(1 \times 10^{-6}$，2×10^{-6}，$3 \times 10^{-6})$、$(4 \times 10^{-6}$，5×10^{-6}，$6 \times 10^{-6})$。

用传统模糊故障树计算系统发生严重故障的概率为

$P(y_1) = P(x_2) + P(x_3) - P(x_2)P(x_3) = (4.999996 \times 10^{-6}, 6.99999 \times 10^{-6}, 8.999982 \times 10^{-6})$

$P(y_2) = P(y_1)P(x_1) = (44.999964 \times 10^{-12}, 69.9999 \times 10^{-12}, 98.999802 \times 10^{-12})$

若用 T-S 故障树算法，利用表 9-7 和式（9-70）计算系统发生严重故障的概率为

$$P(y_1 = 1) = \sum_{l=1}^{4} P_0^l P^l(y_1 = 1) = P_0^2 P^2(y_1 = 1) + P_0^3 P^3(y_1 = 1) + P_0^4 P^4(y_1 = 1)$$

$$= P(x_2 = 1)P(x_3 = 0) + P(x_2 = 0)P(x_3 = 1) + P(x_2 = 1)P(x_3 = 1)$$

$$= (4.999996 \times 10^{-6}, 6.99999 \times 10^{-6}, 8.999982 \times 10^{-6})$$

$$P(y_2 = 1) = \sum_{l=1}^{4} P_0^l P^l(y_2 = 1) = P_0^4 P^4(y_2 = 1) = P(x_1 = 1)P(y_1 = 1)$$

$$= (44.999964 \times 10^{-12}, 69.9999 \times 10^{-12}, 98.999802 \times 10^{-12})$$

可见，将二态故障树分析方法中的概率计算改为模糊概率计算，则可得出模糊故障树分析方法与 T-S 故障树分析方法的计算结果相同，表明模糊故障树分析方法完全可以由 T-S 故障树分析方法来代替。

（3）T-S 故障树与多态故障树对比

若图 9-14 中的 T-S 门 1 为表 9-8 所示的三态或门，且部件 x_2、x_3 和中间事件 y_1 分别对应表 9-8 中的 x_1、x_2 和 y；T-S 门 2 为表 9-8 所示的三态与门，且部件 x_1、y_1 和 y_2 分别对应表 9-8 中的 x_1、x_2 和 y；部件 x_1、x_2 和 x_3 的故障程度为 1，即发生严重故障的故障率（10^{-6}/h）分别为 10、2 和 5，假设各部件发生轻微故障的故障率与发生严重故障的故障率

数据相同。

采用多态系统故障树计算方法，系统 y 状态可能为 y^1，y^2，$\cdots$，y^{k_y}，且满足 $0 \leqslant y^1 < y^2 < \cdots < y^{k_y} \leqslant 1$，则有

$$P(y = y^{i_y}) = P(y \geqslant y^{i_y}) - P(y \geqslant y^{i_y - 1})$$

式中，$i_y = 1$，2，$\cdots$，k_y。

由此可知，在多态与门和或门构成的故障树中只需根据式(9-62) 和式(9-63) 的逻辑关系直接计算导致系统 y 为 y^{i_y} 概率即可。因此系统故障的概率可计算如下

$$P(y_1 = 0.5) = P(x_2 = 0)P(x_3 = 0.5) + P(x_2 = 0.5)[P(x_3 = 0) + P(x_3 = 0.5)] = 6.99997 \times 10^{-6}$$

$$P(y_1 = 1) = P(x_2 = 0)P(x_3 = 1) + P(x_2 = 0.5)P(x_3 = 1) + P(x_2 = 1) = 6.99999 \times 10^{-6}$$

$$P(y_2 = 0.5) = P(x_1 = 0.5)[P(y_1 = 0.5) + P(y_1 = 1)] + P(x_1 = 1)P(y_1 = 0.5) = 209.9993 \times 10^{-12}$$

$$P(y_2 = 1) = P(x_1 = 1)P(y_1 = 1) = 69.9999 \times 10^{-12}$$

若用 T-S 故障树算法，利用表 9-8 和式(9-70) 计算，过程如下

$$P(y_1 = 0.5) = \sum_{l=1}^{9} P_0^l P^l(y_1 = 0.5) = P_0^2 P^2(y_1 = 0.5) + P_0^4 P^4(y_1 = 0.5) + P_0^5 P^5(y_1 = 0.5)$$

$$= P(x_2 = 0)P(x_3 = 0.5) + P(x_2 = 0.5)P(x_3 = 0) + P(x_2 = 0.5)P(x_3 = 0.5)$$

$$= 6.99997 \times 10^{-6}$$

$$P(y_1 = 1) = \sum_{l=1}^{9} P_0^l P^l(y_1 = 1)$$

$$= P_0^3 P^3(y_1 = 1) + P_0^6 P^6(y_1 = 1) + P_0^7 P^7(y_1 = 1) + P_0^8 P^8(y_1 = 1) + P_0^9 P^9(y_1 = 1)$$

$$= P(x_2 = 0)P(x_3 = 1) + P(x_2 = 0.5)P(x_3 = 1) + P(x_2 = 1) = 6.99999 \times 10^{-6}$$

$$P(y_2 = 0.5) = \sum_{l=1}^{9} P_0^l P^l(y_2 = 0.5)$$

$$= P_0^5 P^5(y_2 = 0.5) + P_0^6 P^6(y_2 = 0.5) + P_0^8 P^8(y_2 = 0.5)$$

$$= P(x_1 = 0.5)[P(y_1 = 0.5) + P(y_1 = 1)] + P(x_1 = 1)P(y_1 = 0.5) = 209.9993 \times 10^{-12}$$

$$P(y_2 = 1) = \sum_{l=1}^{9} P_0^l P^l(y_2 = 1) = P_0^9 P^9(y_2 = 1) = P(x_1 = 1)P(y_1 = 1) = 69.9999 \times 10^{-12}$$

可见，多态故障树分析方法和 T-S 故障树分析方法的计算结果相同，表明多态故障树分析方法完全可以用 T-S 故障树分析方法来代替。

通过上述算例对比与分析可知，传统故障树可以看作是 T-S 故障树中已知部件的模糊可能性时的特例，用 T-S 门能够描述传统逻辑门，T-S 故障树分析方法完全能够胜任传统故障树计算。

(4) T-S 故障树分析算例

在复杂系统中，经常会有一个或多个部件发生故障，并且随着各个部件故障程度的不断加深，系统发生故障的可能性具有不确定性，即可能不发生故障，也可能发生严重故障，也可能只是发生轻微故障，这样的情况下，二态或者多态故障树方法难以计算。为此，可以系统故障为顶事件，采用 T-S 故障树来分析系统的可靠性。假设图 9-14 中，x_1、x_2、x_3 和 y_1、y_2 的常见故障程度为 $(0, 0.5, 1)$；结合图 9-12 所示的四边形隶属函数，参数选为 $s_1 = s_r = 0.1$，$m_1 = m_r = 0.3$；T-S 门 1 和 T-S 门 2 如表 9-9 所示。可见，图 9-14 所示的 T-S 故障树是无法用二态或者多态故障树来描述的。

表 9-9 T-S 门

门	规则	x_2	x_3	y_1 0	y_1 0.5	y_1 1	门	规则	x_1	y_1	y_2 0	y_2 0.5	y_2 1
T-S门1	1	0	0	1	0	0	T-S门2	1	0	0	1	0	0
	2	0	0.5	0.2	0.3	0.5		2	0	0.5	0.2	0.4	0.4
	3	0	1	0	0	1		3	0	1	0	0	1
	4	0.5	0	0.2	0.4	0.4		4	0.5	0	0.2	0.5	0.3
	5	0.5	0.5	0.1	0.3	0.6		5	0.5	0.5	0.1	0.2	0.7
	6	0.5	1	0	0	1		6	0.5	1	0	0	1
	7	1	0	0	0	1		7	1	0	0	0	1
	8	1	0.5	0	0	1		8	1	0.5	0	0	1
	9	1	1	0	0	1		9	1	1	0	0	1

根据 T-S 门规则和 T-S 模型算法，既可以由底事件的模糊可能性求得顶事件的模糊可能性，也可以由底事件的故障程度求得顶事件出现各种故障程度的模糊可能性。

① 已知部件故障的模糊可能性，求系统故障的模糊可能性 假设，部件 x_1、x_2、x_3 的故障率（10^{-6}/h）分别为 10、2.4、9.4，且 x_1、x_3 的故障程度为 0.5 的概率数据与为 1 的概率数据相同。根据表 9-9 和式(9-70)，可得到中间事件 y_1 和系统 y_2 故障的模糊可能性为

$$P(y_1 = 0.5) = \sum_{l=1}^{9} P_0^l P^l (y_1 = 0.5) = 3.78 \times 10^{-6} \tag{9-75}$$

$$P(y_1 = 1) = \sum_{l=1}^{9} P_0^l P^l (y_1 = 1) = 17.46 \times 10^{-6} \tag{9-76}$$

$$P(y_2 = 0.5) = \sum_{l=1}^{9} P_0^l P^l (y_2 = 0.5) = 6.51 \times 10^{-6} \tag{9-77}$$

$$P(y_2 = 1) = \sum_{l=1}^{9} P_0^l P^l (y_2 = 1) = 31.97 \times 10^{-6} \tag{9-78}$$

可见，系统故障的模糊可能性与部件的模糊可能性基本为一个数量级。如果不考虑故障程度影响，部件、中间事件和顶事件为二态，那么表 9-9 中 T-S 门 1 只需计算规则 3、规则 7 和规则 9，T-S 门 1 就退化为传统二态故障树中的或门；表 9-9 中 T-S 门 2 只需计算规则 9，T-S 门 2 就退化为传统二态故障树中的与门。如果不考虑 T-S 门输出事件的不确定性，即每条规则对应上级事件只有一种可能性，那么 T-S 门 1 退化为表 9-8 所示的多态故障树或门形式，T-S 门 2 退化为表 9-8 所示多态故障树与门形式。

上述结果表明，传统二态故障树和多态故障树是 T-S 故障树中已知部件的模糊可能性条件下的特例，用 T-S 门能够描述传统逻辑门。

② 已知部件的故障程度，求系统故障的模糊可能性 假设已知部件且 x_1、x_2、x_3 的故障程度分别为 $x_1' = 0$、$x_2' = 0.2$、$x_3' = 0.1$。通过计算得到各规则中部件故障程度的隶属度见表 9-10。

表 9-10 各规则的隶属度

规则	x_1	x_2	x_3	规则	x_1	x_2	x_3	规则	x_1	x_2	x_3
1	1	2/3	1	4	0	1/3	1	7	0	0	1
2	1	2/3	0	5	0	1/3	0	8	0	0	0
3	1	2/3	0	6	0	1/3	0	9	0	0	0

由式(9-67) 得到 $\beta_1 = 2/3$，$\beta_4 = 1/3$，其他为 0。再根据式(9-71)、式(9-72) 和表 9-10，

得到

$$P(y_1=0)=\beta_1+0.2\beta_4=0.73 \tag{9-79}$$

$$P(y_1=0.5)=0.4\beta_4=0.13 \tag{9-80}$$

$$P(y_1=0)=0.4\beta_4=0.13 \tag{9-81}$$

用 y_1 的模糊可能性代替其隶属度进行计算，由表 9-10 和上述数据得到各规则的执行度为：$\beta_1'=0.73$，$\beta_2'=0.13$，$\beta_3'=0.13$。进而得到系统各种故障程度的故障概率为

$$P(y_2=0)=\beta_1'+0.2\beta_2'=0.76 \tag{9-82}$$

$$P(y_2=0.5)=0.4\beta_2'=0.05 \tag{9-83}$$

$$P(y_2=1)=0.4\beta_2'+\beta_3'=0.18 \tag{9-84}$$

上述结果说明，在已知各部件的故障程度的条件下，应用 T-S 故障树分析法可以计算出系统故障的模糊可能性。在对故障的描述中考虑故障程度的影响，可以使故障树更加符合实际情况，而二态和多态故障树分析方法不具备这个功能。

T-S 门能够描述传统二态故障树和多态故障树的逻辑门，并把所有门集中用 T-S 规则来体现；同时 T-S 故障树算法不仅能够胜任传统故障树的计算，而且在仅仅知道故障程度的情况下可以实现对系统故障程度的概率估计。将 T-S 模型引入到液压系统故障树分析中，以模糊可能性、T-S 门、模糊数分别替代或描述故障概率、传统逻辑门和故障程度，解决了传统故障树分析方法存在的三个问题，即无法处理零部件故障概率、系统故障机理与故障程度的不确定性问题，并且全面考虑部件所有状态及部件联系对多状态系统可靠性的影响。T-S 故障树使故障树分析不需要大量的故障历史数据，不需要非常精确的故障概率，提高了建树的灵活性，拓展了故障树分析方法的应用范围。

9.2.2 T-S 故障树重要度分析方法

9.2.2.1 多态故障树重要度定义

传统故障树重要度分析基于二态假设，实际系统往往表现为多种故障模式和多种故障程度。多状态部件重要度定义及计算方法，具体可以描述如下。

(1) 多态单调关联系统的部件的概率重要度

推广概率重要度的物理意义，可得到多态单调关联系统的概率重要度。

引理 9-1 多状态单调关联系统的状态为 ε 时部件 i 处于状态 τ 的概率重要度为

$$I_\varepsilon^{\mathrm{Pr}}(i,l)=g_\varepsilon(\tau_i,F)-g_\varepsilon(0_i,F) \tag{9-85}$$

式中，F 表示 x_1，x_2，$\cdots$，x_n 的故障概率分布。$g_\varepsilon(\tau_i,F)$ 的物理意义为：当部件 i 状态为 τ 时对系统状态为 ε 的概率。$g_\varepsilon(0_i,F)$ 的物理意义为：当部件 i 状态为正常状态时对系统状态为 ε 的概率，可以理解为由其他状态引起系统状态为 ε 的概率。$g_\varepsilon(\tau_i,F)-g_\varepsilon(0_i,F)$ 就是部件 i 状态为 τ 引起系统状态为 ε 的概率。

引理 9-2 多状态单调关联系统的状态为 ε 时部件 i 的概率重要度为

$$I_\varepsilon^{\mathrm{Pr}}(i)=\frac{\sum_{\tau=1}^{M_i}I_\varepsilon^{\mathrm{Pr}}(i,\tau)}{M_i} \tag{9-86}$$

式中，M_i 表示部件 i 的非 0 状态总数；$I_\varepsilon^{\mathrm{Pr}}(i)$ 表示部件 i 处于各个状态对系统状态为 ε 的概率重要度的综合评价。

(2) 多态单调关联系统的部件的结构重要度

引理 9-3 多状态单调关联系统的状态为 ε 时部件 i 处于状态 τ 的结构重要度为

$$I_\varepsilon^{\mathrm{St}}(i,\tau) = \frac{n_\Phi(i,\tau)}{\displaystyle\prod_{i=1,2,\cdots n, i\neq k}(M_i+1)} \tag{9-87}$$

式中

$$n_\Phi(i,\tau) = \sum_{\bullet_i, X}\left[\Phi(1_i, \boldsymbol{X}) - \Phi(0_i, \boldsymbol{X})\right] \tag{9-88}$$

且 $(\bullet_i, X) = (x_1, x_2, \cdots, x_{i-1}, \bullet_i, x_{i+1}, \cdots, x_n)$，$n$ 为部件总数。

引理 9-4 多状态单调关联系统的状态为 ε 时部件 i 的结构重要度为

$$I_\varepsilon^{\mathrm{St}}(i) = \frac{\displaystyle\sum_{\tau=1}^{M_i}E_\varepsilon^{\mathrm{St}}(i,\tau)}{M_i} \tag{9-89}$$

（3）多态单调关联系统的部件的关键重要度

引理 9-5 多状态单调关联系统的状态为 ε 时部件 i 处于状态 τ 的关键重要度为

$$I_\varepsilon^{\mathrm{Cr}}(i,\tau) = \frac{P_{i\tau}}{g_\varepsilon(F)}I^{\mathrm{Pr}}(i,\tau) \tag{9-90}$$

式中，$P_{i\tau}$ 表示部件 i 的状态为 τ 的概率。

引理 9-6 多状态单调关联系统的状态为 ε 时部件 i 的关键重要度为

$$I_\varepsilon^{\mathrm{Cr}}(i) = \frac{\displaystyle\sum_{\tau=1}^{M_i}I_\varepsilon^{\mathrm{Cr}}(i,\tau)}{M_i} \tag{9-91}$$

9.2.2.2 T-S 重要度定义

从传统故障树部件重要度出发推广到 T-S 故障树中，结合 T-S 门规则给出了 T-S 重要度定义。包括 T-S 结构、概率、关键、模糊与程度重要度。

令 T 为故障树顶事件，其故障程度用模糊数 $T_q(q=1, 2, \cdots, k_Q)$ 描述，给出五种 T-S 重要度定义。

（1）T-S 结构重要度

定义 9-1 部件 x_j 故障程度为 $x_j^{i_j}$ 对系统顶事件 T 处于水平 T_q 的 T-S 结构重要度 $I_{T_q}^{\mathrm{St}}(x_j^{i_j})$ 为

$$I_{T_q}^{\mathrm{St}}(x_j^{i_j}) = \frac{1}{\displaystyle\prod_{\substack{i=1\\i\neq j}}^{n}k_i}\left[r_j(T_q, P(x_j^{i_j}=1)) - r_j(T_q, P(x_j^{i_j}=0))\right] \tag{9-92}$$

式中，k_i 为部件 x_i 的状态个数；$r_j(T_q, P(x_j^{i_j}=1))$ 表示当部件 x_j 故障程度为 $x_j^{i_j}$ 时系统处于水平 T_q 对应的规则个数，$r_j(T_q, P(x_j^{i_j}=0))$ 表示当部件 x_j 故障程度为 0 时系统处于水平 T_q 对应的规则个数。

（2）T-S 概率重要度

定义 9-2 部件 x_j 故障程度为 $x_j^{i_j}$ 的模糊可能性 $P(x_j^{i_j})(i_j=1, 2, \cdots, k_j)$ 对系统顶事件 T 为 T_q 的 T-S 概率重要度 $I_{T_q}^{\mathrm{Pr}}(x_j^{i_j})$ 为

$$I_{T_q}^{\mathrm{Pr}}(x_j^{i_j}) = P(T_q, P(x_j^{i_j}=1)) - P(T_q, P(x_j^{i_j}=0)) \tag{9-93}$$

式中，$P(T_q, P(x_j^{i_j})=1)$ 表示当部件 x_j 故障程度为 $x_j^{i_j}$ 的模糊可能性 $P(x_j^{i_j})$ 为 1 时，引起系统顶事件 T 为 T_q 的模糊可能性，$P(T_q, P(x_j^{i_j})=0)$ 表示 $P(x_j^{i_j})$ 为 0 引起系统顶事件 T 为 T_q 的模糊可能性，可以理解为是由其他故障程度引起的 T 为 T_q 的模糊可能性。那

么 $I^{\mathrm{Pr}}_{T_q}(x^{i_j}_j)$ 可以认为是由部件 x_j 故障程度为 $x^{i_j}_j$ 单独引起的系统顶事件 T 为 T_q 的模糊可能性。$P(T_q,\ P(x^{i_j}_j)=1)$ 和 $P(T_q,\ P(x^{i_j}_j)=0)$ 的值利用式(9-69)和式(9-70)分别用 1 和 0 代替 $P(x^{i_j}_j)$ 即可得到。

综合部件各个故障程度的 T-S 概率重要度，得到部件的 T-S 概率重要度，定义如下。

定义 9-3 部件 x_j 对系统顶事件 T 为 T_q 的 T-S 概率重要度 $I^{\mathrm{Pr}}_{T_q}(x_j)$ 为

$$I^{\mathrm{Pr}}_{T_q}(x_j)=\frac{\sum\limits_{i_j=1}^{k'_j} I^{\mathrm{Pr}}_{T_q}(x^{i_j}_j)}{k'_j} \tag{9-94}$$

式中，k'_j 表示第 j 个部件的非 0 故障程度的个数，若故障程度用模糊数 0、0.5、1 描述，则 k'_j 为 2。

(3) T-S 关键重要度

定义 9-4 部件 x_j 的故障程度 $x^{i_j}_j$ 的模糊可能性 $P(x^{i_j}_j)$ $(i_j=1,2,\cdots,k_j)$ 对系统顶事件 T 为 T_q 的 T-S 关键重要度 $I^{\mathrm{Cr}}_{T_q}(x^{i_j}_j)$ 为

$$I^{\mathrm{Cr}}_{T_q}(x^{i_j}_j)=\frac{P(x^{i_j}_j)I^{\mathrm{Pr}}_{T_q}(x^{i_j}_j)}{P(T=T_q)} \tag{9-95}$$

式中，$P(T=T_q)$ 表示顶事件 T 为 T_q 的概率。

定义 9-5 部件 x_j 对系统顶事件 T 为 T_q 的 T-S 关键重要度 $I^{\mathrm{Cr}}_{T_q}(x_j)$ 为

$$I^{\mathrm{Cr}}_{T_q}(x_j)=\frac{\sum\limits_{i_j=1}^{k'_j} I^{\mathrm{Cr}}_{T_q}(x^{i_j}_j)}{k'_j} \tag{9-96}$$

(4) T-S 模糊重要度

已知部件 x_j 故障程度为 $x^{i_j}_j$ 的故障可能性的模糊子集为 $\widetilde{P}_{x^{i_j}_j}$，其隶属函数为 $\mu_{\widetilde{P}^{i_j}_{x_j}}$ $(j=1,2,\cdots,n)$；顶事件 T 故障程度为 T_q 的故障可能性的模糊子集为 $\widetilde{P}(\widetilde{P}_{x^{i_1}_1},\widetilde{P}_{x^{i_2}_2},\cdots,\widetilde{P}_{x^{i_n}_n})\equiv\widetilde{P}_{T_q}$ $(i_1=1,2,\cdots,k_1;i_2=1,2,\cdots,k_2;\cdots;i_n=1,2,\cdots,k_n)$，其隶属函数为 $\mu_{\widetilde{P}_{T_q}}$。

定义 9-6 部件 x_j 故障程度为 $x^{i_j}_j$ 的故障可能性的模糊子集 $\widetilde{P}_{x^{i_j}_j}$ 对系统顶事件 T 为 T_q 的 T-S 模糊重要度 $I^{\mathrm{Fu}}_{T_q}(x^{i_j}_j)$ 为

$$I^{\mathrm{Fu}}_{T_q}(x^{i_j}_j)\equiv E[P(T_q,\widetilde{P}_{x^{i_j}_j}=1)-P(T_q,\widetilde{P}_{x^{i_j}_j}=0)]$$

$$=\frac{\int_0^1 x\mu_{\widetilde{P}_{x^{i_j}_j,T_q}}\mathrm{d}x}{\int_0^1 \mu_{\widetilde{P}_{x^{i_j}_j,T_q}}\mathrm{d}x}-\frac{\int_0^1 x\mu_{\widetilde{P}_{x^{i_j}_j,0}}\mathrm{d}x}{\int_0^1 \mu_{\widetilde{P}_{x^{i_j}_j,0}}\mathrm{d}x} \tag{9-97}$$

式中，$P(T_q,\widetilde{P}_{x^{i_j}_j}=1)$ 表示部件 x_j 为 $x^{i_j}_j$ 的故障可能性的模糊子集 $\widetilde{P}_{x^{i_j}_j}$ 为 1 引起系统顶事件 T 为 T_q 的故障可能性的模糊子集；$P(T_q,\widetilde{P}_{x^{i_j}_j}=0)$ 表示部件 x_j 为 $x^{i_j}_j$ 的故障可能性的模糊子集 $\widetilde{P}_{x^{i_j}_j}$ 为 0 引起系统顶事件 T 为 T_q 的故障可能性的模糊子集，利用式(9-69)和式(9-70)，分别用 1 和 0 代替 $\widetilde{P}_{x^{i_j}_j}$ 即可得到。两个积分项分别对应 $\widetilde{P}_{x^{i_j}_j}$ 为 1 和为 0 时系统顶事件 T 为 T_q 的故障可能性的模糊子集的重心值。

定义 9-7 部件 x_j 对系统顶事件 T 为 T_q 的 T-S 模糊重要度 $I^{\mathrm{Fu}}_{T_q}(x_j)$ 为

$$I_{T_q}^{\mathrm{Fu}}(x_j) = \frac{\sum_{i_j=1}^{k_j'} I_{T_q}^{\mathrm{Fu}}(x_j^{i_j})}{k_j'}. \tag{9-98}$$

式中，k_j' 表示第 j 个部件的非 0 故障程度的个数，若故障程度用模糊数 0、0.5、1 描述，则 k_j' 为 2。

（5）T-S 程度重要度

已知部件的状态为 $x' = (x_1', x_2', \cdots, x_{j-1}', x_j', x_{j+1}', \cdots, x_n')$。

定义 9-8 部件 x_j 的状态为 x_j' 对系统顶事件 T 为 T_q 的 T-S 程度重要度 $I_{T_q}^{\mathrm{De}}(x_j')$ 为

$$I_{T_q}^{\mathrm{De}}(x_j') = \max\{[P(T_q, x_j = x_j') - P(T_q, x_j = 0)], 0\} \tag{9-99}$$

式中，$P(T_q, x_j = x_j')$ 表示当部件 x_j 为状态 x_j' 时对系统顶事件 T 为 T_q 的模糊可能性，即 $P(T = T_q)$；$P(T_q, x_j = 0)$ 表示部件 x_j 为 0 时对系统顶事件 T 为 T_q 的模糊可能性，可以理解为由其他部件引起的 T 为 T_q 的模糊可能性，分别用状态向量 $(x_1', x_2', \cdots, x_j', \cdots, x_n')$ 和 $(x_1', x_2', \cdots, x_{j-1}', 0, x_{j+1}', \cdots, x_n')$ 代入式（9-71）和式（9-72）即可得到。那么 $I_{T_q}^{\mathrm{De}}(x_j')$ 就可以认为是 x_j 为 x_j' 单独引起系统顶事件 T 为 T_q 的模糊可能性。由于在已知条件中部件的故障状态是唯一的，因此部件状态的 T-S 程度重要度也是该部件的 T-S 程度重要度。

9.2.2.3 与其他故障树重要度分析的对比及算例

分别以 9.2.1.2 节中的故障树分析对比算例为例进行重要度分析对比，验证 T-S 重要度定义的可行性。

（1）T-S 故障树与二态故障树的重要度算法对比

利用二态系统故障树部件重要度方法计算各部件的重要度。

① 概率重要度 利用二态系统故障树概率重要度方法计算部件 x_1 的概率重要度为

$$I^{\mathrm{Pr}}(x_1) = \frac{\partial P(y_2)}{\partial P(x_1)} = P(x_2) + P(x_3) - P(x_2)P(x_3) = 6.99999 \times 10^{-6}$$

同理可得 x_2、x_3 的概率重要度分别为

$$I^{\mathrm{Pr}}(x_2) = 9.99995 \times 10^{-6}, \quad I^{\mathrm{Pr}}(x_3) = 9.99998 \times 10^{-6}$$

② 结构重要度 理论上已经证明，当所有底事件的故障概率均为 0.5 时，可算得各底事件的概率重要度等于结构重要度，因此部件 x_1 的结构重要度为

$$I^{\mathrm{St}}(x_1) = 0.5 + 0.5 - 0.5 \times 0.5 = 0.75$$

同理可得 x_2、x_3 的结构重要度分别为

$$I^{\mathrm{St}}(x_2) = 0.25, \quad I^{\mathrm{St}}(x_3) = 0.25$$

③ 关键重要度 利用二态系统故障树关键重要度方法，由 9.2.1.2 节求得的顶事件概率，计算部件 x_1 的关键重要度为

$$I^{\mathrm{Cr}}(x_1) = \frac{P(x_1)}{P(y_2)} I^{\mathrm{Pr}}(x_1) = 1$$

同理可得 x_2、x_3 的关键重要度分别为

$$I^{\mathrm{Cr}}(x_2) = 0.286, \quad I^{\mathrm{Cr}}(x_3) = 0.714$$

利用 T-S 重要度方法计算各部件的重要度。

a. T-S 概率重要度 利用式（9-93）和式（9-94），$k_j' = 1$，得到部件 x_1 的 T-S 概率重要度为

$$I_1^{\mathrm{Pr}}(x_1) = I_1^{\mathrm{Pr}}(x_1^1) = P(1, P(x_1 = 1) = 1) - P(1, P(x_1 = 1) = 0)$$

$$= 6.99999 \times 10^{-6} - 0 = 6.99999 \times 10^{-6}$$

同理可得 x_2、x_3 的 T-S 概率重要度分别为

$$I_1^{\mathrm{Pr}}(x_2) = 9.99995 \times 10^{-6}, \quad I_1^{\mathrm{Pr}}(x_3) = 9.99998 \times 10^{-6}$$

b. T-S 结构重要度　利用式(9-92)得出部件 x_1 故障程度为 1 的 T-S 结构重要度为

$$I_1^{\mathrm{St}}(x_1^1) = \frac{1}{4}\left[r_1(1, P(x_1^1 = 1)) - r_1(1, P(x_1^1 = 0))\right] = \frac{1}{4}(3 - 0) = 0.75$$

同理可得 x_2、x_3 故障程度为 1 的 T-S 结构重要度分别为

$$I_1^{\mathrm{St}}(x_2^1) = 0.25, \quad I_1^{\mathrm{St}}(x_3^1) = 0.25$$

c. T-S 关键重要度　利用式(9-95)和式(9-96)，$k_j' = 1$，由 9.2.1.2 节求得的顶事件概率，得出部件 x_1 的 T-S 关键重要度为

$$I_1^{\mathrm{Cr}}(x_1) = I_1^{\mathrm{Cr}}(x_1^1) = \frac{P(x_1^1) I_1^{\mathrm{Pr}}(x_1^1)}{P(y_2 = 1)} = 1$$

同理可得 x_2、x_3 的 T-S 关键重要度分别为

$$I_1^{\mathrm{Cr}}(x_2) = 0.286, \quad I_1^{\mathrm{Cr}}(x_3) = 0.714$$

可见，二态故障树重要度分析方法与 T-S 故障树重要度分析方法的计算结果相同，表明 T-S 故障树重要度分析方法可以用来计算二态故障树部件重要度。

(2) T-S 故障树与模糊故障树的重要度算法对比

利用二态系统故障树模糊重要度的重心法计算各部件的模糊重要度。

$$I^{\mathrm{Fu}}(x_1) = E[\widetilde{P}_{T_{11}} - \widetilde{P}_{T_{10}}] = \frac{\int_0^1 x\mu_{\widetilde{P}_{T_{11}}}\,\mathrm{d}x}{\int_0^1 \mu_{\widetilde{P}_{T_{11}}}\,\mathrm{d}x} - \frac{\int_0^1 x\mu_{\widetilde{P}_{T_{10}}}\,\mathrm{d}x}{\int_0^1 \mu_{\widetilde{P}_{T_{10}}}\,\mathrm{d}x} = 6.99999 \times 10^{-6} - 0 = 6.99999 \times 10^{-6}$$

同理可得 x_2、x_3 的模糊重要度分别为

$$I^{\mathrm{Fu}}(x_2) = 9.99995 \times 10^{-6}, \quad I^{\mathrm{Fu}}(x_3) = 9.99998 \times 10^{-6}$$

利用 T-S 模糊重要度方法计算各部件的模糊重要度。

利用式(9-97)和式(9-98)，$k_j' = 1$，得到部件 x_1 的 T-S 模糊重要度为

$$I_1^{\mathrm{Fu}}(x_1) = I_1^{\mathrm{Fu}}(x_1^1) = E[P(1, \widetilde{P}_{x_1^1} = 1) - P(1, \widetilde{P}_{x_1^1} = 0)] = \frac{\int_0^1 x\mu_{\widetilde{P}_{x_1^1, 1}}\,\mathrm{d}x}{\int_0^1 \mu_{\widetilde{P}_{x_1^1, 1}}\,\mathrm{d}x} - \frac{\int_0^1 x\mu_{\widetilde{P}_{x_1^1, 0}}\,\mathrm{d}x}{\int_0^1 \mu_{\widetilde{P}_{x_1^1, 0}}\,\mathrm{d}x}$$

$$= 6.99999 \times 10^{-6} - 0 = 6.99999 \times 10^{-6}$$

同理可得 x_2、x_3 的 T-S 模糊重要度分别为

$$I_1^{\mathrm{Fu}}(x_2) = 9.99995 \times 10^{-6}, \quad I_1^{\mathrm{Fu}}(x_3) = 9.99998 \times 10^{-6}$$

可见，二态系统故障树模糊重要度的重心法与 T-S 模糊重要度分析方法的计算结果相同，表明 T-S 模糊重要度分析方法可以用来计算二态系统故障树部件的模糊重要度。

(3) T-S 故障树与多态故障树的重要度算法对比

利用多态系统故障树部件重要度方法计算各部件的重要度。

① 结构重要度　利用多态系统故障树概率重要度方法计算部件 x_1 故障程度为 0.5 对于系统处于水平 0.5 的结构重要度为

$$I_\phi^{0.5,0}(1) = \frac{1}{9} n_\phi^{0.5,0}(1) = \frac{8}{9}$$

同理可得各部件故障程度为 0.5 和 1 的结构重要度分别为

对于系统处于水平 0.5，有

$$I_\phi^{0.5,0}(1)=\frac{8}{9},I_\phi^{1,0}(1)=\frac{8}{9},I_\phi^{0.5,0}(2)=\frac{2}{9},I_\phi^{1,0}(2)=\frac{2}{9},I_\phi^{0.5,0}(3)=\frac{2}{9}I_\phi^{1,0}(3)=\frac{2}{9}$$

对于系统处于水平 1，有

$$I_\phi^{0.5,0}(1)=0,I_\phi^{1,0}(1)=\frac{5}{9},I_\phi^{0.5,0}(2)=0,I_\phi^{1,0}(2)=\frac{2}{9},I_\phi^{0.5,0}(3)=0,I_\phi^{1,0}(3)=\frac{2}{9}$$

② 概率重要度　利用多态系统故障树概率重要度方法计算部件 x_1 故障程度为 0.5 对 y_2 为 0.5 的概率重要度为

$$I_{0.5}^{\mathrm{Pr}}(x_1^{0.5})=\frac{\partial P(y_2=0.5)}{\partial P(x_1=0.5)}=P(y_1=0.5)+P(y_1=1)=13.99996\times10^{-6}$$

同理可得各部件故障程度为 0.5 和 1 的概率重要度分别为

$$I_{0.5}^{\mathrm{Pr}}(x_1^{0.5})=13.99996\times10^{-6},I_{0.5}^{\mathrm{Pr}}(x_1^{1})=6.99997\times10^{-6},I_1^{\mathrm{Pr}}(x_1^{0.5})=0,I_1^{\mathrm{Pr}}(x_1^{1})=6.99999\times10^{-6}$$

$$I_{0.5}^{\mathrm{Pr}}(x_2^{0.5})=19.99995\times10^{-6},I_{0.5}^{\mathrm{Pr}}(x_2^{1})=10\times10^{-6},I_1^{\mathrm{Pr}}(x_2^{0.5})=50\times10^{-12},I_1^{\mathrm{Pr}}(x_2^{1})=10\times10^{-6}$$

$$I_{0.5}^{\mathrm{Pr}}(x_3^{0.5})=19.99996\times10^{-6},I_{0.5}^{\mathrm{Pr}}(x_3^{1})=9.99998\times10^{-6},I_1^{\mathrm{Pr}}(x_3^{0.5})=20\times10^{-12},I_1^{\mathrm{Pr}}(x_3^{1})=10\times10^{-6}$$

综合部件 x_1 故障程度为 0.5 和 1 的概率重要度，得到部件 x_1 对 y_2 为 0.5 的概率重要度为

$$I_{0.5}^{\mathrm{Pr}}(x_1)=[I_{0.5}^{\mathrm{Pr}}(x_1^{0.5})+I_{0.5}^{\mathrm{Pr}}(x_1^{1})]/2=10.49997\times10^{-6}$$

同理可得各部件的概率重要度分别为

$$I_{0.5}^{\mathrm{Pr}}(x_1)=10.49997\times10^{-6},I_1^{\mathrm{Pr}}(x_1)=3.499995\times10^{-6}$$

$$I_{0.5}^{\mathrm{Pr}}(x_2)=14.99998\times10^{-6},I_1^{\mathrm{Pr}}(x_2)=5.000025\times10^{-6}$$

$$I_{0.5}^{\mathrm{Pr}}(x_3)=14.99997\times10^{-6},I_1^{\mathrm{Pr}}(x_3)=5.000010\times10^{-6}$$

③ 关键重要度　利用多态系统故障树关键重要度方法，由 9.2.1.2 节求得的顶事件概率，部件 x_1 故障程度为 0.5 对 y_2 为 0.5 的关键重要度为

$$I_{0.5}^{\mathrm{Cr}}(x_1^{0.5})=\frac{P(x_1^{0.5})I_{0.5}^{\mathrm{Pr}}(x_1^{0.5})}{P(y_2=0.5)}=0.667$$

同理可得各部件故障程度为 0.5 和 1 的关键重要度分别为

$$I_{0.5}^{\mathrm{Cr}}(x_1^{0.5})=0.667,I_{0.5}^{\mathrm{Cr}}(x_1^{1})=0.333,I_1^{\mathrm{Cr}}(x_1^{0.5})=0,I_1^{\mathrm{Cr}}(x_1^{1})=1$$

$$I_{0.5}^{\mathrm{Cr}}(x_2^{0.5})=0.476,I_{0.5}^{\mathrm{Cr}}(x_2^{1})=0.238,I_1^{\mathrm{Cr}}(x_2^{0.5})=3.57\times10^{-6},I_1^{\mathrm{Cr}}(x_2^{1})=0.714$$

$$I_{0.5}^{\mathrm{Cr}}(x_3^{0.5})=0.190,I_{0.5}^{\mathrm{Cr}}(x_3^{1})=0.095,I_1^{\mathrm{Cr}}(x_3^{0.5})=0.571\times10^{-6},I_1^{\mathrm{Cr}}(x_3^{1})=0.286$$

综合部件 x_1 故障程度为 0.5 和 1 的关键重要度，得到部件 x_1 对 y_2 为 0.5 的关键重要度为

$$I_{0.5}^{\mathrm{Cr}}(x_1)=[I_{0.5}^{\mathrm{Cr}}(x_1^{0.5})+I_{0.5}^{\mathrm{Cr}}(x_1^{1})]/2=0.5$$

同理可得各部件的关键重要度分别为

$$I_{0.5}^{\mathrm{Cr}}(x_1)=0.5,I_1^{\mathrm{Cr}}(x_1)=0.5,I_{0.5}^{\mathrm{Cr}}(x_2)=0.357,I_1^{\mathrm{Cr}}(x_2)=0.357,I_{0.5}^{\mathrm{Cr}}(x_3)=0.143,I_1^{\mathrm{Cr}}(x_3)=0.143$$

利用 T-S 重要度方法计算各部件的重要度。

a. T-S 结构重要度　利用式(9-92)，得出部件 x_1 故障程度为 0.5 对于系统处于水平 0.5 的 T-S 结构重要度为

$$I_{0.5}^{\mathrm{St}}(x_1^{0.5})=\frac{1}{9}[r_1(0.5,P(x_1^{0.5}=1))-r_1(0.5,P(x_1^{0.5}=0))]=\frac{1}{9}(8-0)=\frac{8}{9}$$

同理可得各部件故障程度为 0.5 和 1 的 T-S 结构重要度分别为
对于系统处于水平 0.5，有

$$I_{0.5}^{St}(x_1^{0.5}) = \frac{8}{9}, I_{0.5}^{St}(x_1^1) = \frac{8}{9}, I_{0.5}^{St}(x_2^{0.5}) = \frac{2}{9}, I_{0.5}^{St}(x_2^1) = \frac{2}{9}, I_{0.5}^{St}(x_3^{0.5}) = \frac{2}{9}, I_{0.5}^{St}(x_3^1) = \frac{2}{9}$$

对于系统处于水平 1，有

$$I_1^{St}(x_1^{0.5}) = 0, I_1^{St}(x_1^1) = \frac{5}{9}, I_1^{St}(x_2^{0.5}) = 0, I_1^{St}(x_2^1) = \frac{2}{9}, I_1^{St}(x_3^{0.5}) = 0, I_1^{St}(x_3^1) = \frac{2}{9}$$

b. T-S 概率重要度　利用式(9-93)，得到部件 x_1 故障程度为 0.5 对 y_2 为 0.5 的模糊可能性的 T-S 概率重要度为

$$I_{0.5}^{Pr}(x_1^{0.5}) = P(0.5, P(x_1 = 0.5) = 1) - P(0.5, P(x_1 = 0.5) = 0)$$
$$= 14.00003 \times 10^{-6} - 69.9997 \times 10^{-12} = 13.99996 \times 10^{-6}$$

同理可得各部件故障程度为 0.5 和 1 的模糊可能性的 T-S 概率重要度分别为

$$I_{0.5}^{Pr}(x_1^{0.5}) = 13.99996 \times 10^{-6}, I_{0.5}^{Pr}(x_1^1) = 6.99997 \times 10^{-6}, I_1^{Pr}(x_1^{0.5}) = 0, I_1^{Pr}(x_1^1) = 6.99999 \times 10^{-6}$$
$$I_{0.5}^{Pr}(x_2^{0.5}) = 19.99995 \times 10^{-6}, I_{0.5}^{Pr}(x_2^1) = 10 \times 10^{-6}, I_1^{Pr}(x_2^{0.5}) = 50 \times 10^{-12}, I_1^{Pr}(x_2^1) = 10 \times 10^{-6}$$
$$I_{0.5}^{Pr}(x_3^{0.5}) = 19.99996 \times 10^{-6}, I_{0.5}^{Pr}(x_3^1) = 9.99998 \times 10^{-6}, I_1^{Pr}(x_3^{0.5}) = 20 \times 10^{-12}, I_1^{Pr}(x_3^1) = 10 \times 10^{-6}$$

利用式(9-94)，综合部件 x_1 故障程度为 0.5 和 1 的 T-S 概率重要度，得到部件 x_1 对 y_2 为 0.5 的 T-S 概率重要度为

$$I_{0.5}^{Pr}(x_1) = [I_{0.5}^{Pr}(x_1^{0.5}) + I_{0.5}^{Pr}(x_1^1)]/2 = 10.49997 \times 10^{-6}$$

同理可得各部件的 T-S 概率重要度分别为

$$I_{0.5}^{Pr}(x_1) = 10.49997 \times 10^{-6}, I_1^{Pr}(x_1) = 3.499995 \times 10^{-6}$$
$$I_{0.5}^{Pr}(x_2) = 14.99998 \times 10^{-6}, I_1^{Pr}(x_2) = 5.000025 \times 10^{-6}$$
$$I_{0.5}^{Pr}(x_3) = 14.99997 \times 10^{-6}, I_1^{Pr}(x_3) = 5.000010 \times 10^{-6}$$

c. T-S 关键重要度　利用式(9-95)，由 9.2.1.2 节求得的顶事件概率，得出部件 x_1 故障程度为 0.5 对 y_2 为 0.5 的模糊可能性的 T-S 关键重要度为

$$I_{0.5}^{Cr}(x_1^{0.5}) = \frac{P(x_1^{0.5}) I_{0.5}^{Pr}(x_1^{0.5})}{P(y_2 = 0.5)} = 0.667$$

同理可得各部件故障程度为 0.5 和 1 的模糊可能性的 T-S 关键重要度分别为

$$I_{0.5}^{Cr}(x_1^{0.5}) = 0.667, I_{0.5}^{Cr}(x_1^1) = 0.333, I_1^{Cr}(x_1^{0.5}) = 0, I_1^{Cr}(x_1^1) = 1$$
$$I_{0.5}^{Cr}(x_2^{0.5}) = 0.476, I_{0.5}^{Cr}(x_2^1) = 0.238, I_1^{Cr}(x_2^{0.5}) = 3.57 \times 10^{-6}, I_1^{Cr}(x_2^1) = 0.714$$
$$I_{0.5}^{Cr}(x_3^{0.5}) = 0.190, I_{0.5}^{Cr}(x_3^1) = 0.095, I_1^{Cr}(x_3^{0.5}) = 0.571 \times 10^{-6}, I_1^{Cr}(x_3^1) = 0.286$$

利用式(9-96)，综合部件 x_1 故障程度为 0.5 和 1 的 T-S 关键重要度，得到部件 x_1 对 y_2 为 0.5 的 T-S 关键重要度为

$$I_{0.5}^{Cr}(x_1) = [I_{0.5}^{Cr}(x_1^{0.5}) + I_{0.5}^{Cr}(x_1^1)]/2 = 0.5$$

同理可得各部件的 T-S 关键重要度分别为

$$I_{0.5}^{Cr}(x_1) = 0.5, I_1^{Cr}(x_1) = 0.5$$
$$I_{0.5}^{Cr}(x_2) = 0.357, I_1^{Cr}(x_2) = 0.357$$
$$I_{0.5}^{Cr}(x_3) = 0.143, I_1^{Cr}(x_3) = 0.143$$

可见，多态故障树重要度分析方法与 T-S 故障树重要度分析方法的计算结果相同，表明 T-S 故障树重要度分析方法可以用来计算多态故障树部件重要度。

(4) T-S 故障树重要度分析算例

T-S 故障树重要度分析步骤为：①选择顶事件，建立 T-S 故障树；②将部件和系统各种故障程度分别用模糊数描述，并给出部件处于各种故障程度的模糊可能性；③结合专家经验

和历史数据构造 T-S 门规则表，根据 T-S 门规则计算部件的 T-S 结构重要度；④利用 T-S 故障树分析算法，计算出中间事件和顶事件出现各种故障程度的模糊可能性；⑤定义部件故障程度的 T-S 概率重要度，进而由顶事件的模糊可能性求得部件故障程度的 T-S 关键重要度；⑥综合各种故障程度，得到部件的 T-S 概率重要度以及 T-S 关键重要度；⑦对 T-S 重要度进行综合分析，获得部件的重要度序列。

以 9.2.1.2 节中的 T-S 故障树分析算例为例进行 T-S 故障树重要度分析，T-S 门规则与中间事件和顶事件出现各种程度故障的模糊可能性已经给出。

① T-S 结构重要度 利用式(9-92)求出部件 x_1 故障程度为 0.5 对于系统处于水平 0.5 的 T-S 结构重要度为

$$I_{0.5}^{St}(x_1^{0.5}) = \frac{1}{9}\big[r_1(0.5, P(x_1^{0.5}=1)) - r_1(0.5, P(x_1^{0.5}=0))\big] = \frac{1}{9}$$

同理可得各部件故障程度为 0.5 和 1 的 T-S 结构重要度见表 9-11。

表 9-11 各部件故障程度的 T-S 结构重要度

故障程度的 T-S 结构重要度	x_1		x_2		x_3	
	0.5	1	0.5	1	0.5	1
$I_{0.5}^{St}(x_j^{ij})$	1/9	1/9	1/9	1/9	1/9	1/9
$I_1^{St}(x_j^{ij})$	1/9	1/9	1/9	1/9	1/9	1/9

由表 9-11 可知，部件 x_1、x_2、x_3 的 T-S 结构重要度是相同的，表明它们在故障树逻辑结构中的位置重要程度相同。

② T-S 概率重要度 利用式(9-93)，求出部件 x_1 故障程度为 0.5 对于系统处于水平 0.5 的 T-S 概率重要度为

$$I_{0.5}^{Pr}(x_1^{0.5}) = P(0.5, P(x_1=0.5)=1) - P(0.5, P(x_1=0.5)=0) = 0.5$$

同理可得各部件故障程度为 0.5 和 1 的 T-S 概率重要度见表 9-12。

表 9-12 各部件故障程度的 T-S 概率重要度

故障程度的 T-S 概率重要度	x_1		x_2		x_3	
	0.5	1	0.5	1	0.5	1
$I_{0.5}^{Pr}(x_j^{ij})$	0.5	0	0.16	0	0.12	0
$I_1^{Pr}(x_j^{ij})$	0.3	1	0.56	1	0.62	1

利用式(9-94)，综合部件 x_1 故障程度为 0.5 和 1 的 T-S 概率重要度，得到部件 x_1 对 y_2 为 0.5 的 T-S 概率重要度为

$$I_{0.5}^{Pr}(x_1) = [I_{0.5}^{Pr}(x_1^{0.5}) + I_{0.5}^{Pr}(x_1^1)]/2 = 0.25$$

同理可得各部件的 T-S 概率重要度见表 9-13。

表 9-13 各部件的 T-S 概率重要度

T-S 概率重要度	x_1	x_2	x_3
$I_{0.5}^{Pr}(x_j)$	0.25	0.08	0.06
$I_1^{Pr}(x_j)$	0.65	0.78	0.81

由表 9-13 可知，当系统处于半故障时，x_1 的 T-S 概率重要度最大；当系统处于完全故障时，x_3 的 T-S 概率重要度最大。

③ T-S 关键重要度 利用式(9-95)，由 9.2.1.2 节中求得的顶事件的模糊可能性，得到

部件 x_1 故障程度为 0.5 对 y_2 为 0.5 的 T-S 关键重要度为

$$I_{0.5}^{\mathrm{Cr}}(x_1^{0.5}) = \frac{P(x_1^{0.5})I_{0.5}^{\mathrm{Pr}}(x_1^{0.5})}{P(y_2=0.5)} = 0.768$$

同理可得各部件故障程度为 0.5 和 1 的 T-S 关键重要度见表 9-14。

表 9-14 各部件故障程度的 T-S 关键重要度

故障程度的	x_1		x_2		x_3	
T-S 关键重要度	0.5	1	0.5	1	0.5	1
$I_{0.5}^{\mathrm{Cr}}(x_j^{ij})$	0.768	0	0.059	0	0.173	0
$I_1^{\mathrm{Cr}}(x_j^{ij})$	0.094	0.313	0.042	0.075	0.182	0.294

利用式(9-96)，综合部件 x_1 故障程度为 0.5 和 1 的 T-S 关键重要度，得到部件 x_1 对 y_2 为 0.5 的 T-S 关键重要度为

$$I_{0.5}^{\mathrm{Cr}}(x_1) = [I_{0.5}^{\mathrm{Cr}}(x_1^{0.5}) + I_{0.5}^{\mathrm{Cr}}(x_1^1)]/2 = 0.384$$

同理可得各部件的 T-S 关键重要度见表 9-15。

表 9-15 各部件的 T-S 关键重要度

T-S 关键重要度	x_1	x_2	x_3	T-S 关键重要度	x_1	x_2	x_3
$I_{0.5}^{\mathrm{Cr}}(x_j)$	0.384	0.030	0.087	$I_1^{\mathrm{Cr}}(x_j)$	0.203	0.059	0.238

由表 9-15 可知，当系统处于半故障状态时，x_1 的 T-S 关键重要度最大，则可按照以下次序进行故障排查：x_1、x_3、x_2；当系统处于完全故障状态时，x_3 的 T-S 关键重要度最大，则可按照以下次序进行故障排查 x_3、x_1、x_2。

上述方法表明，已知部件故障程度的模糊可能性的 T-S 重要度，其实质仍是以 T-S 算法为基础的，T-S 结构重要度仅取决于部件状态对应的 T-S 规则，T-S 概率重要度和 T-S 关键重要度取决于部件故障程度的模糊可能性和对应的 T-S 规则。

通过上述重要度分析对比与算例可知，T-S 故障树重要度分析方法完全能够胜任传统故障树部件重要度计算。T-S 重要度分析与传统部件重要度分析方法相比较，具有以下优点。

a. T-S 门的引入使建树不需要弄清楚故障机理，重要度分析不再以弄清与、或等传统逻辑关系和最小割集为前提。

b. 结合专家经验和历史数据的 T-S 规则更接近实际系统情况，充分发挥模糊逻辑推理的优势。

c. T-S 故障树重要度分析方法更为一般化和精确化，是对传统故障树重要度分析方法的继承与发展，传统故障树重要度分析方法只是 T-S 故障树重要度分析一个特例。

d. 传统的模糊重要度假设部件和系统的状态是二值，而 T-S 模糊重要度综合了部件所有故障程度故障可能性的模糊子集情况下对系统的重要程度的影响。

e. T-S 程度重要度考虑各部件的故障状态对系统故障程度的影响，在部件故障的概率或模糊故障可能性未知，仅仅已知部件故障状态的情况下，不失为一种评价部件对系统故障程度影响的简单、可靠的方法。

9.2.3 T-S 故障树及重要度分析工程实例

80t 液压载重车主要用于大型煤矿中的连采机和液压支架等大型井下设备的运输。该载重车为全液压式，包括液压支腿系统、液压转向系统、液压悬挂系统和液压驱动系统等。液

压驱动系统采用闭式系统，由定量液压马达和变量液压泵组成；而其他系统采用开式系统，由负载敏感变量液压泵、比例多路液压阀和液压缸组成。本节，对 80t 液压载重车液压转向系统进行 T-S 故障树分析和 T-S 故障树重要度分析。首先应建立其 T-S 故障树模型，给出 T-S 门规则，根据部件故障程度的模糊可能性数据和部件的故障程度，计算液压转向系统故障的模糊可能性；进一步利用 T-S 重要度算法，计算出液压转向系统各部件的 T-S 重要度，并进行重要度的排序。

9.2.3.1　T-S 故障树分析

（1）构造 T-S 故障树

为了考察该液压载重车液压转向系统转向能否实现，是否存在设计缺陷和故障隐患，对其进行 T-S 故障树分析，以提高转向系统的可靠性。液压转向系统构成如图 9-16 所示。

在整车进行调试时，转向液压缸大约转至一半时停止了动作，首先排除由转角传感器故障引起转向异常的可能性，因为转角传感器的作用是反馈悬架的转角信号到控制器，从而控制多路阀的开度，由于所选多路阀具有手动和电动两种控制方式，用手动控制仍不能实现正常转向时，即可排除电气故

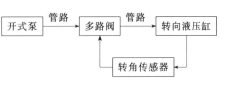

图 9-16　液压转向系统示意图

障。另外，机械结构检查后发现没有问题，那么转向异常应该是由于液压缸、多路阀、液压管路或者泵源发生故障造成的。

考虑到各个部件发生故障程度不同，转向系统的发生故障具有不确定性：故障发生程度可能是轻微，也可能是中等或者严重的。建立液压转向系统的 T-S 故障树如图9-17所示。

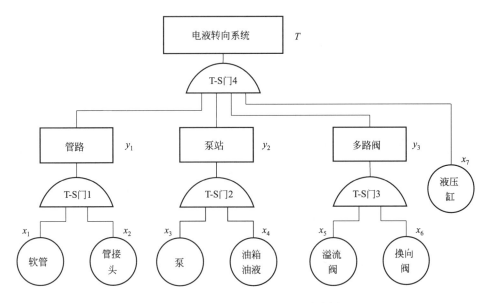

图 9-17　液压转向系统的 T-S 故障树

（2）构造 T-S 门

根据历史数据和专家经验，T、y_1、y_2 和 $x_1 \sim x_6$ 的常见故障程度为（0，0.5，1），隶属函数选为 $s_l = s_r = 0.1$，$m_l = m_r = 0.3$；x_7 和 y_3 常见故障程度为（0，1），隶属函数选为 $s_l = s_r = 0.25$，$m_l = m_r = 0.5$。建立液压转向系统的各个 T-S 门规则见表 9-16～表 9-19。

表 9-16 T-S 门 1

规则	x_1	x_2	y_1 0	0.5	1	规则	x_1	x_2	y_1 0	0.5	1	规则	x_1	x_2	y_1 0	0.5	1
1	0	0	1	0	0	4	0.5	0	0.1	0.4	0.5	7	1	0	0	0	1
2	0	0.5	0.3	0.4	0.3	5	0.5	0.5	0.1	0.5	0.4	8	1	0.5	0	0	1
3	0	1	0	0	1	6	0.5	1	0	0	1	9	1	1	0	0	1

表 9-17 T-S 门 2

规则	x_3	x_4	y_2 0	0.5	1	规则	x_3	x_4	y_2 0	0.5	1	规则	x_3	x_4	y_2 0	0.5	1
1	0	0	1	0	0	4	0.5	0	0.2	0.4	0.4	7	1	0	0	0	1
2	0	0.5	0.2	0.5	0.3	5	0.5	0.5	0.1	0.3	0.6	8	1	0.5	0	0	1
3	0	1	0	0	1	6	0.5	1	0	0	1	9	1	1	0	0	1

表 9-18 T-S 门 3

规则	x_5	x_6	y_3 0	1	规则	x_5	x_6	y_3 0	1	规则	x_5	x_6	y_3 0	1
1	0	0	1	0	4	0.5	0	0.6	0.4	7	1	0	0	1
2	0	0.5	0.7	0.3	5	0.5	0.5	0.5	0.5	8	1	0.5	0	1
3	0	1	0	1	6	0.5	1	0	1	9	1	1	0	1

表 9-19 T-S 门 4

规则	x_7	y_1	y_2	y_3	T 0	0.5	1	规则	x_7	y_1	y_2	y_3	T 0	0.5	1	规则	x_7	y_1	y_2	y_3	T 0	0.5	1
1	0	0	0	0	1	0	0	13	0	1	0	0	0	0	1	25	1	0.5	0	0	0.1	0.3	0.6
2	0	0	0	1	0	0	1	14	0	1	0	1	0	0	1	26	1	0.5	0	1	0	0	1
3	0	0	0.5	0	0.4	0.3	0.3	15	0	1	0.5	0	0	0	1	27	1	0.5	0.5	0	0.1	0.2	0.7
4	0	0	0.5	1	0	0	1	16	0	1	0.5	1	0	0	1	28	1	0.5	0.5	1	0	0	1
5	0	0	1	0	0	0	1	17	0	1	1	0	0	0	1	29	1	0.5	1	0	0	0	1
6	0	0	1	1	0	0	1	18	0	1	1	1	0	0	1	30	1	0.5	1	1	0	0	1
7	0	0.5	0	0	0.5	0.3	0.2	19	1	0	0	0	0	0	1	31	1	1	0	0	0	0	1
8	0	0.5	0	1	0	0	1	20	1	0	0	1	0	0	1	32	1	1	0	1	0	0	1
9	0	0.5	0.5	0	0.1	0.4	0.5	21	1	0	0.5	0	0.1	0.4	0.5	33	1	1	0.5	0	0	0	1
10	0	0.5	0.5	1	0	0	1	22	1	0	0.5	1	0	0	1	34	1	1	0.5	1	0	0	1
11	0	0.5	1	0	0	0	1	23	1	0	1	0	0	0	1	35	1	1	1	0	0	0	1
12	0	0.5	1	1	0	0	1	24	1	0	1	1	0	0	1	36	1	1	1	1	0	0	1

(3) 液压转向系统故障的模糊可能性

① 液压转向系统各部件可靠性数据见表 9-20，计算系统故障的模糊可能性。

表 9-20 液压转向系统各部件可靠性数据

部件	软管(x_1)	管接头(x_2)	泵(x_3)	油箱油液(x_4)	溢流阀(x_5)	换向阀(x_6)	液压缸(x_7)
故障率/(10^{-6}/h)	0.67	2.81	13	7.7	15	12	5

若部件故障程度 0.5 的数据与表 9-20 所示的故障程度为 1 的数据相同，则根据规则表 9-16～表 9-19 和式(9-70)得到液压转向系统故障的模糊可能性

$$P(T=0.5)=3.133\times10^{-6},P(T=1)=77.465\times10^{-6}$$

上述结果表明，液压载重车转向系统的发生故障的模糊可能性与各部件的故障模糊可能性是一个数量级，系统顶事件发生严重故障的可能性远远大于溢流阀、换向阀和泵等部件发生严重故障的模糊可能性。这与实际情况是一致的。

② 假设各部件故障程度为 1 时的故障可能性的模糊子集见表 9-21，计算系统故障的模糊发生概率。

表 9-21 部件故障可能性模糊子集

部件 x_j	x_j 故障可能性模糊子集	部件 x_j	x_j 故障可能性模糊子集
x_1	$\{0.57\times10^{-6},0.67\times10^{-6},0.77\times10^{-6}\}$	x_5	$\{14\times10^{-6},15\times10^{-6},16\times10^{-6}\}$
x_2	$\{1.81\times10^{-6},2.81\times10^{-6},3.81\times10^{-6}\}$	x_6	$\{11\times10^{-6},12\times10^{-6},13\times10^{-6}\}$
x_3	$\{12\times10^{-6},13\times10^{-6},14\times10^{-6}\}$	x_7	$\{4\times10^{-6},5\times10^{-6},6\times10^{-6}\}$
x_4	$\{6.7\times10^{-6},7.7\times10^{-6},8.7\times10^{-6}\}$	—	—

若 $x_1\sim x_6$ 的故障程度为 0.5 的故障可能性的模糊子集与为 1 的故障可能性的模糊子集相同，则根据规则表 9-16～表 9-19 和式(9-70) 得到液压转向系统故障的模糊发生概率

$$P(T=0.5)=\{2.731\times10^{-6},3.133\times10^{-6},3.535\times10^{-6}\}$$

$$P(T=1)=\{69.256\times10^{-6},77.465\times10^{-6},85.673\times10^{-6}\}$$

③ 假设各部件的故障程度见表 9-22，计算系统故障的模糊可能性。

表 9-22 各部件的故障程度

部件	软管(x_1)	管接头(x_2)	泵(x_3)	油箱油液(x_4)	溢流阀(x_5)	换向阀(x_6)	液压缸(x_7)
故障程度	0	0.3	0.2	0.1	0.1	0	0

根据规则表 9-16～表 9-19 和式(9-71) 得到液压转向系统故障的模糊可能性

$$P(T=0)=0.5209,P(T=0.5)=0.0942,P(T=1)=0.3849$$

9.2.3.2 T-S 故障树重要度分析

① 由已知液压系统部件的故障程度的模糊可能性，求解部件的 T-S 结构重要度、T-S 概率重要度及 T-S 关键重要度。参照 9.2.2 节的算例，由式(9-92)～式(9-96) 求出各种重要度数据见表 9-23～表 9-25。

表 9-23 各部件的 T-S 结构重要度

部件	$I_{0.5}^{St}(x_j^{0.5})$	$I_{0.5}^{St}(x_j^1)$	部件	$I_1^{St}(x_j^{0.5})$	$I_1^{St}(x_j^1)$
x_1	2/243	0	x_1	4/81	2/81
x_2	2/243	0	x_2	4/81	2/81
x_3	2/243	0	x_3	4/81	2/81
x_4	2/243	0	x_4	4/81	2/81
x_5	0	0	x_5	1/27	1/27
x_6	0	0	x_6	1/27	1/27
x_7	—	0	x_7	—	1/486

表 9-24 各部件的 T-S 概率重要度

部件	$I_{0.5}^{Pr}(x_j)$	$I_1^{Pr}(x_j)$	部件	$I_{0.5}^{Pr}(x_j)$	$I_1^{Pr}(x_j)$
x_1	0.06	0.79	x_5	0	0.7
x_2	0.06	0.69	x_6	0	0.65
x_3	0.06	0.76	x_7	0	1
x_4	0.075	0.725	—	—	—

表 9-25　各部件的 T-S 关键重要度

部件	$I_{0.5}^{Cr}(x_j)$	$I_1^{Cr}(x_j)$	部件	$I_{0.5}^{Cr}(x_j)$	$I_1^{Cr}(x_j)$
x_1	0.0128	0.0068	x_5	0	0.1355
x_2	0.0538	0.0250	x_6	0	0.1007
x_3	0.2490	0.1275	x_7	0	0.0645
x_4	0.1843	0.0721	—	—	—

以部件引起系统发生严重故障的 T-S 关键重要度作为液压转向系统故障排查依据，先后次序为：溢流阀、泵、换向阀、油箱油液、液压缸、管接头、软管。其中，溢流阀的关键重要度最大，优先考虑检查和提高溢流阀可靠性。

② 由液压系统部件的故障程度故障可能性的模糊子集，求解部件的 T-S 模糊重要度。利用式(9-97) 和式(9-98) 得到各部件的 T-S 模糊重要度，见表 9-26。

表 9-26　各部件的 T-S 模糊重要度

部件	$I_{0.5}^{Fu}(x_j)$	$I_1^{Fu}(x_j)$	部件	$I_{0.5}^{Fu}(x_j)$	$I_1^{Fu}(x_j)$
x_1	0.06	0.79	x_5	0	0.7
x_2	0.06	0.69	x_6	0	0.65
x_3	0.06	0.76	x_7	0	1
x_4	0.075	0.725	—	—	—

③ 由液压系统部件的故障程度，求解部件的 T-S 程度重要度。利用表 9-22 和式(9-71) 计算各部件故障程度分别为 0 时系统的模糊可能性，见表 9-27；利用式(9-99) 得到各部件的 T-S 程度重要度，见表 9-28。

表 9-27　各部件故障程度分别为 0 时系统的模糊可能性

$(x_1',x_2',x_3',x_4',x_5',x_6',x_7')$	$P(T,x_j'=0)$		
	0	0.5	1
$(0,0,0.2,0.1,0.1,0,0)$	0.7868	0.0399	0.1733
$(0,0.3,0,0.1,0.1,0,0)$	0.6667	0.0800	0.2533
其他	0.5209	0.0942	0.3849

表 9-28　各部件的 T-S 程度重要度

部件	$I_{0.5}^{De}(x_j')$	$I_1^{De}(x_j')$	部件	$I_{0.5}^{De}(x_j')$	$I_1^{De}(x_j')$	部件	$I_{0.5}^{De}(x_j')$	$I_1^{De}(x_j')$
x_2	0.0543	0.2116	x_3	0.0142	0.1316	其他	0	0

9.3　液压气动系统贝叶斯网络分析方法

贝叶斯网络（Bayesian Networks，简称 BN）又称信度网络（Belief Networks）、概率网（Probability Networks）或因果网（Causal Networks），是一种基于网络结构的有向图解描述。它具有丰富的概率表达能力，在系统可靠性分析、安全性分析和故障诊断以及维修决策等领域得到了成功应用。本节首先介绍基于贝叶斯网络的可靠性分析：针对贝叶斯网络难以构造的缺点，利用故障树转化贝叶斯网络，给出贝叶斯网络可靠性分析方法，并通过某型塔式起重机液压顶升系统可靠性分析实例验证该方法的可行性；其次将贝叶斯网络用于维修决策，介绍基于贝叶斯网络的维修决策：利用贝叶斯网络反向推理得到的部件后验概率对其先验概率加以修正，建立基于贝叶斯网络的维修决策模型，进而根据维修成本最小化的原则确定最优的维修方案。

9.3.1 基于贝叶斯网络的可靠性分析

贝叶斯网络方法与故障树分析方法是并行发展、相互促进的，两者在推理机制、系统状态描述等方面非常相似。与故障树分析法相比，贝叶斯网络具有独特的不确定性知识表达形式、丰富的概率表达能力，适用于表达和分析不确定性和概率性的事物，应用于有条件地依赖多种控制因素的决策，可以从不完全、不精确或不确定的知识或信息中做出推理。但是贝叶斯网络难以构造是其在可靠性分析中应用的瓶颈。然而，故障树分析方法具有形式简单、直观明确和快捷方便等特点。因此，利用故障树转化为贝叶斯网络，解决贝叶斯网络难以构造的不足，并将其用于可靠性分析中，给出基于贝叶斯网络的可靠性分析方法，继而应用该方法对某型塔式起重机液压顶升系统的可靠性进行分析。

9.3.1.1 贝叶斯网络可靠性分析方法

（1）基于故障树的贝叶斯网络构造

贝叶斯网络与故障树的结构是一一对应的，根据故障树的逻辑表达关系，可以将故障树转换成贝叶斯网络，具体的转化过程如图 9-18 所示。

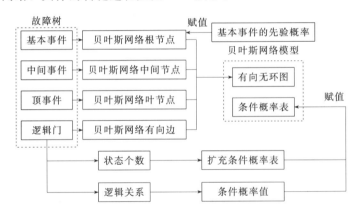

图 9-18　基于故障树贝叶斯网络构造的过程

① 贝叶斯网络有向无环图的构造。首先，将传统故障树中的每个基本事件与贝叶斯网络中的根节点对应，顶事件与叶节点对应，中间事件与中间节点对应。然后，将传统故障树中的逻辑门与贝叶斯网络中有向边对应，即有向边由与输入事件对应的父节点指向与输出事件对应的子节点。由于传统故障树是由多个基本事件、多个中间事件和一个顶事件构成的树形图，故与之对应的贝叶斯网络有向无环图都是由多个根节点、多个中间节点和一个叶节点构成的网络结构。

② 贝叶斯网络条件概率表的赋值。故障树中逻辑门表达了事件间的逻辑关系，而贝叶斯网络中的条件概率表以条件概率的方式表达了节点间条件依赖关系，因此，可以根据逻辑门为贝叶斯网络中的条件概率表赋值。

假设部件和系统都只有两种故障状态，即正常和故障，用 0 和 1 表示。则故障树中各逻辑门与贝叶斯网络的条件概率表之间的具体转换关系如下。

假设 x_1 和 x_2 为输入事件，y 为输出事件，则或门和条件概率表的转化关系如图 9-19 所示。

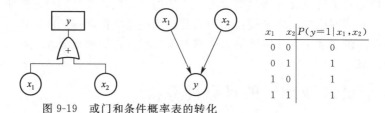

图 9-19 或门和条件概率表的转化

假设 x_1 和 x_2 为输入事件，y 为输出事件，则与门和条件概率表的转化关系如图 9-20 所示。

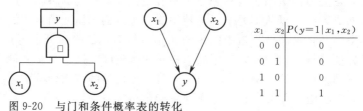

图 9-20 与门和条件概率表的转化

假设 x_1 为输入事件，y 为输出事件，则非门和条件概率表的转化关系如图 9-21 所示。

图 9-21 非门和条件概率表的转化

（2）顶事件的发生概率

贝叶斯网络推理就是在给定某些节点的概率信息后，根据贝叶斯网络的结构及贝叶斯公式计算其他节点的概率信息，是贝叶斯网络的重要内容。贝叶斯网络推理计算有精确推理和近似推理计算方法两种。精确推理算法主要有基于组合优化问题的求解方法，基于多树传播的算法、基于团树传播的算法和基于图约减的算法等；近似推理算法主要有随机模拟法、模型简化法、循环消息传递算法和基于搜索的算法等。各种推理算法相互独立，因此，可针对不同的贝叶斯网络，选择合适的推理算法进行推理计算。

桶消元算法也称变量消元法，属于基于组合优化问题的求解方法，它具有简单、通用的特点，在工程实际中得到了广泛应用。因此，根据贝叶斯网络联合概率分布，利用桶消元算法进行正向推理，即在给定各节点的条件概率表下，计算出顶事件各种故障状态的发生概率。

对于一个 n 节点 $X=\{x_1,x_2,\cdots,x_n\}$ 的贝叶斯网络，$\pi(x_i)$ 为节点 x_i 的父节点集合，各个节点的条件概率表已知。则对于任意的节点 x_i，处于状态 x_i^k 下的发生概率为 $P=(x_i=x_i^k)$，其计算公式如式（9-100）所示

$$P(x_i = x_i^k) = \sum_{X \backslash x_i} P(x_1, x_2, \cdots, x_i = x_i^k, \cdots, x_n)$$
$$= \sum_{\pi(x_i)} P(x_i = x_i^k, \pi(x_i)) = \sum_{\pi(x_i)} P(x_i = x_i^k \mid \pi(x_i)) P(\pi(x_i))$$

$$(9\text{-}100)$$

其中，$X \backslash x_i$ 表示除去节点 x_i 外其他所有节点的集合，对于联合概率 $P=(\pi(x_i))$，同样适用上式，因此，反复利用式（9-100）可以计算至已知的根节点的先验概率。随着式（9-100）的反复代入，联合概率中的父节点数目逐步减少，直至计算出最后的结果。求解节

点 x_i 处于状态 x_i^k 下的发生概率 $P(x_i = x_i^k)$ 的这一过程称为变量消元法。

假设故障树由 n 个基本事件 x_i（$i = 1, 2, \cdots, n$）、m 个中间事件 y_j（$j = 1, 2, \cdots, m$）和顶事件 T 构成，各事件的取值分别为 [0, 1] 之间的小数 $x_i^{a_i}$，$y_j^{b_j}$ 和 T_q，用于描述相应的系统和部件的故障状态。其中，$a_i = 1, 2, \cdots, k_i$；$b_j = 1, 2, \cdots, l_j$；$q = 1, 2, \cdots, k_q$；k_i，l_j 和 k_q 分别为相应的故障状态个数。

假设基本事件 x_i 故障状态为 $x_i^{a_i}$ 的发生概率为 $P(x_i = x_i^{a_i})$，应用桶消元法可以求得顶事件 T 故障状态为 T_q 的发生概率 $P(T = T_q)$ 为

$$
\begin{aligned}
P(T = T_q) &= \sum_{x_1, \cdots, x_n, y_1, \cdots, y_m} P(x_1, \cdots, x_n, y_1, \cdots y_m, T = T_q) \\
&= \sum_{\pi(T)} P(T = T_q \mid \pi(T)) \sum_{\pi(y_1)} P(y_1 \mid \pi(y_1)) \cdots \sum_{\pi(y_j)} P(Y_j \mid \pi(y_j)) \cdots \times \\
&\quad \sum_{\pi(y_m)} P(y_m \mid \pi(y_m)) P(x_1) \cdots P(x_i) \cdots P(x_n)
\end{aligned}
\tag{9-101}
$$

式中 $\pi(y_i)$——中间事件 y_j 所包含的基本事件的集合。

（3）基本事件的后验概率

基于贝叶斯网络的可靠性分析方法不仅可以利用贝叶斯网络联合概率分布进行正向推理，计算顶事件各种故障状态的发生概率；还可以利用求出的顶事件各种故障状态的发生概率并结合贝叶斯公式对贝叶斯网络进行反向推理，得到基本事件的后验概率。

在顶事件 T 故障状态为 T_q 的条件下基本事件 x_i 故障状态为 $x^{a_i}i$ 的后验概率为

$$
\begin{aligned}
P(x_i = x_i^{a_i} \mid T = T_q) &= \frac{P(x_i = x_i^{a_i}, T = T_q)}{P(T = T_q)} \\
&= \frac{\displaystyle\sum_{x_1, x_2, \cdots, x_n} P(x_1, \cdots, x_i = x_i^{a_i}, \cdots, x_n, T = T_q)}{P(T = T_q)}
\end{aligned}
\tag{9-102}
$$

式中 $P(x_i = x_i^{a_i}, T = T_q)$——基本事件 x_i 故障状态为 $X_i^{a_i}$ 与顶事件 T 故障状态为 T_q 的联合概率。

9.3.1.2 某型塔式起重机液压顶升系统可靠性分析

某型塔式起重机由金属结构、工作机构、液压顶升机构、电气控制等部分构成，额定起重力矩为 250kN·m。液压顶升机构是其主要动力系统，原理如图 9-22 所示。在进行作业时，液压顶升系统通过顶升和下降塔机套架来实现增加或减少标准节，使塔机能随着建筑物高度变化而升高或降低。由于塔机的液压顶升系统属于密封带压循环系统，液压部件内部的零件动作和密封是否损坏都不易察觉到，且该液压系统属于高空作业，部件的维修比较困难，因而系统的可靠性尤为重要。为此，下面对该液压顶升系统的进行可靠性分析。

（1）传统贝叶斯网络的构造

根据该系统原理图，对其进行故障机理分析，建立如图 9-23 所示故障树。其中，顶事件 T 表示液压顶升机构故障，中间事件 y_2 表示油源供应不足，y_1 表示油路故障，基本事件 $x_1 \sim x_8$ 分别表示为换向阀、调速阀、液压锁、液压缸、溢流阀、液压泵、过滤器和油箱。

根据贝叶斯网络的构造方法，将图 9-23 的故障树转化为贝叶斯网络如图 9-24 所示。

（2）顶事件的发生概率

假设故障树中各个基本事件之间相互独立，并且部件和系统都只有两种故障状态：正常和故障，用 0 和 1 表示，则传统贝叶斯网络中条件概率表如表 9-29～表 9-31 所示。

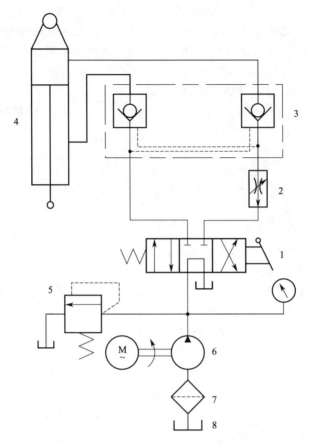

图 9-22　液压顶升系统原理图

1—换向阀；2—调速阀；3—液压锁；4—液压缸；5—溢流阀；6—液压泵；7—过滤器；8—油箱

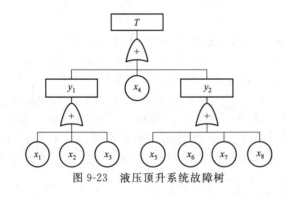

图 9-23　液压顶升系统故障树

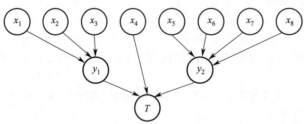

图 9-24　液压顶升系统贝叶斯网络

表 9-29　中间节点 y_1 的条件概率表

x_1	x_2	x_3	$P(y_1=0\mid x_1,x_2,x_3)$	$P(y_1=1\mid x_1,x_2,x_3)$	x_1	x_2	x_3	$P(y_1=0\mid x_1,x_2,x_3)$	$P(y_1=1\mid x_1,x_2,x_3)$
0	0	0	1	0	1	0	0	0	1
0	0	1	0	1	1	0	1	0	1
0	1	0	0	1	1	1	0	0	1
0	1	1	0	1	1	1	1	0	1

表 9-30　中间节点 y_2 的条件概率表

x_5	x_6	x_7	x_8	$P(y_2=0\mid x_5,x_6,x_7,x_8)$	$P(y_2=1\mid x_5,x_6,x_7,x_8)$	x_5	x_6	x_7	x_8	$P(y_2=0\mid x_5,x_6,x_7,x_8)$	$P(y_2=1\mid x_5,x_6,x_7,x_8)$
0	0	0	0	1	0	1	0	0	0	0	1
0	0	0	1	0	1	1	0	0	1	0	1
0	0	1	0	0	1	1	0	1	0	0	1
0	0	1	1	0	1	1	0	1	1	0	1
0	1	0	0	0	1	1	1	0	0	0	1
0	1	0	1	0	1	1	1	0	1	0	1
0	1	1	0	0	1	1	1	1	0	0	1
0	1	1	1	0	1	1	1	1	1	0	1

表 9-31　叶节点 T 的条件概率表

y_1	x_4	y_2	$P(y_1=0\mid y_1,x_4,y_2)$	$P(y_1=1\mid y_1,x_4,y_2)$	y_1	x_4	y_2	$P(y_1=0\mid y_1,x_4,y_2)$	$P(y_1=1\mid y_1,x_4,y_2)$
0	0	0	1	0	1	0	0	0	1
0	0	1	0	1	1	0	1	0	1
0	1	0	0	1	1	1	0	0	1
0	1	1	0	1	1	1	1	0	1

已知，基本事件 $x_1\sim x_8$ 的故障状态为 1 的发生概率分别为 0.0133、0.0096、0.0066、0.0103、0.0045、0.0056、0.0036、0.0013。则根据式(9-101)计算顶事件 T 故障状态为 1 的发生概率为

$$
\begin{aligned}
P(T=1) &= \sum_{x_1,x_2,\cdots,x_8,y_1,y_2} P(x_1,x_2,\cdots,x_8,y_1,y_2,T=1) \\
&= \sum_{x_4,y_1,y_2} P(T=1\mid x_4,y_1,y_2)P(x_4)\sum_{x_5,x_6,x_7,x_8} P(y_2\mid x_5,x_6,x_7,x_8)P(X_5)P(X_6) \\
&\quad P(x_7)P(x_8)\sum_{x_1,x_2,x_3} P(y_1\mid x_1,x_2,x_3)P(x_1)P(x_2)P(x_3) \\
&= 0.0535
\end{aligned}
$$

（3）基本事件的后验概率

根据式(9-102)求得在顶事件 T 故障状态为 1 的条件下基本事件 x_1 故障状态为 1 的后验概率为

$$
P(x_1=1\mid T=1) = \frac{\displaystyle\sum_{x_1,x_2,\cdots,x_8,y_1,y_2} P(x_1=1,x_2,\cdots,x_8,y_1,y_2,T=1)}{P(T=1)} = 0.7103
$$

同理可得在顶事件 T 故障状态为 1 的条件下各基本事件故障状态为 1 的后验概率，如表 9-32 所示。

表 9-32　各基本事件的后验概率

根节点 x_i	x_1	x_2	x_3	x_4	x_5	x_6	x_7	x_8
$P(x_i=1\mid T=1)$	0.7103	0.6430	0.5888	0.1925	0.8131	0.8336	0.7981	0.7551

9.3.2 基于贝叶斯网络的维修决策

随着生产技术的高速发展，现代液压设备日益朝着大型化、精密化等方向发展，系统复杂性和不确定因素逐渐增加，设备的正确维修对企业的安全和经济生产都具有重要意义。而设备工作性能的好坏、效率的高低都与维修有关，对故障原因症候诊断的正确处理以及维修方式的运用，这些都需要维修计划的指导。维修策略的选择与时机的确定成为研究者们关注的热点问题。

然而，在实际维修中，由于设备自身特性以及实际运行条件等各种原因，设备失效演化过程通常不是严格按照统计出来的性能曲线的过程发展，其劣化程度与性能曲线存在偏差的情况。如大型复杂液压设备具有复杂的构成及耦合形式、工况多变故障多样、传动封闭可测性差等特点，它在寿命周期内从理想工作状态到完全失效状态的失效演化过程中呈现出多状态特征，并且各个状态的失效规律、失效机理和工作性能不尽相同，根据统计数据得出的性能曲线很难真实地反映大型复杂液压设备的实际性能状态。针对这一问题，本节根据修正的思想，利用贝叶斯网络反向推理得到的部件后验概率对其先验概率加以修正，建立基于贝叶斯网络理论的维修决策模型，以实现基于设备实际性能状态的维修决策。

9.3.2.1 基于贝叶斯网络的维修决策模型

基于贝叶斯网络的维修决策模型，从组成系统的各个部件个体差异性角度出发，根据贝叶斯网络得到当前时刻各部件不同状态的后验分布，然后再结合性能曲线确定未来某一时刻各部件不同状态的先验概率，从而得到不同时刻点的维修成本，最后根据基于维修成本最小化的原则确定最优的维修方案。

(1) 概率矩阵 P_i

系统和部件的状态可分为正常（无故障）、半故障和完全故障三种状态。由于系统和部件处于完全故障状态时必须进行维修，而本文讨论的主题是选择最佳设备维修时机，因此，完全故障状态不需要考虑，系统和部件的状态只需考虑正常和半故障即可。

假设系统 T 由 n 个部件 $x_i(i=1,2,\cdots,n)$ 构成，用 0 和 0.5 两个常数分别描述系统和部件的正常和半故障状态，则 t 时刻部件 x_i 处于正常状态的先验概率为 $P_t(x_i=0)$；其处于半故障状态的先验概率为 $P_t(x_i=0.5)$。同理，t 时刻系统 T 处于正常和半故障状态的发生概率分别为 $P_t(T=0)$ 和 $P_t(T=0.5)$。根据 9.3.1.1 节中的式 (9-102) 计算得到，t 时刻系统 T 处于半故障状态条件下部件 x_i 处于正常和半故障状态的后验概率分别为 $P_t(x_i=0|T=0.5)$ 和 $P_t(x_i=0.5|T=0.5)$。

部件 x_i 的先验概率指根据以往经验和分析得到的概率，其后验概率指利用新的信息修正先验概率后获得的，反映了部件的实际劣化状态，其值更接近实际情况的概率估计。为此，采用部件的后验概率替代其先验概率表示当前时刻 t 对应的当量概率。

将 t 时刻部件 x_i 不同状态的概率组成一个矩阵，称为该时刻的概率矩阵 $\boldsymbol{P}_{it}$。设 t_1 时刻的概率矩阵为 $\boldsymbol{P}_{it1}$，t_2 时刻的概率矩阵为 $\boldsymbol{P}_{it2}$，则不同时刻部件 x_i 不同状态的概率矩阵为

$$\boldsymbol{P}_i = \begin{bmatrix} \boldsymbol{P}_{it1} \\ \boldsymbol{P}_{it2} \end{bmatrix} \tag{9-103}$$

$$\boldsymbol{P}_{it1} = [P_{it1}(x_i=0|T=0.5), P_{it1}(x_i=0.5|T=0.5)] \tag{9-104}$$

$$\boldsymbol{P}_{it2} = [P_{it2}(x_i=0), P_{it2}(x_i=0.5)] \tag{9-105}$$

(2) 维修决策向量 Q

维修决策向量指设备全部可能维修方案的集合，设维修方案包括立即维修和暂不维修。则维修决策向量 Q 为

$$\boldsymbol{Q} = [q_1, q_2] = [立即维修, 暂不维修] \tag{9-106}$$

(3) 约束条件

当液压设备运行时间 t 超过最大允许运行时间 $t_{\max}$ 或 t 时刻系统 T 处于半故障状态的发生概率 $P_t(T=0.5)$ 超过允许值 $P_{t\max}$ 时，均需立即维修。为了保证设备安全性，设约束条件为

$$\text{s. t. } t \leq t_{\max}$$
$$P_t(T=0.5) \leq P_{t\max} \tag{9-107}$$

(4) 维修成本矩阵 $\boldsymbol{U}^j$

维修过程中可能存在部件更换、设备停机和人力资源等方面的损耗，同时部件的使用寿命也影响着维修的总成本，当部件使用时间超过其设定寿命时，超出的使用时间会减少厂家对部件的投资成本，本节把因为部件使用寿命延长所减少的投资称为节省投资成本；当部件超出其寿命时，节省投资成本为正值，反之为负值。因此，本文所讨论的维修过程中的成本包括部件成本、停机成本、人工成本和节省投资成本。在给定设备状态下，不同的决策行为会有不同的维修成本。

将不同设备状态、决策行为下，各维修成本的数值表示成一个矩阵，称为维修成本矩阵，记为 $\boldsymbol{U}^j$。采取 q_j （$j=1, 2$）维修决策时部件 x_i 的维修成本矩阵 $\boldsymbol{U}^j$ 为

$$\boldsymbol{U}^j = \begin{bmatrix} u_{11}^j & u_{12}^j & u_{13}^j & u_{14}^j \\ u_{21}^j & u_{22}^j & u_{23}^j & u_{24}^j \end{bmatrix} \tag{9-108}$$

式中，各元素分别表示采用决策 q_j 的各维修要素，其中，u_{11}^j、u_{21}^j 分别为部件 x_i 处于正常和半故障状态时的部件成本；u_{12}^j、u_{22}^j 分别为部件 x_i 处于正常和半故障状态时的停机成本；u_{13}^j、u_{23}^j 分别为部件 x_i 处于正常和半故障状态时的人工成本；u_{14}^j、u_{24}^j 分别为部件 x_i 处于正常和半故障状态时的节省投资成本。

(5) 维修总成本 U_{T}^j

维修总成本是各维修决策方案所产生的维修成本。维修总成本矩阵可表示为

$$\boldsymbol{U}(q_1, q_2) = \begin{bmatrix} \boldsymbol{P}_{it1} \\ & \boldsymbol{P}_{it2} \end{bmatrix} \begin{bmatrix} \mathrm{U}^1 \\ \mathrm{U}^2 \end{bmatrix} \begin{bmatrix} u_1^1 & u_2^1 & u_3^1 & u_4^1 \\ u_1^2 & u_2^2 & u_3^2 & u_4^2 \end{bmatrix} \tag{9-109}$$

式中，u_1^j，u_2^j，u_3^j，u_4^j 分别为采用 q_j 维修策略时考虑部件状态后得到的部件成本、停机成本、人工成本和节省投资成本。由于节省投资成本对维修是有利的，减少了维修总成本，故采用 q_j 维修策略时维修总成本 U_{T}^j 为

$$U_{\mathrm{T}}^j = \sum_{k=1}^{3} u_k^j - u_4^j \tag{9-110}$$

根据最小维修成本的原则，得到基于贝叶斯网络理论维修决策模型的最优决策 $q_{\max}$ 为

$$q_{\max} = \begin{cases} q_1 & U_{\mathrm{T}}^1 < U_{\mathrm{T}}^2 \\ q_2 & U_{\mathrm{T}}^1 \geq U_{\mathrm{T}}^2 \end{cases} \tag{9-111}$$

若 $U_{\mathrm{T}}^1 < U_{\mathrm{T}}^2$，选取 q_1 为维修决策，即立即维修；反之选取 q_2 为维修决策，暂不维修。

9.3.2.2 基于贝叶斯网络的维修决策实例

以分体式巷道运输车液压系统为例，当系统发生故障时，经可靠性分析得出，部件 x_{27}（A6VE28 液压马达）是系统的薄弱环节。因此，可通过先对部件 x_{27} 进行维修，以提高分体式巷道运输车的工作性能。

已知系统处于半故障状态下部件 x_{27} 处于半故障状态的后验概率为：$P(x_{27}=0.5 \mid T=0.5)=0.0709$；由于 $P(x_i=0 \mid T=0.5)=1-P(x_i=0.5 \mid T=0.5)-P(x_i=1 \mid T=0.5)$，

可得 $P(x_{27}=0\,|\,T=0.5)=0.8582$。在 t_1 时刻以部件的后验概率代替其先验概率作为当量概率，在 t_2 时刻以该时刻部件的先验概率为当量概率，则部件 x_{27} 的概率矩阵 $\boldsymbol{P}_i$ 为

$$\boldsymbol{P}_{27}=\begin{bmatrix} 0.8582 & 0.0709 & 0 & 0 \\ 0 & 0 & 0.8268 & 0.0832 \end{bmatrix}$$

已知，部件 x_{27} 处于正常和半故障状态时的维修成本见表 9-33。

表 9-33　部件 x_{27} 维修成本

部件 x_{27} 状态	部件成本/(元/个)	停机成本/(元/小时)	人工成本/(元/小时)	节省投资成本/(元/天)
正常	0	0	200	100
半故障	4000	10000	800	100

当部件 x_{27} 处于半故障状态时，每次维修需要半个小时，因此每次维修的停机成本为 5000 元、人工成本 100 和 400 元，两次维修时间间隔为一天 24h，根据式（9-108）有，对部件 x_{27} 采取 q_j（$j=1$，2）维修决策时的维修成本矩阵 $\boldsymbol{U}^j$ 为

$$\boldsymbol{U}^1=\begin{bmatrix} 0 & 0 & 100 & 0 \\ 4000 & 5000 & 400 & 0 \end{bmatrix}$$

$$\boldsymbol{U}^2=\begin{bmatrix} 0 & 0 & 100 & 100 \\ 0 & 5000 & 400 & 100 \end{bmatrix}$$

根据式（9-109）和式（9-110）计算可得，采用 q_j 维修策略时维修总成本 U_T^j 为

$$\boldsymbol{U}(q_1,q_2)=\begin{bmatrix} \boldsymbol{P}_{it1} \\ \boldsymbol{P}_{it2} \end{bmatrix}\begin{bmatrix} \boldsymbol{U}^1 \\ \boldsymbol{U}^2 \end{bmatrix}\begin{bmatrix} 283.6 & 354.5 & 34356.36 & 0 \\ 0 & 416 & 33105.7 & 8276.32 \end{bmatrix}$$

$$U_T^1=\sum_{k=1}^{3}u_k^1-u_4^1=34994.42$$

$$U_T^2=\sum_{k=1}^{3}u_k^2-u_4^2=25245.38$$

因为 $U_T^1>U_T^2$，所以最优维修决策为 q_2：暂不维修。同理，利用贝叶斯网络根据设备实际的性能状态，可对分体式巷道运输车液压系统中的其他部件进行维修决策，以选择最优的维修决策，从而减少运输车维修不足或过度维修，保证了整车的安全行驶和经济运行。

9.4　液压气动系统可靠性维修性微粒群优化

可靠性优化与维修性优化是可靠性和维修性的重要内容，它们是伴随可靠性维修性工程实践产生的，是可靠性维修性与最优化理论相结合的产物。可靠性（维修性）优化是在一定资源约束条件下寻求一种最佳设计（维修）方案，使系统获得最高的可靠度，或在满足一定可靠性（维修性）指标要求的条件下，以消耗最小的资源。研究有效的可靠性维修性优化方法，为改善和提高产品的可靠性和维修性提供依据，这对于增强产品安全性和可靠性，降低投资风险，提高企业的核心竞争力，具有重要的现实意义。

近年来，以微粒群（Particle Swarm Optimization，简称 PSO）算法、蚁群（Ant Colony Optimization，简称 ACO）算法为代表的群智能算法逐步兴起。微粒群优化算法起源于对简单社会系统的模拟，最初是模拟鸟群觅食的过程，微粒群算法在连续优化问题中具有明显的优势，例如，函数优化、约束优化、极大值极小值问题、多目标优化等问题。可靠性维修性优化问题就属于这类问题，因此，利用微粒群算法自身优势，将其用于可靠性维修性优化领域，以制订最佳的设计（维修）方案，具有十分重要的意义。

本节主要内容如下：

① 介绍了可靠性优化设计的主要内容，包括可靠性优化模型和优化算法。

② 针对微粒群算法易陷入局部最优的不足，提出混合 μPSO（μPSO-PSO）算法：前期采用 μPSO 算法，使粒子在黑名单粒子的斥力作用下进行全局搜索，避免粒子陷入局部最优位置；当全局最优解不发生变化时，只考虑了全局最优粒子和个体最优解对粒子的影响，采用标准 PSO 算法进行快速局部搜索，以提高收敛速度。并结合串联、桥式系统可靠性优化实例，验证了混合 μPSO 算法的优化结果比 PSO 算法、μPSO 算法及 PSO-μPSO 算法更为理想。

③ 将微粒群算法用于维修计划优化问题中，对飞机的维修计划进行了优化。

9.4.1 可靠性优化设计概述

可靠性优化设计是在一定资源约束条件下寻求一种最佳设计方案，使系统获得最高的可靠度，或在满足一定可靠性指标要求的条件下，以最少的投资，获得最大的经济效益。它是伴随可靠性在工程实践中的应用而产生的，是可靠性分析与最优化理论相结合的产物。可靠性优化设计内容包括可靠性优化模型、优化算法两个方面。

9.4.1.1 可靠性优化模型

可靠性优化模型由目标函数、约束条件等构成。目标函数为衡量可靠性设计方案优劣的一项或多项指标，例如，系统故障概率最低、费用最低等；约束条件为可靠性优化过程中需要满足的条件，例如，重量、体积等约束指标需控制在一定范围内。根据目标函数的个数，可将可靠性优化模型分为单目标、多目标可靠性优化模型。

(1) 故障函数

可靠性优化模型的关键在于构造出系统故障与部件故障之间的函数关系，即故障函数。故障函数是利用可靠性分析方法通过建立系统可靠性模型来构造的。

可靠性框图是从可靠性角度出发，描述系统与元件之间以及各元件之间关系的逻辑图。但对于复杂系统来说，由于系统、元件之间的逻辑关系具有不确定性，构造系统可靠性框图较为困难，可靠性框图只适用于结构较为简单的系统。传统故障树是以基本事件和逻辑门为基础，构成的一种特殊的树状逻辑因果关系图。然而，传统故障树存在元件故障率、故障概率无法精确获得、基于正常和故障状态的假设以及系统故障机理难以精确描述等缺点，限制了其在可靠性领域的发展。对于复杂系统，利用可靠性框图和传统故障树构造系统故障函数时，需要求解最小割集、进行不交化处理，其计算量将随着系统规模的增大而呈指数增长，难以在可靠性优化中得到广泛应用。

T-S 故障树是由具有 IF-THEN 规则的 T-S 门组合而成的一种新型故障树，它克服了传统故障树分析方法中事件二态性和事件间故障逻辑关系确定的假设，使得故障树容易构造。然而，T-S 故障树分析运算复杂和不能进行双向推理的不足，使其在实际工程中难以推广。贝叶斯网络是由表示节点和有向边构成的一个有向无环图。贝叶斯网络不仅克服了传统故障树在构造系统故障函数时需要求解最小割集、进行不交化处理的不足，还能够简化 T-S 故障树构造系统故障函数的过程。然而，贝叶斯网络的构造是其在可靠性建模中应用的瓶颈，限制了其在可靠性建模中的应用。

上述几种可靠性分析方法各有利弊，具体选择何种方法来构造故障函数可根据实际情况来选择。常用的故障函数的构造方法：利用 T-S 故障树、或者利用贝叶斯网络、或者利用 T-S 故障树转化为贝叶斯网络来构造。

本节选取利用 T-S 故障树来构造系统故障函数。假设 T-S 故障树的基本事件 x_1，$\cdots$，x_i，$\cdots$，x_n 和顶事件 T 的故障状态分别描述为模糊数 $x_1^{a_1}$，$\cdots$，$x_i^{a_1}$，$\cdots$，$x_n^{a_n}$ 和 T_q。其中，

$a_1=1,2,\cdots,s_1;\cdots;a_i=1,2,\cdots,s_i;\cdots;a_n=1,2,\cdots,s_n;q=1,2,\cdots,m$。令基本事件的故障概率为 $P(x_1^{a_1}),\cdots,P(x_i^{a_i}),\cdots,P(x_n^{a_n})$，则根据 T-S 故障树算法可构造出系统故障概率函数 $P(T_q)$ 为

$$P(T_q)=\sum_{l=1}^{r}P_0^l P^l(T_q) \tag{9-112}$$

式中　　r——T-S 规则总数；

$P^l(T_q)$——顶事件 T 在第 l 条 T-S 规则中故障状态为 T_q 的可能性；

P_0^l——T-S 规则 l 的执行度。

其中，P_0^l 计算方法为

$$P_0^l=\prod_{i=1}^{n}P(x_i^{a_i})$$

（2）费用函数

费用函数是提高每个元件可靠性所花费的人力、物力、财力的总和，可表述为系统可靠性和费用的函数关系，为此，构造费用函数 C 为

$$C=\sum_{i=1}^{n}\alpha_i\left\{\frac{-\mu_i}{\ln\left[1-\sum_{a_i=2}^{s_i}P(x_i^{ai})\right]}\right\}^{\beta_i}\left[n_i+\exp\left(\frac{n_i}{4}\right)\right] \tag{9-113}$$

式中　　n——系统中元件的数目；

α_i,β_i——常数；

μ_i——第 i 个元件无故障运行时间；

n_i——元件 i 的冗余。

（3）重量函数

系统的重量是各个元件重量的总和，考虑到冗余元件的重量，可得到重量函数 W 为

$$W=\sum_{i=1}^{n}\lambda_i n_i\exp\left(\frac{n_i}{4}\right) \tag{9-114}$$

式中　　λ_i——元件 i 的重量。

（4）体积函数

系统的体积也是各组成元件体积的总和，考虑到冗余元件的体积，则系统体积函数 V 为

$$V=\sum_{i=1}^{n}\eta_i n_i^2 \tag{9-115}$$

式中　　η_i——元件 i 的体积。

（5）可靠性优化模型

① 单目标可靠性优化模型　考虑到系统低故障概率是保障其稳定工作的前提，故构造以系统故障概率最低为目标，同时考虑系统费用、重量、体积为约束的单目标可靠性优化模型

$$\min\sum_{q=2}^{m}P(T=T_q)=\sum_{q=2}^{m}\sum_{l=1}^{r}P_0^l P^l(T=T_q)$$

$$\text{s.t.}\sum_{i=1}^{n}\alpha_i\left\{\frac{-\mu_i}{\ln\left[1-\sum_{a_i=2}^{s_i}P(x_i^{a_i})\right]}\right\}^{\beta_i}\left[n_i+\exp\left(\frac{n_i}{4}\right)\right]\leqslant C_0 \tag{9-116}$$

$$\sum_{i=1}^{n}\lambda_i n_i\exp\left(\frac{n_i}{4}\right)\leqslant W_0$$

$$\sum_{i=1}^{n} \eta_i n_i^2 \leqslant V_0$$

式中　C_0——系统费用的约束值；

　　　W_0——系统重量的约束值；

　　　V_0——系统体积的约束值。

② 多目标可靠性优化模型　在工程实际中,人们追求的是既能保障系统低故障概率又能降低花费的最优设计方案,为此,构造以系统故障概率最低、费用最少为目标,重量、体积为约束的多目标可靠性优化模型

$$\min \sum_{q=2}^{m} P(T = T_q) = \sum_{q=2}^{m} \sum_{l=1}^{r} P_0^l P^l(T = T_q)$$

$$\min C = \sum_{i=1}^{n} \alpha_i \left\{ \frac{-\mu_i}{\ln \left[1 - \sum_{a_i=2}^{s_i} P(x_i^{a_i}) \right]} \right\}^{\beta_i} \left[n_i + \exp\left(\frac{n_i}{4} \right) \right] \tag{9-117}$$

$$\text{s. t.} \sum_{i=1}^{n} \lambda_i n_i \exp\left(\frac{n_i}{4} \right) \leqslant W_0$$

$$\sum_{i=1}^{n} \eta_i n_i^2 \leqslant V_0$$

9.4.1.2　优化算法

优化问题是指在满足一定的约束条件下,寻找一组参数,使一些优化的度量得到满足,即达到某些度量指标的最小或者最大。优化问题的解决将有助于节约成本,降低风险,提高效率,优化资源配置等,其重要性不言而喻。为了使系统达到最优目标而提出的各种求解方法称为优化算法,一般可以将优化算法分为经典算法和智能算法。

(1) 经典算法

经典算法按其求解机理可以分为两大类:基于数学规划和基于梯度的优化算法。基于数学规划的优化算法主要有等分配法、最小二乘法、拉格朗日乘数法、AGREE（Advisory Group on Reliability of Electronic Equipment,美国国防部电子设备可靠性咨询小组）分配法等。等分配法是在不考虑各个单元的重要度前提下,认为各单元的可靠性水平相同,进而把可靠性指标平均分给每个单元的优化方法。AGREE 分配法是根据单元的重要度、相对复杂程度以及工作时间对系统可靠性进行分配,以达到系统可靠性指标的方法;基于梯度的优化算法主要有共轭梯度法、鲍威尔法、最速下降法、牛顿法、变尺度法等。

经典优化算法对目标函数和约束域均有较强的解析性要求,对于诸如目标函数不连续、约束域不连通、目标函数难以用解析函数表达或难以精确估计等问题,上述算法则难以解决。为此,人们开始寻求应用范围更为宽广的方法,随即产生了智能算法。

(2) 智能算法

智能算法是受自然规律及生物群体智能行为的启发,采用不同的智能策略搜索问题最优解的算法。它力求从自然界、生物系统中寻求灵感,借鉴和模拟自然规律、生物智能行为、生物进化过程等,构造各种计算模型,用于求解复杂优化问题。智能算法可分为以下几类:基于生物群体行为的优化算法,例如微粒群算法、蚁群算法、鱼群算法、萤火虫算法、人工蜂群算法;借鉴生物种群中的优胜劣汰进化思想的优化算法,如差分进化算法、遗传算法;模拟人类记忆、思维方式及社会群体行为的优化算法,如禁忌搜索算法、神经网络、视觉扫描优化算法;源于自然物理规律的优化算法,如模拟退火算法、中心力算法、类电磁机制算法、拟态物理学优化算法等。

相对于经典算法，智能算法有一些共同特点：可以处理复杂的目标函数，无可微性要求；所求变量可以是连续的，也可以是离散的；多数算法引入了随机因素，具有自适应的能力；算法的寻优过程是种群进化的过程。

(3) 微粒群算法

微粒群（Particle Swarm Optimization，简称 PSO）算法是一种群智能算法，它最早是由美国社会心理学家 James Kennedy 和电气工程师 Russell Eberhart 于 1995 年共同提出的，其基本概念源于对鸟群觅食过程中的迁徙和群居的模拟研究。鸟类在迁徙过程中使用简单的规则确定自己的飞行方向与飞行速度，当一只鸟飞离鸟群而飞向栖息地时，将导致它周围的其它鸟也飞向栖息地。这些鸟一旦发现栖息地，将降落在此，驱使更多的鸟落在栖息地，直到整个鸟群都落在栖息地。James Kennedy 和 Russell Eberhart 发现鸟类寻找栖息地与对一个特定问题寻找最优解很类似，已经找到栖息地的鸟引导它周围的鸟飞向栖息地的现象，符合信念的社会认知观点，而社会认知的实质在于个体向它周围的成功者学习。为使鸟能够飞向栖息地并在最好位置降落，需要在个性与社会性之间寻求平衡，既希望个体具有个性化，像鸟类模型中的鸟不互相碰撞，又希望其知道其他个体已经找到好的栖息地并向它们学习，即社会性。Eberhart 和 Kennedy 较好地解决了上述问题，提出了微粒群算法。

最早的微粒群算法称为基本 PSO 算法，在基本 PSO 算法中根据直接相互作用的微粒群定义可构造两种不同版本，即 Gbest 模型（全局最好模型）和 Lbest 模型（局部最好模型）。Gbest 模型以牺牲算法的鲁棒性为代价提高算法的收敛速度，在该模型中，整个算法以全局最优粒子为吸引，所有粒子受它吸引而向全局最优位置靠近，使所有粒子最终收敛于该位置。这样，如果在进化过程中，该全局最优位置得不到有效地更新，则整个微粒群将出现早熟现象。为了防止 Gbest 模型可能出现的早熟现象，Lbest 模型采用多个吸引粒子代替 Gbest 模型中的单一吸引粒子。首先将整个微粒群分解为若干个子群，在每一子群中保留其局部最优位置，称之为局部最优粒子；不同子群中的粒子受局部最优粒子吸引而向其靠近，整个微粒群向多个局部最优粒子聚集，有效地改善了微粒群的全局收敛性。很容易看出，Gbest 模型实际上是 Lbest 模型在子群数为 1 时的特殊情况。为了改善基本 PSO 算法的收敛性能，Y. Shi 和 R. C. Eberhart 在 1998 年的 IEEE 国际进化计算学术会议上提出了带惯性权重的微粒群算法，目前，有关微粒群算法的研究大多以带惯性权重的微粒群算法为基础进行扩展和修正。为此，将带惯性权重的微粒群算法称之为标准 PSO 算法。

在标准 PSO 算法中，每个优化问题的潜在解是搜索空间中的一个"粒子"。每个粒子都有一个由被目标函数决定的适应度；每个粒子还有一个速度决定其飞行的方向和距离，粒子们追随当前的最优粒子在解空间中搜索。

假设在 n 维搜索空间中，由 m 个粒子组成一个微粒群：$\boldsymbol{X}=[\boldsymbol{X}_1,\boldsymbol{X}_2,\cdots,\boldsymbol{X}_m]$，其中 $\boldsymbol{X}_i$（$i=1,2,\cdots,m$）为第 i 个粒子的位置向量：$\boldsymbol{X}=\{X_{i1},X_{i2},\cdots,X_{in}\}$，代表优化问题的一个可行解；每个粒子还有一个速度，第 i 个粒子的速度可表示为 $\boldsymbol{V}_i\{v_{i1},v_{i2},\cdots,v_{in}\}$，它决定了粒子运动的方向和距离。所有粒子都追随当前的个体最优粒子、全局最优粒子进行搜索，以寻求最优解。

每个粒子在 n 维搜索空间中通过迭代更新寻找最优解。粒子 i 自身经历的最好位置可表示为 $\boldsymbol{P}_i=\{p_{i1},p_{i2},\cdots,p_{in}\}$，被称为个体最优位置，其对应的可行解称为个体最优解。

假设 $f(\boldsymbol{X}_i)$ 为最小化问题的目标函数，对于最小化问题，目标函数值越小其位置越优，则粒子 i 的个体最优位置的迭代更新公式为

$$\boldsymbol{P}_i(t+1)=\begin{cases}\boldsymbol{X}_i(t+1) & f(\boldsymbol{X}_i(t+1))<f(\boldsymbol{P}_i(t))\\ \boldsymbol{P}_i(t) & f(\boldsymbol{X}_i(t+1))\geqslant f(\boldsymbol{P}_i(t))\end{cases} \tag{9-118}$$

式中　$\boldsymbol{P}_i(t+1)$——第 $t+1$ 代第 i 个粒子的个体最优位置；

$P_i(t)$——第 t 代第 i 个粒子的个体最优位置；

$X_i(t+1)$——第 $t+1$ 代第 i 个粒子的位置。

微粒群中全部粒子所经历过的最优位置可表示为 $P_g = \{p_{g1}, p_{g2}, \cdots, p_{gn}\}$，被称为全局最优位置。全局最优位置为个体最优位置中最好的位置，即在全部个体最优位置更新完毕之后，选取之中的最优位置即为微粒群的全局最优位置，其对应的可行解称为全局最优解。对于最小化问题，微粒群的全局最优位置为

$$P_g(t) = \min\{P_1(t), P_2(t), \cdots, P_m(t)\} \tag{9-119}$$

在个体最优位置和全局最优位置更新的基础之上，微粒群算法进行速度和位置两方面的更新，例如在第 t 代微粒群中第 i 个粒子的第 d 维的更新过程为

$$v_{id}(t+1) = wv_{id}(t) + c_1 r_1 [P_{id}(t) - x_{id}(t)] + c_2 r_2 [P_{gd}(t) - x_{id}(t)] \tag{9-120}$$

$$x_{id}(t+1) = x_{id}(t) + v_{id}(t+1) \tag{9-121}$$

式中　$v_{id}(t+1)$——第 $t+1$ 代第 i 个粒子的第 d 维的速度；

$v_{id}(t)$——第 t 代第 i 个粒子的第 d 维的速度；

$x_{id}(t+1)$——第 $t+1$ 代第 i 个粒子的第 d 维的位置；

$x_{id}(t)$——第 t 代第 i 个粒子的第 d 维的位置；

w——惯性权重；

r_1, r_2——（0，1）区间内的 2 个互相独立的随机数；

c_1, c_2——加速常数；

$P_{id}(t)$——第 t 代个体最优粒子的第 d 维的位置；

$P_{gd}(t)$——第 t 代全局最优粒子的第 d 维的位置。

式（9-120）表示的速度更新公式由以下三个部分组成：

第一部分为原始的速度项，表示粒子的当前速度对自身的影响，即粒子自身进行的惯性运动，因此参数 w 被称作惯性权重。

第二部分根据粒子个体最优位置与当前位置的距离修正原始速度，属于认知部分，即粒子的运动来源于自身经验的部分，因此参数 c_1 被称作认知学习因子（也可称作认知加速因子），用来调节粒子飞向个体最优位置方向的步长。

第三部分根据微粒群体全局最优位置与当前位置的距离修正原始速度，属于社会部分，即粒子的运动来源于群体中其他粒子经验的部分，因此参数 c_2 称作社会学习因子（也可称作社会加速因子），用来调节粒子向全局最优位置飞行的步长。

图 9-25 形象地描述了粒子迭代更新的过程。

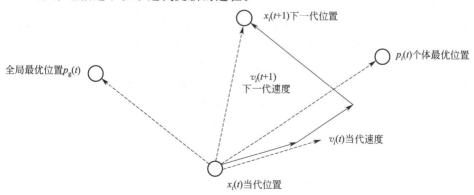

图 9-25　粒子迭代更新示意图

标准 PSO 算法的流程如图 9-26 所示。

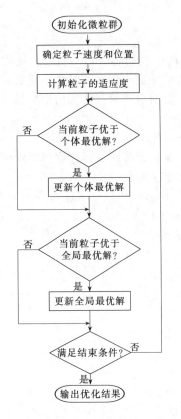

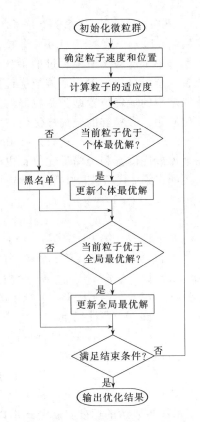

图 9-26　标准 PSO 算法的流程　　　　图 9-27　μPSO 算法的流程

9.4.2 基于微粒群算法及其改进算法的可靠性优化方法

微粒群算法具有结构简单、鲁棒性好、调整参数少等优点，在优化问题中得到成功应用，但该算法存在易陷入局部最优、出现早熟等不足，需对其进行改进。为此，许多学者对微粒群算法进行了改进研究。

9.4.2.1 微-微粒群算法

微-微粒群(Micro-Particle Swarm Optimization，简称 μPSO) 算法由 Huang 提出，它在标准 PSO 算法基础上借鉴微遗传算法的进化思想，重新构造了粒子速度的更新方式，该算法具有很少的种群规模，将粒子分为一般粒子和当代最优粒子进行速度、位置的更新，其特有的黑名单机制，可将适应度差的粒子吸收，并通过排斥项 λ 避免粒子再次落入。μPOS 算法的流程如图 9-27 所示。因此，该算法具有较好的收敛机制，其粒子更新过程表示为

$$v_{jk}(t+1)=wv_{jk}(t)+c_1r_1[p_{jk}(t)-x_{jk}(t)]+c_2r_2$$
$$[p_{gk}(t)-x_{jk}(t)]+\lambda_{jk}(t) \tag{9-122}$$

$$v_{mk}(t+1)=wv_{mk}(t)+p_gk(t)-x_{md}(t)+\rho(t)(1-2r_3)$$
$$+\lambda_{mk}(t) \tag{9-123}$$

$$x_{jk}(t+1)=x_{jk}(t)+v_{jk}(t+1) \tag{9-124}$$

$$x_{mk}(t+1)=x_{mk}(t)+v_{mk}(t+1) \tag{9-125}$$

式中　　$v_{jk}(t)$，$x_{jk}(t)$ ——第 t 代第 j 个一般粒子第 k 维速度、位置；

$v_{jk}(t+1)$，$x_{jk}(t+1)$ ——第 $t+1$ 代第 j 个一般粒子第 k 维速度、位置；

$v_{mk}(t), x_{mk}(t)$ ——第 t 代第 m 个当代最优粒子第 k 维速度、位置；

$v_{mk}(t+1), x_{mk}(t+1)$ ——第 $t+1$ 第 m 个当代最优粒子第 k 维速度、位置；

w ——惯性权重；

r_1，r_2，r_3 ——（0，1）区间内的 3 个互相独立的随机数；

c_1，c_2 ——加速常数；

$p_{jk}(t)$ ——第 j 个粒子的第 k 维位置；

$p_{gk}(t)$ ——全局最优粒子的第 k 维位置；

$\rho(t)$ ——第 t 代的缩放因子；

$\lambda_{jk}(t), \lambda_{mk}(t)$ ——第 t 代第 j 个一般粒子、当代最优粒子的排斥项。

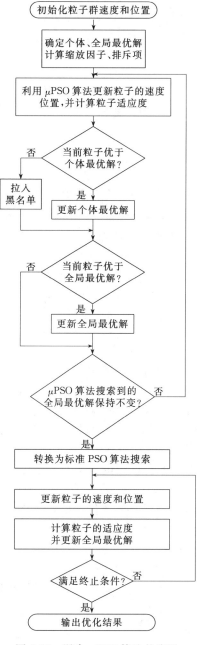

图 9-28　混合 μPSO 算法的流程

当全局最优解不发生变化时，如果粒子落入到比之前差的位置时，则将该位置列入黑名单，并用斥力项来抵制粒子再次落入黑名单，以提高算法的局部搜索能力。这里，将搜索空间的粒子视为单位电荷量的同种点电荷，借鉴静电学库伦定理中点电荷之间距离与库仑力的关系，给出第 m 个粒子与黑名单中 F 个粒子的斥力项 $\boldsymbol{\lambda}_m$ 为

$$\boldsymbol{\lambda}_m = \delta \sum_{f=1}^{F} \frac{\boldsymbol{d}_{fm}}{\parallel \boldsymbol{d}_{fm} \parallel_2^\sigma} \tag{9-126}$$

式中，δ 为斥力系数；$\boldsymbol{d}_{fm}$ 为黑名单中第 f 个粒子到第 m 个粒子的距离向量，$\boldsymbol{d}_{fm} = \boldsymbol{x}_m - \boldsymbol{x}_f$，$\boldsymbol{x}_f$ 和 $\boldsymbol{x}_m$ 分别为第 f 个粒子和第 m 个粒子的位置向量；$\parallel \boldsymbol{d}_{fm} \parallel_2$ 为 $\boldsymbol{d}_{fm}$ 的 2 范数；σ 为斥力强度参数，由此可见，斥力与 $\parallel \boldsymbol{d}_{fm} \parallel_2^\sigma$ 成反比，当粒子间距离不变时，可通过调整斥力强度参数 σ 来改变斥力的大小。

$\rho(t)$ 可由第 $t-1$ 代缩放因子 $\rho(t-1)$ 求得

$$\rho(t) = \begin{cases} 2\rho(t-1) & suc > s_c \\ 0.5\rho(t-1) & fail > f_c \\ \rho(t-1) & \text{其他} \end{cases} \tag{9-127}$$

式中，suc 为成功计数器，s_c 为成功计数器上限值，$fail$ 为失败计数器，f_c 为失败计数器上限值。

9.4.2.2　混合 μPSO 算法

混合 μPSO（μPSO-PSO）算法的基本思想为：搜索前期采用 μPSO 算法，使粒子在黑名单粒子的斥力作用下进行全局搜索，避免粒子陷入局部最优位置；当全局最优解不发生变化时，只考虑了全局最优粒子和个体最优解对粒子的影响，采用标准 PSO 算法进行快速局部搜索，以提高收敛速度。混合 μPSO 算法的流程如图 9-28 所示。

其粒子更新过程表示为

$$v_{jk}(t+1) = wv_{jk}(t) + c_1 r_1 [p_{jk}(t) - x_{jk}(t)] + c_2 r_2 [p_{gk}(t) - x_{jk}(t)] + \eta \lambda_{jk}(t) \tag{9-128}$$

$$v_{mk}(t+1) = wv_{mk}(t) + (1-\eta)c_1 r_1 [p_{mk}(t) - x_{mk}(t)] + [\eta(1-c_2 r_2) + c_2 r_2]$$
$$[p_{gk}(t) - x_{mk}(t)] + \eta[\rho(t)(1-2r_3) + \lambda_{mk}(t)] \tag{9-129}$$

$$x_{jk}(t+1) = x_{jk}(t) + v_{jk}(t+1) \tag{9-130}$$

$$x_{mk}(t+1) = x_{mk}(t) + v_{mk}(t+1) \tag{9-131}$$

式中　$v_{jk}(t)$，$x_{jk}(t)$ —— 第 t 代第 j 个一般粒子第 k 维速度、位置；

$v_{jk}(t+1)$，$x_{jk}(t+1)$ —— 第 $t+1$ 代第 j 个一般粒子第 k 维速度、位置；

$v_{mk}(t)$，$x_{mk}(t)$ —— 第 t 代第 m 个当代最优粒子第 k 维速度、位置；

$v_{mk}(t+1)$，$x_{mk}(t+1)$ —— 第 $t+1$ 第 m 个当代最优粒子第 k 维速度、位置；

w —— 惯性权重；

r_1，r_2，r_3 —— （0，1）区间内的 3 个互相独立的随机数；

c_1，c_2 —— 加速常数；

$p_{jk}(t)$ —— 第 j 个粒子的第 k 维位置；

$p_{gk}(t)$ —— 全局最优粒子的第 k 维位置；

η —— 转换因子；

$\rho(t)$ —— 第 t 代的缩放因子；

$\lambda_{jk}(t)$，$\lambda_{mk}(t)$ —— 第 t 代第 j 个一般粒子、当代最优粒子第 k 维的排斥项。

转换因子 η 的转换过程表示为

$$\eta = \begin{cases} 1 & t < t_\mu \\ 0 & t \geqslant t_\mu \end{cases} \tag{9-132}$$

式中 t_μ——利用 μPSO 算法搜索时，全局最优解不变的最小迭代次数。

混合 μPSO 算法的搜索步骤为：随机初始化每一个粒子的速度和位置，计算每一个粒子的适应度，并比较，确定粒子初始个体最优解和全局最优解，计算缩放因子和排斥项，区分一般粒子和当代最优粒子，在每次迭代中，利用式（9-128）～式（9-131）更新粒子的速度和位置，以不断更新最优解。当全局最优解保持不变时，转为标准 PSO 算法介入，更新粒子的速度和位置，计算每个粒子的适应度，并比较以更新最优解，直到满足算法的终止条件。

9.4.2.3 适应度函数

标准 PSO 算法、μPSO 算法、混合 μPSO 算法可以处理无约束的可靠性优化问题，但对有约束的可靠性问题，需引入罚函数，将带约束的优化问题转化成无约束的优化问题，并构造系统适应度函数。它是在系统约束条件的限制下，由系统目标函数和惩罚因子组成的。适应度函数的表达式为

$$
fitness = \begin{cases} \displaystyle\sum_{q=2}^{m} P(T=T_q) & C \leqslant C_0, W \leqslant W_0, V \leqslant V_0 \\ \displaystyle\sum_{q=2}^{m} P(T=T_q) + N & \text{其他} \end{cases} \tag{9-133}
$$

式中，N 为惩罚因子，当优化结果不满足约束时，通过增加惩罚因子增大该优化解的适应度值，以便舍弃该优化结果。

9.4.2.4 可靠性优化实例分析

(1) 5 级串联系统可靠性优化

以常见的 5 级串联系统为例，如图 9-29 所示，验证混合 μPSO 算法的寻优能力。在 5 级串联系统中分别采用 0、1 描述事件的正常和故障两种状态，综合考虑 5 级串联系统的工作原理，构造其 T-S 故障树如图 9-30 所示，并得到 T-S 故障树中顶事件 T 的 T-S 规则表，见表 9-34。

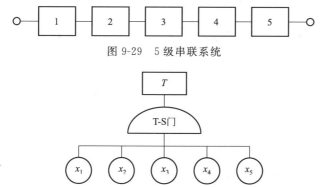

图 9-29　5 级串联系统

图 9-30　5 级串联系统 T-S 故障树

表 9-34　5 级串联系统的 T-S 规则表

规则	x_1	x_2	x_3	x_4	x_5	T 0	T 1	规则	x_1	x_2	x_3	x_4	x_5	T 0	T 1
1	0	0	0	0	0	1	0	5	0	0	1	0	0	0	1
2	0	0	0	0	1	0	1	6	0	0	1	0	1	0	1
3	0	0	0	1	0	0	1	⋮	⋮	⋮	⋮	⋮	⋮	⋮	⋮
4	0	0	0	1	1	0	1	32	1	1	1	1	1	0	1

根据系统 T-S 故障树和 T-S 规则表，利用式（9-116）构造以系统故障概率最低为目标，费用为约束的单目标可靠性优化模型

$$\min P(T=1) = \sum_{l=1}^{32} P_0^l P^l(T=1)$$

$$\text{s. t.} \sum_{i=1}^{5} \alpha_i \left\{ \frac{-\mu_i}{\ln[1-P(x_i^{a_i})]} \right\}^{\beta_i} \leqslant C_0$$

其中，$\mu_i=1000\text{h}$；$\alpha_1=8.80\times10^{-5}$，$\alpha_2=5.68\times10^{-5}$，$\alpha_3=4.45\times10^{-5}$，$\alpha_4=7.85\times10^{-5}$，$\alpha_5=3.70\times10^{-5}$；$\beta_i=1.5$；$C_0=175$。

设置混合 μPSO 算法最大迭代次数 $t_{\max}$ 为 150，其他参数设置如表 9-35 所示。

表 9-35　混合 μPSO 算法参数设置

参数	标准 PSO 算法	μPSO 算法	混合 μPSO 算法
粒子个数 M	5、20	5、20	5、20
加速常数 c_1、c_2	1.49	1.49	1.49
最大权重 $w_{\max}$	0.9	0.9	0.9
最小权重 $w_{\min}$	0.1	0.1	0.1
初始缩放因子 $\rho(0)$	—	1	1
成功计数器上限 s_c	—	5	5
失败计数器上限 f_c	—	5	5
排斥系数 δ	—	0.2	0.2
排斥力强度参数 σ	—	21	21

为说明混合 μPSO 算法的有效性，现将该算法与标准 PSO 算法、μPSO 算法、PSO-μPSO 算法进行比较，其中，PSO-μPSO 算法是先利用 PSO 算法进行前期搜索，再利用 μPSO 算法进行后期搜索的优化方法，其搜索方法的切换条件与混合 μPSO 算法相同。

当粒子个数 $M=5$ 时，不同算法的优化结果曲线如图 9-31 所示，优化结果如表 9-36 所示。

当粒子个数 $M=20$ 时，不同算法的优化结果曲线如图 9-32 所示，优化结果如表 9-37 所示。

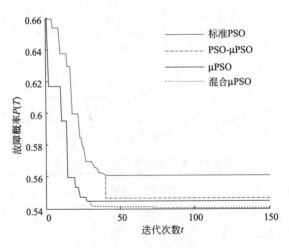

图 9-31　不同算法的优化结果曲线（$M=5$）

表 9-36　不同算法的优化结果（ $M = 5$ ）

优化参数	标准 PSO	μPSO	PSO-μPSO	混合 μPSO
$P(x_1)$	0.2190	0.1456	0.1815	0.1498
$P(x_2)$	0.1644	0.1456	0.1486	0.1521
$P(x_3)$	0.1294	0.1456	0.1382	0.1420
$P(x_4)$	0.1146	0.1456	0.1260	0.1434
$P(x_5)$	0.1270	0.1456	0.1363	0.1328
$P(T)$	0.5609	0.5446	0.5466	0.5406
C	175.000	174.0880	174.2158	174.9999
运行时间/s	0.0423	1.9846	0.4696	0.1116

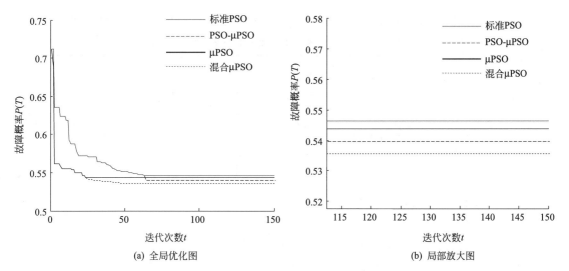

(a) 全局优化图　　　　　　　　　(b) 局部放大图

图 9-32　不同算法的优化结果曲线（ $M = 20$ ）

表 9-37　不同算法的优化结果（ $M = 20$ ）

优化参数	标准 PSO	μPSO	PSO-μPSO	混合 μPSO
$P(x_1)$	0.1665	0.1452	0.1586	0.1620
$P(x_2)$	0.1144	0.1452	0.1402	0.1376
$P(x_3)$	0.1455	0.1452	0.1313	0.1273
$P(x_4)$	0.1515	0.1452	0.1449	0.1635
$P(x_5)$	0.1524	0.1452	0.1432	0.1201
$P(T)$	0.5464	0.5436	0.5396	0.5358
C	175.0000	174.8023	174.9996	175.0000
运行时间/s	0.1206	28.6332	9.0564	6.1245

　　由上述结果可以看出，当粒子个数 $M = 5$ 或 $M = 20$ 时，混合 μPSO 算法的优化结果优于标准 PSO 算法、μPSO 算法及 PSO-μPSO 算法，且运行时间较短。

(2) 桥式系统可靠性优化

　　为进一步测试混合 μPSO 算法在求解可靠性优化问题中的优化性能，以常见桥式系统为例，如图 9-33 所示，并与标准 PSO 算法、μPSO 算法及 PSO-μPSO 算法进行对比，以验证所提想法的正确性。

　　在桥式网络系统中分别采用 0、1 表示事件正常和故障两种状态，综合桥式系统的工作原理，构造其 T-S 故障树如图 9-34 所示，T-S 故障树中顶事件 T 的 T-S 规则表，如表 9-38 所示。

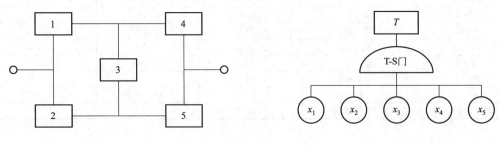

图 9-33 桥式系统　　　　　　　　　　　　　图 9-34 桥式系统 T-S 故障树

表 9-38 桥式系统 T-S 规则表

规则	x_1	x_2	x_3	x_4	x_5	T 0	T 1	规则	x_1	x_2	x_3	x_4	x_5	T 0	T 1
1	0	0	0	0	0	1	0	5	0	0	1	0	0	0.5	0.5
2	0	0	0	0	1	0.8	0.2	6	0	0	1	0	1	0.3	0.7
3	0	0	0	1	0	0.8	0.2	⋮	⋮	⋮	⋮	⋮	⋮	⋮	⋮
4	0	0	0	1	1	0.6	0.4	32	1	1	1	1	1	0	1

利用式(9-116) 构造桥式系统的可靠性优化模型为

$$\min P(T=1) = \sum_{l=1}^{32} P_0^l P^l(T=1)$$

$$\text{s. t.} \sum_{i=1}^{5} \alpha_i \left\{ \frac{-\mu_i}{\ln[1-P(x_i^{a_i})]} \right\}^{\beta_i} \leqslant C_0$$

其中，桥式系统的可靠性费用函数与 5 级串联系统相同，假设其参数也相同。

当粒子个数 $M=5$ 时，不同算法的优化结果曲线如图 9-35 所示，优化结果如表 9-39 所示。

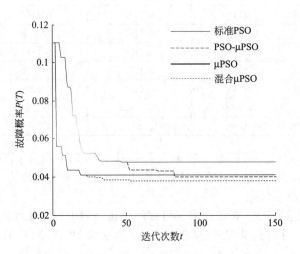

图 9-35 不同算法的优化结果曲线 （$M=5$）

表 9-39　不同算法的优化结果（$M=5$）

优化参数	标准 PSO	μPSO	PSO-μPSO	混合 μPSO
$P(x_1)$	0.1083	0.1366	0.1351	0.1411
$P(x_2)$	0.1836	0.1366	0.1351	0.1396
$P(x_3)$	0.3000	0.1366	0.1351	0.1663
$P(x_4)$	0.2272	0.1366	0.1351	0.1251
$P(x_5)$	0.0715	0.1366	0.1351	0.1142
$P(T)$	0.0477	0.0408	0.0398	0.0379
C	175.0000	171.8125	174.9706	175.0000
运行时间/s	0.0367	2.5343	0.6665	0.1456

当粒子个数 $M=20$ 时，不同算法的优化结果曲线如图 9-36 所示，优化结果如表 9-40 所示。

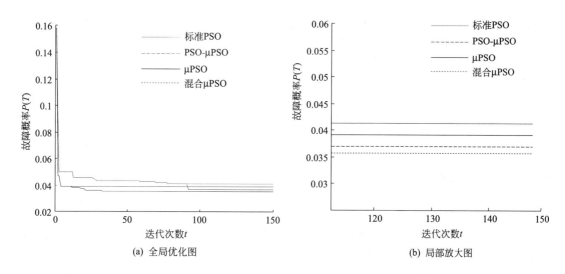

图 9-36　不同算法的优化结果曲线（$M=20$）

表 9-40　不同算法的优化结果（$M=20$）

优化参数	标准 PSO	μPSO	PSO-μPSO	混合 μPSO
$P(x_1)$	0.2582	0.1664	0.1733	0.1463
$P(x_2)$	0.0813	0.1032	0.1007	0.1133
$P(x_3)$	0.2254	0.1725	0.2006	0.2077
$P(x_4)$	0.1557	0.1725	0.1369	0.1612
$P(x_5)$	0.0933	0.1032	0.1048	0.0891
$P(T)$	0.0413	0.0392	0.0364	0.0357
C	175.0000	165.9790	175.0000	174.9998
运行时间/s	0.0897	28.8746	6.9012	2.1661

由结果可以看出，无论是简单的 5 级串联系统还是复杂的桥式系统，与标准 PSO 算法、μPSO 算法以及 PSO-μPSO 算法相比，混合 μPSO 算法搜索能力更强、结果更优。

9.4.3 基于微粒群算法的维修计划优化

维修生产计划是生产管理部门针对如何安排维修任务而制订的计划，通过对各项维修任务进行正确的排列、安排适当的时间、选择合适的地点，制订合理、高效的维修生产计划，可使维修资源和维修负荷相平衡，从而有效控制维修工作。随着科技的快速发展，现代机械设备日趋复杂化、精密化，例如，飞机尤为精密而复杂，为保证其极高的可靠性要求，需制订合理的维修生产计划，并对其进行实时有效的维修。另外，近年来飞机机队的规模不断壮大，当前那些人工或半人工编制计划的方法已不适合编制大机队的维修生产计划，因此，对飞机编制维修计划时必须考虑优化以减少使用成本。

为此，孙春林等基于对飞机维修定检生产计划流程的分析，采用整数规划的方法建立基于维修成本的飞机维修生产计划优化模型，同时采用标准 PSO 算法对该模型进行了求解。

9.4.3.1 维修计划优化模型

(1) 维修计划问题描述

飞机定检维修计划的编制流程如下：首先，根据维修方案预测维修工作，然后确定维修工作的执行时间、执行地点，并保证维修计划满足机队运力、机库容量、工时等约束，继而将计划下发到工作车间，并监控工作进度直至维修工作完成，最后对维修工作进行绩效分析，为以后维修计划的编制积累经验数据。

维修计划需确定飞机在何时、何地进行维修，而不同时间进行维修导致的停场损失、加班费用不同，另外，还有可能因为维修能力的约束将维修外包而产生额外费用支出，因此，编制计划所考虑的维修成本应当是停场损失、加班费用和外包费用的和。此外，编制维修计划应考虑的约束包括：①维修定检间隔时间不能大于维修方案规定的时间间隔；②各基地进入维修的飞机数量不能超过机库的容量；③各时刻可服务飞机的飞行能力应大于规定的飞行能力，例如，客机则为运力，这里将运力的单位定义为座位数×公里数；④在基地维修的飞机单位时间消耗的工时小于维修基地所能提供的最大单位工时。

(2) 维修计划优化模型

为建立合理的维修计划优化模型，引入时间窗口的概念，一般对飞机进行定检的开始时间有一个调整的区间，例如，在完成上次定检后，经过定检间隔时间的 90% 就开始下次定检。此外，区间性的定检开始时间还有利于机队利用可靠性方案中有关定期维修间隔短期延长的条款将定检开始时间适当调整。为此，这里将这个变化的维修开始时间用一个区间来表示，定义为时间窗口。

时间窗口的确定可采用以下方法：根据机队上一年的历史记录确定飞机日利用率，进而可以得到每台飞机每天平均的日工作小时数。根据飞机上一次定检的开始时间和规定的定检周期长度就可以得到下次定检的开始时段，然后根据机队针对该次维修提前或延迟多长时间的标准来确定该次维修的时间窗口，时间窗口的发展可以适当放大，但会导致计算量的增多。每台飞机每次维修都有一个时间窗口，将这个时间窗口作为飞机定检维修计划优化的基础数据，飞机每次维修的开始时刻就在各自时间窗口内选择。

引入时间窗口概念后，采用整数规划的方法，以飞机维修费用最小为目标，考虑上述维修过程中应满足的约束条件，建立维修计划优化模型为

$$\min C = \sum_{i=1}^{N} \sum_{m=1}^{W} \sum_{t=1}^{T} \sum_{l=1}^{L} S_{imtl} (C_{it}^{\mathrm{P}} + C_{itl}^{\mathrm{P}} + C_{itl}^{\mathrm{E}})$$

$$\mathrm{s.t.} \sum_{t=B_{ij}}^{O_{ij}} \sum_{l=1}^{L} R_{imtl} = 1 \quad i = 1,2,\cdots,N \quad m \in (1,2,\cdots,W)$$

$$\sum_{t=B_{ij+1}}^{M_{ij+1}} t\left(\sum_{l=1}^{L_0} R_{im_i tl}\right) - \sum_{t=B_{ij}}^{M_{ij}} t\left(\sum_{l=1}^{L_0} R_{im_i tl}\right) \leqslant I_{ij} \quad i = 1, 2, \cdots, N$$

$$(1 - R_{imkl})Q \geqslant \sum_{t=k}^{k+M_{ij-1}} S_{imtl} - M_{ij} \geqslant (R_{imkl} - 1)Q \quad k \in [B_{ij}, O_{ij}] \tag{9-134}$$

$$\sum_{t=B_{ij}}^{O_{ij}} (R_{im_i tl_1} + R_{im_i tl_2} + R_{im_i tl_3}) = 0 \quad 1 \leqslant l_1, l_2, l_3 \leqslant L$$

$$\sum_{i=1}^{N} S_{im_i tl_1} \leqslant A \quad t \in [0, T] \quad 1 \leqslant l_1 \leqslant L \quad m_i \in (1, 2, \cdots, W)$$

$$\sum_{i=1}^{N} \sum_{m=1}^{W} S_{imtl} q_{it} < H_{tl} \quad t \in [0, T] \quad 1 \leqslant l_1 \leqslant L$$

$$\sum_{i=1}^{N} \sum_{m=1}^{W} \sum_{l=1}^{L} (1 - S_{imtl}) p_i' \geqslant D_t' \quad t = 1, 2, \cdots, T$$

其中

$$R_{imtl} = \begin{cases} 1 & \text{机型为 } m \text{ 的飞机 } i \text{ 在 } t \text{ 时刻基地 } l \text{ 开始进行维修} \\ 0 & \text{其他} \end{cases} \tag{9-135}$$

$$S_{imtl} = \begin{cases} 1 & \text{机型为 } m \text{ 的飞机 } i \text{ 在 } t \text{ 时刻基地 } l \text{ 处于维修状态} \\ 0 & \text{其他} \end{cases} \tag{9-136}$$

式中　　N——飞机的数目；

T——计划期长度；

m_i——飞机 i 的机型号；

L——维修基地的数目；

W——飞机类型的数量；

l——基地序号：$1, 2, \cdots, l_0$ 国内基地、$l_{0+1}, l_{0+2}, \cdots, L$ 国外基地；

$[B_{ij}, O_{ij}]$——飞机 i 第 j 次维修的时间窗口；

M_{ij}——飞机 i 第 j 次维修的持续时间；

C_{it}^{P}——飞机 i 在 t 时刻进行维修的单位时间停场损失；

C_{itl}^{P}——飞机 i 在 t 时刻基地 l 进行维修的加班费用；

C_{itl}^{E}——飞机 i 在 t 时刻基地 l 进行维修的外包费用；

q_{it}——飞机 i 在 t 时刻进行维修所需要的工时；

H_{tl}——基地 l 在 t 时刻所能提供的最大工时；

p_i'——机型为 m_i 的飞机 i 能提供的飞行能力；

D_t'——对应 t 时刻所需要的飞行能力。

该优化模型中，目标函数保证了维修计划对应的维修停场费用、加班费用和外包费用的和最小；约束条件 1 保证机型为 m_i 的飞机在第 i 次维修的时间窗口 $[B_{ij}, O_{ij}]$ 内只进行一次维修，而且只能在一个基地进行维修；约束条件 2 保证飞机 i 第 j 次维修与第 $j+1$ 次维修的时间间隔小于维修方案规定的时间间隔，其中：第 j 次维修的时间窗口为 $[B_{ij}, O_{ij}]$，第 $j+1$ 次维修的时间窗口是 $[B_{ij+1}, O_{ij+1}]$；约束条件 3 保证了维修的完整性，即一旦开始维修就要不停地进行下去直到维修完成；约束条件 4 保证了机型为 m_i 的飞机 i 第 j 次维修不能在基地 l_1、l_2、l_3 进行该次维修任务，并且该次维修任务的时间窗口为 $[B_{ij}, O_{ij}]$；约束条件 5 保证了基地 l_1 在 t 时刻最多允许 A 架机型为 m_i 的飞机进行维修；约束条件 6 保证了 t 时刻在基地 l 进行维修的飞机消耗的工时小于基地 l 所能提供的工时；约束条件 7 保证了单位时间的飞行能力大于所要求的飞行能力。

9.4.3.2 维修计划优化实例

某飞机机队共有 5 架飞机，维修计划期为 30 天，在计划期内每架飞机只进行一次维修，对应每次维修的时间窗口和持续时间如表 9-41 所示，维修基地数为 3，分别用基地号 1、2、3 表示，其余数据由于数据量较大，这里不一一列举。

表 9-41　飞机维修时间窗口

飞机号 i	机型号 m	维修次数 j	时间窗口 $[B_{ij}, O_{ij}]$	持续时间 M_{ij}
1	1	1	[1, 10]	5
2	1	1	[5, 15]	4
3	2	1	[10, 15]	3
4	3	1	[20, 25]	4
5	4	1	[10, 20]	2

采用标准 PSO 算法对该飞机机队飞机维修计划进行优化求解，其结果如表 9-42 所示。

表 9-42　飞机维修计划优化结果

迭代次数	维修费用 C/元	最优解	迭代次数	维修费用 C/元	最优解
100	746.299	1,15,10,25,10,1,1,1,2,1	800	716.262	1,7,10,20,10,1,1,1,2,1
200	742.610	1,7,15,20,10,1,1,1,1,2	1000	716.262	1,7,10,20,10,1,1,1,2,1
400	734.200	1,7,10,20,10,1,1,1,1,1	2000	716.262	1,7,10,20,10,1,1,1,2,1

由表 9-42 中的优化结果可以看出，当迭代次数大于 800 次后，最优解趋于稳定，目标函数的最小值为 716.262 元，最优位置为 (1, 7, 10, 20, 10, 1, 1, 1, 2, 1)，根据粒子编码准则，可知最优位置的意义为：飞机 1 在时刻 1、2、3、4、5 于基地 1 进行维修，飞机 2 在时刻 7、8、9、10 于基地 1 进行维修，飞机 3 在时刻 10、11、12 于基地 1 进行维修，飞机 4 在时刻 20、21、22、23 于基地 2 进行维修，飞机 5 在时刻 11、12 于基地 1 进行维修。经过验算可知，所得到的计划满足各种约束条件，各次维修的开始时间都在时间窗口内。由此可知，利用标准 PSO 算法对飞机维修计划进行优化求解是可行的，这为维修计划的编制提供了一条新的途径。

参 考 文 献

[1] 赵静一，姚成玉. 液压系统可靠性工程 [M]. 北京：机械工业出版社，2011.

[2] 许耀铭. 液压可靠性工程基础 [M]. 哈尔滨：哈尔滨工业大学出版社，1991.

[3] 康锐. 可靠性维修性保障性工程基础 [M]. 北京：国防工业出版社，2012.

[4] 章国栋，陆廷孝，屠庆慈等. 系统可靠性与维修性的分析与设计 [M]. 北京：北京航空航天大学出版社，1990.

[5] 陈云翔. 可靠性与维修性工程 [M]. 北京：国防工业出版社，2007.

[6] 康锐，李瑞莹，王乃超，等译. 可靠性与维修性工程概论 [M]. 北京：清华大学出版社，2010.

[7] 甘茂志，吴真真. 维修性设计与验证 [M]. 北京：国防工业出版社，1995.

[8] 于永利，郝建平，杜晓明. 维修性工程理论与方法 [M]. 北京：国防工业出版社，2007.

[9] 王少萍. 工程可靠性 [M]. 北京：北京航空航天大学出版社，2000.

[10] 曾声奎，赵廷弟，张建国，等. 系统可靠性设计分析教程 [M]. 北京：北京航空航天大学出版社，2001.

[11] 陈东宁，姚成玉. 基于模糊贝叶斯网络的多态系统可靠性分析及在液压系统中的应用 [J]. 机械工程学报，2012，48（16）：175-183.

[12] 陈东宁，姚成玉，党振. 基于 T-S 模糊故障树与贝叶斯网络的多态液压系统可靠性分析 [J]. 中国机械工程，2013，24（7）：899-905.

[13] 陈东宁，姚成玉. 基于 T-S 故障树与混合 μPSO 算法的可靠性优化方法 · [J]. 中国机械工程，2013，24（18）：2415-2420.

[14] 陈东宁，张国峰，姚成玉等. 细菌群觅食优化算法及 PID 参数优化应用 [J]. 中国机械工程，2014，待校稿时补充页码

[15] 陈东宁，姜万录，王益群. 基于粒子群算法的冷连轧机轧制负荷分配优化 [J]. 中国机械工程，2007，18（11）：1303-1306.

[16] CHEN Dongning, ZHANG Guofeng, YAO Chengyu. PSO algorithm based PID parameters optimization of hydraulic screwdown system of cold strip mill [C]. 2011 International Conference on Fluid Power and Mechatronics (FPM 2011), Beijing, 2011：113-116.

[17] 陈东宁，姚成玉，王斌等. 基于贝叶斯网络和灰关联法的多态液压系统故障诊断 [J]. 润滑与密封，2013，38（1）：78-83，99.

[18] 陈东宁，徐海涛，姚成玉. 基于液压伺服和虚拟仪器技术的脉冲试验机设计 [J]. 液压与气动，2013（3）：76-79.

[19] CHEN Dongning, YAO Chengyu, FENG Zhongkui. Reliability prediction method of hydraulic system by fuzzy theory [C] // Proceeding of the 6th IFAC Symposium on Mechatronic Systems (IFAC MECH2013), Hangzhou, 2013：457-462.

[20] 陈东宁，姚成玉，王斌. 贝叶斯网络在液压系统可靠性分析中的应用 [J]. 液压与气动，2012，（7）：58-61.

[21] 陈东宁，姜万录，王益群等. 冷连轧机相对油膜厚度的测试与建模 [J]. 润滑与密封，2007，32（9）：77-80.

[22] CHEN Dongning, JIANG Wanlu. Application of wavelet analysis and fractal geometry for fault diagnosis of hydraulic pump [C] //Proceedings of the Sixth International Conference on Fluid Power Transmission and Control (ICFP 2005), Hangzhou, 2005：628-631.

[23] 姜万录，陈东宁，姚成玉. 关联维数分析方法及其在液压泵故障诊断中的应用 [J]. 传感技术学报，2004，17（1）：62-65.

[24] 陈东宁，徐海涛，姚成玉. 大缸径长行程液压缸试验台设计及工程实践 [J]. 机床与液压，2014，待校稿时补充页码

[25] 陈东宁，张瑞星，姚成玉. 基于混合 PSO-ACO 算法的液压系统可靠性优化 [J]. 机床与液压，2013，41（23）：157-161.

[26] 姚成玉，陈东宁. 基于最小割集综合排序的液压系统故障定位方法 [J]. 中国机械工程，2010，21（11）：1357-1361.

[27] 姚成玉，陈东宁，王斌. 基于 T-S 故障树和贝叶斯网络的模糊可靠性评估方法 [J/OL]. 机械工程学报，http://www.cnki.net/kcms/detail/11.2187.TH.20130926.1357.001.html.

[28] 姚成玉，陈东宁，冯中魁，等. 基于贝叶斯网络和理想解动态群决策的故障诊断方法 [J]. 中国机械工程，2013，24（16）：2235-2241.

[29] 姚成玉，陈东宁，张瑞星. 基于 T-S 故障树和 PSO 算法的多态液压系统可靠性优化 [OL]. [2012-10-06]. 中国科技论文在线，http://www.paper.edu.cn/index.php/default/releasepaper/content/201210-34.

[30] YAO Chengyu, WANG Bin, CHEN Dongning. Reliability optimization of multi-state hydraulic system based on T-S fault tree and extended PSO algorithm [C] // Proceeding of the 6th IFAC Symposium on Mechatronic Systems (IFAC MECH2013), Hangzhou, 2013：463-468.

[31] YAO Chengyu, FENG Zhongkui, CHEN Dongning, et al. Feature extraction of rolling element bearing based on improved wavelet packet decomposition [C] // Proceeding of the 8th International Conference on Fluid Power Transmission and Control (ICFP 2013), Hangzhou, 2013：392-395.

[32] 姚成玉，张荧骅，陈东宁等. T-S模糊重要度分析方法研究 [J]. 机械工程学报，2011，47（6）：163-169.

[33] 姚成玉，张荧骅，王旭峰等. T-S模糊故障树重要度分析方法 [J]. 中国机械工程，2011，22（11）：1261-1268.

[34] 姚成玉，王旭峰，陈东宁等. 故障搜索的灰色关联度模糊多属性决策方法 [J]. 煤矿机械，2010，31（5）：238-241.

[35] YAO Chengyu, DANG Zhen, CHEN Dongning, et al. Fault search based on grey fuzzy multi-attribute decision-making [C] //2011 International Conference on Fluid Power and Mechatronics (FPM 2011), Beijing, 2011：107-112.

[36] 姚成玉，党振，陈东宁等. 基于T-S模糊故障树分析的液压系统故障搜索策略 [J]. 燕山大学学报，2011，35（5）：407-412.

[37] 姚成玉，刘文静，赵静一等. 基于贝叶斯网络和AMESim仿真的液压系统故障诊断方法 [J]. 机床与液压，2013，41（13）：172-177.

[38] 姚成玉，张荧骅，王旭峰. 液压系统故障树分析技术的研究现状与发展趋势 [J]. 液压气动与密封，2010，30（8）：19-23.

[39] YANG Chenggang, YAO Chengyu, ZHAO Jingyi, et al. On-line test method of hydraulic component based on leakage detection [C] // Proceeding of the 8th International Conference on Fluid Power Transmission and Control (ICFP 2013), Hangzhou, 2013：420-424.

[40] 姚成玉，赵静一，杨成刚. 液压气动系统疑难故障分析与处理 [M]. 北京：化学工业出版社，2009.

[41] 姚成玉. 液压机液压系统模糊可靠性研究 [D]. 秦皇岛：燕山大学，2006.

[42] 姚成玉，赵静一. 液压系统模糊故障树分析方法研究 [J]. 中国机械工程，2007，18（14）：1656-1659.

[43] 姚成玉，赵静一. 基于T-S模型的液压系统模糊故障树分析方法研究 [J]. 中国机械工程，2009，20（16）：1913-1917.

[44] YAO Chengyu, ZHAO Jingyi. Reliability-based design and analysis on hydraulic system for synthetic rubber press [J]. Chinese Journal of Mechanical Engineering, 2005, 18 (2)：159-162.

[45] YAO Chengyu, ZHAO Jingyi, Zhang Qisheng. Theory analysis and experimental research on on-line contamination detecting technology in hydraulic oil [J]. Journal of Coal Science & Engineering (China), 2006, 12 (1)：115-118.

[46] 姚成玉，赵静一. 两栖车液压系统及其故障诊断搜索策略研究 [J]. 兵工学报，2006，27（4）：604-607.

[47] YAO Chengyu, ZHANG Yingyi. T-S model based fault tree analysis on the hoisting system of rubber-tyred girder hoister [C] //2010 WASE International Conference on Information Engineering (ICIE 2010), 2010：199-203.

[48] 姚成玉，赵静一. 试验台液压站电气液压系统的设计与实践. 机床与液压 [J]，2010，38（8）：46-48，39.

[49] YAO Chengyu, ZHAO Jingyi. Development of hydraulic cylinder test-bed with proportional control valves and LabVIEW [C] //Proceedings of the Seventh International Conference on Fluid Power Transmission and Control (ICFP 2009), Hangzhou：36-39.

[50] 姚成玉，赵静一，张齐生等. 液压油污染检测技术的评述 [J]. 润滑与密封，2006（10）：196-199.

[51] 赵静一，姚成玉. 我国液压可靠性技术概述 [J]. 液压与气动，2013（10）：1-7.

[52] 赵静一，姚成玉. 液压系统的可靠性研究进展 [J]. 液压气动与密封，2006（3）：50-52.

[53] ZHAO Jingyi, CHEN Zhuoru, WANG Yiqun, et al. Reliability analysis of the primary cylinder of the 10MN hydraulic press [J]. Chinese Journal of Mechanical Engineering, 2000, 13 (4)：295-300.

[54] 赵静一，王益群，马保海等. 液压机液压系统的可靠度预计软件开发 [J]. 液压气动与密封，2001（5）：9-11.

[55] 赵静一，陈鹏飞，郭锐. 自行式液压货车非对称转向系统设计 [J]. 机械工程学报，2012，48（10）：160-166.

[56] 赵静一，曹文熬，王彪. 快锻液压机新型电液比例控制系统研究 [J]. 机床与液压，2011，39（5）：47-49.

[57] 赵静一，刘平国，程斐等. 二通插装阀方向控制回路故障的分析与排除 [J]. 中国工程机械学报，2012，10（4）：468-472.

[58] 李鹏飞，赵静一，禹娜娜. 工程机械运行维护系统中的安全设计 [J]. 机床与液压，2011，39（7）：134-137.

[59] 赵静一，耿冠杰，陈逢雷，等. 80t连采设备快速搬运车的故障诊断及系统优化 [J]. 液压与气动，2010（2）：49-52.

[60] 赵静一. 10MN水压机控制系统更新及可靠性研究 [D]. 哈尔滨：哈尔滨工业大学，2000.

[61] 赵静一，陈卓如，王益群等. 10MN水压机控制系统更新及可靠性研究 [J]. 中国机械工程，2001，12（zl），

11-13.

[62] 赵静一，张齐生，王智勇等. 卧式轮轴压装机新型液压系统研制及可靠性分析 [J]. 燕山大学学报，2004，28 (5)：377-379.

[63] 赵静一，上官倩芡，马保海. 10MN 水压机液压系统故障树分析 [J]. 液压与气动，1999 (3)：36-38.

[64] 赵静一，陈卓如，王益群等. 水压机液压系统主缸无力的 FTA 分析 [J]. 燕山大学学报，1999，23 (1)：7-10.

[65] 赵静一，陈卓如，王益群等. 10000KN 液压机主缸液压系统可靠度分配 [J]. 燕山大学学报，1999，23 (3)：203-205.

[66] 赵静一，姚成玉，陈东宁等. 橡胶压块机机电液系统设计与应用 [J]. 燕山大学学报，2006，30 (1)：18-22.

[67] 赵静一，王颖，李侃等. 高炉炉顶液压系统的设计及故障树分析 [J]. 冶金设备，2006 (2)：58-61.

[68] 赵静一，张齐生，姚成玉等. 压块机二通插装阀控制系统的分析 [J]. 液压与气动，2001 (2)：14-15.

[69] 张齐生，赵静一，姚成玉等. 合成橡胶压块机技术的进展与可靠性应用 [J]. 化工进展，2001 (2)：35-37.

[70] 赵静一，孔祥东，马保海等. 液压系统可靠性研究的现状与发展. 机械设计与制造，1999 (1)：8-9

[71] 张齐生，赵静一，吴晓明等. 谈液压系统使用管理的系统化 [J]. 机械设计与制造，1995 (1)：24-25.

[72] 赵静一，陈卓如，王益群. 10MN 水压机机电液一体化改造实践. 液压气动与密封，2001 (2)：34-36.

[73] 姜万录，赵静一，张齐生等. PLC 在千吨液压机技术改造中的应用. 机床与液压，2001 (2)，9-12.

[74] 冯庆熙，赵静一，王燕山. 海浪电液模拟装置液压系统可靠性设计. 机床与液压，2008，36 (10)：199-201.

[75] 刘雅俊，赵静一，王智勇. 悬挂液压系统中新型管路防爆阀的可靠性设计. 机床与液压，2008，36 (11)：187-185，196.

[76] 郭锐，赵静一，王永昌等. 利用最佳峰值电流追踪消除泵送流量损失的实验研究 [J]. 机床与液压，2012，40 (24)：119-124.

[77] 郭锐，张明星，赵静一. 基于灰色理论的全液压自行式平板车液压系统故障树研究 [J]. 液压与气动，2013 (4)：60-63.

[78] 高社生，张玲霞. 可靠性理论与工程应用 [M]. 北京：国防工业出版社，2002.

[79] 王孝华，赵中林，周瑞章等. 气动元件及系统的使用与维修 [M]. 北京：机械工业出版社，1996.

[80] 周源泉. 质量可靠性增长与评定方法 [M]. 北京：北京航空航天大学出版社，1997.

[81] 肖刚，李天柁. 系统可靠性分析中的蒙特卡罗方法 [M]. 北京：科学出版社，2003.

[82] 苏春，王圣金，许映秋. 基于蒙特卡洛仿真的液压系统动态可靠性 [J]. 东南大学学报（自然科学版），2006，36 (3)：370-373.

[83] 姬长法. 可靠性预计与分配的作用研究 [J]. 洪都科技，2009 (2)：13-17.

[84] 张新贵，武小悦. 系统可靠性分配的研究进展 [J]. 火力与指挥控制，2012，37 (8)：1-4.

[85] 吴彦龙. 基于可靠性的某液压系统维修性研究 [D]. 西安：西安电子科技大学，2012.

[86] 张颖，刘艳秋. 系统可靠性分配有效方法 [J]. 沈阳工业大学学报，1999，21 (2)：164-166.

[87] 范永海，齐铁力. 液压系统可维修性设计研究 [J]. 液压与气动，2003 (8)：6-8.

[88] 樊庆和，李德志. 模糊综合评判法在维修作业任务优化中的应用 [J]. 海军航空工程学院学报，2007，22 (5)：548-550.

[89] 高明君，郝建平. 一种新的维修性分析方法——维修障碍分析法 [J]. 军械工程学院学报，2005，17 (4)：27-29，46.

[90] 李河清，谭青，林光霞. 叉车液压系统起升液压缸无力的故障树分析 [J]. 机床与液压，2008，36 (2)：199-201.

[91] 常瑞承，张小波，洪国钧. 舰船维修障碍及影响分析技术应用 [J]. 舰船科学技术，2011，33 (6)：145-148.

[92] 杜维彬. 链箅机回转窑电液控制关键技术研究 [D]. 秦皇岛：燕山大学，2011.

[93] 王秀霞，樊庆和，王素华，等. 气动增压泵使用寿命缩短的原因及系统改进 [J]. 机床与液压，2007，35 (2)：239-240.

[94] 曾励，李万军，贾鹏光. 电液伺服阀的 FMEA 分析 [J]. 液压与气动，1993 (1)：15-17.

[95] 朱宏，白毅. 维修性验证试验与评估方法在火箭炮上的应用与分析 [J]. 弹箭与制导学报，2010，30 (5)：245-248.

[96] 张宇. 关于环境应力筛选的探讨 [J]. 上海计量测试，2008，35 (6)：34-37.

[97] 周育才. 空空导弹环境应力筛选研究 [J]. 航空兵器，2004 (2)：34-37.

[98] 白康明，林震. 机载电子设备环境应力筛选 [J]. 航空制造技术，2005 (10)：88-90，94.

[99] 蔡文彦，任海军，许耀铭. 液压泵及马达的磨损模拟强化试验方法研究 [J]. 液压气动与密封，1988 (4)：44-49.

[100] 孙毅刚. 液压泵可靠性试验方法研究 [J]. 中国民航学院学报，18 (1)：6-9.

[101] 孙毅刚，许耀铭. 液压泵可靠性序贯寿命强化试验方法研究 [J]. 液压与气动，1992 (4)：41-44.

[102] 刘旒. 外场样本不足情况下的维修性综合验证评估方法研究 [D]. 成都：电子科技大学，2011.

[103] 费鹤良. 可靠性试验用表（增订本）[M]. 北京：国防工业出版社，1987.

[104] 吕宏庆，马振利. 液压系统的维修性设计 [J]. 流体传动与控制，2008 (6)：47-49.

[105] 吕志勇. 唐钢五连轧机乳化液系统改造及优化 [D]. 秦皇岛：燕山大学，2012.

[106] 常丽君. 首秦制氧站设备故障排除及可靠性管理 [D]. 秦皇岛：燕山大学，2012.

[107] 王琨. 板坯连铸结晶器液压振动控制系统 [D]. 秦皇岛：燕山大学，2012.

[108] 杜建宝，许飞云，贾民平. 基于模糊综合评判的液压系统故障诊断方法研究 [J]. 流体传动与控制，2008 (6)：30-33.

[109] 刘琛，张有东. 基于模糊理论的塔机液压顶升系统的可靠性分析 [J]. 煤矿机械，2007，28 (8)：63-64.

[110] 王冬梅，王志坤，徐廷学. 基于模糊评判的导弹装备维修性分配模型研究 [J]. 海军航空工程学院学报，2005，20 (3)：335-337.

[111] 潘青飞，常国岑. 可维修系统的模糊可靠性、模糊维修性与模糊有效性 [J]. 电子科技，1996 (3)：41-44.

[112] 刘俊娜. 贝叶斯网络推理算法研究 [D]. 合肥：合肥工业大学，2007：1-15.

[113] 尹晓伟，钱文学，谢里阳. 系统可靠性的贝叶斯网络评估方法 [J]. 航空学报，2008，29 (6)：1482-1489.

[114] 阮旻智，李庆民，王红军等. 人工免疫粒子群算法在系统可靠性优化中的应用 [J]. 控制理论与应用，2010，27 (9)：125-128.

[115] Huang T. A microparticle swarm optimizer for the reconstruction of microwave images [J]. IEEE Transactions on Antennas and Propagation，2007，55 (3)：568-576.

[116] 刘念，李建兰，陈刚等. 基于贝叶斯理论的刀具维修决策模型 [J]. 制造业自动化，2013，35 (8)：11-14.

[117] 孙春林，崔珂，李耀华. 基于粒子群优化算法的飞机维修计划编制优化 [J]. 中国民航大学学报，2007，25 (1)：29-31.